《泰州水利志》编纂委员会　编著

泰州水利史话

黄河水利出版社

内容提要

本书由76个短篇组成，按水事发生历史顺序，对泰州从水中成陆，至新中国成立前涉及之可稽水事及其派生人文，进行了有选择的挖掘、取舍、鉴别、推断和演绎。所选水事包括泰州当时行政区划内的成陆过程、自然地貌、水旱灾情、河道工程、堰坝建筑、涵闸桥梁、工程决策、资金筹集、境外出工、工程管理、治水人物、争议纠纷、书籍文章、宣言呈略、执政者关注等。

本书采用每篇一项主题水事，用以事及人、以人及情、以情及理、按理推论的手法进行阐述。各篇力求以史实为源头，以叙人为核心，以思考留观点。大部分篇目配以水利工程位置或涉水人物的相关图片，以增加读者对所述水利工程的方位感和水事的可读性。

各篇水事，独立成章，其间无实质性联系。但如通览全书，当可对泰州曾记载的历史之水情、工情等一些大事，有一个相对连贯性的了解。

图书在版编目(CIP)数据

泰州水利史话 /《泰州水利志》编纂委员会编著. — 郑州：黄河水利出版社，2022.12

ISBN 978-7-5509-3471-9

Ⅰ.①泰… Ⅱ.①泰… Ⅲ.①水利史-泰州 Ⅳ.①TV-092

中国版本图书馆CIP数据核字(2022)第239660号

组稿编辑：王路平　　电话：0371-66022212　　E-mail：hhslwlp@126.com

出 版 社：黄河水利出版社　　网址：www.yrcp.com

地址：河南省郑州市顺河路黄委会综合楼14层　　邮编：450003

发行单位：黄河水利出版社

发行部电话：0371-66026940、66020550、66028024、66022620（传真）

E-mail：hhslcbs@126.com

承印单位：江苏苏中印刷有限公司

开本：890 mm×1 240 mm　1/16

印张：39.25

字数：692 千字　　印数：1—1 000

版次：2022年12月第1版　　印次：2022年12月第1次印刷

定价：460.00元

《泰州水利志》编纂委员会

主　任： 胡正平

副主任： 唐荣桂　钱福军　张加雪　肖俊东　钱卫清　蔡　浩　高　晔　高　宏　祁海松　张　荣　龚荣山　田　波　朱晓春　周国翠　陆铁宏　刘金发　丁煜瑊　徐　丹

编　委： 羊文华　褚新华　李　华　许　健　陈宝进　张　剑　洪　涛　包振琪　陈永吉　胡万源　朱建民　陈建勋　印华健　吴　刚　顾　群　姜春宝　陈敢峰　储有明　周其林　钱苏平　高　鹏　潘秀华　周　华　徐元忠　储　飞　张　敏　朱翃宇　王玉忠　刘　剑　居　敏　姚　剑

顾　问： 董文虎　唐勇兵　许书平　储新泉　宦胜华

《泰州水利志》编纂办公室

编纂办公室主任： 蔡　浩

编纂办公室副主任： 朱翃宇

编纂办公室成员： 董文虎　周光明　徐　剑　张琪梅　周慧霞

《泰州水利史话》编写人员

主　　　　编：胡正平

副主编、审稿：蔡　浩

执　　　　笔：董文虎

封面、插图、合成设计：董文虎

资 料 收 集：徐　剑

引 言

“泰州介乎维扬（今扬州市维扬区）、崇川（今南通市崇川区）之间，平原爽垲，众水萦回，东濒海，北据淮，大江映乎前，巨湖环于后，有鼓角门戟之雄，实江海门户之要。至于山睇金焦，台峙凤凰，长堤捍海，雉堞连云。与夫！冈萦坡起，如天马南驰，皆一郡杰特之观，其淮南形胜之区乎。”[1]（万历）《泰州志》“辨职方·形胜”篇这段精美文字，描述了泰州受海、淮、湖、江相拥，因水而生，傍水而出，道出了是水使泰州成了钟灵毓秀、淮南形胜之地。泰州举江海门户之重，与水相伴相生，因水而存、因水而利、因水而文、因水而美、因水而安、因水而泰。

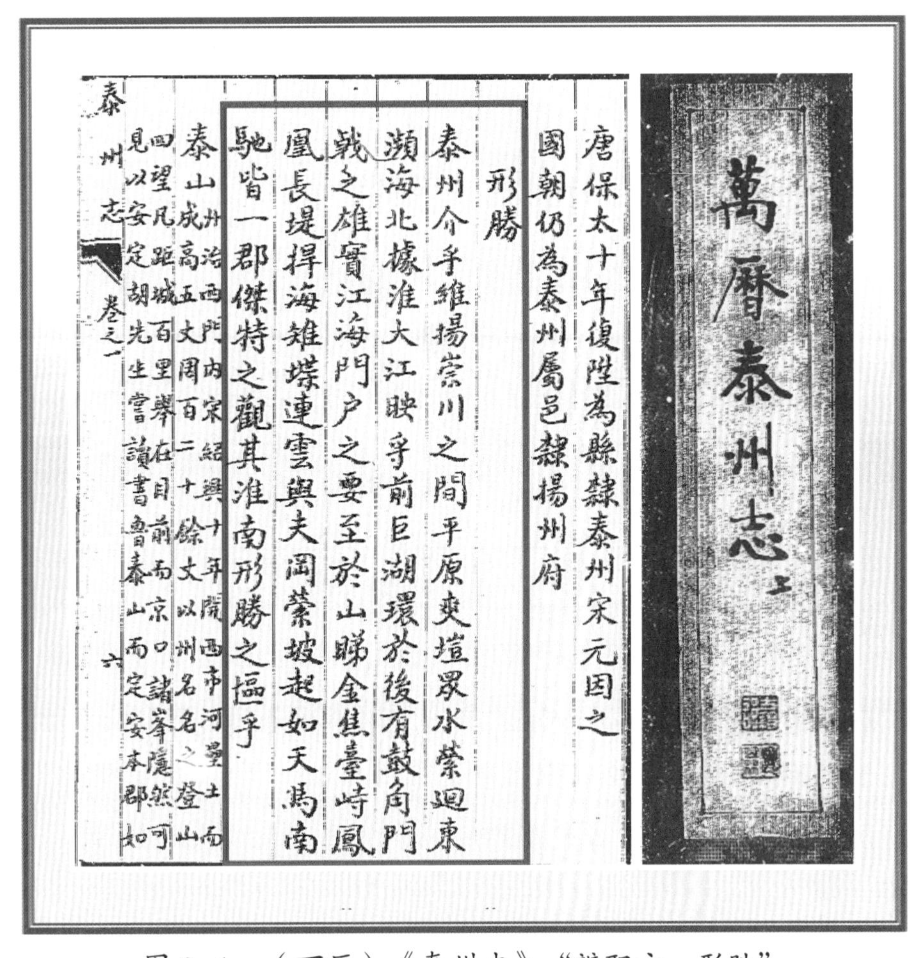
唐保大十年復陞為縣隸泰州宋元因之
國朝仍為泰州屬邑隸揚州府
形勝
泰州介乎維揚崇川之間平原爽塏衆水縈迴東瀕海北據淮大江映乎前巨湖環於後有鼓角門戟之雄實江海門户之要至於山睇金焦臺峙鳳凰長堤捍海雉堞連雲與夫岡縈坡起如天馬南馳皆一郡傑特之觀其淮南形勝之區乎
泰山 州治西門內宋紹興十年隴西市河壘土而成高五丈周百二十餘丈以州名名之登山四望凡距城百里舉在目前而京口諸峯隱然可見以安定胡先生嘗讀書魯泰山而定安本郡如
泰州志 卷之一 六

图 0-1 （万历）《泰州志》“辨职方·形胜”

[1] 泰州文献编纂委员会．泰州文献—第一辑—①（万历）泰州志［M］．南京：凤凰出版社，2014.

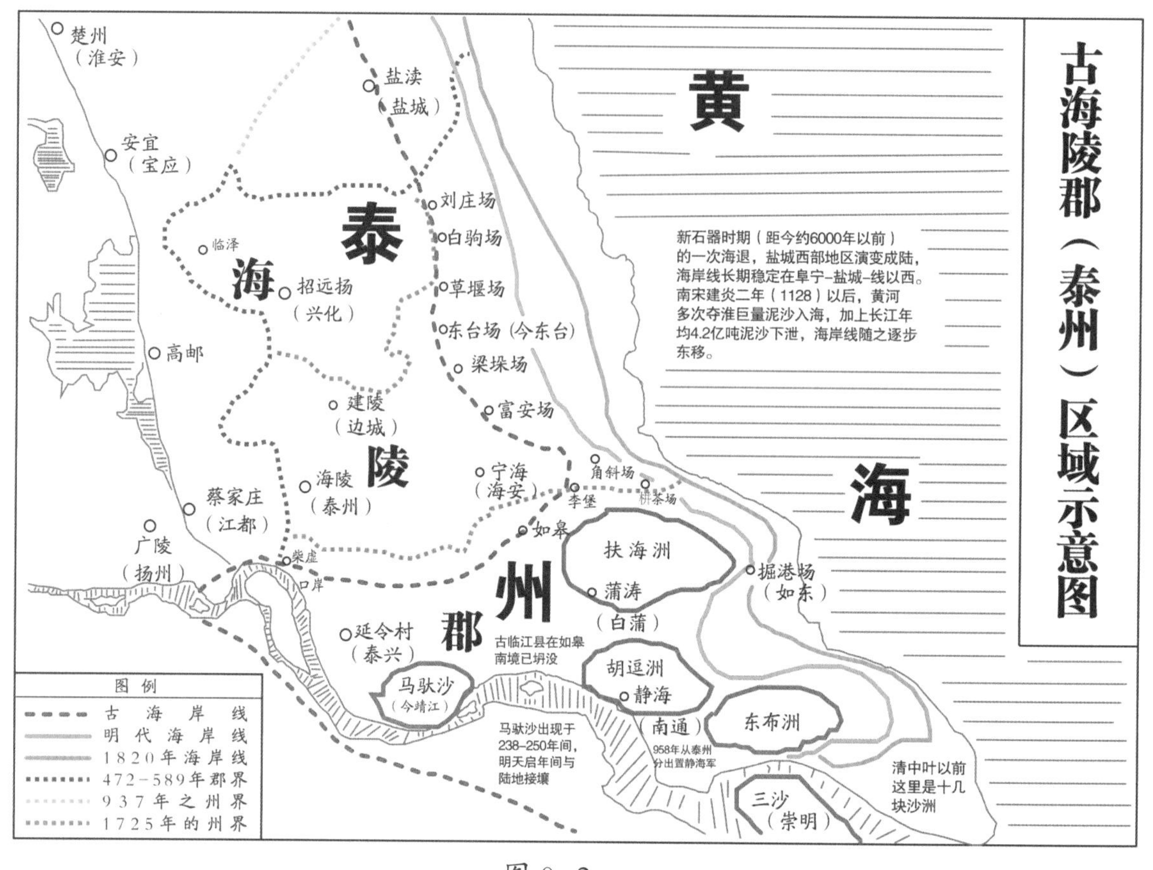

图 0–2

水是人类文明之源。泰州，这片大地，因为有水，才有了在这片大地上生存的泰州人，泰州的水与泰州的人的结合，产生了泰州人对泰州水的治理——“人化”的“水”——河网纵横、沟渠密布、堤防横卧、闸桥耸立；产生了泰州的水对泰州的人的影响——水的“化人”——“江乡水国”“双水绕城”“文昌水秀”“顺风顺水”“水天堂幸福城”。

“人化”“化人”共构的是文化，组合演进，产生了文明。“人化”泰州的水、泰州的水“化人”共构了泰州的水文化，泰州的水、泰州的人组合演进产生了泰州的水文明。泰州水文化在泰州的历史长河中，有很多精彩篇章和痛苦记忆，有的穿透历史时空，留有印记；有的却为时光消磨，淡忘流失。为了重新拾回一些，《水利志》有事实而不好论述、《水利史》又因专业制约，难以兼论泰州涉水人物、事件、传闻，今以笔者浅显视角，浪里淘沙，摘一点资料，留一点文字，合成以下《泰州水利史话》。

目　录

史前水利

泰州成陆　水利初兴

史前水利——泰州成陆　水利初兴

管子指出："万物莫不以水生""水者何也？万物之本原，诸生之宗室也。"[1]据一些地质学家对长江下游三角洲的发育过程和沙体特征所进行的分析，史前的泰州在大海之中。后由于海浸渐退及海潮顶托，黄河、淮河和长江下泄泥沙的沉积，造就了泰州北潟湖、南沙壤，渐之，"海水不再漫浸"[2]，泰州成陆，提供了泰州先人丰富的生存空间和条件。

史前，指有历史记载之前，泰州先民的活动，当然就没有，也不会有文字记载，后人难以了解。然而，泰州的这片水土却为泰州留下了6000多年前白涂河畔的影山头

图1-1　兴化影山头新石器文化遗址

图1-2　兴化蒋庄新石器文化遗址

❶ 陈庆照，李障天．管子房注释解［M］．济南：齐鲁书社，2001.

❷ 江苏省地方志编纂委员会．江苏省志·水利志［M］．南京：江苏古籍出版社，2001.

图 1-3　南荡遗址

图 1-4　天目山遗址

新石器文化遗址，留下了泰东河两岸的蒋庄新石器文化遗址及其5000多年前古井群，留下了4000多年前的渭水河西侧的南荡古文化遗址，留下了约3000年前东南沿海老姜溱河畔最早的商周古城池——天目山遗址。这些闪烁泰州史前古代文明的遗址和物质，无一不与水相关联。

水如何成就泰州大地？

泰州水利，与中国治水最早的先贤——鲧、禹有无关系？

泰州最早“人化”的水利工程是什么？还能看到它吗？

这些就是本书首要探究的问题。

沧海桑田三水孕育泰州

（公元前40000—公元前3000年）

今日河渠如织、湖池棋布的泰州大地，在史前曾是汪洋浩瀚的大海。沧海桑田几沉浮，是对泰州这方土地最为准确的描写。

在距今40000—30000年前，黄海西岸岸线推进到灌云—淮安—兴化—海陵一带，这条古岸线距现在的黄海岸线90~100千米。其时，黄河入海口较现在的位置偏南，不是流入山东渤海，而是从苏北与淮河入海口较为相近处流入黄海。古黄河、淮河下泄泥沙共同形成的黄淮三角洲，与长江下泄泥沙形成的长江三角洲，逐渐相互连接成一片，成为一个复杂又渐而统一、由不同水系形成的巨大复合沙体，向东直达黄海–60米等深线[1]。

到了距今30000—12000年前，属于大陆架浅海的黄海，受全球最后一次冰期中极端严寒气候的影响，在这次海退中完全干涸成陆。其时，包括古泰州在内的苏北随之又一次变成天寒地冻的湖沼质态的大平原。

黄海第四纪最后一次冰期结束（10000年前左右），全球进入了冰后期，气候回暖，冰雪消融，海面进一步上升。至今7000年前左右，海侵发展至最大规模，前几次冰期低海面时裸露的黄海大陆架和沿海区几乎又全都被海水淹没。在苏北地区，北起赣榆，向南经连云港、灌云、灌南至扬州一线以东，均为海水吞没，长江口退至扬州、仪征附近，古泰州大地这时也是一片汪洋。

距今7000年前左右，海平面逐渐稳定，从新石器时代直到汉唐时期包括古泰州在内的苏北海域，受海潮的推移，使黄河、淮河和长江带来的泥沙在原已形成连片的黄海浅层大三角洲上，呈横向活动，逐渐堆积成一条条岸外沙堤。从北起连云港的灌河

---

[1] 同济大学海洋地质系三角洲科研组．长江三角洲发育过程和沙体特征［R］．上海：同济大学科技情报站，1978.

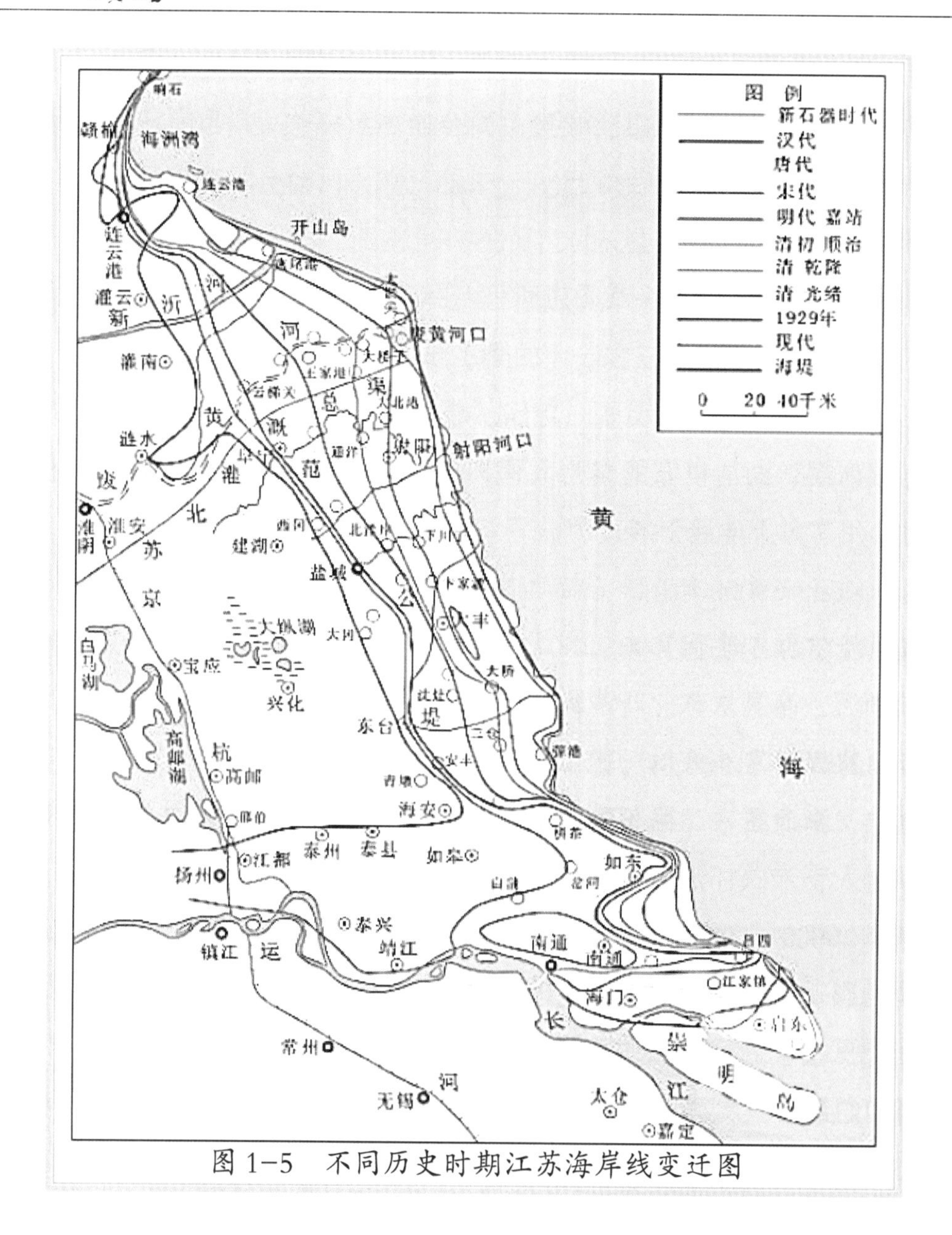

图 1–5 不同历史时期江苏海岸线变迁图

至东台的弶港，由陆向海，分别形成了西岗沙堤、中岗沙堤、东岗沙堤、外岗沙堤和新岗沙堤。著名的范公堤就是建在东岗沙堤岗脊之上的。东岗沙堤起于阜宁北沙，大致顺现代串场河的走向经盐城到东台，沙堤组成物质为中粗沙或贝壳碎片，一般高出地面 0.5—2.0 米。南京博物院曾在沙堤上发现有汉代遗址和战国时代墓葬群，说明这些沙岗早在战国时代就已经形成。东岗沙堤最迟在秦汉时期已露出海面，据碳—14 测定，东沙岗应距今（3883 ± 69）年—（3310 ± 80）年前。而其西面的中岗沙堤要早 1000 多年，西岗沙堤则要比东岗沙堤早 2500—3200 年形成。

长江三角洲北侧岸线的发展也经历了 6 个时期，即红桥期、黄桥期、金沙期、海门期、崇明期和长兴期。红桥期是这一海侵以来长江最早的亚三角洲发育期。在距今7000年前后，长江河口沙坝中心在扬州邗江的红桥，尾部在泰州口岸附近。沙坝南北汊道的外侧，因湾口坝的形成，大多变为封闭或半封闭的海湾或湖湾[1]。沙坝沿着江都（今扬州市江都区）、海陵（古泰州）、海安（今海安市）一线发育。在红桥期沙坝形成后，在其东侧的黄桥（今泰兴市黄桥镇）、顾高（今泰州市姜堰区顾高镇）一带呈东西方向的沙坝及浅滩，接着就开始发育，成为黄桥期亚三角洲。其形成时间距今在6500—4000年前[2]。黄桥期亚三角洲的发育并逐渐并岸的同时，其南汊道的河口沙坝逐渐发育成金沙期亚三角洲。《读史方舆纪要》卷二十三记载“（泰）州东百里，其东有长泽州，又东有扶海洲，今堙。”可能就是金沙期河口沙坝。长江属中强度潮汐河口，在地球自转偏向力作用下，涨潮时主流偏北，落潮时主流偏南，从而导致北汊道会逐渐淤塞，河口沙洲多于北岸归并成陆。如瓜洲北汊道曲江在唐代并入北岸，靖江马驮沙在明代并入北岸成陆等。

图1-6

由于南北向的东岗沙堤、东西向的长江北岸黄桥期古沙嘴的延伸，沿海浅滩发育和不断推进，两者相互结合，造就了泰州北半部兴化、姜堰的大面积潟湖及海陵、姜堰向南的长江沿江洲滩的形成。兴化一带在沼泽相沉积（约2米）以下滨海相粉沙层，在此发现的咸淡水交汇的动物群——蛏子等海生物化石，实证了古潟湖地区的水曾经是与海水相通的；通过这里有10 ~ 20厘米厚泥炭层的存在，说明这里经历过草木沼泽土的地理变化过程。属于长江三角洲沿江平原的泰州南部平原，普遍沉积了一层海相黏土和淤泥，且其中富含海相孔虫、介形虫、腹足类化石，同样证明了沧海桑田的演变。[3]

泰州北半部是受大海、黄河、淮河孕育而成的，泰州南半部又是因长江、大海相拥而诞生的。（长）江、河、海（黄海、东海交汇处，两海对古泰州均有影响，故用大海代之），是泰州的母亲！

---

❶ 同济大学海洋地质系三角洲科研组．长江三角洲发育过程和沙体特征［R］．上海：同济大学科技情报站，1978.

❷ 应岳林，巴兆祥．江淮地区开发探源［M］．南昌：江西教育出版社，1997.

❸ 彭安玉．明清苏北水灾研究［M］．呼和浩特：内蒙古人民出版社，2006.

史话水利必忆远古鲧禹

（公元前2050—150年）

我国凡写水利史话，必先介绍古人对水利的认识，也必先介绍大禹治水。

介绍大禹治水影响力较大的是司马迁。他在《史记·夏本纪》里叙述了大禹治水的一些过程。《史记·夏本纪》中还叙述了帝尧用鲧治水，“九年而水不息，功用不成。于是帝尧乃求人，更得舜”。舜，接位后“行视鲧之治水无状，乃殛鲧于羽山以死”和“举鲧子禹，而使续鲧之业”“禹伤先人父鲧功之不成受诛，乃劳身焦思，居外十三年，过家门不敢入”。《史记·夏本纪》，还用较多文字记述禹治水从冀州黄河壶口开始，

图 1-7　司马迁铜像及《史记·夏本纪》《史记·五帝本纪》首页

先后治理了衡水、漳水、卫水、济水、雍水、沮水、潍水、淄水……以及江、淮诸水，最后终于使“九川涤原，九泽既陂、四海会同”。九州的水疏通可以承接源头之水了，九州的低洼沼泽之地都已修筑了堤防，使之成了湖泊（水库），四海之内都能“会同”。

“于是帝锡禹玄圭，以告成功于天下”[1]。

长期以来，不少人从《史记·夏本纪》这些叙述的表面文字看，认为：在治水上，鲧似乎是失败者，禹是成功者。大禹的治水主要在黄河流域，遍及九州。但是，据现代一些学者和笔者的研究，认为：鲧也是治水的成功者，而且鲧、禹治水重点不仅在黄河流域、中原一带，更多的是在山东、江苏、浙江的沿海和太湖一带。

鲧是治水的成功者

传统的说法是：鲧只懂得堙、填之法，治水失败。笔者认为，堙、填之法，是治水、改造自然的方法之一，直到现在仍在使用。鲧也是一个治水的成功者。可从如下几点来证明。

（1）鲧在自己部族领地河南崇（嵩）“窃息壤以堙洪水”[2]。《淮南子》中说：“昔

图 1-8　鲧也是治水的成功者

[1] 于立文．四库全书 -3- 史部 - 卷二［M］．北京：北京艺术与科学电子出版社，2007.

[2] 周明初．山海经·海内经［M］．杭州：浙江古籍出版社，2000.

图 1-9

者夏鲧，作三仞之城”[1]。鲧，环部落用“息壤（土）”所作的“城（堤）”去挡洪水，有没有挡住？可以从《史记·五帝本纪》所述中看出：帝尧，向四岳（指各位首领或诸侯）询问：“有能使治（洪水）者”？“皆曰鲧可”。但尧帝说，鲧“负命”（可能是不经请示，用了“息壤”）“毁族”（可能是筑堤过程中有病伤残亡民工）违背上命，败坏同族之人，认为“不可”之时，四岳们仍坚持认为：“等之未有贤于鲧者，愿帝试之”。“于是尧听四岳，用鲧治水”[2]。可以设想，鲧在其封地如果治水未能成功，四方诸侯，又怎么会一致向帝尧推荐鲧出来治水呢？因此，鲧在其部族的治水上，应是成功的。

（2）鲧，使用“息壤”作“城”的技术，实际上就是现代使用黏土筑堤的堤防工程技术。“息壤”指神话传说中一种能自己生长，不会耗减的土壤。实际上就是因为有的河水中含泥量较大，每年汛期洪水挟带的泥沙到达平缓的河道中，就会逐步沉淀下来，逐年淤积而成土壤。这种土壤黏性好，适宜修筑堤防，冬季河床干涸，便可取土，取了还会再淤积起来，就变成可以生长的“息壤”了。鲧，选用息壤筑堤是科学的，鲧是我国乃至世界有典籍记载、能科学运用水利技术、选用筑堤材料和兴建水利工程治水的第一人。

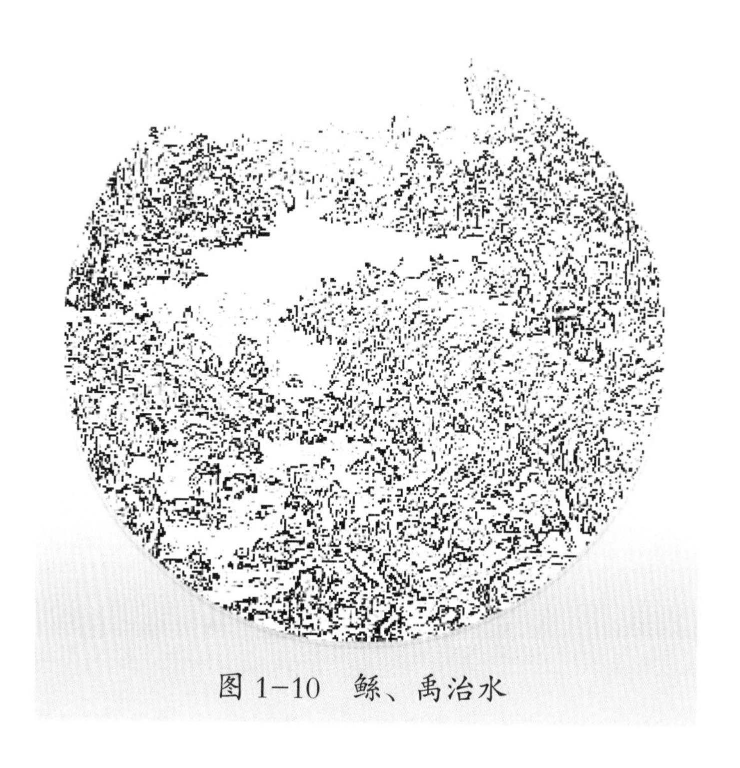
图 1-10 鲧、禹治水

（3）鲧，作了“三仞”之城。“仞”字有多解，一为长度单位，“周制为八尺”。周尺一尺约合 23.1 厘米，如以此计算，约为 5.5 米。“三仞”指的是城（堤）高，或是城（堤）的顶宽，达到 5.5 米左右的堤防，就当时而言，已是很大规模的工

[1] 刘安．淮南子·原道训［M］．许慎注．上海：上海古籍出版社，1990.
[2] 于立文．四库全书 -1- 经部 - 卷一［M］．北京：北京艺术与科学电子出版社，2007.

程了。“仞”字的另一解为通坚韧的“韧”字，因为用土筑堤必须结实才能御水。是否是指鲧所作堤防十分坚韧，用“三仞”以表其意？如系此意，又是说明了这一堤防工程的质量是非常好的。

（4）鲧有一定的组织（相当于现代政府的行政）能力。鲧要做这么大的土方工程，或是质量非常好的土方工程，不是他一人能完成的，必然要动员大量的民工上堤。鲧所处的那个时代，没有一定威信或号召力，是无法调动广大部族民众去“作城（筑堤）”的，这是在此以前从来没有人做过的事。鲧治水取得成功，表现了他有杰出的组织能力和行政能力。

（5）鲧组织人们抵御洪水，象征人类从对大自然的依存阶段，开始迈向了开发阶段。在鲧以前的时代，人类一直处于逐水草而居、遇洪水而陟、“依存”水的阶段。而鲧开启了使水按人的意志去办，开始了水被人所做的工程挡在“城”外的阶段——人类迈向了让洪水危害不到人之“开发”水的阶段，人类开始跨入水利文明阶段。

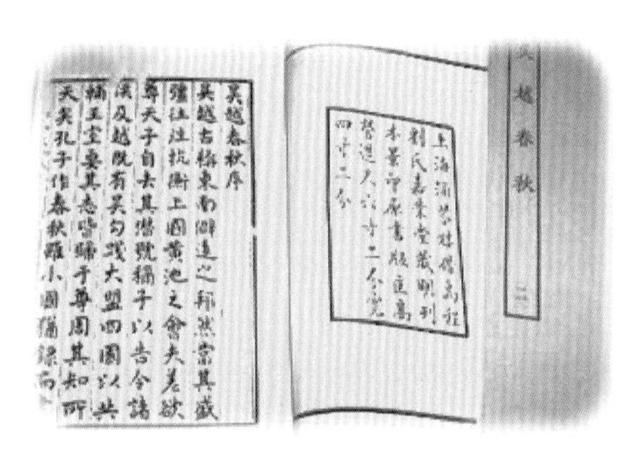
吴越春秋序

图 1-11　《吴越春秋》

（6）鲧是创造城市文明的鼻祖。汉代人赵晔在其所撰《吴越春秋》中认为：鲧，筑城以卫君，造郭（廓）以守人，此城郭之始也，讲得十分明确，城不仅“卫君”，而且“守人（民）”，这样，本属于防御洪水入侵功能的工程，却为人类展示出聚居于“城”内优于零散居住于没有屏障的野外要好得多的城市文明曙光。

（7）“殛鲧于羽山”并非将鲧处死。《史记·夏本纪》有关对鲧处罚的一段是这样写的：“乃殛鲧于羽山以死”“天下皆以舜之诛为是”。历史上不少人依据《史记》所用“殛”“以死”“诛”这三个“字”和词，就认为舜对鲧的处罚是“处死”。其实，这是人们对鲧所受处罚的误读。舜对鲧所作的处罚，仅仅是将其流放到羽山（今山东蓬莱市东南），终身不再作调动，是改鲧的封地从崇（嵩山）到边远的羽山，让其永远镇守并管理东方边境的部族，且用以改变东方部族——东夷人的生产、生活方式。司马迁在《史记·五帝本纪》中还有一段文字：“四岳举鲧治鸿水，尧以为不可，岳疆请试之，试之而无功，故百姓不便。……请流共工于幽陵，以变北狄；放讙兜于崇山（原鲧的封地），以变南蛮；迁三苗于三危，以变西戎；殛鲧于羽山，以变东夷：四罪而天下咸服。”从这段记述中，可以见到，对“淫辟”（指放纵作恶）的共工、“数

图 1-12　蔡文姬：神何殛我越荒州

为乱”（多次作乱）的三苗、罪行不详（可能是错荐共工）的讙兜都用的“流”（流放）“放”（放逐）“迁”（迁徙）的处罚，而对只是试派去治洪水，“试而无功”的鲧之处罚所用的“殛”字，必然也是对应上面三人处罚的“流放”之意。绝不可能比上面三人更重的“杀戮”之处罚。古代“殛”字既有“杀戮”的含义，也有“流放”的含义。例如，蔡文姬在《胡笳十八拍》中所写：“我不负神兮，神何殛我越荒州”句中的“殛”字，就是“流放”的意思。司马迁是一位对待文字十分严谨的治史者，如鲧系被杀的处罚，他绝不会与上面3人并列排比写在一个段落里的。司马迁在《史记·夏本纪》中说：“乃殛鲧于羽山以死。天下皆以舜之诛为是。于是舜举鲧子禹，而使续鲧之业。”文中所用的“死”字，同样有两解，一为生死的“死”，旨在告诉鲧，将你流放到羽山的时间是直到你生命终结，不再调动你了，而决不是将鲧杀死的含义。因为要杀死鲧，也无须将其流放到羽山再杀。“死”字还有“固定”的释义，即说明将鲧流放到羽山，就固定在那里了，这样，才可使鲧死心塌地在那里“以变东夷”。至于“诛”字的含义更多，包括“杀戮”“剪除”“惩罚”“责备”“责求”等，在这里同样应理解为“惩罚”的意思，因为下文接着写的是舜立即推荐鲧的儿子大禹，子承父业，继续去完成鲧未能完成的治水事业。如果鲧治水一点都没有成就，如果大禹一点也没有学到鲧的治水方法，如果真的要杀掉鲧，舜这样一个年富力强、头脑清醒的政治家，还能推荐鲧的儿子大禹来“续鲧之业”吗？司马迁在这里用“续鲧之业”的“业”字，显然是把鲧之治水，说成是鲧所干的事业或鲧治水所干成的业绩。提拔禹来接替鲧的位置，换得鲧被调到羽山的处罚。调鲧去羽山，去管理东夷，去变革东夷，当然也包括到东夷传授治水方法，并为巩固东方疆土的安全作出贡献。从古至今多少代人，做了多少努力去治水，历数千年都还“水不息”，何况鲧仅用了9年（实际是29年）的治理呢？因此，作为政治家的舜，处罚鲧，基本上是出于政治的需要，而并非全是因鲧之“治水无状”。

图 1-13 民间真武祠供奉水神鲧

（8）民间尊鲧为水神受供奉。据清康熙三年（1664）的《乾明寺置田燃灯记》所述：长安去邑四十里，为昭阳名地。有古刹焉，号曰乾明寺，首创自唐，由来不啻数千里祀矣。记的是兴化大纵湖和蜈蚣湖之间的长安古镇（一说在下圩镇四合村），唐代建有道观“玄武祠”，又称“真武祠”，直至南宋乾道年间，才由名僧牧庵改建成佛寺，寺名“乾明”，一称“长安”。“真武祠”在唐代，百姓俗称“水神庙”，在后进大殿上，原先就是供奉的金身水神“北方真武大帝”，也就是舜帝时代的治水英雄崇伯鲧。元末，张士诚起义，十万义军分驻大纵、得胜两湖。时枢密院判官董抟霄血战两湖，使处于大纵湖南的此祠（庙），惨遭兵燹，毁夷殆尽。南宋宝庆元年（1225），兴化知县（后任泰州知州）陈垓，也曾在兴化城内建 “真武祠”，专门供奉过鲧。

图 1-14 真武祠供奉的真武大帝

关于真武起源的最早传说来自于夏代。古代易受水淹的地方供奉真武大帝。真武大帝又称玄天上帝、玄武大帝，是汉族神话传说中的北方之神。根据阴阳五行来说，北方属水，故北方之神即为水神。王逸《九章怀句》云：天龟水神。《后汉书·王梁传》曰：玄武，水神之名，司空水土之官也。《重修纬书集成》卷六《河图》：北方七神之宿，实始于斗，镇北方，主风雨。因雨水为万物生存所必需，加之玄武的水神属性，深受古人的信奉。真武大帝的形象非常威武，其身长百尺，散披着头发，金锁甲胄，脚下踏着五色灵龟，按剑而立，眼如电光，身边侍立的是龟蛇二将及记录着三界功过善恶的金童玉女。另一传说真武大帝是太上老君的第八十二次变化之身，又说真武大帝就是鲧的化身。此说，源于鲧的字叫“玄冥”，古代“冥”“武”音相通，也称“玄武”。夏代的人就把鲧视为灵龟的化身，后来夏族的一支——涂山氏又认为

图 1-15　百姓家中供奉的真武大帝瓷像

蛇是自己的祖先，唐代以后，玄武被道教奉为神明，才有龟蛇合体之说。又说，鲧当时部族选用的图腾是水旱都能身存的龟鳖，他是龟鳖族的首领；其妻修已，称“修蛇”。鲧为龟，修已为蛇，正是龟蛇相交之象。宋代玄武改名真武，是为了避赵家圣祖的讳。宋真宗授意宠臣，大搞“天书屡降”的神话。在此期间，全国各地所献芝草、嘉禾、瑞兽等不计其数，全国掀起了一场少见的崇道狂潮。

唐宋时期，在兴化，城乡都建祠供奉鲧。这说明鲧在古代泰州人们心中是善于治水、能对抗水旱灾害、守护城市、乡村的偶像。如果鲧是一个治水的失败者，人们又怎么会如此重视地去神化他、供奉他呢?

大禹治水重在东南近海地区

首先，大禹是什么地方的人？中华民族史研究会会长史式认为有两种说法：一是传统的说法，大禹出身于四川西部；二是新说，大禹出生于东南古越。

大禹主要治哪些“水”？又是如何去治的？传统的说法似有夸大之处。传说“禹凿龙门”中的龙门，在陕西韩城与山西河津之间，黄河至此，两岸峭壁陡立，十分险要，因为这里是大禹凿开的，所以龙门又称禹门口。按夏代的施工条件和技术水平，绝对完成不了这么大的工程。又传说，大禹根据不同的水系，划天下（全国）为九州。其实夏代初期的疆域也没有如此之大，许多传说，都不免互相矛盾，难以自圆其说。

新说是：大禹治水，治的并不是长江、黄河中、上游之水，那时的洪水其实是海侵，就是海平面上升，海水倒灌到陆地上来。其时的洪水是世界性的，因此许多民族都有被洪水所淹的传说。洪水退后，地面一片淤泥，不加以治理，就不便耕种。大禹所治理的，正是这种田间水渠。这和孔子在《论语·泰伯》所说的“尽力乎沟洫”[1]是大致符合的。《孟子·滕文公》中说：“当尧之时，天下犹未平。洪水横流，泛滥于天下。”“当尧之时，水逆行，泛滥于中国。[2]”中华大地西高东低，主要江河大都是发源于西部，滚滚东流。黄河、长江中上游，不论水大水小，都不会是“横流”“逆行”，只有在海侵时，感潮河段的下游沿海的水才由东向西倒灌，才会出现“横流”“逆行”的现象。因此，可以认为，史书所提之鲧、禹活动主要在东南沿海之“新说”，还是有一定道理的。在浙江绍兴举行的“2018 年公祭大禹陵典礼”和“第 34 届兰亭书法节”新闻发布会上，首次发布了“绍兴禹迹图”，这是全国第一张区域性的、比较完备、系统录入大禹在绍兴文化遗产的分布图。据悉，“绍兴禹迹图”是以大禹治水为主体的历史文献记载、

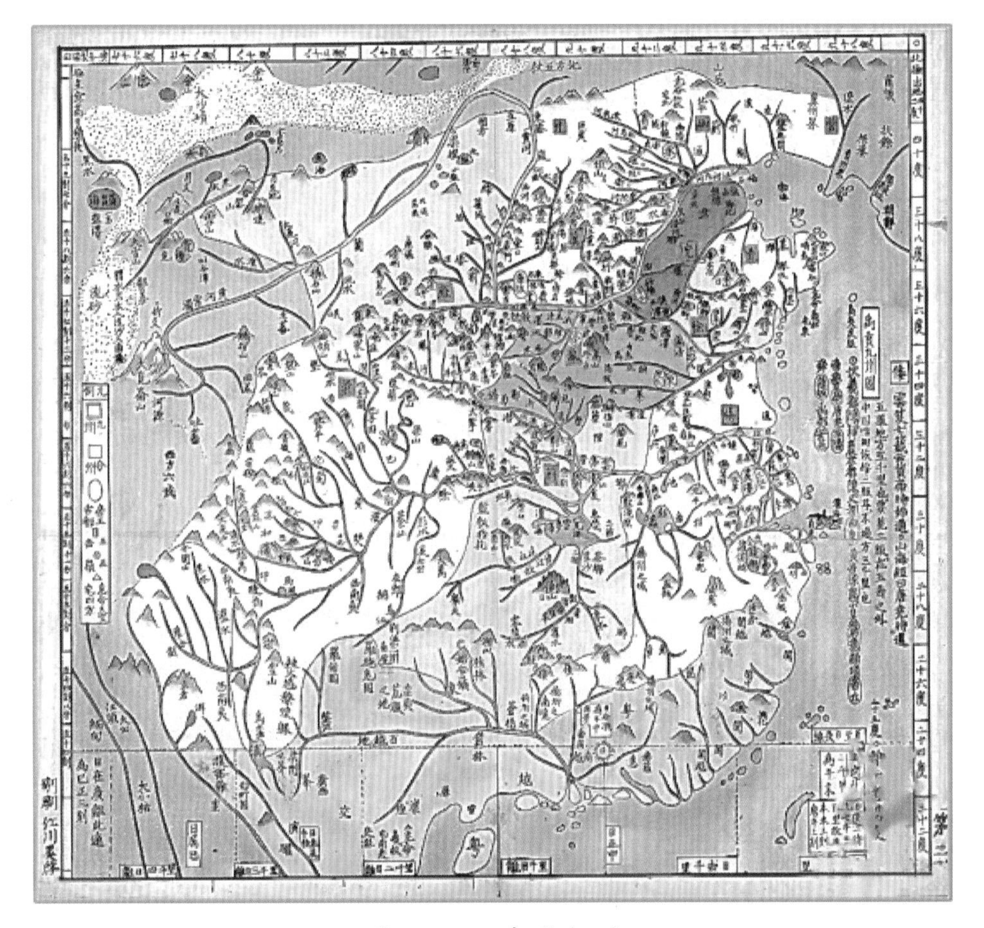

图 1–16　禹贡九州

[1][2] 于立文. 四库全书 –1– 经部 – 卷一［M］. 北京：北京艺术与科学电子出版社，2007.

重要传说故事、现存纪念建筑、地名等为主要内容编列而成的，共有禹迹127处。这一资料的挖掘和整理，对鲧、禹东南沿海治水说又增添了一份佐证。

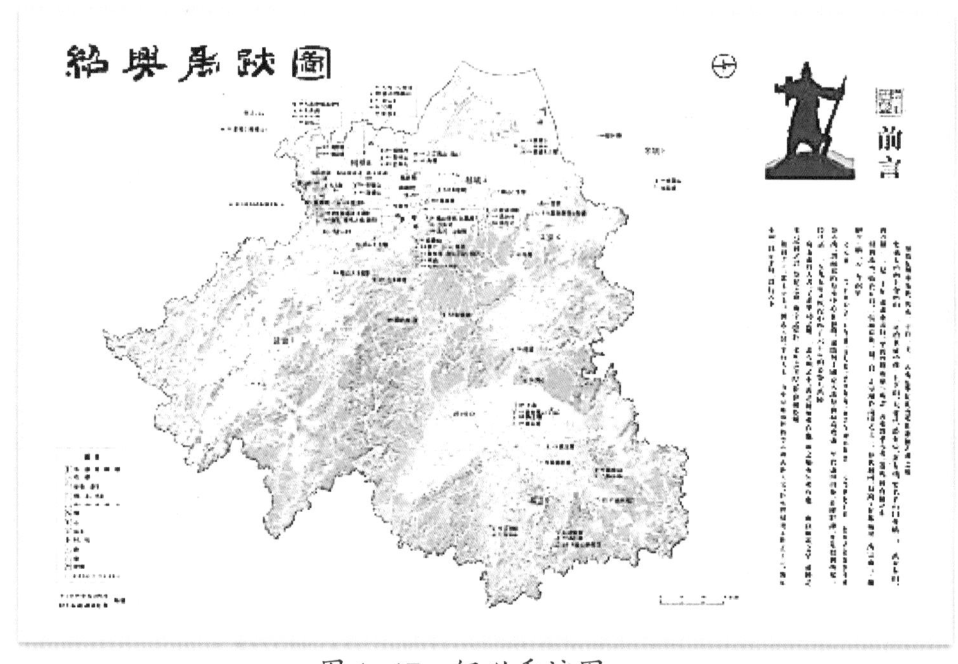

图1-17 绍兴禹迹图

《国语》等古籍里说，大禹治水也是用的堙、填之法，这也是禹长期受到鲧的培养所致。当然，禹还能同时运用导疏之术去治水，这是他的巨大贡献。典籍记载，直到战国时代，《墨子》书中才称大禹治水常用疏导之法。从大禹时代到战国时代，相距1000多年，我们先民治水的方法必然会一再改进，有不少进步。传统的说法实际上是把这1000多年中前前后后许多治水的功绩都归功于大禹一人，是对历史作一定夸大的现象。

作为一位出身百越族群、能够北上中原发展成部落联盟领袖人物的大禹，他的才能当然不只限于治水，在使用青铜器发展生产、建立国家制度、对外用兵（击退苗蛮族群的进攻）等方面，也有不少的功绩，但是后人纪念与崇拜他，却选择了他的主要功绩——治水，这是不难理解的。作为一位将渔猎社会带向农耕社会的领袖人物，首先为人们牢记的就是关心与致力国计民生——农业生产这件大事。现在距离大禹时代已有4000多年，我们还难以根治水患，每年还得为防洪、抗旱而担心，几千年前的先民，对于这位为了治水“劳身焦思，居外十三年，过家门不敢入”[1]的大禹的感激与崇敬，

[1] 于立文.四库全书-1-经部-卷一［M］.北京：北京艺术与科学电子出版社，2007.

也就可想而知了。至于当时，在长达13年之久（还应加上鲧治水29年），他领导群众兴修水利，限于客观条件，限于生产力发展的水平，只能一点一滴地去做，是不可能出现特大奇迹的。由于大禹成为当时的领袖人物，后人为了纪念他，把他父亲鲧及他身后的许多人的治水功绩都算在他的头上，这也是顺理成章的事。

鲧、禹治水活动范围之“东南沿海说”，从山东到浙江，当然也包括江苏的古泰州，因此笔者特以此作为撰写《泰州水利史话》必述的内容。

大禹治水时期的形象

“大禹治水”的故事尽人皆知，而大禹在治水时期应该是一个什么样的形象？在后人的心中尚不统一。

全国各地为大禹塑像者众多，不外乎两种造型：一为帝王造型、缘于禹治水功成，舜禅让帝位于禹，禹为中国封建王朝第一人。帝王形象多居于禹王庙的大殿正中，受人供奉、崇拜；二为手执耒臿，头戴（或背负）箬笠，短衣短打的劳动者形象，乃后人描绘禹不畏辛劳，自己动手治水的形象。劳动者的形象多立于山顶、庭院之中，供人瞻仰、缅怀。

图1–18　帝王形象的大禹

图1–19　劳动者形象的大禹

而2100多年前，司马迁撰写的《史记·夏本纪》中所述大禹的形象并非如此。司马迁描述的大禹形象是：“禹乃遂与益、后稷奉帝命，命诸侯百姓兴人徒以傅土，行山表木，定高山大川。禹伤先人父鲧功之不成受诛，乃劳身焦思，居外十三年，过家门不敢入。薄衣食，致孝于鬼神。卑宫室，致费于沟域。陆行乘车，水行乘船，泥行乘橇，山行乘檋（jú），左准绳，右规矩，载四时，以开九州，通九道，陂九泽，度九山。令益予众庶稻，可种卑湿。命后稷予众庶难得之食。食少，调有余相给，以均诸侯。禹乃行相地宜所有以贡，乃山川之便利”。这一段表述的大意是：禹受命治理洪水后，立刻和被委派协助他工作的伯益、后稷等人通知各地诸侯，要他们发动民众，挖土治水。他自己则翻山越岭，涉水渡河，立下有标记的桩木，反复观察测量。大禹对天下的高山大川，进行分类规划治理。禹因父亲鲧治水 29 年，功效不大，受到处罚而十分谨慎。他在奉命接替父亲治水后，劳其身，实地勘察不敢丝毫懈怠；焦其思，认真研究精心规划设计。夜以继日，备尝辛苦，治水的 13 年中，3 次途经家门，因责任在身，怕回家因儿女情长耽误治水重任，而不敢进门。禹治水期间，节衣缩食，

图 1-20　大禹居外十三年，过家门不敢入

十分俭朴，注重厚祭鬼神。他从不居住豪华宫室，长年与治水民众一道同住在简陋低矮的茅房（实际是民工工棚）之内。他把这一切节省下来的费用，都用到开辟引水的沟、洫等水利工程上面。因治水所需，在陆地调研时坐车，在水中巡查时乘船，经过泥沼湿地就乘木板制成的橇，登山测量时脚蹬鞋底上钉有齿形扒滑物的屐，风雨无阻，一往直前，辛勤工作。一年四时，他总是将测定高低的水准、丈量距离的绳尺以及画制图式、施工放样用的圆规、方矩放在其左右，以备及时使用。他带领各地诸侯和民

众划分九州（冀州、兖州、青州、徐州、扬州、荆州、豫州、梁州、雍州）疆界，修筑通往九州的道路，垒筑九州的湖泽堤障，疏通九州的河道（他治理的河湖有壶口、漳水、常水、黄河下游九条支流、潍水、淄水、淮水、菏水、太湖、泗水、汉水、江水、伊水、雒水、涧水、沱水、涔水、黑水、弱水、泾水、渭水、漆水、沮水等），计量了九州山岳脉络。叫助手伯益发放稻种，教会群众在卑湿处种植的方法。让助手后稷当群众发生困难得不到食物时，发给食物，以度饥荒。调动有富余地方的粮补给缺少粮食的地方，务使各地诸侯境内尽量做到丰歉均一。大禹还巡视了解各地所特有的物产，按其可能，确定要缴纳的贡赋。在此同时，还对各地山川的便利情况作了调查研究。这就是禹治水时期的形象和他所做的事情。

图 1-21　泰州市水利局内大禹塑像

了解了司马迁所述的大禹形象，可以知道大禹在治水时期尚未封王，也不是直接参加挖土的劳动者，他应是一位当时最高层次，又能深入一线、勤于踏勘、调查、测量的水利规划者、设计者、决策者、指挥者的形象。笔者以为：大禹应是一位手执治水图卷，胸装九州山川，身着长袍箬笠，站立高山之顶，迎风指划山水，面目清瞿睿哲的智者形象。故，委请苏州金山艺雕公司（省级）工艺大师何根金先生根据司马迁所记述大禹形象，设计制作了一尊大禹塑像，并将司马迁撰写的《史记·夏本纪》这段文字书刻于基座之西侧背面。于 2003 年国庆，立于泰州市水利局大院之中，用以表明作为 21 世纪的水利工作者，仍应“秉禹之志，承禹之风”，牢记“泱泱禹绩、荡荡禹功”，将“禹之精神，永世传承”。

潟湖中垒垛田初兴水利

（公元前4000年—现代）

2007年4月—2009年11月，第三次全国文物普查中发现了兴化林湖乡魏庄西村影山头遗址。该遗址于2010年1月18日被正式公布为“江苏省第三次全国文物普查十大新发现”之一，被列为“全国百大新发现”之一，2011年12月19日被列为江苏省文物保护单位。专家们认为，该遗址是其时中国江淮地区面积最大的一处新石器时代古文化遗址，距今5500—6300年。影山头遗址海拔2.6米，尚未发掘时，呈对称双“回”字形，分生活区、祭祀区和墓葬区。水面以上有3个文化层，堆积厚1—2米。地表采集有釜、鼎、豆、盉（hé）、匜（yí）等残陶片，耜、锄、镞、箸、笄等骨角器，凿、钺、刀等石器，麋鹿、牛、家猪、家犬等动物骨骼。部分陶片及骨骼上刻有语段文字符号，

图1-22　鸟瞰兴化林湖乡影山头遗址

文化层泥土样本中检测出大量水稻植物硅酸体。该遗址文化堆积丰富，文化面貌独特，文化特征稳定，发展序列完整，为国内罕见的江淮地区面积最大的、保存完整的、有双环壕护卫的垛圪（可以居住和农耕的土垛）群组形态的中心聚落遗址，不仅对于研究中国文字的产生和稻作农业的起源及江淮东部地区史前聚落群之间的相互关系等有着重要意义，而且其双环壕护卫的垛圪群组——实际就是发现了里下河地区人居庄子和农耕的垛田，是对这一地区最早农田水利工程的发现，把泰州的水利史推前至这一时代。

2012 年 6 月，泰州市泰东河水利工程施工中又发现了兴化市南部张郭镇蒋家舍遗址。2012 年 10 月，江苏省考古研究所进驻兴化市张郭镇蒋家舍遗址，进行正式挖掘。2013 年 2 月，发现 5000 年前的墓葬群 3000 平方米，其中，个人墓葬 230 多个，并出

图 1-23　蒋家舍遗址考古工作

土 1200 多件玉器、陶器。根据考古结果，专家称，这里是国内出土的最密集的良渚遗址墓葬群，遗址规模达2万多平方米。出土的文物中，有国内迄今为止出土最大的一只尊，可称为“中华第一尊”。这一考古发现将良渚文化的边缘，向北推了 300 多千米。同时，对研究古黄海的海岸线变迁、里下河地区的成陆史提供了实物依据，是考古界的一大突破。专家在考古现场还挖出了桃核、菱角、水稻等种子以及大量兽骨。有专家认为，兽骨很可能是古人食用后扔下的，加上之前发掘出来的红烧土和陶片，初步可以断定，这一带也是当时人们的生活区。对泰东河沿岸的 11 处古遗址进行了考古发掘，除蒋家舍文化遗址外的 10 处唐宋时期的文化遗址，在 2013 年 4 月先后考古发掘完毕，这些考古发掘成果，不仅揭开了当时居住在这个地区先民生活的神秘面纱。更重要的是，进一步证明了泰州的历史应向前推进至 5000 多年前良渚文化时代。

从古泰州范围内的影山头遗址和蒋家舍遗址的发掘不难看出，聚居在这一带的先民们，已经开始懂得农耕对人类生存和发展的作用，他们面对海陵以北、兴化以东出现的浩瀚无垠的夏季淹、冬季干的潟湖，能不动心吗？特别这一带由于道道沙堤、沙岗的形成，加之有年均1100毫米以上丰沛的雨水资源，使沙堤里的水质逐渐由咸变淡，使少量的沙岗和沙脊露出水面稍高的地方有大量野生植物生长，这给兴化、海陵、姜堰的先民以很大的启示。或是由于受鲧“以变东夷”[1]的水利文明的影响，有的人就开始了对潟湖的开发。他们乘冬季潟湖中水退见底之时，使用耒臿、骨耜等工具将潟湖中较低处的土挖起来，堆到较高的地方，形成了泰州最早的农田水利工程——土垛，使这些在潟湖里的土垛，夏季水高时也能在水面以上，让土垛上能长出东西。泰州的先民们对这些土垛，开始可能只是到秋后去收获一些自然生长的植物果实或割些柴草。

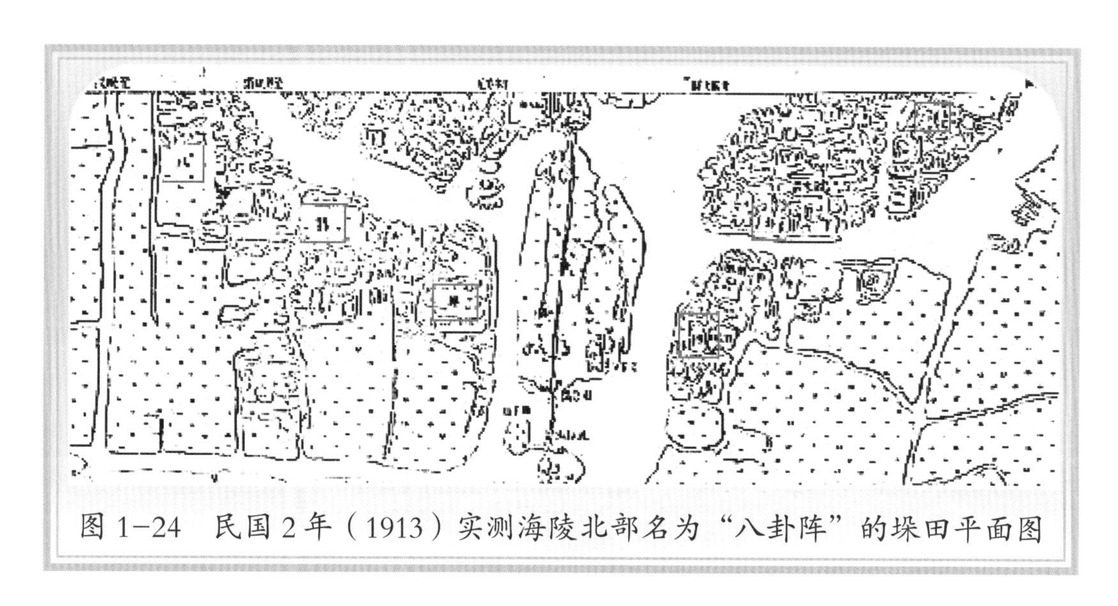

图 1-24　民国 2 年（1913）实测海陵北部名为“八卦阵”的垛田平面图

随着人口增长，农耕技术的发展，先民们开始在他们堆起的垛子上耕种，使土垛逐渐发展成垛田。有第一个人堆的土垛和第一家种的垛田并有了收获，就会有其他人也跟着学，去挖湖堆垛了，就有别的家庭也到所垒土垛上进行耕种了。垛田既可以耕种，再垒高、垒大一点，也就可以住人，乃至聚居成村落了。

广阔无垠的潟湖，容纳了千人万众、千家万户自发地、长期地开发潟湖的农田水利行为……这种独特的土地利用方式，最终形成了成片的、一个个状如小岛的精致农

[1] 于立文 . 四库全书 -3- 史部 - 卷二［M］. 北京：北京艺术与科学电子出版社，2007.

田——垛田。这种活动应从距今以前 6000—4000 年形成潟湖，并有人类到这里活动的年代的稍后期开始，直至清代乾隆年间。

图 1-25　未经平田整地的原状垛田风貌

在 1755 年前后，兴化“筑安丰镇东北圩。尔后，中圩、西圩、合塔圩、南圩、唐子镇圩、苏皮圩、林潭圩、韩家窑圩相继筑成[1]”，里下河出现平垛、圈圩现象。垒新垛的行为，便进入了逐渐减少阶段。新中国成立后，大力推进扩大联圩的建设，垒新垛的行为则更少了。垒垛这一行为，最终止于 1958 年人民公社形成之时。人民公社形成以后，直至 20 世纪 60、70 年代，平田整地、建圩、联圩、并圩，大水利的推进，开始削平了成千上万高低不等的垛田，填平了垛田四周的水体，使低产的水中垛田，成为连片的高产良田。令人遗憾的是，随着工业化、城市化进程的加速，这一具有浓郁地域色彩的农田生态系统——拥有 4000—6000 年以上的水利物质文化遗产，在这一阶段又萎缩了不少，甚至有濒临消亡的危险。更加让人不安的是，由于普遍使用化学肥料替代传统有机肥，致使垛田之间河道淤积、杂草丛生、河汊变窄，原有垛田脉络渐趋模糊，垛田生态系统也受到了致命危害。

至 2009 年，兴化全市仅存 4.8 万亩[2]垛田。在这些垛田中，缸顾乡 1.1 万亩，垛田镇 2.4 万亩，剩下的都是零星分布的垛田了。兴化垛田入录国家文物局主编的《2009 年第三次全国文物普查重要新发现》，成为苏北地区唯一入选的文物普查重要新发现。就是这些还存有一定规模的垛田，为这两个乡镇赢得了“千岛（垛）之乡”的美誉。特别是缸顾乡，人们开始有意识的统一油菜的种植，菜花开放季节，金黄一片，千百垛田

[1]《兴化水利志》编纂办公室 . 兴化水利志［M］. 南京：江苏古籍出版社，2001.

[2] 1 亩 =1/15 公顷，下同。

漂浮于水中，云蒸霞蔚，煞是壮观。

垛田是我国具有典型意义的历史地理、农田水利灌排工程和农业生态系统变迁的活化石，是研究当地生态环境变迁和土地利用方式转变的珍贵标本。垛田地区长期保持着传统的农耕方式，田间劳作，船上戽水，自耕自种，春华秋实；垛田在作物生产上，瓜菜搭配；在生产方式上，注重使用罱泥、扒渣及以水草等有机肥，因而其生产的有机农产品广受赞誉；垛田地区交通运输方式是无舟不行，无水不通，家家有船，户户荡桨；垛田地区的民间文艺根深叶茂、形式多样，如高家荡的高跷龙、垛田歌会、垛田农民画等，无不特色分明，生动活泼。垛田及其水面系统，不仅具有自然地理、经济地理、历史地理的独特价值，而且是传统生态农业和可持续发展的典型。

图 1-26　河有万湾多碧水，田无一垛不黄花

垛田地区万垛纵横、千河潆回的独特地貌和景色，在全国，乃至全世界都是唯一的，具有难以估计的历史文化旅游价值。垛田一年四季都美不胜收：春来——油菜遍野，金黄一片；夏至——菡萏初放，红染绿遍；秋到——郁郁苍苍，瓜果飘香；冬临——雪垛冰河，银装素裹。

今日，兴化缸顾的“千岛菜花”风景区已被评为国家文物保护单位、国家水利风景区并已入列世界灌溉工程遗产名录，成为兴化旅游一张叫得特别响的名片。

汉唐水利

官方水事　土方为主

汉唐水利——官方水事　土方为主

泰州大地，因水而成；泰州人民，依水而生；泰州物华天宝，尽享水之惠泽育养。泰州东濒大海，又处长江、淮河下游，江淮水系之间，里下河、通南地势高差迥异，且地势又中间高、南北低，里下河地区更是洪水走廊。加之，冬、夏降雨悬殊较大，两地区常年水旱不均，洪旱灾害极易突发。夏秋汛期，雨涝潮洪，轮番肆虐；冬春无雨，潮退难引，苗干人渴。泰州的自然水系本系洪水经过的自然流漕，紊乱无章，难为人的生存、生产、生活之需服务。泰州先人为在这块土地上生存、生产、生活，为取水而用、近水得安，他们渐渐懂得了水与土的关系，土地要生长万物，离不开水，而要留住淡水、挡住洪水、排出涝水，又离不开土。他们开始进行近水、用水、理水、治水的水活动。他们先以渔猎为生，继而转向垒垛田、开沟渠，原始农耕的水利活动；从汉至唐，前赴后继地开河港，用以引水、通航；筑（挖）土堰、建堤坝，用以防洪、蓄水、灌溉；浚挖沟渠，用以排涝、降渍、保水。他们用这些水事活动，造就了古代泰州水利的土方文明。

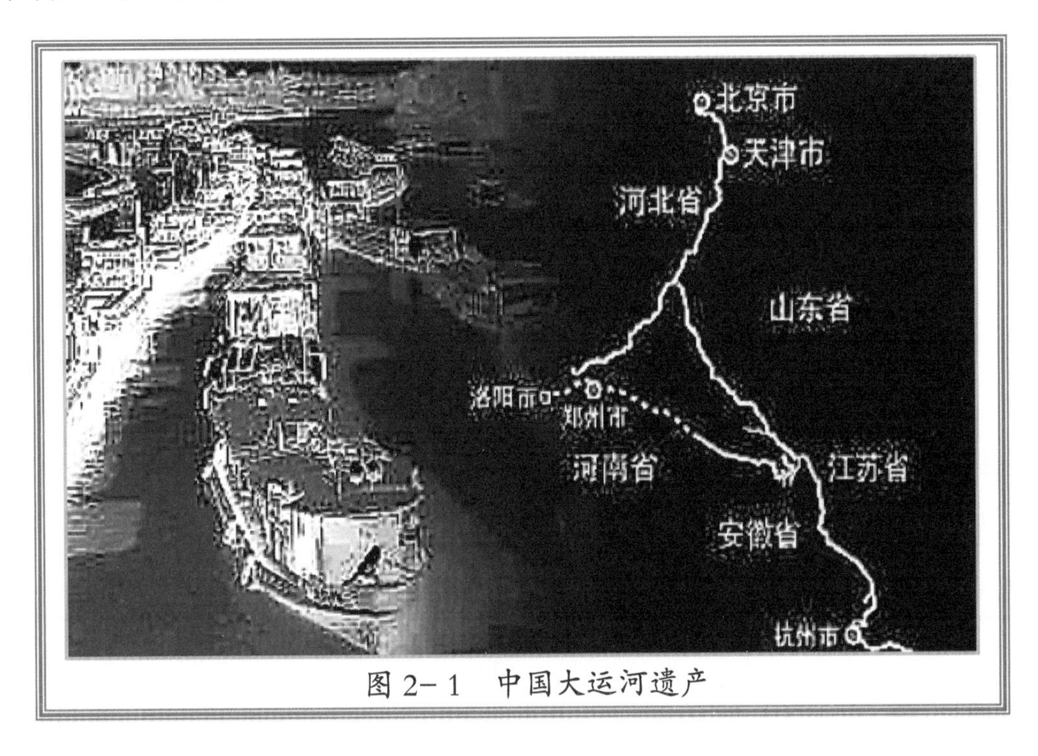

图 2-1　中国大运河遗产

春秋战国以后在中华大地上，先后出现了扬泰地区的邗沟，中原地区的鸿沟，华北平原的白沟、平虏渠、利漕渠，江南地区的破岗渎、萧绍运河，以及隋代开挖以国都洛阳为中心的通济渠、永济渠、广通渠，北抵河北涿郡、南达浙江余杭等各分段而散落的河，到元代至元三十年（1293），京杭大运河全线通航。以上各段河渠共同构成以京杭大运河为主体的“中国大运河”，2006年6月，京杭大运河被列入第六批全国重点文物保护单位。12月，国家文物局将原先榜上无名的京杭大运河列在“中国世界文化遗产预备名单”首位。2014年6月22日，联合国教科文组织又将其列入世界遗产名录，成为我国第46项世界遗产和第32项世界文化遗产。

然而，泰州有一条比浙东运河、隋唐大运河、京杭大运河贯通还要早的人工运河，如今还横贯泰州东西，还在运行，她默默无闻，生生不息，用自己的乳汁滋润着泰州大地，哺育着一代代泰州儿女成长。这就是从汉至唐泰州最大的水利工程——古盐运河，今天的泰州人，当对它有所了解！

盐运河汉代刘濞始通海

（公元前195—2015年）

河之概况

图 2-2

明代万历年间杨洵、陆君弼所编的《扬州府志》有这样的一段记载：吴王濞开邗沟，自扬州茱萸湾通海陵仓及如皋蟠溪。濞以诸侯专煮海为利，凿河通道运盐，此运盐河之始也。郑肇经在《中国水利史》中也专门作了“吴王濞开邗沟自（广陵）茱萸湾通海陵仓及（如皋）磻溪、白蒲，为今通扬运河之由昉[1]”的记载。这条西起扬州，横贯泰州，东达南通三个中国历史文化名城的东西方向的古邗沟（民国晚期称通扬运河），是西汉时期，吴王刘濞于汉高祖十二年（公元前195）至景帝三年（公元前154）间开凿的一条已运行了近2200年，至今仍在发挥巨大作用的人工运河。

此河，西起扬州茱萸湾（在今湾头镇）南北向吴王夫差之邗沟，经海陵仓（在今泰州），东至如皋白蒲，长159千米，全河绝大部分都在（古）泰州境内。后又逐步延伸至南通九圩港，全长191千米。比世界著名的埃及1869年修筑通航的苏伊士运河还长了16千米。由于当时开挖这条运河的主要目的是运输盐粮，所以又被人们称为“古盐运河”或“运盐河”。

古盐运河西起扬州湾头，经江都仙女庙、宜陵而来，进入泰州段，东西向流经海陵区，穿界沟河，跨泰州引江河，越九里沟、南官河（腾龙河），与泰州凤城河在打鱼湾相连，

[1] 郑肇经．中国水利史［M］．北京：商务印书馆，1998.

图 2-3　南北（吴王夫差挖）邗沟位置示意

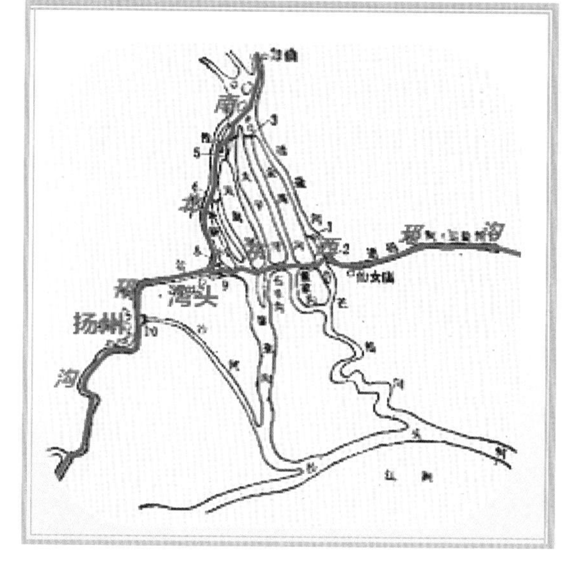

图 2-4　东西（吴王刘濞挖）邗沟位置示意

过凤凰河，折而东南穿翻身河、塘沟河，至塘湾（今医药高新区凤凰街道办事处），继而向东略偏北穿葛港河入姜堰区境，过黄村河，交中干河、西姜黄河（又称盐靖运河）进入姜堰城区，再东过运粮河，与东姜黄河交于白米镇，东出（今）泰州市。古盐运河横贯泰州城区腹部，在（今）泰州境内全长 49 千米。此河 1995 年被新挖（属下河低水位）的泰州引江河两侧所建节制闸截为两段，在（今）泰州境内，泰州引江河以西长仅 6 千米，其中，西段约有 4.1 千米，为与扬州江都区的共有边界河。

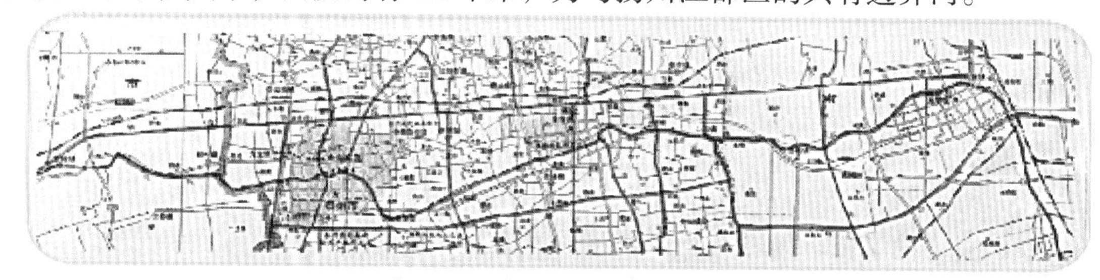

图 2-5　古盐运河泰州段

古盐运河东跨东姜黄河，出（今）泰州境至南通市海安县的曲塘、海安县城，再折而向南穿如皋市城区，向东南折至丁堰、林梓、白蒲，经通州平潮至九圩港闸出江。

刘濞其人

刘濞（公元前 215 年—公元前 154 年），西汉诸侯王之一，徐州丰县人，汉高祖刘邦二哥合阳侯刘喜之子。20 岁时，跟随刘邦平定了英布的反叛活动，建有军功，深得汉高祖喜爱。汉高祖十二年（前 195），刘邦改当年刘贾受封的荆国为吴国，封刘濞为吴王，统辖三郡（东阳郡、鄣郡和会稽郡）五十三城，封地包括今江苏、浙江两省大部分和安徽、江西东部的一些地方。

图 2-6　汉吴王刘濞塑像

刘濞设国都于广陵（今扬州）。他治理吴国 40 余年，主要功绩有：一是为朝廷守边得力。吴国能与邻国相安无事，和平相处。二是注重发展经济。“东煮海水为盐并于海陵建太仓（国家粮库）”[1]，使当时地广人稀的长江三角洲逐渐成为经济发达、人口稠密的地方。三是在江淮分水岭的地带开凿人工运河——邗沟（古盐运河）。此举，便利了交通，发展了盐运、漕运，吸引了四方商贾云集，促进了江都、海陵、姜堰、海安、如皋及湾头、宜陵、塘湾、白米、曲塘、南屏、丁堰、平潮、白蒲等沿线城镇的发展和兴起。广陵（今扬州），更因此河与大运河的交汇以及吴国都城所在，汉以后发展极快，至唐代，已成为天下最繁华的都市。18 世纪末，世界共有 10 个 50 万以上人口的大城市，扬州位列其中。尽管后来刘濞因参与发动“七国之乱”，被汉王朝平定。但他主持开凿的人工运河，却在中国古代水利史上，留下了浓墨重彩的一笔。隋代、宋代以后，因海岸线不断东移，此河复向东南延伸至通州（今南通）境内各盐场，使此河成为水上运输效率较高的跨地域通道。其运输、送水、排涝、改善环境的功能效益，惠泽当代。

河之文化

（一）久远的运河文明

古盐运河具有独特的运河文明。《史记·货殖列传》中记载：吴自阖闾（春秋末期吴国君主）、春申（名黄歇，楚考烈王时为相，幽王时封春申君于吴）、王濞三人，

[1] 泰州市地方志编纂委员会 . 泰州志［M］. 南京：江苏古籍出版社，1998.

图 2-7

招致天下之喜游子弟，东有海盐之饶、章山之铜，三江、五湖之利，亦江东一大都会也。“王濞”即指西汉吴王刘濞，他和阖闾、春申一样，为增强国力，组织了大量闲散人力，至海边煮盐，史称“吴盐”，获利最丰。刘濞就地取材，煮海为盐获利后，为进一步开发盐业，将盐方便地运至各地，便下令开凿了这条人工运河。在当时那种简陋条件下，能开凿一条如此长的运河，其行政组织能力及所耗费的人力物力，比之夫差所挖邗沟，有过之而无不及。

此河开挖时间，如果和已获准列入世界文化遗产名录的中国大运河中的隋唐大运河、京杭大运河、浙东运河相比较：比浙东运河最早开挖于晋怀帝时期（307—312 年）的一段——西兴运河，要早 480 多年；比隋唐大运河中最早开挖于隋炀帝大业元年（605）的通济渠，要早 780 多年；虽然比公元前 486 年世界最早开挖的南北向邗沟，迟了 307 年，但比包括南北向邗沟在内的京杭大运河 1293 年全线贯通，却要早 1400 多年；比埃及 1869 年筑通的苏伊士运河要早 2048 年，比 1914 年通航的巴拿马运河早 2093 年。此河，堪称世界上最为古老的水利工程之一。

图 2-8　江淮水系分水河

（二）科学的水利技术

这条开凿于近 2200 年前的人工运河，是世界最古老的水利工程之一，其开挖时间比蜀郡太守李冰父子开凿建造的都江堰（建于公元前 256—公元前 251 年），仅晚 61 年。最值得称赞的是，此河竟然是一条江淮东部长江水系与淮河水系的分水河。扬州以东直至海安，系扬泰沙岗条状地貌，称为蜀岗余脉。该地区南部为滨江冲积平原，俗称“上河”地区；北部地势低洼，尤其是高邮、宝应以东，海陵、海安以北，兴化和东台等地势，形若釜底，是由低洼潟湖形成的“下河”地区。古老而神奇的古盐运河便是一条开凿于上、下河地区之间，沿蜀岗余脉高地向东而去的河。就这样，古盐运河流经的线路，把两种不同的地质地貌，巧妙地分隔开来，成为江淮东部长江水系与淮河水系的分水河。在没有勘测仪器的汉代，竟然能这样科学合理地确定古盐运河的线路，不得不令人叹服。

由于选址得当，古盐运河不仅有运盐输粮的功能，还兼为泰州的农业生产带来灌溉和为江都排泄洪水的重要作用。入江都境金湾河水势，七分入芒稻河，三分入古盐运河，东流经宜陵镇抵泰州城，又东流经姜堰、海安，由力乏桥（后称立发桥）下海，早在海岸线还在海安城东的力乏桥附近时，古盐运河“泄洪入海”的功能就非常引人注目了。虽然，刘濞的身影已消失在“七王叛乱”的历史尘烟之中，但他留下的这条逶迤长河，却一直流淌至今，泽被后世。

图 2-9

（三）盐税文化之源头

泰州系产盐之地、运盐之道、管盐之监、掣盐之所。唐代李吉甫在《元和郡县图志》中说：海陵监一岁煮盐六十万石，约为六千多万斤；宋徽宗时，泰州如皋仓一年内支盐一亿二千万斤。古盐运河所运过的盐，当超过千百亿斤。唐代开成三年（838），日本国遣使者随行僧圆仁所写《入唐求法巡礼行记》说，海陵的古盐运河中“盐官船积盐，或三四船，或四五船，双结续编，不绝数十里，

图 2-10　高凤翰泰坝掣盐

乍见难记，甚为大奇”[1]。史载，从唐至清的 1 000 多年间，国家财政 50%—30% 的税赋是从泰州运盐河征收到的，被称为“天下之赋，盐利居半”。北宋末，全国盐税年收入 3000 余万贯，而淮盐就达 1500 万贯—2000 万贯，占$\frac{1}{2}$—$\frac{2}{3}$，形成“全国盐赋，两淮居半”的格局。宋元以来，两淮盐场众多，其中，泰州盐产量居于首位。南宋中期，泰州盐税年入达 600 万—700 万贯，超过唐代全国盐税总量，有“两淮盐税，泰州居半”之说。

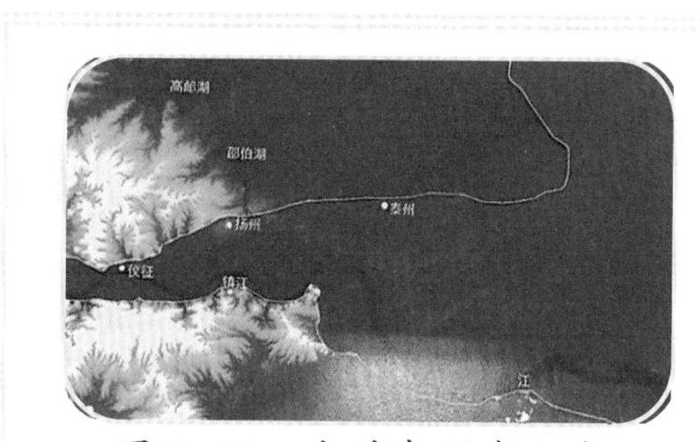

图 2-11　史前泰州在水中

图 2-12　汉代初称邗沟

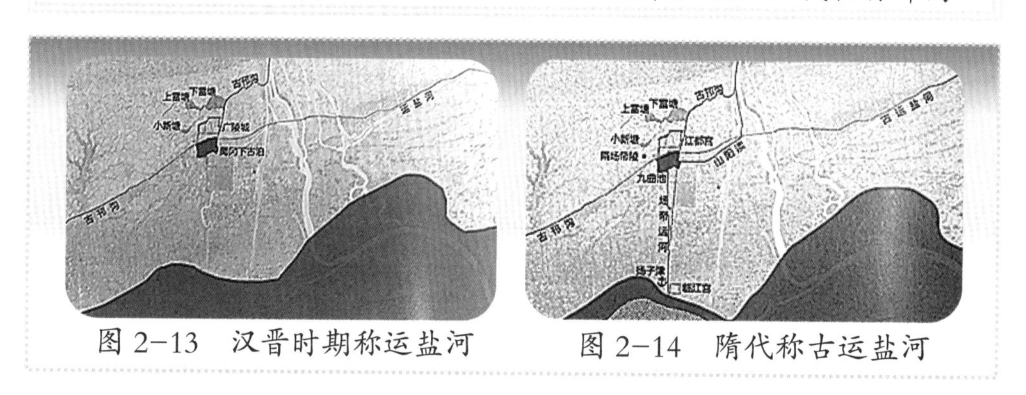

图 2-13　汉晋时期称运盐河

图 2-14　隋代称古运盐河

（四）罕见的印记文化

刘濞所开运河，为历朝历代沿河两岸民众所关爱，留下一个又一个名称，开始时，因和广陵古邗沟相连，最初也称邗沟；后为区别于夫差所挖的邗沟和因其经过茱萸湾，而称其为邗沟支道、吴王沟或茱萸沟。随着历史的推移，此河又被人们称为运盐河、泰州运河、盐河、运盐官河、南运河、西运河、下运河、盐运河、上河、上运盐河、上运河、通扬运河、上官运盐河、上官河、官河、上盐运河、泰州运盐河、通泰运盐河、龙川河、老通扬运河、古盐运河等。河名之多、印记文化之丰富，实属罕见。从清人刘云淇所绘《唐开元间伊娄河图》中可以清晰地看出唐时就将邗沟支道称为“泰州运河”，也足以证明，此河与泰州之间的关系。

[1] 圆仁．入唐求法巡礼行记［M］．桂林：广西师范大学出版社，2007.

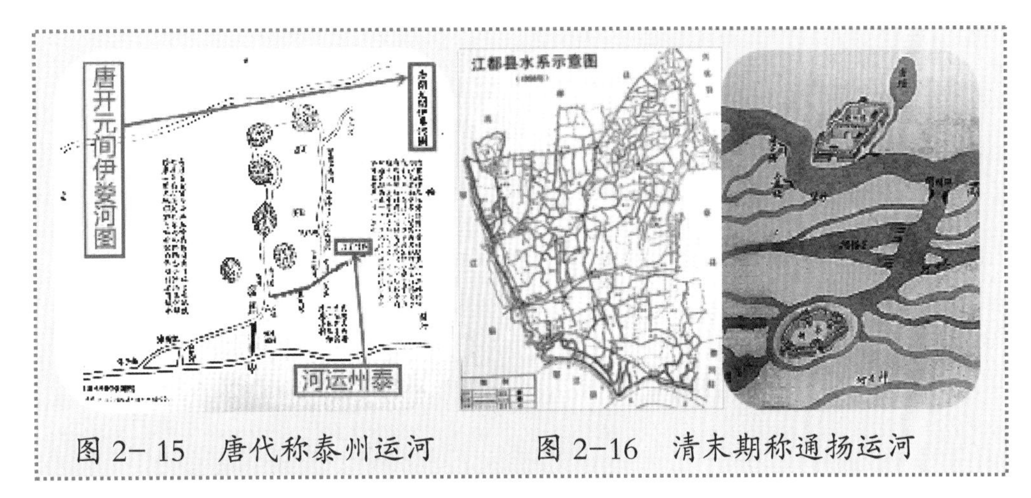

图 2-15 唐代称泰州运河　　图 2-16 清末期称通扬运河

（五）少见的一河三名城

图 2-17 扬州全国文保单位

这一条河，贯穿扬州、泰州、南通 3 个地级市，而这 3 个地级市，又都是全国历史文化名城。是河孕育了城市，是城市提升了这条河的文化。

“二十四桥明月夜，玉人何处教吹箫”的扬州，是国务院首批公布的 24 座历史文化名城之一，迄今已有近 2500 年的历史。扬州曾是我国水陆交通的重要枢纽，东南地区政治、经济、文化的重要都会，对外贸易和国际交往的重要港埠，富甲天下的商业中心。该市市区现有全国重点文物保护单位 24 处、省级重点文物保护单位 46 处。扬州数度繁华，尤以两汉、隋唐、清代康乾年间为盛，是通史式的历史文化名城。

图 2-18 南通全国文保单位

“据江海之会、扼南北之喉”的南通，是国务院批准的第 110 个国家级历史文化名城，中国首批对外开放的 14 个沿海城市之一。纵观中国近代文化科教史，可以看到，南通因创办了全国第一所师范学校、第一座民间博物苑、第一所纺织学校、第一所刺绣学校、第一所戏剧学校、第一所中国人办的盲哑学校和第一所气象站等“七个第一”，被称为“中国近代第一城”。南通现有国家级文物保护单位8处、省级文物保护单位30处。

图 2-19　泰州全国文保单位

“海陵奥区名寰中，长淮大江为提封”的泰州，是中国第120个国家历史文化名城。拥有泰州城隍庙、人民海军诞生地、天目山遗址、日涉园、学政试院、兴化上池斋、泰兴新四军黄桥战斗旧址等全国重点文物保护单位9处，省级文物保护单位33处，泰州市、县级文物保护单位283处，另有尚未核定公布为文物保护单位的控制保护文物建筑152处、历史建筑189处。各类博物馆、纪念馆8座，馆藏文物近2万件。

（六）丰厚的人文典故

在泰州，历史记下了这条河与众多名人相关的佳话。留下了唐时日本僧人圆仁随使团由此河途经泰州“笔书通情”的诚恳求学风采；记下了南宋高宗下旨烧毁扬州湾

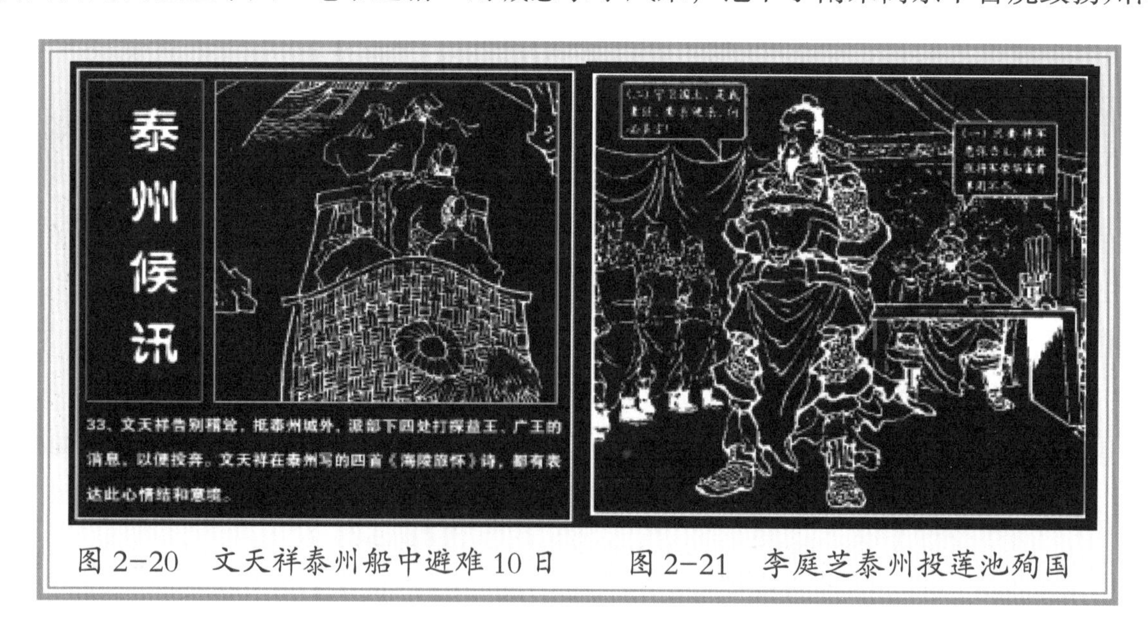

图 2-20　文天祥泰州船中避难10日　　图 2-21　李庭芝泰州投莲池殉国

头闸、泰州姜堰、如皋白浦诸堰，以拒金人南下通航之痛苦的回忆；印下了峰烟南宋文天祥砥砺抗元之“海陵棹子长狼顾，水有船来步马来” 的名句；烙下了李庭芝抗元投莲池，慷慨赴死之中华志士的朗朗正气；刻下了元末张士诚不受压迫，振臂一呼，万众响应的盐民起义的画卷；立下了清代林则徐永禁“越漏南北货税”的碑文；记下了民国张謇力主浚河，通运客轮的民生业绩。名人文化与河休戚相关，也与河共存。古盐运河，泰州的历史！古盐运河，泰州最古老的水物质文化遗产！

历史清楚地告诉我们，先有这条人工运河，后才有泰州这个城市。泰州是因河而生，因河而城，因河而盛为历史文化名城的。2000多年来，古盐运河两岸沃土千里，良田万顷，沟渠纵横，给泰州大地带来五谷丰登；古盐运河碧波清流，依城而过，百舸载满，千帆竞去，给泰州这座城市带来福祉和繁华。古盐运河是名副其实的泰州的母亲河！刘濞开凿的这条运河对于泰州的贡献，并不亚于隋炀帝开凿大运河对于扬州的贡献，可谓一河兴城两千年。

（七）滨河的古树庵庙

苏陈镇大冯甸村古盐运河边，有一座福荫庵，庵堂不大，由村民集资翻建。3间正屋为殿堂，中间供释迦牟尼佛，右边供药师佛，左边供观音菩萨。庵中无专职僧尼，由当地老年百姓自发供奉，每逢农历二月十九日观音菩萨生日，百姓便将菩萨玉身请出，至全村及附近村庄出巡，参加庙会，降福众生。福荫庵庵门内正中有一株胸围长达4.06米、树龄长达800年的古银杏树，古树映证了此庵的历史。庵的内殿，楹柱上书有对联：“福荫庵灵气暖万家 银杏树寿果惠众生”，据当地百姓说：此联系翻建此庵前原有的，翻建时仍然保留，进一步说明了庵与树之并存关系。

图2-22 福荫庵的庵堂

图2-23 800年的古银杏树

姜堰经济开发区三舍村古盐运河与葛港河交界处之西北盘角，有一株比福荫庵古

图 2–24　龙净古寺

图 2–25　千年的古银杏

银杏树更古老、胸围达5.96米、树龄高达千年以上的古银杏树，树之北，便是龙净（jìng，佛教语，清静）古寺，古寺山门院墙上题有四个醒目的“海不扬波”大字。寺门上镶嵌着该寺原住持悟根于民国39年（1950）吉月（正月）题写寺名的铭石。该寺除山门外，大雄宝殿及两侧庙房僧舍均似新翻建，两层飞檐的大雄宝殿中间供奉尚未及装金的木身释迦牟尼坐佛及站立着的木身迦叶、阿难尊者，左右供奉的是文殊、普贤菩萨，大殿两侧还供有16罗汉，院中设放生池及佛龛。据当地百姓讲，其实，此庙原为“龙王庙”。此说，与庙之山门院墙上所书“海不扬波”4个字就比较吻合了。这说明，历史上海潮入侵的威胁，可能达于这里，人们才在这里建龙王庙，祈求“海不扬波”的。

图 2–26　《入唐求法巡礼行记》载掘港国清寺

此处，两岸无桥梁可通，村民们仍用小船撑篙摆渡、登庙或到对岸。至今，古风犹存，摆渡时，给钱随意，贫者无钱也渡。这是古盐运河难得一见的古老渡口，人、水、庙、树，相互依存，自然与社会和谐共处。

（八）丝绸之路的通道

2018年7月20日，如东县和南京大学通报了如东县掘港镇的唐宋国清寺遗址发掘取得重要收获。初步确认，它是我国长江中下游和沿海一带罕见的唐宋寺庙遗存，是海上丝绸之路的新证据，对见证和研究古代中日文化友好交流史具有重大意义。

河的整治

（一）工程性整治

古盐运河既可引水灌溉，又能宣泄部分淮洪达江，在历史上更是盐运和漕粮运输的主要通道，历代王朝向来视其为生命线之一，非常重视对该河的疏浚和治理，素有由盐官负责“三年一大开，一岁一嘹浅”[1]之说，少则二三十年，多则百年，全河都能整治一遍，从未间断，才使此河生命延续至今。有据可查、由官方组织规模较大的整治有：

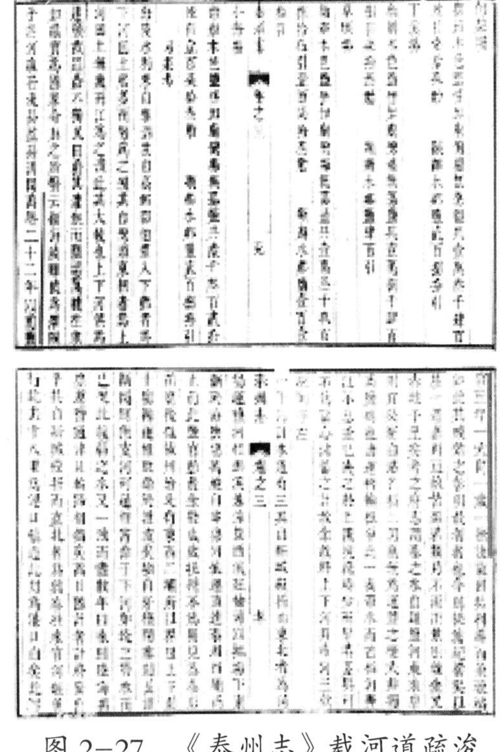

图2-27　《泰州志》载河道疏浚

宋嘉祐中期（1056—1063年）淮南江浙荆湖制置发运副使徐的，调兵夫浚治泰州、海安、如皋县漕河，该河成为从扬州直达通州的盐运、漕运干道。熙宁九年（1076）五月，又开浚自泰州至如皋县段，共长170余里[2]，日役民工2.9万余人。

[1] 泰州文献编纂委员会.泰州文献—第一辑—①（雍正）泰州志［M］.南京：凤凰出版社，2014.

[2] 1里=500米，下同。

明永乐二年（1404）泰州修盐运河 1.8 万丈[1]。弘治年间（1488—1505 年），运使毕亨修浚。嘉靖四十一年（1562）江都县会同泰州知州疏浚。

清代为保盐运和漕运便道，时有治理。“雍正六年（1728）挑浚泰州南门至如皋丁堰上运河”“乾隆四年（1739）河道总督高斌疏请开浚通州、泰州暨沿海十场之河渠。十二年（1747）发帑疏浚”“同治四年（1865）上官河挑浚”。清代光绪后期，南通大达小轮船公司为开航通扬客班，在官方支持下，将经营服务的商业资金用于河道疏浚工程。“宣统二年（1910），由于姜堰至海安官河水浅，轮船不便驶行，南通大达轮船公司呈请疏浚，由姜堰商会丁植卿会同南通张謇出资雇工挑挖，阅三月始竣。”由此，才将此河更名为通扬运河。

民国 3 年（1914），泰州商会协同通属盐场商会、大达轮船公司筹款，设通扬运河工程总局于姜堰。同时分段施工疏浚，泰邑境内共分 19 段施工，挑土 7 万方[2]有余，整个工程二月告成，其经费通属盐场商会协助银 1.5 万元，大达公司协助银 1.8 万元，泰邑地方暨三商会协助银 1.3 万元。

新中国成立后，1951 年、1953 年、1955 年对古盐运河进行小型疏浚。1953 年，疏浚界沟河到泰州段时，拆除民房 34 户、108.5 间；随着水利规划的调整，古盐运河沿河于 1952 年兴建邵伯闸、褚山洞作为南干渠向里下河的引水渠；并因兴建了江都、泰州两船闸，使之沟通了里下河经古盐运河与长江的航运交通；1957 年，兴建界沟、黄村两节制闸以控制通扬运河的通航水位和解决通北部分高地灌溉水源；1958 年，省属新通扬运河开工，通扬运河更名老通扬运河。1963 年，又建江都境内五里窑船闸；

图 2-28　白米套闸

[1] 1 丈≈3.33 米，下同。

[2] 1 方 =1 立方米，下同。

1964 年，建宜陵船闸；1980 年，建宜陵地涵，用以解决新老通扬运河交叉口引排矛盾，恢复了古盐运河航道。其后，沿线又建大冯套闸、白米套闸、江都红旗河套闸等，既沟通了上下河航道，又确保了古盐运河水位。该河其时泰州段断面标准为：河底真高[1] 0—0.6 米，底宽 8—6 米，河坡 1∶2—1∶2.5。最高水位泰州 4.91 米（1954 年），姜堰 4.96 米（1954 年）；最枯水位泰州 1.20 米（1978 年），姜堰 0.98 米（1968 年）；一般通航水位 2.5 米。由于其后有一个阶段长期没有治理，航道淤浅。1985 年，河底淤至真高 1.2 米，枯水期，河槽最狭处仅宽 2—3 米。

1995—1999 年，江苏省组织开挖设计为里下河（低）水位的泰州引江河，而属通南（高）水位的古盐运河，就被引江河两侧所建成的东、西老通扬运河节制闸分隔为两段，古盐运河泰州段，引江河以西长仅 6 千米（其中约有 4.5 千米系与江都共有的边界河）。由于引江河工程的分隔、周山河套闸的实施及泰州主城区南扩，此河航运功能逐渐为周山河所替代。为补充、改善泰州二水厂水量、水质，泰州通过向省政府和省水利厅争取，引江河工程专为古盐运河增建了一座备用水源泵站。

1996 年 8 月，地级泰州市设立后，泰州市水利局对老通扬运河逐步实施了分段整治。

图 2-29　老通扬运河东闸

图 2-30　老通扬运河西闸

图 2-31　备用水源泵站

[1] 真高：苏北地区习惯将地面海拔高程称为真高，也可用符号“▽”表示。

1997年初，为改善城区自来水一水厂水源水质，由泰州市水利局规划、泰州市交通局实施，疏浚了南官河至净因寺桥段0.9千米，并对这一河段的岸坡进行了驳砌，清除了该段所有排污口。

2000年，对城区淤浅最严重的从宫涵闸经塘湾直至与大冯交界处、约8.0千米的河道进行了疏浚。

2006年，将老通扬运河列入城市防洪工程建设项目，开启了综合整治的一期工程。工程包括从老通东闸至二水厂段，约1770米河道拓浚整治，同步建成支河九里河河口箱涵及跨河交通桥和古盐运河文化公园。

图 2-32　泰州市九里沟涵闸

2009年，实施老通扬运河综合整治的二期工程，对二水厂至南官河段1430米河道进行了疏浚，两侧建挡土墙、驳岸，并对挡土墙以上的河坡以及该河段管理范围进行植树绿化。

2012年，继续推进老通扬运河综合整治三期（海陵区段治理）工程，该项目被水利部列入《全国重点地区中小河流近期治理建设规划》。整治河段为西起凤凰河，东至塘湾桥以东1000米处，疏浚河道长6190米、新建河坡护砌总长7535米、拆建电灌站4座。当年，为提升泰州主城区水位，在老通扬运河与兴泰南路交汇处西，建35米底轴驱动式平板钢坝一座，以控制生态调水的水位。此河，凡经过综合整治的河段，都已成为泰州主城区横向引排及生态型河道的典型河段。

2016年，老通扬运河的整治列入省区域治理项目。疏浚塘沟河—黄村河段12.5千米；河两侧绿化15米、修筑河北侧道路及建跨河桥1座。

图2-33　古盐运河上的平板钢坝闸

（二）文化景观建设

虽然古盐运河航运的历史功能已经消失，但其供水、排涝的功能仍然保留至今。

图2-34　古盐运河文化公园

图2-35　古盐运河文化公园江淮阁

泰州设立地级市后，在现代水利、河道“双重功能并重”理念指导下，为使此河进一步发挥生态、景观、环境功能和让文化功能显现化，建设了几处滨水景点，如下所述。

1. 古盐运河文化公园

该公园建有石质线刻画廊，以8幅连环画的形式，表现吴王刘濞在泰州煮海为盐和开凿的这条运盐河运行至今的简介；公园中建有3层24米高的江淮阁，其阁名，寓意此河具有既可南引长江水，又可西接淮水的作用。登楼远眺，可北观百年泰来面粉厂遗址，南见生态泵站引水，西看引江河绿带延展，东望盐运长河美景；公园石牌坊上，面东所刻匾额“汉唐古渡”及对联“帆影橹声千秋梦绕江淮海　长虹贯日一水襟连通泰扬”，生动地展现了这条古盐运河的风采；面西所刻匾额“海陵春晓”及对联“碧野平畴江淮腹地明珠灿　蓼汀柳岸风月同天美景稠”是赞美因河而兴的海陵胜景；此园还设有汉阙和古色古香的围墙。

2. 税碑亭

位于主城区南门古盐运河上的老高桥东侧原有一条古老的滕坝街。1984年文物普查时，在滕坝发现清宣宗道光十五年（1835）七月二十八日江苏巡抚林则徐所立的“扬关奉宪永禁滕鲍各坝越漏南北货税告示碑”。

古盐运河在泰州与古济川河相接处，曾建有一座闸坝，初名济川坝，清世祖顺治年间（1644—1661年）改称滕家坝。此坝内通下河各州县、盐场，外达口岸入江。有些商民为减少运输费用和避税，不经扬州钞关中闸和白塔河，而从滕坝绕越。为杜绝货物绕越偷税，清高宗乾隆五十三年（1788）将滕坝筑实。来往船只不能过坝通行，

图2-36　林则徐禁漏税碑及税碑亭

但商民为了避税，却将货船停于坝口，将货物从这里翻越过坝，驳至另一边的船上运出。由于泰州滕坝等地偷漏税收禁而不止，扬州钞关的税务官员呈请上司发布告示，以止翻越。为此，林则徐专门发布了告示：严禁绕越货物，偷漏税收。并指出：倘将应赴关闸各口输税货物私行串通偷盘过坝者查出，定将该商埠人等一并从重治罪。

1990 年，泰州市政府将这块税务告示碑列为市文物保护单位，后被列为省文物保护单位。1995 年，在近滕坝处古盐运河边建税碑亭。碑亭绿色琉璃瓦顶，檐下悬挂“税碑亭”“税亭春晓”匾额。亭内竖有林则徐“税务告示碑”。

3. 莲花池

莲花池，位于凤凰河与古盐运河的交汇处，是南宋末年名臣李庭芝为元兵所围、慷慨跳水赴义的地方，由于历史沧桑，原莲花池早已堙没。2002 年，泰州市水利局在规划、设计凤凰河整治工程时，考虑了这一文化元素，在古盐运河南侧、凤凰河与引凤路之间，开挖恢复了此池。通过几年的打造，已形成莲花池、葫芦（福禄）岛、碧血莲池石、银杏林、莲花桥、百凤桥、福龙桥的一池、一岛、一石、一林、三桥的景区。

图 2-37 葫芦岛

碧血莲池石上刻有《碧血莲池记》，文为：南宋景炎元年（1276），元军犯境，直入江淮。淮东置制史、扬州知州李庭芝至泰，谋入海南下，兀术追至，筑长堑围城。城破，庭芝赴莲池就义，水浅未死，被执杀于扬。泰民以其忠，立祠祀之，昔有人撰联：“清水涌莲花 血甲翻飞犹激斗；芳庭树芝草 江山残缺赖扶持。”今立石挽英烈节操，缅先贤忠魂。

莲花桥，通体透雕，东桥栏塑有“鱼化龙”，西桥栏为“并蒂莲”，以喻李庭芝夫妇坚贞不屈，引颈就义之高洁；百凤桥，侧立面全景浮雕，全桥塑刻 998 只凤，凤数为全国桥中之最；福龙桥，桥栏雕有“百福九龙”，砖桥装饰，与所接老街匹配，

图 2-38　碧血莲池石　　　　图 2-39　莲花桥

桥中石塑之龙，龙首在东，龙尾在西，塑龙块石刻桥名，桥名由世界侨领单声老先生用两种字体书写，东为隶书，西则行楷。三桥成互为犄角之势，坐拥葫芦岛、莲花池于其中。

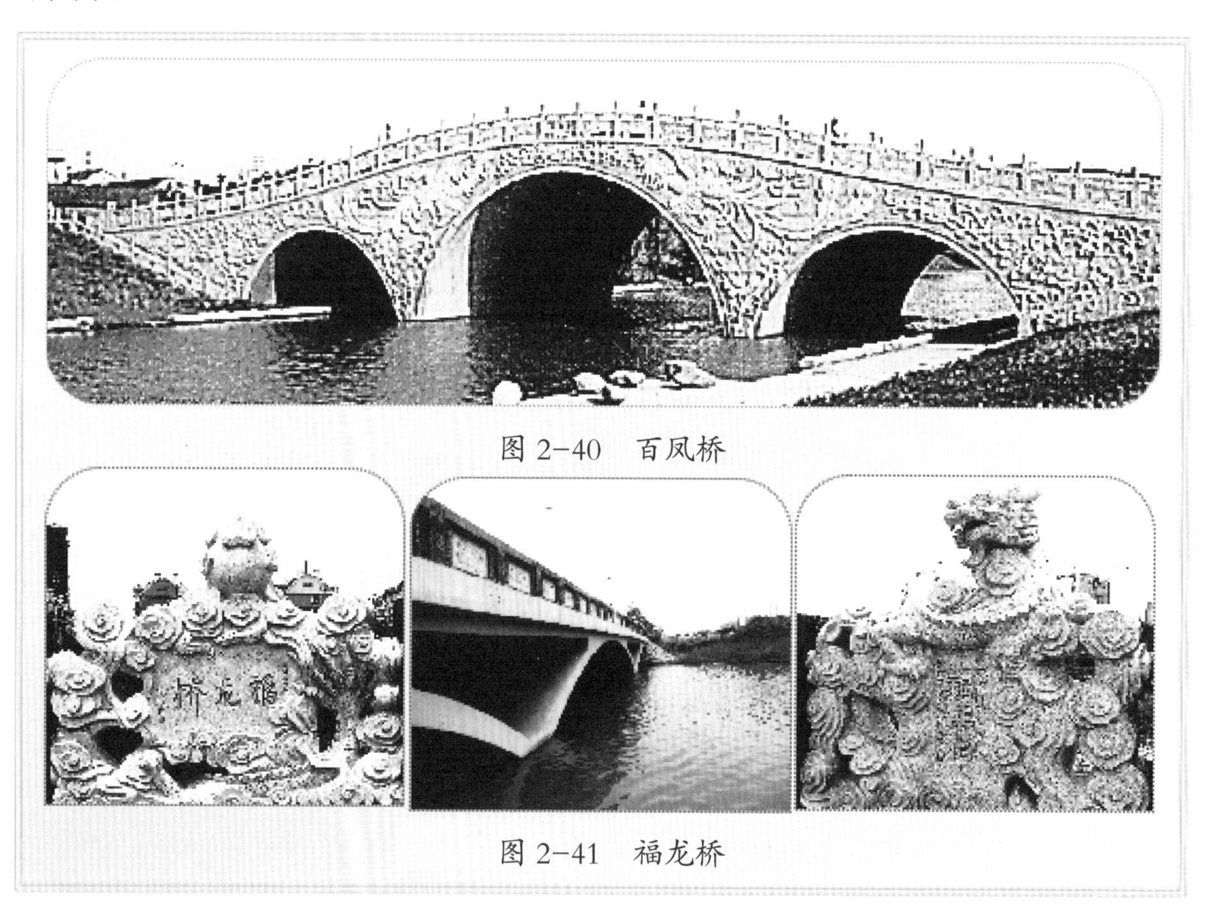

图 2-40　百凤桥

图 2-41　福龙桥

4. 河滨广场

2004 年 10 月，姜堰水利局在中干河与古盐运河交汇处西北侧，建了一处河滨广场。河滨广场创意为：三水汇聚，紫气东来，人水和谐，国泰民安，辈出贤才。广场分 4 个景区，一是“入口广场景区”，该区有一巨石，上刻“擎天石”3 个字，意为大手擎起姜堰天地，为姜堰人民造福；二是“叠水广场景区”，通过“三水汇聚”“九龙归一”“小桥流水”“锦亭采风”“听涛品茗”“江楼远眺”“轻松山房”“天下第一棋”“石雕十二生肖”“水文化科普长廊”等10个景点来展示姜堰人民以水为乐、与水和谐的精神状态；三是“娱乐中心景区”，建有集品茗、休闲、会友、娱乐于一体的徽派茶社，总面积7000多平方米；四是“生态园林景区”，位于金水湾荷花池的南岸，以自然生态林为主，配以银杏树99棵，百棵缺一，寓意前人栽树，后人乘凉，既要乘凉，更要栽树，植树造林，永无穷尽。

图2-42　姜堰河滨广场

5. 滨河景观长廊

古盐运河滨河景观长廊是姜堰区委、区政府“2013年为民办实事”项目之一。这次整治的古盐运河河段总长2.5千米，东起东板桥，西至中干河市民广场，用地面积9.4公顷。整个滨河景观设计以姜堰文化为主脉，从忆事、忆人、忆物、忆水等4方面讲述姜堰的历史文化。西环南路至人民南路段为“忆事”段，表现古盐运河

图2-43　姜堰曲江楼转向东去

图 2-44　古盐运河流到姜堰坝口

段历史上繁荣的货运场景，以货运故事场景为主，穿插表现与古盐运河文化相关的吴王刘濞的历史故事，并建有健身苑、林下休憩处、游乐场、餐饮区、公厕等公共服务设施。西环南路西侧以及古田路北为“忆人”段，为历史人文典故展示区，建有励才堂、桃李园、百花苑等景点。前进路东侧以及西环南路东侧为“忆物”段，为历史风物景观展示区，建有青砖小瓦、高脊飞檐、曲径回廊以及亭台楼榭等古建筑群。“忆水”即生态水岸景观展示区，此区建筑物以茅亭、茅室、竹亭、竹廊、木建筑等原生态建筑为主，设置水车、石磨、鱼鹰捕鱼等农家活动，展示姜堰的乡土人情、农家生活。

姜堰古盐运河景观长廊，绿化面积 40 万平方米。该区曾组织大规模的义务植树及城区主次干道增绿、补绿活动，共栽植各类乔木 26000 多株。

6. 人民公园

姜堰于 2014—2015 年拓建了人民公园，使公园西临古盐运河，南临西姜黄河，占地 192 亩，园内湖光山色、花木扶疏、桥影清虹、曲水通幽，有乐舫、水榭、阳光草地、碧湖金沙、紫藤花架、荷花水苑、水漫瀑布、清风亭、阅湖亭、姜氏父子捐资治水雕像等景点以及环山健身跑道、儿童游乐区、老年活动区等。公园从水中、水边到廊道、土体（山体），全部种植了适合姜堰区自然条件的植物。其中，景观植物 106 种，水生植物 30 余种。整个公园的景观架构可以概括为“一心、两轴、两线”。其中“一心”

是指观景平台景观中心节点。“两轴”是指观景平台向公园内部的对景轴线及一条内街水系景观轴线。“两线”是指一条区块外边缘景观绿化带和建筑南区公园绿化的渗透带。

人民公园是姜堰城区旅游的核心节点，是一个展示姜堰传统休闲文化、运用休闲理念的复合型城市旅游综合项目，与北大街、体育公园、滨河长廊、曲江楼、南当铺、高二适纪念馆等景点构成一条完整的姜堰城区旅游线路，同时也是古盐运河水上游览线的核心区，与溱潼古镇、溱湖风景区、华侨城遥相呼应。

里下河安危系于运河堤

（公元前486—1857年）

泰州一半土地在里下河

泰州地处江苏中部，总面积为5787平方千米。按流域划分的水利分区原则，泰州是以原横贯东西的328国道为界的，泰州市北半部3089平方千米，含兴化全部、姜堰近半和海陵局部的地方，水利上将这块地方划在淮河流域的里下河地区。这里地势低洼，地面高程在真高1.5—5米（废黄河基面，下同）。其中，真高在3.0米以下的地方约占到80%。

里下河不是一条河

在“淮河流域的里下河地区”这句话中，人们知道淮河是一条河，其流域，狭义上是指淮河的干流所流过的整个区域。而在广义上，是指淮河整个水系的干流和支流所流过的整个地区。还有一种说法是指由淮河这个水系构成的集水区，是以淮河与黄河、长江分水岭为界限的一个由其内河流、湖泊或海洋等水系所覆盖的区域。而里下河，听起来好像和淮河一样，是一条名叫里下的河。其实，里下河并不是一条河，而是指一个特定的地域。但是，这个特殊的地域名称，又与一些河道名称是无法分开的。现代，一般人习惯将西起京杭大运河、东至串场河、北自苏北灌溉总渠、南抵新通扬运河之间，总面积1.17万平方千米的地方称为里下河。里下河这一名称的来源，有两种说法：一是，认为其名取自被称为“里运河”（京杭大运河淮河至长江段）之“里”字，和相对“里运河”而言，低水位的串场河，被人们称为“下河”之“下”字，组合而成。因此，里下河与京杭大运河这一段以及串场河关联度最大。二是，认为历史上这一名称，只与京杭大运河江淮段的名称有关。由于这段京杭大运河河西地势高于河东，且有白

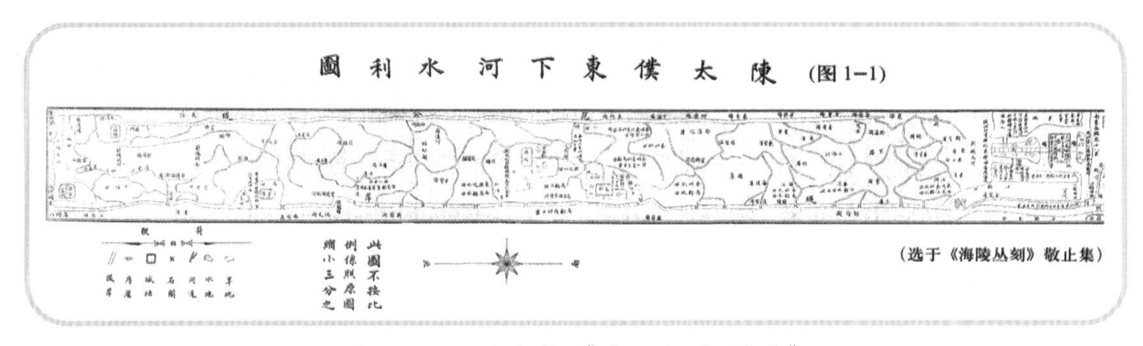

图 2-45　陈太仆《东下河水利图》

马湖、汜光湖（现称宝应湖）、高邮湖、邵伯湖等大片水域，这些湖的平均水位往往比河东的地面平均要高 3—5 米，宋代就有“筑堤界水，西谓上河，东称下河”的说法。明代，太仆寺少卿陈应芳在其著作《敬止集》中所绘的《东下河水利图》标题中“东”字所指，即为京杭大运河江淮段以东之“东”。该图绘制的范围为：西至京杭大运河，东至海边范公堤下的串场河，北至入海口云梯关（古属淮安府山阳县今属盐城市响水县）

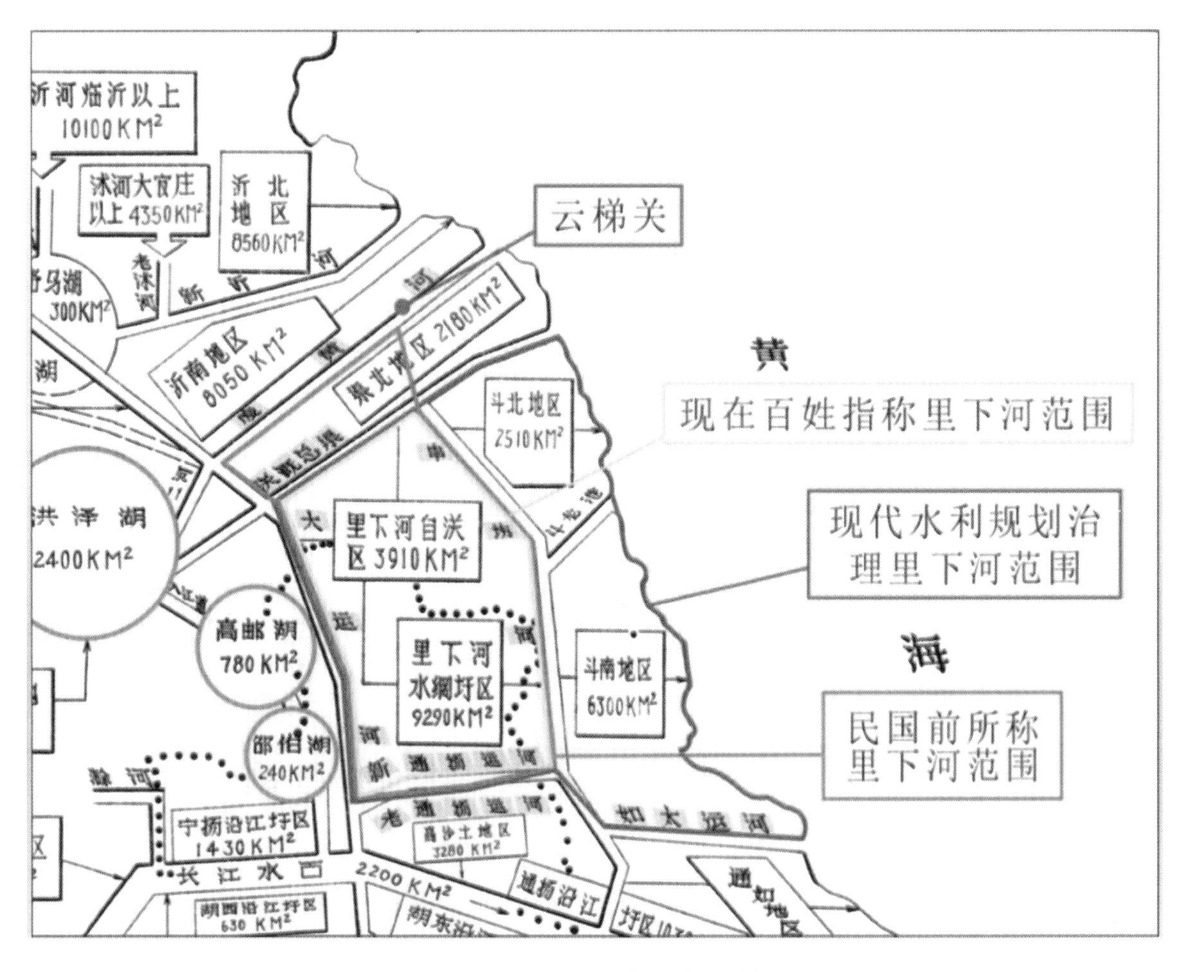

图 2-46　里下河范围变化情况示意

向西的黄河（黄河夺淮前的淮河）和南至古盐运河（老通扬运河）之间。清代康熙年间，吏部尚书张玉书在其所编的《治河方略》中将江淮段大运河称为里运河，至民国期间，就出现了“里下河”这一地名。认为里运河之东的“下河”地区，就是里下河。其时，里下河范围包括苏北灌溉总渠以北至废黄河之间的渠北地区以及新、老通扬运河之间的地方，所称里下河的面积为 1. 53 万平方千米左右。由于宋代以后，江苏北段黄海岸线仍在不断东移，范公堤外又涨了大片土地，人们又在其上开垦种植，范公堤外新开垦的这片土地被称为垦区。因这一区域地面高程还略低于历史上认为的里下河，同样是洪水走廊，且又被串场河流域的百姓称为“下河”。新中国成立后，江苏水利业界又将这部分地区也纳入里下河规划治理范围，使里下河的面积扩到 2.13 万平方千米以上。整个里下河地区，一马平川，没有一座山，故又被称为里下河平原地区。

里下河的“下河”串场河

被里下河地区的人称为“下河”的河大名叫串场河。是范仲淹在宋天圣元年（1023）至天圣六年（1028）修捍海堰，在堤西取土筑堤时，挖土形成的坑塘，最初被当地人称为“堆河”，后逐步勾连整理出一条南北向连贯的河道。后来，经历代逐步拓浚整理成为北通阜宁、南至海安、总长达 150 多千米的大河。此河将苏北南北向分布的各大盐场都串通起来了，极大地方便了盐运，因此盐民们将此河称为“串场河”。串场河不仅可通盐场运盐，还能将里下河地区的涝水通过捍海堰堤身的涵闸，经相关入海河道东排出海。由于串场河是一条低水位的河道，长年平均水位仅 2.0 米左右，故串场河又被称为“下河”。

里下河的“上河”里运河

由于里运河与里下河关系极大，里运河稍有变故，里下河必遭大难。为此，有必要深化了解一下里运河。

（一）邗沟

里运河，是指春秋时代吴王夫差于哀公九年（前 486）开挖的邗沟与明永乐年间所开清江浦河加起来的合称。吴王夫差为了北上伐齐争霸中原，从今扬州西长江边向

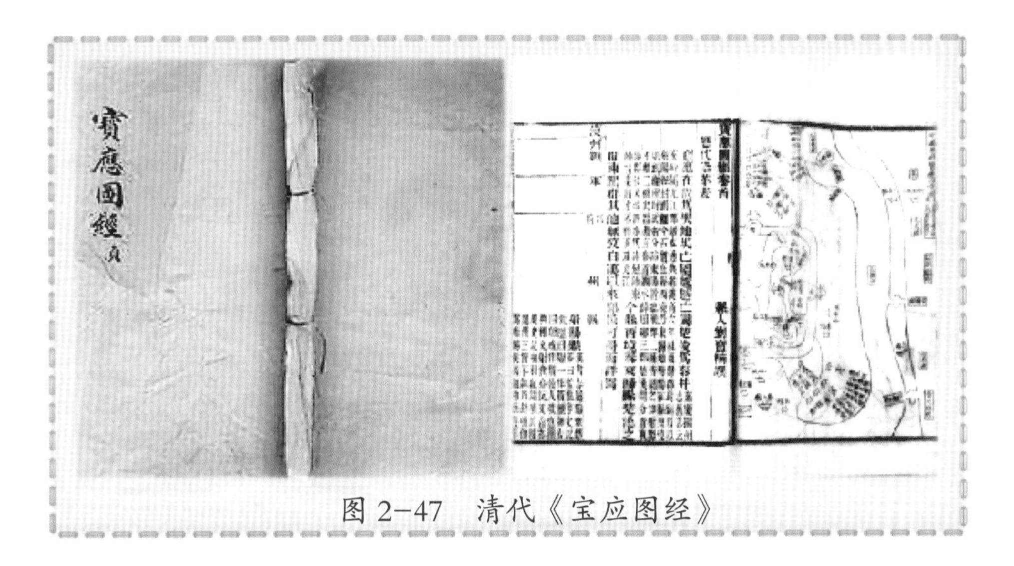

图 2-47　清代《宝应图经》

东北开凿运道，沿途拓浚沟连自然河湖，直至射阳湖，在淮安旧城北五里与淮河连接。这条河，大半利用天然湖泊沟通，史又称邗沟东道。因邗沟底高，淮河底低，为防邗沟水尽泄入淮，影响航运，故于邗沟、淮河相接处设堰。当时，因地处北辰坊，故名北辰堰，后来才改称“末口”。清代《宝应图经》一书较为详细地记录了历史上邗沟在宝应段的13次变迁，其中《历代县境图》有一幅名为“邗沟全图”，图上清晰地标明了当年邗沟流经的线路：从长江边广陵之邗口向北，经高邮市境的陆阳湖与武广湖之间，再向北穿越樊梁湖、博支湖、射阳湖、白马湖，经末口入淮河。邗沟，由于历史悠久，随着河段的变化、地域的划分、时代的不同及因人而异，记载的名称各有不同，明代把“通州至仪征瓜州水源不一，总谓之漕河，又谓之运河” 也称为里河，其谓“里河”缘于 “江船不入海而入河，故曰里也（见《漕河图志》）[1]”。

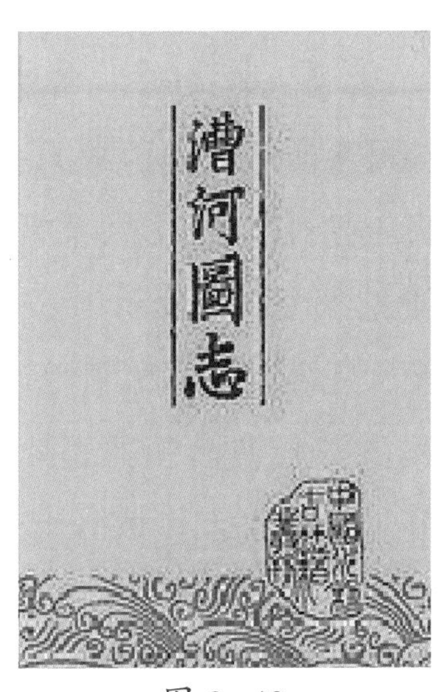

图 2-48

（二）邗沟与大运河

邗沟是京杭大运河中的一段，京杭大运河是世界上最早开凿的运河之一，邗沟又是京杭大运河中开挖得最早的一段，距今已有2500多年。之后，在我国的大地上，有战国时期魏国在中原地区开的鸿沟，三国时期曹魏在华北平原开的白沟、平虏渠、利

❶ 王琼．漕河图志［M］．姚汉源，谭徐明点校．北京：水利电力出版社，1990.

漕渠，孙吴在江南开的破岗渎。但，这些运河规模不大，互不连贯，又时兴时废，一直没有形成完整的水运系统。隋代，隋文帝统一中国后，为了进一步巩固其对全国的统治，发展江淮漕运，增强北方边防力量，从隋文帝开皇四年（584）到隋炀帝大业六年（610），历20余年，充分利用了过去所开运河和天然河流，举全国之力，大兴以开挖和沟通、拓浚人工运河为主的水利工程。隋开皇四年（584）先开广通渠（实际上是对西汉所挖的漕渠，重新拓浚挖深）；大业元年（605），以更大规模组织民力，开挖通济渠（也称汴渠），同步拓宽邗沟；大业四年（608），又由黄河开永济渠通涿郡（今北京），成为东西向的大运河的新道。新道和旧道不同，除拓展了各段外，还形成多汊南下水系。不仅以通济渠代替了古汴渠，直接入淮，还打通了泗水入淮河的通道，东接邗沟南下。再后二年，又整修江南运道，终于凿成和疏通了以国都洛阳为中心、北抵河北涿郡、南达浙江余杭的运河大水系。这样，自长安由广通渠，经黄河、通济渠、淮水、邗沟，过江由江南运河至杭州。此时，全国运河长达2000多千米。至元代，元世祖忽必烈统一全国后，定国都于大都（今北京），为了控制南方并更多地吸收江南财富，又开凿了济州河、会通河、通惠河等运道，这些工程，多半是将隋代所挖南北大运河裁弯取直，大大缩短了北京至杭州的距离，使大运河直接贯通南北，也使前代呈多汊型分布的运河，转变为单一线型的大运河，使大运河起于北京，纵贯半个中国，沟通了海河、黄河、淮河、长江、太湖、钱塘江等六大河湖水系，全长为1794千米，直抵杭州，成为世界上最长的线型人工运河。元代线型大运河奠定了南北京杭大运河的基本走向及规模，更加直接地把南北方各大经济区联系起来，成为中国运河变迁史上自隋代以后，又一次重大转变。

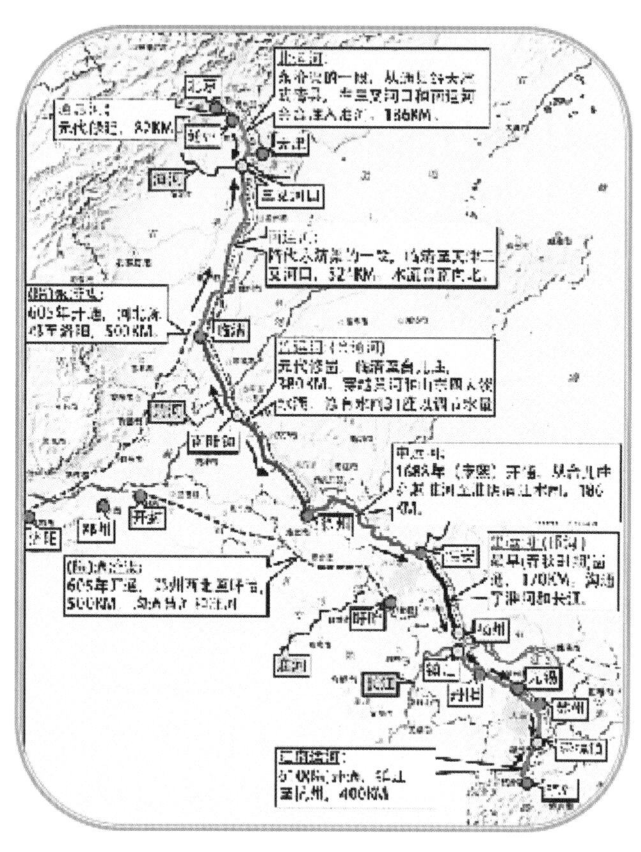

图 2-49　京杭大运河分段开挖时间示意

大运河功过是非

图 2-50

（一）大运河之“功”

唐及宋代前期，江淮之间由于自然条件优越带来了稻麦飘香、桑麻披绿、人丁兴旺。白居易在《朱陈村》诗中写下了：“徐州古丰县，有村曰朱陈。去县百馀里，桑麻青氛氲。机梭声札札，牛驴走纭纭。女汲涧中水，男采山上薪。县远官事少，山深人俗淳。有财不行商，有丁不入军。家家守村业，头白不出门。生为村之民，死为村之尘。田中老与幼，相见何欣欣……亲疏居有族，少长游有群。黄鸡与白酒，欢会不隔旬。生者不远别，嫁娶先近邻。死者不远葬，坟墓多绕村。既安生与死，不苦形与神。所以多寿考，往往见玄孙。……”这里的百姓安居乐业，男耕女织，其乐融融，人多长寿的景象。《宋会要辑稿 ·食货》记载：淳化四年（993）江淮岁运米至汴京、咸平、尉氏、太康等地区达 150 万石，与两浙路并列第一[1]。

隋炀帝杨广开挖运河的动机，不仅是为了南粮北运，更是为了到扬州看琼花。从这种说法上也可以看出，隋炀帝固然穷奢极欲，但也反映出他思想的前卫，他可谓是全世界第一个能从旅游角度去综合思考开挖运河的人。由于以上的原因，虽唐代“安史之乱”后，全国人口普遍下降，但苏北里下河地区人口却大幅上升。当时衣冠士庶，多避地于江淮，韩愈《考功员外卢君墓铭》有句：“当是时，中国新去乱，士多避处江淮间”。《旧唐书 · 地理志》也记载，扬、楚两州，从唐初到天宝年间 120 多年，人口分别增长了近 4 倍和近 9 倍。其原因虽多，不能不说其中是有兴办大运河等水利工程之功。难怪唐代诗人皮日休在《汴河怀古二首》中喜吟“万艘龙舸绿丝间，载到扬州尽不还。应是天教开汴水，一千余里地无山。尽道隋亡为此河，至今千里赖通波。若无水殿龙舟事，共禹论功不较多。”皮日休的诗，充分肯定了大运河对南北沟通、发展经济、繁荣文化所起的作用，并客观评价了隋炀帝的历史功绩。虽然，他的诗是

[1] 徐松 . 宋会要辑稿［M］. 刘琳等点校 . 上海：上海古籍出版社，2009.

想把杨广水殿龙舟下江都游乐的事剥离出来，去赞美杨广。但他绝想不到，此河的开挖，沿线日后形成了十多座名享中外的文化旅游城市，成为我国发展旅游业的宝地，同样也是隋炀帝开挖大运河的历史贡献之一。

（二）京杭大运河之“过”

扬州、泰州两市的里下河地区以及串场河以东盐城、南通的沿海垦区，既受益大运河带来淮水灌溉之利好，也难免不时会遭遇到黄淮暴雨，洪水下泄致使大运河破堤所造成的灭顶之灾！其实，这些灾害主要缘于历史上的黄河入淮，乃至“黄河夺淮”造成的。据历史记载，从西汉文帝十二年（前168）至北宋熙宁十年（1077），大的黄河入淮7次，至南宋建炎二年（1128），宋东京留守杜充为阻金兵，在河南滑县以上的李固渡“决黄河，自泗入淮”后，金统治者，也效法这一行为，希望以水代兵，借黄河的洪水侵扰南宋，于明昌五年（1194），在阳武（今河南原阳县）决开黄河大堤，致使暴虐的黄河在无遮无挡的淮北大平原，一泻千里，抢去淮河入海的水道，淮水南压，洪泽湖饱溢，洪水下压高邮湖、宝应湖，危及运堤。只要运堤溃决，里下河定遭灭顶之灾。泰州市的兴化、溱潼是里下河地区三大洼地中的两大洼地。里运河与上游的洪泽湖，淮扬的宝应湖、高邮湖、邵泊湖又是交融互通的，里运河常年平均水位在真高6.5米左右，历史上曾出现过最高水位达真高9.46米；洪泽湖湖底高程为真高10—11米，洪泽湖历史最高水位曾达真高16.9米；高邮湖、宝应湖湖底高为真高4.5—5.5米，高、宝两湖历史最高水位与里运河相同。这些河、湖，相对真高仅在1.5—5米的里下河地区来说，就好似人在头顶上顶着几个大水盆，稍有不慎，水一下来，就会酿成大小不同的水灾。翻开史书，不少条目这样记载着：

宋光宗绍熙五年（1194）。黄河在河南原阳武县决口夺淮，淮水全流南泄，从此里下河地区深受旱涝灾害，淮田多沮洳。

宋宁宗开禧元年（1205）。九月，淮水泛滥，兴化境内死者几乎一半。

明万历二十三年（1595）。里下河大水，民居田禾，荡析殆尽，兴化“大水围城，闾阎骚然，十去九死”。

明崇祯四年（1631）。夏，淮黄交溃，高（邮）、宝（应）运堤大决，滔滔洪水直灌兴化、泰州等地。加之淫雨倾盆，数日之内，兴化水深2丈（6.67米），千村万落，漂没一空。

明崇祯五年（1632）。八月，淮河堤大决，兴化及高、宝、盐为壑。

清康熙七年（1668）。高邮清水潭决，兴化环城水高2丈，淹死民众无数。

清康熙十五年（1676）。五月，大风雨，黄河、淮河汛涨，洪水蜂拥下河，兴化水骤涨丈余，舟行市中，汪洋600余里。自堤以东，茫无际涯。漂没县民、庐舍不计其数。

清乾隆七年（1742）。运河堤决、大水，一昼夜直抵捍海堰。兴化城中水深数尺，漂没民众和房屋无数。

清乾隆十八年（1753）。七月，车逻坝石脊封土前后决开60余丈，诸坝齐开，里下河地区农田尽淹。

清嘉庆十一年（1806）。六月，邵伯荷花塘决，漂没下河地区田庐无法计算。岁大歉。

清道光六年（1826）。六月，淮水涨溢。三十日，高邮5坝齐开，下河田庐尽被淹没，兴化城内积水2丈余，可乘舟入市。姜堰镇至海安镇一带较高地带亦淹入水中，村庐漂荡，民人四散，百年未见。

清道光十一年（1831）。六月十八日，运河马棚湾决，次日，张家沟复溢，下河

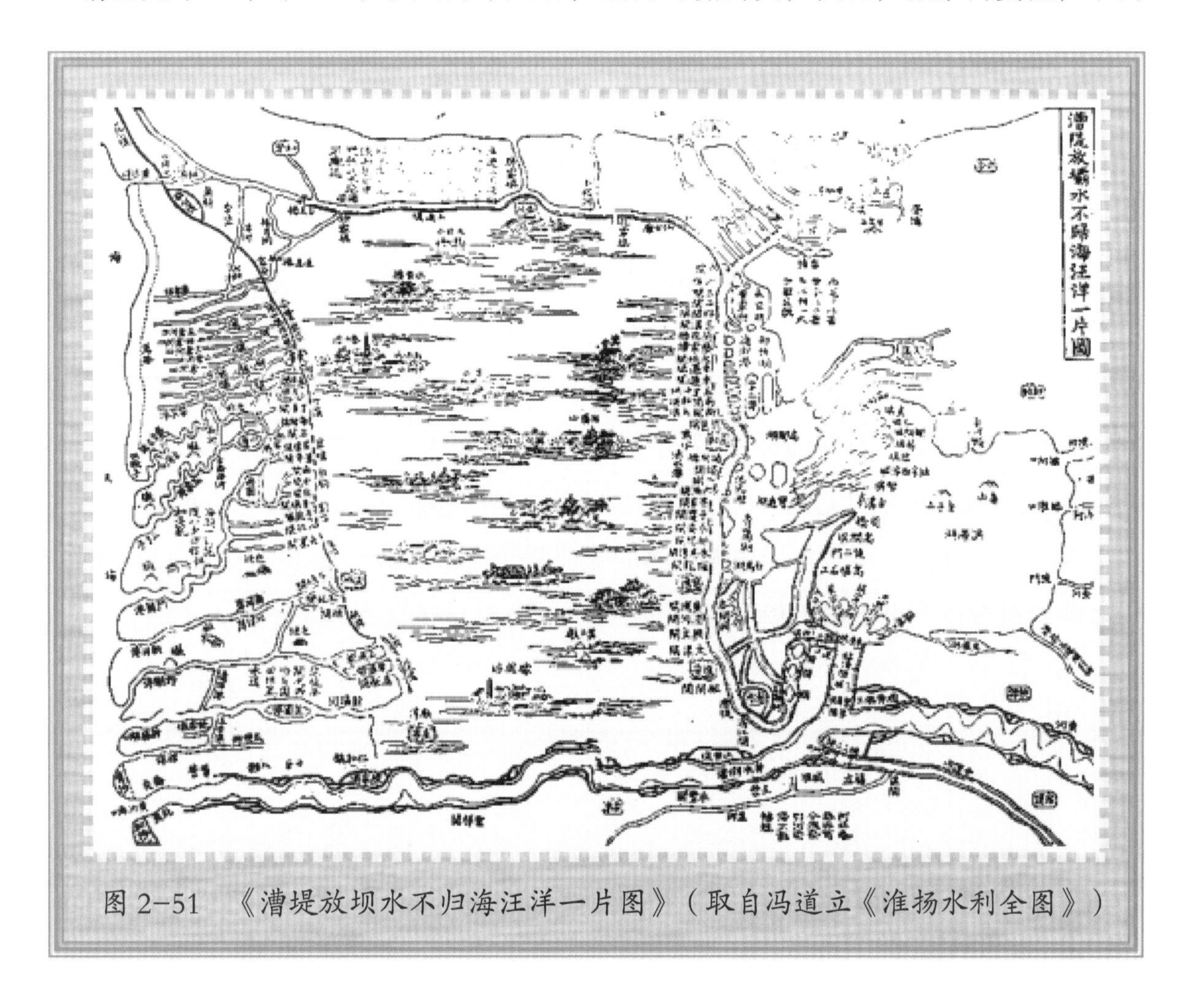

图2–51　《漕堤放坝水不归海汪洋一片图》（取自冯道立《淮扬水利全图》）

地区田多淹没。两淮各场水灾，两江总督陶澍奏拨盐义仓谷10余万石[1]，赈济煎丁、运户、捆工。兴化大水，乡民逃亡过半。

清道光二十八年（1848）。六月，久雨且大风，洪泽湖大涨。二十四日，开车逻等4坝泄水；七月二十八日，又开昭关坝。大批登堤保坝农民遭清政府枪杀。兴化、泰州等地一片汪洋，数十万农民流离失所，纷纷南渡。

同治五年（1866）。六月二十七、二十八日，先后启车逻坝、南关坝。兴化东乡8圩先后被冲破，农田庐舍被淹殆尽，人畜溺毙无数。秋，湖水盛涨，清水潭决。下河地区田庐漂没，禾稼尽淹。

光绪三十二年（1906）。秋，泰州大雨，高邮湖涨溢，车逻、五里等坝俱开，下河地区农田、民房尽数淹没，三麦不能下种。

民国5年、洪宪元年（1916）。七月中旬，大运河水涨，启车逻坝。二十七日，南风怒吼，雷暴雨至，高宝河湖顶涨。里下河地区破圩，洪水冲没田舍不计其数。

民国10年（1921）。八月十二日，开车逻坝，后继启南、新两坝，兴化全境尽入水中，平地水深四五尺[2]，城内仅县署四周未淹没，直至岁暮河港始复。

民国20年（1931）。六月下旬，境内连续风雨，江淮并涨。七月十一日，兴化暴雨，全县半数田地被淹。八月三日至五日启高邮南车逻、南关大坝及新坝，水势建瓴而下，兴化全境成灾。八月二十五日，兴化狂风暴雨，运河大堤溃决27处。一昼夜，兴化全境淹没，一片汪洋，水位最高时达4.6米，百姓死亡无数。至次年春，此水未退，夏季无麦收。八月，里运河堤决。泰州城区西仓、城北一带，舟泊往返无阻。全泰县淹没农田150万亩以上，毁坏房屋10万余间，灾民40万人，死亡300人，下河地区淹死2500多人，为百年罕见之灾。

这是有记载的，还有未能记入史书的呢？看了这些记载，能不令人触目惊心吗？

因此可以说：里下河安危尽系运河一堤。

---

[1] 古代计量单位，一石≈120斤。

[2] 1尺≈0.333米，下同。

靖江成陆孙权牧马骥江

（238—1627年）

靖江成陆

靖江成陆当有马驮沙成陆、南部小沙群变化以及老岸、沙上并陆几个过程。

西汉前，靖江史上无考。

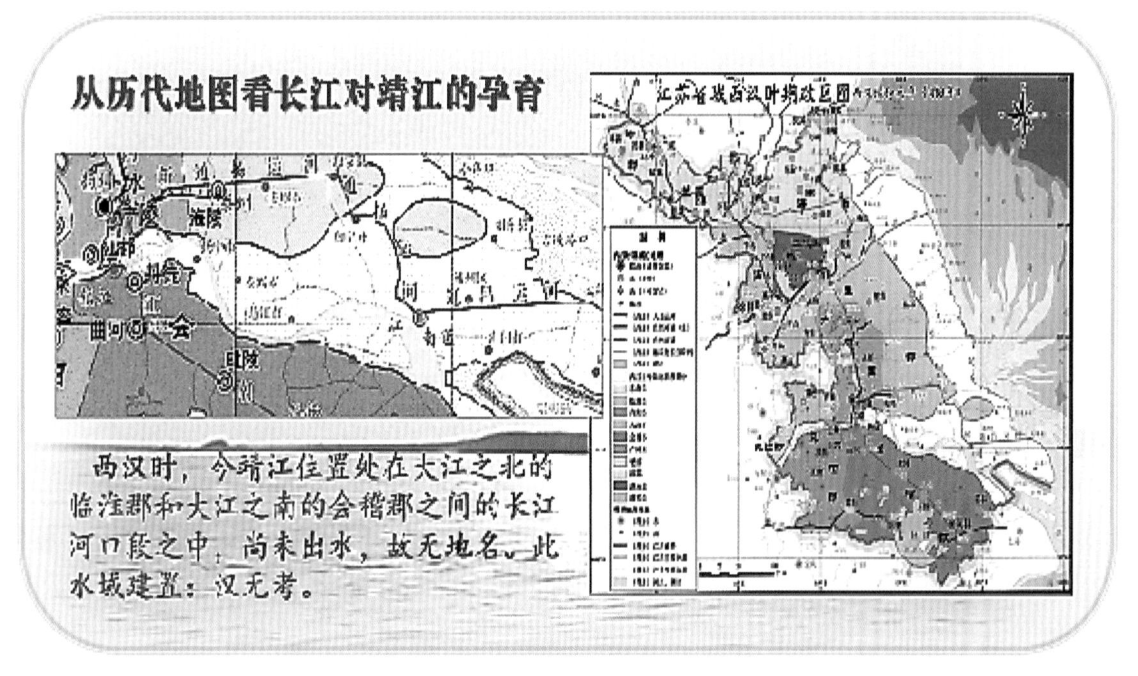

图 2-52　长江对靖江的孕育

（一）马驮沙成陆于汉代以前

靖江成陆是一个渐变过程，随着大海岸线的东移，长江河口段下移而逐步生成。据明隆庆三年（1569）刻印本《（嘉靖）新修靖江县志》卷一“疆域”篇记述：“靖江县本杨（扬）子江中一洲，旧呼马驮沙。其地中分为二，曰东沙、西沙。”接着交待行政隶属关系：“汉以前无考。隋唐时属泰州海陵吴陵县境。宋隶泰兴县。元因之。

我（明）朝初隶江阴……”[1]。这段文字，对靖江历史上自隋代起的行政隶属关系交待得非常清楚。靖江在隋唐时属泰州海陵吴陵县境，宋代隶泰兴县，元代仍隶泰兴县，明初隶江阴。隋代以前行政隶属未写，但交待了“汉以前‘无考’”，说明到了汉代，就是有考的，是江中一洲，叫马驮沙。洲者，水中的陆地也。也就是说，马驮沙汉代已是水中陆地，其成陆过程，应在汉代以前，只是至隋代，才划定行政隶属关系。从该志的字里行间，可以非常清晰地看出，其编者是有据则记，无据则予以说明“无考”，编者的态度十分严谨。马驮沙汉代以前成陆说，与同济大学海洋地质系三角洲

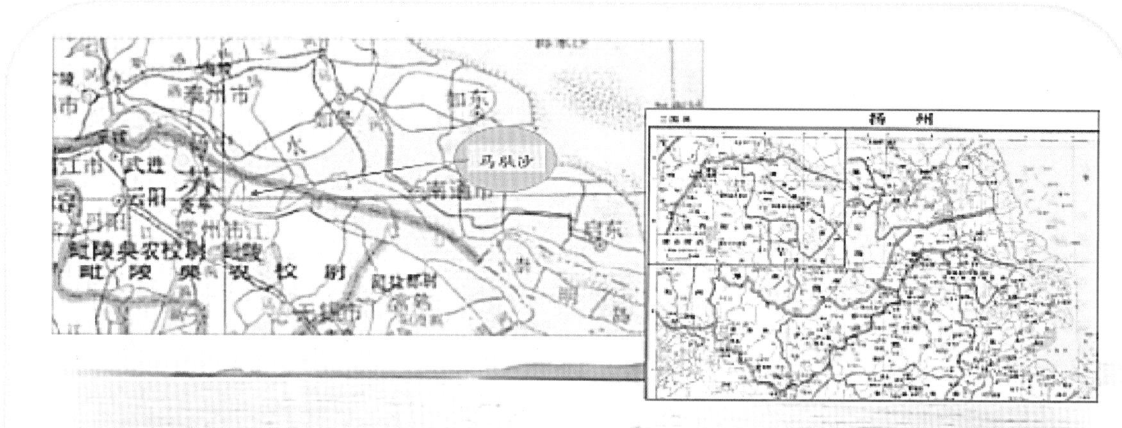

三国时，今靖江位置处在大江之中，已初见轮廓。在吴海陵与毗陵之间，靖江历代志书均载有《广陵志》之称“牧马大沙”为“马驮沙”之地名。

图 2-53　靖江初见

科研组“长江三角洲发育过程和沙体特征”研究成果是吻合的。该研究成果认为，距今 6500—4000 年黄桥亚三角洲发育后，其南汊道的河口沙坝逐渐发育成金沙期亚三角洲（参见本书“沧海桑田三水孕育泰州”篇）。长江年均输沙量 4 亿—9 亿吨，一般年份有 28% 的泥沙在长江中沉积，个别年份高达 78%，三角洲不断向东、向海延伸。长江以北扬州市、泰州市、泰兴市、如皋市一带的古沙嘴是冰后期（是指第四纪最后一次冰期，即晚更新世冰期，距今 1 万年左右的时期开始）最高海面稳定后逐渐发展起来的。到距今约 2000 年时，北岸沙嘴已伸到启东的廖角嘴。这当然更包括其间更早形成的靖江马驮沙和如皋等地。更何况，历史上早已有汉初吴王刘濞所开的、自（广陵）

❶泰州文献编纂委员会 . 泰州文献—第一辑—⑨（嘉靖）新修靖江县志［M］. 南京：凤凰出版社，2014.

图 2-54　“白马驮沙”

茱萸湾达（靖江下游）如皋县的磻溪、白蒲的邗沟支道之准确记载。

（二）马驮沙即牧马大沙

《（嘉靖）新修靖江县志》，在记述了马驮沙距四周相关地方的距离后，又作了如下记述：“沙，本以海潮逆江依孤山之麓渟聚成壤。广陵志谓：赤乌年间有白马负土入江，遂起。此洲嘉靖三年（1524）知县易东桂干，循行至西沙焦山港坍处，得一断碣，其文不续，但云：此沙乃吴大帝牧马大沙。隔江一洲，为牧马小沙。此土之来已远。广陵志方言呼大为驮，讹牧为白，书之不可尽信也。”[1]写的是1524年，靖江知县易干到沿江视察，来到西沙焦山港坍江处，发现了一块断碑，有的地方文字模糊不清，读不连贯，但从上面仍可以读到的文字中发现：“此沙乃吴大帝牧马大沙。隔江一洲，为牧马小沙”。易干认为，这块土地来源应该比较久远了，“白马驮沙”的说法恐怕不能相信。而是因靖江的方言呼“大”为“驮”，误“牧”为“白”，将吴大帝时的“牧马大沙”，讹传为“马驮沙”了。这段内容记的是1524年的事，距刻印此志的1569年，仅仅是45年前的事，而且记述的是看到碑上文字后，否定《广陵志》之“白马驮沙”用传说入志的一段，认为“书之不可尽信也”。编者以真人的实事，对用传说入志之存疑态度，进行了较为完整的记述，是严谨的。此志编写者的严谨，还表现在他所记

[1]泰州文献编纂委员会．泰州文献—第一辑—⑨（嘉靖）新修靖江县志[M]．南京：凤凰出版社，2014.

述四境与邻县的距离后，用小字加注，系“今虽改正，亦信舟人往返相传之说，并有所稽度也”[1]。认真地交待引用这些距离里程的出处。

在易干发现此碑后的第95年，《明万历重修靖江县志》“古迹志”中记有“紫薇宫－三国吴赤乌年造，见前志”《光绪靖江县志·名胜篇》内专设了“赤乌碑”条目，记有“……始正牧马大沙之名，题咏者甚众”，并说明此碑被藏于紫薇宫（三国吴赤乌元年建）。从这些记载中可以看出，先有吴大帝牧马，靖江才有马洲、骥江、骥沙、骥渚、牧城等与马相关美名。但，因讹误相沿已久，省、郡所编志书仍称马驮沙。何况江阴距吴国国都建业（南京）相对还是较近的，吴国当时因连年战争，人口虽不算多，但沿江一带人口还是相对较为密集的，农耕发达，不少地域跨长江两岸，沿江都要有一定军事力量布防，利用未开发农耕、草源丰富的长江之洲放马，应在情理之中。

汉时，牧马大沙处于四面环江，且“隔江一洲，是牧马小沙”，说明汉代，不仅牧马大沙已成陆，而且隔江的一块小沙也成为能牧马陆地了。此志还专门附图于书前，图中不仅画出了牧马大沙，还绘出了牧马小沙，且作了文字的“疆域图说”。因此，

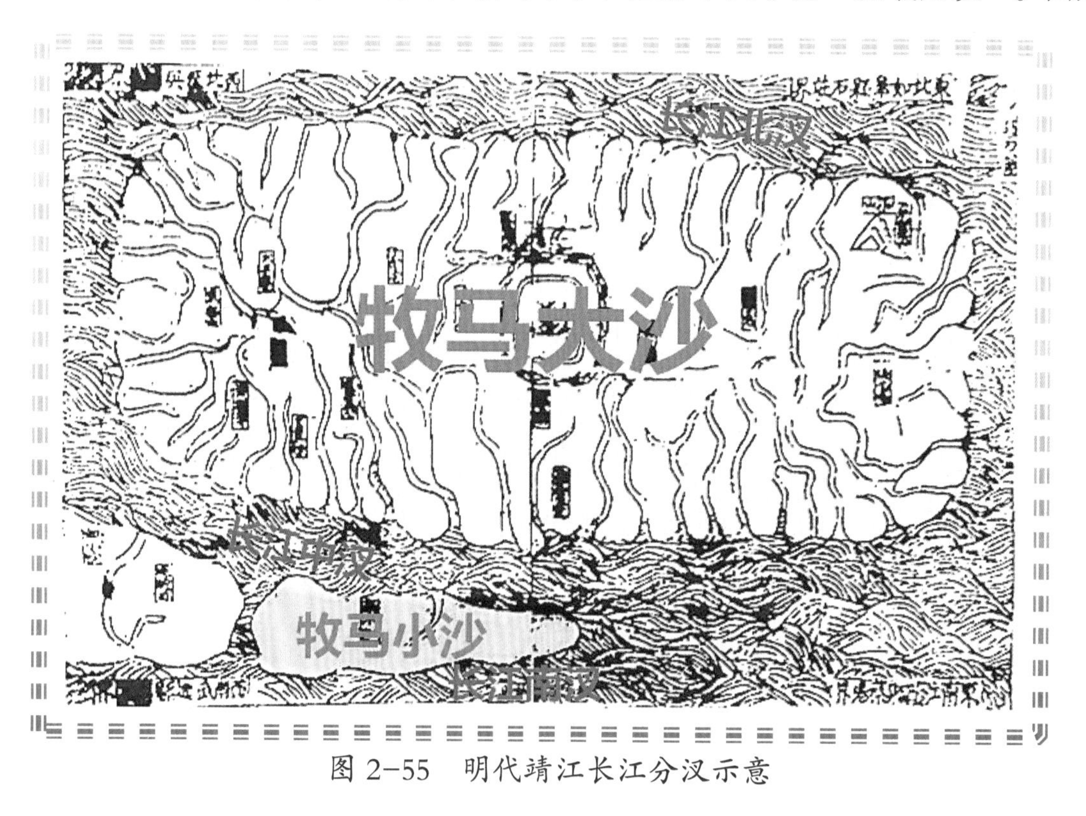

图 2-55　明代靖江长江分汊示意

[1] 泰州文献编纂委员会．泰州文献—第一辑—⑪（光绪）靖江县志（一）［M］．南京：凤凰出版社，2014.

可以说这段文字记载是真实的。

虽《（嘉靖）新修靖江县志》对马驮沙即牧马大沙，做了交待，其后的有关志书如光绪五年（1879）《靖江县志》卷三“舆地志”所列第一个条目，仍沿用先以马驮沙之称呼进行记述的：“三国吴赤乌年间（238—250），马驮沙涨于扬子江[1]”。省、郡所编志书，沿用靖江名称之前，这块地方先以马驮沙称之。至新中国成立后所编的《靖江县志》大事记，开篇则采用了“吴赤乌元年（238）前，扬子江海口‘百里之洲隆起’时为吴主孙权牧马大沙。据前人辨析，因吴语‘大’‘驮同音’，遂讹为马驮沙[2]”先以牧马大沙称靖江这块地方之说，是更为合理的写法。

南部小沙群变化

此志除记述了牧马大沙和牧马小沙之外，还记有：“十洲，自东绕南至西，联络起伏，或大或小，曰面条沙、东开沙、尹家沙、官沙、段头沙、南沙、西小沙、孙家沙、新沙、团沙。今多涨起，相连广袤，次于大沙，居民加密焉！”[3]从《不同时期江苏海岸线变

图 2-56 隋唐时期靖江

迁图》可以看出，公元600年前后的隋唐时期，长江靖江（马驮沙）段开始淤积、收缩，这10个小沙逐步生成，也造成长江河口段逐步下移。其间，这些小沙时涨、时坍，但

[1] 泰州文献编纂委员会．泰州文献—第一辑—⑪（光绪）靖江县志［M］．南京：凤凰出版社，2014.

[2]《靖江县志》编纂办公室．靖江县志［M］．南京：江苏人民出版社，1992.

[3] 泰州文献编纂委员会．泰州文献—第一辑—⑨（嘉靖）新修靖江县志［M］．南京：凤凰出版社，2014.

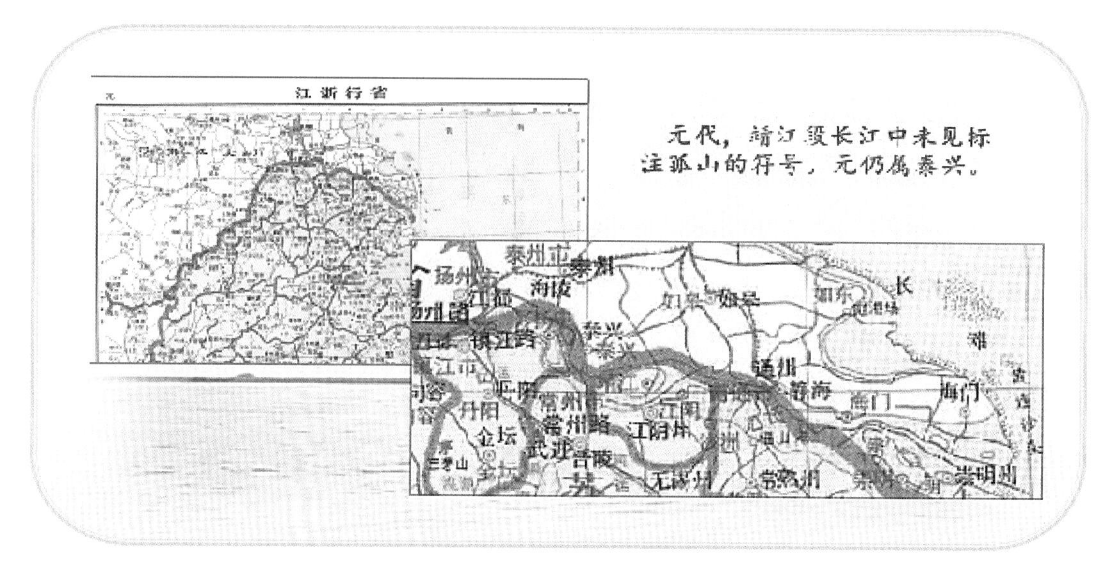

图 2–57　元代靖江

从总的发展趋势来说，是淤涨大于坍落之势。

《（万历）重修靖江县志–疆域志》中记述：“旧有十洲，……今惟东开沙与邑联壤，西小沙仍故名，南沙间称鹤洲，若孙家沙则改称复土，团沙改称洪沙，新沙改称三沙，段头沙改称崇让沙矣！改称皆以坍而复涨，故其云。崇让志悉争也！至于尹家沙、官沙、面条沙，侵于强县，易名久矣！[1]”时至明万历前，由于涨坍变化，有5个沙的名称改变；

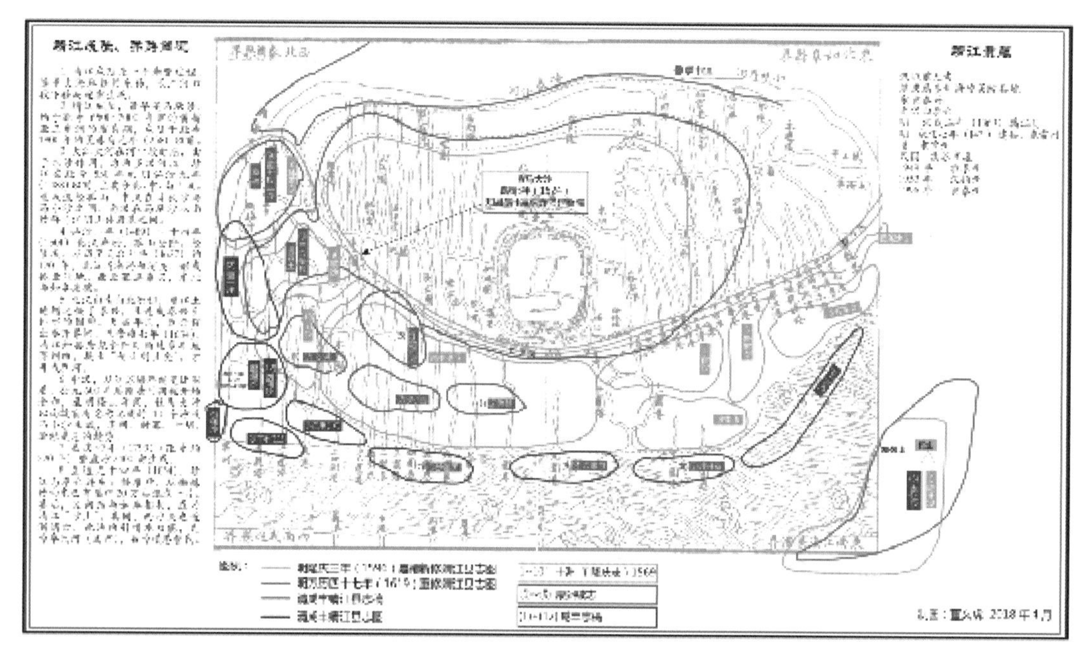

图 2–58　靖江成陆、并陆及长江靖江段北汊、中汊消失情况示意

[1] 泰州文献编纂委员会．泰州文献—第一辑—⑨（万历）重修靖江县志［M］．南京：凤凰出版社，2014.

有3个沙因邻县占据，亦易名；1个沙并陆，1个沙保留原名。至《（咸丰）靖江县志稿》中所记又有变化："陈志曰：旧有十洲，……国（清）朝新增沙名：天福沙、新开沙、自来沙、康莊沙、永丰沙（以上5沙均加注方位和坍没）""刘闻沙。注：在邑之极西，嘉庆四年突起江心，以磨盘沙名归刘闻段，告升二千四百亩。此外涨滩召变。至道光十四年，与泰兴连成洲接壤，有界河以限之。西起自蜘蛛沙，陆续涨过邑域，连老岸。而东段名数十，统名刘闻沙。承买各业户垦田约二十万亩有奇。嗣后，涨连如皋南江口，疆界可复其旧"[1]这段文字讲的是嘉庆四年（1799）磨盘沙生成和至道光十四年（1834）与泰兴连成洲接壤；这段西从蜘蛛沙起，各沙淤涨相连，并与老岸（牧马大沙）相连，直至如皋南侧的江口，统一称刘闻沙。当时，能用于垦殖的农田已达20多万亩。此沙，即现在靖江所指的"沙上"。

老岸、沙上并陆

长江靖江段北汊从明弘治二年（1489）起，淤积速度加快，至弘治十四年（1501），孤山登陆。经隆庆、万历，至天启七年（1627）约120年的淤涨，北汊基本消失，牧马大沙完成并陆过程，西北涨连泰兴，东北与如皋接壤，中段形成孤北洼地。

《（咸丰）靖江县志稿》记述了"邑遗老朱家栻曰：邑环水而国，其四履沧桑变迁不常，今昔不必尽同也！邑之故土，邑西南二十五里，邑东南三里，江水限焉。俗名曰悏。是曰西沙悏之东北三十二里而抵于江，至嘉靖间始合为一壤，是曰东沙。此邑东西沙六十里之制所由定也。其南北皆距江十里许，邑之外附者：一曰南沙，亦名鹤洲；一曰西小沙，藐焉撮土耳，邑之旧疆。[2]"这段记述讲明了几点：一是，靖江是由四面环水的沙洲淤涨而成的，古代和当代的四址是不同的；二是，靖江老岸（牧马大沙）南部的沙上分西沙和东沙两大块，中间由西沙浃分开；三是，西沙在县城南面，向西长25里、向东3里（邑西南二十五里邑东南三里），西沙共长28里；浃之东北为东沙，长32里；东西沙合长60里，南北宽10里许；四是，其时，由众多小沙群淤涨合成西沙、

[1] 泰州文献编纂委员会．泰州文献—第一辑—⑩（咸丰）靖江县志稿［M］．南京：凤凰出版社，2014.

[2] 泰州文献编纂委员会．泰州文献—第一辑—⑩（咸丰）靖江县志稿［M］．南京：凤凰出版社，2014.

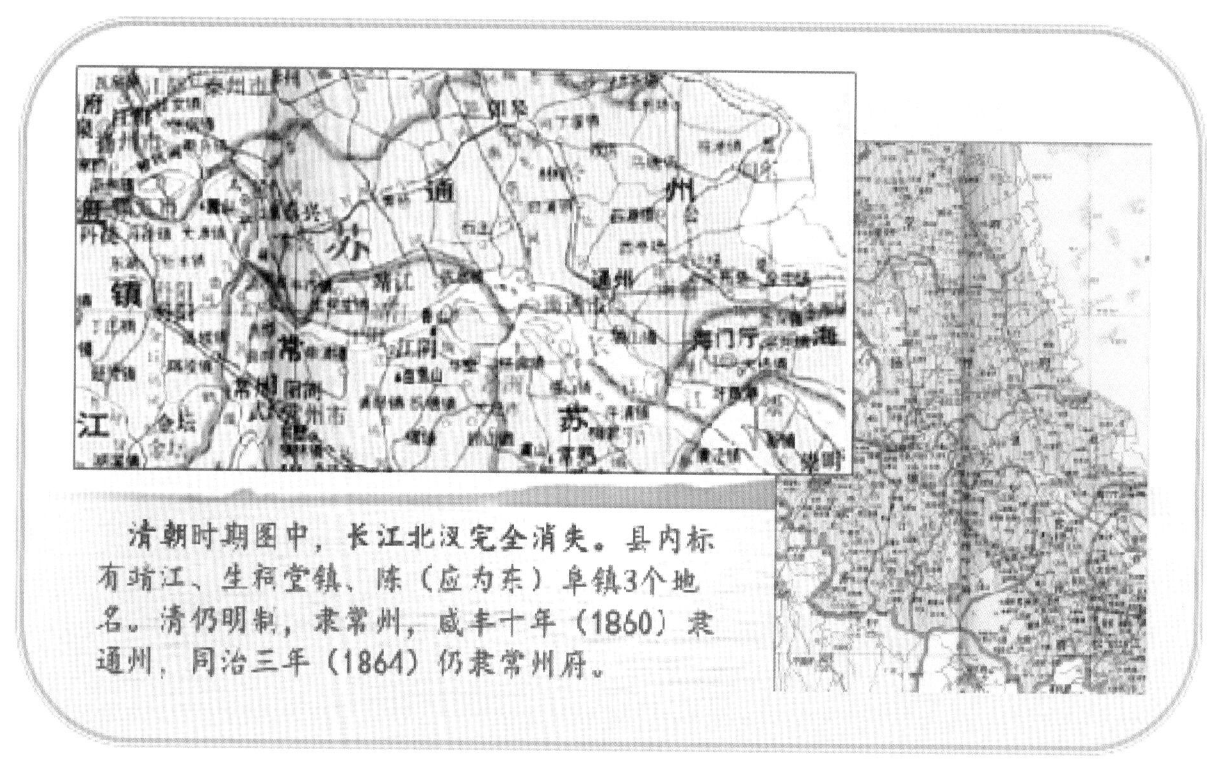

图 2-59　清代老岸、沙上并陆

东沙时，同步也将老岸与沙群之间的长江中汊一并涨平，南北相连，使东西沙与老岸并陆；五是，其时在东西沙外面的南沙（鹤洲沙）、西小沙尚未并陆；六是，嘉靖间，西沙洟消失，东西沙相接，形成一个完整的沙上板块。

淮南道李承修筑常丰堰

（766—779 年）

1995 年 6 月版《兴化市志》记载“767 年（代宗大历二年）淮南节度判官李承主修捍海堰（亦称常丰堰），自盐城入海陵，长 200 余里。堰西之地（含今兴化市境）

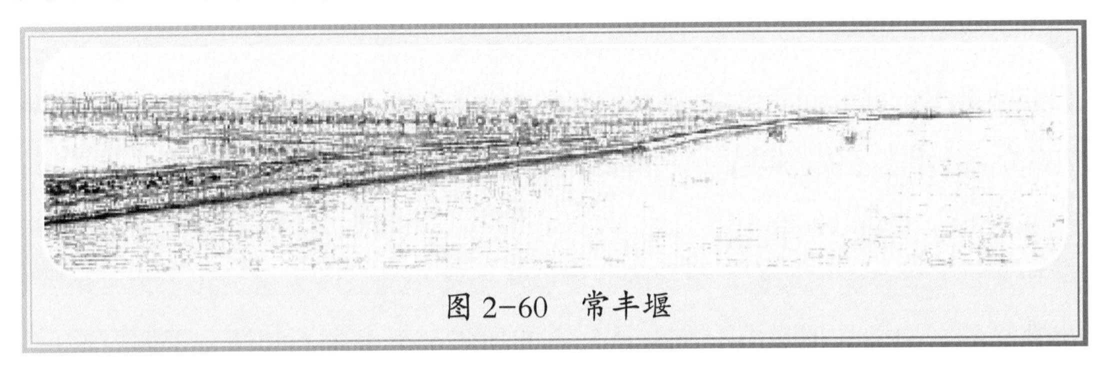

图 2-60　常丰堰

渐成农田”[1]。2001 年 9 月版《江苏省志——水利志》载为：“766—779 年李承为淮南西道黜陟使，组织民夫修筑捍海堰，北起阜宁沟墩，南抵海陵（今大丰县刘庄附近），长 142 里。名为常丰堰”[2]。2001 年 12 月版《兴化市水利志》、1992 年 7 月版《泰州市农林水利志》、1997 年 10 月版《姜堰市水利志》、1998 年 12 月版的《泰州志》均编列记载了这件事，内容相近似，文字略有改动。对照上述两志所载内容可发现：一是唐代李承，在苏北沿海首先主张（组织民夫）修（筑）水利工程——堰；二是两志皆认为，李承所筑之堰的目的是“捍海”，即挡住海潮入侵之用；三是将所修（筑）堰名，称为“常丰堰”，可想堰是为了堰内农田常获丰收所筑。但两志对李承的官职称谓、修堰时间、工程长度有些出入。

但如果查一查《新唐书》的记载，有些情况就应作些推敲了。《新唐书·志第三十一·地理五》在“淮南道”及“扬州广陵郡”两节后的“楚州淮阴郡”一节文字

[1] 兴化市地方志编纂委员会．兴化市志［M］．上海：上海社会科学院出版社，1995.
[2] 江苏省地方志编纂委员会．江苏省志·水利志［M］．南京：江苏古籍出版社，2001.

中记载："有常丰堰，大历中，黜陟使李承置以溉田"❶一句，虽仅16字，但却明确了几点：一是该郡有常丰堰；二是常丰堰是在李承任内置办（修筑）的；三是李承的官职是黜陟使；四是置常丰堰目的是灌溉农田。

李承其人

对李承，《新唐书》《旧唐书》均有记载，内容大致相似。

李承，唐时赵郡高邑人（今河北省石家庄市高邑县），是世代为官清正的世家出身。其天祖（曾祖父的祖父）李素立是唐高祖李渊时期的监察御史；他的祖父李至远在武则天时期任吏部侍郎，有选用贤能以明察秋毫"神明"之誉；李承的父亲李畬，也曾任监察御史。据说，李畬刚到御史任上，他的下级，一个管禄米的令史想拍他的马屁，将李畬工资性质的禄米送至李府。李畬之母安排人过数，发现禄米多出了三石。这位令史解释：御史的禄米出库时一向高出斗口，是惯例。李母又问令史，此趟来花去的车马费是多少，令史又说是免费的。李母从不贪小利，以为这是儿子为官不检点，便拿出钱交给令史，让他带给李畬补足公家的损失。李畬本不知情，了解原委后，立即处置了这个管禄米的令史。李氏家风如此，所以李承"少有雅望，至其从官，颇以贞廉才术见称于时。"李承"幼孤，晔鞠养之。既长，事兄以孝闻"。李承自幼丧父母，由兄嫂李晔夫妇扶养成人。长大后，李承对兄嫂非常孝顺。李承"举明经高弟"通过科举考试，官至大理评事。安禄山死后，其子安庆绪继任，"尹子奇围汴州，陷贼，拘承送洛阳"派大将尹子奇率领叛军围攻汴州，城破，李承遭俘，被拘禁在洛阳。"承在贼庭，密疏奸谋多获闻达"李承在拘禁期间，秘密上书朝廷，揭露贼人的阴谋。"两京克复，例贬抚州临川尉"。洛阳收复后，按照唐代规定，李承被贬为抚州临川尉。"数月除德清令，旬日拜监察御史。"数月后，调任德清县令，十多天后又被唐代宗任命监察御史。"淮南节度使崔圆请留充判官，圆卒，历抚州、江州二刺史，课绩连最。"后来，淮南道节度史崔圆请求留其任判官。此后因政绩卓著，李承又被提拔为检校刑部员外郎、兼侍御史；接着，被任命为抚州、江州二地刺史，不久被任命为淮南西道黜陟史。奏请筑常丰堰即在此期间。"任时梁崇义纵恣倨慢，朝廷将加讨伐。李希烈

❶ 中国古典文学网《新唐书》在线阅读（文中注❶后引号内楷体字句均出自❶，不再一一标注）。

揣知之，上表数崇义过恶，请率先诛讨。上悦之，每对朝臣多称希烈忠诚。”德宗建中二年（781），成德节度使李宝臣之子李惟岳、魏博节度使田悦勾结山南东道节度使梁崇义起兵反唐。当时，淮西节度使李希烈上表揭露崇义的罪恶，主动请缨平叛，德宗非常高兴，对朝臣称赞希烈忠诚。李承巡察回朝后，分析了李希烈的情况，奏本皇上：“希烈将兵讨伐，必有微勋，但恐立功之后，纵恣跋扈，不禀朝宪，必劳王师问罪。”认为李希烈要领兵讨伐梁崇义是有个人目的的，唯恐在其立功之后，将会割据称王，将会和朝廷分庭抗礼。“上初未之信。无几，希烈既平崇义，果有不顺之迹，上思承言，故骤加擢用。希烈既破崇义，拥兵襄州，遂有其地。”代宗开始不信，时间不长，李希烈平定梁崇义后，果有不顺朝廷的迹象，拥兵襄州，不受朝廷节制。代宗想起李承说的话，立即重用李承，升其任同州刺史、河中尹，晋绛都防御观察使。3个月后，李承转任襄州刺史、山东道节度使。“朝廷虑不受命，欲以禁兵送承，承请单骑径行。”代宗深恐李希烈可能会加害李承，打算派禁兵护送李承就任，李承请求单骑独行。“既至，希烈处承于外馆，迫胁万态，承恬然自安，誓死王事。希烈不能屈，遂剽虏阖境所有而去，襄、汉为之空。”到襄州后，住在官衙外，李希烈对李承逼迫威胁，李承大义凛然，誓死王事。李希烈发现不能使李承屈服，遂劫掠全部金银财宝而去。“承治之一年，颇得完复。累赐密诏褒美之。承寻改检校工部尚书，兼潭州刺史、湖南都团练观察使。”襄州经李承治理1年，即恢复了生产，安定了人心。李承又厚结李希烈心腹，策反他的部将陈仙奇，后来于德宗贞元二年（786）毒死了李希烈。原李希烈所率之众又重新归顺朝廷。李承在这个事件上发挥了重要作用，朝廷屡密诏表扬，不久，李承改任检校工部尚书兼潭州刺史、湖南都团练观察使。“建中四年七月，卒于位，年六十二，赠吏部尚书。”唐德宗建中四年，即公元783年，李承病死于任上，终年62岁，赠吏部尚书。

黜陟使的职能

李承为什么能有这么大的能量，主导捍海堰这一浩大工程？按《新唐书》记载，李承是在黜陟使任内干这一工程的，而并非如《兴化市志》所述在其任淮南节度判官时所做的工程。“判官”，按唐制，是特派担任临时职务的大臣可自选中级官员奏请充任判官，以资佐理的职务。唐睿宗以后，节度使、观察使、防御使、团练使等，皆有判官辅助处理事务，由本使选充。判官，非正官而为僚佐。如其时李承系判官，是没有可能去决策和完成这项工程的。

再看一看李承所任的“黜陟使”在唐代是一个什么样的官职？能起什么作用？唐代，从初唐至唐中期，都设有黜陟使这一官职。其职能是专门对所辖各州县刺史以下官吏的政绩或劣迹进行巡视、考察、调查、了解，并要不定期具本上奏朝廷，使朝廷主管地方官任免的尚书省或吏部的主管官员乃至皇上，能知道州县地方官员的表现，以便对他们进行升迁或贬黜。黜陟使，在中央对地方的统治中发挥了较为有效的作用，特别是在遴选地方官员中发挥了较好作用。例如，唐中宗神龙年间，尹思贞为青州刺史，其管辖境内有一年四季都结茧的蚕，黜陟使卫州司马路敬潜，了解后，认为这必然是尹思贞治理有方的结果，专门上奏推荐了他。尹思贞果然在前后任13年郡的刺史期间，都能以“清简为政，奏课连最”获得好评。黜陟使制度，要求所派的黜陟使，不仅要监察地方官吏，而且要观风俗，问疾苦，“其诸道有遭损之人，应须赈给，先频有处分，犹虑凋弊，岂忘矜恤，亦宜审与州县商量，务令周济”；要关心水利，“闻河堤空决，使有河流，谅由州县宽疏，不时修塞，亦使检行处置”。黜陟使制度的实施，对地方的管理、农田水利的兴建，起了一定作用。李承置常丰堰，就是其时兴修水利最为典型的一例。

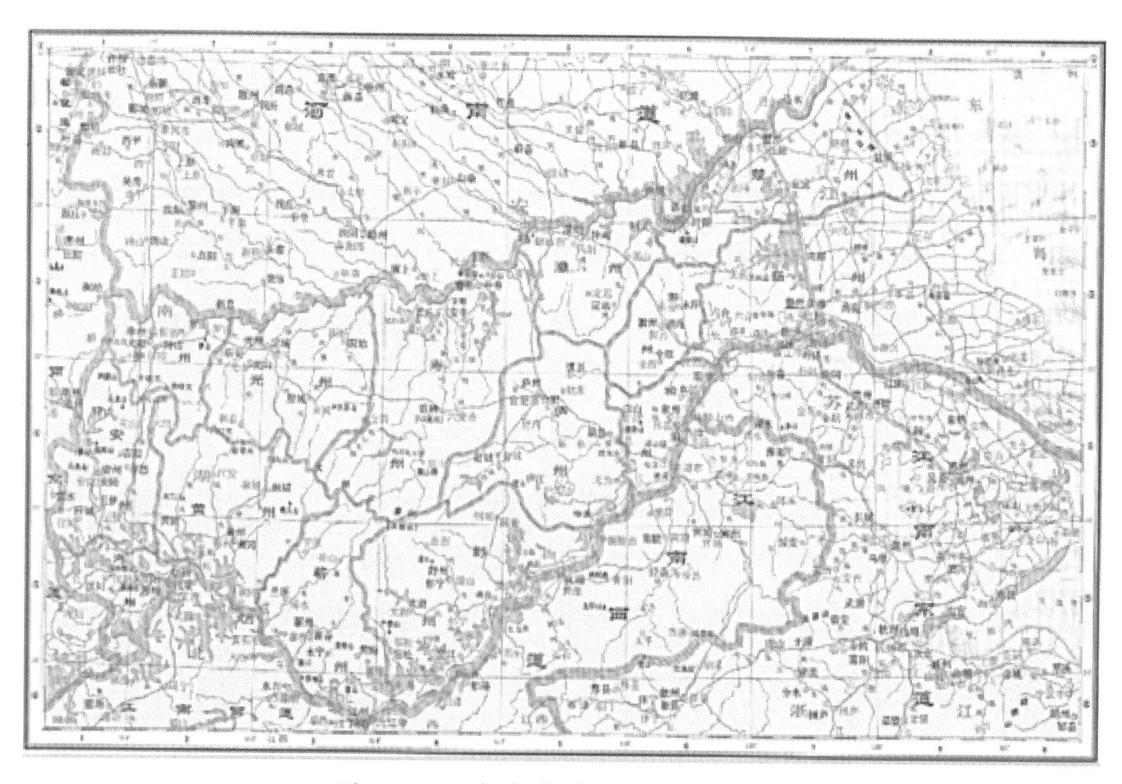

图2-61　唐淮南道

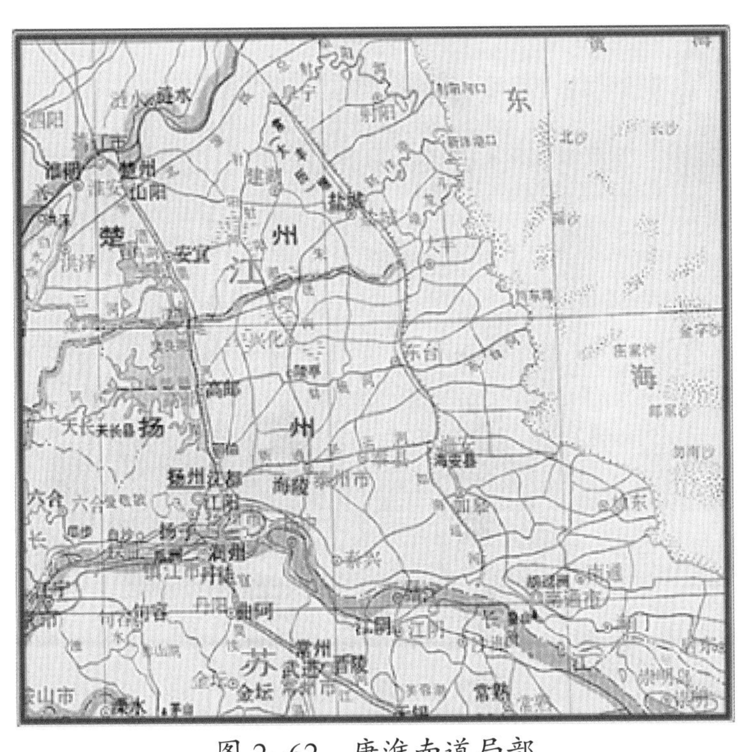

图 2-62　唐淮南道局部

唐代的“道”，略同于如今的省。唐贞观元年（627），分全国为十道。李承所任黜陟使《新唐书》虽记载为“淮南西道黜陟使”，但其所记的“淮南道”为其中之一。治所今扬州。“淮南道，盖古扬州之域，汉九江、庐江、江夏等郡，广陵、六安国及南阳、汝南、临淮之境。扬、楚、滁、和、庐、寿、舒为星纪分，安、黄、申、光、蕲为鹑尾分。为州十二，县五十三。”《新唐书》内所记淮南道包括扬州广陵郡、楚州淮阴郡、滁州永阳郡、寿州寿春郡、庐州庐江郡、舒州同安郡、光州弋阳郡。其时，海陵，在《旧唐书》“扬州广陵郡”一节内记为“汉县，属临淮郡。至隋，属南兖州。（唐）武德二年（619），属扬州，景龙二年（708），分置海安县。开元十年（722）省，并入海陵”而淮南西道，是唐肃宗至德元年（756）为抵御安史叛军而临时设立的，顾名思义，是指淮南道以西，淮南西道，治所、辖境屡有变迁，初治颍川郡（今河南省许昌市），后移治郑州（今河南郑州市）、寿州（今安徽寿县）、安州（今湖北安陆市），一度领有郑、许、汴、陈、颍、宋、亳、徐、泗、寿、安、沔、蕲、黄、随、唐、邓、溵等州。其辖区明显不含楚、扬两州。李承作为“黜陟使”的记载，不仅有“淮南西道”的记载，也有 “淮南道”的记载。故《新唐书》记李承为淮南西道黜陟使，似为有误。从《唐文拾遗》记有李承为“淮南道黜陟使”，这可能是正确的。否则，如何可在不属其管辖范围内置堰呢？从淮南道管辖范围看，所置常丰堰，兼跨楚、扬两州，省水利志“北起阜宁，南抵海陵”的记述是正确的。

工程为何称堰不称堤

了解一下在李承置常丰堰的大历元年（766）以前一段时间里，唐代是一个什么状况？《新唐书》“卷三十九·志·第二十五·五行二”“稼穑不成”一节中有“乾元元年（758）春，饥，米斗钱千五百。”“广德二年（764）秋，关辅饥，米斗千钱。”“永泰元年（765），饥，京师米斗千钱。”的记载；在“常旸”一节中有“开元二年（724）春，大旱。十二年（724）七月，河东、河北旱，帝亲祷雨宫中，设坛席，暴立三日。九月蒲、同等州旱。十四年（726）秋，诸道州十五旱。十五年（727），诸道州十七旱。十六年（728），东都、河南、宋亳等州旱。二十四年（736）夏，旱。”的记载。这一阶段，由于安史之乱和各处的旱情，造成“稼穑不成”粮价“米斗钱千五百”，百姓连年处于饥荒之中。被重用为黜陟使的李承提出置堰以“溉田”，这就是置堰的主要目的，是为了蓄内河之淡水，灌溉农田，让垦区多产粮食。这一措施，是他想出的报效朝廷的良策，自然会上受朝廷支持，下受百姓拥护，而得以实施。而在《新唐书·李承传》中又是这样写的：李承任淮南西道黜陟使后，“奏，于楚州置常丰堰，以御海潮”。从这里的记载看，李承在楚州所置常丰堰的目的，又是为“以御海潮”。按现在的水利常识看，李承如修筑挡海潮入侵农田的工程，应该是顺着海岸的海堤。但为什么将所筑工程称为堰呢？一般情况，堰，是指修筑在内河外流的河口上、较低的，既能蓄水又能溢流排水的小型水利工程。而在我国“堤”字的出现及使用，比“堰”字的出现及使用要早得多，当时李承用“置堰”而不用“筑堤”上奏，是有一定原因的。

图 2-63　堰之遗址

笔者以为，一是李承筑“堰”以前，沿海一直没有系统的大型水利工程，只有盐民们在滩地上靠垒筑土埂，围起可以储蓄海水晒盐的盐池。这些盐池土埂，本就可以挡住海潮侵入盐池，随着海岸线的东移，盐池的修筑随之东进。西部原有的盐池，渐渐不再蓄储海水制盐了，这些老废的盐池，往往能积蓄一些雨水或为汛期的上游洪水所淹没。雨水及上游洪水皆为淡水。通过这些淡水的洗卤、压碱，使这些原为盐池或盐碱地的地方，逐渐变成可以开垦的农田。可是这些地方，因没有修筑水利设施，往

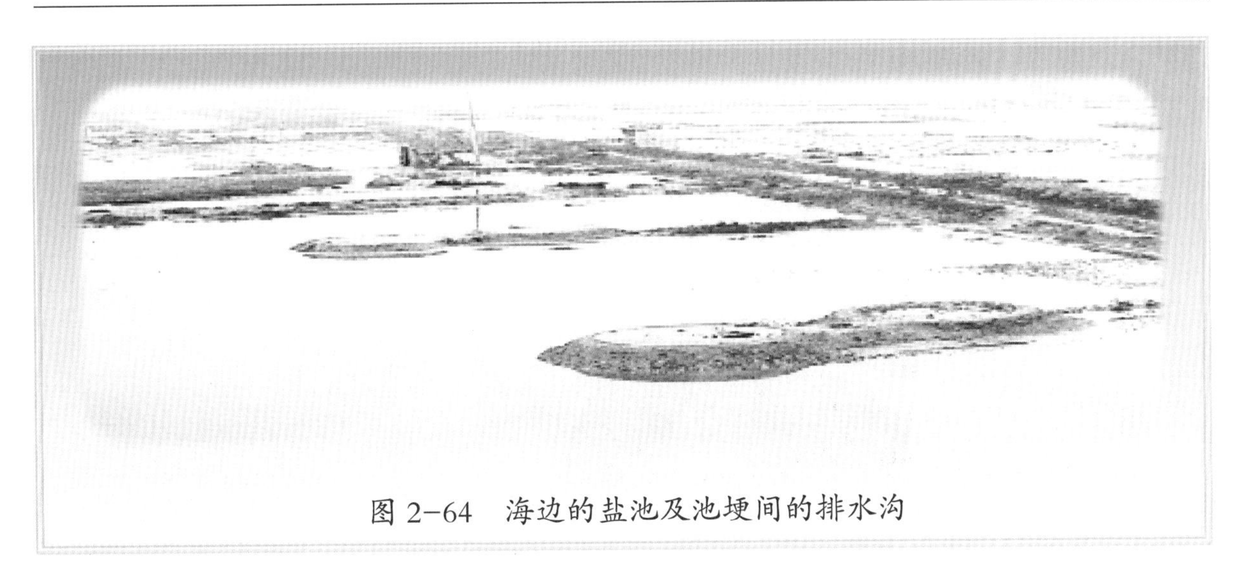

图 2-64　海边的盐池及池埂间的排水沟

往会遭海潮入侵而反卤。或者，遭遇天旱，难蓄淡水灌溉农田，百姓垦殖的庄稼，所收极少。李承针对这一情况，要做的水利工程，应当是既有抵御海水的堤防，能“障蔽潮汐，以卫民田”，也有在各条入海小河上的堰坝，这样才能达到积蓄上游来的淡水，防农田返卤，又确保庄稼灌溉之水的作用。当时的垦区多为密布的报废盐池，每个盐池，一般都有可以抵挡海水的围埂，盐池的围埂外便是形成的一些无规则、规模小、间距小、数量多的自然排水流漕。在临近海边处，将这些自然流漕筑上堰，便可蓄住上游来水，所筑之堰的数量较多，土方量可能大于需加筑临海一边盐池之埂——也就是堤的土方数量，故就将这一工程统称为堰了。二是古代臣子上奏所用皆是文言文，字少而意达即可，所奏，仅写“置堰”即可，无须再多述修“堤”之事了。

所置工程为何称“常丰堰”

《新唐书》称，工程做了以后“屯田瘠卤，岁收十倍，至今受其利。”使这些十分贫瘠的盐碱地，每年所种庄稼的收成达到以前的 “十倍”之多。这是修志者的记述，而非李承本人所言。至于“至今受其利”之至今，是至什么年代？《新唐书》是由宋代欧阳修、宋祁等人在《旧唐书》基础上，重新编写的。宋祁编写了十多年，于嘉祐三年（1058）交齐全部列传的稿子。欧阳修到

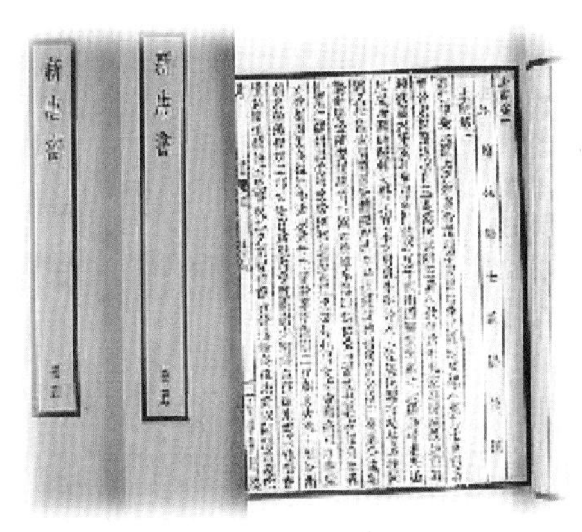

图 2-65　《新唐书》部分文稿

图 2-66　欧阳修

至和元年（1054）才调到朝廷任翰林学士，主持修史工作，等到他写定本纪、志、表，已是嘉祐五年（1060）的事了。二人所写“至今受其利”距公元“766—779 年”“李承置常丰堰”之时，已近 300 年。此堰，是江苏苏北地区最早的一条抵御海潮入侵，达到北起阜宁、南至海陵，140 里左右大规模的水利工程，何况当时能使“屯田瘠卤，岁收十倍”。此堰一直使用至范仲淹在此堰基础上重筑新堤的 1023 年，如此算来，也近 260 年之久。故修志者才将此堰称为“常丰堰”的。笔者以为，堰名，非李承本人所起，应是《新唐书》的编者，宋代的欧阳修、宋祁等人所给。

盐运河圆仁名著留印记

（836—848 年）

1170 多年前，日本圆仁和尚入唐求法 10 年期间，用汉文字写了一部《入唐求法巡礼行记》（以下简称《入唐记》）[1]。此书记叙了中日交往的一段历史佳话，字里行间，透露了一些中国史书不多见的唐代海陵县境内汉代所挖的运盐河（古盐运河）、隋代所开的掘沟沿线的文化信息。

圆仁艰辛求学　弘法终成正果

日本佛教天台宗，第三代座主圆仁和尚，俗姓壬生，名春生，桓武天皇延历十二年（794）生于日本下野国（今栃木县）都贺郡。其父，壬生首麻吕，系该地驿所所长。春生 5 岁时，其父参加起义军，战死。春生随其兄秋生生活、识字、读书。9 岁时，秋生按父亲遗嘱，送春生到都贺郡小野寺村大慈寺出家，师从唐代鉴真和尚三传弟子广智，习诵经书，师为其赐法号——圆仁。圆仁 15 岁时，梦见高人召唤他到比睿山拜佛。他便登比睿山，赴寺中礼拜大佛，果然见到梦中人——天台宗最澄法师。于是，他便拜最澄为师，专修天台大法。因其心系佛乘，勤勉好学，深得最澄赏识，常令随其左右，得以真传。圆仁精勤修持、择善离恶，

图 2-67　圆仁出家

[1] 圆仁 . 入唐求法巡礼行记［M］. 桂林：广西师范大学出版社，2007.

21岁，在东大寺戒坛，受具足戒，为比丘。弘仁十三年（822）圆仁24岁，最澄圆寂，嵯峨天皇为比睿山寺，赐“延历寺”匾，批准该寺设大乘圆顿戒坛。圆仁，悼其师于比睿山北谷，结庵苦行，守圆顿大戒6年，获“教授师”身份，在比睿山开坛弘法，并常应邀去法隆寺和天王寺等处讲经。圆仁40岁时，又隐幽深之地——横川首楞严院，苦修3年，于天长十年（833）写成《根本如法经》，建“根本如法堂”，成日本天台宗宗师。

日本天台宗源于中国。最澄虽曾东渡入唐专赴天台山，向天台宗九祖湛然的门徒道邃、行满学修天台教义，因时间短（仅6个月），一些疑难问题未能都得到咨询，存有不少未解之惑。仁明天皇承和三年（836），圆仁接受以义真和尚为首的众僧推举，取得请益僧（类似现代公派出国进修人员）的身份，偕弟子惟正、惟晓及行者丁雄万，携未决天台教义30条，随遣唐使团西渡。已43岁的圆仁，虽两次渡海遇险折返，仍不惧危难，毅然再渡，饱受风险，备尝艰辛，终于西渡成功，登陆大唐海陵县境，深入扬州、五台山、长安等地求法请益。

入唐后，圆仁等僧人至扬州，未获唐代官府批准赴长安巡礼和去天台山求法，只能在扬州请益。其时，扬州有寺庵49座，圆仁等在开元、无量义、白塔、龙兴等诸寺，或求得、或抄写、或市面购得各种佛经100多部。遣唐使团回国时，巡礼僧人被令随团返国。圆仁虔诚求法之心更坚，仍然想留下行修，2次设法潜留，终得成功，投文登县法华院行修。圆仁又多次陈情中国官府，申请继续留唐巡礼。他在奏状中写道：“僧等为求佛法，涉海远来，虽到唐境，未遂宿愿，辞乡本意，欲巡圣国，寻师学法”“本心志慕释教，修行佛道，远闻中华五台等诸处，佛法之根源，大圣之化处，西天高僧，踰险远投，唐国名德，游兹得道。圆仁等旧有钦慕，涉海访寻。”“今欲往赴诸方，礼谒圣迹，寻师学法”。平卢节度使张泳，感其情真意切，终于批准圆仁等巡礼五台山。承和七年（840）四月，圆仁率弟子从登州出发，徒步跋涉44天，行程2990多里，抵达五台山。参拜了五台山各名刹灵

图2-68　出家弟子徒步跋涉参拜五台山名刹

迹，拜谒大华严寺志远等名僧。志远是最澄的故友，见面倍觉亲切，对圆仁等所存 30 条天台宗教义之疑，逐一讲解、释惑。同意圆仁等抄录天台典籍 34 部。圆仁一行请益 50 余日后，方与志远法师等惜别。临行，圆仁还取五台山之土、石，奉为圣物，随身带之（后又带回日本供奉）。八月，圆仁等抵唐都长安，居资兴寺，从大兴善寺元政、青龙寺义真等高僧，研习密法；向青龙寺法润学金刚戒，获赠经书、道具多种。承和十二年（845），唐武宗李炎，会昌排佛，毁寺驱僧，圆仁被命还俗，他仍坚持行脚苦修，礼拜圣地，各处请教求法，矢志不渝。至唐宣宗李忱大中元年（847、日本承和十四年）九月底，年已 54 岁的圆仁，迫于形势，只得携带在大唐 10 年所求得的经论、章疏 585 部 794 卷以及胎藏、金刚两部曼陀罗（图像）、诸尊檀样、高僧真影等法物共 59 种，在赤山浦搭乘新罗海船越洋东归，于十月三十日返抵日本博多。

图 2-69　赤山禅院

圆仁回国后，日本仁明天皇大喜，令专门为他在比睿山设灌顶台、建根本观音堂。圆仁将五台山的念佛三昧，用于比睿山，作常行三昧；又建法华总寺院，他用神秘化、通俗化、世俗化的密教思想，弘传天台宗“一念三千”和“三谛圆融”的教义。他十分感激大唐赤山大明神的护佑，能让其躲过遣返官员搜查，得以留唐求法，吩咐弟子专门建赤山禅院；他在“常行三昧堂”倡导净土念佛法门；他秉奉最澄遗志，弘扬大乘戒律，并将大乘戒律升华植入显、密教义。仁寿四年（854），圆仁被文德天皇敕封为延历寺“座主”，为日本设“座主”称号之始。圆仁于清和天皇贞观六年（864）正月十四日坐化，世寿七十一岁，朝廷为其建墓塔于比睿山。贞观八年（866），清和天皇又赐予他“慈觉大师”谥号，为日本佛教史上，获大师尊号的第一个僧人。日本天台宗总寺院比睿山延历寺，在平安时代，按照慈觉大师圆仁的遗愿又增建了一座赤山禅院。

入唐请益日记　举世皆赞名著

图 2-70

圆仁著作甚丰，惟《入唐记》史料最详，价值极高。

圆仁从唐文宗开成三年六月十三日（838 年 7 月 2 日），自日本博多湾登船出发，到唐宣宗大中元年十二月十四日（848 年 1 月 23 日）回到日本博多，前后历时近 10 年，一直持之以恒地用汉文字，以日记条目形式记录了他入唐后的经历。概括地讲，主要记的是他尽历劫波初入境、请益“天台”难获批、求法扬州寻寺庙、遭遣返程志更坚、再度离船参“赤山”、礼拜“法华”严修行、几番上书终获准、徒步（越今江苏、安徽、山东、河北、山西、陕西、河南 7 省 20 余州 60 余县）西行 4000 里、参谒五台“大华严”、名师请教释疑惑、又赴长安驻“资圣”、礼拜诸寺诚求法、遭遇“废佛”情何堪、勒令还俗继修行、十载护得经卷回的过程中之亲身经历和所见所闻，集成了这本不朽名著《入唐记》。全书分 4 卷，虽不是逐日记载，但基本上是按日程分列，总共 597 篇，计 8 万多字。

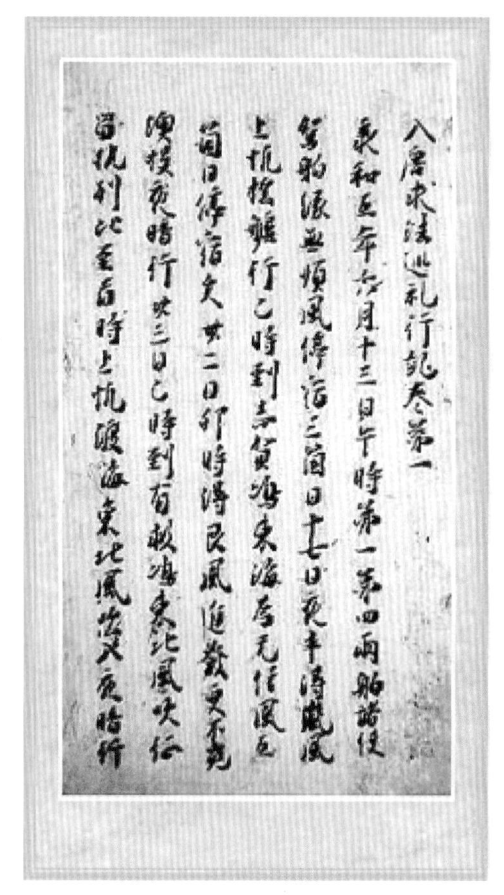
入唐求法巡礼行记卷第一

图 2-71　《入唐求法巡礼行记》部分文稿

《入唐记》除了较为详细地记述以上遣唐使团行踪和求法僧众的活动、唐代南北佛教寺院的各种仪式等，还记录了以下几个方面的情况：唐会昌五年（845），武宗下诏废佛前后，社会上对佛教徒种种的迫害以及朝廷大臣、宦官对废佛的不同态度，不同年龄的僧尼和外国僧人所受的不同待遇；唐王朝皇室、宦官和士大夫之间的政治矛盾；他与晚唐名相李德裕、宦官仇士良会见情况；唐代中国的节日、祭祀、饮食、禁忌等习俗；他经过地方的人口、出产、物价，水陆交通路线和驿馆；新罗商人在沿海的活动和新罗人聚居情况等，为晚唐时代留下了千古风情画卷。

唐代日本到中国出使、求法、留学的官员、僧人、留学生为数不少，据日本学者统计，比较有名的多达90余人。这些人，入唐留居，少则一二年，三五年，多至十几年、二十几年，甚至有长达38年的义德和尚，能留下访华类记载，有价值的不多。所写没有一本（篇）可超过《入唐记》的。

在圆仁之前，有唐太宗李世民贞观二十年（646），由玄奘法师口授，辩机缀文的《大唐西域记》成书。在圆仁之后，元初，有著名的意大利旅行家马可·波罗口述，鲁思·梯谦记录整理的《马可·波罗行记》出版。这两本书和《入唐记》被国外学者并列誉为"古代东方三大游记"，认为均具有不朽的学术价值。但是，《大唐西域记》和《马可·波罗行记》都是由别人记录整理成书的，唯《入唐记》是由作者本人用汉文字写成的，这一点上，《入唐记》比其他两书，可谓略胜一筹。

海陵运河沿线　留下印记颇多

《入唐记》是从遣唐使团，启动渡海出航的838年六月十三日开始记载的。开始几日尚在日本海域，至六月二十三日才正式从"有救岛（今日本宇久岛）"与送行的人告别，"上帆渡海"。"二十四日，望见第四舶前去。与第一舶相去卅里（日本1里为530—550米）许，遥西方去。大使，始画观音。请益、留学法师等，相共读经誓祈"。所记为1号船上的遣唐使藤原常嗣，见到4号船也正常出海，内心相对平静，便展开画纸，

图2-72　日遣唐使团渡海出航

绘制观音图像，船上的圆仁与其他僧人，齐声颂经祈祷，以求佛菩萨保佑他们西渡成功的场景。这段文字记载，可知圆仁与大使同乘一船；大使不仅是丹青高手，而且也是佛教信徒。

（一）进入长江口先后登陆

1. 过了掘港欤

掘港，《大清一统志》卷七十三“通州条”：“掘港：在如皋县东百三十里，（掘沟）西接运盐河（即古盐运河），东到掘港场，中为土坝，分流复合，又达于海”。今如东县政府所在地就在掘港镇，也即其时掘港口。掘沟（也称掘港）西接古盐运河于如皋，可能就是如泰运河东段的前身原状河道。唐代的掘港口，位于江海之汇的北岸沙嘴——蓼角嘴头部，江海交汇处海边。从长江口至掘港口，为江海水交混水域，黑白分水线，随潮汐东西进退。《入唐记》记述：“（六月）二十八日，早朝，鹭鸟指西北双飞……巳时至白水，其色如黄泥。人众咸云：‘若是扬州大江（扬子江）流水。’……新罗译语（韩国翻译）金正南申云：‘闻道扬州掘港难过，今既逾白水，疑逾掘港欤。’”很明显，金正南翻译认为他们所乘的1号船，已越过掘港口所在的蓼角嘴，进入了仍视为海边的长江口多汊中的北汊。其实，当时长江口的胡逗洲（今南通市区及其北部的部分地区）尚未并陆，此船再向西进，即是胡逗洲北汊的横江。

2. 遭遇大风险

过了未时“风吹不变，海浅波高，冲鸣如雷。以绳结铁沉之，仅至五丈……弛艇，知前途浅深，方渐进行。……东波来，船西倾；西波来，东侧。洗流船上，不可胜计。船上一众，凭归佛神，莫不誓祈。”进入横江后，遇到大风大浪，水浅、浪大，下锚，想稳定船只；一些人下船上所附小艇，赴前方探路。在船上的人都在祈求上苍保佑。“至于水手，裸身紧逼裈，船将中绝” 水手们都赤裸上身为沉船做准备，船里的人都出来奔向船头船尾。“淦水（指进船舱之江水）泛满，船既沉居沙土，官私杂物，随淦浮沉。”江水灌满船仓，泥沙积满船底，虽采取各种措施，但“舶即随涛漂荡”已无法控制续航了。“（六月）二十九日晓，潮涸，淦亦随竭。令人见底，底悉破裂……仍倒桅子，截落左右橹棚，于舶四方建棹，结缆桙栿。”潮渐退，船搁浅，发现船里的水自行流出，派水手查看，原来是船底破裂。“亥时。望见西方遥有火光。人人对之莫不忻悦。”发现火光，希望有人救援。

《入唐记》跳过六月三十日、七月一日，先写1号船七月二日之事：“二日，早朝，

图 2-73　江水灌满船仓

潮生，进去数百町（町系日本的长度单位，9.16 町 =1 千米）许，西方见岛，其貌如两舶双居”。船又被早潮向西推进了几十千米，文中所记述“两舶双居”是指其时江中，尚未涨连的古胡逗洲和金布洲（今金沙镇），就像两只船停泊在一起相似。“须臾进去，即知陆地。流行未几，遇两潮洄洑，横流五十余町”，再进去，（海）江面已收缩至宽 5 千米左右，看见陆地。由于长江北汊的横江已开始淤积“舶沉居泥，不前不却，爰潮水强湍，掘决舶边之污泥，泥即逆沸，舶卒倾覆，殆将埋沉，人人惊怕，竞依舶侧，各各带褌（huī，祭服），处处结绳，系居待死。”船再度搁浅，遭遇潮水湍流而倾覆，船上人等用绳索扣依船侧，惊恐万分，等待死亡。“人人销神，泣泪发愿”，所有遇险的人，流泪发愿，希望上苍援救。

3. 终达长江口

“当戌亥隅，遥见物随涛浮流，人人咸曰：‘若是迎舶欤？’疑论之间，逆风迎来，终知是船也。见小仓船一艘乘人，先日所遣射手壬生开山、大唐人六人，趋至舶前。”就在这最危险的时刻，见到了由先派出的壬生开山和大唐 6 人乘船来救。“爰录事以下，先问大使所着之处，答云：‘未知所着之处。’乍闻惊悲，涕泪难耐。”此船上的人自己遇救，还首先关心着大使的情况。得知来人也不知消息，非常悲痛。“即就其船，迁国信物。录事一人，知乘船事二人，学问僧圆载等以下二十七人，同迁乘之，指陆发去。”此船，将录事及学问僧圆载等 30 人和一些贡品贡物载向大陆而去。“午时，到江口，未时，到扬州海陆（疑“陵”字误）县，白潮（疑“蒲”字误）镇，桑田乡东梁丰村”。唐时，古胡逗洲未并陆，江口段在今白蒲镇向东至石港，出海口在掘港。东晋时白蒲，就是古蒲涛县县城，北周时白蒲和如皋曾同时因海平面上升而被浸没。重新成陆后，如皋于唐代设如皋场（也称如皋镇），辖 5 个乡。蒲涛，改设镇。此处所说的“白潮镇”（还有一处记作“白湖镇”），均应为白蒲镇。

《入唐记》接着以学问僧圆载等，到达“守捉军（唐时守卫边防军人的称呼）中季赏宅停舶”后，询问大使情况，来补叙大使六月二十八日遇险时离开 1 号舶，所乘之小艇的经历。“闻大使从六月二十九日未时离舶，以后漂流之间，风强涛猛，怕船将沉，告碇掷物，口称观音、妙见（系北极星神格化之天尊，密教视为众星中之最胜者，具有守护国土、消灾却敌、增益福寿等功德），意求活路，猛风时止。子时，流着大江口南芦原之边”。大使所乘之艇也遇到风险，抛物减载，并亲自祷告菩萨、天尊后，

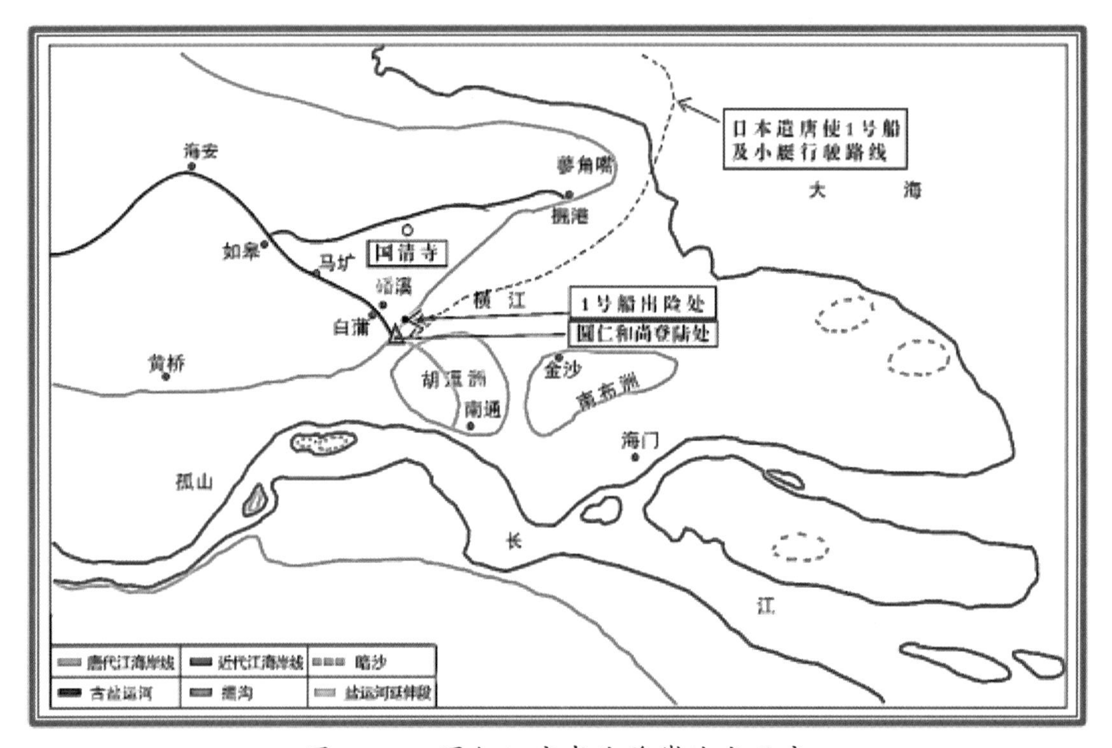

图 2-74　圆仁入唐求法登岸地点示意

得到护佑，“猛风时止”，船才得以漂至芦滩边。“七月一日晓，潮落不得进行。令人登桅头看山间，南方遥有三山，未识其名，乡里幽远，无人告谈”。七月一日早上低潮时，船在横江北岸芦滩边，隔江向南可以看到胡逗洲“三山”了，这“三山”可能就是现在南通的军山、狼山、剑山。南通狼山附近共5座山，由于这5座山中，只有这3座山的高度超过80米。而马鞍山、黄泥山高度均不足50米，远观，也就无法看见了。《入唐记》继续记述道“……未时，泛艇从海边行，渐觅江口，终到大江口。逆潮湍流，不可进行，其江稍浅，下水手等曳船而行。觅人难得，傥逢卖芦人，即问国乡。答云：‘此是大唐扬州海陵县淮南镇（指“淮南道”边防军驻地）大江口，”从卖芦柴的人知道已到靠近白蒲镇边防军驻地的大江口了。后来，在两位“商人”引导下于七月二日进江口，了解到“近侧有盐官”，认为已到大唐国境，经过“差判官长岑宿弥高名”等依法递交文书和接受“盐判官元行存乘小船来慰问”等礼节性手续后，

使团正式开始了大唐境内活动。

梳理一下，可以看出遣唐使团船只和人员登岸时间。

由于六月二十八日1号船遇险一段，对人员分乘随船所挂小艇交待不详，对上述大使登岸所乘之船至唐边境一段，《入唐记》书侧，批注为："第四船着陆地点"，其实有误。遣唐使均系原在1号船上的人，此时登岸，怎么会成为4号船上的人呢？如细读七月三日所记"于此闻第四舶漂着北海（估计指胡逗洲北横江东头的海面），午时仅到海陵县白潮（蒲）镇管内守捉军中村"，便可知批注错了。其实，六月二十八日，遣唐使是1号船遇险时，乘1号船所附小艇于七月一日晚，最先抵达"大唐扬州海陵县淮南镇（道）大江口"登陆的。在此，说明一下：由于圆仁等登陆后，受到淮南道边防军人及盐官的接待，圆仁将"淮南道"，误记为"淮南镇"。同时，也把管理盐业的"海陵监"误以为"海陵镇"，造成后人阅读和考证上的困难，产生了不少误考。大使一行，二日晚递交文书，入境至淮南道守捉军。

1号船在严重损坏的情况下，部分人员，是于七月二日戌亥时（晚间7—9时）被救上另一只船，三日未时（下午1时）抵海陵县白蒲镇桑田乡东梁丰村的。

4号船七月二日中午也抵海陵县白蒲镇管内守捉军中村。2号船，是先漂至海州（今连云港），后入长江口遇险，获唐朝廷船营救，迟至八月十七日才抵如皋，另换小船20多艘，于八月二十四日抵扬州会合。3条船登陆人员计390余人。《入唐记》将大使递交文书的七月二日的日本及大唐年号及日期，重点做了交待，并专门说明"虽年号殊，而月日共同"，视作正式入唐求法开始的时间。

（二）途经海陵县留下印记

《太平寰宇记·海陵监》："海陵监，煮盐之务也。唐开元元年置海陵县，伪唐于海陵县置泰州，以辖其监。"并载有监境"东至海岸，西至兴化界，南至泰兴界，北至楚州盐城界。"圆仁一行，入唐后进入的第一个地方，就是海陵县境。

1.登岸首憩国清寺

不少学者认为，圆仁和遣唐使登陆的地点是掘港，其实他们登陆的是海陵县白蒲镇，然后，才"更可还向于掘港庭（亭）"的。他们既然已到西面的白蒲镇，为什么还要东去"掘港庭（亭）"？主要是那里有一座由唐玄宗钦定建造，并赐有御题匾额的国清寺。"七月三日，……虽经数日，未有州县慰劳，人人各觅便宿，辛苦不少。请益法师与留学僧一处停宿。从东梁丰村去十八里，有延海村，村里有寺，名国清寺，大使等为憩漂劳，于此宿住。”“九日巳时，海陵镇（监）大使刘勉来慰问使等，赠酒饼兼设音声。相从官健、亲事八人。其刘勉着紫朝服（按唐制，服饰紫朝服为三品以上官员），当村押官亦同着紫衣。巡检事毕，却归县家（指海陵监衙署所在地，今泰州海陵区）”。圆仁等也从“十二日，东梁丰村取水路运随身物，置寺里毕”。至此，大使和圆仁两路会齐后都住在国清寺。大使等居住国清寺，共半个月时间。

图 2-75　如东国清塔

2. 开元寺僧来探望

《入唐记》七月十四日记有：“辰时。为县州迎船不来，大使一人、判官二人……等卅人，从水路向县家去。登时，开元寺僧元昱来，笔言通情，颇识文章。问知国风，兼赠土物，彼僧赠桃果等。近寺边有其院，暂话即归去”。这段文字记载了元昱与圆仁一行日本使团人员交往的情景，很是生动。一是“笔言通情”，说明双方可能对两国语言、文字都有点了解，语言不能沟通处，再以文字交流；二是“颇识文章”，是圆仁对元昱的评价；三是“问知国风”，说明圆仁向元昱了解中国的情况；四是互赠日本土产、中国水果等礼品。但是，文字中未曾交待，元昱为什么前来会见遣唐使一行的？是因大使递交文书后，官方派来的？还是因开元寺得知有日本僧人来，出于礼节性交往的？或是国清寺僧特邀而来的。特别是元昱所在的开元寺，是何处的寺庙？是掘港（如东）的？还是如皋的？或是海陵县的？还是扬州的？唐代有开元寺的地方特别多。《新编唐会要》记载：天授元年十月二十九日。两京及天下诸州。各置大云寺一所。至开元二十六年（738）六月一日。并改为开元寺。查相关资料，唐代诗人刘长卿有诗《冬夜宿扬州开元寺烈公房，送李侍御之江东》可佐证扬州有开元寺。今扬州开元寺是在靠近泰州的江都大桥镇。此寺初建于唐开元二年（714），距圆仁入唐的时间已达 120 多年，当是百年古刹了。元昱是否来自此寺？有待考据。

3. 掘沟堰濠运盐河

《入唐记》记有：七月“十七日，射手大宅宫继与押官等十余人，从如皋镇家将卅余草船来，即闻大使昨日到镇家”。大使是七月十四日先率30余人，由国清寺“从水路向县家（指海陵县）去”的，从这里得知，是七月十六日到达如皋的。“十八日，早朝……从水路向州（指扬州）去……掘沟宽二丈余，直流无曲，是即隋炀帝所掘矣”，这里介绍国清寺通如皋河道掘沟的开挖时代及规模。此掘沟，笔者以为即今如泰运河之如皋至如东段的原状河道。

“二十日，卯毕，到赤岸村。问土人，答云：‘从此间行百二十里（疑为20里），有如皋镇。’暂行有堰，掘开坚壕（疑为“堰”字）发去，进堰（当为“濠”字）有如皋院”。这里所提的“濠”，大概是指如皋所筑的内、外城河，外濠通古盐运河。古盐运河、城濠水位与掘沟水位不同，用堰控制，为让船队通过城濠，进入古盐运河，只能掘堰进濠。“比至午时，水路北岸杨柳相连。未时到如皋茶店，暂停。掘沟（进堰即为外城濠或古盐运河，已不是掘沟了）北岸，店家相连。射手丈部贞名等从大使所来，云：‘从此行半里，西头有镇家，大使、判官等居此”寥寥数语，将如皋镇衙和古街市容展现了出来。其后又记载了准备“为更向州，令装束船舫”及海陵监大使刘勉又亲临如皋日本船只上进行“检校”等事宜，如“申时镇（监）大使刘勉驾马来泊舫之处，马子从者七八人许，检校事讫，即去。录事等下舫，参诣大使所。日晚不行，于此停歇”。

4. 运盐不绝堪称奇

古盐运河，文景年间（前179—前141年），西汉吴王刘濞主导开凿至今已运行了近2200年的人工运河。此河，西起扬州茱萸湾（在今湾头镇），经海陵仓（在今泰州），东至如皋蟠溪、白蒲，长159千米，后如皋东南横江淤涨，与胡逗洲和金布洲等涨连，又逐步延伸至今南通九圩港口，全长191千米。

圆仁等人进如皋城濠后，开始有心情欣赏沿河两岸风光了。《入唐记》中是这样记述的“二十一日卯时，大使以下共发去，水路左右富贵家相连，专无阻隙。”这是说，在如皋城濠中航行时所见。“暂行未几，人家渐疏，先是镇家四围矣。”很快进入城外古盐运河，住户渐渐少了。“大使相送三四里许，归向本镇”，如皋镇大使送行三四里才回去，说明了大唐官员对邻国大使的礼貌、尊重和友谊。“半夜发行，盐官船积盐，或三四船，或四五船，双结续编，不绝数十里，相随而行。乍见难记，甚

图 2-76　古盐运河中运盐船

为大奇”。这是圆仁对航行在古盐运河中，所见运盐的官船数量之多、场景之壮观的一段精彩描写。这一记载，为泰州在唐代的产盐、运盐情况，留下了极其真实而珍贵的佐证史料。

5. 两岸风光生态景

七月“廿三日，卯时发行。土人申云：‘从此间去县二十里’。暂行不久，水路之侧，有人养水鸟，追集一处，不令外散，一处所养，数二千有余”。在距海陵县约 20 里的地方，他们看到古盐运河边 “有人养水鸟（鸭子）”多达 2000 余只，并说“如斯之类，江曲有之矣”是指所来路，凡在水流弯曲或与其他河道交汇的大水面处，多有类似规模的鸭群。接着写道：“竹林无处不有，竹长四丈许长为上”，沿途可谓树竹夹岸，鸭群片片，一派田园风光。

6. 砖塔耸立西池寺

他们“前途见塔，即问土人，答云：‘此是西池寺，其塔是土塔，七所官寺中。是其一也’”。这一记载可佐证 4 点：一是海陵县有西池寺。二是他们在海陵县东头的船上，就可见到寺中的九层土（实为用土烧制的“砖”）塔。三是海陵县有 7 座“官寺”。官寺，是指由官家建设的寺庙。唐代白居易《闲吟》一诗有句“官寺行香少，僧房寄宿多”，意指官寺一般规模大、僧房多，反而显得敬香的人少了。四是，西池寺，是这 7 座官寺之一。

7. 迎宾送客兼讲经

《入唐记》在此条写道：“县里官人，长官一人、判官一人、兵马使等总有七人，

图 2–77　西池寺“谦”大和尚讲演《起信论》

未详其色”。这里讲的是海陵县衙官员的情况，其中，长官大概指县令，判官可能指主簿或县丞。而所记兵马使，应是节度使手下的武官，级别较高，可能由于“未详其色”，即对县衙官员的情况分类尚不太了解的情况下，圆仁搞错了，其实可能是节度使辖下驻县小部队的指挥官或是县尉。

接着记载的是：“暂行到县南江，县令等迎来西池寺南江桥前。大使、判官、录事等下船就陆，到寺里宿住。县司等奉钱。但请益、留学僧犹在船上。县中人悉集竞见。留学僧肚里不好”从这一段文字，可以看出：海陵县接待外宾的仪式是在西池寺举行的。西池寺不在古盐运河边，日本人所乘的船，绕行到县城的“南江”，至西池寺南江桥旁停靠于舶船码头边。海陵县令一行官员在桥前迎候，大使一行登陆拜会。西池寺内有条件留宿日本大使一行人等。由于留学僧圆载，生病（痢疾）不能上岸，请益僧圆仁留下照应，因此圆仁也未上岸。故，有关县令、西池寺僧众对日本大使一行的具体迎接仪式书中未能交代，仅用“县中人悉集竞见”以略去。但此句，足以反映了全城万人空巷的盛况。是不是仅因要看日本使者，县里的人都来到这里呢？可能还有一个原因，广大民众要来聆听西池寺的首座——名“谦”的大和尚在迎宾仪式上讲演《起信论》。谦，是否讲演了《起信论》？可从七月二十四日的记载中分析出来。圆仁所记的是：“廿四日，辰时，西池寺讲《起信论》座主谦并先后‘三纲’等，进来船上，慰问远来，两僧笔书通情，彼僧等暂住归去”。这段记载中用“西池寺讲《起信论》”一句冠在“座主谦”的前面，可以说明两点。一是“谦”大和尚是讲《起信论》的首座；二是用“座主” 称谦，在唐代，被称为座主的人，一为进士对主考官的尊称，二为佛教用语，指大众一座之主。今日迎宾，本当县令为首座，但如讲经说法就不同了，自然讲演者就成为首座了。《起信论》相传是马鸣菩萨所作，又称《大乘起信论》，是阐述大乘佛教生起、正信的理论。

8. 离开海陵再西行

《入唐记》接着写七月二十四日巳时，大使等下船出发，海陵县仅派了军中等令相送，当夜宿宜陵馆。二十五日巳时至“仙宫观（即江都仙女庙）”，未停，未时到扬州东门外，月明桥北“禅智寺桥东侧停留”，“申时发去。江中充满大舫船、积芦舡、小船等，不计其数”。所述进入的“江中”，当是船已驶离古盐运河，进入扬州的大运河了。

《入唐记》信息的考证与推测

（一）国清寺遗址佐证《入唐记》信息

2018 年 7 月 20 日，如东县和南京大学通报了如东县掘港镇的唐代国清寺遗址发掘取得重要收获。在初步认定遗址分布范围的基础上，经正式考古发掘，国清寺遗址占地约 1.5 万平方米，核心区 4000 平方米。此次发掘共清理出文物遗迹 17 处，包括国清寺

图 2–78　掘港（如东）国清寺遗址及出土文物

大殿建筑基址 3 处，附属建筑遗迹 4 处、灶房 1 处，各个时期水井 3 口，环寺庙围沟 1 条。出土遗物有唐宋时期的莲花纹柱础 2 件，瓷器……有的瓷器上发现“国清”“方丈”“库司”“东营”等墨书款，实证这里就是唐宋时期的国清寺所在。《入唐记》中，提到的“掘沟”“掘港亭”“掘港镇”“国清寺”历史，得到了实证。南京大学历史系教授、博导，南京大学文化与自然遗产研究所所长贺云翱指出，《入唐记》书中记录他在我国沿海涉及的重要地点有 10 处以上，但是目前真正有唐代考古遗迹发现的只有国清寺，可见其意义之重大。2019 年 2 月，此遗址被南通市确定为“南通大运河文化地标”。

（二）西池寺消失疑因“会昌灭佛”

至今，泰州尚未发现有关西池寺的其他文字记载，也无从查找西池寺的踪迹。其

原因，是否与《入唐记》中所记“故从四月一日起首，年卌已下僧尼还俗，递归本贯。……从十六日起，五十已下僧尼还俗，……有敕云：若无祠部牒者，亦勒还俗，递归本国者……日本国僧圆仁、惟正……配入还俗例”。这里所记内容与唐武宗“会昌灭佛”有关：从会昌二年（842）十月起，武宗下令凡违反佛教戒律的僧侣必须还俗，没收其财产。会昌五年（845），他又开始了更大的灭佛行动。他先下令40岁以下僧尼全部还俗；不久，又规定为50岁以下的僧尼还俗。接着他下令，连50岁以上，没有祠部度牒的也要还俗，就连天竺和日本来的求法僧人，也要还俗。根据武宗的旨意，这年秋七月裁并天下佛寺。天下各地，上州，只留1座寺庙，若是寺院破落不堪的一律废毁；下州寺院全部拆废。

图2-79 唐武宗“会昌灭佛”

在我国历史上曾发生过“三武一宗”的灭佛事件。“三武”指北魏太武帝、北周武帝、唐武宗，“一宗”指周世宗的4次大规模灭佛运动。在这4个帝王统治前期，佛教的势力几乎都达到了空前的水平。历代封建社会，对出家人采取不收税，不服徭役的政策，使佛门聚敛了大量财富，拥有大量土地，吸引了不少人自愿剃度为僧。在统治阶层里，有大批佛教信徒，成为佛教势力的世俗代言人，对世俗政权的影响很大，不仅影响经济发展，甚至出现了要求政教合一、架空皇权的趋势。凡想有点作为的皇帝都不会坐视这种现象不管。“三武一宗”灭佛，就是在这些形势下出现的。魏太武帝与周武帝灭佛，主要在北方；唐武宗灭佛，是全国性的，佛教寺院财产被没收，僧尼遣散还俗。泰州的西池寺，极有可能就是因“会昌灭佛”而消亡的。

护泰州诸官员力开城河

（938—1938 年）

泰州历史上曾有子城的城河和州城的城河之分，州城城河是经过历代官员努力逐步拓展定型的。子城的城河，一些演变成为州城内的部分市河和玉带河。州城城河和城里的市河，架构了泰州历史上的“双河绕城”。泰州的市河和玉带河，正十字交叉，又构成以河作里坊分隔的特殊的“以河分形”的田字式布局。“双河绕城”“以河分形”形成了泰州城市水文化的独特风格，是我国其他城市尚未发现抑或罕见的水利物质文化遗产。要了解泰州城河的历史，首先要了解一块碑记。1955 年，在泰州北城垣出土了一块青石质地、详细描述南唐时泰州挖河、筑城盛况的石碑，碑有文字 23 行，计 435 字，系泰州第一任知州褚仁规所撰。泰州古代的地方文献从未见有此碑文的记载。在我国的古代城市建筑史、水利史上，关于记述南唐时期挖河、筑城的文物资料也是极其罕见的。该石碑所刻文字的出现，补充、修正了泰州城市水利和筑城的历史，对研究我国城市水利史、建筑史，也是一件比较重要和实证性的史料。

褚仁规详记挖濠筑城

褚仁规在《泰州重展筑子城记》（可简称《子城记》）中向人们讲述了 1000 多年前泰州挖城濠、筑子城的这段盛事。《子城记》上所写：“今则上奉天书，旁遵王命，改更旧垒，别创新基。”就是说，今天在原有子城外，重新选择城基，另筑子城是奉旨按王命行事的。文中“以时之务不劳民，量人力而无倦色，功徒蚁聚，畚锸云屯”之句，叙述了他在挖河、筑城时，是根据工程量的大小和需要去组织民力的，由于工程量较大，必须组织较多民工来施工，以免调来施工的民工，因工作量太大，导致过分疲劳。看来，这位知州还是很体察民情的。施工时，民工们多如蚂蚁一样地聚在一起，使用他们的劳动工具畚箕、大锹等挖土、挑土、垒城，器具翻滚如云，气势十分壮观。

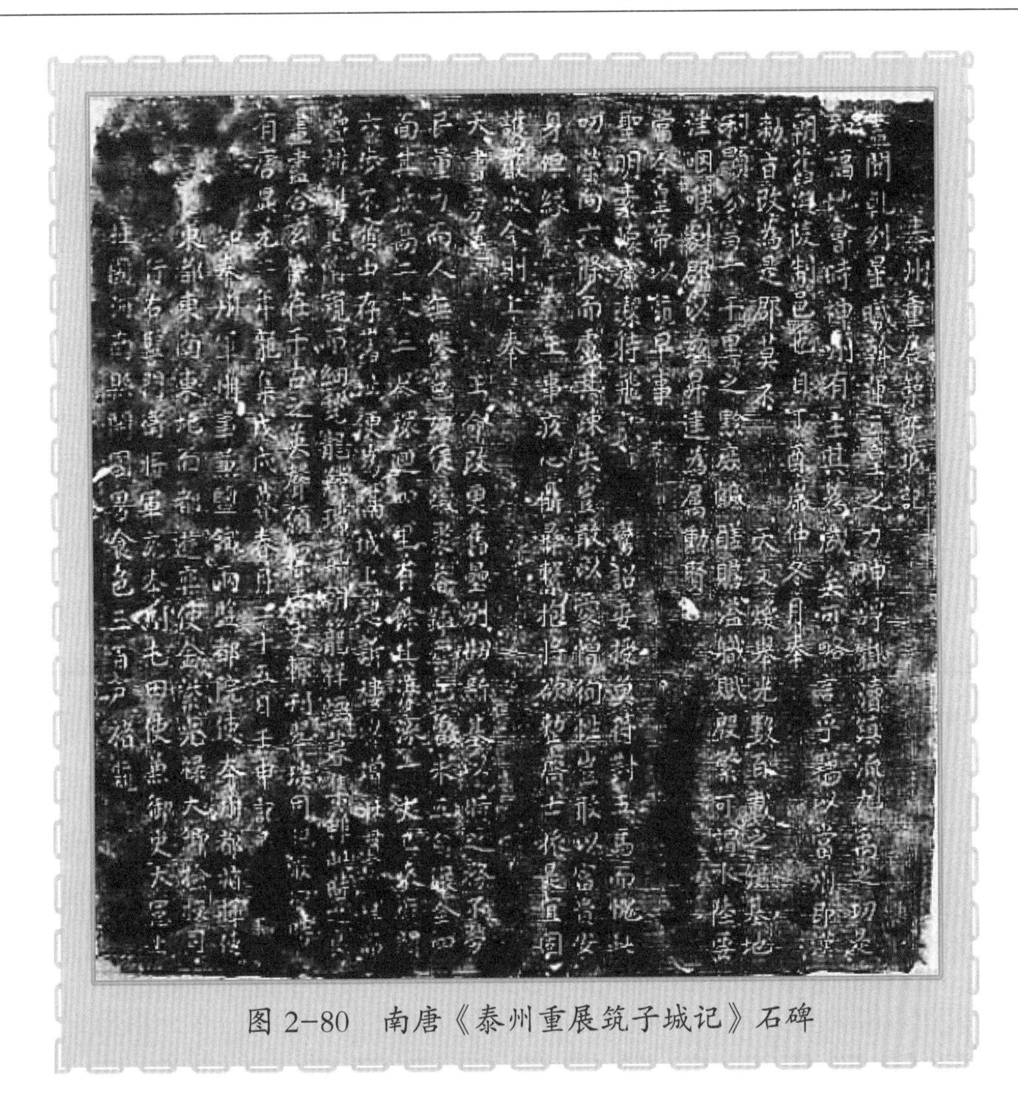

图 2-80　南唐《泰州重展筑子城记》石碑

由于组织的人多，工程进展很快“曾未五旬，俨全四面”，只花了近 50 天的时间，就将四面的城垣筑好了，同时也将四周的城濠挖成了。

子城建好后，褚仁规对自己组织的这项工程很满意，专门写了以下赞美之词：“中存旧址，便为隔城；上起新楼，以增壮贯（观）。仰望而叠排雉翼，俯窥而细甃（指以砖修的井壁）龙鳞。”他说的是在这新建的子城里面，还保留了原来唐代的旧子城，这样就成了隔城，为了增加子城的气势，在城垣的上面又用砖砌了新的城门楼。从城下面仰望这座城与楼，像是展翅的飞鸟，伸展着两翼；从城楼上面往下看，这砌得整齐而细密的城砖，好像披在这条龙身上的细细鳞片。接着，他又以“瑞气朝笼，祥烟暮集，虽此时之良画，尽合玄机”的优美辞藻，形容城濠里朝朝暮暮水汽蒸腾，犹似“瑞气”和“祥烟”缭绕，真与最美绘画里的景象一模一样。褚仁规认为，他所做的这一浩大工程，应彪炳青史，留传千古。故专门将此记刻在这色质似翠玉的方形石头上，以记功劳。

也正是这块石碑，才使今天的泰州人能较为详细地了解海陵升格为泰州后，开挖得最早的四周约 2 千米长的子城城河规模。这个城河与（万历）《泰州志》所载的东市河、中市河南段及玉带河所环绕的水系相对吻合。此时，新城当在唐代子城的濠外，新子城东面与北面所挖的城濠，可能就是利用唐城的旧濠拓挖的。

图 2-81　四周约 2 千米长的子城

城垣和城濠的规模有多大呢？“其城高 2 丈 3 尺，环回四里有余；其濠深 1 丈已来，广阔六步不啻。”这就是与泰州建州同步而来的城濠之最准确的记载。由于古代尺寸与现代尺寸度制不尽相同，唐代有大尺和小尺，大尺 1 丈合现代 3.6 米，小尺 1 丈合现代 3.0 米；宋代 1 丈合现代 3.12 米。对于步，周代 8 尺代步，秦代 6 尺代步，后来营造为 5 尺代步。南唐度制现无查考，按唐度制换算，城高 6.9 米，城濠深 3 米以上，宽以秦以后的营造 5 尺代步计，则不止 9 米。

褚仁规很可能是根据古代子城外还应有郭（罗城）的做法，在子城筑好后，又立即再集民力，又“筑罗城二十五里”，长达 11250 米（按古代营造最小度制组合 450 米每里），这个（万历）《泰州志》卷二所记载的长度，值得商榷，疑应为 15 里（6750 米，这一长度与明时城墙长 6 650 米几近相似）之笔误。道光《泰州志》在“城池”一段中又增记一句“濠广一丈二尺”。这一记载，笔者认为是有道理的，限于当时的条件，所挖濠宽仅 3.6 米左右。估计其时之罗城，仅为用挖濠之土垒成的土郭而已。

褚仁规挖河筑城的原因

褚仁规为什么如此积极地挖河、筑城？他在《子城记》上记载的是“当今皇帝以仁规早事圣明，素怀廉洁，特飞鸾诏，委授鱼符。对五马而愧此叨荣，向六条而虑其疏失。岂敢以爱憎徇性，岂敢以富贵安身。但缘王事疚心，鼎彝系抱，欲将整齐士旅，是宜固护严城。”这段文字表述了他早年就追随李昪，在其部下工作，本人又廉洁从政，

图 2-82 南唐烈祖李昪

深受皇帝的重视，这次，又获破格提拔为泰州知州和军事长官的荣耀，为感激皇恩和尽忠“王事”，而加固城池的。这里并未交待是什么“王事”要加固城池。其实，这个“王事”政治色彩极浓，褚仁规不方便说。海陵的永宁宫是前朝杨吴子孙的监禁地，为防范前朝杨吴政权复辟，尽忠李唐，确保永宁宫内的事件不外传，才是要加固城池的真正原因。南唐烈祖李昪（888—943 年），本为孤儿，为杨行密于争战中所掳，并以为养子，但常常受到杨行密的老婆和儿子的欺凌。杨行密没有办法，让徐温收李昪为养子，改名叫徐知诰。可徐温的长子徐知训又不能容纳他，徐知诰差点被徐知训杀了，后来，徐知诰乘徐知训被杀、徐温老迈之机，乘乱掌握了吴国的实际控制权，才摆脱了寄人篱下的境况。他曾升任州刺史、润州团练使，后掌握南吴朝政，累加至太师、大元帅，后封齐王。天祚三年(937)，李昪称帝，国号齐。不久，便恢复李姓，改名李昪，奉李唐为正统，昇元三年（939），又改国号为唐，史称南唐。李昪在位期间，勤于政事，变更旧法；又与吴越和解，保境安民，与民休息。南唐取代杨吴政权尽管是和平过渡，由于杨氏政权的残余势力仍然很大，徐温掌握吴国军政大权数十年，一直保留杨氏国君名位。李昪称帝后，封前朝吴国皇帝杨溥为让皇，安置（实际是软禁）在泰州永宁宫，第二年迁杨溥于镇江丹阳宫，并将其杀害。改国号为唐后，便又将杨氏子孙回迁到泰州永宁宫，下令禁止和宫外接触，允许宫内婚配，但对杨氏子孙中的男孩，一长到 5 岁，李唐朝廷便派人赐给袍笏衣冠，当日处死，埋尸宫外，埋尸之地，被后人称为“小儿冢”。泰州知州褚仁规，正是因为承担着看守前朝余孽的重任，为防杨氏的支持者来此救人，所以在上任伊始，就为这个“王事”，立即扩建了泰州的子城和罗城。多重保险，以防万一。

褚仁规其人

北宋建立后，极为重视前代史编修。在十国史的编修中，以马令编修的《南唐书》写得最好。《南唐书》取材广泛、体例有所创新、史事及人物评论较为客观公允，具有重要的史学价值。马令在《南唐书》中写道："诛死传第十五"中专门记了有关褚仁规的一些情况："褚仁规，字可则，广陵人也。始为军中小吏，勤干敏给，可被繁使，累除右职，出为海陵监使。"[1]他交待了褚仁规是广陵人，从军中小吏干起，因干事勤快，努力，不断升职，直至成为海陵（盐监）监使。"海陵民好争讼，吏多不能直，乃以仁规兼县事。"其时，由于海陵民事纠纷较多，派去的官员往往难以断清案件，故派褚仁规兼作县官，身兼两职。"所部鱼盐竹苇之地，财用所出，国家每有大役，常赋不能给。"海陵的前任官员不善管理各种税赋，造成不能即时缴纳国家税赋和支付动用民力的补助。"仁规使行视民家所有举籍取之，事讫则以次偿备，罔有逋遗，故民不甚怨，"褚仁规成为海陵县官后，对各家拥有的田亩、从事的生产、应召的劳役都进行认真查核，逐户登记清理，合理征收税赋和足额发放服役的报酬补贴，使百姓对当局的怨气渐渐消失，该上缴国家的盐赋、税收大大增加。由于海陵对国家的贡献达到"供亿公费，不知限极"，"烈主喜之，以海陵为泰州，不移治所，政亦如故。"使李昪很是高兴，决定将海陵由县升格为泰州，并由褚仁规就地任"知泰州军州事兼盐铁两监都院使"军政统管，并仍兼任盐铁两监的长官。马令在《南唐书》中记载海陵升格为泰州的一段，是客观的和符合当时社会实际的。褚仁规自己在《子城记》上也说得比较清楚，印证了马令的这一记载。褚仁规认为，海陵县"地利显分，富一千里之黔庶。咸鹾赡溢，职赋殷繁。"是改县升州的另一因素。他还客观地认为，海陵"可

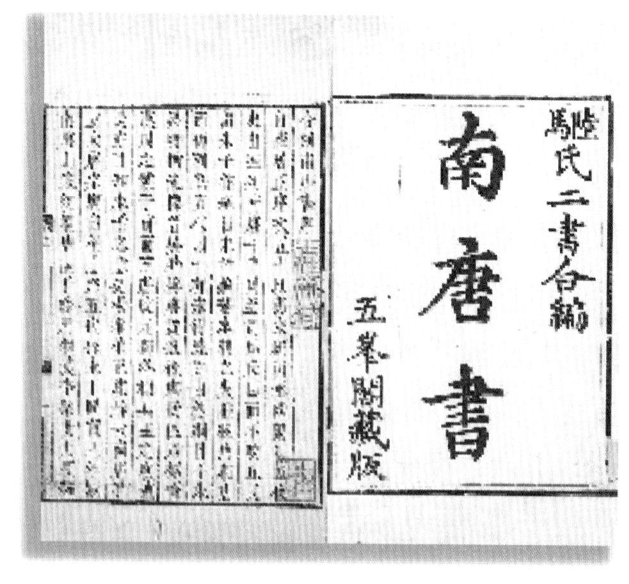

图 2–83 《南唐书》部分文稿

[1] 出自国风中文网 – 在线阅读。

谓水陆要津，咽喉剧郡”，地处交通要道，东临海，南滨江，北接淮，境内水网密布，古盐运河从海陵通过，海边的盐运到全国各地的几条重要河流都汇集到这里，使海陵成为通淮、达海、连江的水上交通咽喉，将这个地方管理好也是“以兹升建”的另一个原因。从马令所记和褚仁规所记，我们都能发现，褚仁规治理海陵很有作为，对海陵改县升为泰州，有着举足轻重的作用。如果没有褚仁规，海陵未必就能在南唐开国之初就升格为泰州。

公元 941 年二月，褚仁规因泰州同乡、时任宣徽副使的陈觉参奏褚有“贪残”之罪（笔者以为更可能是因其知“南唐李氏”迫害“吴杨”太多私密）后，被李昪赐死，未及为自己所筑罗城留下文字。在《子城记》上我们看到，诸仁规“对五马而愧此叨荣，向六条而虑其疏失。岂敢以爱憎徇性，岂敢以富贵安身”的记载，字里行间反映出他刚刚上任壮心不已，而又特别具有谨慎、廉洁的从政之心。应该说，时值海陵县升泰州之初，此人并不应是个贪官、恶人。是否有陈觉“挟私怨”之因素，不得而知。马令在《南唐书》“诛死传第十五”的开头写有一段评论，值得一读：“南唐享国日浅，可名之士无几，而诛死太半，如宋齐邱、陈觉、李徵古、李德明、钟谟、张峦、褚仁规、王建封、范冲敏、皇甫继勳、林仁肇、潘佑、李平皆死于非命。”讲的是南唐建立不久就杀掉有名的臣子包括褚仁规在内的十多人，“就其未死之行以考之，则知其所死者不能无当否矣！”虽这些人，处死前都有一些不当之处，“然则南唐之亡，非人亡之，亦自亡也！为国而自去其股肱，譬诸排空之鸟，而自折其羽翮，孰有不困者哉”然而，这些人都是支撑南唐的股肱之臣，这是造成南唐自己灭亡自己的主要因素。这段评论的话外音，是说包括褚仁规在内的十多人，罪名是否成立？该不该杀？是要打问号的！得民心者得天下！杀了这些人，是造成南唐灭亡的原因之一。

历代官员前赴后继拓浚城河

据1998年版《泰州志》记载：“唐代海陵县已有城垣”[1]，泰州挖濠筑城，应始于唐代。而见诸记载，最先又是主持挖濠筑城的官员是南唐泰州刺史褚仁规。《（万历）泰州志》卷二记载：“州城自南唐昇元元年（937）升海陵县为泰州，以褚仁规为刺史，筑罗城

[1] 泰州市地方志编纂委员会．泰州志［M］．南京：江苏古籍出版社，1998.

二十五里。”[1]周显德五年（958），泰州刺史荆罕儒为团练使，“增子城于东北偶，更筑城自子城西北至东南，至南合西南旧城。”[2]是沿新子城西北角向西、东南角向南接到南唐的旧城上的，形成用砖砌的新城长 4524 米。

宋建炎中，通判马尚将城内侧的 3 条城河（后来称为市河）拓宽挖深了 1 条，在州城的南侧（外面）新开一濠。笔者以为，这就是现在的南城河。宋宝庆丁亥（1227），州守陈垓创开东、西、北外濠，计 6084 米（按宋度制 468 米每里计算，下同）；又浚南濠，至此，城濠周长达 8100 米，宽 74.88 米，深 4.68 米。陈垓挖通四濠，形成环城河。

明初，明将徐达兵驻泰州时（1353 年后），兴工修复州城，并浚挖拓宽城濠，濠

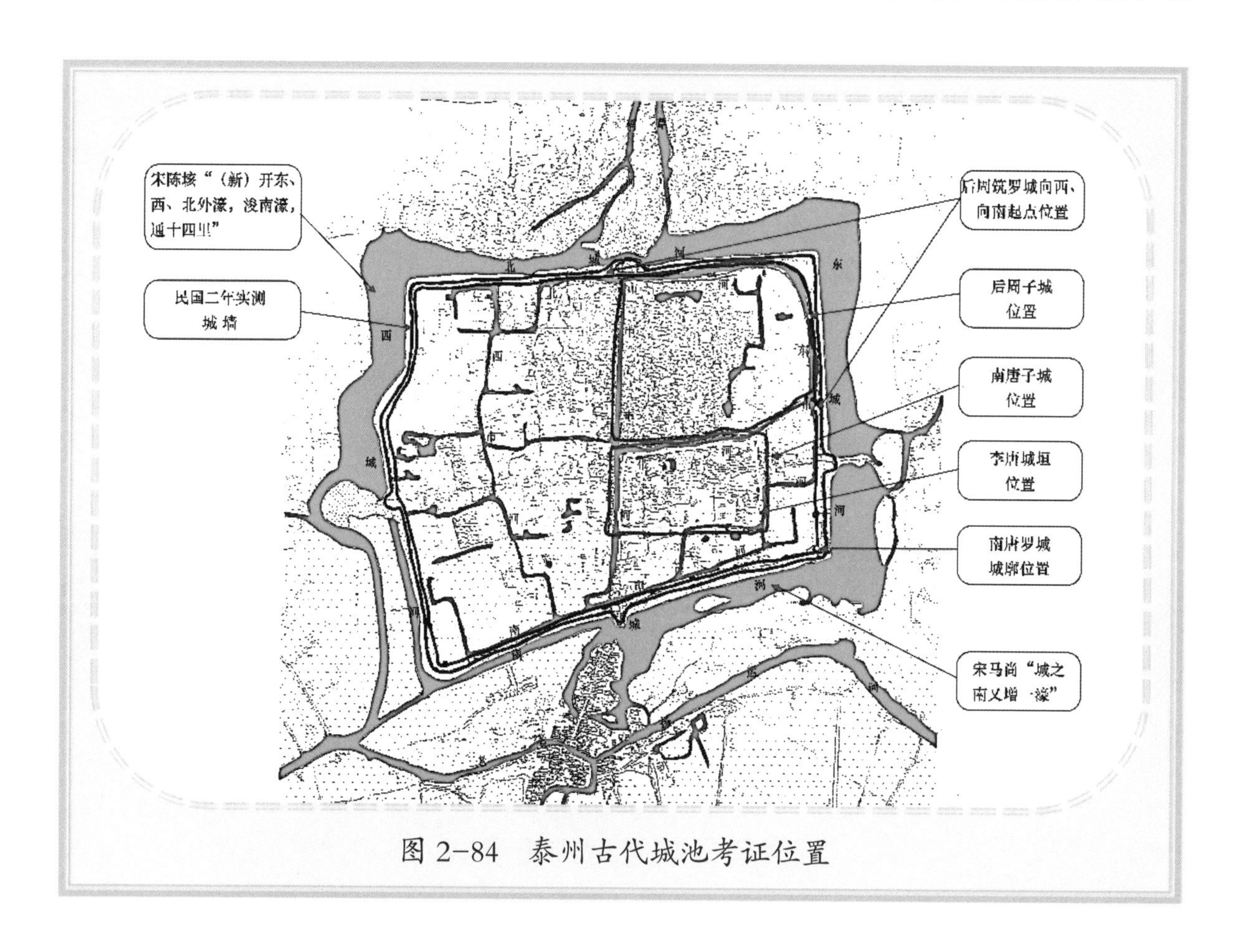

图 2-84　泰州古代城池考证位置

[1] 泰州文献编纂委员会．泰州文献—第一辑—①（万历）泰州志［M］．南京：凤凰出版社，2014.

[2] 泰州文献编纂委员会．泰州文献—第一辑—②（道光）泰州志［M］．南京：凤凰出版社，2014.

长为7798.95米，宽170.04米、深3.6米，有水门沟通城内外水道。这一沟通，就将城外城河里的活水送到城里子城的城河（市河）中了。

明万历十四年（1586）因大水，泰州“城垣四周倾480丈（约1 600米）”，州守谭默任内修复城河，并有“设南北水关（指水闸），通城内市河”[1]的记载。其时增设水关，旨在起到外水可挡、内涝能排、市河水活的作用。

此后，清乾隆三十二年（1767）之大修，工程较大，将城河拓宽至“东北角宽270米，东南角宽281米，西北角宽260米”，西南角未能拓宽，只保留27米[2]。

后来，徐达开济川河。长江之水进入城河，为防江潮入侵下河，城北筑数坝，使江水所携泥沙在城河中较易淤积，河边渐成浅滩，这给与河争地者造成了占河为地的方便。一边是官方的不断拓挖城濠，一边是侵占官地、在城濠滩地上建房的事屡禁不止，导致城河形成不断萎缩的态势。1989年版《泰州志》记“万历二十九年（1601）前，东水门堵塞”，“乾隆三十二年（1767）……东门外濠填成路”。“抗日战争爆发后，国民政府通令沿海各县拆城，民国27年（1938）至次年8月，州城全部拆除……东西门以南部分城基或改成农田，或建为工厂、住宅区，北城濠中段改建成人防工事与小商品市场，南城濠西段淤（实际上是填埋）塞为农田，西城濠南段取直拓宽（实际上是调整后的西城濠）连接南官河航道。”[3]

---

[1] 泰州文献编纂委员会．泰州文献—第一辑—①（道光）泰州志［M］南京：凤凰出版社，2014．

[2] 泰州市水利局．泰州市水文化研究与实践［M］．郑州：黄河水利出版社，2004.

[3] 泰州市地方志编纂委员会．泰州志［M］．南京：江苏古籍出版社，1998.

宋元水利

抗灾御海　注重浉城

宋元水利——抗灾御海　注重州城

泰州的先人，在“近水而居”享受“取水之利”的同时，也遭受了此起彼伏的水旱灾害。泰州的水利，是我们先人为抵御这些水旱灾害创造更好的水生活环境、水生产条件所形成的物质的、精神的成果总和。要了解泰州历史上的水利，就不能不了解泰州历史上发生的水旱灾害。

历史上的水旱灾情，我们一般是从一些相关志书中去了解的，或是从一些历史典籍的记载中获取。

《泰州志》载的水旱灾害，首见于《（崇祯）泰州志》“卷七－灾祥篇”，1998年版《泰州志》大事记也用白话文作了记载：“宋太祖乾德二年（964）秋，海潮上涨，房屋损坏数百处，牲畜淹死很多”[1]。这一记载，与一些对中国海面变化研究成果的分析是相对吻合的。例如，王文、谢志仁发表在2001年16卷第2期《地球科学进展》中的《从史料记载看中国历史时期海面波动》一文认为：西汉至两晋为相对高海面时期（西汉晚期为显著高海面时期），晋末至隋末为相对低海面时期，唐至南宋为相对高海面时期。8世纪、11世纪后期至13世纪初期出现显著高海面，而其间的唐末至五代，南宋后期至元初曾出现过海面下降，元明清时期总体为相对低海面时期。限于历史客观条件，《泰州志》所记述的这一灾情，可能只是局部或当时官方接收到的信息，实际灾情可能远远不止这一记载的情况。因为，当时沿海基本未曾设防，海面的变化造成的海岸和海浸面积变化必然较大。汉代，在今盐城县城东北角就设置了盐渎县，在今灌南县东南设置了海西县。到东晋南北朝时，廖角嘴（北岸沙嘴）自今白蒲向东伸展，与原位于掘港的海外岛屿相连。当时南通仍在大海之中，称为“狼山海”，岸外有两个大沙洲，东布洲（今金沙一带）和南布洲（位置不详）。随着长江口北岸沙嘴的东展，南朝宋、齐时，在苏北南部增设了海陵郡领建陵[今东台（县）市南]、海安[今（县）市]、如

[1] 泰州市地方志编纂委员会. 泰州志［M］. 南京：江苏古籍出版社，1998.

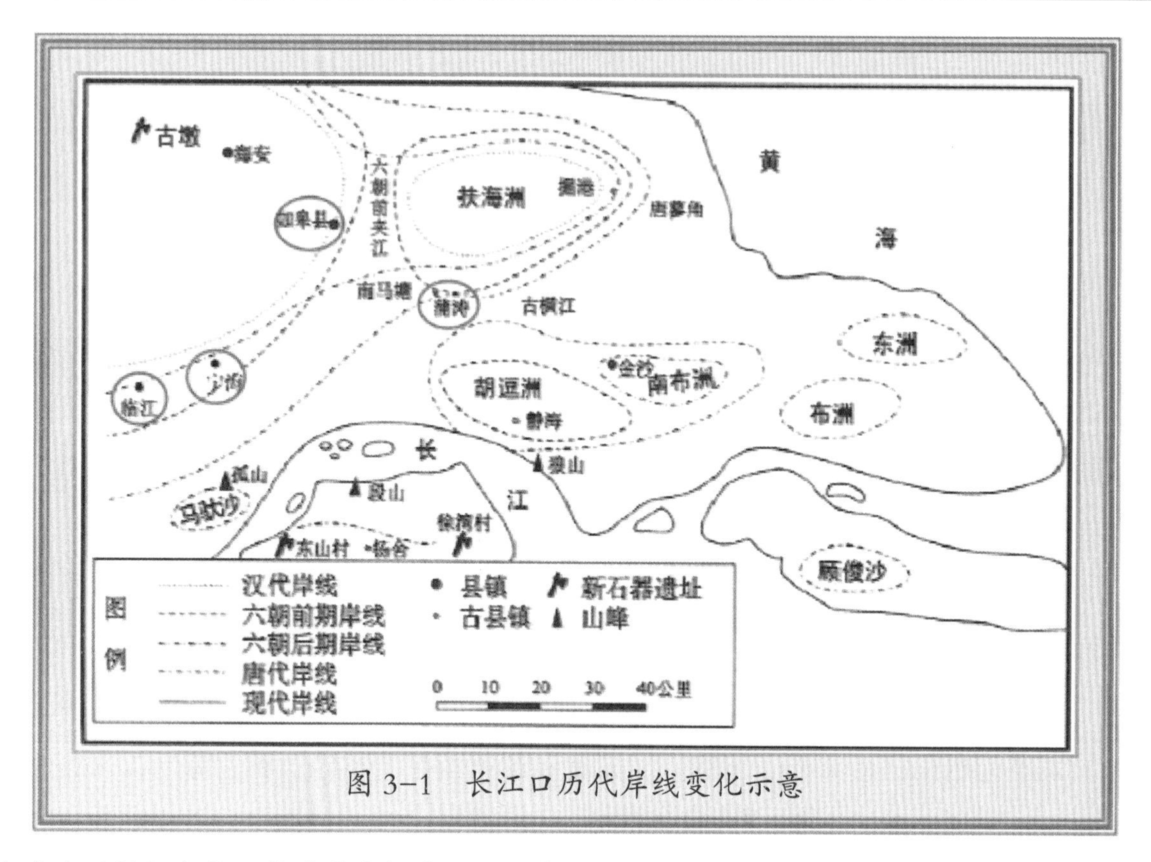

图 3-1　长江口历代岸线变化示意

皋［今（县）市］、蒲涛［今如皋（县）市东南白蒲镇］、临江［今如皋（县）市南］、宁海［今如皋（县）市西南］等县级市（镇）。至唐代，长江口北岸在晋末、南北朝时期新置的海安、如皋等 6 县先后并入海陵县。唐代伊始，一般政区都是有所增置的，而在沿江海交汇处的地带，建置不增反减，且原有 6 县中的临江、蒲涛，竟未提及。这两个县，从有建置到此时，其间虽长达二三百年，后竟无任何故迹可寻，这不能不说与海平面上升，沿江海有大片的已为人开发的并已设置过行政区划的地方，被淹没或坍落于江海之中有关。这一阶段，处于沿江海边的临江、蒲涛两县治，如系因海面上升而消失，所发生的灾情之严重可想而之，更不要说能留下任何记载了。

从《明清苏北水灾研究》[1]一书对海啸（仅就致死人命）的统计资料中，就可以见到如下灾情的记载：

成化三年（1467）七月，“通、泰等处海溢，冲毁捍海堰 69 处，溺死吕四等盐丁 274 人”。

[1] 彭安玉．明清苏北水灾研究［M］．呼和浩特：内蒙古人民出版社，2006.

嘉靖元年（1522）七月二十四日、二十五日，“七月：江淮地区普降暴雨，江、淮、海暴溢，居民荡析。通州死者数千人；靖江潮涨三日如海，死者数万；……”。

隆庆三年（1569）七月，“……靖江潮势如洋，溺死10000多人”。

万历五年（1577），“海潮冲决范公堤，兴化、盐城、阜宁等地，死者无算”。

崇祯五年（1632）四月、六月，“该年先后两次海潮大上，冲坏范公堤，死者无算”。

顺治十一年（1654）六月二十二日，“通、泰等地海啸，平地水深丈余，溺死10000多人”。

自宋太祖乾德二年（964）海潮的灾情有了记载后，泰州各地的水旱灾情也逐步记入志中相关条文。特别是各地的《水利志》还作了一些归纳性记载。

泰州（今海陵区）自435年—1948年的1514年间，发生水灾的有268年，特别是1194年黄河改道南流后，里下河地区雨涝灾害更加频繁。明代277年间（1368—1644年），94年有水灾，平均3年1次；清代268年间（1644—1911年），116年有水灾，平均2年多1次。每逢洪涝灾害，里下河地区一片汪洋，田地房屋被淹，人畜死伤无数，灾情惨重。历史上，旱灾居灾害性天气的第二位。据史志记载，442年到1948年，发生旱灾的有143年。严重的旱灾可使城濠、盐运河干涸，造成赤地千里，农作物干枯，斗粟可易男女。

图3-2　兴化1931年大水（淮委收藏）实拍摄影资料

姜堰（今姜堰区）：正统十四年（1449）至1948年的500年中，发生水灾110次，旱灾63次，平均每5年左右就有1次水灾，8年左右有1次旱灾。

兴化：自宋（徽宗）政和六年（1116）至1998年，剔除其中缺乏资料的115年，实际768年中，有灾年份276年，平均每2.78年一遇。兴化一般记载的灾害种类有风、雨、雹、旱、蝗、水、卤水、涝、雷、雪、低温、冻、鼠、虫、疫、震、酷暑、其他等18种。为害最烈的一为洪涝、二为干旱。旧时，一旦成灾，往往“漂没田庐”“河底干涸”“斗米千钱”“人相食”“死者几半”“死者无算”“流尸遍野”，其惨烈可见一斑。其间，水灾191次，平均4年1次。旱灾，在宋、元两代志书中无旱灾记录。自明洪武二十年(1387)到1946年的560年中，遭受旱灾53次，平均10.57年一遇。

泰兴：自宋(太祖)建隆三年(962)至1949年的988年间，发生水灾139次，平均7.1年一遇；旱灾132次，平均7.48年一遇。

靖江：明(成祖)永乐三年(1405)至1949年的544年中，共发生水灾137次，其中，明代77次，清代41次，民国19次，平均每3年9个月一次。明(太祖)洪武二十年(1387)至1949年的562年中，共发生旱灾54次，其中，明代36次，清代15次，民国3次，平均10.4年多1次，旱情严重的有11次。历史上连续干旱4年的1次，连续干旱3年的1次，连续干旱2年的3次。每遇大旱，沟河干涸见底，田地龟裂，禾苗枯死，米价暴涨，饿殍遍野。风灾为靖江第二大灾害，据历史记载，共发生风灾90次，每6年5个月一次。每年3—9月是风灾频发季节，台风危害一般在7—9月，多从东南沿海登陆，每年多至八、九号，少则四、五号。

不屈的泰州先民，大灾后必会大干。虽然，宋元时期在历史的长河中，较为短暂，且战祸频仍。但在泰州的从政者，特别是宋代的从政者，在治水上，从捍海御潮到滨江保田、从上河理水到下河筑塘，尤其重视泰州城里的开河、挖池、造桥、筑坝、建涵……留下了不少精彩华章！

范仲淹筑海堤千古美名

（1023—1045年）

图3-3 范仲淹

在泰州，乃至苏北地区历史上，由政府组织民众兴办的重大水利工程，在百姓心中有最大影响力的当数范公堤。范公堤是宋代名臣范仲淹于仁宗天圣元年（1023）调至泰州西溪（今属东台）盐仓，任盐监时，主张并曾主持修筑过的一项抵御海潮入侵的大型水利工程——海堤（又称捍海堰）。堤长150里，堤基宽3丈，高1丈5尺，顶宽1丈。

范仲淹生平

范仲淹（989—1052年），字希文，我国北宋时期杰出的政治家、军事家、教育家、文学家，谥号“文正”。祖籍邠州（今陕西彬县），后迁居平江（江苏吴县），唐宰相范履冰之后。宋太宗端拱二年（989）秋，范仲淹生于徐州节度掌书记官舍。2岁时，父亲范墉因病卒于任所，范仲淹与母亲，范墉的侧室谢氏，生活无着。4岁时，范母改嫁到邹平县长山镇朱文翰家。范仲淹也改从朱姓，名说。

范仲淹长大以后，刻苦读书，于宋真宗大中祥符八年（1015）（27岁时），以朱说名得中进士，授广德（今安徽广德）军司理参军，掌管讼狱、案件事宜，官居九品。鉴于已有朝廷俸禄，范仲淹便把母亲接来奉养。至此，开始了他的仕宦生涯。天禧元年（1017），范仲淹以治狱廉平、刚正不阿，被提拔为文林郎，权集庆军（今安徽亳州）节度推官。天禧五年（1021）时，33岁的范仲淹，任泰州西溪（时属泰州海陵，今属江苏东台）盐仓监，负责监督淮盐储运及转销。仁宗天圣三年（1025）兼任泰州兴化县令，全面负责修筑捍海堰工程。至天圣四年（1026）又官监楚州（今江苏淮安）粮科院。同年八月，因母亡，丁忧去职。天圣五年（1027），范仲淹为母守丧，居南京应天府（今商丘）。时晏殊为南京留守、知应天府，闻范仲淹有才名，就邀请他到府学任职，执掌应天书院教席。天圣六年（1028），范仲淹服母丧后，便归宗复姓，恢复范仲淹之名。天圣六年（1028），范仲淹向朝廷上疏万言的《上执政书》，奏请改革吏治，裁汰冗员，安抚将帅。年底，仁宗召范仲淹入京，任为秘阁校理，负责皇家图书典籍的校勘和整理。天圣八年（1030），范仲淹请求离京为官，被任为河中府通判，次年，调任陈州通判。范仲淹虽"处江湖之远"，但他不改忧国忧民本色，在此期间，他也多次上疏议政。明道二年（1033），仁宗亲政，召范仲淹入京，拜为右司谏。景佑元年（1034），范仲淹调任苏州知州，辟所居南园之地，兴建郡学。时苏州发生水灾，范仲淹命令民众疏通五条河渠，兴修水利，导引太湖水流入大海。景祐二年（1035），因治水有功，范仲淹被调回京师，高位低职，判国子监，很快又转升为吏部员外郎，后以天章阁待制权知开封府。他为政清廉，体恤民情，刚直不阿，力主改革，景祐三年（1036），上《百官图》直言朝政及官场陋习，被朝廷诬为朋党，降职外放，知饶州。仁宗宝元三年（1040），范仲淹与韩琦共同平息西夏李元昊的叛乱。仁宗庆历三年（1043），升任参知政事（相当于副宰相），其间，提出"十事疏"，力主新政。初为宋仁宗采纳，陆续推行，史称"庆历新政"。不久，即遭到保守势力的抵制、反对，仁宗听信谗言，终止范仲淹所行新政，范仲淹又被罢去朝官，贬至邓州当州守，继放陕西四路宣抚使，后来再贬赴颍州途中经徐州时，也就是皇祐四年（1052）五月二十日范仲淹病逝，终年64岁。死后谥号文正，封楚国公、魏国公，有《范文正公集》传世。苏轼在此书的《序》中写下了"公在天圣中，居太夫人忧，则已有忧天下、致太平之意，故为万言书以遗宰相，天下传诵。至用为将，擢为执政，考其平生所为，无出此书者。"[1]就是说：范仲淹在天圣年间，为母居丧时，已有忧念天下，希望人间太

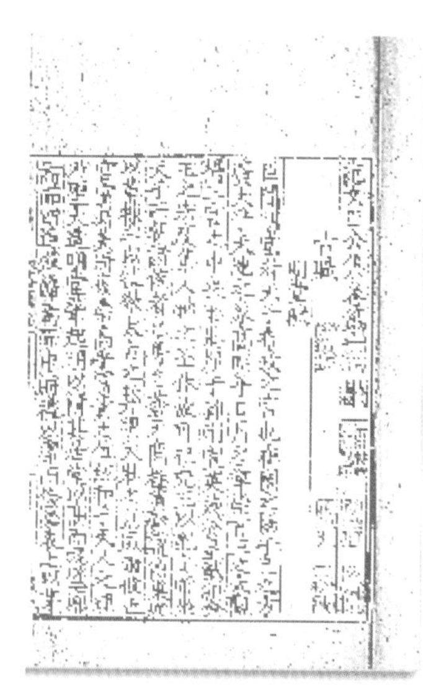

图3-4

[1] 出自范仲淹，《范文正公集》（刻本四部丛刊影印本－PDF电子版）中苏轼作《序》。

平的心愿，所以写了万言书来送给宰相（晏殊），天下传诵。后来，他被任用为将领，拔擢为朝廷执政的高官，考察其所作、所为，从没有越出这本书所写的——“忧天下、致太平”的行为。仅举一例：范仲淹十分注意自律，尤其在他当官后，更是十分注意规范自己和家人的行为。他要求他的妻儿要做到衣服和食物自给自足；吃用生活都必需克勤克俭，一般没有客人来，从不准开荤吃肉。可以说，他总是能以“先天下之忧而忧，后天下之乐而乐”来规范自己的言行。

率民工兴筑海堤

范仲淹在泰州为官 5 年，其间，最大的建树是兴筑捍海堰。

范仲淹到泰州发现：唐时所修常丰堰，年久失修，已不起作用。每年汛期，大潮来时“远听若天崩，横来如斧戕”[1]，海潮倒灌，内涝难排，卤水所到之处庄稼枯萎，庐舍漂没，亭灶冲毁，人畜死亡，农田返碱，无法耕种。百姓无以为生，背井离乡，外出逃荒。目睹这一切，范仲淹忧心忡忡。经过认真的调研和慎密的思考，他呈文上报江淮制置发运副使张纶，“郡有古堰，亘百有五十里，厥废旷久”建议立即修筑捍海堰，且提出具体方案“移堰稍近

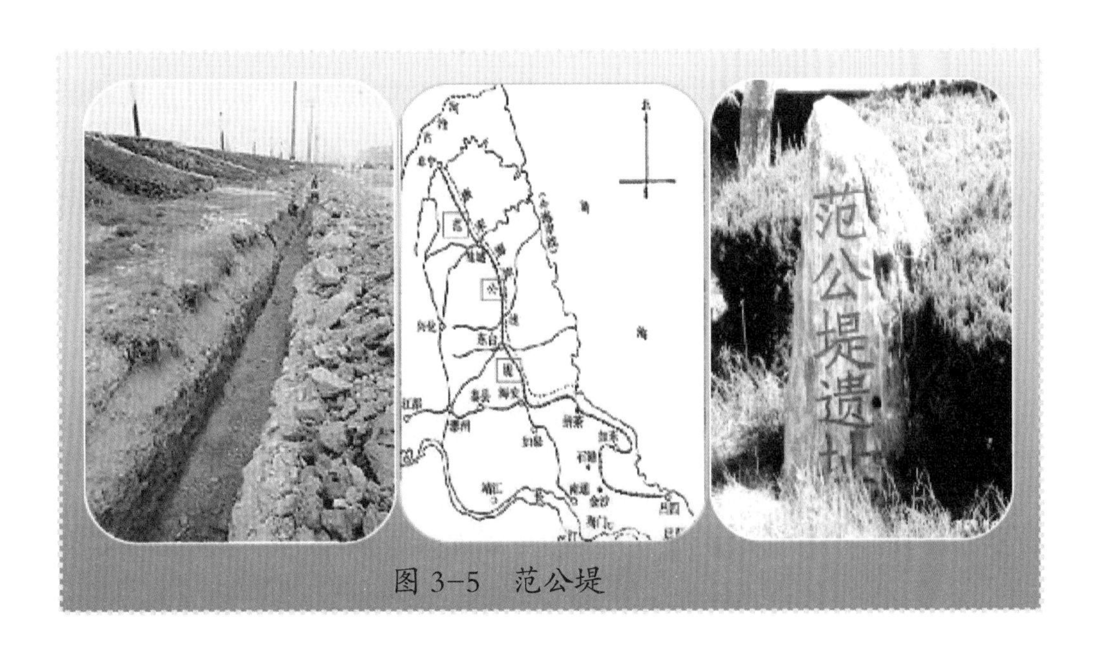

图 3–5　范公堤

[1] 出自《盐城水利》1983 年，第 249 页。

西溪，以避海潮冲激，仍叠石以固其外，延袤迤逦，各坡形不与水争，虽有洪涛不能为患”[1]。提议再修捍海堤。张纶系范仲淹在南都学舍时的同窗，对范仲淹以民之疾苦为重的精神很为敬佩，随即专门奏请朝廷批准修堤。所奏，经朝廷二次驳回，张纶三度重申。最后，在张纶的力挺下，于天圣三年（1025 年）终于获宋仁宗批准。经张纶推荐，范仲淹才得以“令兴化，董其役”，调为兴化县令，并领通、泰、楚、海 4 万多民工主持修筑捍海堰。范仲淹领衔筑堤后，首先遇到的是选址问题。常丰堰年久失修，海岸线也几经变迁，修筑海堤需重新确定堰址。在水文和勘测等科学技术尚不发达的宋代，要在沿海准确勘测，确定堤址，实是不易。范仲淹问计于民，与有识之士共商良策。一天，他带着随从到海边考察，看见一位老渔翁正从鱼罾里取鱼，脑海中陡然想到，老渔翁是如何知道在何处设置鱼罾的呢？可不可以参照老渔翁的办法，来确定海岸线呢？范仲淹立即向老渔翁请教。经老渔翁指点，范仲淹终于找到了解决堤址的办法。几天以后，范仲淹发动沿岸百姓，趁高潮大汛前，把一担担稻壳倒在海滩上。海潮上涨后，稻壳随着海浪向滩边推进，落潮后，形成一道弯弯曲曲高潮水位线。范仲淹根据这条高潮水位线和计划修筑堰坝可挡洪高度，确定了海堤的堤址。于是，在范仲淹指挥下，有 4 万多民工上堤修筑的大型海堤工程开工了。不料，当年东台一带遭遇了严重的秋涝，施工受大风大雨干扰，使筑堤民工非常辛苦，新挑堤土也经受不住大雨的冲刷，工程进度异常缓慢。范仲淹顶风冒雨亲临施工现场，与民工同吃同住，并将自己的薪俸全部拿出，用于改善修堤民工的生活条件。他不断劝勉和鼓励民工同心同德，一定要将海堤修建成功。修堤工程推进至九龙港（现大丰市境内）时，已入冬季。且因九龙港风急浪大，往往白天筑成的海堤，夜间便会被汹涌的潮水冲塌。一首民谣描述了施工的艰难，“九龙港，港连港，潮汐多变不寻常，无风也起三尺浪，早上夯基晚上光。”[2]范仲淹并没有被困难吓倒，白天在险工险段上指挥修堤，晚上就在油灯下研习朱宏儒遗著《沿海方略》，苦思良策。他综合多方意见，用柳篓、蒲包、草包装土奠基，将九龙港由外向内逐步填塞，使工程取得了突破性进展。

范仲淹筑堤受阻

天有不测风云。正当范仲淹带领民工们艰难地推进筑堤工程时，偏偏又遭遇连旬

[1] 出自周古，嘉庆东台县志，姜德新、苏榕捐刻，1817 年。
[2] 出自卞敏《唯实》，2014 年第 4 期——“范仲淹与江苏”。

图 3-6　范仲淹在海堤上

的风雪。一天，正值大潮汛，寒流暴风突袭东南沿海，风、雨、雹、雪混作而下，凶猛异常的海潮，不但冲垮了多处已筑的海堤，造成海水倒灌，还卷走了 100 多个筑堤民工。范仲淹临危不惧，亲自上堤果断指挥其他民工撤出，作出暂时停工、待天气好转再行施工的决定，并认真抚恤死伤民工及家属，努力使危机局面平定了下来。但这一情况被原先反对修筑捍海堰的保守势力利用，他们乘机上疏朝廷，夸大其辞说工程死亡民夫 1000 多人，要求废止工程，查办范仲淹。宋仁宗接到奏本，立即指派曾在海陵担任过县令、比较了解泰州沿海情况的淮南转运使胡令仪前来追查。胡令仪非常负责地深入现场调研，并向范仲淹本人征求意见。范仲淹如实陈述情况，并坚持要求复工，做好工程。这一主张得到了胡令仪的认可和赞同。胡令仪向朝廷汇报了修建捍海堰的重大作用和范仲淹所作出的贡献，并请求恢复暂停的工程。怎奈保守势力的官员不依不饶，阻力重重，宋仁宗未能听取胡令仪的意见，仍然下诏停工。

范仲淹力促筑成海堤

天圣四年（1026）范母去世，按当时的礼制，他必须“丁忧”离任回原籍守孝。范仲淹临走时又专门书呈张纶，再陈恢复海堤之利，力促续修海堤。为此，张纶和胡令仪再次向朝廷奏本，才重获仁宗批准。天圣五年（1027）秋，宋仁宗任命张纶兼任泰州知府，督率兵夫重新兴筑海堤。张纶率领兵夫，次年春，终于将北起庙湾场，南至拼茶场的海堤和草埝、苇港等十多座石质水闸建成了，一条底宽 3 丈、高 1.5 丈、长 143 里零 136 丈的大堤，屹立黄海之滨，达到“束内水不致伤盐，隔外潮不至伤禾”。堤内东西纵深百余里，潟卤之地尽复为良田。堤成仅 1 个月，即有 1600 多户农民和盐民回来恢复生产，继之，3000 余户逃亡外地的农民陆续返回家园，大大促进了当时里下河生产力的发展。在宋仁宗天圣七年（1029）至徽宗宣和元年（1119）的 91 年中，这一带再无海潮倒灌之灾，农业、盐业生产得到新的发展，堤西也渐渐成为土地肥沃、物产丰富的里下河鱼米之乡。当地士绅、百姓为纪念范仲淹、胡令仪、张纶的修堤功绩，在西溪修建了“三贤祠”和塑像，岁岁凭吊。而百姓最为感念的还是首倡修堤的范仲淹，于是将海堤命名为范公堤，以纪念他勤政爱民的功德。明末清初布衣诗人吴嘉纪《范公堤》诗云：“茫茫潮汐中，矶矶沙堤起。智勇敌洪涛，胼胝生赤子。西塍发稻花，东火煎海水。海水有时枯，公恩何日已”。范仲淹在海滨踏勘时，“感士庶之谆谆爱戴”，曾挥毫为白驹关帝庙写了一篇碑记,其中有句:“愿后之居高位者尚其体侯之心以为心”。他在兴化为县令期间，不仅修筑了捍海堰，还创建了文庙祭祀孔子。在庙内设官办学校——学宫，以儒兴学。兴化学宫，是全国最早的学宫之一，比他后来官至参知政事，推行庆历新政，力主兴学，宋仁宗接受他建议，诏令天下兴办府州学宫的“庆历兴学”要早近20年。为纪念范仲淹的功德，兴化、海陵等县百姓还专门修建了“范公生祠”，供奉范仲淹的画像；“兴化之民往往以范为姓”（见《范文正公年谱》）。后来，到这里任盐监官职的杨阜，在祠中看到范仲淹的事迹后，作《画像赞》“青衫下僚，名世高节。捍患御灾，岂不在余”“我思范公，水远堤长”以表崇敬。范仲淹在泰州为官5年，时间虽不算长，其所修之堤防，却留下了永远的印记。其时，范公堤横卧大海之滨，拒万顷海涛于堰外，护千顷良田于堤内。后来，随着海岸线东移，此堤虽已消失了直接抵御海水入侵的作用，但堤上广植的柳树每逢春日枝叶繁茂，青烟袅袅，与串场河粼粼清波交相辉映，仍不失为一道美丽的文化风景线。

范仲淹忧乐观形成于泰州

宋仁宗庆历五年（1045），范仲淹因主张政治改革，触动了保守派的利益，被仁宗革去参知政事（副宰相）职务，贬放至邓州（今河南省邓县）。第二年六月，好友滕子京被降职到巴陵郡做太守。滕子京在那里也是十分重视政事，重修的岳阳楼行将落成，就修书一封并附上《洞庭晚秋图》一帧，派人专门去邓州，请范仲淹为此事的办成写一篇记，范仲淹欣然命笔，于九月十五日写成千古名篇《岳阳楼记》。范仲淹

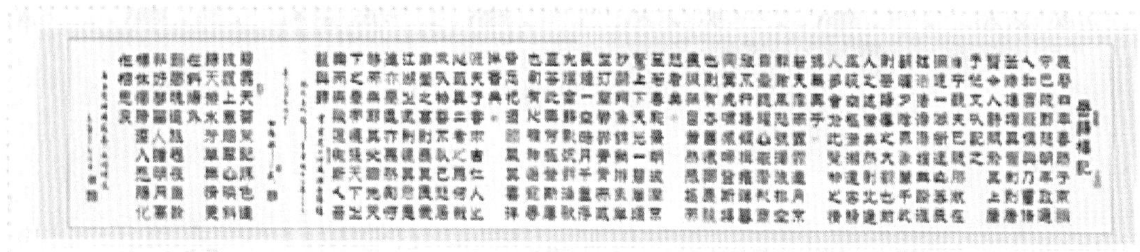

图3-7　范仲淹《岳阳楼记》和《苏幕遮》词——董文虎书

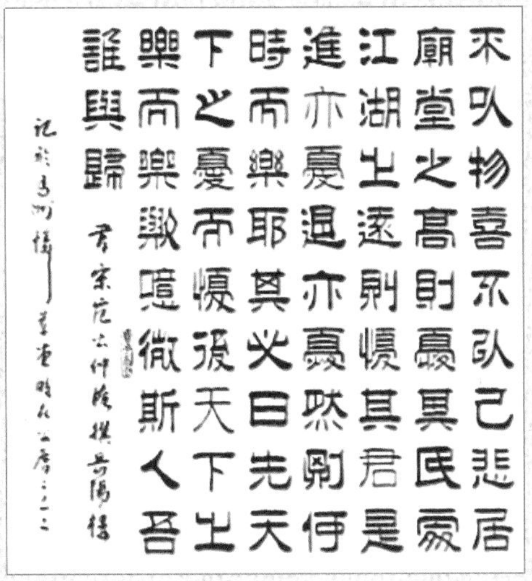

不以物喜不以己悲居廟堂之高則憂其民處江湖之遠則憂其君是進亦憂退亦憂然則何時而樂耶其必曰先天下之憂而憂後天下之樂而樂歟噫微斯人吾誰與歸

图 3-8 《岳阳楼记》局部

图 3-9　文会堂前范仲淹塑像

没有去洞庭湖，是看了此图，就能写出这一名篇的吗？其实要写水的场景，在他的脑海中第一个想到的就是曾在泰州修筑捍海堰时的场景，才能写下这千古名篇《岳阳楼记》。记中所写的“若夫淫雨霏霏，连月不开，阴风怒号，浊浪排空；日星隐曜，山岳潜形；商旅不行，樯倾楫摧”之场景，是洞庭湖能出现的场景吗？只有在大海边才能见得到。范仲淹和滕子京的友谊非同一般，他们既是同科进士，又于23年之前同在泰州为官。他们在泰州早就结下了诗文之缘。滕子京任泰州郡从事时，在州署内修筑了一座“文会堂”，堂名为“以文会友”之意。当时，滕子京常常和范仲淹、富弼、胡瑗、周孟阳等在此堂内以诗会友。其间，范仲淹曾为文会堂作了一首《书海陵滕从事文会堂》，以纪念胜会。“东南沧海郡，幕府清风堂。诗书对周孔，琴瑟亲义黄。君子不独乐，我朋来远方。言兰一相接，岂特十步香。德星一相聚，直有千载光。道味清可挹，文思高若翔。笙磬得同声，精色皆激扬。栽培尽桃李，栖止皆鸾皇。琢玉作镇圭，铸金为干将。猗哉滕子京，此意久而芳。”其中佳句曰：“君子不独乐，我朋来远方……猗哉滕子京，此意久而芳。”“不独乐”之“乐”，与范仲淹“后天下之乐而乐”之“乐”，时间相隔23年，而这两个“乐”之间，不难看出，范仲淹一生清晰而执著的思想轨迹——为官一方，无一己之乐；君子一生，为天下而忧。而这一思想的形成正是他在泰州任西溪盐监时，接触到盐民和沿海百姓所产生的。这也映证了苏轼所云“公在天圣中，居太夫人忧，则已有忧天下致太平之意”。

汪穀因水灾为沙田减赋

（1053—1105年）

泰兴沙田

泰兴全境属长三角洲冲积平原，地势东北高，西南低。大约在南唐时代（937—961年），由于上游来水挟带的泥沙在长江泰兴段中近岸沙洲之间的各个分汊河道大量沉积，一些河道开始淤涨连接起来，并与东面大陆相接，成为现在大致在口岸（今属泰州高港区）、马甸至蒋华一带连片的临江滩地。后，泰兴先民逐步圈圩，形成可以垦种的水田，当地人习惯地称为沙田。连片的沙田，逐步形成了泰兴沿江平原地区；新形成的沙田，占历史上泰兴总面积的15%左右。泰兴沿江平原地区地面的高程一般在2—3.4米，最高的达4.5米，主要在南端蒋华潘家园子一带，最低的仅1.8米，主要在永安洲，北沙的北头（今属泰州高港区）一带，是泰兴历代水稻主要产区。

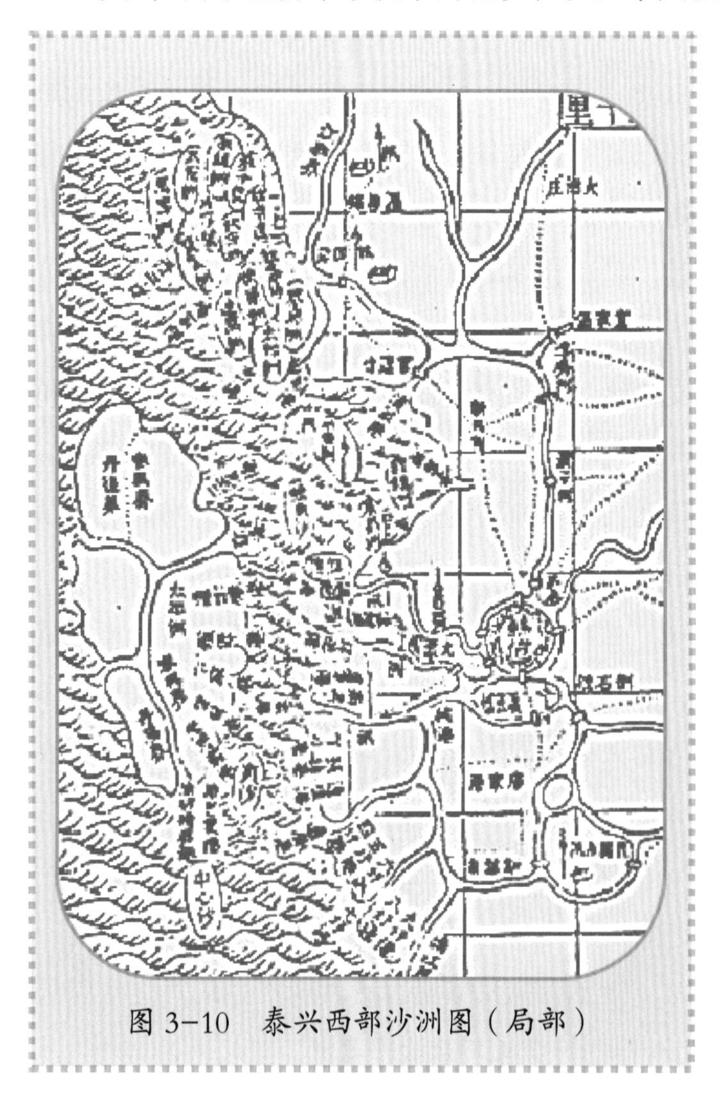

图3-10　泰兴西部沙洲图（局部）

汪毂减赋

在宋代，一个县的县令，主要任务之一是“实户口，征赋税”，即核实所辖范围内的人丁、户口，征收税赋。朝廷把户口和税赋的增减视为对该县经济发展衡量的主要指标，也是对州、县官员政绩进行考核的主要内容。宋史记载，太祖建隆三年（962）十一月规定：“州县抚育有方，户口增益者，各准见户每十分加一分。刺史、县令各

图 3-11　古代泰兴贤县令塑像

进考一等”[1]。故，各地州县的知州和县令，对所辖地区遭受自然灾害的减产、百姓外流逃荒所造成的减户，每每不肯上报。当地遭灾后，对百姓征收的税赋，也多不予减免。甚者，还增加征收，以确保官员们自己考核得分的政绩与升官。

汪毂（1026—1105 年），字次元，祖籍江西婺源，德兴龙溪（今海口杜村）人，北宋皇祐五年（1053）进士，南宋初年著名文学家汪藻之父。汪毂少年慧敏，中进士后，初授抚州宜黄县尉（类似现代公安局长职能的官员）。汪毂遇事不畏所难，不管出现什么事情，他都能想出办法来应对，且处理得井井有条，干脆利落。因他办事认真负责，

[1] 出自《宋史·卷一（五）》第 6 章。

不久，便被调升任泰兴县令。他到泰兴后，发现泰兴滨江地区，各户依沙围田，所做圩埂大多比较单薄，一旦受到较大江潮冲刷或潮水漫溢，常常导致沙田溃毁，所种粮食严重减产，甚至颗粒无收。农民却仍需按原来丈量的田亩数缴纳赋租，大多收不抵交，造成百姓极度贫困，生活难以为继，不少农户只能举家外出逃荒。茅屋虽在，却空无一人，这一地区，户口不增反减。在他以前的不少泰兴县令，大多为保自己的考核，从不想为百姓减免税赋；即使有个别县令心中想为百姓减免税赋，因上级考核指标不减，又不敢碰硬，而无法为民求得减免。汪縠接任泰兴县令这一年，恰逢大水，沿江不少地方“田与江通，百姓无以为食”，但上级转运使（无考）仍然向各县包括受重灾的泰兴“频催秋赋，不肯宽限”。汪縠审视灾情后，不但下决心不执行按以前不实之数缴纳秋赋的惯例，自己还擅自作了凡受淹百姓，据实豁免部分或全部秋赋的决定。与此同时，向转运使和朝廷分别呈文，上报了灾情和豁免情况。转运使接到呈文，大怒，办文下复汪縠，命令严加催索所有赋税，不仅要求立即征交，而且言明如若少交，定要上奏朝廷，严加惩处。汪縠接申斥令后，毫不畏惧，处之泰然。其时，不仅泰州地处江海交汇处，屡屡有水灾发生，江淮之间其他各地也多有严重灾情，已为朝廷觉察。加之，在安徽做官的泰兴籍人氏潘及甫，听家乡人氏说到这一情况后，专本上奏朝廷。宋仁宗知悉泰州灾情后，便召回转运使，另选派深得他信任的重臣——管勾国子监龚鼎臣，专门前去淮南、泰州等地视察水灾，督查受灾地区的救助发放及安抚灾民。《宋史》较为详细地记载了龚鼎臣其人的生平及其为官正直和敢于谏言而呈辞委婉、客观的情况：“鼎臣在言路累岁，阔略细故，至大事，无所顾忌。然其言优游和平，不为峻激，使人主易听，退亦未尝语人，故其事多施行。”[1]讲的是龚鼎臣在谏官位置上好几年，对细小的事，能予宽恕。但凡于大事，从没有顾忌，敢于直谏。但他的谏言又一贯从容平和，从不说夸大、苛刻、过激的话，退朝后，他非常注意，所奏内容不再告诉别人，以免产生负面影响。他这样做，使皇帝容易接受。因此，他所谏之事，大多能被皇上接受。龚鼎臣通过对各地的深入、细致调查后，发现其他各县多见民怨沸腾，而泰兴却井井有条，处置极为得当。回到泰州后，龚鼎臣专门通知淮南、泰州各地县令聚至州衙，一一向他汇报水灾和赋税征收情况。其他各县令，见朝中核查的重臣来了，纷纷表态，

[1] 出自《宋史·龚鼎臣传》。

虽然发生了水灾，但不会影响朝廷税赋。唯汪榖向龚鼎臣据实汇报，并恳求奏请朝廷连同历年陈欠一并减免。龚鼎臣十分感佩汪榖爱民之心，对下面其他的官员严加斥责：各地水灾，受灾百姓已饿得不能生存，而你们却还要为保考核指标，强行征（增）收田赋，身为民之父母，岂能如此！并当众表扬泰兴县令汪榖，能深入灾区，体察民情，为救灾民，根据实情，呈请朝廷赦免或减征田赋，让百姓得以生存，使他们不致流离失所，值得表彰。训毕，龚鼎臣还专门挽留汪榖同赴泰州知州所约晚宴，且安排汪榖上座。在他的努力下，泰兴减免了过重的田租税费，“泰人诵之”，汪榖为民请命，为泰兴广大百姓所赞颂，称其为“汪泰兴”，一时之间，“汪泰兴名闻淮东”。龚鼎臣回朝后，又具奏章专门推荐汪榖，时隔不久，汪榖就被提拔为太平州军事推官，知汉阳军。后调任庐州观察推官。

汪榖任庐州观察推官时，一位郡守得罪了一朝廷要员。这名朝廷要员，便欲以“谋以危法中伤”莫须有的罪名，陷害那位郡守。这位朝廷要员想要汪榖帮他提供假证，汪榖面对上级官员的权威与利诱，没有丝毫动摇，坚持“改正于理不为屈”。这位朝官大怒，便对汪榖无端构陷罪名，进行弹劾，而汪榖“益不能夺”。最后，案子移送刑部。经查察，汪榖实属无过。刑部还是肯定了他的做法，还以清名，使同僚们皆“闻者敬之”。

汪榖一生高风亮节，弃官后退居德兴龙溪，亲治桑田，守贫度日。卒于徽宗崇宁乙酉年（1105）六月，享年 80 岁。

其子汪藻

图 3－12　汪藻

汪榖有两个儿子，其长子汪盘主持德兴家务，幼子汪藻则是名噪一时的文学家。弟兄二人以互让家产、寓居外地舍家产不要的美德，播予四方。其幼子汪藻因其官声和诗名，宋史留有其传。对其评价颇高，择其要点简介于后。

汪藻字彦章，崇宁二年（1103）进士，任婺州（今浙江金华）观察推官、宣州教授、著作佐郎、宣州通判等职。徽宗亲自撰写了《君臣庆会阁诗》，令群臣献诗，汪藻和诗独领风骚，与当时颇具文名的胡伸，共称“江左二宝”。没有多久，汪藻被提升为《九域图志》所的编修官，再升著作佐郎。当时的宰相王黼与汪藻在太学时是同舍，两人素有不和，汪藻受王黼的制约，被外放通判宣州，居此职达 8 年之久，后提点江州太平观，直到钦宗即位，才召为屯田员外郎，再升太常少卿、起居舍人。这一段时间，汪藻诗作多触及时事，寄兴深远。如《己酉乱后寄常州使君侄四首》中：“百年淮海地，回首复成非”“诸将争阴拱，苍生忍倒悬”“只今衰泪眼，那得向君开”，针对北宋衰微的现实，郁愤至深，似得力于杜甫。《桃源行》一首，于王维、韩愈、刘禹锡、王安石同题之后，别开生面。“那知平地有青春，只属寻常避世人”，足见其立意新颖。写景诗如《春日》，也曾传诵一时。高宗即位，召试中书舍人。汪藻又因与宰相黄潜不和而去官，只让他担任集英殿的修撰，提举太平观。次年，他被召，任中书舍人兼直学士院，擢升为给事中，又迁兵部侍郎兼侍讲，拜翰林学士。高宗赐亲自书有“紫诰仍兼绾，黄麻似《六经》” 十个字的御制白团扇，给他。绍兴元年（1131），除龙图阁直学士，知湖州，后知抚、徽、泉、宣等州。绍兴十三年（1143），汪藻罢 8 职居永州，后又晋官至显谟阁大学士、左大中大夫，封新安郡侯，死后，赠端明殿学士。

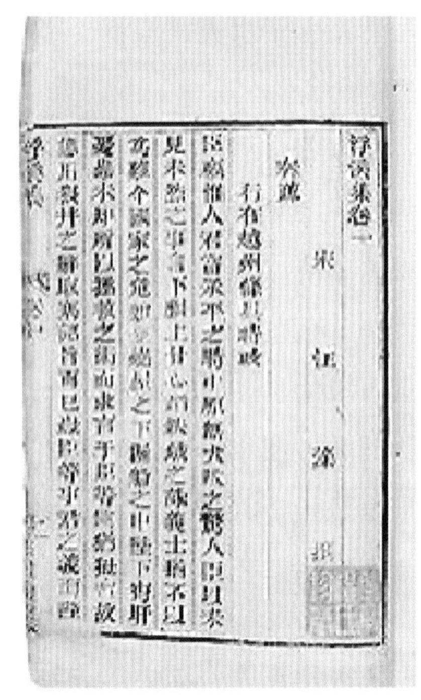
浮溪集卷一
宋 汪藻 撰

图 3－13　《浮溪集》

“藻通显三十年，无屋庐以居。博极群书，老不释卷，尤喜读《春秋左氏传》及《西汉书》。工俪语，多著述，所为制词，人多传诵。”[1]汪藻为官清廉，做官 30 年，却没有自己的房子可住。他博览群书，到老了仍手不释卷，他特别喜欢读《春秋左氏传》和《两汉书》。汪藻擅长对偶的文辞，一生著述很多，他所写的词，人们都争着传颂。汪藻撰著，散佚较多。今传本《浮溪集》36 卷，是四库馆臣自《永乐大典》中辑出的。然遗漏不少，清代孙星华又编辑了《拾遗》3 卷。

[1] 出自《宋史・汪藻传》。

陆知州留政绩开凤凰池

（1095—1129 年）

图 3-14　陆佃

1998 年版《泰州志》“大事记”记载了“宋哲宗绍圣四年（1097）陆佃任泰州知州，兴建贡院，开凤凰池”[1]这一条目。“开凤凰池”4 个字，记的是将水与泰州凤凰文化能联在一起的最早人物知州陆佃，他为所开的水池起名“凤凰池”，为泰州“凤凰城”之说开了先河。

开凤凰池

绍圣二年（1095）夏，53 岁的陆佃被任命为泰州知州“守海陵”后，在前后不到 3 年的时间里，他为泰州城市建设留下了不少极具文化品位的工程，“人甚感颂”，政绩颇得州人感激、称颂。他组织了大量劳力，在泰州城的上风口、东南方位开了凤凰池，使凤凰池成为城中水系的一部分，并在凤凰池周边，栽了不少梅、竹、桃、柳等花木，让泰州城里的生态环境大为改观。他又在凤凰池附近修建了贡院，建造了朝阳亭、守雄亭、鸥阁、雏庵等 62 处建筑物，大大提升了凤凰池的游览和文化价值。这里，风景秀丽，常年花团锦簇，成了当时泰州城的一个风景区。这里的滨水建筑，常常是高朋满座，诗酒唱和。他本人对凤凰池极具感情，写了不少专门吟咏凤凰池的诗。现摘录《依韵和徐大夫凤凰池九首》[2]中几首，以飨读者：

[1] 泰州市地方志编纂委员会．泰州志［M］．南京：江苏古籍出版社，1988.
[2] 陆佃．陶山集（丛书集成初编，第三卷）［M］．北京：中华书局，1985.

案府志云文彦博包拯薦諸朝熙寧中知泰州舊志
雍正府志俱云元祐初未知孰是
何詡字子固紹聖中知泰州爲天資仁厚而容貌端嚴
吏十一州頗多善政宋史
陸佃字農師吳縣人紹聖中知泰州建貢院開鳳凰池
置堂閣亭廊以經術課士以平易臨民事簡寬請人甚
感頌舊志 府志據吳郡志署作越州山陰人案陸氏族譜云佃由山陰遷居吳縣作吳縣人
岳飛字鵬舉湯陰人建炎四年爲通泰鎮撫使兼知泰
州飛辭乞淮南東路一重難任使會金攻楚急詔張俊援
之俊辭乃命劉光世出兵援飛屯三墩爲楚援承
泰州志 卷之二十 名宦 七

图 3-15

借山楼小已新奇，更近东边得凤池。一日未尝无客过，百年今始有人知。舞余裙带双垂绿，诗就珊瑚半露枝。为问鹓雏归得未，虚为阿阁已多时。（其一）

使君年老强搜奇，来傍吟窗拥被池。明月清风初未觉，白鸥黄鸟旧相知。水通河汉无多地，凤在梧桐第几枝。好是兴民同此乐，丰穰仍值太平时。（其二）

东君着力信神奇，桃李中间水满池。定是只教淮甸有，若为长得泰州知。行藏正倚楼千尺，勋业初横草一枝。投老尚堪驱使在，问春何似少年时。（其四）

老懒由来怕立奇，偶然寻得旧家池。一州只此为无及，累政因何尽不知。歌吹彻云城百尺，楼台侵夜火千枝。凭谁为报莺花道，一日须来十二时。（其七）

从诗中的“水通河汉无多地”“桃李中间水满池”句看来，此池水面较大，联系沟通其他河道，四周遍植桃李，既能起到蓄水调节的功能，又能起到利生态、美化环境的作用。更为重要的是，他在城东南所开的凤凰池，让广大百姓都知道有这么一个休闲的去处，使泰州“更近东边得凤池”“百年今始有人知”，使之成了州城的“一日未尝无客过”的胜地，使陆佃能“好是兴民同此乐”，让人们能“一日须来十二时”。他在公事之余，就到这里了解民情、吟诗作赋、与民同乐。他不仅为泰州开了凤凰池，更为泰州留下了一池的凤凰文化。他在泰州，除留有诗作外，还留下了诸如《泰州谢上表》《谢赐绍兴三年历日表》《泰州到任谢宰相启》《泰州感应观音殿祈雨祝文》等作品。

陆佃所开的凤凰池是新开挖的，还是对原有池塘的拓浚、改造呢？可以从仅比陆佃小17岁的宋代政治人物、画家、诗人晁说之一首诗的注释中，找到结论。晁说之的《嵩山集》中，有一首《海陵书事》诗写道：“今古悠悠嘉上同，徒令客子恨无穷。竹椽泥压清虚节，节爨香殊忠厚风。腾倚百年麋鹿外，波澜一日凤凰中。可怜仙驭频来往，从此相传第几翁。”[1]书中作者自注：“有凤凰池，亦称汉遗迹”。这是晁说之写他在泰州海陵所见、所闻、所游景观的一首诗。诗写成后，他对所游凤凰池还意犹未尽，

[1] 王长发，朱学纯．古诗咏泰州［M］．哈尔滨：哈尔滨出版社，1993.

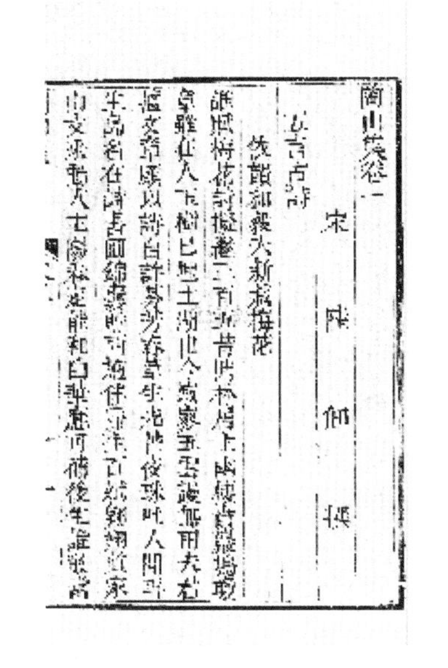
陶山集卷一　宋　陸佃　撰

五言古詩

图 3-16

专门加上的“注”，晁说之的诗及注，说明了3点：一是佐证了泰州海陵在宋代确有池塘因风光较好，被称为凤凰池的。二是凤凰池不是陆佃新挖。因为，晁说之虽说比陆佃小十几岁，但也几乎是同一时代的人物。晁说之在诗后加“注”，专门说明是“亦称汉遗迹”，可以说，他对这个凤凰池是很感兴趣的，定有陪伴他游览的当地人、或比较了解海陵历史文化的人、或是他询问附近的老百姓“称”是“汉遗迹”，绝不会是他自己凭空想象而写此“注”的。如系陆佃新挖之池塘，定会有人介绍是陆知州之水利政绩，而不会杜撰上溯成历史甚为久远之“汉遗迹”。那么，对陆佃“开凤凰池”又怎么解释呢？泰州地处长江下游，且属沙性土壤的居多，河湖、池塘极易淤积。泰州人把动员民工去清淤、拓浚、整理河塘，都叫做“开河”“开池塘”。可以推断，陆佃所做的“开凤凰池”，当是对宋代以前泰州就有的凤凰池进行的拓浚或清淤。三是当时的凤凰池水面一定很大，规模一定不小。否则如何能让晁说之这位诗人能作“波澜一日凤凰中”的水上一日之游呢！因此，也可进一步说明陆佃对凤凰池的清淤或拓浚，规模一定也不小，动员的民力也不会少。否则，历史也不会替陆佃记上一笔。

既然在这里提到陆佃和晁说之两位北宋名人，就有必要对他们作些简单的介绍。

陆佃其人

道光《泰州志》“名宦”篇记载“陆佃，字农师，吴县人”“（旧志、府志据《东都事略》作越州山阴人。案陆氏族谱云：佃由山阴返震泽，祖籍应作吴县人）”[1]。陆佃，是南宋著名爱国诗人陆游的祖父。宋仁宗庆历二年（1042），陆佃出生于一个仕宦家庭，字农师，号陶山。宋神宗熙宁三年（1070），陆佃28岁时，考中进士甲科，授蔡州推官，选郓州教授，补国子监直讲。神宗元丰时，又提拔为中书舍人、给事中。而至宋哲宗时，

[1] 泰州文献编纂委员会．泰州文献—第一辑—①（道光）泰州志［M］．南京：凤凰出版社，2014.

降知邓州、泰州、海州，后来又召回任礼部侍郎、吏部尚书，奉命修《哲宗实录》。徽宗即位后，官拜尚书右丞，转左丞。再后，受到蔡京的排挤，又被贬出京，被降为中大夫、知亳州，死于徽宗崇宁元年（1102）任上，时年61岁。

陆佃任泰州知州，其实是因他对王安石变法一分为二的看法被贬而来的。陆佃曾是受王安石指导过的学生，“过金陵，受经于王安石”，王安石开始很是赏识陆佃的才学，对他比较重视，提拔较快。后来，王安石实施新政之后，曾征求陆佃对新政的看法。陆佃没有因王安石做过他的老师和认为新政具有“九个指头”的成绩，而对“一个指头”存在的失误而讳言。他对王安石坦诚地说，“法非不善，但推进不能如初意，还为扰民，如青苗是也”。对此，王安石感到十分震惊，说是“何为乃尔？吾与吕惠卿议之，又访外议。”主观地认定“人言不足恤”，听不进陆佃不同意见。陆佃又直言相陈，

图3-17　王安石与陆佃

“公乐闻善，古所未有，然外间颇以为拒谏。”对此，王安石仍就不以为然。陆佃不以师生之谊只说奉承之话，为进身之道。于是才有“安石以佃不附己，专付之经术，不复咨以政事”的结果。元祐年间，宋哲宗新立，高太后垂帘，司马光执政，于是“更先朝法度，去安石之党”。其时，朝廷认为陆佃是王安石变法的受害者，本可重用，但陆佃却是秉性难改，“安石卒，佃率诸生供佛，哭而祭之”，他却在王安石去世时，供奉其师王安石，进行祭拜。尽管有人认为他只是重感情之人，但这终究使当时的掌权者大为不快，将陆佃“迁礼部侍郎，修《神宗实录》”。他又“数与史官范祖禹、黄庭坚争辩”，且“大要多是安石，为之晦隐”，其后又“祭安石墓”，陆佃终于受到了王安石的牵连，被“治《实录》罪，落职知泰州”。泰州正是由于他的主政，才

有上面“开凤凰池”这段佳话。

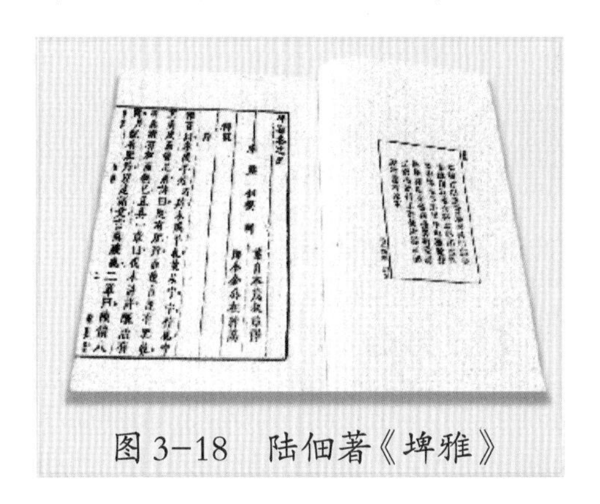
图 3-18　陆佃著《埤雅》

道光《泰州志》不仅记述了他在城市建设上的功绩，还记有“以经术课士、以平易临民。事简政清，人甚感颂”之句，说的是他重视教育，经常对年青学生讲解中国优秀传统文化——“四书五经”；他从不摆官架子，常常深入百姓之中，了解民情；在他的任内，从不搞繁文缛节的形式主义，而达“事简”。他自己清正廉洁，而至“政清”，才有泰州人民对他十分感激和称颂的记载。

陆佃著有《埤雅》《礼象》《春秋后传》《歇冠子注》等书，共242卷，与《宋史本传》并传于世；一生诗作很多，今留下收有200多首诗的《陶山集》（清人编辑）。

晁说之其人

图 3-19　晁说之

晁说之，字以道，一字伯以，济州钜野（今山东巨野）人（见《宋史·晁补之传》），也有一说，他是澶州（今河南濮阳）人。生于宋仁宗嘉祐四年（1059）。晁说之与晁补之、晁冲之、晁祯之（堂兄弟）并称为“巨野四晁”，都是当时著名的文学家。

晁说之因慕司马光为人，由于司马光号迂叟，故晁说之自号景迂生。他博览群书，工诗，善画山水，通六经，尤精易学。苏东坡称其自得之学，发挥《五经》，理致超然，以“文章典丽，可备著述”举荐。范祖禹亦以“博极群书”荐议朝廷重用。宋神宗元丰五年（1082）进士。宋徽宗崇宁二年（1103），派他知定州无极县。其后，宋徽宗在大观、政和年间又调他去监明州造船场，起通判鄜州，宣和时调他知成州。他在成州为太守时，遇到大旱的年份，把老百姓的税赋全都免除。此事被派到成州督查的转运使知道后，大骂了他一顿，督责甚严，并免其官，让他告老还乡。钦宗即位后，重才，于靖康初年（1126）以著作郎召其还京，迁秘书少监，免试除中书舍人，兼太子詹事。后来，他又因和朝廷议论不合，被免去职务。晁说之

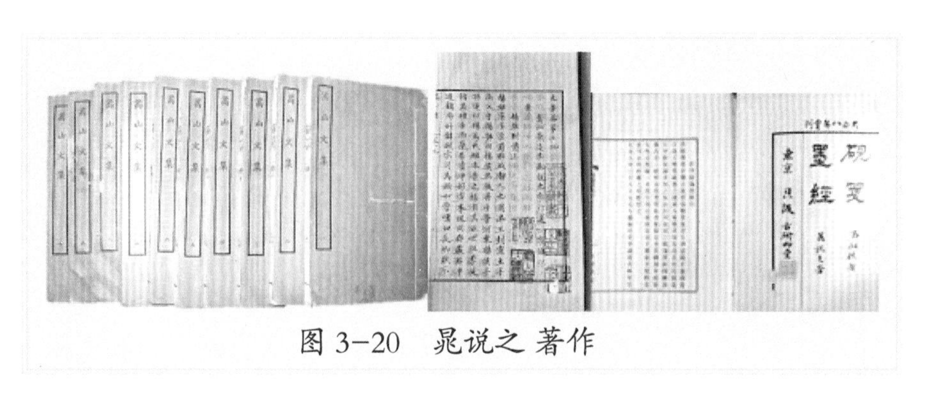

图 3-20　晁说之著作

后半生处于乱世之中，他跟随难民南下，到海陵，投奔到早几年就居住在海陵城的兄弟家中。在海陵，他还留下不少心绪不佳的诗篇，如他收到友人周元仲（字分宁）的来信后，所复“海陵士子江东客，我到海陵无主人。苍波知君到何处，直待书来消息真。与君相去岁月久，世事茫茫谁出手。桑田欲变仙人去，鹤驾云軿安得取。愁肠出泪付沧波，江上秋风奈我何。何处云山君待我，更烦先寄彩云歌。”南宋徽、钦二帝被金兵俘虏，赵构接帝位后要广罗人才，于建炎初年（1127），又将已经69岁的晁说之召为侍读，后提举杭州洞霄宫，终于徽猷阁待制。高宗建炎三年（1129），晁说之去世，享年71岁。晁说之学问也极其渊博，在宋代学术史上占有较为重要的地位。他文学作品粲然可观，平生著书多达38种，主要著作有《易商瞿大传》《书论》《易商小传》《商瞿易传》《商□外传》《亲氏易式》《晁氏诗传》《诗论》《晁氏书传》《晁氏春秋传》《春秋辩文》《春秋年表》《古论大传》《论语讲义》《壬寅孝经》《五经小传历谱》《周易太极传》《外传》等均佚亡。《易玄星纪谱》《易规》《中庸传》《景迂生集》《易商瞿大传》等近20部均佚之。传世之作有《易云星纪谱》等20余卷，传世画作有《鹰逐野禽图》，现为弗利尔一美术馆藏。

图 3-21
宋晁说之鹰逐野禽图

泰州民间甚为重视凤凰文化，这与陆佃、晁说之留下的凤凰池之说，关系极大。如无此二位的文化引领，可能就不会有日后的凤凰城、凤凰墩、凤凰姑娘之说；抑或，也不会有今日的凤凰河、凤城河、凤凰路、引凤路、凤凰桥、百凤桥、鸾凤桥、观凤桥、栖凤桥及凤凰21社区、凤凰园社区、凤凰街道办事处等一系列用凤凰作为印记的工程、建筑、社区等凤凰文化现象。

姜堰两迁与姜仁惠父子

（1057—1948年）

1993年版《泰县志》在“大事记”中记载着“宋·徽宗年间（1101—1125年）大水为患，姜仁惠父子率众筑堰御水，取名姜堰，镇以堰名”[1]。此“记”有几点让人存疑：一是姜堰之“堰”，在何处？二是此堰的功能、作用是什么？三是此堰究竟建于何时？是否因大水而建？四是姜仁惠之子姜谔卒于1058年，早于这次大水的纪年，所记是否有误？其实，要回答前三个问题，可以从《泰州日报》2013年8月9日和8月16日品周刊所载的黄炳煜先生撰写的《挟江襟淮话姜堰》（上、下篇）一文（以下简称《堰文》）字里行间找到答案。此文从考据的角度，详细地论证了“姜堰者，北宋泰州姜氏出资为运盐所构筑的水工程也”。我从史话水利的角度出发，在此还是要再说几点。

第一点，什么是堰？《堰文》中引用了如下的注解。

《广雅》：“堰，潜堰也，潜筑土以壅水也”。

《辞海》：“堰，是较低的挡水并能溢流的建筑物，横截河中，用以抬高水位，以便引水灌溉、或便利航运。”

《天下郡国利病书》：“以堰平水”。

百度百科：“堰，是指修筑在内河上的既能蓄水又能排水的小型水利工程”；“堰，一般指较低的溢流坝。”等等。

《堰文》从这些注释中得到结论：“堰与水有关，是个水利工程。”本文拟再强调一下，堰的首要作用是用于壅水，抬高水位，以便引水灌溉或便利航运。特殊情况下，即在上游发生较大洪水、水位高于堰顶时，才向下游溢水（且须在下游未遇洪涝，允许下泄洪水的情况下）的水利工程。泰州（含姜堰）地区，分上、下河两块，上河地

---

[1] 泰县县志编纂委员会．泰县志［M］．南京：江苏古籍出版社，1993．

势高，缺水；下河地面低，怕水淹。泰州先人筑堰更多是为了从下河“通运盐以达上河”保水及以利上河的灌溉和航运。

第二点，姜堰之堰，在何处？《堰文》对明《（崇祯）泰州志》中所说：“姜堰，州治东四十五里，天目山前，潴运河水，北至西溪，嘉祐二年（1057）守王纯臣移堰近南宋庄侧。宣和二年（1120）大水，移于罗塘港，近运河口。”[1]我赞同此所引论据。本人认为可以比较明确地称为“姜堰”的堰，为一堰两迁，有三址之堰。虽然对第一

图 3-22　姜堰天目山商周遗址

次迁建于“近南宋庄侧”之堰，说明的是“嘉祐二年（1057）守王纯臣移堰”，未另列条目，且未说明另有其名，故仍应叫做姜堰。

第三点，为什么要两迁其堰？第一次所筑之堰，准确地说是水运工程，其目的是将南面运盐河水“潴”至姜堰天目山前通往西溪的河道中，以使西溪之盐向南直达古盐运河。显然，这个工程在设计上不科学！首先，西溪在下河，下河河网密度大，靠一两座堰，是无法将水“潴”至上、下河可以通运的正常水位的；其次，上、下河地面高差大。在水小的年份，水位低，不致形成这一带下河地区的水灾。用这个堰“潴”水，堰之两侧分别连接上、下河，但因堰址偏北，上河侧内仍有不少低田，上河一旦遇有大的降雨，河水未及堰顶高时，其他高地未成有涝，这些低田就会先行遭受涝灾。为此，才会形成嘉祐二年（1057）的迁堰。这次迁堰，具体原因及这次新建之堰的目的，虽未见记载，估计仍以“潴”水至西溪，方便运盐为目的的居多。故，仍是一座不科学的水工程！才会导致在宣和二年（1120）大水后，第二次迁堰“移于罗塘港，近运

[1] 泰州文献编纂委员会. 泰州文献—第一辑—①（崇祯）泰州志［M］. 南京：凤凰出版社，2014.

河口”。这个堰就是现在被人们仍称为姜堰的“堰”。此堰，选址、设计是科学的。其一，改变了设堰的目的。主要是想解决大水淹没低洼地区问题，而不是想把高水位“潴”至下河西溪，去解决西溪至姜堰的运输问题。这次是顺其自然，按自然地貌，在地面高程不同的分界处筑堰，将水系高低分开，高水高走，低水低流。其二，这个工程实际上建的已不是堰，而是实坝，坝顶设计较高，在汛期发大水时，是不能让上河的水从坝上溢向下河。否则，仍然会造成下河的水灾。堰和坝都属同一类型的挡水的水（土）工建筑物，堰和坝的区别主要在堰（坝）顶高低、堰顶及堰坡的保护措施不同。因系原有工程叫堰，此次迁址，新建之坝仍然被人们称为堰。其三，此坝一设，西溪盐船到此不能直接进入上河，而使罗塘成为港口，促进了姜堰这个城市的发展。此堰解决了即使遇到大水时，上河之水不准进入下河的问题，不致造成下河百姓被淹的问题，百姓将因堰的建设发展而成的城市，也叫做姜堰了。

第四点，为什么两易其址的 3 个堰都叫“姜堰”？《堰文》考据甚详，但仍有需要强调和说明的地方。

要强调以下几点：

其一，姜堰这一名称，最早出现在我国正史的典籍，是《宋史·河渠志》“绍兴初，以金兵蹂践淮南，犹未退师，四年，诏烧毁扬州湾头港口闸、泰州姜堰、通州白蒲堰，其余诸堰，并令守臣开决焚毁，务要不通敌船。”这里记述的是南宋绍兴四年（1134），金兵南下，为防止金兵战船沿运盐河向东占领淮南盐场与保卫扬州、泰州、通州等城池，宋高宗赵构下诏烧毁沿运盐河的各处堰闸，使古盐运河的水流入下河，使河不能通船，用以阻击金兵进犯。而此处记载的“姜堰”，仅仅是指这一水工程。《宋史》成书于元至正五年（1345），仅距成堰时间 235 年，比较接近建堰时代，所记当有一定依据。

其二，明《（崇祯）泰州志》“姜堰”条目，记述了包括经两次迁建的第三个堰。

其三，泰县图书馆的资深学者夏兆麐（麟的异体字）先生，在 1948 年《泰县日报》上发表《吴陵野纪》一文，在“姜堰”条目中提出了姜堰为北宋泰州姜氏所筑之堰的考据，其文中有关记载如下：姜堰：姜堰为城东巨镇，其地姜氏，近不甚著，而堰乃以姜名，何欤？考赵宋时，姜堰之姜，实为吾邑巨富。宋姜谔墓志云：‘以雄于财闻东南’，姜堰实位于邑之东南。谔之夫人史氏，其母亦大族，为宋国戚。墓志中之史原，即其夫令族也。是则姜氏在宋固大有闻于时者，此堰之所以姜为名欤。夏兆麐先生以姜谔墓志为依据，认为天目山附近的堰坝所以被称为“姜堰”，盖因姜谔夫人史氏乃皇亲国戚，姜氏一门“以雄于财闻东南”，故而所筑之堰以姜氏名之。从建堰的年代与姜仁惠、姜谔父子生活的年代来看，尽管第一次姜堰准确的建堰时间，无从查考，但肯定是在第一次移堰之前的一段时间，也就是在北宋嘉祐二年（1057）之前，姜仁惠卒于1056年，姜谔卒于1058年。因此可以断定，始筑姜堰的年代，可能是姜氏父子健在之时。以此推断，堰为姜氏所筑，从时间上看，是有可能的。

其四，黄炳煜先生在《堰文》中，又以对姜仁惠的墓志和姜仁惠之女、姜谔姐姐的墓志研究中，得到“除姜仁惠一家外，北宋时的泰州，再没有其他姜姓者能够出资建堰”。他是持“如果没有新的文献资料被发现，没有新的考古出土，夏兆麐先生提出的姜堰为泰州姜仁惠一家所建的说法，我们应给予支持”的观点。

其五，姜堰的百姓也都认为姜堰系姜仁惠父子所建，并在其市区设有姜仁惠父子率领民众治水雕塑。

图3-23　姜堰城区姜仁惠父子率众治水雕塑

另外，笔者还认为：

姜仁惠（984—1056年）、姜仁惠之子姜谔（1025—1058年）、姜仁惠之女姜氏（1005—1066年），3人生活的时代为北宋太宗雍熙元年（984）至英宗治平三年（1066），第一次迁堰为嘉祐二年（1057），正是姜谔子承父业的鼎盛期，姜谔出资迁堰是完全可能的。而原在“天目山前”所筑之堰，虽未有年代的记载，由于是解决运输问题，对经商致富的姜仁惠而言，也肯定是感兴趣的，但是，由于不科学，此堰问题很快就暴露出来。为此，第一次迁堰距建堰的时间不会太长，当时正值姜谔壮年时期，再出资建堰之说，也是可以成立的。唯“宣和二年（1120）大水，移于罗塘港”之堰，已距姜仁惠之女去世55年，是否还是姜氏财产资助所建，现无考，有待今后再有证据时定论为好。现在仍可从明《（崇祯）泰州志》所说，一堰三址，皆名姜堰。

姜堰地方文史专家周志陶先生（1920—2008年）在其《乡土杂咏》中也写有一首题为《姜堰》的诗："姜家豪富甲东南，筑堰护田天目山。出土墓碑能补阙，志书《货殖》应增刊。"该诗对"姜堰"为姜仁惠、姜谔父子所筑这一说法同样予以了肯定。

笔者也支持"姜堰为泰州姜仁惠一家所建"之说。但要说明的是，3堰之中，前两堰可以说是姜氏所筑，但所筑之堰，并非为抗洪，而是为运盐。

2010年12月，姜堰坝口凤凰大厦地下人防工程在施工过程中，发现堰坝遗迹，经姜堰文化部门组织博物馆文物工作者，并特邀市考古专家，对遗迹进行现场勘查，并经过17天的清理发掘，开挖了1个探方、2个探沟、3个剖面，实际挖掘面积达150平方米，出土了大量宋代陶瓷器和宋代铜、铁钱，另有众多的修筑堰坝的木桩、木板以及编织铺垫树枝，基本弄清了现存遗迹的范围和性质。考古人员认定，这是一处典型的人工修筑堰坝的痕迹。其河道走向为西北东南向，是连接古盐运河和今下坝姜堰河的古河道，此遗址可确定为古河道上的一座坝，与《（崇祯）泰州志》记载的姜堰"移于罗塘港，近运河口"说法吻合，可鉴定为水工程"姜堰"之遗址。

现将黄炳煜先生在《堰文》中，对姜氏三人的介绍附后，以增对"姜堰"的了解：

姜仁惠小时就立志要干一番大事业，后来靠经商20年，积蓄了数十万家财，成为一方豪富。皇祐元年（1049），皇帝发出"入资赐爵"的诏书，他"出其私，以佐官用，授本州司马"，花钱买了个地方武官。他在致富以后，做了很多有益于地方的好事：（有）建佛殿十座，廊庑数百楹，印置佛书两大藏，一置润州金山龙游寺（为惊涛骇浪中行船的人祈祷），一置本州新开禅院；救助灾民，北宋明道年间（1032—1033），泰州发生严重灾荒加瘟疫，他开仓赈灾，为数百个死者买棺安葬，冬天给灾民送去数千件寒衣；关心地方学子，出钱数百缗，买得全监书，以备览阅；泰州有旱涝灾变，首先到宫庙中率领众人祈祷等等。

姜仁惠子姜谔（1025—1058年），其墓志中记载了他也曾捐钱买了个"将仕郎试将作监主簿"的小武官。此人重儒雅，也乐善好施，只是寿命不长，在其父去世的第三年，年仅34岁时离开人间。

姜仁惠女姜氏（1005—1066年）墓志内容较为简单，说她62岁时，得疾而终，略无所苦，付之后事，情爽不乱，也是生平积善所致。

兴化黄万顷力筑南北塘

（1127—1148年）

《兴化水利志》记有“1127—1130年（宋建炎期间），知县黄万顷主修南北塘。南塘通高邮，北塘通盐城，‘俱绵亘数百里’史称‘绍兴堰’，后屡有兴废”[1]。记的是南宋高宗年间，兴化知县黄万顷上任后，主修的一项较大的水利工程——南北塘。

这项工程的作用

兴化地势低洼，是里下河中三大锅底洼之一。由于隋代京杭大运河开通，唐代李承筑了常丰堰，北宋张纶、范仲淹修筑范公堤（捍海堰）后，海潮入侵问题得到初步解决。但外洪、雨涝，仍是兴化最大的问题。兴化的外洪，北面主要来自宝应、高邮方向里运河上减水坝开启时对里下河所泄洪水。尤以高邮下5坝（指高邮至邵伯段的南关坝、新坝、中坝、车逻坝、昭关坝等5座归海减水坝），威胁最大。其时，兴化西北大片地区由于地势偏低尚未开发，仍以湖荡、洼地为主。北部宝应方向来水，主要是由湖荡滩地承接和向东漫溢。由于其时兴化城以东和南部地区，不少地方已陆续被开垦为农田，通过人们不断治理，西部高邮方向所来之水，靠的是通过高邮的横泾河、东平河、北澄子河、南澄子河或直达兴化境内相关河道，汇集于流经兴化城纵向的南官河，再分流于兴化东部各相关河道后，又向东汇集于南北向河道，经过盐城进入黄沙港、新洋港、斗龙港等河道，才能下泄入海。为了解决北部宝应来水和西部里运河泄水等外洪，以及区域性突发雨涝，其中，从高邮城至兴化城的河道以北澄子河为最近，黄万顷所筑南塘，就是要起到分割兴化北部湖荡与南部农田区域的屏障作用，将西、北来的外洪挡在湖滩荡地之中，让洪水直接漫溢东去，使洪水不从兴化城以西，流到南部去淹

[1]《兴化水利志》编纂委员会.兴化水利志［M］.南京：江苏古籍出版社，2001.

没农田。兴化原水利局局长刘文凤在《大禹新歌》“隔堤驿道南北塘”中考据为：“南塘自兴化南闸桥，经八里、魏家庄、胥宦家至河口”，即从兴化城的南官河两岸开始向南筑堤，筑至与北澄子河交汇处，折而向西“与高邮沿北澄子河筑的大堤相接，就是原来的老兴邮公路”❶。从高邮至兴化，所修南塘总长约120里。其中，兴化段约45里。此外，由于兴化东南部农田正常需水灌溉，不能让湖荡之水都直接全都向东流失，这就要对兴化至盐城最主要的汇流河道修筑堤防，进行封闭，以提高湖荡蓄水位高度，此汇流河道就是从兴化的“北闸桥，经平旺、文远、孙家窑、北芙蓉、仇家湾、芦家坝至大邹东”的一条斜插东北的河，再向东北近盐城龙岗处，接东涡河至盐城。这一从兴化至盐城的河长虽有150多里，但却是控制兴化湖荡蓄水的关键河道。黄万顷所筑的北塘就是指这条能汇流通往盐城的河道两岸堤防。北塘在兴化境内长约60里。黄万顷在增筑两塘的同时，增添水工程设施，“有减水两闸，过水诸石埮，以备旱涝”。所讲减水两闸，是指城北济民桥（北闸桥）和城南南津桥（南闸桥）；过水诸石埮（此字应为石字偏旁，电脑字库无此字，以土字边旁代），南塘有十里亭、贾庄铺（今魏家村）、孟家窑、河口镇；北塘有平望铺、土桥口（今西鲍）、火烧铺（今文远村）、兰溪坝、卢家坝和界首（今大邹镇）等处。“有堤堰以障水，南北二闸以司启闭”。最早的南北闸桥，一在南塘老坝头（今跃进桥）以北，一在北塘“元武台后（今金海池市场一带）”。毕家湾是一道古水道，东与北塘内的上官河相通，西北与北塘以外的乌巾荡相接。

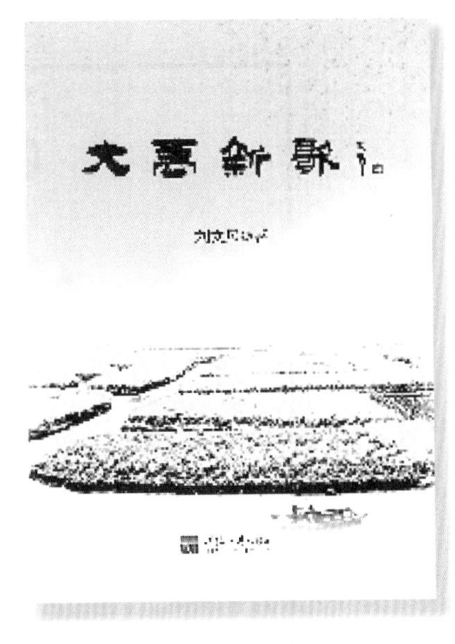

图 3-24

刘文凤在书中写道：修建南北塘是“利用射阳湖调蓄洪水，削减洪峰，减轻东乡农田防洪排涝压力，旱则蓄水保灌溉，对农业生产起到积极作用”是对南北塘工程功能的总结，颇为准确。特别是他所引明代兴化方志所载“此堤一创，蓄泄以时，旱则上河有灌溉之资，涝则下河免垫溺之患，民生利赖无穷矣”的说法，也佐证了他的观点。

❶ 刘文凤.大禹新歌[M].南京：河海大学出版社，2017.（文中注❶后引号内楷体字均出自❶，不再一一标注）

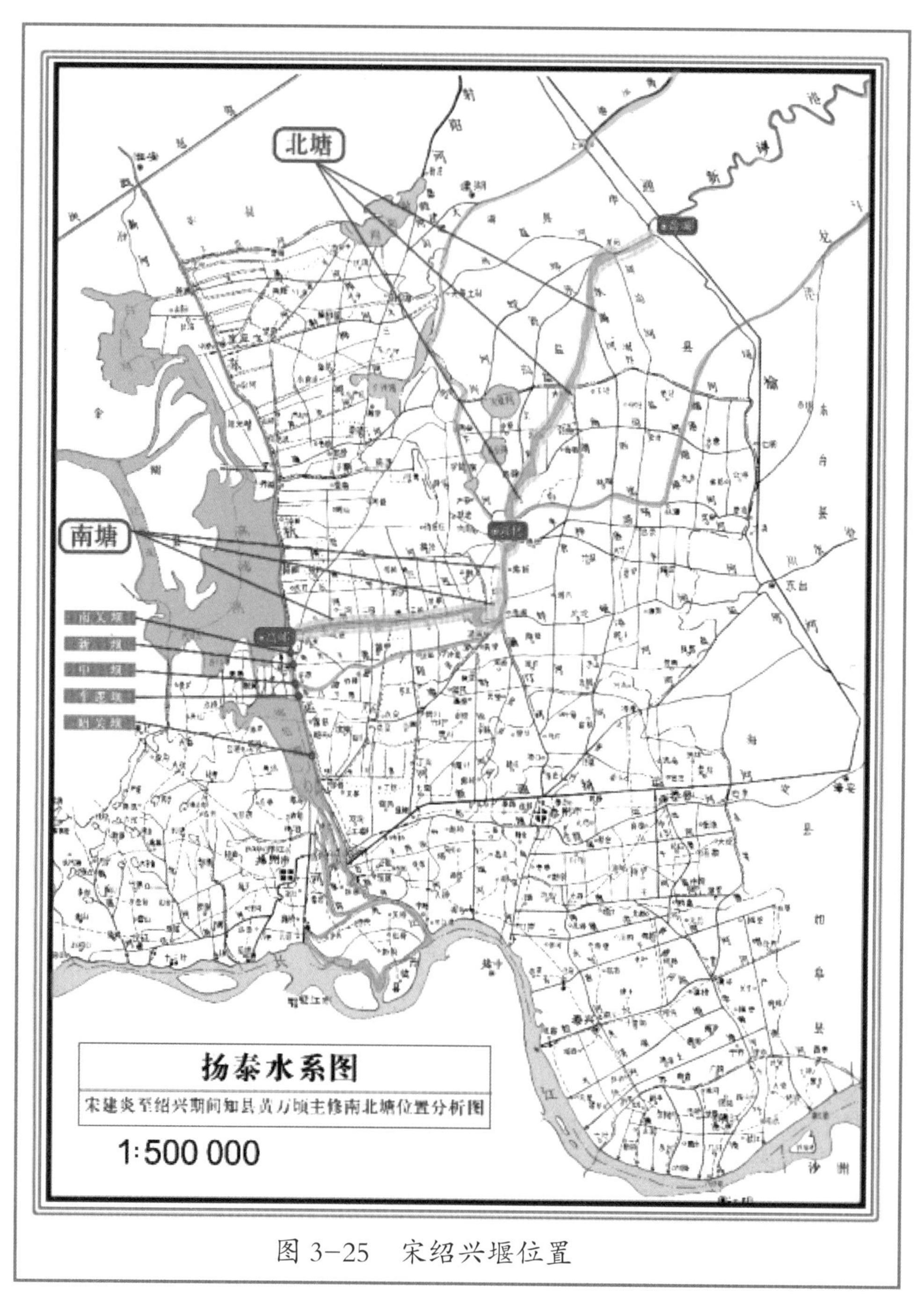

图 3–25　宋绍兴堰位置

黄万顷所修的是“绵亘数百里”的河塘，两岸都筑了堤防，而兴化的南北两塘，给后人留下的印象却是指南塘沿线的北澄子河北堤和南官河西堤，以及北塘沿线的西堤这两条单线堤防。究其原因，是黄万顷所筑的这些堤防，起到堤路结合的作用，后来变成了驿道而造成的。兴化地处里下河腹部水网湖荡地区，历史上交通主要是靠舟楫往来。即使有一些乡间小道，也是地面较低，遇涝即淹，遇河即断。因此，从五代的杨吴武义二年（920）兴化建县后，直至南北塘建成前的 200 多年间，兴化至高邮、盐城一直没有一条可以跑马或提供踺夫疾行的路。估计未能开设陆上驿邮、递送公文，更未从陆上迎送过官员。南北塘建成，再经明代两次复堤加固，达到了“顶高 5.5 米、顶宽 3.5 米”的标准。由于堤身高了、堤顶宽了，客观上形成了可以通行的堤顶马路，从陆上沟通了兴化西至高邮、东达盐城，可以陆行的（当时相对于船行的）快速通道，促成了这一线陆上驿站的设立。兴化境内，南塘的北澄子河北堤、南官河西堤和北塘的东堤一线，在 105 里长的堤岸旁，由西向东建有河口铺、孟家窑铺、贾庄铺、八里铺、平望铺、火烧铺、九家湾铺、界首铺和衙前总铺驿站 9 处。每站均置铺舍、备快马、设铺卒、招踺夫，负责官府文书、军事情报快速传递和官员迎送等事务。这一线的堤防，“成为传递塘报、邸报和迎来送往的官道”。南北两塘堤顶上的陆上交通功能，不仅使官道功能彰显出来，而且因之使沿河两岸百姓的受益更大。后来，南塘一线渐而变成了兴邮公路，北塘也因骨干水系调整而废弃。

几点疑问

《兴化水利志》所记内容，应是取自兴化志。《（咸丰）兴化志》载：“南塘自沧浪亭、至河口镇丰乐桥四十五里”“北塘自元武台至界首铺六十里”在北塘条目后加“按：两塘创自宋建炎中知县黄万顷，称绍兴堰（见“宋史”）。南塘通高邮，北塘通盐城，‘俱绵亘数百里’，有减水两牐，过水诸埮（此字应为石字偏旁）以备旱劳”[1]。读了这段记载，有点奇怪？一是为什么用不是兴化地域习惯的“塘”表示“堤”？二是黄万顷是“修”还是首“筑”这一工程？三是《宋史》因何称此工程为“堰”？四是两塘，创建于宋建炎期间，《宋史》又为何称“绍兴堰”？

“塘”是什么水利工程

塘，这个汉字词语，在平原地区，特别是泰州里下河这一带，大多是指面积不大的水池。对于水池，人们往往将方的称塘，如鱼塘、荷（藕）塘；对于圆的、不规则的，周边经修饰过的称池。我国地域很大，对此字有多解，如浙江就习惯把堤防称“塘”，

[1] 泰州文献编纂委员会. 泰州文献—第一辑—⑧（咸丰）重修兴化县志［M］. 南京：凤凰出版社，2014.

如将“海堤”就称“海塘”。我国古代对“塘”字，一直就有池和堤两解，如东汉的刘桢《赠徐幹》诗：步出北寺门，遥望西苑园。细柳夹道生，方塘含清源。轻叶随风转，飞鸟何翻翻。这里的“塘”字，是指方的水池；《旧唐书·高瑀传》：瑀，召集州民，绕郭立隄塘一百八十里，蓄泄既均，人无饥年。这里的“塘”字，则是指堤防。从《兴化志》载，南塘45里、北塘60里，用的是长度单位“里”，而不是面积的单位来看，显然是指堤防了。由于《兴化志》载的条目，来自于《宋史》，《宋史》中所记的有关高宗年代的事，因高宗南迁，定都临安（今杭州），所用的文字语言，可能多是采用都城所在地——浙江地区的习惯称谓。故用“塘”来表述堤防。

《（嘉靖）兴化县志》“刘堤”条目中称此堤除绍兴堰以外还称：“曰盤塘、曰运盐河、曰新堰，俗称河塘者是也。”❶

黄万顷是“修”还是“新筑”南北塘

《兴化水利志》云“黄万顷主修南北塘”，而《兴化志》载“两塘创自宋建炎中”，其中“创”字当然是指新筑，而不是“修”。再看一看该志第156页“黄万顷，绍兴中知县，安集人。民修葺县治，凡仓库、学校。有关政典者，悉为创建。筑堤之功，尤永赖焉。”这段文字一方面记述这位县令在兴化期间，组织人民整修县里的仓库、学校，制定了一些新的政策和制度；另一方面高度赞赏他所筑的堤防，将会造福永久。这段记载，“修”与“筑”区分很清。古人用字，十分精练，“修”应指在已有的堤上加高培厚等，前文用“创”，当是在原来没有堤防的情况下，新筑堤防，而并非对已有的堤防进行维修。故《兴化水利志》所用“主修”2字，笔者以为不够准确。

宋史因何将南北塘之“塘”又称为“堰”

与南北塘相交有很多河道，黄万顷在主要河道相交处，大多建有石埮（此字应为石字偏旁），如“贾庄铺、平望铺、大烧铺、兰溪坝、芙蓉镇、卢家坝、界首镇”等处。

❶泰州文献编纂委员会.泰州文献—第一辑—⑦（嘉靖）重修兴化县志[M].南京：凤凰出版社，2014.

“石埭（此字应为石字偏旁）就是滚水坝上建的低水头的泄洪闸”[1]这种工程，其实也就是堰。正常年景，以堰蓄水，提供灌溉，一遇洪涝，石埭（此字应为石字偏旁）开启放水，可免成灾。由于南北塘的左右岸所建牐和堰埭（此字应为石字偏旁）较多，《宋史》中，前有李承“捍海堰”以“堰”代“堤”的名称呈文，故这里用“堰”代“塘”，可能出于同一原因，并可使文章好读，精练。

两塘所建年代疑为有误

《兴化水利志》所记：两塘建造时间为“1127 年—1130 年（宋建炎期间）”，其最早的依据，应见于《（嘉靖）兴化县志》“刘堤”条目“宋建炎间邑宰黄万顷创”。[2]但此条最后，又有“即宋史名‘绍兴堰’”句，《（嘉靖）兴化县志》所记，显然前后有矛盾！两塘既筑于高宗建炎年间，为何不用建设时的年号称“建炎堰”，而用高宗“建炎”年号后所用的“绍兴”年号，来称此堰名呢？细查《（嘉靖）兴化县志》秩官表，黄万顷到任前的前任，吴莘也是绍兴年间到任的。《（嘉靖）兴化县志》“名宦篇”“黄万顷”中所记“其筑堤之功民尤赖之”，未曾交待筑堤时间。再查《（咸丰）重修兴化县志》“秩官表”中“黄万顷”条目下，注有“（绍兴）十年任”，即黄万顷是绍兴十年（1140）才到兴化任知县的。其前任吴莘为“（绍兴）三年（1133）任”，其后任知县的冷士修是“绍兴十八年（1148），进士，由崇德主簿知兴化”的。此表说明黄万顷的前任吴莘从（绍兴）三年（1133）到兴化任了 5 年后，黄万顷才到兴化的，黄万顷与后任到兴化的时间相隔 8 年，说明黄万顷在兴化干了 8 年。基本可以这样认为：黄万顷在兴化任知县的时间为绍兴十年（1140）至绍兴十八年（1148）。其筑南北塘的时间，应在宋高宗“绍兴”这个年号之中，“称绍兴堰”，这和黄万顷在兴化任知县时间相吻合。不可能是《（嘉靖）兴化县志》条目所记的“宋建炎间”了。是《宋史》之误？还是《（嘉靖）兴化县志》之误？就不得而知了，这也就必然导致《兴化水利志》产生两塘筑于“1127—1130 年（宋建炎期间）”之误了。这里，应该说明的是，《（嘉

[1]泰州文献编纂委员会. 泰州文献—第一辑—⑧（咸丰）重修兴化县志[M]. 南京：凤凰出版社，2014.

[2]泰州文献编纂委员会. 泰州文献—第一辑—⑦（嘉靖）重修兴化县志[M]. 南京：凤凰出版社，2014.

靖）兴化县志》“刘堤”条目所记“即宋史名‘绍兴堰’”一句，说明“绍兴堰”是《宋史》所记，《宋史》是元末至正三年（1343）由丞相脱脱和阿鲁图先后主持修撰，《（嘉靖）兴化县志》“宋建炎间，邑宰黄万顷创”句是兴化明嘉靖三十八年（1559）所记，《宋史》是国史，《（嘉靖）兴化县志》是地方志且比《宋史》又迟了200多年。笔者以为元代所记《宋史》应更准确一点，南北两塘应建于高宗绍兴年间。

岳飞挖小西湖初垒泰山

（1130年—民国时期）

陈应芳认为泰山是岳飞垒的

明万历二年（1574），进士陈应芳（后官至太仆少卿）在其所写的《重修泰山书院记》中记有“……大江以北，维扬自通州狼山而西，故无山。泰之有泰山，非石也。起自岳武穆王（建炎四年秋）为通泰镇抚使兼知泰州，于城西门中培土为高台，以望金人军，后相传，遂名泰山。”[1]这里讲的是泰州城里的泰山，是岳飞任通泰镇抚使兼知泰州时，为备战、远望军情，在城之西门内用土所垒筑的高墩。此墩，被泰州百姓称为“岳墩”。明万历十年（1582），泰州兵备舒大猷，在泰山山顶首建岳武穆庙，挂了“并岳奇观”之匾。岳庙建成至今逾400年，其间屡有修缮。如按陈应芳此记所述，泰山系岳飞所堆，战争时期，堆此山所用的土源，想必也不可能远取，必定是就近取土，所取土的坑塘，自然而然就会形成

图3-26　高港枢纽岳飞塑像

[1]泰州文献编纂委员会.泰州文献—第一辑—②（道光）泰州志［M］.南京：凤凰出版社，2014.

图 3-27　古岳墩

蓄水的小池塘了，客观上这就为泰州城里造就了一方有山有水的环境。泰州乡贤周志陶，在《乡土杂咏》中也讲：“小西湖”“即今泰山公园之湖。相传乃岳飞挖土堆山（岳墩）因以成湖”。

垒泰山的取土区整理而成小西湖

历代泰州人和在泰州的文人，因杭州有岳庙和西湖，认为在泰州既然有了岳墩，又建了岳庙，对这山边、庙下的河池，自然而然就联想到了杭州岳庙旁、由唐代诗人白居易和宋代文豪苏轼开挖打造而成的西湖，于是就开始对这山旁的小池、小河逐步地进行整理，绿化和建些小建筑，力求为这方环境增色；又因其位于老城的西部，也就仿杭州“西湖”之名，为此湖起了个与杭州西湖面积相比，恰如其分的雅号——“小西湖”。周志陶对小西湖逐步形成的过程作了这样阐述：自南宋、元、明、清以来，即有人于此经营。宋代宝庆二年（1226），州守陈垓曾疏浚湖砾，通于玉带河，可泊舟船。元、明时，于湖旁植柳栽桃，建亭筑舍，始名“小西湖”。周志陶老先生还专为小西湖咏诗一首：“春雨西湖傍岳丘，不须装点自风流，杭州腴胖

图 3-28　岳庙

扬州瘦，小巧玲珑唯泰州”[1]。这首诗，将杭州、扬州、泰州的西湖做了个比较，相对杭州的西湖，泰州的西湖实在是太小了一点，加一个“小”字在前面，起此名的泰州先人，也有点自知之明。泰州小西湖，小是小得很，但并不失为美，不失为比杭州、扬州更具岳飞文化的内涵。因为，这座山、这个湖是岳飞戎马倥偬的一生中，在唯一被朝廷任命为兼职的文职官员——泰州知州时所垒的山、所挖的湖。虽系为战事而垒挖，却也为泰州城内环境建设做了一件长留千古、极有价值的事。

“小西湖”文人雅士的喜爱

“小西湖”，因其小巧玲珑而得名，原有长堤、方屿、霖亭、循亭等。明嘉靖三十二年（1553），癸丑科进士山西屯田都御史邑人凌儒，有《西湖春雨》诗为赞：

殿山连郭小西湖，一镜澄然落影孤。
日日寒波浴鸥鹭，年年春雨涨菰蒲。
精忠上仰将军岳，正学前依教授胡。
为爱幽遐隔尘市，结茆隣并著潜夫。[2]

明代画家王式曾作有“‘小西湖’画卷”，画卷后书有明万历四十四年（1616）进士、浙江布政司参政、《（崇祯）泰州志》编修者，邑人刘万春《书王式“小西湖”画卷后》的诗：

惟有西湖在钱塘，练光黛色何微茫；
烟拖杨柳千堤翠，风送荷蕖十里香。
侧身南望隔扬子，无因飞渡六朝水；
平生曾识两高峰，夜夜神游清梦里。
吾乡亦有小西湖，泰山之麓城西隅；
蛙鼓隔林空积藓，雁沙连野剩残芦。
宁知得遇来阳伯，身作江淮天半壁；
载疏载瀹追禹功，顿使湖波依旧碧。

---

[1]出自周志陶，《乡土杂咏》政协泰县文史资料研究委员会编印，1989年。
[2]泰州文献编纂委员会．泰州文献—第一辑—①（崇祯）泰州志［M］．南京：凤凰出版社，2014．

碧流如带更如环，临赏真同濠濮间；
宛转桥通仙舫过，青葱树待美人攀。
画史王郎称好手，落笔冰绡堪换酒。
他时携向越中行，还能仿佛西湖否？[1]

由以上2首诗看，明代“小西湖”已经是州城的重要景观了。

至明末，“小西湖”曾一度渐趋荒芜，邑绅宫伟镠，明崇祯十六年（1643）进士，在进士及第第二年明亡，他入清不仕，以布衣遗民自诩，终此以著书为事。这位工诗词，曾将闻于庭训之泰州杂事，纂成《庭闻州世说》，著有《春雨草堂别集》《微尚录存》《宝吕一家词》《采山外纪》等书籍的宫伟镠，不忍见到“小西湖”荒芜，于清初开始重新整治“小西湖”，在附近架桥建亭，并在临湖建造了一座“春雨草堂”，草堂内楼台亭榭颇多，设有：旧山读书堂、蠡园、红锦堂、美人香草之居、诗篷、闲情室、铁石堂、卷雨檐、之罘别业、香草亭、若耶溪上人家等可供文人雅叙的地方近30处，重又恢复了此湖小桥流水的园林景色。他还专门从北国运来一些花草装扮“小西湖”，完成全部绿化后，他写过一首《花心动》记述其事，词曰：

图3-29　吾乡亦有“小西湖”　泰山之麓城西隅

春雨堂成，香草亭、花花雅人妆帖。姹紫嫣红，深黄浅白，都付洞天狂客。绿杨台榭金衣软，池塘静，碧筒轻折。画桥外、犹翠绿，尽堪围列。争爱白楼高堞。更踏遍南池，古欢清绝。夹岸瓜华，屋角茸枝，佳种况供褰涉。河堤驿使梅花远，天涯去，梦怀萦褫。趁残腊、客船半担明月。[2]春雨草堂的小西湖畔栽的桃树很多，每当桃花盛

[1] 泰州文献编纂委员会. 泰州文献—第一辑—①（崇祯）泰州志［M］. 南京：凤凰出版社，2014.

[2] 董文虎，武维春. 河渠故事［M］. 南京：凤凰出版社，2016.

开之际，宫伟镠经常在其中倘佯观赏，吟诗作赋，聚会好友，人们给他起了一个“桃都漫士”的雅号。甲寅年（1674）宫伟镠，64岁时为草堂写了一首诗，描述他晚年游览“小西湖”的心境：

十亩方塘跨两桥，桥边红杏恰相招。
篮舆玩世山椒曲，画舫怀人水面骄。
列坐流觞忘魏晋，停桡得径问渔樵。
右军金谷徒优劣，应有豪吟慰寂寥。❶

小西湖成为当时及后来泰州文人雅士宴集吟唱之所。例如：明末清初的文学家冒襄，明崇祯十六年（1643）进士、清顺治给事中、书画家张恂，顺治六年（1649）进士季开生，史学家、崇祯年间进士、宁波司理李清，康熙十八年（1679）中书舍人邓汉仪，清代顺治九年（1652）进士、吏部考功员外郎山东诗人王士禄等明末清初诗坛有重要地位的诗人都来过这里，大多都留下作品。如张恂的《再游春雨草堂》：

不觉寻秋久，莺花又此过。
梅边春水涨，柳际画桥多。
曲径增新筑，雕栏发旧柯。
真同看竹去，奈得主人何。❷

李清的《题春雨草堂》：

一鑑启城西，寒烟旁竹低。
枕流聊结宇，种树已成蹊。
残溜鸣犹急，余花湿似啼。
寥寥行屐少，正尔惬幽栖。❸

“扬州八怪”之一的郑板桥也写有“小西湖”《贺新郎·有赠》一词，是他回忆大概在康熙末或雍正初年，第一次客居海陵与友人的情感之词：

图 3-30　郑板桥：时听见，高楼笛

旧作吴陵客，镇日向小西湖上，临流弄石。

❶ 泰州文献编纂委员会．泰州文献—第四辑—㊻春雨草堂集［M］．南京：凤凰出版社，2014．
❷ 泰州文献编纂委员会．泰州文献—第四辑—㊻春雨草堂集［M］．南京：凤凰出版社，2014．
❸ 泰州文献编纂委员会．泰州文献—第四辑—㊻春雨草堂集［M］．南京：凤凰出版社，2014．

雨洗梨花风欲软，已逗蜂蝶消息，却又被春寒微勒。闻道可人家不远，转画桥西去萝门碧。时听见，高楼笛。

缘悭觌面还相失，谁知向海云深处，殷勤款惜。一夜尊前知己泪，背着短檠偷滴，又互把罗衫拉湿。相约明年春事早，嚼花心红蕊相思汁，共染得，肝肠赤。[1]

上阕，是用渲染一幅春风送暖、在雨打梨花的季节，转过画桥，西去荫浓的萝门，沿着笛声，慢慢寻找居住在“小西湖”畔友人的画面，来衬托友人高雅的情怀；下阕，写与友人相见恨短又离别的的缱绻深情。

民国年间，著名戏曲理论家、作家吴梅，历任北京大学等4所大学教授，长于诗词，为一代名家。50岁时来泰州，游览了“小西湖”，曾写下《泰县“小西湖”竹枝词》9首，成为民国年间的“泰州风情画”，今摘其中4首，以见其风：

其二

小西湖畔路西东，女伴如云踏软红。

蓦地相逢低首笑，痴情全在不言中。

其四

文明大袖展招风，湖北湖南路远通。

行转堤长无力气，呼郎搀挽过桥东。

其六

最爱新晴送晚凉，游人鱼贯各成行。

谁家郎是莲花面，女伴喁喁费较量。

其九

芳尘游览小西湖，油碧香车小婢扶。

纱里看人原饱眼，不知人可见侬无。[1]

地级市泰州建立后，又对“小西湖”的水系和环境进行了整理。如今，“小西湖”的水清澈可人，山上的绿树倒映水中，婀娜多姿，让人产生无限的想象；湖边蜿蜒的回廊、长长的木栈桥依水而建，亲水平台伸入湖面，更带给游客以近水的滋养和享受；“小西湖”四周有钓鱼台、游艇码头、湖心假山、临湖禅院、望月楼等景点；宽阔的石板大道串

[1] 董文虎，武维春．河渠故事［M］．南京：凤凰出版社，2016.

起了柱史坊、奶奶庙、春雨草堂、断槐亭等景观，让人目不暇接；水上花园、透空庭院、晨曦广场、湖心小岛将现代广场风格与古建筑糅合在了一起，可谓美不胜收。

图 3-31　芳尘游览“小西湖”

岳飞取土堆高台，为的是抗金。他当时绝不会想到他所垒土堆的山和取土形成的积水坑，竟然为泰州留下了一方风水宝地；留下了兼有人文内涵和优美环境的百姓休闲场所及对外开放的旅游景点；更留下了取之不竭的文化资源。

知州王瑍挖东西两市河

（1140—1913年）

王瑍挖的市河

清《（道光）泰州志》“名宦”篇载：王瑍知泰州，绍兴十年（1140）开城内东西河，建藕花洲、嘉定桥[1]。该志“河渠·市河”一节中，对市河记得更具体一点：南（水）关至北水关为城内中市河，官运河（指古盐运河，曾名老通扬运河）水至南城壕，由水门入，至北水门出，通西浦，明万历二十九年（1601）都御史李三才重浚。其东西沿城市河，宋绍兴十年（1140）州守王瑍开，宝庆二年（1226）州守陈垓浚。泰山下市河，名小西湖。东市河由南水门入，沿城绕至东水门出。后东水门闭塞，复自东门内新开一河接连南北，西市河亦自南水门入，通新河，俱从北水门出，名玉带河。又旧志云，考旧迹，城中向有玉带河，其水自太和桥入八字桥，从经武桥西出，横抱如带，故以玉带名[1]。

图3－32　南水关

[1]泰州文献编纂委员会．泰州文献—第一辑—②（道光）泰州志［M］．南京：凤凰出版社，2014.

贯通泰州古城南北的中市河，南北两头建有水关（南水关现已挖出，作物质文化遗产进行了保护）。中市河的水源取自南城河，南城河的水来自汉吴王刘濞所开古盐运河。进入城中的水，供城内人们使用后，又经北水关，流向水位较低（里下河水位）的西浦河。

图 3-33　东市河南段　　图 3-34　东市河北段

王瑍所开的东市河，并非沿城绕向北水门的东市河全线，而是“由南水门入，沿城绕至东水门出”的南半段。所开西市河也仅为从南水关至经武桥与玉带河相“通”的一段。而城北半部的市河，东面的当为褚仁规所挖子城之城濠，西面的即《（万历）泰州志》所记的西市河。

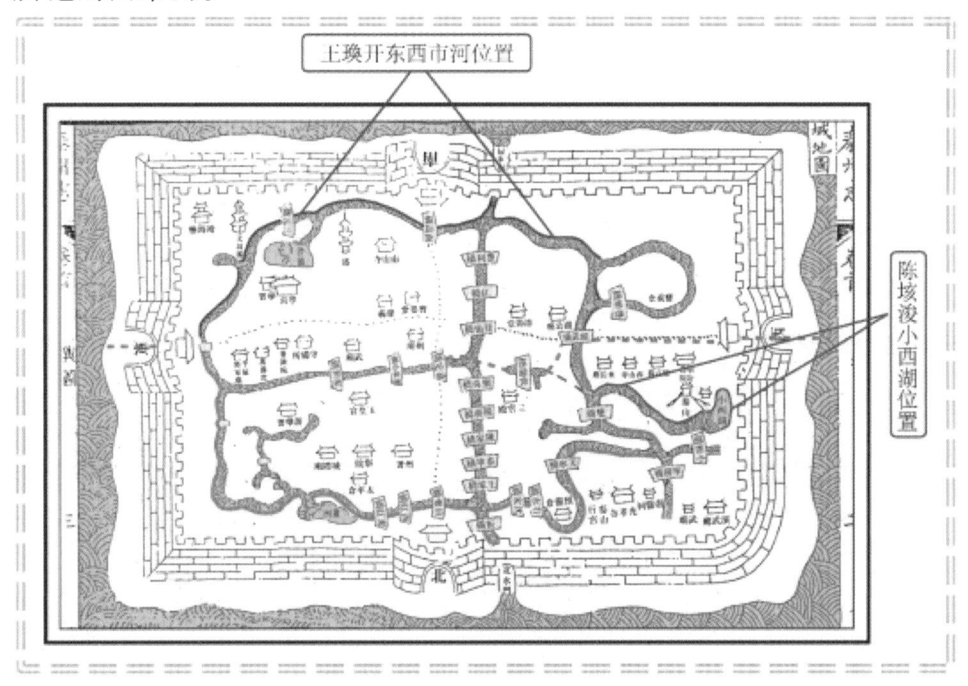

图 3-35　王瑍、陈垓开河、浚湖位置

王瑛建的桥

王瑛建嘉定桥的时间是在宋高宗的绍兴十年(1140),其桥名可能值得推敲一下。"嘉定"却是宋宁宗赵扩的年号,始于1208年,离王瑛建桥的时间已经过去了几十年,可见"嘉定桥"这个桥名不是建桥时所起之名,定是后来所起之名。据志书记载,"嘉定桥在街中,宋绍兴十年(1140)州守王瑛开东西市河建,嘉定七年(1214)修,以年号名。明洪武三年(1370)知州张遇林重修,旧名日中桥,今呼为八字桥"[1]。由此可知,王瑛建桥时的名字已经不知道了,嘉定桥是后来的名字,也就是八字桥的前身。明《(万历)泰州志》城池图、清《(道光)泰州志》城池图中,均标有嘉定桥,与乐真桥相近。乐真桥跨中市河东西向,嘉定桥南北向跨玉带河(也称东市河)。由于中市河与玉带河成十字相交,两桥成了八字组合形状,被人们称为八字桥。八字桥,应指两桥而言。明《(万历)泰州志》写得很清楚:"嘉定桥与乐真桥,共谓八字桥。"到了民国2年(1913)实测《泰县城厢图》上,乐真桥桥名依旧,嘉定桥写成了八字桥。

王瑛其人其子

王瑛这个人很值得说一说。他是一个处于奸臣堆里而能做好事,不留恶名的人。

《宋史》"卷四百七十三　列传第二百三十二"记载:"熺本王瑛孽子,桧妻瑛妹,无子,瑛妻贵而妒,桧在金国,出熺为桧后。桧还,其家以熺见,桧喜甚。桧幸和议复成,益咎前日之异己者"[2]。清《(道光)泰州志》"事略"篇根据《系年要录》"一百三十九"记载:"(绍兴)十一年(1141)二月辛巳(王瑛)知泰州,王瑛兼通泰二州制置使。措置水砦(寨的异体字)乡兵,控守二州"。其后又续"案:瑛为秦桧妻兄,秦熺即瑛之孽子,出为桧后"[3]据这些史料记载,王瑛是谋害岳飞的大奸臣秦桧之妻兄,秦熺

---

[1] 泰州文献编纂委员会 . 泰州文献—第一辑—②(道光)泰州志[M]. 南京:凤凰出版社,2014.

[2] 脱脱 . 宋史[M]. 北京:中华书局,2010.

[3] 泰州文献编纂委员会 . 泰州文献—第一辑—②(道光)泰州志[M]. 南京:凤凰出版社,2014

.

本系王焕“孽子”，“孽子”就是庶子，指非正妻（系婢女）生的儿子。后来，熺过继给秦桧，得到秦桧的宠爱。秦熺也做过不少坏事，如曾捏造罪名称：会稽士大夫家藏野史以谤时政，派浙江转运史吴彦猷将王铚家的藏书掠走大半，还把南宋初年国史实录中不利于秦桧的内容或改写、或删除烧毁。他还写了歌颂养父秦桧功德的长文，让王扬英、周执羔给皇帝看，他俩的官位都得到迁升。更荒谬的是，王扬英还上书推荐秦熺为相，秦桧很满意，奏请王扬英为泰州知州。王瑍的庶子秦熺和妹婿秦桧都是奸臣，而王瑍本人虽在这个圈子里，倒还算不错，自己为泰州做了一些好事。

他在泰州筑城墙，开市河，建桥梁，在州治内建藕花洲，大搞城内的水利和城市建设，造福于民。也有一说是，他将挖市河的土，集中在城西堆放，打造成了“泰山”（岳墩）的。他在城里开挖的市河，为城河与市河共构的“双水绕城”留下了特殊水文化遗产，使泰州形成具有文化韵味的水城名声。他在泰州期间的德政，被泰州编志者写入《泰州志》一书，载入史册。他调离泰州去苏州赴任后，同样致力于打造苏州的水环境，苏州和泰州的水环境架构，有很多相似的地方，同样是他的功劳。他对建筑很有研究，曾主持刻印过中国古代建筑史上极有分量的一部著作——宋代的《营造法式》一书。可以说，他是一位学者型的官员。他不仅知泰州，而且身兼“通泰二州制置使”，看来，制置使是个军职，否则，他不会极其认真地“措置水砦（寨的异体字）乡兵”，并能“控守二州”。他虽系留下千古骂名的大奸臣秦桧的姻亲，且因其妻将其与婢女所生之子，过继给秦桧，复与秦桧又成干亲，乃亲上加亲的人，居然史书上能记其政绩，可见史官对其评价十分不错。

导淮入江初见柴墟斗门

（1194—1948年）

何谓斗门

图 3-36　古代大运河上的石牐

斗门，中国古代水闸之称，也称陡门或牐（闸），至唐代以后始称水闸。斗门、水闸被广泛地用在引水、配水、泄水、分洪、挡潮、冲沙和通航各方面。最初的斗门是用木材和土构筑而成的，后发展为木石结构，古代斗门能遗存至今的，大都是用条石砌筑而成的。闸门则多为木制叠梁式。钢筋混凝土水闸，是在1824年英国建成后，才逐渐发展起来，传至中国的。在泰州范围内的相关水利志记载中，最早记载官建“斗门”的为《泰兴水利志》所记载的柴墟斗门。

因导淮泰州建斗门

《泰兴水利志》所记为：由于宋绍熙五年（1194），黄河于河南原阳武县决口夺淮，造成世界河道史上最为罕见的和最为激烈的一次河道变迁——淮河水道变迁。“从此，淮水全流南泄，淮田多沮洳（低湿之地）。淮东提举（专管水利的官）陈损之请于此（柴墟——今属泰州高港区）建斗门，泄泰州所来淮水”[1]。讲的就是这一次针对淮水南下，

[1] 泰兴水利史志编纂委员会．泰兴水利志［M］．南京：江苏古籍出版社，2001.

陈损之专门为泄泰州所来淮水，在泰兴柴墟“筑堤捍之”，并建斗门，保护了良田数百万顷，成为“导淮入江之先声”[1]。

因黄河夺淮而导淮入江

1194年，黄河阳武决口，洪水吞没了封丘县城，导致黄河之水从河南阳武光禄村至徐州附近分为两支：其北支，流注梁山泊后，由北清河（古济水下游）入渤海；其南支，在砀山以下侵入汴水，继续由南清河（泗水）入海，侵夺了淮阳以下淮河的河道。这时，由今天津附近入海的黄河北流完全断绝，彻底造成了黄河南下夺淮的相对固定局面。由于黄河由山东境内入海的下游河床，远比淮河下游河床高，致使淮河北支出水不畅，经常决堤泛滥，到处漫流，从而造成河南、河北、山东境内连年的大面积水旱灾害。淮河主流被迫改道南流江苏北部后，逐步形成了洪泽湖以下的淮水入江水道，宝应湖、高邮湖水位也因之抬高，面积扩大，在受南下之水自然水力冲刷和人工疏导之下，入江水道的泄水能力不断扩大，造成淮河下游的江苏大运河两侧（运西和运东）地区的水灾频发，且日益加重。据综合统计，从公元前252年到公元1948年的2200年中，每100年平均发生水灾27次； 12、13世纪，每100年发生水灾35次；14、15世纪，每100年发生水灾达47次；16世纪到新中国成立前的450年中，每100年平均发生水灾竟高达94次，几乎年年都有水灾发生。可以说，淮河中下游的水患愈演愈烈。

“绍熙堰”系南宋政权对“绍兴毁堰”的补救

再看淮东提举陈损之在黄河夺淮后，“请于此（柴墟）建斗门”。为什么是“请于”？又为什么在“柴墟”二字上要加括号？是否在其他地方也做了工程？应做些了解。查1999年版《扬州水利志》记有“淮东提举陈损之大筑扬楚运河堤防180千米，又培修自高邮经兴化至盐城堤防120千米，并建石坝13座、斗门7座，皆名绍熙堰”[2]。再看2004年版《淮阴市水利志》也有“淮东提举陈损之建议筑江都至淮阴县运堤360里。

[1] 泰兴水利史志编纂委员会．泰兴水利志［M］．南京：江苏古籍出版社，2001.
[2] 扬州市水利史志编纂委员会．扬州水利志［M］．北京：中华书局，1999．

淮田多沮洳，因损之筑堤捍之，得良田数百万顷”[1]的记载。由于北宋时期，金人入侵，于绍兴初，“以金兵蹂践淮南，犹未退师，四年，诏烧毁扬州湾头港口牐、泰州姜堰、通州白莆堰。其余诸堰，并令守臣开决焚毁，务要不通敌船；又诏宣抚司毁拆真扬堰牐及真州陈公塘，无令走入运河，以资敌用”[2]。宋高宗偏于南方一隅，为防御金兵入侵，就将唐宋以来以扬州为中心建立起来的一整套堤闸系统，都下令烧毁，致使整个扬州和今泰州的部分地区堤闸控制系统全部陷于瘫痪。此后，又因黄河夺淮影响太大，苟安于南方的南宋统治者为了应对灾情、确保首都临安与江淮前线之间的联系、扩大整个统治区的经济交往，又不得不对运河实施了一系列整治。其中，最重要的就是对淮扬运河被破坏的工程设施加以恢复、巩固、提高。从以上两处的记载，可以看出，陈损之所做的巩固运堤和培修高邮至盐城堤防两处工程，客观上起到了“导淮归槽入江”

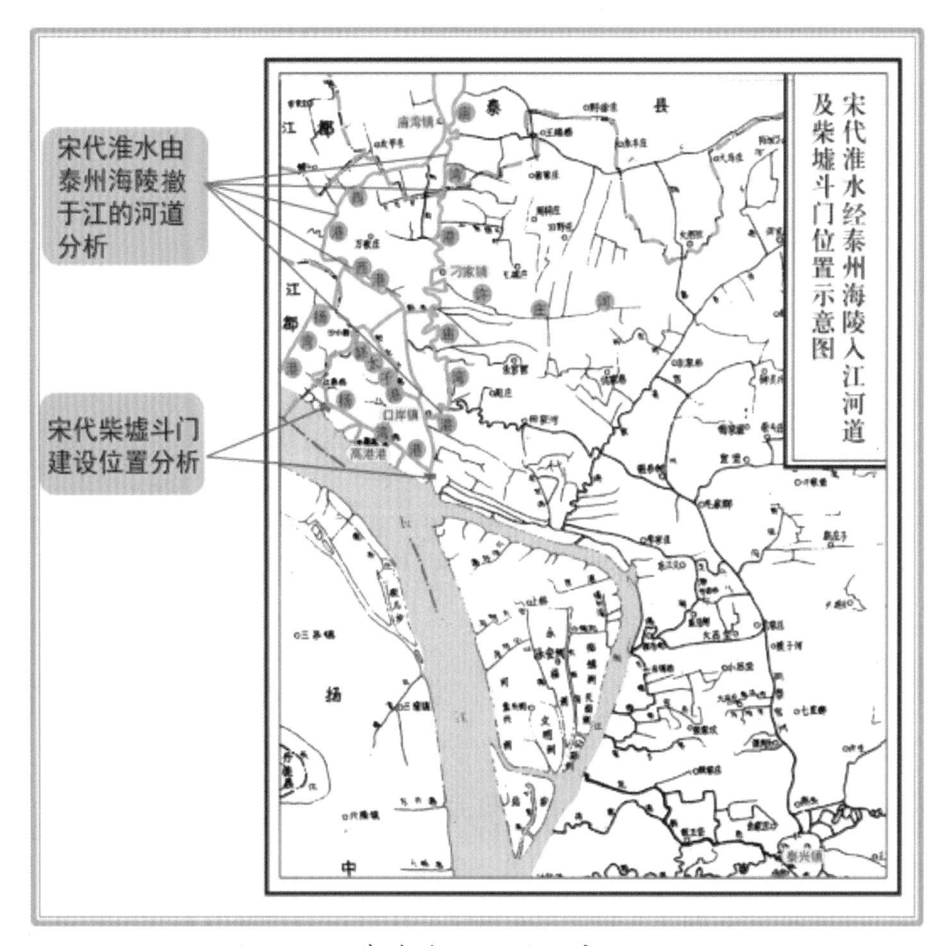

图 3-37　柴墟斗门位置示意

[1] 淮阴市水利志编纂委员会 . 淮阴市水利志［M］. 北京：方志出版社，2004.
[2] 脱脱 . 宋史［M］. 北京：中华书局，2010 .

入海的作用。至于柴墟斗门，其实并不在导淮入江的主水道上，而是在承接淮水的古盐运河上从海陵通向柴墟，南流入江的重要河道——古济川河的江口。古济川河不仅是“瘫痪”的扬州堤闸河渠系统的分支之一，而且也是古盐运河以南地区应对汛期洪水下泄和非汛期蓄水保证农灌、通航之需“增加内河蓄泄功能之举”的重要口门，才得到陈损之的高度重视。故，在此河和与之相关河道上建石坝、石埭、斗门或牐等工程，皆被统称“绍熙堰”。工程建成后，使数百里长河道两旁的“数百万顷”农田得到灌溉和免灾之水利。

从其他相关资料，还可以了解与此事相关的几点。

一是，陈损之所任的“淮东提举”是个专管水利的官。提举乃提而举之之意，即通过提拔荐举上来的掌管专门事务的官名。宋代枢密院编修敕令的所有提举都是由宰相兼的。此外，还有提举常平仓、提举茶盐、提举水利等专管粮食、专管茶叶和食盐、专管水利的官员。从陈损之能拿出对淮东这一地区完整的治水方案，再加上“淮东”这个水患不断的地理位置的头衔来看，他极有可能是“提举水利”的官员。

二是，这一治水方案，不是停留在“陈损之言”上的“建议”，而是已付诸实施并有明显效果的行动。因为在陈损之所提方案的后面，记有“淮田多沮洳，因损之筑堤捍之，得良田数百万顷”一段话。足以证实是付诸实施且卓有成效的。

三是，陈损之所提方案中提及“又泰州海陵南至扬州泰兴而彻于江”，说明宋时泰州海陵已有通江河道，北承淮洪，南入长江。但河名皆无考，从所述海陵至柴墟的地理位置看来是古济川河（当今的南官河）或是引江河拓浚、开挖前的部分原始弯曲的河道。

四是，泰州在沿江用水工技术建闸，并非始于绍熙五年（1194 年），而是在以前，所建的“其闸坏久”的闸。

五是，陈损之所建 13 座石坝、7 座斗门，应包括“泰州海陵南至扬州泰兴而彻于江”这一通江河道上的闸或石坝。

六是，泰兴南唐昇元元年（937）建县，属泰州，县治在济川镇，北宋乾德二年（964）县治迁柴墟。宣和四年（1122），绍兴初年（1131）县治迁至延令村（今泰兴镇），柴墟镇仍属泰州。据《宋史》卷九十七“校勘记”载，“绍兴二十九年（1159）改隶扬州”[1]，故才有“兼扬州柴墟镇，旧有堤闸，乃泰州泄水之处”句。

[1] 脱脱．宋史［M］．北京：中华书局，2010．

宋官员因水利多建桥梁

（960—1982 年）

水流不息的是河，人流不断的是路，连接河与路的必然是桥，桥是河与路永恒不解的纽带，桥是人与自然相生相伴的通道。南唐褚仁规在泰州力开城河后，宋代又在泰州城里开了中市河、东市河、西市河、玉带河、小西湖、跃鳞河…… 随着城市的发展，势必要为市民的交通建一些桥梁。

志载宋代建的桥

宋代，泰州有建设年代记载的桥梁 11 座，全都建于南宋，其中：通仙桥建于高宗建炎年间（1127—1130 年），又名郭桥。 嘉定桥建于高宗绍兴十年（1140），系州守

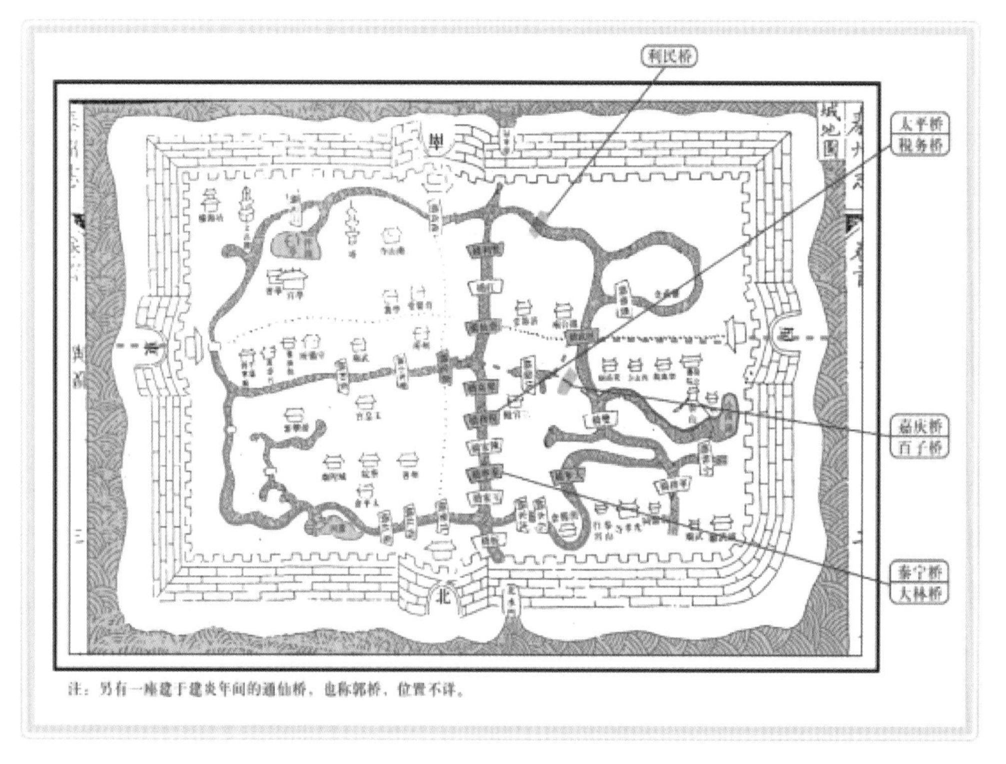

图 3 –38　宋代泰州建设桥梁位置

王瑍开东西市河所建，原名日中桥，又叫八字桥，宁宗嘉定七年（1214）州守李骏重建。登仙桥建于孝宗乾道三年（1167）。丰利桥，建于孝宗淳熙三年（1176），旧名暮春桥，又名里高桥。太平桥和泰宁桥建于孝宗淳熙十一年（1184），两桥均由州守万钟所建，约40余年后，在宁宗嘉定年间，泰宁桥由州守李骏重建。太平桥后称崇明桥，也称税务桥。泰宁桥也称大宁桥。利民桥建于孝宗淳熙十二年（1185），州守万钟所建。乐真桥建于孝宗淳熙十三年（1186），也为州守万钟所建。经武桥和天宁桥两桥也同时建于宁宗嘉定十三年（1220），皆由州守李骏建。天宁桥又叫西桥。嘉庆桥建于理宗淳祐元年（1241），又名百子桥。

南宋的几位州官在泰州时都十分重视水利建设，王瑍开了东西市河；陈垓拓浚了东西市河或开了小西湖，凿东、西、北外濠、并疏浚南濠；李骏开了州治西至光孝寺，东接西市河的新河，使水出北门并创建了校场；万钟修东、南、北三水门。古人治水主要是开河。开了河，就可把水引进来，用于生产、生活，养育一方人民；开了河，还可把暴雨形成的涝水和过境的洪水排出去，确保一方平安；开了河，水道通了，还要确保陆路通。要水通、路通，就得架桥。从这11座桥分布情况看，5座桥建在中市河上，3座桥建在西市河上，2座桥建在玉带河上，最早建的1座通仙桥位置不详。从建桥的密度上看，泰州城里路网布置的密度也较高，同时也反映出这一阶段泰州城市建设发展得较快。

税务桥地下留遗存

桥是古代最能反映德政和善举的建筑物，也是最能显现时代工艺和技术水平的表现体。桥不仅是让人从上面通向前方的承载物，还是给人从各个方位驻足欣赏的艺术品。桥既是科技的成果，也是文化的结晶，凡经过历史沧桑，不管是实物，还是文字，能留下的古桥，均属文化遗产。例如，税务桥。

税务桥，始建于宋淳熙年间，称太平桥。嘉定十一年（1218）重建后又圮。“明洪武三年（1370）知州张遇林复建，改称崇明桥，是其时从南水门进入后中市河上的第四座桥。《（崇祯）泰州志》载因其“以近税务俗称税务桥”。税务桥直至民国2年（1913）《泰县城厢图》实测时仍然存在，它是位于玉带河（八字桥）以北的第一座桥，跨中市河。

图 3–39　古税务桥遗址

20 世纪 70 年代，泰州城市发展要扩路，就逐渐把中市河填平，并将税务桥埋入路下。1996 年 9 月，在铺设下水管道时，部分桥拱被挖了出来。该桥跨度 5.6 米，矢高 2.5 米，拱圈用大青砖一顺一竖相间叠砌 4 层，砖与砖之间用石灰和黏土拌和而成的泥灰黏合。据说，原桥面和桥台为黄麻石板，桥宽 7 米，长约 8 米，桥栏高约 1 米，东西两头分别有十五六级台阶，也由黄麻石铺就。桥现身后，很为轰动，引起国家税务总局的领导高度重视，专程到泰州来考察这座在全国唯一以“税务”命名的古桥，认为此桥很具文化价值。后下水管铺好后，仍被土封于地下。泰州文管部门将税务桥遗址，列为文物保护单位。

传说宋代泰州淮东路盐运司署及课税局设于税务桥东的街上，街上收税的、纳税的，十分繁忙。明嘉靖年间，御史凌儒《州中八桥 · 吟税务桥》诗写道：

岁课垂名旧，中城路不赊。
总戎司马弟，簪笔夕郎家。
东海迎朝日，西出送晚霞。
从来冠盖里，时过七香车。[1]

此诗写出了明代嘉靖年间税务桥周围住户的名望及税务桥的繁华景象。同是明代万历年间的进士，浙江布政司参政刘万春，也写了《州中八桥》的“税务桥”一诗：

[1] 泰州文献编纂委员会 . 泰州文献—第一辑—②（道光）泰州志［M］. 南京：凤凰出版社，2014.

中市飞虹处，当垆酒易赊。
棠郊邻此地，杏馆属吾家。
小割西湖水，遥分东岳霞。
一从蠲税后，不复榷舟车。[1]

诗中叙述了刘万春家（秋实园）所住的税务桥街的街景，特别是将朝廷减除车、船税前后的情况写入诗中，描写减税后税务街居住闲适的景致，让人们去想象以前征收车船税时税务桥下船只拥挤，税务桥上车马云集，等待估税、交税的拥挤景象。

八字桥名留在路名中

凌儒对八字桥也留下了诗句：

孔道当南北，桥回左右分。
地形横似字，梁势拟如云。
隔市人烟静，连营鼓角闻。
观风问民俗，萧艾化兰芬。[2]

此诗写出了八字桥的气势及周边环境。特别是能将他居官不自傲，时常观察民情、探问民俗，关心百姓的君子心态，溢于诗句之表，使人对他不得不产生尊敬之心。其中“连营鼓角闻”系指嘉定桥东南称“驼岭”的地方，设有屯兵的千户所和在东边的海防兵备道署。这座桥的建设，对泰州的城市繁荣起到了很大的作用。《泰州志》载：“旧名日中桥。”“日中”语出《周易·系辞下》：日中为市，致天下之民，聚天下之货，交易而退，各得其所，盖取《噬嗑》（六十四卦之一，象征“咬合”）。[3]这里是指泰州城里最繁华的交易地段，连桥上都挤满了摊贩，人们只有到日中的时候，才能看清桥的形状和面貌，老百姓就称它为日中桥。根据泰州夏兆麐（麟）《吴陵野纪》

---

❶泰州文献编纂委员会．泰州文献—第一辑—②（道光）泰州志［M］．南京：凤凰出版社，2014.

❷泰州文献编纂委员会．泰州文献—第一辑—②（道光）泰州志［M］．南京：凤凰出版社，2014.

❸林之满．周易全书［M］．哈尔滨：北方文艺出版社，2007.

稿本的《八字桥》一文中记载：光绪年间，州牧陆春江修理整齐，往来无碍。[1]具体时间为光绪十三年（1887）十二月十四日动工，次年九月一日竣工。这与《（民国续纂）泰州志》的记载稍有不同，可能一为泰州执政者，一为具体负责修桥梁的人。民国17年（1928），当时的市政局以桥“特高”，改之使平，并扩大使宽。在这次改为平桥时，在桥的下面曾经挖出一个土丸，敲碎后，发现当中藏了两枚金橘，色质鲜黄如新，夏兆麐认为“历四十年之久而气不变”，很是奇怪。随着岁月的流逝、城市的发展，玉带河及东西市河不少河段被填埋。嘉定桥也由拱桥改为平桥，进而废桥变路，已无遗迹可寻了。然而“八字桥”其名一直被人们沿用，如八字桥东街、八字桥南小街等街道名称，仍然保留了桥的名称。1982年前后，八字桥北街分别改为王家桥南小街、大林桥南小街、税务桥南小街；八字桥南街改为升仙桥南小街；八字桥西街改为十胜街。消失的桥梁名称留在街道的名称里，也算作留下了一点历史记忆。

登仙桥与徐神翁的传说

登仙桥，原为砖拱桥，民国后，改为平桥。后市河被填塞，桥已平掉，筑成道路，成了地名，且将“登”字也改为“升”字，桥名为升仙桥了。明代刘万春有吟咏《登仙桥》的诗：

昔闻蓬阆客，白昼此升天。
坛静苔仍合，炉空火欲然。
乘鱼何处去，化鹤几时旋。
且向桥头醉，方知浊酒贤。[2]

其中“白昼此升天”句，说的是徐守信——徐神翁，白天扫完东西门大街后，骑着扫帚从这座桥上升天而去的事。

徐守信的记载和传说非常多，《历世真仙体道通鉴》列有专门传记。徐守信，北宋末泰州人，经天台山游方道士徐元吉（《泰州志》称余元吉）点化，能预测吉凶祸福，无有不灵，驰名天下，被人尊称为徐神翁。宋哲宗赵煦，知道徐神翁的事迹后，亲赐徐守信紫服，授予“圆通大师”法号，后又派人到泰州密问徐神翁该立谁为太子？徐

[1] 出自夏兆麐（麟）的《吴陵野纪》。
[2] 泰州文献编纂委员会．泰州文献—第一辑—①（道光）泰州志［M］．南京：凤凰出版社，2014.

图 3-40　徐神翁

神翁预言了徽宗即位。徽宗即位后，对徐神翁格外尊敬，下诏要请徐神翁移尊京都，徐神翁不肯，后用八抬大轿强行抬徐神翁进京。徐神翁至京城后，一再请辞，执意要回海陵，无论何人向他问道，均不发一言。徽宗无法，只好将他送回海陵，并降旨扩大天庆观规模，改建为“仙源万寿宫”，供徐神翁居住。仙源万寿宫地址在东门内，规模很大，有“骑马关山门”之说。徐神翁还预测到了宋徽宗被金兵俘虏的悲惨命运，虽直言预测，倒未受徽宗责难。大观二年（1108），徐神翁又被接到京城，住上清储禅宫。徐神翁享年 76 岁，死后，皇帝赐钱帛，依太中大夫（四品官）待遇治丧。又尊号“虚静冲和先生”。我国有关道家著作的大型汇编书籍《道藏》中收有南宋朱卿编集的《虚静冲和先生徐神翁语录》二卷，记其事迹。徐守信不仅道学深厚，还是一个绘画能手，《退庵笔记》及《听鹂馆笔记》都有有关徐神翁自画像的记载。徐神翁的自画像，经历了近千年，画幅仍保持完整无缺，20 世纪 40 年代曾重新装裱。新中国成立后，斗姥宫将其捐赠给泰州市博物馆收藏。徐神翁死后，葬在泰州东郊响林庄，20 世纪 50 年代徐神翁的墓被发现时，有一块石质的墓碑和随葬的圆形石砚。墓碑存姜堰市博物馆，石砚存泰州市博物馆。石砚为歙砚，无盖，直径 28 厘米、高 5 厘米、重 14.8 斤，砚台正面有一个约 3 厘米宽的浅槽，约 2 厘米深，沿砚边凿成月牙形，以为储墨。砚为日，槽为月，日月相拥；日为阳，月为阴，阴阳平衡，是为道家最为尊崇的认识论。徐神翁死后的陪葬仅见此砚台一件，余不得而知。

凌儒也曾有咏登仙桥的诗句：

名擅江城胜，峥嵘高插天。
仙人何处去，遗迹尚依然。
七日声犹响，千年鹤未旋。
监司邻守御，时得察官贤。[1]

[1] 泰州文献编纂委员会．泰州文献—第一辑—②（道光）泰州志［M］．南京：凤凰出版社，2014.

诗中对天庆观的雄伟及对徐神翁的遥思描写得如在眼前，特别是最后两句转而希望现实中的官员，武能守御，文能贤达，很能表达广大人民的民心所向。以桥为题实写其心境，可谓意境高远。

乐真桥与乐子长的传说

在登仙桥北还有一座乐真桥，也与道教文化相关。明《（万历）泰州志》在“仙释”篇中记载：乐子长，道成白日飞升，当时号为“乐真人”，今乐真桥乃其遗迹。梁昭明太子与邵陵王游至海陵，即以子长故宅为观。夏荃在其《退庵笔记》卷九“乐真人碑”中，引用此段文字后，又加上“时在大同元年（535）也”[1]。“大同”是指梁武帝（萧衍）第五次改元所定的年号，并又说：“子长宅，在子城西南，近乐真桥。”清《（道光）泰州志》在“释道”篇中也有类似的记述，并加上了“晋，乐子长，海陵人”一句。在南朝齐梁时，著名道教思想家、医学家陶弘景（456年—536年）所著《真诰》中写有：太玄真人告许长史，我尝见南阳乐子长，淳朴之人不师不受，顺天任命，亦不知修生之方；行不犯恶，德合自然，虽不得延年度世，死登福堂，练神受气，名宾帝禄，遂得补修门郎，位亚仙次。缘天资有分，亦由先世积德，流庆所陶。若使其粗知有生之理，兼得太上一言之诀，如此求道，无往不举矣。[2]五代南唐若虚和尚有言乐子长的诗：

乐真观

乐氏骑龙上碧天，东吴遗宅尚依然。

怪来大道无多事，真后丹元不值钱。

老树夜风虫咬叶，古垣春雨鲜生砖。

松倾鹤死桑田变，华表归乡未有年。[3]

宋代嘉祐进士、江淮荆浙发运使蒋之奇（1031年—1104年）曾为乐子长题写碑记：

题海陵天庆观乐子长真人碑

谣坛三级满苍苔，想像真人饮赤怀。

飒飒仙风动杉桧，只应飙驭暂归来。

---

[1] 夏荃．退庵笔记校注［M］．周宏华，李华校注，南京：凤凰出版社，2011.
[2] 张葛珊．泰州道教［M］．北京：宗教文化出版社，2013.
[3] 夏荃．退庵笔记校注［M］．周宏华，李华校注，南京：凤凰出版社，2011.

图 3-41 乐真人

这些历史的记载说明了几点：一是泰州海陵确有乐真人其人，名叫乐子长。二是乐子长是修真得道之人，否则，不会以真人相称的。三是乐子长的家，靠近乐真桥，也就是后来的乐真观的地方，具体方位，在十胜街附近。四是乐子长曾外出游仙，“住方丈（指大海中仙山山名）之室”，在海外修炼得道。道成，举家同在乐真桥上升仙。乐真桥是乐子长升仙的地方，说明乐真桥是晋梁时代就有的桥梁，否则，明万历年间的人就不会说：“今乐真桥乃其遗迹。”这样一来，宋代的万钟对此桥就可能是重建，就不是首建了。五是南朝梁代文学家萧统，这位梁武帝的长子，在被立为太子［死后谥（shì 试）“昭明”，故称昭明太子］后，曾与邵陵王同到泰州游玩，了解乐子长升仙的事迹后，在乐子长故宅，专门建了一座乐真观。其后，二人还去了姜堰天目山朝拜了仙境。宋代诗人蒋之奇，曾以《题海陵天庆观乐子长真人碑》为题，写的诗说明了乐真观就是后来的天庆观。乐真观在唐宣宗大中年间（847—858 年）移至东门。宋代重道教，在大中祥符二年（1009）真宗赵恒降诏，扩建东门的乐真观。泰州人认为，既然是皇帝亲自降诏要扩建的寺观，名称也宜一致，皇帝的诏书就是“天书”，故改名为天庆观，示“天书以贺”之意。

桥连接着河的此岸和彼岸，体现了沟通和欢聚，给儿童以向往和憧憬，给青年以信心和前程，给老人以回忆和思念；桥是游子的故园和家乡，更可给人们带来无尽的暇想！

文天祥南下行经盐运河

（1276—2016年）

图3-42　书文天祥诗句：人生自古谁无死？留取丹心照汗青

南宋末期，狄夷交侵，中原尽失，国家危难深重。文天祥以其兼济天下之心，明知狂澜难挽，仍然选择如于谦所赞他的“宁正而毙，弗苟而全”的不归之路，始终奋力前行。他以舍生取义的信念和百折不回的决心，给历史、给后人留下了如《泰州》《过零丁洋》《正气歌》这样一篇篇不朽的诗作，留下了如“羁臣家万里，天目鉴孤忠。”“人生自古谁无死？留取丹心照汗青。”“当其贯日月，生死安足论。”之振聋发聩、荡气回肠的强音！留下了他崇高的爱国主义情怀和铮铮铁骨的形象！他在中华民族的精神世界里，竖起了又一根擎天巨柱。

在文天祥的诗中，有些是他避难在泰州古盐运河上，寻找出海南下复国之机时写的。理清这一阶段他所写之诗和这一阶段历程的前因后果，可为泰州大运河文化带建设添一新砖。

泰州古志选诗文天祥

《（道光）泰州志》“艺文”篇中记载文天祥的诗，分别是：《泰州》《发海陵》《虾

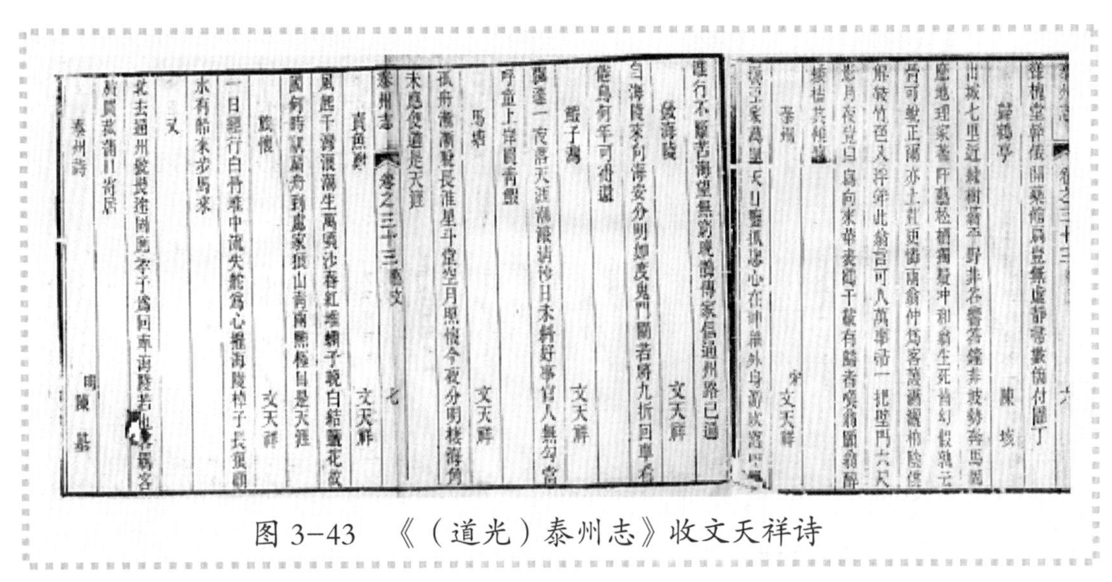

图 3-43　《（道光）泰州志》收文天祥诗

子湾》《马塘》《卖鱼湾》《旅怀》《又》[1]7首。泰州之志选载文天祥的诗中，未选《过零丁洋》《正气歌》等名篇，而专门选载这7首，缘何？令人看起来，似乎选的是与文天祥在镇江逃脱元兵控制后，暂避泰州古盐运河船上写的有关之作。其实，并非如此。

《宋史》在文天祥的“传”中，只字未提文天祥在泰州的历程；编写泰州志者，在“事略”篇中虽有“（德祐）二年（1276）三月，统制官稽耸遣其子德润同馆客林孔时，送文天祥至泰州”和“自泰州过海安、如皋……送至通州泛海”[2]的记载，结合读之，

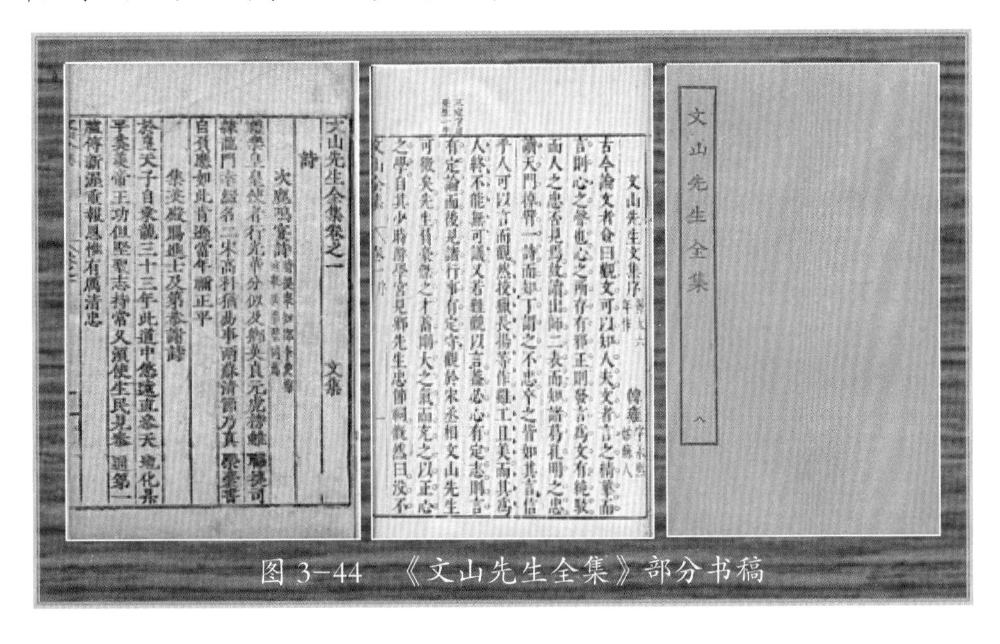

图 3-44　《文山先生全集》部分书稿

❶ 泰州文献编纂委员会．泰州文献—第一辑—②（道光）泰州志［M］．南京：凤凰出版社，2014.

❷ 泰州文献编纂委员会．泰州文献—第一辑—②（道光）泰州志［M］．南京：凤凰出版社，2014.

仍然无从了解文天祥在泰州这段经历的时日、背景、情节和心情。今读《文山先生全集》，才发现文天祥从京口逃出虎口经真州、扬州、泰州和通州，又北上至泰州界住宿一夜，直至从海上离开泰州界，再进海门界，经扬子江口南下至浙东前，共写诗 108 首。其中，从脱离京口至高邮 64 首；从离开高邮南下往海陵起，经嵇庄入盐运河，至通州前有诗 20 首，加上从石港出海后，北行又至泰州境所写《出海》2 首，涉泰州（海陵）境或人写的诗共 22 首；在通州境内写诗 19 首。读这些诗，特别是有关诗前的序言，再看《（道光）泰州志》所录文天祥 7 首诗，发现其中有 1 首（《旅怀》）是写在扬州高邮境内，有 3 首（《虾子湾》《马塘》《卖鱼湾》）是写在通州石港境内的；有 3 首与《文山先生全集》中诗同而诗名不同，且均系非泰州境内所写。因此，有必要将这一阶段文天祥所写的诗，再深入探析一下，以了解文天祥有关与避难泰州境内古盐运河船上的这段历程及心境。

文公忠心报国的一生

为了解文天祥在泰州的情况，先要了解文天祥之简略生平。

文天祥（1236—1283 年），汉族，吉水（今江西吉安县）人。初名云孙，字天祥，后以天祥为名，改字履善。他的一生都处在南宋朝廷风雨飘摇的年代，他是宋末的政治家、军事家和文学家、诗人。

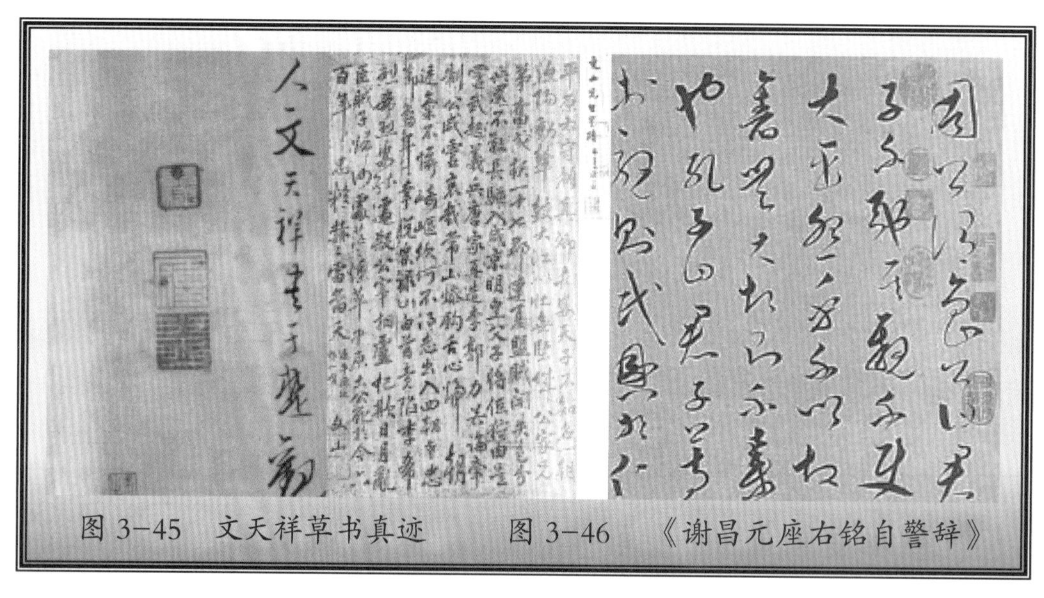

图 3-45　文天祥草书真迹　　图 3-46　《谢昌元座右铭自警辞》

元末，中书右丞相脱脱，在其所编《宋史》列传第一百七十七“文天祥”中，对一个与元廷抗争宁死不屈的文天祥，作了“体貌丰伟，美皙如玉，秀眉而长目，顾盼烨然”[1]的形象描述，可见这位官居元廷要职的脱脱，对与元廷视之为敌人的文天祥所具有的尊崇之心。

宋理宗宝祐四年（1256），21岁时文天祥居进士第一，高中状元，改字宋瑞，又因其住过文山，而号文山。不久，他的父亲逝世，文天祥按制回家守丧。开庆初年（1259），元军攻打南宋，弄权的宦官董宋臣要宋理宗赵昀迁都，朝中竟无一人敢议论说这是错的。时任宁海军节度判官的文天祥，得知后，立即上书请求斩杀董宋臣，以统一人心，他的请求不为理宗采纳，一气之下，自请免职回乡。后朝廷屡诏启用，逐渐又升职至刑部侍郎。又因再次上书列举已升为内侍官都知的董宋臣罪行，被外放至瑞州（今江西高安）任知州。不久，改任江南西路提刑，又升任尚书左司郎官。其间，多次遭台官（朝廷公卿）议论，复被降职为军器监兼任代理直学士院。继因指责奸相贾似道，遭贾似道报复，让年仅37岁的文天祥去职退休，回家居闲。咸淳九年（1273），元兵压境，不得而已，朝廷再度起用文天祥为荆湖南路提刑。咸淳十年（1274），调文天祥任赣州知州。德祐元年（1275），长江下游告急，宋廷诏令天下兵马勤王。文天祥奉命以江南西路提刑安抚使的名义，募集兵员万人，率军入卫京师。10月，文天祥率兵至临安（今杭州），受任平江府知府，立即北上平江前线抗元。因寡不敌众，战败。接诏令，弃平江，退守余杭。德祐二年（1276）正月，文天祥任临安知府，不久升枢密使，继又升任右丞相兼枢密使，奉令赴元营议和，被元兵控制北解，途中至镇江得以脱逃。泛海南下至温州，组织力量抗元。宋端宗赵昰景炎元年（1276），朝廷以观文殿学士、侍读的官职

图3-47　右丞相　文天祥

[1]脱脱．宋史［M］．北京：中华书局，2010.

召文天祥至福州，匡扶南宋小朝廷。宋祥兴元年（1278）八月，卫王赵昺加封文天祥为少保信国公。景炎三年（1278）十二月，文天祥在战斗中被元兵俘虏，吞龙脑（中药，冰片）自杀未成，被押送元大都劝降。在整个拘囚过程中，他一直大义凛然，拒不投降。元至元二十年（1283）正月九日，终因宁死不屈，遭害。文天祥晚年的诗词，反映了他顽强的战斗精神和坚贞的民族气节。其诗词风格慷慨激昂，苍凉悲壮，有强烈的感染力。著作有《文山先生全集》《文山乐府》《文山全集》等。

被控镇江施计获逃脱

要了解文天祥经过泰州的情况，还须了解他到达泰州前一阶段的详细情况。

图 3–48　壮心万折誓东归

宋恭帝德祐元年（1275），元兵长驱南下，文天祥在家乡起兵抗元。德祐二年（1276）正月，元人铁骑分三路兵马围困南宋都城临安（今杭州），都城内外，宋朝廷将官降的降、逃的逃，太皇太后谢氏和恭帝赵㬎在无法可想的情况下，要文天祥临危接受右丞相兼枢密使之职，并于正月二十日赴距临安东北仅20里的皋亭山元兵大营进行议和谈判。谈判中，元丞相伯颜，提出要宋廷无条件投降。文天祥义正辞严地坚持此行只谈议和，决不投降。为此，激怒了伯颜，被强行扣留。元军深知文天祥威信极高，想利用他的号召能力，逼南宋抵抗力量不战自降，决定把他解送元大都（今北京）再行劝降。太皇太后谢氏失去文天祥的支撑，无人臣可靠，不久即向元军宣布投降。二月八日，伯颜手下的元兵，将文天祥与由其他南宋议和及主降人员组合而成的所谓“祈请使团”，一同向北押解。十八日，船到京口（今镇江）靠岸，文天祥被监控在一户名叫沈颐的居民家中。文天祥命随从的部下杜浒、余元庆（真州人）密谋暗中寻找船只，待机逃跑，并叫部下暗中为自己置匕首一把，如“事不济，自杀”。二月二十九日晚，靠贿赂夜里的看守刘千户，得到了通行证，他与随从等12人，乘夜间元兵看守松懈时，逃上备船，连夜驶离。在逃离途中，被元军停泊在港的巡逻船发现，喝令停船。他们所乘之船，更奋力加速向江北驶离，元军巡逻船立即起锚追赶，所幸其时正是潮落，追赶的船只较大、较重，突遭搁浅，只能眼睁睁地看着文天祥一行的船只，驶向远方。

从皋亭山被元营控制之日至脱逃成功、进入真州城“首尾恰四十日”。在策划逃脱的这一阶段，文天祥从《脱京口》一诗开始，居然接连写下了《定计难》《谋人难》《踏路难》《得船难》《给北难》《定变难》《出门难》《出巷难》《出隘难》《候船难》《上江难》《得风难》《望城难》《上岸难》《入城难》15首脱逃之难的诗，他在第一首《定计难》的序言中记下了从“京城（临安）外日夜谋脱”“至平江欲逃不果”“至镇江谋益急”的焦虑和他所持“壮心万折誓东归”的决心，直至逃出元兵控制到达真州城下“若使闭城呼不应，人间生死路茫茫”的担心，记述了整个逃脱过程的“艰难万状”。

真州谋划抗元遭离间

这时，大江南北大部分已被元兵所占，只剩下淮、真、扬、泰这几座孤城尚属宋土。3月1日，文天祥率随员过了江，抵达宋辖真州（今仪征）城，受到军民的热情欢迎。“聚观者，夹道如堵”，文天祥一行更有“一见衣冠是故乡”的感受。真州守将苗再成，请文天祥一行共商收复失地大计，大家一致认为以文天祥丞相的身份作号召，江淮合力，不难挽回大局。于是，策划由文天祥坐镇指挥，召集淮西的驻军，攻取建康（今南京）；以通、泰的驻军，直取湾头；以高、宝、淮的驻军，拿下扬子桥；以扬州的驻军，夺取瓜洲；苗再成自请，率真州驻军跨江直捣镇江。这样就可东入京口，西进建康，东西连成一线，截断元军深入浙

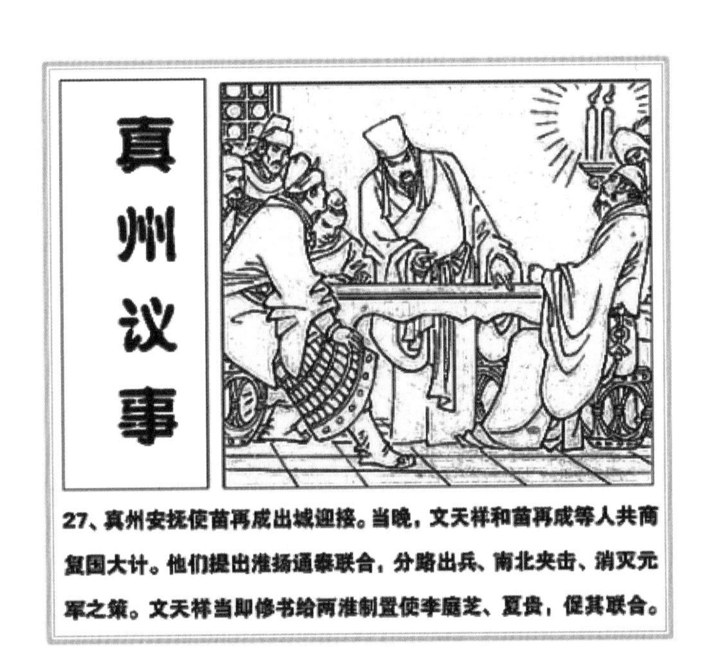

图 3-49

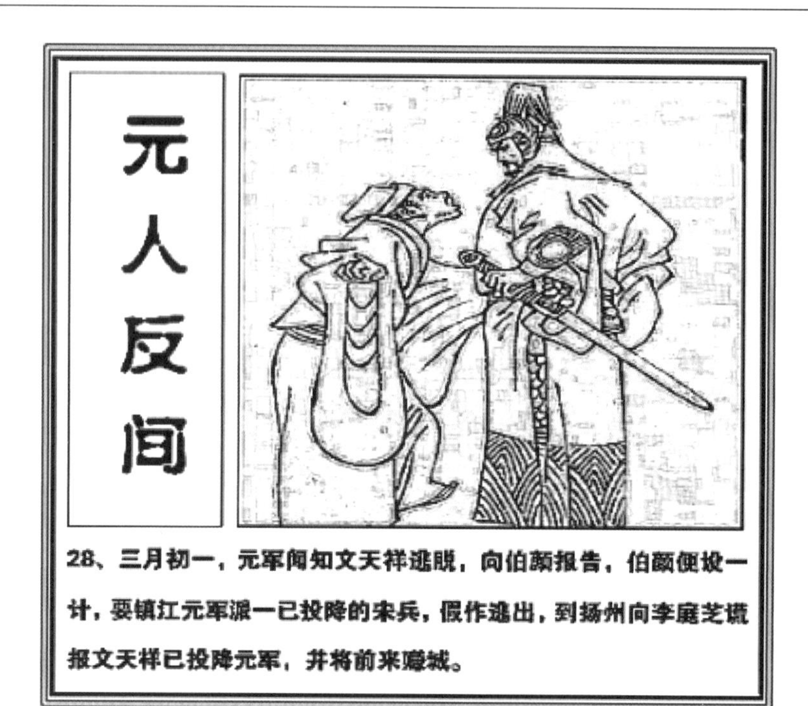

图 3-50

江的归路，与南方各地宋营将士形成合围，歼灭南下临安的元伯颜所部。文天祥立即着手修书致上述各地将帅，要他们按此计划行事。然而，扬州守将——两淮制置使李庭芝，误信逃离（也可能是有意放回）元营的宋营士兵朱七二等人传言：元“密遣一丞相入真州说降矣”[1]，认为文天祥就是元营派过来为敌方说降的人，便密令苗再成，将文天祥捕而杀之。苗再成因敬佩和同情文丞相的忠心，不忍加害，但又不敢违抗李庭芝的命令，便在三月三日，与文天祥一同出城巡营时，把李庭芝下达的密令，给文天祥看，示意他尽快离开真州。文天祥表示理解，决定离开真州。文天祥在其5首《出真州》（之三）中写下：

琼花堂上意茫然，志士忠臣泪彻泉。

赖有使君知义者，人方欲杀我犹怜。[2]

这首诗，写出了对“琼花堂上”——扬州李庭芝中了元兵离间计的无奈，表达了他虽有报国之策而难施展的痛心和对苗再成的感激之情。苗再成接到李庭芝的命令后，对文天祥也有点不太放心起来，于是派了张、徐二路分（路分——中级武将官职称呼），

❶ 脱脱．宋史［M］．北京：中华书局，2010.

❷ 文天祥．文山先生全集［M］．北京：商务印书馆，1935.

图 3-51

率 50 人尾随监视，观察文天祥下一步行踪，是否逃向元营？如是，立即杀之。张、徐二路分经观察和交谈后，发现文天祥是向扬州宋营方向而去，且见文天祥有“惟有去扬州见李相公”“若能信我尚欲连兵以图恢复，否则，即从通州路遵海还阙”的打算。于是，便告知文天祥，他们是苗再成“遣某二人来送行”的，并将他们带来的马给文天祥和杜浒作乘骑，乘黑夜护送文天祥经过扬子桥，通过了元军控制的瓜洲地界，并留下 20 人专门再护送至扬州。但这 20 人仅送了十余里，便向文天祥要了些苗再成所赠银两，便撤回了。夜深，文天祥一行，只能跟随一些小贩后面，于三更之时抵达扬州西门，暂避于破败不堪的三十郎庙，稍事休息。再至扬州城下，听到等候开城门的百姓议论，李制使下令搜查文丞相很是严密，发现即捕。

文天祥与随从不敢入城，四日凌晨，决定乘夜色朝高沙（高沙郡为高邮军的别名，即高邮）的方向进发，再寻找能去南通入海之通道，“渡海归江南，或见二主（指益王赵昰与广王赵昺），伸报国之志”而去。此时，随行 11 人中有余元庆、李茂、吴亮、萧发 4 人不愿再追随文天祥坚持抗元，拿走了一些银两，背离文天祥而去。天色渐明，剩下兵部架阁杜浒、兵马都监金应、虞侯张庆、亲随夏仲、总辖吕武、帐兵王青、仆夫邹捷 7 人，仍然一心追随文天祥，跟着卖柴人

图 3-52

向北行去。路上忽遇元军，文天祥一行躲进桂公塘一处没有房顶的“土围粪秽”之中，数千元军从门前过，未被发现，得以免祸。这时他们已无粮可食，只能请卖柴的人进城帮他们买米。其间，吕武、邹捷2人外出汲水时，被元哨兵捕获，2人将身上所有银两交出，得以放回。晚上，一行人“下山，投古庙中，与丐妇人同后焉”。五日夜，进城帮他们买米的卖柴人，因元兵又至，城门不开，出不了城，使文天祥等人又是一夜一天未得进食，饥饿难忍。后来，古庙中又进来三四个樵夫，煮了一点麦粉粥，于是只能“苦作江头乞食翁”，向樵夫们讨得了一些残羹，聊以点饥。并从这些樵夫口中得知，他们路跑错了，现在才到扬州北门。这几个樵夫答应带他们向高沙方向走去，当日他们一行移驻司徒庙下的贾家庄，又请樵夫进城买米、买肉，“以救两日之饥”。在贾家庄停留1天，是夜雇了马匹向高沙进发。路上，遇到宋营的地分官5骑，挥刀就要砍人，一行人等只能向他们塞些金钱，才换下命来。文天祥痛心地写下“金钱买命方无语，何必豺狼骂北人”。六日，向北行至板桥，元军又来了，众人跑入竹林中躲避，元军进入竹林搜索，杜浒、金应被抓住，杜浒、金应也拿出身上的金银送给元军，被放回；张庆的右眼和其他两处被箭射中，而且被刀削去头发之结；邹捷躲在草丛中，被骑兵马踏其足，鲜血直流。幸好，这两次均未发现文天祥。后听说元军已回湾头，他们一行惊惶失措地过了鲇鱼坝。这时，雇用的马夫、马匹又先后离开了他们，文天祥只能坐在装货物的箩筐中请了6个樵夫轮流抬了一夜，天明到达高邮城西。无奈的文天祥，在绕开元兵和宋兵的双重追捕的情况下，又因“闻制使有文字报诸郡，有以丞相来赚城，令，觉察关防”仍不敢进城。遂计划辗转由水上乘船，从城（澄）子河南下古盐运河至海陵，向东寻求出海、入浙、达闽，与南宋小朝廷会合之路。

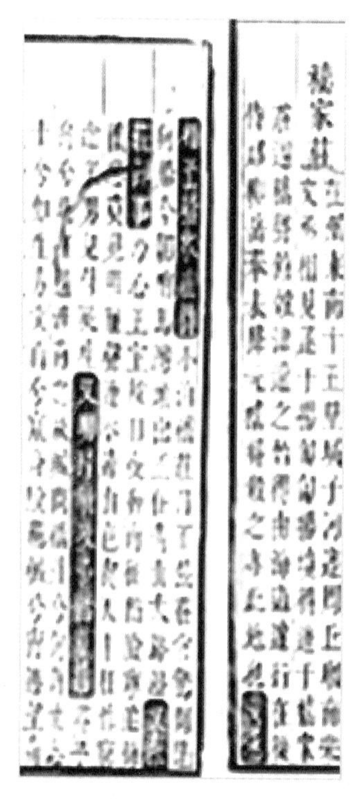

图3-53
《（雍正）高邮州志》嵇家庄

海陵民船助抵嵇庄村

这次，他们雇到一条海陵的民船，在船中，文天祥用1首《至高沙》、3首《发高沙》诗，真实地记录了他们所见二月六日宋元两军在城（澄）子河交战后，河边是“积尸盈野，水中流尸无数”“上下几二十里无间断”的惨状，记录了他们“长恐湾头有人出来，又恐岸上有马来赶”害怕水、陆两路南、北出现元、宋两方追兵的心境和航行中船柁又坏了的惊险。如《发高沙》之三（《（道光）泰州志》将此诗诗名记为《旅怀》之一，列记载文天祥诗之第6首）：

一日行经白骨堆，中流失柁为心摧。

海陵棹子长狼顾，水有船来步马来。

诗中，用“狼顾”二字描述海陵船民时刻关注水陆两路敌情，形象而真实地记录了海陵船民对他们安全高度负责的感情。说明身处险境的文天祥对海陵船民能为他们东去提供船只护送，很是感激。

他们继续从水上辗转向海陵进发。途中，所写《发高沙之四》：

小泊稽庄月正弦，庄官惊问是何船。

今朝哨马湾头出，正在青山大路边。

一诗讲的是：他们所乘之船，在夜晚弦月初上的时候，刚停泊在距离前线不远的嵇庄（雍正《高邮州志》嵇家庄：在州东南十五里，城子河边，周邱敦南。……后侍郎柳岳奉表降元，嵇耸杀之，亦此地也。）河边，立即就被该庄庄官发现，派人前来查问他们的紧张情景。文天祥在诗中还记录了自己在与庄官的交谈中，得知白天曾有元营的马队，从湾头出发，沿着青山大路搜捕他的信息，忧心甚重。幸好当夜在嵇家庄，遇到的是宋统制官嵇耸，嵇耸很崇拜文丞相，专门准备了酒水接待他们，接着又派其子嵇德润和馆客林愿学用船送他们去海陵。此时，文天祥写下的《嵇庄即事》：

乃心王室故，日夜奔南征。

蹈险宁追悔，怀忠莫见明。

雁声连水远，山色与天平。

枉作穷途哭，男儿付死生。

一诗，记述他被自己人的误解，多次遇险，十分为难，虽心中有泪，但为振兴南宋王室，号召军民杀敌复国，他只能置生死于度外，日夜设法择路南下。

潜于海陵东行盐运河

1276年三月十一日，文天祥一行乘嵇耸所派之船，抵达海陵境内，换乘了由文天

图 3-54

祥他们另雇的船只，准备从古盐运河上东去通州，再入海南下。文天祥到了泰州境内，所写的第一首诗就是以“泰州”这一地名为题的名篇《泰州》（《（道光）泰州志》仍用其名名诗，列记载文天祥诗之第 1 首）。他深知，海陵城虽未落入元军之手，但其城防将领孙良臣，属李庭芝的辖下，仍然不可能放他入城。他在颠沛流离和不胜感叹的人生之中写下此诗之序言：“予至海陵问程，趋通州凡三百里河道，北（指李庭芝）与寇（指元兵）出没其间，真畏途也”，写出他向当地人了解到，从海陵至通州的出海口，还有约 300 里路程，其间，既会出现元兵搜捕，也会被控制江北的李庭芝所属宋营误解、捉拿，此后的一个阶段仍然会和前几天一样，是一条极其危险的逃亡之路，其诗曰：

羁臣家万里，天目鉴孤忠。
心在坤维外，身游坎窞中。
长淮行不断，苦海望无穷。
晚鹊传佳好，通州路已通。

这位离家万里，行程漂泊不定，安危始终难料的羁旅流亡之臣，用“天目鉴孤忠”作为自己最大的精神支柱！文天祥不愧为饱学之士，他竟然能在逃亡的万难之中，准确地运用泰州境内最早的商周年代的古城遗址——天目山，作为诗之用典。一语双关，既有让泰州的天目山来见证自己的忠心，又有认为天目者，天之眼也，他之忠心，泰州山河可鉴！苍天也可作证！即使他身陷险境，为了挽救国家的危亡，他仍会在漫漫的逃亡长途中不断前行！他真情流露地写出，在泰州得到去通州的水路还通的信息时，很希望能有鸿雁先将他正努力南下，争取与朝廷会合，再图力挽狂澜，恢复中原的消息和他爱国的忠心带给象征宋朝廷的二王，以坚定他们抗元的信心！急切之情，尽溢于字里行间。

文天祥精通易卜之学。进入泰州境内，不知未来如何，于是为自己下一步前途卜了一卦，并写下了《卜神》一诗：

通州三百里，茅苇也还无。
胡骑虎出没，山魈鬼啸呼。
王阳怀畏道，阮籍泪穷途。
人物中兴骨，神明为国扶。

问卜结果（从后面所写《发海陵》一诗的序中可以看出）“苦不如意”，前途非常渺茫、凶险重重，他完全可以选择学王阳，看到前方道路艰险，借孝顺母亲之名，不再奔波于仕途；也可以“学竹林七贤”之一，三国时期魏国诗人阮籍，采取谨慎避祸，不问国家是否危亡，远离政治风险，作“穷途之哭”的消极做法，隐居世间。但他却不然，仍然怀着要中兴国家的意念，坚持踏上极度凶险的前途。唯祈求神明也能和他一样，来保佑、扶持这个国家。

图 3-55

文天祥在海陵的几天里，见到古盐运河两岸，虽宋元战争爆发，但这里尚未发生过宋元两军对垒的厮杀，海陵大地还未受到战争的浩劫，两岸百姓处于相对安宁的环境之中，过着还算平静的生活。特别是海陵人的真诚、友善，留给他极好的印象，与他来此之前见到所经过的高邮城子河战后惨烈景象相比，反差极大。他以眷念之情写下了《（海陵）旅怀（之一）》（《（道光）泰州志》将此诗，用《又》作诗名，接《旅怀》诗后，列记载文天祥诗之第 7 首）的诗：

北去通州号畏途，固应孝子为回车。
海陵若也容羁客，臜买菰蒲且寄居。

文天祥以极其丰富的感情和细腻的笔触，在诗中委婉地写出他很想等到天下太平之时，以游子的身份，回到海陵，买一块湖泽旁的土地，过过寄居田园的生活！表达了他想把海陵当作第二故乡，学王阳九折而回到海陵，寄居泰州。但是，值此国难当头，他的脚步不能停下来，他只能踏上不知会发生什么样险情的"畏途"，继续前行。

图 3-56

接着，他用《（海陵）旅怀》（之二），描述了江淮的战争形势，继续表达自己欲乘东风南下的意念：

天地虽宽靡所容，

长淮谁是主人翁。

江南父老还相念，

只欠一帆东海风。

他认为代表南宋的朝廷的，已不是降元被俘北去的太皇太后谢氏和恭帝赵㬎，而是逃往福建的宋裔益王赵昰与广王赵昺。他一心挂念的是尽快南下与他们会合，劝进益王早登皇帝位，重组宋朝廷，以凝聚人心，组织抗元。诗中先是悲叹国土沦丧，江淮易主的国家形势，接着表达时不我待，决心前去匡扶宋室，反攻复国的心境。再从文天祥《（海陵）旅怀》（之三）所写诗句：

昨夜分明梦到家，飘飖依旧客天涯。

故园门掩东风老，无限杜鹃啼落花。

可以看出，重感情的文天祥也常常在梦里想到上有老母，下有妻儿的家庭，但更多的是梦到在元军铁骑蹂躏下，国破家亡的颓废景象和自己奔走天涯逃亡路上啼血的杜鹃鸟和如血的杜鹃花。日有所思，才夜有所梦，这样的梦境，表达的是他更加坚定的舍家为国，不惜浪迹天涯、流血牺牲的决心。

文天祥在海陵还写了《怀则堂实堂》《贵卿》《忆大夫人》《即事》等诗篇，他想念被元军俘虏北去的则堂（指宋端明殿学士，任签书枢密院事家铉翁，号则堂）和实堂（指左丞相兼枢密使吴坚（1213—1276 年），字彦恺，号实堂）两位同朝为官的文士；怀念与他同生共死视为"异姓兄弟"的部下、前任宰辅杜范的侄子杜贵卿（即杜浒），他在《贵卿》诗中深情地写出“半生谁俯仰，一死共沉浮”；他思念远在家乡的结发之妻欧阳夫人，表达了因他给大夫人带来的“孤苦”之命的内疚，现在夫妻只能相见于梦中。《即事》一诗，描述了他在长时间听不到鸡鸣、满身生了虱子的恶劣环境下，仍然心怀竭尽全力报效国家的拳拳之心。

文天祥潜藏在海陵的这一阶段，是泊居于船上度过的。可以看出，他与前一段在陆地上风餐露宿的亡命奔逃相比，生活条件和心情紧张程度相对宽松了一些。文天祥以《纪闲》：

九十春光好，周流人鬼关。
人情轻似土，世路险于山。
俯仰经行处，死生谈笑间。
近时最难得，旬日海陵闲。

写出他在此前90天的春季里，度过了被捕、逃脱、遭疑、大病等一个个惊心动魄的“人鬼关”，以及他在真州被理解，在扬州被误解，在嵇家庄受款待的“人情”“世路”和在海陵“旬日”（十天）潜行的时间，得以生活在小船上，有吃可住。虽仍需提心吊胆，但毕竟可谈笑死生，让疲惫的身心稍许得到暂时的恢复，而且还能抽些时间写下记录这次南下经历的诗篇，已很是难得了。

文天祥在此期间还写了《声苦》《即事》两诗。《声苦》中有句“近来学得赵清献”，写的是对北宋名臣，曾经“知”“海陵”[1]，后于宋神宗元丰二年（1079年），任资政殿学士知杭州，时称“铁面御史”的赵抃（去世后天子赠封太子少师，谥号“清献”）之尊崇；《即事》记述了他所乘之船停在泰州隐蔽之处，见到无山可守的海陵孤城，因恐有元军兵马出没，白天都经常关闭着城门，以及他们只能终日躲在船中无所事事的无奈。

图3–57

文天祥在海陵的时间和原因，在他《发海陵》（《（道光）泰州志》仍用其诗名，列记载文天祥诗之第2首）一诗的“序言”中交待得最为清晰：自三月十一日海陵登舟，连日候伴、

[1] 脱脱．宋史［M］．北京：中华书局，2010.

问占，苦不如意。会通州六校自维扬回，有弓箭可仗，遂以孤舟于二十一日早径发，十里，惊传马在塘湾，亟回。晚乃解缆，前途吉凶，未可知也。此序让今人得知，文天祥一行三月十一日起在海陵所雇之船上过了11天。这船一直停在海陵的古盐运河中相对隐蔽的地方，未曾东去。主要是为了等候去扬州联络的“通州六校（6位军人）”返程，以了解通州的消息。三月二十一日晨，他们终于会到了通州六校，得到通州仍有“弓箭”——宋营的部队，“可仗”——可以依靠，只要能避开元兵的盘查，从古盐运河进发，是去通州入海的最佳水路等消息后，他便急不可待，决定先不管前方有无情况，催促所乘之船，立即向海安进发。船行10里，忽然又惊闻元军人马正在城东南的塘湾一带盘查，由于河中仅有他们所乘的“孤舟”前行，极易被元兵查获，无奈，只得又回头再去海陵，停船躲避。晚上，他觉得再也不能等了，不管前途是吉是凶，下决心连夜解缆向海安进发。其诗为：

自海陵来向海安，分明如渡鬼门关。

若将九折回车看，倦鸟何年可得还。

全诗写出了他们在行船的过程中，几乎与元军遭遇，“如度鬼门关”的险恶环境和他企盼胜利后能再来海陵的对这个地方的眷恋之情。

文天祥接着在《闻马》一诗的“序言”中，将差一点就会遇到元营骑兵的经过写了出来：二十一日宿白蒲（尚未到海安，应是今泰州姜堰区‘白米’之误）下十里，忽五更，通州下文字，驶舟而过，报吾舟云，马（指敌骑）来来。于是张帆速去，慌迫不可言。

二十三日，幸达（海安）城西门，锁外。越一日，闻吾舟过海安未远，即有马至县，使吾舟迟发一时，顷已为囚虏矣！危哉！

过海安来奈若何，舟人去后马临河。

若非神物扶忠直，世上未应侥幸多。

文天祥认为，假使他们所乘之船，稍一迟发，就有可能成为阶下囚，真是惊险万分。此劫能躲，定是神明对他一片忠心的护佑。

图3-58　行客不知身世险

紧接其后，他又用《如皋》一诗，披露了另一个险情：

雄狐假虎之林皋，河水腥风接海涛。

行客不知身世险，一窗春梦送轻舠。

说的是如皋县的差役中，有一个叫朱省二的泰州人，已投降元人为官，并带领部下在如皋道路上盘查，他们就是在不知这一情况下，过了如皋的。所幸这次朱省二未查水中船只，否则，定遭敌手。

经过九死一生的文天祥，虽然已经把艰难险阻视作等闲，但在这短短的旅程中，诗人还是用“惊传（敌）马在塘湾”“鬼门关”“（敌）马临河”“河水腥风”等句，记录着在泰州境内这一段几次遇险的情况。

杨通州助力丞相出海

接下来，文天祥所乘之船行至通州境内，得到通州派出的秘探报来消息：元营得知他从镇江脱逃后，为捕捉他，又专门在江南近长江口的许浦（今上海许浦村一带），派了一路人马沿长江南岸布防，张网以待。他们“闻之悚然”。又写了一首《闻谍》：

北有追骑满江滨，那更元戎按剑嗔。

不是神明扶正直，淮头何处可安身。

文天祥在宋元双方均张网捕捉他、极为恶劣的形势下，仍然坚信上苍神明总会对忠直之人给予帮助，否则，他也不可能顺利地在属于淮河流域的古盐运河上，得以乘船来到通州。

然而，文天祥一行经过20多天的流亡生活，到达通州后，一位与他交往有20多年、一直追随他一路南下、年仅42岁的金应，于闰三月十一日因病而亡，他们在金应的棺木上专门以“排七小钉”之上再覆一小板，作为记号，“葬西门雪窖边”，以既不会造成“贻身后之祸”，又方便日后“取其骨归葬庐陵”。文天祥写下了情真意切的《哭金路分应》诗两首，“焚其墓前”痛悼这位与他生死与共的爱国志士金应。

我为吾君役，而从乃主行。

险夷宁异趣，休戚与同情。

遇贼能无死，寻医剧不生。

通州一丘土，相望泪如倾。

明朝吾渡海，汝魄在它乡。

六七年华短，三千客路长。

招魂情黯黯，归骨事茫茫。

有子应年长，平生不汝忘。

金应为江南西路兵马都监，系军职人员。通州人称其墓葬附近的巷子为“将军巷”，墓旁的大树为“将军树”。清顺治十六年（1659）三月，墓被水淹，墓旁大树连根被冲浮起，有两片白骨夹于树根之下。明末清初散文大家、诗人，爱国将领史可法的记室参军王猷定见此状，向通州知州彭士圣提出迁墓建议。十二月，彭士圣用锦帛包裹两骨，纳于石盒之内，并设仪仗采乐，改葬于狼山东麓骆宾王墓侧，称金将军墓。

图 3-59　南通金将军墓

文天祥抵通州后，在通州太守杨师亮的协助下，得以乘船从海上南去浙东。他在惊涛骇浪之上，写下了《怀杨通州》4 首。诗人在《怀杨通州》（之一）中写道：

江波无奈暮云阴，一片朝宗只此心。

今日海头觅船去，始知百炼是精金。

这首诗写的是他难以平复的心情。文天祥回顾了前一阶段命悬一线的流亡生涯，用江波重重、暮云沉沉的水上环境，衬托表达这一路凶险的境遇，写了正由于他一直坚守对国家忠诚和负责的信念，才有逃出困厄、可乘海船南归的今日。他用自己的经历，说明了一个道理，一个人，必须经过千锤百炼，方能炼成如金子般的发光和坚韧。其他 3 首《怀

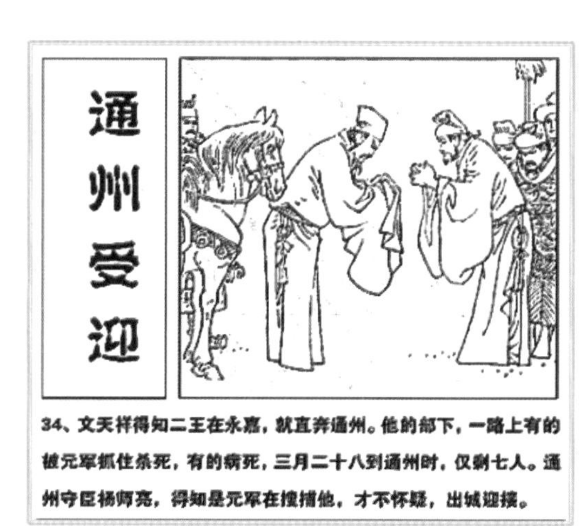

图 3-60

杨通州》的诗，表达了对杨师亮“乘船不管千金购”的感激、“倾盖江湖话一生”的友情和自己“扶桑影里看金轮”期望。

在通州，文天祥出海的准备工作，得到了杨太守的大力支持。主要在筹划出海的海船事情上，一是杨师亮发文，要求曹大监镇所雇的一艘准备航行浙江台州的海船，陪伴文天祥一同出海南下；二是将才到岸的张少保的船定了下来，提供文天祥一行乘用。文天祥用《海船》和《发通州（3首）》等4首诗记之。《发通州》的“序言”记下了这一情节：予万死一生，得至通州，幸有海船以济。闰（三）月十七日，发城下，十八日宿石港。同行有曹大监镇两舟，徐新班广寿一舟。舟中之人有识予者。文天祥在其诗中用“白骨丛中过一春”“淮水淮山阻且长，孤臣性命寄何方”等诗句，描述前几十天的心境；又用“今夜分明栖海角，未应便道是天涯。”“犹有天涯相识人”等诗句，抒发自己现在的心情；并用“只从海上寻归路，便是当年不死方。”说明自己不顾生死，逃离元营，择路南下决策的正确。尤以其中《发通州》之一（《（道光）泰州志》将此诗名改记为《马塘》，列记载文天祥诗之第4首）

孤舟渐渐脱长淮，星斗当空月照怀。

今夜分明栖海角，未应便道是天涯。

阐述了他摆脱围困长淮之敌的包围，已然回到“星斗当空月照怀”的宋营的天下。但他认为：今夜寄宿的石港，虽可视之为可以安心休憩的“海角”，但并不是他明朝所要前去的南宋二王所在地——“天涯”。他仍然要继续前行。

图3-61　刘炳森重书文丞相祠匾

从通州到石港，文天祥在船上的心情已和在古盐运河船上又大不一样了，在他所写的《石港》一诗中表达得更为深刻：

王阳真畏道，季路渐知津。

山鸟唤醒客，海风吹黑人。

乾坤万里梦，烟雨一年春。

起看扶桑晓，红黄六六鳞。

图 3-62　季路知津

他用了“季路知津”的典故，季路就是“孔门十哲”之一仲由，字子路，又字季路。此典出于《论语微子第十八》，讲的是长沮、桀溺并肩耕作，孔子路过，派子路去问二人，渡口在哪里？二人所问非所答，长沮回应反问：“那执鞭者为谁？”子路说：“为孔丘。”又问：“是鲁孔丘吗？”子路回答：“是也。”长沮说：“他知道渡口在哪。”又问桀溺，桀溺说：“子为谁？”子路回答说：自己叫“仲由”。又问：“是鲁孔丘之徒吗？”回答说：“是”。桀溺说：“滔滔不绝，自命不凡者，比比皆是啊，而谁来改变？且你与其追随择木而栖者，岂若与我一道逍遥世外哉。耰（播种以后掩土）而不辍。”子路回来告诉孔子，夫子若有所思说：“鸟兽不可与同群。吾非避人之士与为伍还能做什么？天下有道丘不与易也。”于是，又继续向前赶路。文天祥用此典，讲的就是自己要学孔老夫子不舍众生，不舍天下人，不去隐居，不怕吃苦，周游列国，宣讲要改变现状的精神。能出海南下的文天祥，在石港大海之滨，清晨看见东方朝霞犹如锦鲤的鳞片，红黄相间，不免又想起这一年春天经历的艰辛和要想扭转乾坤路途的遥远。

文天祥等于闰三月十九日，航行至石港东面的卖鱼湾，因曹大监镇的船只搁浅，候潮一天。他夜宿小镇，看到黄海之滨的自然风光和丰富的物产，更时刻想到国家危难之大事，写下了抒发自己在此所见大海后情感的《卖鱼湾》（《（道光）泰州志》载，仍用其名名诗，列记载文天祥诗之第 5 首）诗一首：

风起千湾浪，潮生万顷沙。

春红堆蟹子，晚白结盐花。

故国何时讯，扁舟到处家。

狼山青两点，极目是天涯。

另外又用《即事·飘蓬一叶落天涯》（《（道光）泰州志》改诗名为《虾子湾》，列记载文天祥诗之第3首）诗一首，以特写的手法留下了他在此地受渔人邀请买鱼虾的亲密无间之画面。诗前小序：“宿卖鱼湾，海潮至，渔人随潮而上，买鱼者邀而即之。”诗为：

飘蓬一夜落天涯，潮溅青纱日未斜。

好事官人无勾当，呼童上岸买青虾。

十分淡定地记录下了江风海韵、水港景色和海边百姓的生活场景。惟不知《（道光）泰州志》编者，何故将此诗改名为《虾子湾》？列于原为《发通州》3首中第一首，并改名为《马塘》的诗之前，害得泰州不少研究文天祥的学者，前赴后继地在泰州境内找寻“虾子湾”这个地方。将文天祥在石港写的《发通州》（之一）诗名，更名为《马塘》，又害得如皋不少研究文天祥的学者，在如皋境内找文天祥被改诗名的“马塘”。《（道光）泰州志》编者，将文天祥的几首诗改名、移序，系编者有意为之？还是无意为之？系有据为之？还是无据为之？笔者无从考据，而《文山先生全集》中，不仅有诗，而且将诗之“序”都全文收录，联系起来看，《（道光）泰州志》所编的文天祥的3、4首诗名及排序，就明显有误了。为了弄清《（道光）泰州志》之误取自何处，再上溯查了《（雍正）泰州志》《（崇祯）泰州志》和《（万历）泰州志》，《（万历）泰州志》为残本，缺“艺文”篇，《（雍正）泰州志》《（崇祯）泰州志》均收录了文天祥的诗，且都收录有16首，除《（道光）泰州志》所收7首诗外，还收集了《过

图 3–63　屈原

如皋》（《文山先生全集》的《如皋》），《大贴港》（《文山先生全集》的《石港》），《北海口》《出海口》（《文山先生全集》的《出海》）2首、《旅怀》（二、三）2首，《嵇庄即事》2首（其中1首为《文山先生全集》的《发高沙》之四）、《过掘港营》（《文山先生全集》未收）计9首。看来如此排序及更改诗名，可能出自于明代《（崇祯）泰州志》编纂者邑人刘万春。

文天祥在此，曾用《北海口》一诗的“序言”，交待出当时所处的相关地理位置，介绍有关对长江口外海洋的称呼。“淮海本东海，地于东中，云：南洋、北洋。北洋入山东，南洋入江南。人趋江南而经北洋者，以扬子江中渚沙为北所用。故经道于此，复转而南，盖辽绕数千里云” 其诗曰：

沧海人间别一天，只容渔父钓苍烟。

而今蜃起楼台处，亦有北来蕃汉船。

诗中，文天祥借用屈原与隐者“渔父”对话的典故，比喻此时天下虽有可容渔父这样的隐者过世外的生活的地方，而自己却因当前国家的前途如海市蜃楼一般，生死未卜，只能学屈原，不去做渔父，即使牺牲性命，也要坚持南下复国。

文天祥到达通州，为躲避从许浦派至江南沿江搜寻他的元军，故折返向北从石港出海，于闰三月二十一日复又至泰州界内。他在《出海》2首诗的前序中作了这样的交待：

图 3-64　水天一色玉空明

“二十一夜，宿宋家林泰州界。二十二日，出海洋。极目皆水，水外惟天，大哉观夫”。这时，他的心胸如大海般壮阔。他借用苏东坡被放逐到海南昌化军（今海南儋州）之典和苏东坡3年后离海南时所写《六月二十日渡海》一诗“九死南荒吾不恨，兹游奇绝冠平生”句，表达自己为报国，纵然九死一生都不懊悔的决心。其诗为：

（其一）

一团荡漾水晶盘，四畔青天作护阑。

著我扁舟了无碍，分明便作混沦看。

（其二）

水天一色玉空明，便以乘槎上大清。

我爱东坡南海句，兹游奇绝冠平生。

从泰州境出海，绕过长江口的沙群，又折而向南，二十八日进入海门境内抛泊避潮，“忽有十八舟，上风冉冉而来”，顿时，陪伴文天祥出行的3条船又紧张起来，文天祥在《渔舟》诗中用“一阵飞帆破碧烟，儿郎惊饵理弓弦”和“初谓悠扬真贼艦，后闻款乃是渔船”记下了这担惊受怕的一幕。他不由自主地写下“人生漂泊多磨折，何日山林清昼眠。”深深地感叹！不知到哪一天，才能到和平环境下的林木丰茂的清山之中睡个舒心之觉?

其实，文天祥所乘海船进入海门境内后，仍然航行在扬子江河口段，他在这时所写的《扬子江》一诗序中，把先绕向北，东行，再折而南的原因说清了：“自通州至

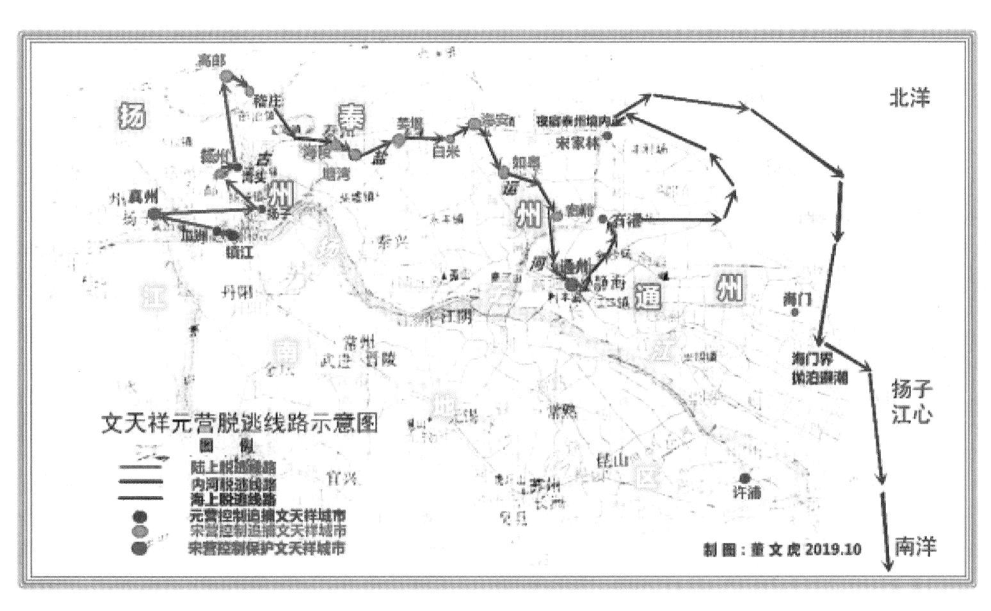

图 3–65　文天祥元营脱逃线路示意

扬子江口，两潮（约 1 天时间）可到，为避诸沙，及许浦顾诸从行者（指在江南许浦搜捕他的元军），故绕去出北海，然后渡扬子江。”

几日随风北海游，回从扬子大江头。

臣心一片磁针石，不指南方不肯休。

用诗表达了他对已南下永嘉（今温州）的南宋益王（后为端宗）和国家的一片忠心。在南下入浙东前的江苏航程里，他还写了《使风》《苏州洋》《过扬子江心》3 首诗，阐述了他“乘风日夜趁东归”的急切心境；“便如伍子当年苦”，讲述自己现在如同春秋时吴国大夫伍子胥一样，正在历经逃亡之苦。希望最终能扶助南宋益王取得成功；并记录长江与黄海交汇处“横约百二十里，吾舟乘风过之，一时即鹹水。”的情况。此后，文天祥随船离开了江苏，进入浙东。

虽死犹生丹心照汗青

文天祥这位伟大的爱国主义者和诗人，才思敏捷，以诗的形式记述了他戎马倥偬和历遭险阻的一生。他的诗作，也成为记录这个时代的一部伟大诗史。700 多年来，人们对他在 1278 年被俘后所作《过零丁洋》一诗传诵有加：

辛苦遭逢起一经，干戈寥落四周星。

山河破碎风飘絮，身世浮沉雨打萍。

惶恐滩头说惶恐，零丁洋里叹零丁。

人生自古谁无死？留取丹心照汗青。

图 3-66　沙孟海书文天祥匾

此诗和他在大都（北京）狱中所作《正气歌》，人们都视为他“忠昭日月、气壮山河”

的代表作。

文天祥有如此之浩然正气，是何原因？在他一首《读史》的诗中，交待了出来。

自古英雄士，还为薄命人。

孔明登四十，韩信过三旬。

壮志摧龙虎，高词泣鬼神。

一朝事千古，何用怨青春。

就是因为他能自觉地学习中华民族自古以来英雄名士，以他们为榜样，才有他一生无怨无悔地为国家献出自己的一切的信念和决心。

图 3–67　崇明学宫 文天祥塑像

《宋史》还记载：天祥临刑殊从容，谓吏卒曰："吾事毕矣。"面南相拜而死，年仅 47 岁！数日，其妻欧阳氏收其尸，其面如生，衣带中留下的遗书："孔曰成仁，孟曰取义，惟其义尽，所以仁至。读圣贤书，所学何事，而今而后，庶几无愧。"准确地表述了他是学习我国历史优秀人物的文化和思想后，才产生这种大义凛然，忠心报国、慷慨就义、杀身成仁之浩然正气的，他是受中华传统文化熏陶出来的众多名垂千古的精英人物之一。

推进文公形象泰州显现化

文天祥所经城、镇，不少都设有纪念这位爱国诗人的祠、亭、碑、廊、雕塑、公园、纪念馆等，作为爱国主义教育基地和吸引游人的文化景点。例如，北京明代洪武年间就建有文丞相祠，温州江心屿在明成化年间就设立了宋丞相文信国公祠，深圳市宝安区清嘉庆年间建信国公文天祥祠，苏州明正德年间，把潮音禅寺改为文山寺，俗称文文山祠或文丞相祠；1984 年，江西省吉安建文天祥纪念馆；2015 年，深圳市宝安区建文天祥纪念馆，广东省海丰、东莞长安，香港新界等地建有文天祥公园；潮阳市莲花峰、杭州市丁桥金山路、江西省怀集县文岗村立有文天祥塑像……

南通石港人对文天祥很是崇拜，文丞相在石港仅滞留了 1 日，小镇就能为他专设祠堂并三建其亭。他们在文天祥就义后，将该镇东山（土山）改称为"文山"，将文

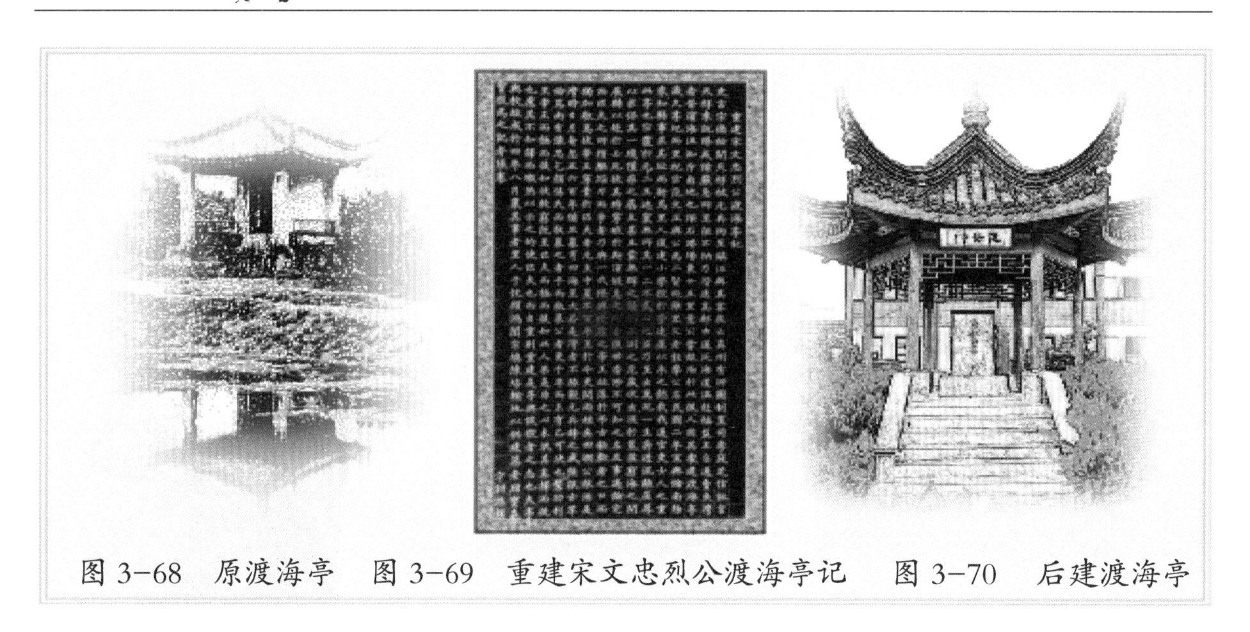

图 3-68　原渡海亭　图 3-69　重建宋文忠烈公渡海亭记　图 3-70　后建渡海亭

天祥出海的那条河起名叫做“遥望港”。明嘉靖十三年（1534），又将文山上观音庙内供奉的观音塑像，改为供奉文信国公的神位，并举行了祭祀，在镇上便益桥附近，建起一座专门祭祀文天祥的“大忠祠（又称文文山祠）”。嘉靖二十七年（1548）夏，在文文山祠西侧，建起“忠孝书院”，清康熙三年（1664）改名“文正书院”。清代石港人周学彭在此地建一“渡海亭”，后圮。民国4年（1915），南通县知事储南强重建，并在亭中立有石碑，正面刻“宋文文山渡海处”，背面刻张謇所写《重建宋文忠烈公渡海亭记》，全文532个字，概述文天祥渡海的壮举历程，盛赞其英雄气概，阐释建此碑之目的意义，记载了建碑时间、提供土地者及建筑工匠姓名。

记中有句：四海至大，若是湾者不胜数。元兵锋之盛强，振古罕伦焉，尚有怀思

图 3-71　文天祥与义马雕塑及义马墓铭石

气颜惕氏（元伯颜）乎？而敬慕公者，更千年而未有已，可决也。阐述了后人对文天祥千年不变的崇敬之情。抗日战争期间，此亭毁于强台风，仅存残碑。1983 年，南通县人民政府复建于五总小学的校园内，成为爱国主义教育基地。

文天祥在通州，扣除因金应生病滞留通州的时间外（金应闰三月十一日去世，三月十七日即扬帆去石港），其他活动也只有六、七天的时间，南通市不仅在狼山设了“金将军墓”，还在观音山建有文天祥“义马墓”，专门制作了文天祥与义马的雕塑和张謇民国 8 年（1919）为“义马墓”题诗的铭石；2008 年，南通市崇川区政府还在东华塔陵园东侧恢复重建了文天祥祠。

图 3-72　南通文天祥祠

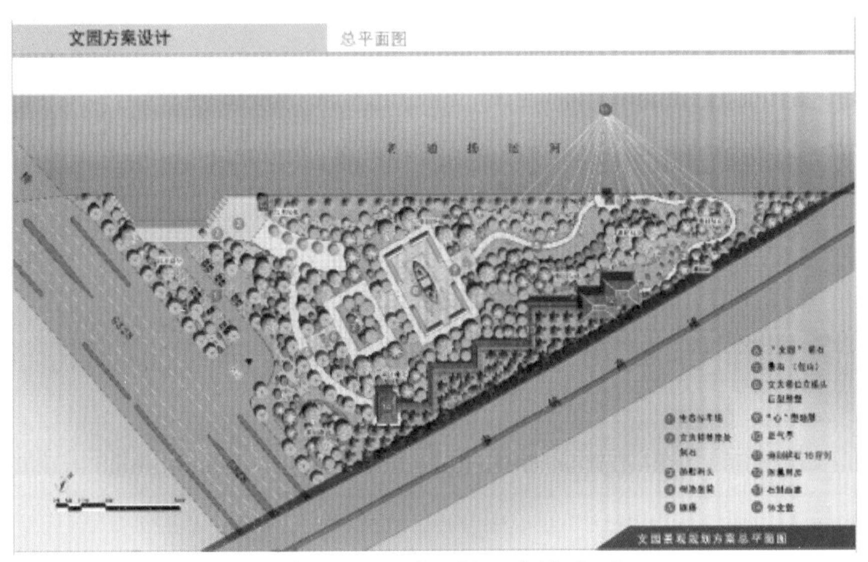

图 3-73　文园规划总平面

泰州市对文天祥文化的挖掘和显性化也十分重视，2015年，泰州市水文化研究咨询小组向市里提交了一份《关于做好老通扬运河（即古盐运河）申报国家文保单位前期工作的建议》（下文简称《建议》），其中包括在古盐运河与泰镇路交叉处一块筑路时挖废的约15亩空地上建“文天祥诗碑园（简称‘文园’）”的建议，市里有4位领导对这一《建议》作了非常肯定和支持的批示；2016年，市水利局按照批示精神，交笔者专门策划了“文园”和“古海陵仓”设计方案。笔者为该方案的“文天祥生平浮雕长廊”专门选取相关图片进行变形，组合成72幅介绍文天祥生平的石雕图形底稿。2018年，泰州市拉开了大运河文化带建设序幕，宣传部曾委托江苏省城市规划设计院

图3-74 “文园”石雕设计效果

设计的《泰州市古盐运河文化带（大运河文化带泰州段）建设总体规划》中，已将建设“文园”的方案考虑在这个规划之中，并直接将市水利局制作的“文园石雕设计效果图”收入规划，这个规划现已通过专家评审，估计不久将获有关部门批准。届时，文天祥在泰州古盐运河船上十余日以及留下的22首涉泰诗的场景，就会生动地展现于泰州人民眼前。

图 3-75　《泰州市古盐运河文化带建设总体规划》图片

李庭芝抗元赴死莲花池

（1276—2002 年）

李庭芝抗元赴死莲花池的经过

《泰州水利大事记》载：（1276）七月，淮东制置使、扬州知州李庭芝自扬州突围，率兵进泰州。泰州守臣孙贵等开城门降元，李庭芝跳莲池就义，水浅未死，后被押往扬州，慷慨就义[1]。讲的是南宋咸淳十年（1274）六月，元世祖忽必烈，命伯颜率军伐宋。伯

图 3-76　李庭芝投莲花池自尽未果被俘

颜兵分二路，一路攻扬州，一路由他亲率从汉水入江，攻打湖北，并沿江东下直奔宋都临安。元兵围攻扬州，未多时，制置使印应雷暴死。宋廷立即启用因贾似道弄权被罢官闲居于京口的李庭芝，任命他为两淮制置使统领两淮抗元。李庭芝考虑当时战争形势，向朝廷建议：分淮南西路，由夏贵任制置使，自己专任淮东制置使，驻扬州专心防守淮南东路，获得批准。当年，李庭芝组织民力修筑清河口，并将修筑清河口民力，

[1] 泰州水利志编纂委员会．泰州水利大事记［M］．郑州：黄河水利出版社，2018.

按诏令训练为清河军。十二月，中路元军，攻下鄂州，宋度宗赵禥诏令天下的军队勤王，李庭芝立即策应，分派部分军队南下临安，任听宋廷调遣，以保临安。德祐元年（1275）二月，由元中书左丞相伯颜统帅的元军，打败宋权相、太师、平章军国重事贾似道所统帅的13万宋军于丁家洲（今安徽铜陵东北江中），收降太平州、滁州，直下建康。至此，南宋水陆两军主力全部瓦解。沿江，除李庭芝所辖郡县外，各城主将有的弃城逃跑，有的开城降元。四月，元将阿术领兵至扬州，派（降将）李虎，持“招降榜”到扬州招降李庭芝。李庭芝大怒，当即焚烧了招降书，诛杀李虎。不久，阿术又派总制张俊等5人至宋营，拿着孟之缙（慧眼提拔李庭芝的恩公孟珙的儿子，降元后获封为元兵部尚书）所写的书信前来再次招降，李庭芝当即焚烧了招降书，砍下张俊等5人的头示众于市。李庭芝为应对元兵围城，调苗再成在南面作战，许文德在北面作战，姜才、施忠在城中接应防守。当时，李庭芝拿出城中所有金银、丝帛、牛肉、美酒宴请犒劳前方将士，激励人人为之死战。宋廷加封李庭芝参知政事，也用督府的金银送往扬州犒劳士卒。

图3-77 李庭芝与姜才

七月，宋廷升李庭芝为知枢密院事，征调入朝。调夏贵接替李庭芝任扬州知州，后因夏贵没有能到扬州，此征调只好作罢。十月，伯颜所率元军包围了临安，德祐二年（1276）三月，攻入临安，俘宋度宗赵禥的全皇后及恭帝赵㬎，宋王朝灭亡。两宫押往大都（今北京），谢太后（宋理宗赵昀的皇后，为度宗尊为皇太后）因病暂留临安。元军要谢太后及瀛国公（赵㬎被俘以后，受元王朝的封号）下诏劝李庭芝投降。李庭芝登上城墙对下诏之来人说：“奉诏守城，未闻有诏谕降也”[1]。后来在押解全皇后及赵㬎两宫赴大都途经瓜洲时，全皇后又诏令李庭芝说：“近来，诏令你纳钱款，长久没有听到你的回报，难道你不知道我的意思，还是想坚持自为囹圄吗？现在我与太子

[1] 脱脱．宋史［M］．北京：中华书局，2010.

都已经臣服于元，你还为谁守扬州呢？”李庭芝不回答他们的话，令发箭弩射杀来使，杀毙1人，其余的人都退走了。姜才乘势率兵出城，想从元军中夺回两宫，未果，又退回关上城门驻守，以示决不降元的决心。七月，阿术又呈请元主赦免李庭芝焚烧诏令的罪行，并将此特赦的诏令一起送来，再次要求他投降，李庭芝仍拒不接受。阿术，再攻扬州数日不下，于是，构筑工事，准备长期围困扬州，并派兵控制高邮，断绝扬州粮道，城中断粮，几乎每天都有人投水自杀殉国而坚不降元。李庭芝与扬州军民只能靠食牛皮、曲蘖（指树芽）充饥，“兵有烹子而食者，犹日出苦战”[1]，坚不投降。这个时期张世杰、文天祥、陆秀夫先后奔赴福建，五月，奉赵昰为端宗。

景炎元年（1276）七月，南宋小朝廷福州端宗赵昰以少保、左丞相之职，诏李庭芝速去福州共同抗元。李庭芝命朱焕守扬州，留下妻子，独自与姜才率兵七千至泰州，本想由泰州向东经海上去福州与南宋小朝廷会合，但元兵得知信息，紧追至泰州，并在泰州周围挖“长堑”（壕沟）以困李庭芝。扬州守将朱焕，在李庭芝离开扬州不久，就决定开城投降，并将李庭芝之妻及不肯投降的将士押到泰州城下，胁迫李庭芝降元，李庭芝仍坚守不降。后来，布防在泰州其他城门的裨将孙贵、胡惟孝等，打开泰州城门降元，让元兵入城。李庭芝腹背受敌，无奈之下，毅然投莲花池以死取义，但因池水较浅而未死被俘。此时，姜才恰值背疽发作，动弹不得而被俘。李庭芝与姜才被押往扬州。朱焕向阿术献媚请示说：“扬自用兵以来，积骸满野，皆庭芝与才所为，不杀之何俟？”[1]于是，李庭芝及其妻、姜才等均被元军所杀。行刑的那一天，扬州市民大多都伤心地流下了眼泪。李庭芝为南宋的历史留下了悲壮的一页，为泰州留下了碧血莲池的一幕。他莲池赴义之壮举，也永远记入了中华史册。

李庭芝生平及主要事迹

（一）智力过人

李庭芝（1219—1276年），字祥甫，湖北随州人。出生时，他家的屋梁上长出灵芝，于是其父为他起名“庭芝”。他少年时特别聪颖，其智慧常常高出于长辈，长者亦喜听其言。李庭芝18岁时，告诉父辈们说：知州王旻贪残而不抚恤下属，下属多有怨言，

[1] 脱脱．宋史［M］．北京：中华书局，2010.

随州近期定会出祸乱，请把家迁徙到德安避祸。李庭芝的叔、伯及其父亲听了他的话，举家迁徙，不到 1 天，王旻的部下果然发动叛乱，随州民众因此死伤的颇多。

（二）知恩报恩

嘉熙四年（1240），因长江的防务很是紧急，“乡举”不能正常进行，李庭芝自己写了一篇《策论》，上呈驻荆州的主帅孟珙，请求为国效力。孟珙善于识人。他看了李庭芝的《策论》，又见他身材魁伟，认为李庭芝定是有用之才，当即委李庭芝暂任施州的建始县知县。李庭芝到任后，训练农民，选身强力壮者加入官军之中，练习武艺，学习军务，还要求能骑马打仗。过了一年多，民众们都知道遇有敌兵入侵，如何战、如何守。无事时带着武器耕作，战时则可全部出动参加作战。夔州的将帅，了解了李庭芝的做法，在其辖区内，也仿而效之。淳祐初年（1241），李庭芝考中进士，仍然回到孟珙的帅府效力，管机密文字事宜。孟珙临死，上遗表举荐贾似道代理他的职务，并向贾似道推荐了李庭芝。李庭芝感恩孟珙知己，弃官，亲自扶孟珙棺柩去兴国县安葬，并为孟珙服丧 3 年。

（三）战功卓著

开庆元年（1259），贾似道任京湖宣抚使时，留李庭芝暂任扬州知州。不久，因为宋大兵在巴蜀一带，奏请李庭芝担任峡州知州，以防守巴蜀长江出口。朝廷任命赵与担任淮南制置使，李应庚任参议官，李应庚指挥两路兵马驻扎南城，大暑中，竟渴死几万人。蒙将李璮了解到他没有谋略，攻夺涟水三城，渡过淮河攻夺南城，朝廷调鄂州出兵解围。其时，李庭芝因母丧，丁忧离职。朝廷在议论选择驻守扬州的将帅时，宋理宗说：“没有哪个比得上李庭芝。”于是破例夺亲情，要李庭芝停止丁忧，出任主管两淮的制置使。李庭芝赴任，率兵打败李璮的军队，杀死李璮部将厉元帅，平定南城而回。第二年，李庭芝又在乔村打败李璮，攻下被蒙军占领的东海、石圃等城。第三年，李庭芝彻底打败李璮，李璮向李庭芝投降。李庭芝迁徙三城的民众到通州、泰州之间。接着，

图 3−78　李庭芝连克三城

李庭芝又攻破北兵所占蕲县，杀死该县守将。

（四）恢复盐业水利

李庭芝初到扬州的时候，扬州刚刚遭受水灾，民众房屋毁坏无数。扬州城市发展，很重要的是靠盐业获得的利益支撑，而制盐的亭户大多逃走，公私盐业都很萧条。李庭芝发放贷款给民众，归还所负的欠款，并借钱给他们修房子，仅一年，官府、民居都修好了，而且还逐步减免了他们因修复水灾造成房屋损毁所借的钱。接着，他组织民力开凿运河四十里到金沙、余庆盐场，以节省陆路车费运输盐粮花费高的问题。在此同时，还疏浚了其他运河，改善当地水利条件。免收亭户所欠盐赋二百多万。盐户民众没有车运的劳苦，又能够免除所负的盐债，逃出去的人陆续回来了，盐业之利迅速恢复了往日的兴盛。郡中发生水旱灾荒，即命令打开官库，发放救济；库藏不足，常以自己的私人财产来赈济灾民。扬州的民众对他感恩戴德，敬之如父母。

（五）积极备战

当时，在平山堂上能鸟瞰扬州城。为防元兵，他构筑望楼在其上，设置车弩，其箭可射至城中。李庭芝还修筑了高大的城墙将扬州城市包围起来，并募集收容汴京以南来的难民二万多人，进入城内，根据诏令，组成“武锐军”。李庭芝在扬州大办学校，教以《诗》《书》、礼仪，让人民与士大夫们共同举行祭祀和崇奉等活动，让人们懂得要忠君、爱国。

刘粲从淮南进京入朝，宋理宗询问他淮南的事情，刘粲回答说：“李庭芝老成谨慎，军民相安。现在边防不感到惊惧，百事都已做好准备，都是陛下知人善用的结果。”

（六）蒙冤罢官

咸淳五年（1269），北方元兵围襄阳，战事紧急，调夏贵支援襄阳，大败于虎尾洲；殿前副都指挥使范文虎调集各路兵马再次增援襄阳，又被打败，范文虎自己先以轻舟小船得以逃脱，兵卒大乱，士卒掉入汉水，溺死者很多。冬天，朝廷命李庭芝以京湖制置大使的身份督师入援襄阳。范文虎听说李庭芝要到襄阳，送信给贾似道：“我可率兵几万人进攻襄阳，一战即可平敌取胜，关键是不要让我听命于京湖制置使李庭芝，事成，则功劳归功于恩相。”贾似道一听，甚为高兴，即任命范文虎担任福州观察使，让军队由他统帅。范文虎每天带着漂亮的小妾，在军中走马击球取乐。李庭芝多次想进兵，范文虎推托说：“我已派人上朝取旨，令还未回”，因而错失战机。第二年六月，汉水泛滥，范文虎不得已才令出兵，军队还没到鹿门，中途就逃走了。李庭芝多次弹劾他，并请求代替其职去征战，未获批准，结果，丧失了襄阳。陈宜中请诛杀范文虎，贾似道袒护他，只降了一级，让其担任安庆府知府。反而贬谪李庭芝及部将苏刘义、范友信去驻守广南。李庭芝遂罢官居于京口。

泰州留莲池纪念李庭芝

2002年冬，泰州市水利局开凤凰河时，河线从李庭芝所投莲花池旁经过，原以为此池为废塘，计划用以填土，后有乡民丁雨桐前来反映了李庭芝的一段悲壮史，感到必须认真予以保护，故专门将此池保留，并在此建莲花桥，设点石刻《碧血莲池记》，以纪念这位“死于国难”之英烈。

凤凰河北端有一葫芦岛，岛之东南为莲花池，凤凰河与莲花池之间，有一通连的小河，宽仅3.6米，岛与陆之间建不建桥？建一座什么样的桥？是很有争议的。笔者考虑，葫芦岛是凤凰河上唯一留下的小岛，岛南原拟建忠节祠（后改建成银杏园），两者应有桥相连，才能构成统一的景区。李庭芝殉国未遂之莲花池就在其东，要围绕这一典故做好文章。策划构思建一座以莲花造型为主创意，以纪念李庭芝殉国为主目标，以观赏游览为主功能的小桥，桥的结构既要新颖，又要精致，由于跨度较小，可采用通体透雕造型的方案。通过反复思考，笔者设计了主体为荷花、莲蓬，画面荷叶高低错落，并说明如有可能，间以鱼蛙，以增加生气。两侧桥栏不宜雷同，形成不对称之美，

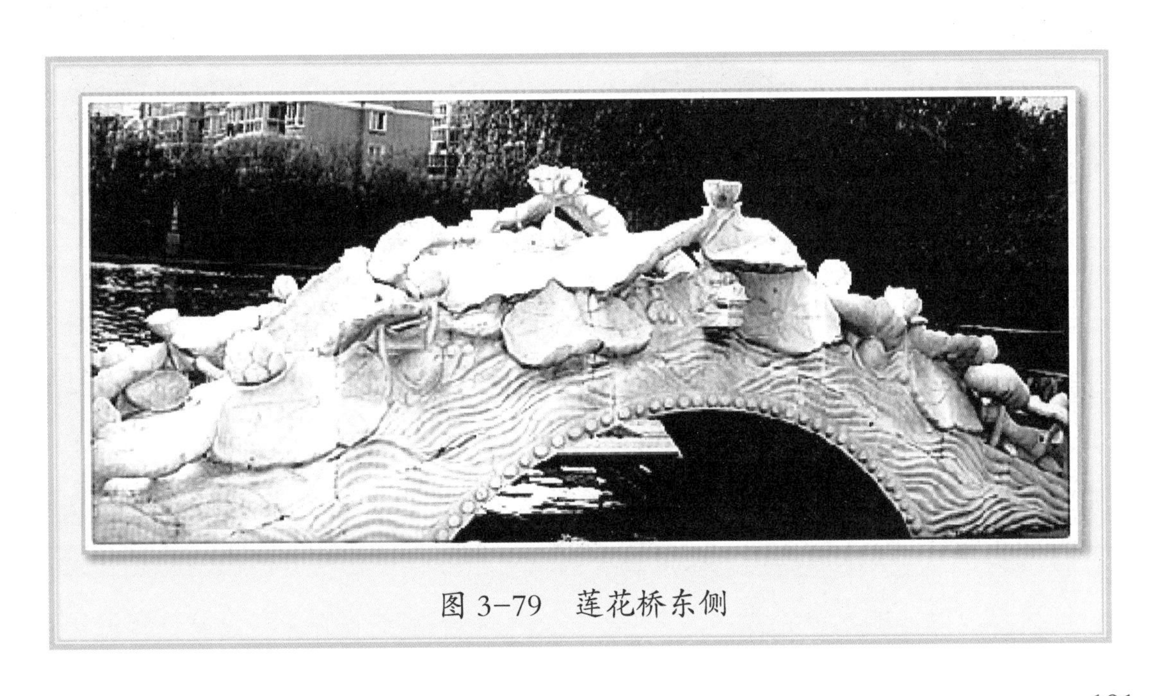

图3-79 莲花桥东侧

采用透雕的石刻工艺，以增灵动；桥面深浮雕刻画。石质宜坚，石色宜白，使其在景区的深绿中能凸显其亮点。

在桥梁泥模创作过程中，又吸收了水文化咨询小组的其他人士的一些修改意见，终于形成此桥之艺术形象。斯桥，以荷花 32 朵、莲蓬 10 支为主体，荷叶辗转开合、高低相间、错落有致，显其形态美；其间饰鱼 8 条，蛙 6 只点缀，以生动态美；在东侧正中，用泰州民间砖刻“鱼化龙”的艺术造型，塑一鱼身龙首，喻忠节志士乃人中之龙的含义；西侧桥栏居中塑并蒂莲一支，喻李庭芝夫妇均为忠节之士，洁白并蒂，长存天地；桥面刻有两对鸳鸯戏水及莲荷数朵，南北各隶书“莲花”二字，寓意有忠勇卫国之士，才有百姓居世太平，后人应学先烈之气节，要做到不苟安乐，出污泥而不染。桥成，晶莹可鉴，犹似浮玉置于碧水之上、绿茵丛中。鉴于该桥观赏价值较高，在桥之两侧又各搁置了一块金山石板，一为增加通行便利，二为供近距离观赏桥栏外侧之雕塑工艺。

图 3-80　莲花桥西侧

在莲花桥之东南方莲花池畔，专门设置了血紫色点石 1 块，石之南刻唐志林先生书“碧血莲池”4 字，北面刻黄炳煜教授撰《碧血莲池记》，文曰：南宋景炎元年（1276），元军犯境，直入江淮。淮东置制使、扬州知州李庭芝至泰，谋入海南下，兀术追至，筑长堑围城。城破，庭芝赴莲池就义，水浅未死，被执杀于扬。泰民以其忠，立祠祀之，昔有人撰联：“清水涌莲花　血甲翻飞犹激斗；芳庭树芝草　江山残缺赖扶持。”今立石挽英烈节操，缅先贤忠魂。

图 3-81　碧血莲池刻石

夏日莲开，莲白荷绿，水清泥浊，读《记》抚石，当知《记》中所述“昔有人撰联”之“人”，乃大汉奸周佛海是也！读之，不免使人感慨万千，赞英烈爱国忠心，大义凛然。叹汉奸空有饱学，实无忠骨。立此石，刻此《记》，忠奸分明；警后世，学庭芝，莫做奸佞。

兴化詹士龙主修捍海堰

（1279—1313 年）

《（嘉靖）兴化县志》“捍堰”一节中记：县东一百二十里，唐大历中李承式创，后为潮汐荡没。宋天圣初张纶知泰州事，图修之。时范文正公乃自请董治，积土垒石堰成，长一百四十三里、基阔三丈、高一丈五尺，州县因立张范祠。岁久复颓，元詹士龙，尹兴化，乃请发四郡夫筏，更筑既成，连亘三百余里，至今民赖其泽。[1]叙述了捍海堰1029年范仲淹、张纶修复后至元初，又经历250年之久，因战争等多种原因，长期失修，而失去了捍海御潮的作用，兴化县尹詹士龙组织修复海堤一事。

图 3-82

詹士龙设计号召修海堰

元（世祖）至元十六年（1279），詹士龙被朝廷派到兴化做县尹。当时兴化经过宋元一战，流亡外乡者居多，土地荒芜，无人耕种。詹士龙到任后第一件事，就是号召流亡外地的兴化人回乡，使人口得到大幅度增长。詹士龙十分重视教育，修缮学宫，将一部分官田纳入学宫，命人耕种，一年可得谷350石（明代1石粮食约等于现代180斤），用来赡养资助因故肄业者读书。此间，詹士龙了解到因范公堤年久失修，高邮、宝应、海陵频发水灾，民众苦不堪言。于是，他想

[1] 泰州文献编纂委员会 . 泰州文献—第一辑—⑦（嘉靖）兴化县志［M］. 南京：凤凰出版社，2014 .

效仿范仲淹，重修捍海堰。（参见（嘉靖）《兴化县志》）。

为修捍海堰，詹士龙可谓煞费苦心。其时，元代刚建立不久。曾经历长期战火的百姓，生活本较贫苦，若要修堤防，必需动员大量劳力，恐民众心中有怨；但是，不修好堤防，百姓又无以生计。詹士龙考虑，修堤工程量大，耗费时日较长，加上这次修堤又是自己的主张，上堤的仅为他所管辖的兴化一县的民工，他怕人心不稳，思虑再三，想出了一条计策。他指使人在旧范公堤埋了一块“遇詹而修”的碑石，再找了个事由开挖出来，造成此刻字方石是范仲淹所留，让人们认为修堤乃为冥冥中天定，并非他个人主张。借“天意”以稳定人心，达到能坚持修好大堤的目的。可见，詹士龙为兴修水利用心良苦。元代的职官制度，一个县，在县丞上面还要设一个叫“达鲁花赤”的县监。达鲁花赤一般由蒙古人担任，也有由色目人担任的，这些人不通文墨，还要监管由汉人任实职的县丞等各级官员。詹士龙想出挖刻字方石，是否也有用此计来影响管他的达鲁花赤之考虑呢？故在元代多有人云“办事爱民，莫亲于县令”之说。

民众工作做好后，他上书上级请求批准调集民夫修筑捍海堰。工程于元至元十六年（1279）动工。

苦难出身的詹士龙

詹士龙，字云卿，光州河南固始人。其父亲詹钧，宋理宗开庆元年（1259）时，任宋勇胜军都统，镇守鄂州一带。其时，元兵以大军压向渠州、巴州等地，詹钧率为数不多的南宋军队前往与元兵作战，经过多次激烈战斗，在南平隆化县身受九处重伤，为元兵所俘虏。元兵的统帅以厚礼待他，力劝其投降，但詹钧坚贞不屈，大义凛然，绝食8日而亡。这一年，詹士龙年方3岁，他跟随被俘的母亲胡氏，一路随押解人员北去。在路上，被随元世祖南征而下的元代名将董文炳（后官至佥书枢院事、中书左丞）发现。董文炳怜惜詹士龙是忠臣之子，出于对忠臣的尊敬，特意领着詹士龙孤儿寡母去见元世祖，陈述詹钧为国尽忠之高风亮节，为树立元主宽

图3-83　董文炳画像

厚仁爱之形象，请元世祖对孤儿寡母加恩抚恤。元世祖深有感叹地说：“他是忠臣的孩子！你也是忠臣，你应该有这样的好儿子。”令董文炳收詹士龙为子，并按董家字辈排序取名“董士龙”（柯劭忞所编《新元史·詹士龙传》所记“时董文忠从世祖南征，以士龙见于世祖”）。

董文炳有3个亲儿子，但对士龙更为关爱。詹士龙18岁，已成为一个魁梧精敏，驰射百发百中的青年。董氏其他3个儿子见父亲特别喜爱士龙，不免心怀忌恨，时常笑称其为“虏子”（元人对中原人的蔑称），詹士龙哭诉于养父，董文炳深知难以隐瞒，遂将实情告知。自此，詹士龙一心想恢复詹氏身份。一日天气晴和，詹士龙与养父打猎行至滹沱河边，闲步之余，詹士龙忍不住再次表达了想要恢复祖姓的想法。董文炳无奈，于是戏言说：“你投一块石头到水中去，如果石头能浮起来，我就顺从你的想法；如果浮不起来，你可得听我的。”随行众人都认为这是董文炳故意作难，然而意志已决的詹士龙却仰天祷告起来，他大呼道：“若使詹氏不绝，石当浮。”说完，他举起石头猛掷入湍急的流水之中，竟“石盘旋水面”[1]。董文炳大惊之下认为是詹都统在天之灵使然，便同意“董士龙”恢复祖姓，改称詹士龙。

捍海堰大堤修复后，里下河各个州县的农田房屋不再被水淹，人民因此也能安居

图3-84　元知县詹士龙读书处——兴化襟淮楼（又名读书楼）

[1] 泰州文献编纂委员会. 泰州文献—第一辑—⑦（康熙）兴化县志［M］. 南京：凤凰出版社，2014.

乐业。为此，詹士龙声名鹊起。接着，他就被升迁为两淮都转运盐使司判官。不久，又改任淮安路总管府推官。

其时，元代宰相桑哥（藏族），专横跋扈、贪得无度，为人狡黠豪横，好言财利，把持朝政，人皆恶之。詹士龙曾秉直上书弹劾，终使桑哥得以惩治。此事以后，詹士龙便不再涉朝政，回到兴化，在得胜湖畔筑草堂退隐，意欲终老于此。大德四年（1300），朝廷又念其老成，任命他为广西廉访司事佥事，在任二年，郁郁不乐，称病后仍回兴化定居。

此外，詹士龙为了改进江南麻布织造技艺，还记录采访了高丽的各种织布方法，写成书籍，印刷出版，加以推广。其中有“铁勒布法”“麻铁黎布法”等，可见其还引进过国外技术，对中外经济、文化交流作出过有意义的事情。詹士龙，由董姓虽复为詹姓，从不忘养父董文炳的养育之恩。董文炳死后，詹士龙为其“服齐缞（穿着丧服）三年”，岁时祭祀也必设董文炳的神位，率领全家人祭拜。

元仁宗皇庆二年（1313），詹士龙因病卒于兴化，享年58岁，葬于南皋庄，有《云卿先生诗》传世。后来，詹氏后代，遂改籍兴化。詹士龙之子詹澍，为岳州华容县尹，有惠政，妻为董文炳重孙女。

泰兴靖江现夹江一夕竭

（1342—2018年）

长江“断流”的历史记载

《泰兴水利志》载：元至正二年（1342），八月秋江一夕竭。[1]说的是：1342年八月的秋天，有一个晚上，泰兴长江中的水断流，见到江底了。与此相似，《靖江水利志》载[2]：明嘉靖八年（1529）八月二十三日，江涸半晌。江边农民奔取江中物，回顾江岸如山，俄顷水涨，人多不及抵岸而死。很多人看到这两条记载后，以为大奇，认为是长江断流。其实只可能是泰、靖两地沿江沙群之中，近岸的已淤积之边汊在长江小汛退潮后产生的现象，决非是长江主流出现的断流。只是靖、泰两地水利志延用古县志所记，因无其他记载，而未能说清之故。

煞有介事地论说长江“断流”

不少人在网上发帖流传长江“断流”之事，甚至添枝加叶。例如，网民“神兽小公举”2016年9月3日以《长江两次诡异的断流》为题发帖：在有记载的1342年“秋江一夕竭”的基础上，他又写了两件事，一是：“1954年1月13日下午4时许，这一古怪景象在泰兴县再度呈现。其时，天色苍黄，江水俄然呈现干枯断流，江上的航轮停滞，历经两个多小时”二是：“可是，让咱们更为吃惊的是，就在江水不见的前一天黑夜，吴村的大多数人都被鬼压床了！” 在未交待以上两件事出自什么正式报道或记载的情况下，作所谓的“推理”“既然此事无法用常理推论，那么咱们就用十分理（性——笔者添）的视点来说说看，以此来推理一下长江断流究竟与鬼压床有没有联

[1] 泰兴水利史志编纂委员会．泰兴水利志［M］．南京：江苏古籍出版社，2001．

[2] 靖江市水利局．靖江水利志［M］．南京：江苏人民出版社，1997.

络。”他含糊其词地说“不过，在我说之前，必求（须——笔者注）声明的是，以下我说的工作，仅仅科学家的猜想，或许说是幻想。”他也未曾交待是哪位科学家说的，还是他自己的想象？接着就来描述：“蛮荒期间的裂谷，依照咱们的地舆知识，滚滚长江向东流，长江之水是向东活动的，可是实际上这一地舆知识，在泰兴现已不再适用，江水在这儿猛然转了九十度角，向南而去了。这一点在地图上面能够很明显地看出来，那一段向南的江水长达四十千米，沿江北上，并且沿途有好几个湖泊，如珍珠通常串联着，其间最为闻名的是洪泽湖。……湖底却还有玄机。这个玄机说出来适（相——笔者注）当吓人，在洪泽湖的湖底有一个与其面积适（相——笔者注）当的古盐湖……这么大的盐层是怎样形成的，与长江断流又有啥联络呢？……莫非是这内陆湖造成了长江断流吗？也不（满——笔者删）是。除了古盐层以外，在中国东部这一带，还躲藏着一个大隐秘。……在山东省枣庄市徐庄乡有一个村子，叫做哑巴汪村，……青蛙到了这儿就出不了声了……。为啥青蛙到哑巴汪村后就出不了声了呢？在哑巴汪村与大明湖之间，有一个闻名的旅游景点，叫孔府孔林，……林子虽大，却是一只鸟都没有，不光鸟看不到，连蛇虫的踪影都找不到，……。”他将这些现象联起来解释“咱们来留心一下地图，在地图上能够发现哑巴汪村、孔府孔林、长江断流段泰兴，一（直——笔者添）向北，恰好处于长江转弯往南的这条直线上。这三个古怪的当地连在一起，如果不出点状况，那才古怪。……在中国东部，躲藏了一条无穷的大裂谷，……纵横江苏、山东两省，长江两次断流都在古裂谷南部的同一地带，洪泽湖湖底的古盐湖、孔府孔林、哑巴汪村也处在裂谷的上面，也即是说，这些发（生——笔者添）怪事的当地，无一例外的都在大裂谷的规模（范围——笔者注）之内。……全部的全部，都也许是这条大裂谷在作怪。因为它深处地下，咱们一向没有发现，这些年，因为这些当地怪事频出，通过科学家们（不知是哪方面的哪些科学家？还是假借科学家的大帽子骗取读者相信他的谬论——笔者注）的调查，才使其逐步的浮出水面。”“那么是不是即是（使——笔者添）这条大裂谷把长江的水吞了呢？并不是灵异事件，只是一个民间流传。对于这个疑问，科学界至今没有清晰的说法，因为如果是大裂谷把江水吞了，还有一个当地说不通，即长江之水倒灌入大裂谷以后，为啥还会吐出来？通过（是哪个人？——笔者注）调查发现，在裂谷的下面，有许多条地下水系，它们犬牙交错，扑朔迷离，因为其深处在地壳之下，科学家还无法去研讨它们。（连科学家无法研讨和说清的事，他居然找出如下可以“肯定”原因——笔者注）但有一点能够肯定，即那些地下河水有较强的辐射，并且那些辐射比世界的射线（不知是什么世界的射线——笔者注）强度还再大上好几倍（不知这位发帖的“神兽小公举”怎么算出来或用什么方法测出来的？——笔者注），能让人头昏眼花，打乱正常的神经系统，这也即是哑巴汪村青蛙失声、孔府孔林鸟兽绝迹的原因所在”。“辐射线是不是造成长江断流的主谋？这个疑问科学界还没有清晰的解释，我也不能胡乱猜，（竟然这位发帖者还有不敢猜的事！——笔者注）不过长江断流、江水在泰兴转而往南，肯定（他似权威性地给出结论——笔者注）与这条古裂谷有关，可是究竟是啥样的力气、在啥样的情况下，会发生此等前所未有的怪景象，咱们尚无从得知（居然还谦虚起来——笔者注），需求科学家持续探索。”此帖，上网以后，以讹传讹者就变得多了起来。如：网民“潮粉”2017 年 11 月 18 日以《长江为什么断流真正的原因到现在都没人敢说》为题发帖：“随着环境不断的恶化，长江竟然出现断流现象。而且最恐怖的是这个断流并不是因缺水”“1954 年 1 月 13 日下午 4 时，在江苏泰兴长江水突然出现枯竭断流，江上的轮船搁浅，此情此景，恰似鬼怪即将现形。……”接着他也用权威的口吻说“长江断流的‘罪魁祸首’在哪里呢？在我国东部一条神秘的古裂谷里……”“沿着江段北上，有我国第四大淡水湖洪泽湖，它形成于数百万年前。出人意料的是，洪泽湖湖底却潜伏着一个与之面积相当的古盐湖，它大约形成于距今约六千七百万年前，湖床奇迹般

图 3–85　泰兴市江边所设“长江断流之谜”牌

地镶嵌在这个古裂谷的谷底。……”“正是这个神秘的古裂谷控制了江水枯竭的江段，古盐河也因它而形成……”。诸如此类的帖子，居然还不少！有必要理论一下。

了解一下长江的知识

距今2亿年前的三叠纪时，当时西藏、青海部分、云南西部和中部、贵州西部都是茫茫大海。长江中下游的南半部也浸没在海底，古长江在横断山脉、秦岭和云贵高原之间，形成断陷盆地和槽状凹地。这个时期，云梦泽、西昌湖、滇湖等相互串联，从东向西，经云南西部的南涧海峡，流入地中海。在古长江的基础上，由于距今1.4亿年前的侏罗纪时的燕山运动，在长江上游形成了唐古拉山脉，青藏高原缓缓抬高。长江中下游大别山和巫山等山脉隆起，四川盆地凹陷，古地中海进一步向西部退缩。距今1亿年前的白垩纪时，四川盆地缓慢上升，夷平作用不断发展，云梦、洞庭盆地继续下沉。距今3000—4000万年前的始新世，发生强烈的喜马拉雅运动、青藏高原隆起，古地中海西移，今长江流域普遍间歇上升。其上升程度，东部和缓，西部急剧。距今300万年前时，喜马拉雅山强烈隆起，今长江流域西部进一步抬高。从湖北伸向四川盆地的古长江溯源侵蚀作用加快，切穿巫山，使东西古长江贯通一气。江水浩荡东流，注入东海，成为今日之长江。

长江发源于唐古拉山脉各拉丹冬峰西南侧的沱沱河。干流流经青海省、西藏自治区、四川省、云南省、重庆市、湖北省、湖南省、江西省、安徽省、江苏省、上海市

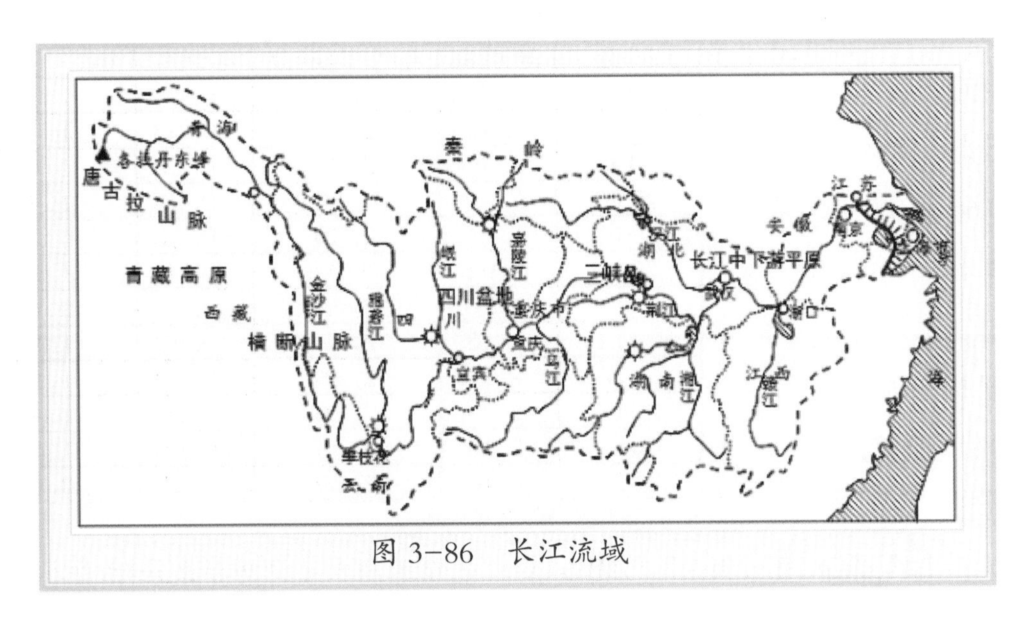

图3-86　长江流域

共11个省级行政区（8省、2市、1区），于崇明岛以东注入东海，全长6300余千米，比黄河长800余千米，在世界大河中长度仅次于非洲的尼罗河和南美洲的亚马孙河，居世界第三位。长江流域干、支流集水面积为180万平方千米，占中国陆地面积的18.8%。除干流流经省级行政区外，还包括贵州、甘肃、陕西、浙江、福建、广西、重庆等省（省级区、市）全部或部分地区。

长江流域多年平均降水量近1100毫米，高于全国年降水量（650毫米）40%，其降水量总趋势是从东向西、由南向北逐渐递减。长江的水资源量在世界仅次于赤道雨林地带的亚马孙河和刚果河（扎伊尔河），居第三位。与长江流域所处纬度带相似的北美洲密西西比河相比，密西西比河流域面积虽然超过长江，水量却远比长江少。长江水资源居全国七大流域之首，水资源总量高达9616亿立方米，约占全国河流径流总量的36%，为黄河的20倍。长江大小支流万条以上，这些支流中，有8条水资源量超过黄河。长江流域水资源总量中，地表水资源量为9513亿立方米，地下水资源量为2463亿立方米，重复水量2360亿立方米。长江水资源特征，主要反映在河川径流的时空分布上，流域地表水资源量占水资源总量的99%；在地表水资源中，河川径流量又占96%以上。汛期的河川径流量一般占全年径流量的70%—75%。

长江江阴以下为潮流河段，长约200千米，呈喇叭形。长江口潮汐属非正规浅海半日周期，平均一个周期为12小时25分，平均潮差4.62米。平均总进潮量，洪季大潮53亿立方米，枯季小潮13亿立方米。长江的潮流界汛期至江阴，枯季可达镇江；江阴以上为感潮河段，潮区界汛期至大通，枯季可达安庆。河口潮差自上而下逐渐增大，南京多年平均潮差0.66米，江阴（靖江）1.63米，吴淞口达3米以上。

过船港闸水文站历年潮水位统计 单位：m

年份	年最高	年平均最高	年最低	年平均最低
2007	4.61	2.70	-0.15	1.15
2008	4.46	2.70	-0.03	1.19
2009	4.35	2.61	-0.25	1.08
2010	4.99	2.94	-0.25	1.40
2011	4.14	2.49	-0.10	0.79
2012	4.94	2.93	-0.08	1.31
2013	4.30	2.67	-0.26	0.96
2014	4.48	2.85	-0.12	1.20
2015	4.70	2.88	-0.10	1.27
2016	5.28	3.06	0.03	1.47
2017	4.46	2.83	-0.08	1.22
2018	4.40	2.69	-0.27	0.97

注：表中数据为废黄基面。

图3-87 过船港闸水文站历年潮水位统计

根据扬泰水文局提供的泰兴过船港站记录的水文资料，多年平均潮差1.61米。每年最高潮位与最低潮位高差都在4—5米。

长江年输沙总量4.86亿吨。平均含沙量0.54千克每立方米，还有一部分泥沙来自口门外。全潮，平均含沙量为1.55—2.52千克每立方米。每年入海沙量约在5亿吨左右。在潮汐、泥沙、地质、地貌、地球偏向力等复杂因素的影响下，口门处的沙洲不断消涨移动，江口多处分汊。长江从城陵矶至江阴的1168千米河段，大部分流经地势平坦的冲积平原，平原上河网湖泊密布。部分河段流经山地和丘陵，河道呈藕节状，时束、时放，多洲滩，河型随洲滩分汊。

（注：除泰兴水文资料外，本段取用数据来源均见[1]）

长江干流是不会断流的

可以说，从距今300万年前，形成贯通一气的长江以后，江水一直是浩浩荡荡的，流向东海，从无尽期。从流域面积之广、支流之多、降雨量之大、水资源之丰沛来看，可以断言：元代、明代长江（指干流）乃至所传1954年1月13日的长江（指干流），绝不会出现“江竭”“江涸”现象。

既然长江不会出现断流，为什么泰兴、靖江的有关志书上会出现上述之记载呢？原来，由于黄河、淮河以及长江上游来水挟带大量泥沙下泄，流到下游，靠近海口，受河口展宽、潮汐、流速趋缓等作用，泥沙沉积加快，使我国黄海岸线不断向东推进，相关河流的河口也不断东移。同样，由于地壳的高低、上游来水速度的变化、含泥量的多少，所含泥质的不同、大海潮汐的脉动以及气象的变幻等多重因素共同作用，使这些沉积泥沙所形成的众多板块，有高有低，有大有小，有硬有软，有涨有坍，有的成洲，有的成岛，有的

图3-88　泰兴市所设长江断流地标

[1] 董哲仁.中国江河1000问.［M］.郑州：黄河水利出版社，2001.

成渚，有的成滩，有的并陆。既有涨而复坍的，也有坍而复涨的。古时，泰兴有 11 个江心洲，分别为蒋家洲、新河口洲、新王洲、华光洲、烟墩洲、羌溪西洲、羌溪东洲、永生老洲、永上南官洲、永生三洲、永生四洲，前 5 个洲在县西南，后 6 个洲在县西北。再看一看清光绪泰兴境全图，可以发现，泰兴其时江中仍有洲岛十多个，但名称发生了变化，可以读得清的有中心沙、夷沙、太平洲、西（洲）、兴洲、鳗鱼沙、永昌洲、临镇洲、永安洲、太和洲、泰界洲、故土上匡、伏原洲、连万洲等沙洲、屿渚。即使至今，还有一个天星洲在泰兴的天星港至焦土港之间，江岸之西的外侧，中有夹江过水。靖江也是如此，明初孤山还在江（北汊）中，嘉靖四十三年（1564），长江靖江段有 10 个沙，自东向西分别为面条沙、东开沙、尹家沙、官沙、段头沙、南沙、西小沙、孙家沙、新沙、团沙。后尹家沙、官沙、面条沙划入其他县境，其余沙洲坍没后，复又涨出新沙，其名分别为复土团沙、洪沙、新沙、三沙、段头沙、崇沙、南沙、鹤洲沙。而后又新增天福沙、新开沙、自来沙、康庄沙、永丰沙、刘闻沙。至崇祯年间，

图 3-89　光绪年间泰兴县境全图

除刘闻沙外，又尽皆坍没。1954—1964 年，又有和平滩、民主滩、驷沙、骥沙、靖兴滩、双姜沙、带子沙 7 个沙洲先后出水，总名江心滩，后改称马洲岛，面积约 2.7 万亩。这些沙洲岛屿等，将长江这一河段分割成为多汊的河段。正由于泰兴、靖江的长江其时仍为分汊的河段，有些洲，在并陆前的一个阶段，沙洲与陆地之间的夹江，江底河床淤高，特殊小潮汛时，出现干涸现象是有可能的，但这一现象决不会发生在长江主泓。靖江记载的这一现象，出现在阴历八月二十三日，时间是准确的。因为，阴历每个月的初八、二十三日都是这个月的小潮汛，也符合民间谚语“初八廿三，潮不上滩”的说法；泰兴记载的也在八月，具体日期未曾记载，估计也只会出现在八月的初八或廿三前后。古代志书的记载也是真实的，只不过所记太简，把“夾江”误记为“江”了。至于泰兴所传 1954 年 1 月 13 日断流之事，姑且作为有人看见，这一天，推算下来是农历癸巳年十二月初九，更是冬季枯水期的十二月小汛底，所见也只能是近岸的洲与岸，或洲与洲之间，淤涨较严重的夹江。至于与什么长江（干流）“断流”“神秘的古裂谷”、通“古盐湖”，与吴村“鬼压床”“青蛙失声”“孔府孔林鸟兽绝迹”等相关的说法，当属无稽之谈，以讹传讹，绝不可信，更不应传。

攻泰州徐达拓浚济川河

（1365年—现代）

图 3-90 徐达指挥攻泰州

《（道光）泰州志》"事略"篇载：元"至正二十五年（1365）闰（十）月明兵取泰州（元史顺帝纪，时泰州为张士诚所据）。……明徐达兵至泰兴，水道不通，乃至大江口挑河十五里，直抵州之南门。"[1]所记的是1363年朱元璋打败陈友谅，自立为吴王后，任命徐达为左相国、常遇春为平章事，于公元1364年十月集中精力对付张士诚，他命徐达等率所部舟师水陆并进，攻取泰州等地。其时，徐达率部是从贴近泰州的长江东汊，到达迁善铺赵李庄处的大江口，屯兵集聚粮草辎重，准备进攻泰州。从大江口至泰州，直线距离约15华里。这里，原来就有一条济川河通往泰州城南门，古代河口无闸，筑有潜水坝蓄水，并靠河道的弯弯曲曲来降低潮来潮去之水的流速。那时，济川河的河道较小，且又淤浅，加之河口又设有潜水坝，大船根本无法通行，无法按计划一鼓作气运送士兵及辎重粮草至泰州城下，战事受阻。

徐达计挖济川河

徐达先将兵马屯于大江口，自己到实地进行了观察研究，认为攻取泰州的关键是

[1] 泰州文献编纂委员会．泰州文献—第一辑—②（道光）泰州志［M］．南京：凤凰出版社，2014．

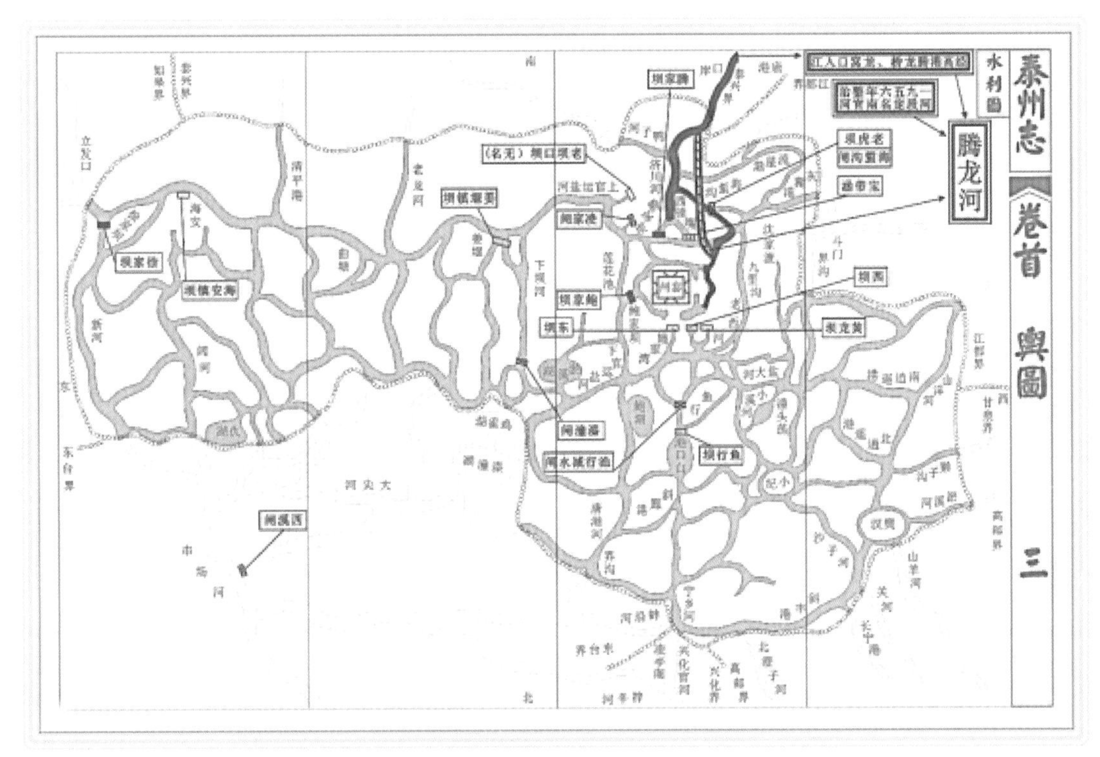

图 3-91　明代泰州水利工程及腾龙河位置

要尽快增加运力，解决粮草辎重运输不畅的问题，也就是要将济川河拓浚成为可以行驶大船的航道。为了动员民力挖河，他派手下将士兵丁向当地人宣称说：朱元璋是真龙天子，平定天下乃是天命所归。如今真龙天子的部队已屯兵龙窝（指龙慧庵）一带，将从犹似龙身的济川河（时济川河有九曲十八弯）的水中腾飞而起，去扫除瘴（谐音张，指张士诚）气，以降甘霖于这块缺水的地方（高沙土）。济川河是一条龙道，沿龙道上的土都沾有“龙气”，谁能去龙道上挑回几十担土倒到自己的田里，谁的田就能沾上“龙气”而不怕天旱，今后可取得好的收成。并且还放言说：“龙道上的土越是下面的，龙气越重。”这一风声放出后，沿线的老百姓个个都想沾“龙气”，纷纷到济川河里挑土。这期间，徐达派了懂开挖河道工程的将士，稍作管理、引导。很快，清理了坝埂、浚深了淤浅、裁减了束窄、调整了弯道，将原来的河挑浚得又宽又大，使得运兵及粮草辎重的大船都可直抵泰州南门城下。就这样，徐达很快就达到了围攻泰州的目的。

1365 年三月，泰州老城被攻克，张士诚的部将夏思恭、严再兴、张士俊等退到泰州新城，被徐达包围，张士诚派兵来援，又被屯兵在海安镇的常遇春击败。徐达派人劝降，张士诚所部不予理会，继续坚守了一段时间。因徐达、常遇春断绝了张士诚军队通往通州的粮道和援兵，当年十月，泰州城破，夏思恭被俘，这是对张士诚最为严重的一击。“徐达克泰州，使孙兴祖守海陵”[1]。次年，朱元璋命徐达自泰州进兵，取高邮、兴化、淮安。

徐达其人

徐达（1332年—1385年），字天德，濠州（今安徽凤阳）人。农民家庭出身，小时曾和朱元璋一起放过牛。元至正十三年（1353），应征加入朱元璋起义军，由于善谋多智、作战奋勇，与常遇春2人同被朱元璋所部尊称为“才勇”。1355年，随朱元璋渡长江，克采石，下集庆（今南京）。1357年，率兵东进，屡败吴王张士诚军。1363年秋，在鄱阳湖大败陈友谅。1365年十月，攻克泰州，1367年九月，攻下平江（今苏州），灭吴还师，封为信国公。同年十月，以征虏大将军衔，率军北伐讨元，先取山东，挥师河南，乘胜攻克元大都（今北京），改大都称北平，迫元顺帝败走大漠，元亡。明洪武元年（1368），徐达重修京北居庸关，以防蒙古骑兵入侵。1370年，率兵出潼关，趋定西（今属甘肃），进兵剿灭元将扩廓贴木儿，擒郯王、济王以下文武官员1800余人。朱元璋论功升徐达为中书省右丞相参理国事，晋封魏国公。1371年，徐达领兵、筑城、御边，总领北方军事。元残余势力经过几年休养生息，国力又渐恢复，不断出兵南犯。1372年，徐达奉命兵出雁门关，进军漠北。徐达遣都督蓝玉为先锋，击败元兵于土剌河（今蒙古国境内），后因轻敌冒进，遭元军伏击，大败，死伤逾万，被迫退到燕山以南。1373年，徐达再率诸将北伐，败元军于答剌海子（今内蒙达来诺尔湖），还军后，戍守永平一带。1380年，领兵在古北口筑关设防，使其成为拱卫北平的重要屏障。1381年，发燕山等卫屯兵15100人，修永平、界岭等32关。创建山海关，内设山海卫，领十千户所，属北平都指挥使司。

徐达一生刚毅武勇，持重有谋；统领大军，转战南北，治军严整，纪律严明；功高不矜，名列功臣第一。1385年二月，因病去世，享年54岁。追封为中山王，赐谥“武宁”，赐葬于南京钟山之阴，朱元璋亲自为他撰写神道碑，赞扬他“忠志无疵，昭明乎日月”[2]。后来又给徐达“配享太庙，塑像祭于功臣庙，位皆第一”的荣誉。朱元璋曾

[1]泰州文献编纂委员会．泰州文献—第一辑—②（道光）泰州志［M］．南京：凤凰出版社，2014．

[2]焦竑．国朝献徵录［M］．南京：江苏广陵书社有限公司，2013.

图 3-92

称赞徐达为大明之“万里长城”。

尽管徐达对朱元璋忠心耿耿，恭慎有加，但仍然未能免除朱元璋一度曾对他产生怀疑和猜忌。给事中陈汶辉在一个奏疏中曾提到“刘基、徐达之见猜”，说：“视萧何、韩信，其危疑相去几何哉？”（《明史》卷139,《李仕鲁传》）朱元璋在为徐达撰写的神道碑中，也承认自己曾因所谓“太阴数犯上将”的星象而“恶之”[1]。但是不管朱元璋如何猜忌，徐达毕竟在政治上忠诚不二，经济上不贪不占，生活上十分检点，没有任何把柄可抓，从而避免了“走狗烹”的厄运。

流传极广的所谓朱元璋赐蒸鹅而害死徐达的说法，当属无稽之谈。清代赵翼在《二十二史札记》卷31中，有这样一段论述：其实《明史》立传多存大体，不参校他书，不知修史者斟酌之苦心也。[2]他认为《明史》在写人记事之时，是抓主要矛盾，其他无关紧要的小事。就不写了。他批评有些书，不认真参校其他的真实资料，写了一些传闻。比如，《龙兴慈记》里所记：如《龙兴慈记》，徐达病疽，帝赐以蒸鹅，疽最忌鹅，达流涕食之，遂卒。事情实属荒诞，不需记入正史里去。他说明：“其时功臣多不保全，如达、基之令终已属仅事， 所讲就是指徐达和刘基是洪武朝代少数几个得以获终天年的大臣。他明确地指出《龙兴慈记》所记：“是达几不得其死，此固传闻无稽之谈”。他本是指责《龙兴慈记》所记徐达食鹅而亡这种说法的，但后人竟因其书所批评的《龙兴慈记》的说法，越传越神，很多电视、电影里，都采用了这种纯属“无稽之谈”的吃鹅情节。

图 3-93　《徐达挥舟济川河》

[1] 焦竑. 国朝献徵录［M］. 南京：江苏广陵书社有限公司，2013.
[2] 赵翼 . 廿二史札记［M］. 北京：中华书局，1984.

泰州“徐园”的建设

2015年泰州市水利局疏浚南官河北段，嘱笔者策划建一座小游园。因南官河就是徐达所拓浚的济川河，故本人确定设计以“徐达拓浚此河攻克泰州”为文化内涵的小游园。历1年，建成游园，其时未定名，今予认为可起名曰：“徐园”。

图3-94 徐达策马北征雕像

徐园，占地约3万平方米。进入徐园，首先见到的是一幅（长）30.2米×（宽）2.66米巨型石雕景墙，景墙是由3图共构的单面浮雕，南段是《明代泰州水利工程及腾龙河位置图》，中段为《军民挖河图》，北段系《徐达挥舟济川河》，浮雕生动再现了明代军民挖河的场景。

游园中央，是一尊由4米×3米×2.5米整块苏州金山花岗岩雕塑而成的徐达策马北征雕像，基座高1.8米，长、宽为4.8米。徐达身披战袍，横刀立马，威风凛凛。雕像系省工艺大师何根金老先生的作品。

雕像东侧的广场正面是一双面弧形石雕文字景墙，（长）24.73米×（宽）2.6米。

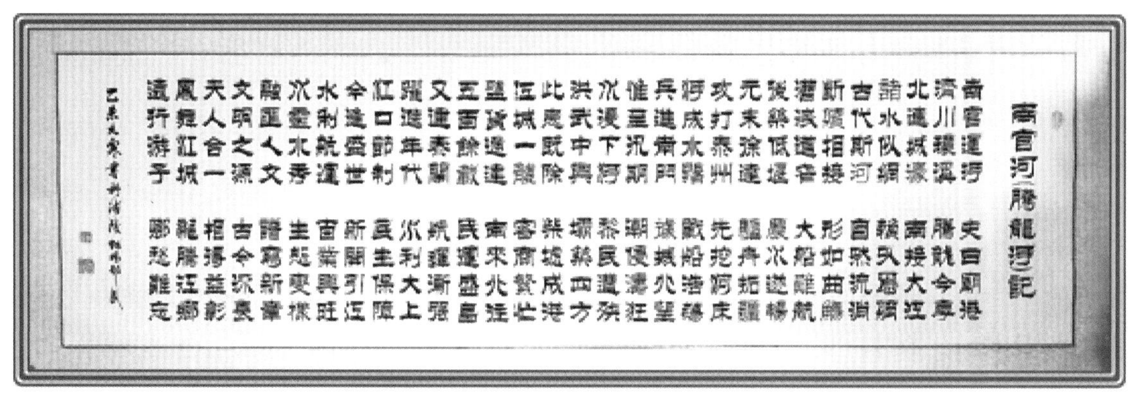

图 3-95　虹桥村民（董文虎）书《南官河（腾龙河）记》

阳刻高浮雕由笔者隶书的《南官河（腾龙河）记》，四字成句，用 60 句，计 240 字，记录了南官河古今名称、历史由来、功能变迁等内容，并刻有注释于后。景墙背面（长）24.73 米 ×（宽）1.27 米，高浮雕中刻由远古到当代 186 枚龙形图案。这些图形有的源于服饰，有的源于陶器，也有源于青黄铜器等，各不相同。双面景墙呈弧形，凹面面河，凸面朝东，尽显古拙、厚重之风。斯记如下：

南官运河　史曰庙港　济川环溪　腾龙今享[①]
北连城濠　南接大江　诸水似网　赖以为纲
古代斯河　自然流淌　断续相接　形如曲觞
漕浅道窄　大船难航　后筑低堰　农水遂畅
元末徐达　驱舟拓疆　攻打泰州　先挖河床[②]
河成水阔　战船浩荡　兵进南门　据城北望
惟至汛期　潮侵涛狂　水漫下河　黎民遭殃
洪武中兴　坝筑四方[③]　此患既除　柴墟成港[④]
江城一体　客商繁忙　盐货通达　南来北往
五百余载　民运盛昌[⑤]　又建泰闸　航运渐强
跃进年代　水利大上　江口节制　民生保障[⑥]
今逢盛世　新开引江[⑦]　水利航运　百业兴旺
水灵水秀　生态变样　融汇人文　谱写新章
文明之源　古今流长[⑧]　天人合一　相得益彰
凤舞江城　龙腾江乡[⑨]　远行游子　乡愁难忘

2013至2014年 泰州市水利局首浚腾龙河北段并绿化缀景 是为记

董文虎　陆镇余　蔡锦云　于国建　黄炳煜　撰文

虹桥村民 书

苏州金山石雕艺术公司二零一五年刻制

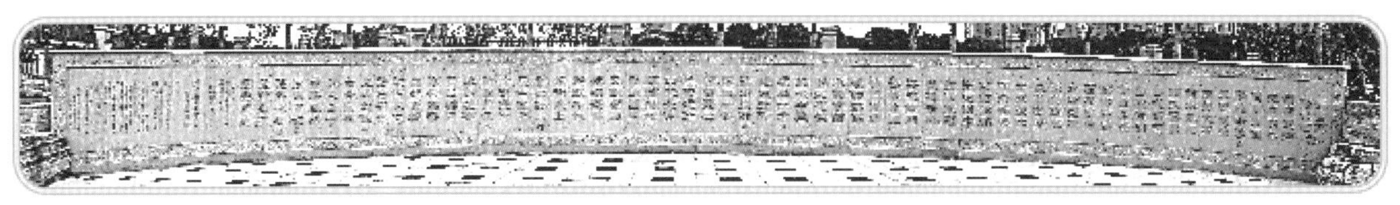

图3–96 阳刻高浮雕《南官河（腾龙河）记》

注：①庙港、济川、环溪：均为古代南官河曾有河段名称。

腾龙：系泰州市人民政府2007年批准的《泰州城市水环境治理规划》设计的南官河名称。

②凤城：泰州别称凤城。

③坝筑四方：洪武十五年（1382年）建成西坝，后陆续在城北建东坝、黄龙坝、鱼行坝，在城南建凌家、老坝口、滕家诸坝，城西南建老虎、宝带闸涵，城东建鲍家坝。

④柴墟：濒江古镇，因水运渐成港口。

⑤五百余载：指1382年筑西坝至1954年建成泰州船闸，其间562年的约数。

⑥江口节制：指1958年建成口岸节制闸和口岸船闸。

⑦引江：指1999年10月开挖的南水北调东线工程之一的泰州引江河。

⑧文明之源：习近平指出，水是万物之母，生存之本，文明之源。

⑨江城：唐代王维赞海陵诗句“江城入于泱漭”；

江乡：明代储巏咏海陵曰“北望江乡水国中”。

明代水利

江淮分治　重视河工

明代水利——江淮分治　重视河工

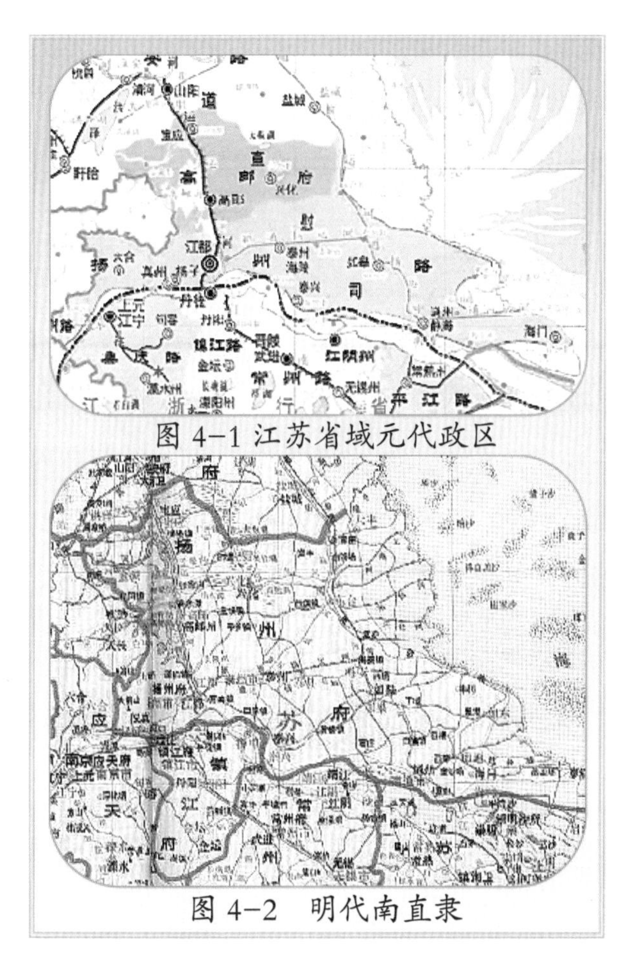
图 4-1 江苏省域元代政区

图 4-2　明代南直隶

从《江苏省域元代政区图》和《明代南直隶图》可以看出，这一时期泰州行政区域变化较大。泰州（包括海陵、姜堰）元代属扬州路、明代属扬州府；兴化元代属高邮府、明代属扬州府；泰兴（包括高港）元代、明代均属扬州府；靖江尚在江中，未与泰兴并陆时，元代属江阴州、明代属常州府。其时，属泰州范围的地域，当是南倚大江、北接淮水、东临大海。全市除靖江有一独立孤山外，其余为江淮两大水系冲积平原，地势平坦，呈中间高、两头低，西略高、东偏低走向。境内地貌形态特征大致可划分为三大区域，一是里下河平原区，二是长江冲积洲平原区，三是沿海盐场及垦区。南北以古盐运河为界，北部为里下河平原，包括兴化全境、姜堰及海陵的北部地区；南部为长江三角洲平原，包括姜堰和海陵的南部地区、泰兴（含靖江局部）、马驮沙（靖江大部）；东西以范公堤为界，范公堤以东随沿海滩地东展，盐场不断东移，范公堤与盐场之间逐步形成沿海盐场及垦区。沿海盐场及垦区随着不同时期行政区划的调整，逐步划交盐城、南通两地。

里下河平原区

里下河平原区，由古潟湖淤积成陆，为低洼的圩田平原和湖荡水网地区。泰州所属的里下河平原区，地处江苏里下河的东南下游部位，地势较低，地面平均高程在2米左右。区内湖荡密布，水系逐步发育，主要湖荡有得胜湖、郭正湖、吴公湖、大纵湖、平旺湖、溱湖、鲍老湖等及沙沟南荡、癞子荡、花粉荡、官庄荡、獐狮荡、广洋荡等；区内除雨水外，还受域外淮河下游水系及京杭大运河高水位水情变化影响，全区域皆属淮河流域。缺水时，淮水为上游地区拦截来不了；汛期，洪水高位下压，又使本区成为其洪水走廊，可以说是“淮河有水不可靠”。

长江冲积洲平原区

泰州南部系长江冲积洲平原区，新中国成立前后称通南高沙土平原区，此区又可分为高沙平原（老岸）区、沿江平原圩（沙上）区。地势宽广而平坦，由西北向东南略微向下倾斜。地貌皆属长江漫滩平原，均为长江携带的泥沙逐步在此淤积而成的陆地。西北大部为高漫滩平原，地面高程在3—6米；东南沿江为低漫滩平原，地面高程多在1.5—5米。境内成陆次序为：海陵南部老城区→姜堰南部地区→高港→泰兴→靖江。泰州长江冲积洲平原区滨临的长江，东段为潮流河段、西段为感潮河段，潮汐作用明显，潮差较大。加之，这一区域的水系，多为地产水下泄时所形成的自然流漕，发育不全，至明代，人工河道及蓄引排涝等水利工程系统尚未形成，水源虽靠长江，但潮来潮去，总的来说仍是“长江有水难用到”。

沿海盐场及垦区

沿海盐场及垦区系长江北岸沙嘴、淮河两岸沙嘴不断向海延伸，受海流搬运所形成的岸外浅滩（沙坝）。唐代，筑常丰堰；宋时，在常丰堰基础上，加修而成范公堤，使堤西潟卤之地皆成良田，堤外仅为盐场。明代，海岸线东移，已至阜宁—大丰—东台—栟茶一线，垦区面积逐步扩大，堤东新涨沿海大片滩地，皆成民众垦区，其主要矛盾是“缺少淡水压碱”的土壤改造问题。之后，这块地区逐步划属盐城、南通行政管理，存在的水问题也随时代的推进，逐步予以解决。

明代泰州治水官员已逐步认识到高水高治、低水低治的道理，对泰州属的江、淮流域和沿海3大不同地貌的地域，开始推进了分别治理的措施。

河分上下泰州筑坝东西

（1382—1515 年）

泰州河道分区记述

《（道光）泰州志》的“河渠”篇，有一段总述：泰州河渠总名有四：曰上河、曰下河、曰济川河、曰市河[1]。该志“水利”篇中还可见到“泰州境内，东南为上河，西北为下河。与江都接壤，淮水入六牐，东经双庙沈家渡入州境”和句后用小字所标注的“两岸有小沟通入，以水车车水溉田，俗呼为坳子。自九里沟涵洞入者绕西北隅，溉负郭之田”[2]的记述。

图 4–3　《两淮盐法志》中所绘的“六牐盐河图”

❶ 泰州文献编纂委员会．泰州文献—第一辑—②（道光）泰州志［M］．南京：凤凰出版社，2014.

❷ 泰州文献编纂委员会．泰州文献—第一辑—②（道光）泰州志［M］．南京：凤凰出版社，2014.

从中，我们可以看出该志对泰州水系的记述：

一是将河道分3大区域进行记述（管理）。一为古盐运河以南通长江的“上河”水系，二为古盐运河以北可接淮水的“下河”水系，三为城中的“市河”水系。

二是因属上河之济川河的地位较为特殊，另作专门叙述。

三是交待明代以前，泰州农田的灌溉用水主要是靠古盐运河从江都引入境内的淮水。

济川一河接连拓浚

上一篇《攻泰州徐达拓浚济川河》介绍了1364年，徐达为进攻泰州城，拓浚从大江口至泰州南门的济川河的情况。据1998年版《泰州志》记载：“明太祖洪武初年（1368），疏浚济川河，由口岸抵南门，直达下河”[1]。时间仅隔3年，泰州又对济川河疏浚了一次。对济川河为什么要接连疏（拓）浚？这次疏（拓）浚的原因是什么？这两次疏（拓）浚后又会产生什么样的结果？

济川河是泰州城沟通长江最近的一条河道，对泰州经济发展的作用必然较大。其时，泰州段的长江还处在河口段期间，属于涨落潮十分明显的潮流河段。泰州古代的通江河道，为了达到蓄水和减缓潮来潮去水流速度的目的，往往采取河线多留弯曲的方法。自古就有“三湾抵一坝”之说，弯多可以逼迫河水缓行，缘于此，济川河所留的弯曲曲度较大和弯段较多，故此河也被人们称为“环溪”。但由于河道弯曲造成河道内水流速度减缓，江水进入河道后，所含泥沙的沉积相对也就会变得较快，因此而造成河床淤高也就会加快。加之，徐达攻打泰州时，因为战事紧急，所拓浚河道的标准仍然偏低，河线只能随弯就弯。明代新政权建立，新上任的官员想办点实事，认为此河可发挥更大作用。于是，接着就对济川河进行了疏（拓）浚。

济川河接连疏（拓）浚还有一个原因。徐达进攻泰州，是从此河乘船进入泰州的，此后，徐达不仅征服了张士诚，还拿下了元代的都城，官升中书右丞相参军国事，封魏国公，成了明代开国的第一功臣。明代的官员，到泰州上任，认为若模仿徐达，乘船从此河上任，定能官运亨通。故都从此河乘船赴任，还专门将此河叫成“上官河”。

[1] 泰州市志编纂委员会.泰州志［M］.南京：江苏古籍出版社，1998.

为了使较大的官船更好地行驶，就进行了进一步的疏（拓）浚，以提高标准。由于河道标准提高了，使得从长江进出泰州的水上运输更加方便了，对泰州城市的发展客观上也带来了一定的好处。

筑坝东西以分江淮

泰州处于江苏中部、上下河之间，上河地面高程在3.0—6.0米，绝大多数地面在4.0米以上；下河地面高程在1.5—5.0米，绝大多数地面在3.0米以下。上河水位低了怕干，下河水位高了怕淹。泰州老城区跨上下河之间，地面同样是南高北低。

济川河，原来断面较小，且河口筑有低堰，可蓄水，河线多弯，可抑制高水位的江潮大量快速涌入河道。汛期，高潮进水的潮头，一般仅在泰州以南的上河域内有所反应，对下河的水位影响不大。可是，济川河经接连两次疏（拓）浚，在疏（拓）浚中，工程决策者浚河的目的又主要是方便行船，不仅浚深、拓宽，对河道线形也作了局部的裁弯取直，将河口低堰也挖去。这样一来，新河比原河的河床就变深、变宽、变直了，长江潮来，入河流速必然变快，河中水位必然变高，涌入水量必然变大，形成江潮长驱北进的条件，使潮涌可深入直达泰州城以北地势较低的广大里下河区域。每遇汛期，就会给里下河地区带来严重的洪水灾害。故《（道光）泰州志》“水利”篇内又有如下一段记载：《河渠考》内云：宁乡北十余里有兴化所筑长堤一道，由兴化至高邮界，袤延百余里。以遏泰之流者。则此堤正以防泰州东、西二坝冲注之水。今此堤全无余址，由东、西坝既永堵，此堤遂不修，久湮没矣。东、西坝既闭，故今之鲍家坝最为紧要，设有冲塌，则官运河直灌下河，不独近坝田禾被淹，而上河之水一泄，则盐艘重载难以通行[1]。这段文字比较明确地记载了受江水北冲、直达下河，导致不只是一个行政区划受洪涝灾害。地处下河的高邮、兴化两地，只得专门筑一道长堤，以挡从泰州南来之水的冲击。其实，筑这道防止南水北冲之堤的前后，地处上河的泰州与地处下河的高邮、兴化，必然多有交涉。泰州的北部地区也有不少地势较低的地方被淹。最好的方法就是在州城北门外被百姓称为下官运盐河的中河（今称“稻河”）和东河（今

[1] 泰州文献编纂委员会．泰州文献—第一辑—②（道光）泰州志［M］．南京：凤凰出版社，2014.

称“草河”）之上，筑起西坝和东坝。这样，既可解决水患，又能化解两地矛盾。为此，才会有“明洪武二十五年（1392）在泰州城北门外下官运盐河入口处，筑东、西两坝，以防江水直冲下河，从此过往船只在此过坝”[1]，这一25年后（因另有筑于明洪武十五年（1382）的记载，故抑或是15年后）在泰州城北门外筑东、西两坝的史实。

其时，在泰州，是筑坝——防下河被淹？还是拆坝——以利航运？很是纠结。在记载筑东、西两坝后，还另记有“案：旧志北门外东、西二坝，洪武年建，正德间开拓、筑实，商民称便。则明以前东西坝可达下河。筑实之，虞其泄也”[2]。正德年间的开拓，讲的就是两坝筑实后，主张以利通航的一派占了上风，于明武宗“正德十年（1515）判官简辅开拓二坝，商民称便。旧名新河坝”拆坝之事。至于是何时再将两坝重新筑实的，笔者尚未见诸记载，思之，因两坝被拆，下河就会再度被淹，故可以肯定会在不长的时间内，再度把两坝筑实。

图 4-4 民国时期坡子街老照片

东、西两坝被筑实后，使上、下河通航水路彻底被两坝隔了开来。上、下河来往船只所载旅客、所装货物，到此必须过坝集散、转运。泰州北门外也因此人货两旺，商贾云集，居民增多。东、西两坝的修筑，直接影响了泰州城市发展的格局，使原在城中昇仙桥一带的商业中心逐渐向北转移，并使一条位于西坝之上，从地面较高的上河通向地势较低的下河之坡道，也成为人们通向两坝地区的主要通道。此道，人流变多，买卖也随

[1] 泰州水利志编纂委员会．泰州水利大事记［M］．郑州：黄河水利出版社，2018.

[2] 泰州文献编纂委员会．泰州文献—第一辑—②（道光）泰州志［M］．南京：凤凰出版社，2014.

之逐渐热闹起来，渐渐地发展成店铺林立的街道，因其是坡道之街，“坡子街”之名也就随之被叫开了。坡子街发展到清代中叶，已相当繁荣。清代金长福有一首《海陵竹枝词》可以为证：市廛百货灿成行，闽广川湖各擅场。坡子街前人幅辏，耆老犹指会元坊。此街成为延续至今600年来，泰州最繁华的商业街道。

泰州将上下河分开的实坝，除东、西两坝外，其实，还先后在古运盐河南筑有南门高桥东、位于济川河头的滕家坝（也称济川坝）等5坝；古运盐河以北的东门外东北隅鲍家坝（又称东河坝），距城北7里的鱼行坝，以及姜堰镇坝和海安镇坝、徐家坝等。这样，实际上就将泰州江淮之间的水系一一隔开，形成高水高用、低水低排的格局。

洪武元年（1368）的济川河疏浚工程，应是在明代第一任泰州知州张遇林任内完成的。《（道光）泰州志》曾为其立有小传，言其“张遇林，庐州人洪武元年知泰州，抚绥四境，兴俗更化，创治衙署，以学校农桑为首务，境内桥梁坊巷无不修复。未久，

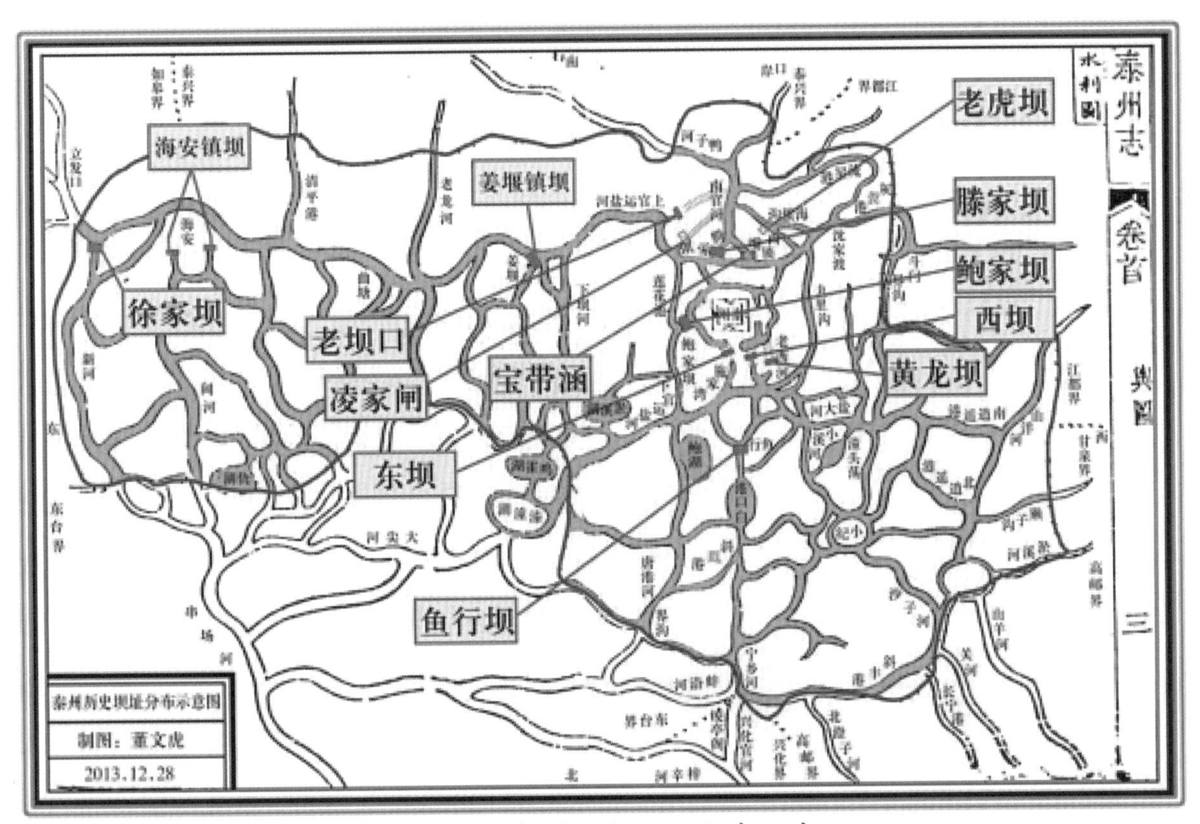

图 4-5 泰州历史坝址分布示意

［洪武四年（1371）］去官，士民怀之不忘”。[1]在“古迹”篇还有“钟楼：州治西南，明洪武四年（1371），知州张遇林建”及“鼓楼：州治东南，洪武初，知州张遇林建”[2]的记载。可见，张遇林是一个想办实事的官。虽小传上未曾记载其疏浚济川河一事，但从其任职和疏浚济川河的时间都在洪武元年看，此河之疏浚、筑坝当在其任中。特别是张遇林从水利的角度来筑坝，固然是一个政绩，但他这一政绩却意外带来了以后坡子街这条道路的繁华和泰州城市的发展，当是更大的政绩了。

明代改“路”为“府”。每“府”设知府（正四品）一人，同知（正五品）、通判无定员（正六品），推官一人［洪武三年（1370）始设，正七品］。同知、通判分掌军纪、巡捕、管粮、治农、水利、屯田、牧马等事。泰州正德年间的判官简辅，看来亦属分管水利等具体事务的官员，从其拆坝的行为看，属主张以利通航的一派，但他对江淮水系的水情及拆坝、筑坝之利弊并未全部搞清，就将东、西坝拆去，虽获“商民称便”之誉，殊不知，汛期下河被淹，小汛时上河水下泄几无，船运不通，造成万民之苦，当属盲目决策之举。

---

❶泰州文献编纂委员会．泰州文献—第一辑—②（道光）泰州志［M］．南京：凤凰出版社，2014.

❷泰州文献编纂委员会．泰州文献—第一辑—②（道光）泰州志［M］．南京：凤凰出版社，2014.

泰州年建三闸南遏江潮

（1403年—民国时期）

在简辅任判官以前100年左右，同样在泰州任判官职务的黄通理就不同了，他因干水利工程而作为“名宦”留在泰州的史书里。

黄通理建下河三闸

《（道光）泰州志》“名宦”篇记有“黄通理，密县人，永乐元年（1403），任泰州判官，施设有方，创建渔行、溱潼、西溪三闸”[❶]。目的是“遏制南来江潮”[❷]。这3个都是可以司之启闭的闸，都是建在新中国成立后所认定的上、下河分水岭——老328国道以北，几块地势最低洼处的控制性水利工程。与本书上一篇《河分上下泰州筑坝东西》中介绍的明洪武二十五年（1392）在泰州城北门外的上河边缘处，草河、稻河头所建的东、西两坝，以及老西河口黄龙坝，组合形成了泰州城北下河地区的两道防线。一为地处上河的东、西两坝及黄龙坝一线；一为黄通理所建地处当时泰州范围内下河地区边缘处的渔行、溱潼、西溪3闸一线。这就使泰州城北下河地区，形成了可以防御汛期南来江水淹没的、在当时泰州范围内由两级水利控制的工程。由于黄通理建的是可以启闭的闸，故使这3座闸所在的河道成为具有蓄泄双重作用的河道。闸，不仅具有可“遏制南来江潮”坝的作用，同时也可起到在枯水季节保证渔行、溱潼、西溪3地有一定高度的水位，方便了农田用水和小船通行。黄通理抓住了主要矛盾，解决了当时属泰州范围内的下河之水利问题，自己也成了被历史所赞誉的“施设有方”的“名宦”。

---

❶泰州文献编纂委员会．泰州文献—第一辑—②（道光）泰州志［M］．南京：凤凰出版社，2014.

❷泰州市志编纂委员会．泰州志［M］．南京：江苏古籍出版社，1998.

上河 5 坝名称及分布

在《（道光）泰州志》中的“牐（闸的异体字）坝”篇“滕家坝”条目中记有：“在南门外高桥（跨南官运河，即古盐运河）东，为收税所，即济川坝。旧志言其坝有五，惟中坝存。案：滕家坝之名始于顺治年间，见赋役门。又旧志《河渠考》内，有凌家牐，在高桥东，司启闭者，鬻水为利，疑即济川坝别名[1]。这段文字中所提“赋役门”是指此志“赋役”——“漕运、杂税”篇之“三坝”条目中所记“滕家坝，坐落南门外济川桥（即南高桥）东；鲍家坝，坐落东门外土山莊；北坝，坐落北门外西滋（疑即西浦）河口。三坝设自顺治年间，原系扬关分口。征银无额，尽收尽解，于乾隆初年，俱题归泰州，就近收银批解藩司衙门”[2]一段的内容。从以上两个条目介绍的内容看，一要注意“旧志言其坝有五”，即这一线曾经筑有 5 座坝；二要注意“《河渠考》内，有凌家牐”和“司启闭”，指 5 座坝中有 1 座是可以启闭的闸；三要注意“疑即济川坝别名”之“疑”字，所指凌家闸就是济川坝的说法；四要注意“赋役门”中所提“三坝”之“坝”字，与“其坝有五”之“坝”字含意不同，“三坝”之坝指征收税务的部门——扬州钞关在泰州所设的分口。“五坝”之“坝”指水工程。

从《（道光）泰州志》“卷首—舆图—水利图”中上官运盐河泰州城南段向南的水系看，其中画有接通长江的南官河水系 3 条，与南官河有联接趋势，这 2 条断头河，想必在明代还是连通水系（或是因已筑有土坝，在图上画成断头河），此图上有当建控制的地方 5 处。因此，“旧志言其坝有五”应为事实。其工程分布可复原如上篇所插《泰州历史坝址分布示意》。滕家坝居中，设为管理单位所在地，5 坝皆由其管，当如现代之水利枢纽。从旧志中出现的泰州城南所建水利工程名称看，虽仅有滕家坝（又名济川坝）、老虎坝（海蜇沟内所设的闸）及凌家闸 3 个，但从当地老百姓回忆的老地名看，还有称“老坝口”的坝（无具体名称）及宝带涵。在《（道光）泰州志》“水利”篇中第一个条目中就有“泰州境内……上河……入州境……过高桥至滕家坝，坝

[1] 泰州文献编纂委员会 . 泰州文献—第一辑—②（道光）泰州志［M］. 南京：凤凰出版社，2014.

[2] 泰州文献编纂委员会 . 泰州文献—第一辑—②（道光）泰州志［M］. 南京：凤凰出版社，2014.

之东，西向设浮桥，通宝带桥河，乾隆五十二年（1787）始堵筑。[1]”按此记录及《泰州历史坝址分布示意》所画锁嘴位置，通宝带河当为靠近滕家坝之西的一条连通河道，在此河设涵或筑坝，也在情理之中。故宝带涵，也应属五坝之一。

《（道光）泰州志》所记：凌家闸“旧志《河渠考》内…… 疑即济川坝别名”似不成立，因为从《泰州志》中水利图上看，从南官河（济川河）接至滕家坝处，水分两支向北进入上官运盐河，图上仅一支标注滕家坝，另一支同样“在高桥东”的支河图中画断，留下坝或闸的位置。设想，此支河如无控制，这一枢纽性工程就不会产生预期水利效果。笔者分析，可能在此断头河上建的就是凌家闸。如果将凌家闸说成就是济川坝别名，则无法呼应“滕家坝”条目中“旧志言其坝有五”之说。

在《（道光）泰州志》的“老虎坝”条目里见到记有“在宝带桥南，南接济川河北，至滕家坝，地名海蜇沟，即海子沟，土人呼为老虎坝，有挡木启闭，归滕家坝管理”[2]。从文字中可以明确看到：“老虎坝”工程名称虽叫“坝”，所建的实为“有挡木启闭”的“闸”。“挡木”即为闸门，仅用于闸。此志将其列入“牐坝”篇条目，而未列入“涵洞”篇的条目，则可肯定是闸，而不是涵洞了。从这一条目记述看，既是闸，就不是坝，“老虎坝”实际就是海蛰沟上的闸了。因此，可以说在5座坝中，有2座是闸。

5坝建筑时间

南门5坝，“牐坝”篇的相关条目未曾记载建筑时间。但笔者推断，只会在“创建渔行、溱潼、西溪三牐”之后，不会在此之前。因为水利建设的原则是先急后缓，古今一理。

另“牐坝”篇记载的“鱼行减水牐　城北六里”后又记“已上废”一行，而在最后的条目中又记有“鱼行坝　城北七里”，说明清道光年间坝仍在，说明“鱼行减水牐，也建在鱼行坝之先。

洪武、永乐年间，泰州所建的水利工程，原先是建在北城河以北一线，以阻江水进入里下河地区的。这些工程建成后，发现尚不能解决运盐河以北、北城河以南泰州

[1] 泰州文献编纂委员会．泰州文献—第一辑—②（道光）泰州志［M］．南京：凤凰出版社，2014.

[2] 泰州文献编纂委员会．泰州文献—第一辑—②（道光）泰州志［M］．南京：凤凰出版社，2014.

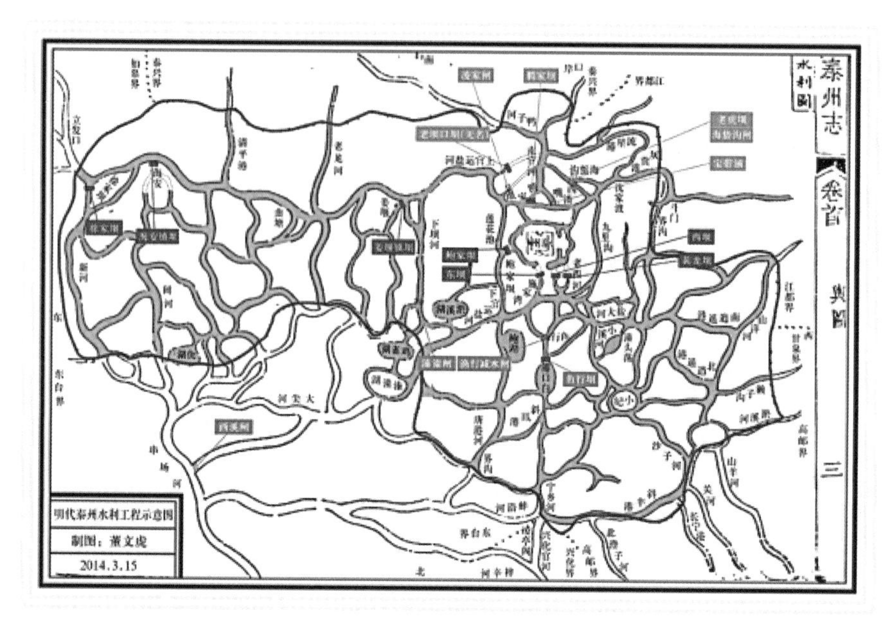

图 4-6　明代泰州水利工程示意

老城区一带的防洪与引水问题。因为这一带是泰州地面平均高程较高的地区，需要引进江水。但在这一地区北部，仍有部分低洼地块，因未设控制，长江汛期高水位进入，仍能构成洪涝威胁。故需要建既能挡汛期高潮位洪水，又能保住非汛期长江引水的工程，后来才去建泰州城南的坝与闸的。通过这些工程的建设，其时的泰州，实际上就形成了 3 条控制线。一为古盐运河以南的城南控制线，二为由黄龙坝、西坝、东坝、鲍家坝、姜堰镇坝、海安镇坝、徐家坝等共构的上下河区域控制线（新中国成立后所修泰州原 328 国道一线），三为渔行、溱潼、西溪 3 闸所在重点低洼地区的控制节点（又被称为“减水牐”）。具体可见《明代泰州水利工程示意》。3 条控制线的建设，是泰州水利建设从单纯开河筑堤的单线建设步入综合整治的一个转折点。

其实，这一线所做工程还远不止这么多。民国《续纂泰州志》“河渠”篇所附“水利”一节中记有“防河水北泄，筑东、西坝，鲍家、徐家等坝，除斗门 72 涵洞外，本无通下河水道”一句，说明其时，除有名称记载的泰州北 5 坝外，另外还建有 72 座可以控制向里下河泄水的、小河小沟上的小型斗门或涵洞，形成“无通下河水道”。

动民力泰兴沿江大筑圩

（1404—1883 年）

长江泰州段曾多风潮灾害

我国第一大河——长江，从泰州西南东流而去。长江和大海、淮河共同孕育、滋养了泰州这片土地。由于长江还具有自然的潮汐作用，又受暴雨、台风等多种气候因素的影响，也会给两岸人民带来一些灾难。长江，有记载的水灾，最早见于西汉初年。《汉书》“卷三·高后纪”中，“三年（前 185）夏，江水、汉水溢，流民四千余家”。从西汉到隋代，由于长江中下游两岸多广湖大泽和宽阔的湿地，有较大的调蓄能力，加之其时人烟稀少，故水灾害对人，对当时的社会经济造成的损失不突出。但从盛唐以来，随着长江中下游社会经济的高速发展，人口增长也较快，长江流域水灾害的记载呈直线骤增之势。据统计，自唐初到清末约 1300 年间，长江流域出现的较大水灾计 223 次，其中，唐代 16 次、宋代 63 次、元代 16 次、明代 66 次、清代 62 次。民国时期，更是水灾频发，在不足 40 年里就发生 16 次。唐代 18 年发生 1 次、宋元时代 6 年发生一次、明清 4.25 年发生一次，民国时期 2、3 年发生 1 次。特别是长江下游的感潮河段，每年汛期的大潮都会给生活在这片土地的沿江百姓带来一些灾难。

图 4-7

明代，地处近长江河口之潮流河段的泰州沿江，也经常会受到江水漫溢的水灾入侵。宋元至明初，泰兴县隶属泰州（其时靖江尚未建县），《泰兴县志》就记载有：“元大德二年（1298），七月风暴，江水上涨，高达四五丈，人畜漂没无数”[1]，还有

[1] 泰兴县志编纂委员会 . 泰兴县志［M］. 南京：江苏人民出版社，1993.

图 4-8

因风暴潮对江岸毁损较为具体的记载“明 永乐七年（1409）十二月，江岸为风潮冲缺，坍 3900 余丈”[1]。《（光绪）泰兴县志》“志余述异”中记有：“成祖永乐八年（1410），江潮涨四日，漂人畜甚众”[2]。《（光绪）通州直隶州志》卷末也记载有“明 永乐九年（1411）六月，苏北沿江一带俱“风雨暴作，江潮泛涨，五日不退，坏房屋，漂没人畜”[3]。明成祖永乐七、八、九年接连 3 年（1409—1411），都有泰兴沿江受到较为严重的江潮袭击成灾的记录。在《（光绪）泰兴县志》“志余述异”中，明代还记载有“武宗正德七年（1512），秋七月，大风雨潮溢。”“世宗嘉靖……十年（1531）潮溢。”“穆宗隆庆……三年（1569）夏六月，潮溢、大风坏屋。”“神宗万历二年（1574）秋七月，暴风雨潮没人畜亡算。三年（1575）夏六月，大风潮复溢。……二十五年（1597），水啸”[4]。其时，沿江各地的志也都载有：“江潮泛溢”，或则“潮溢”，抑或“江水溢”等灾情。嘉靖元年（1522 年）秋，东至通州，西至江浦，长江江苏段全线暴涨。《（嘉庆）重修扬州府志》卷七十记有“江潮涨溢，高丈五六尺，溺男女千余人”。这些记载，说明那个时代泰兴沿江百姓遭受的江潮水灾害是比较严重的。

沿江人民，对于长江水患的危害，早期是没有能力抵御的，惟有寄托于祭拜江神。《泰兴水利志》上就收录了一篇宋代朱纮所写《为宋使君祭江神作》一文，可见一斑。文曰：延令（宋初县治从济川柴墟迁至延令村，故“延令”即指泰兴）之西滨大江，波涛怒激声淙淙。岸上居民面江宿，夜深崩恣蛟龙撞。对岸沙洲日涌起，怀土江民畏他徙。视命如营图苟安，使君心动不容已。为文沉璧贻江神，愿坚士力栖居人。昌黎潮阳徙骄鳄，眉山海市邀幻蜃。何如此举贞且仁，为民请命虔具陈。神将不听天帝嗔。事实是：

[1] 泰兴县志编纂委员会．泰兴县志［M］．南京：江苏人民出版社，1993.

[2] 泰州文献编纂委员会．泰州文献—第一辑—⑥（光绪）泰兴县志［M］．南京：凤凰出版社，2014.

[3] 傅泽洪、沈云龙．中国水利要籍丛书——淮系年表全编（武同举稿，1928）［M］．台北：台湾文海出版社，1969.

[4] 傅泽洪、沈云龙．中国水利要籍丛书——淮系年表全编（武同举稿，1928）［M］．台北：台湾文海出版社，1969.

作文祭江，只是寻求人们的心理安慰，抗御水灾，还要靠百姓自己筑好江堤才行。

泰兴应诏大筑江港堤防

长江发生水灾的频率高是促成人们大规模修筑江堤的动因。因此，修筑沿江圩堤，自然就成为其时沿江人民所企盼的事情了。

宋、元、明时期，泰州地区长江防线就在泰兴。《（光绪）泰兴县志》记载当时长江流经泰兴的情况：大江自黄天荡东下，北趋瓜州至三江口，又东北入县境，直口岸镇西南，曰庙港（一名庙湾港），与南岸丹徒县圌山相对，……南至泰靖界港。自庙港至此迂曲凡八十里。沿江有堤，曰江堰。在这一记载的后面，所记泰兴第一次组织大规模修筑沿江圩堤活动的内容是：明永乐二年（1404），县人上言，沿江圩岸东至新河西尽丹阳界，长六千六百五十丈，高一丈五尺，顷被冲决，为民患。十一月，诏发民夫筑之。[1]这一段文字中，有些信息值得专门作些解析：一是文字中透露出泰兴

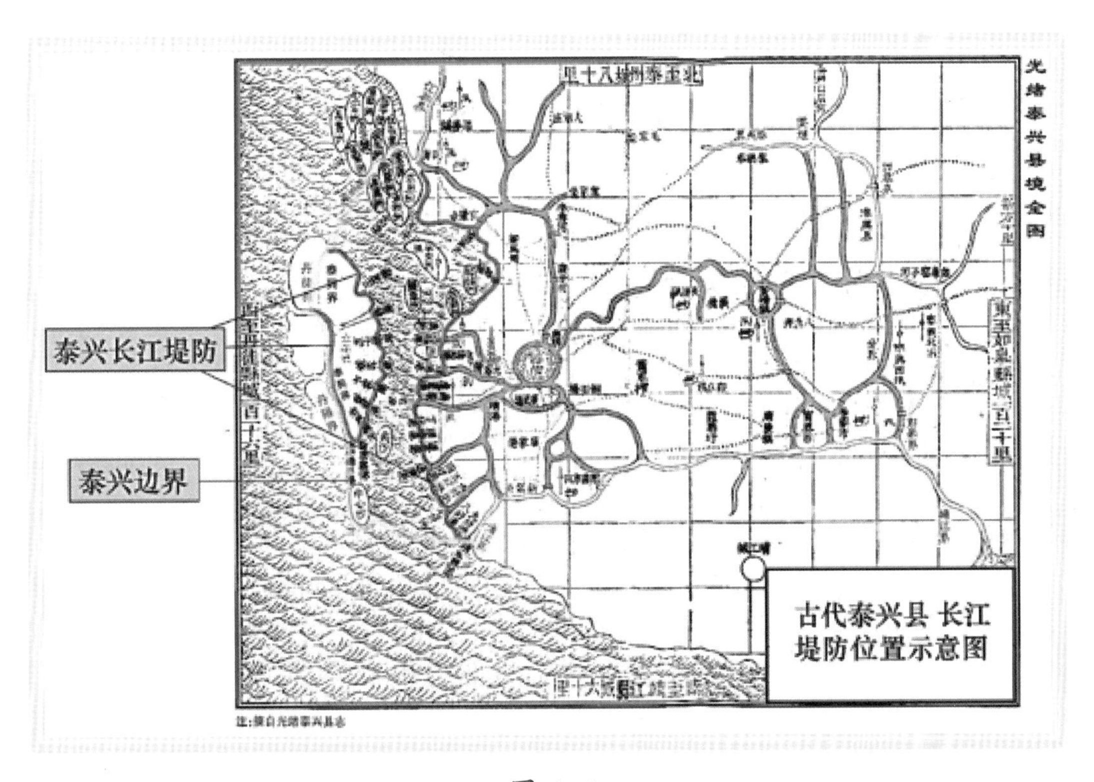

图 4–9

[1]泰州文献编纂委员会 . 泰州文献—第一辑—⑥（光绪）泰兴县志［M］. 南京：凤凰出版社，2014.

图 4-10　泰兴皇岸遗址位置及遗址园策划效果

之江堰，在明代以前就已有一定规模。仅被冲决受损的江堤长就达6650丈（22.2千米），这就说明该县拥有的堤防长度肯定大大超过被冲决的22.2千米。抑或，沿江或各洲都已修筑了江堤；二是当时被冲决的堤身高度达到1.5丈（5米），说明其他未被冲决的江堤大致也应达到或高于这个高度；三是这次水灾给老百姓带来的损失很大，已成“民患”；四是这次水灾灾情想必比较严重，否则，泰兴县里不会有人直接上报到朝廷；五是这次江堤修复的标准，虽然未见诸于文字，但肯定不会低于原堤高5米的高度。这一带的泰兴县民，直至现代仍有将江堤称做“皇岸”的，是否就是因为这次对江堤进行的大规模修复，是由朝廷下诏，由官府去组织民力挑筑的缘故。恐非如2001年版《泰兴水利志》所记，光绪九年（1883）因知县陈谟组织大规模修筑江堤，而“后称‘皇岸’”的。

2001版《泰兴水利志》对这一灾情及江堤的修复是这样记载的：明永乐二年（1404），十一月，修筑沿江圩堤，东起新河（其时长江中泓尚在苏南一侧，泰兴与丹徒、丹阳共有尚未孕育成熟之太平洲，即扬中岛），西至丹阳的沿江岸。泰兴境内计长6650丈，堤高1.5丈。泰兴还出民力帮助海门、张墩港、东明港修筑溃堤[1]。这比《（光绪）泰兴县志》多了一段泰兴在修筑好本地沿江堤闸外，还出民力帮助海门、张墩港、东明港修筑溃堤。经考据，这段记载主要是出自清人张廷玉等所编《明史・卷八十八—志第六十四》“河渠六－直省水利”中：“修泰州河塘万八千丈，兴化南北堤、泰兴沿

[1] 泰兴水利史志编纂委员会．泰兴水利志［M］．南京：江苏古籍出版社，2001.

江圩岸、……海门民请发淮安、苏、常民丁协修张墩港、东明港百馀里溃堤。帝曰：‘三郡民方苦水患，不可重劳。’遣官行视，以扬州民协筑之。”的记载。这是一件很了不起的事！这里说明了3个问题，一是明永乐二年（1404）汛期，长江潮汐河段受到风暴潮严重冲击的堤防不仅是泰兴，而且包括泰兴以下长江两岸的海门、苏州、常州等地，凡有堤防的地方都受到了冲击；二是苏州、常州（淮安遭受的系黄淮水患）所产生的灾情肯定比地处上游的扬州（含泰兴）更严重，否则，明成祖不会否定海门申请由淮安、苏州、常州发民丁协助修复溃堤的方案，而要派官员下去调查，然后才下诏明确由扬州发民丁前往海门协助修复溃堤；三是说明其时泰兴的人丁较多，而地处大江口的海门，由于成陆较迟，想必人丁稀少，以自身民力无法完成江堤修复工程，才会上奏朝廷请求调动外地民力，去帮助修筑溃堤；四是泰兴出民力去海门帮助修筑溃堤，不仅是当地官府行为，而且是直接受到皇帝支配的行为。这属水利重大历史活动的记载，也是泰州地区（其时属扬州）第一次出现派出民工帮助其他地方兴修水利的记载。

《明史》的这段记载，说明当年应是江淮并涨。否则，仅在现属泰州范围以内，不会除记有泰兴修筑江堤外，另外还记有泰州、兴化也都同时在大修河塘、堤防。《明史》中卷八十八、志第六十四“河渠”另外还记载了这次对泰兴的堤防工程，用的字是“筑”，而不是“修”。“修”者，是指水灾对原江堤有所冲损后的修复；“筑”者，则为新建的江堤。从前面所见记载的灾情是江岸为风潮“冲缺”和“坍”，说明这次主要是针对原堤防已荡然无存，灾后进行重新构筑的新堤。可见永乐年间，官方对待灾情的处置是极其认真的，对待水利信息的记录，也是十分严谨的。

陈瑄督漕运力开北新河

（1406—1433年）

陈瑄力开苏北漕运新通道

《泰兴水利志》记载：永乐四年（1406年）陈瑄督漕运，开泰兴北新河（今两泰官河），接泰州鸭子河，经李秀河至泰兴城环城河，由新河（天星港）至王家港入江[1]。开泰兴的北新河、新河，这一记载的年代有待进一步考证。《明史》“河渠四·运河下”中仅见“宣德六年（1431）从武进民请，疏德胜新河四十里。八年，工竣。漕舟自德胜北入江，直泰兴之北新河。由泰州坝抵扬子湾入漕河，视白塔尤便。”的记载，而《明

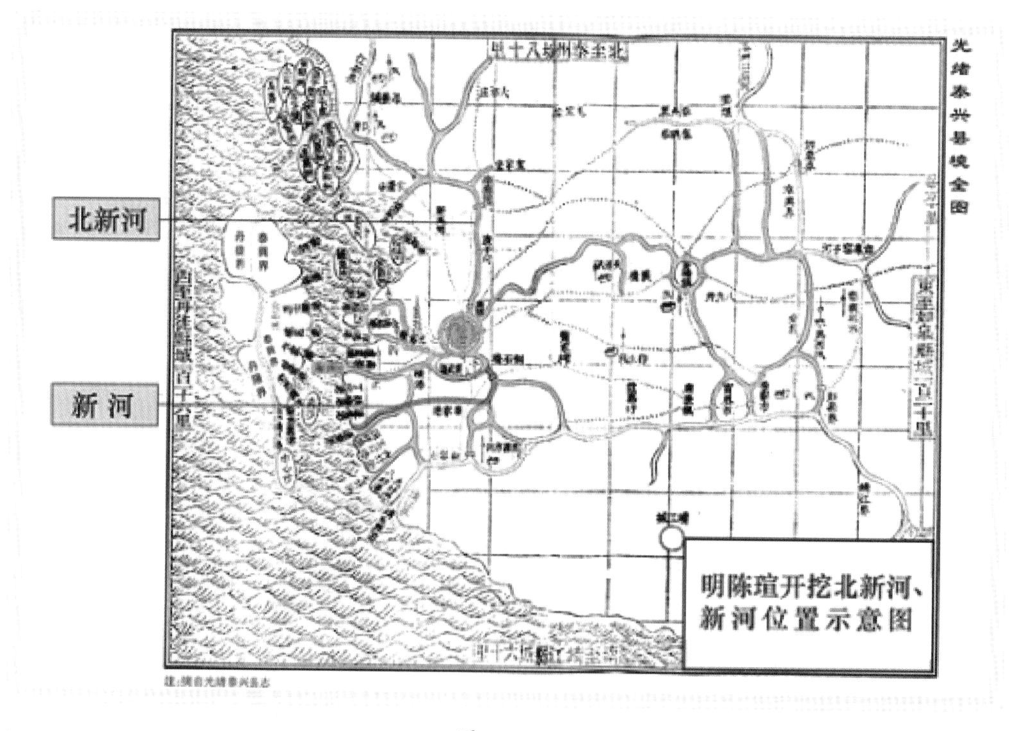

图 4-11

[1]泰兴水利史志编纂委员会．泰兴水利志［M］．南京：江苏古籍出版社，2001.

史·列传》“陈瑄”中仅有开泰州白塔河的记载，未见开泰兴北新河的记载，因此有必要进一步把有关这条河的情况理一理。

陈瑄根据漕运和蓄泄需要，于永乐“十三年（1415）……开泰州（今属扬州市江都区）白塔河通大江。[1]”并于“宣德六年（1431），又重开白塔河，建新庄、大桥、潘家、江口4闸[2]”。宣德六年（1431），陈瑄开挖了白塔河后，常州府武进县又进言：“漕运及官民船由本县孟渎河出，溯水行三百里始达瓜洲坝，往往为风浪飘没。县旧有新河四十里出江，正对泰兴县新河，入至泰州坝，一百二十余里至扬子湾（扬州湾头）出运河，比今白塔河尤为便利，第岁久泥淤，乞加修浚[3]”“陈瑄接纳了这一意见，于宣德八年（1433）又开成泰兴新河[4]”同年“从武进民请，疏德胜新河四十里。八年，工竣。漕舟自德胜北入江，直泰兴之北新河。由泰州坝抵扬子湾入漕河，视白塔尤便。于是漕河及孟渎、德胜三河并通，皆可济运矣。[5]”泰兴的新河（天星港）疏浚后通泰兴的北新河（今两泰官河）并连接至南官河（腾龙河）。这样，江南的船只从武进的德胜新河出江能直接进入比白塔河更近的泰兴新河，可更安全、更顺畅地进入苏北通往大运河的内河航道。这几项工程都是因为明成祖将都城从南京迁往北京后，江浙、湖广等地南方漕粮和其他货物都要或横过长江进入苏北大运河北上，抑或用海船出海北上入京，而“海运经历险阻，每岁船辄损败，有漂没者[6]”，是想通过扩大内河运力而做的工程。其时，江南苏州、松江、常州及浙江东北部等地的官、私船舶，从常州孟渎出江，须沿长江溯流而上行300多里，达瓜洲后才能进入苏北大运河。这些船舶，走瓜洲航线不仅航程远，而且重载逆流航行，江涛险恶，出险概率高。如果从孟渎河过江，直接从泰兴新河或白塔河至湾头达苏北漕河，就为京杭运河又新开辟了2个江北运口。这样，不仅更安全，而且大大节省了运输时间，还省去了这些盐粮船只从瓜洲经过（因当时无闸）的盘坝费用。这样一来，使古盐运河、南官河（腾龙河）、泰州鸭子河、泰兴的北新河（两泰官河）、新河（天星港中一段）都成了属京杭大运河漕运的通道之一。这些河的开挖，目的虽系为增加漕运的通道，实际上对泰兴西部地区提高灌排能力和繁荣泰兴城区经济都起到了很大作用。

---

[1] 出自张廷玉《明史·志·卷六十二——河渠四·运河下 海运》。
[2] 李春国．扬州水利史话［M］．扬州：广陵书社，2013.
[3] 李春国．扬州水利史话［M］．扬州：广陵书社，2013.
[4] 李春国．扬州水利史话［M］．扬州：广陵书社，2013.
[5] 出自张廷玉《明史·列传·卷四十一——宋礼（蔺芳）陈瑄（王瑜）周忱》。
[6] 出自张廷玉《明史·列传·卷四十一——宋礼（蔺芳）陈瑄（王瑜）周忱》。

明代杰出漕运水利专家——陈瑄

图 4-12　陈瑄塑像

《泰兴水利志》这一条目中既提到"陈瑄督漕运"，就有必要了解一下明代这位对水利有巨大贡献的陈瑄其人。

陈瑄（1364—1433 年），字彦纯，安徽合肥人。明代武官，精骑射，累立战功，擢都督佥事。他不仅是武官，更是一位水利方面的专家和明清漕运制度的确立者。

永乐元年（1403），明成祖封陈瑄为平江伯，充总兵官，总督海运，负责从长江口至辽东地区的运输，计"输粟四十九万余石，饷北京及辽东[1]"。永乐九年（1411）工部尚书宋礼开挖会通河后，朝廷商议停止海运，但仍以陈瑄负责漕运。陈瑄提出要打造适应内河运输的浅船二千余艘，从京杭运河调运南方粮盐物资进京津的主张，初运二百万石，后来发展至五百万石，使"国用以饶"。

永乐"九年（1411），……海溢堤圮，自海门至盐城凡百三十里。命瑄以四十万卒筑治之，为捍潮堤万八千余丈。[2]""时江南漕舟抵淮安，率陆运过坝，逾淮达清河，劳费甚钜。十三年（1415），瑄用故老言，自淮安城西管家湖，凿渠二十里，为清江浦，导湖水入淮，筑四闸以时宣泄。又缘湖十里筑堤引舟，由是漕舟直达于河，省费不訾。其后复浚徐州至济宁河。又以吕梁洪险恶，于西别凿一渠，置二闸，蓄水通漕。又筑沛县刁阳湖、济宁南旺湖长堤，开泰州白塔河通大江。又筑高邮湖堤，于堤内凿渠四十里，避风涛之险。又自淮至临清，相水势置闸四十有七，作常盈仓四十区于淮上，及徐州、临清、通州皆置仓，便转输。虑漕舟胶浅，自淮至通州置舍五百六十八，舍置卒，导舟避浅。复缘河堤凿井树木，以便行人。[3]"读了这一段记载，便可了解陈瑄所做的这些重点水利工程：

[1] 出自张廷玉《明史·志·卷六十二——河渠四·运河下 海运》。
[2] 出自张廷玉《明史·志·卷六十二——河渠四·运河下 海运》。
[3] 出自张廷玉《明史·志·卷六十二——河渠四·运河下 海运》。

永乐九年（1411），为消弥海潮侵袭，陈瑄调部队筑海门至盐城海堤 60 千米；为抵御甓社（今高邮湖）等湖的风浪，加修高邮城北至张家沟堤防 15 千米，并对宝应至江都的堤防全面进行加修。

永乐十三年（1415），为解决江南漕舟到淮安后，陆运过坝，翻越淮河，才可抵达清河的问题，陈瑄沿宋人乔维岳开的沙河故道，自淮安城西管家湖，凿渠 20 里，为清江浦（今为淮安市区里运河）导湖水至鸭陈口入淮，并建造庄、福兴、清江、移风、板闸等 5 闸，确保汛期泄洪。又沿湖西筑堤，绵亘 10 里，以便人力引舟，让漕运船舶可以直接进入大运河。并浚深徐州至济宁的河道，兴筑沛县刁阳湖、济宁南旺湖长堤；自淮河向北至临清按水位高差的需要设闸 47 处，使漕运畅通无阻。他还在淮河一线及临清、徐州、通州一线建设仓库，方便粮食转输。

图 4-13　漕运繁忙的明代大运河

永乐十九年（1421）他再修高邮新开湖的湖堤。宣德七年（1432）陈瑄又将高邮湖堤向北延伸，增筑宝应、氾光、白马各湖的湖堤，上设纤道，下留必要的涵洞，以确保水位的蓄泄之用。陈瑄任内，经理河漕 30 年，为保证漕船安全过江，从内河进入大运河做出了不懈努力，且多有所建树。

1425 年，明仁宗（朱高炽）即位，九月，陈瑄上疏 7 事，革除朝政弊端。得仁宗帝奖谕，赐券，世袭平江伯。1426 年，宣宗（朱瞻基）即位，仍命陈瑄守淮安，总督漕运如故。

宣德四年（1429）陈瑄又进言：济宁以北，自长沟至枣林淤塞，计用十二万人疏浚，半月可成。宣宗帝不仅同意疏浚此河，还念及陈瑄年高久劳，特又命尚书黄福前去协助陈瑄浚河。

宣德六年（1431），陈瑄考虑漕运军民的辛苦及对农业生产的影响，又向朝廷上书进言："岁运粮用军十二万人，频年劳苦。乞于苏、松诸郡及江西、浙江、湖广别

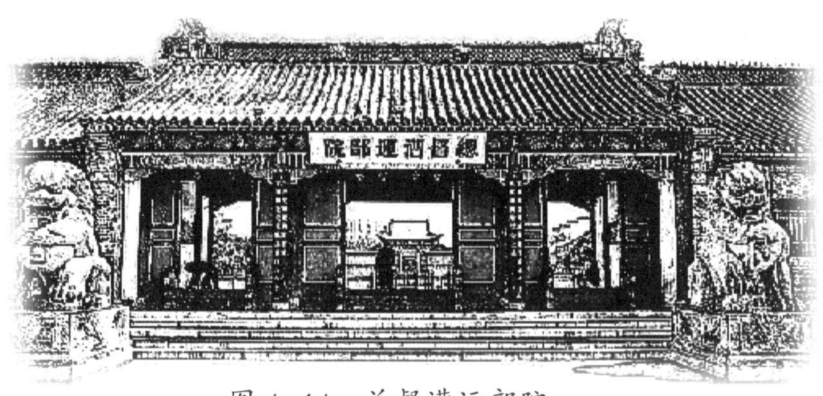

图 4-14　总督漕运部院

佥民丁，又于军多卫所佥军，通为二十四万人，分番迭运。又江南之民，运粮赴临清、淮安、徐州，往返一年，失误农业，而湖广、江西、浙江及苏、松、安庆军士，每岁以空舟赴淮安载粮。若令江南民拨粮与附近卫所，官军运载至京，量给耗米及道里费，则军民交便。”这一段讲的是每年运送粮食需调用军队 12 万人，士卒连年劳累辛苦。他请求从苏、松各郡以及江西、浙江、湖广另外签派民丁，再从军士多的卫所签派一些军士，总共有 24 万人，分次轮流运送。江南的老百姓，运粮到临清、淮安、徐州，来回要一年时间，耽误农业生产。而湖广、江西、浙江以及苏、松、安庆的军士，每年带着空船前往淮安装载粮食。如果让江南的老百姓将调拨粮食运给附近的卫所，官军再把粮食运载到京城，并衡量粮食耗损的多少及按路程的远近支付给百姓和官军费用，那么军士和老百姓都很便利了。“帝命黄福及侍郎王佐议行之。更民运为兑运，自此始也。”宣宗帝命黄福及侍郎王佐商议后，批准按陈瑄的建议办理。从此，漕运从无偿的民运，变为有报酬的兑运了。

宣德八年（1433）十月，陈瑄卒于任内，享年 69 岁，追封平江侯赠太保，谥恭襄。死后，因陈瑄浚河有德于民，民立祠于清河县，以为纪念。正统年间（1443 年前后），宣宗皇帝又命有司，每年春秋两次以官方形式，正式对其致祭，以颂扬他的功德。

清代名臣张廷玉，对陈瑄也有极高的评价：“陈瑄治河通运道，为国家经久计，生民被泽无穷。此无他故，殚公心以体国，而才力足以济之。诚异夫造端兴事，徼一时之功，智笼巧取，为科敛之术者也。”称赞陈瑄“凡所规画，精密宏远，身理漕河者 30 年，举无遗策”[1]。

[1] 出自张廷玉《明史·列传·卷四十一——宋礼（兰芳）陈瑄（王瑜）周忱》。

靖江县张汝华建城挖河

（1471—1853 年）

三国时，吴赤乌二年（239），吴主孙权，觉得马驮沙这个地方很重要，与江阴隔江相对，既可牧马，又可扼守长江，就将马驮沙归属毗陵典农校尉延陵县暨阳乡（江阴）管理。晋太康二年（281），暨阳乡治，升格为县治，马驮沙隶属未变，归毗陵郡暨阳县（江阴）管辖。从南北朝至五代十国期间，马驮沙群一地两属，南部马小沙隶江阴，北部马驮（大）沙先隶海陵，后属泰兴。隋唐时，马驮沙更隶泰州海陵吴陵县境。北宋又隶泰兴，称阴沙。南宋时期，江阴设为江阴军（相当于“州”），江阴军（州）设有马驮沙巡检司，管理这一地方的治安。元末明初，位于大江之中的马驮沙以南，又涨坍不定地多出了几个小沙，地域通过并沙、变大，洪武二年（1369）江阴改州设县，马驮沙全隶江阴县。

明代成化三年（1467），巡抚高明，以这一带“江盗不靖”之由，奏请朝廷，增设县丞 1 员，署理马驮沙。直至明代成化七年（1471）十一月前未变。

滕昭奏本靖江设县

明成化七年（1471），对靖江来说是一个十分重要的年份。一是朝廷批准单独建县；二是朝廷派了一位干实事的好县令到靖江。

靖江能单独设县，要感谢一个人，这就是都御史兼应天（明代留都——南京）巡抚滕昭。成化七年（1471），都御史滕昭巡按南畿（唐代指江陵，明代指南京）。其时，常州府辖无锡、武进、宜兴、江阴 4 县。他视察了江阴县所辖名镇与江阴隔江相望的马驮沙。滕昭发现马驮沙“地越大江，供赋税，服徭役，凡有事于邑者，多冒风涛，以奉期约为非便。”意思是说，马驮沙这地方，地处江心，老百姓缴赋税、服徭役、报事端和江阴的官员查民情、征田赋、理案件，凡事都要过江，需冒过江的风涛之险，甚为不便。不少事，往往延误了时间。“盖其地属金陵下流，又抗江海门户，捍全吴，屹然东南之一重镇”[1]。他认为这一带地处南京下游，为江海的门户，系扼守东吴的重镇，战略位置极其重要。“而民数视昔有加……江海多警，扼其要冲，出产类江南，田赋税亩之入重于扬州”，现在江海多警（主要指倭寇登岸与江匪袭扰），此地又是扼守江海的要冲，现在靖江的人口也达到了一定的数量（成化八年，靖江人口达36951人[2]），而且，该地有和江南一样丰富的物产，其田亩（成化八年，靖江课赋田亩为2897顷58亩1分6厘[3]）对国家缴纳的税赋贡献比扬州的一些县还多一些，单独建县不仅条件具备，且成为必要之举。故奏请朝廷，分江阴之马驮沙，单立县治。是年十一月，滕昭所奏之本，获朝廷批准，同意将马驮沙从江阴析出单独建县，行政级别与宜兴、武进、阳湖（后并入武进）、江阴同等，具归属直隶常州府管辖。明宪宗特赐县名“靖江”，“靖”者，安定太平，他希望马驮沙从此河清海晏，不再有盗匪，能够长治久安，百姓安居乐业，安享太平。

吏部很快便选派了一名滕昭的门生张汝华，赶赴靖江，任靖江第一任县令。

滕昭其人其事

图4-15　滕昭

靖江因滕昭奏请而升格为县，那么，我们对滕公其人就应有所了解。

滕昭（1421—1480年），字子明，明（河南）汝州滕莹坊村人。滕昭曾先后任职陕西道监察御史、顺天府主考、左佥都御史、辽东巡抚、福建巡抚、兵部右侍郎、兵部左侍郎等。其父滕霄，官至四品，任湖广黄州知府18年。滕霄为官清廉，家境不富，对子女要求也很严格。滕昭13岁时，父滕霄去世，仅靠母亲程氏纺线织布维持家计，已到“家无儋石之储”的

[1]泰州文献编纂委员会.泰州文献—第一辑—⑨（万历）重修靖江县志（一）［M］.南京：凤凰出版社，2014.

[2]泰州文献编纂委员会.泰州文献—第一辑—⑨（万历）重修靖江县志［M］.南京：凤凰出版社，2014.

[3]泰州文献编纂委员会.泰州文献—第一辑—⑨（万历）重修靖江县志［M］.南京：凤凰出版社，2014.

贫困境地。艰难的生活，使滕昭从小养成了生活节俭淳朴的习性。明正统二年（1437），滕昭考中秀才，正统五年（1440）又中举人，时年19岁。20岁时他赴京参加礼部举行的进士考试，未中，却因“气岸魁伟、文学该博”被主考官看中，破例选入太学学习。毕业后，留中央任职。滕昭与当年考中的进士原杰在很多观点上一致，在朝中公认为“少壮一派”，被朝廷上下看好。景泰四年（1453），滕昭被吏部推荐任陕西道监察御史巡察陕西、山西的军政人员业绩。滕昭母亲在他临行前嘱咐：“尔父居官，始终廉洁，尔任风宪（监察御史），尤当加慎”，须“奉命惟谨”。滕昭尊母命，下去后不吃请，不收礼，严格按规定程序办事、要求对相关官员认真考核，陕、晋两省官民认为，这是朝廷对官员最公平、最公正的一次考核。为此，代宗对滕昭大加赞美，要求监察人员当以滕昭为榜样。景泰七年（1456），代宗钦点滕昭监考顺天乡试，要求严格考风，考出顺天正气，为全国做个榜样。他和主考官翰林侍读刘俨（谥文介）各主内外，采取许多种措施，革除了考场弊端，顺天府考生都认为这是一次最公正的乡试。景泰七年（1456），代宗病重，英宗南宫之变复位，许多代宗时代臣子被罢官。滕昭因一直秉持职守，勤免务政，从不入派系之争，虽为代宗看重之人，英宗亦对其人品给予了肯定，故未受宫变之累。天顺二年（1458），滕昭任京畿巡按，又受到京畿官员和百姓的好评。同年，四川都指挥司有一谋杀案，长期难以定案，遇难家属赴京告御状。英宗派滕昭赴四川查办此案。他深入调查，在掌握了大量材料的基础上，迅速办结此案。接着，英宗又命滕昭巡按福建。滕昭赴福建后，很快又办结公务，才回都察院工作。英宗称滕昭办事有力，堪为大任，下旨破格提拔滕昭为都察院左佥都御史（正四品）。成化元年（1465），宪宗即位，东北边防吃紧，下诏让守孝3年的滕昭，立即还朝任辽东巡抚，负责管理整顿辽东的边防事务。在滕昭巡抚的两年，军队士气旺盛，百姓安居乐业，军民关系良好，清军敬畏，不敢妄动，边境相安无事。成化二年（1466），宪宗视滕昭业绩，又升其为都察院右副都御史，总督漕运兼淮阴巡抚。他在总督漕运时，发现运输手续复杂，管理混乱。他制定了“长运”法，通过简化运输手续，减轻了百姓负担，并严禁官员虐待漕卒，因此“兵民皆得苏息”。成化五年（1469），滕昭又因督办漕运有功，召还京城于都察院理院事。成化六年（1470），福建天灾人祸严重，外受倭寇侵扰，内有造反不断。朝廷命滕昭为福建巡抚总揽福建军务。滕昭一到福建，先察灾情，即开官仓，赈济灾民，又将贪官绳之以法。闽西紫云台，系清流、宁化、沙县、永安四县边境，不断有人在这里聚众造反，百姓不宁。滕昭认为，这里是易出乱子的地方，要想长治久安，必须在此设县，有了县级管理机构，就可以把对百姓的教化经常化，出了事也能够有城可守，有县属武装调用应对。他向朝廷上书，建议在四县之间增设一县。朝廷同意后，划清流、宁化、将乐、沙县部分地区另设归化县（今长汀县）。

《明史》虽未为滕昭立传，但其事迹散于《明史》其他传记之中。明代王世贞著的《皇明异典述－明·沈德符万历编》和其他方志对他的事迹也多有叙述。

张汝华慧眼识“水寨”

成化七年(1471)十一月二十八日，张汝华作为首任知县来到靖江。张汝华的生卒年份，现已无法查考。他是直隶（河北）怀安县举人出身，以办事果断、精明干练著称，深得朝廷的赏识。在他到靖江以前，靖江因未建县，故“时未有城郭、宫室，邑治内皆麦垅，高低沟圳，衡缩列耕。❶”不仅没有县衙，连一间可供公职人员办公的场所也没有。而且，靖江又是“江海多警”的地方，无城池可以御匪。张汝华到靖江，一要择地安居，以利公干；二要挖濠、筑城，以应对“江盗不靖”的水匪强贼。张汝华是如何应对的？

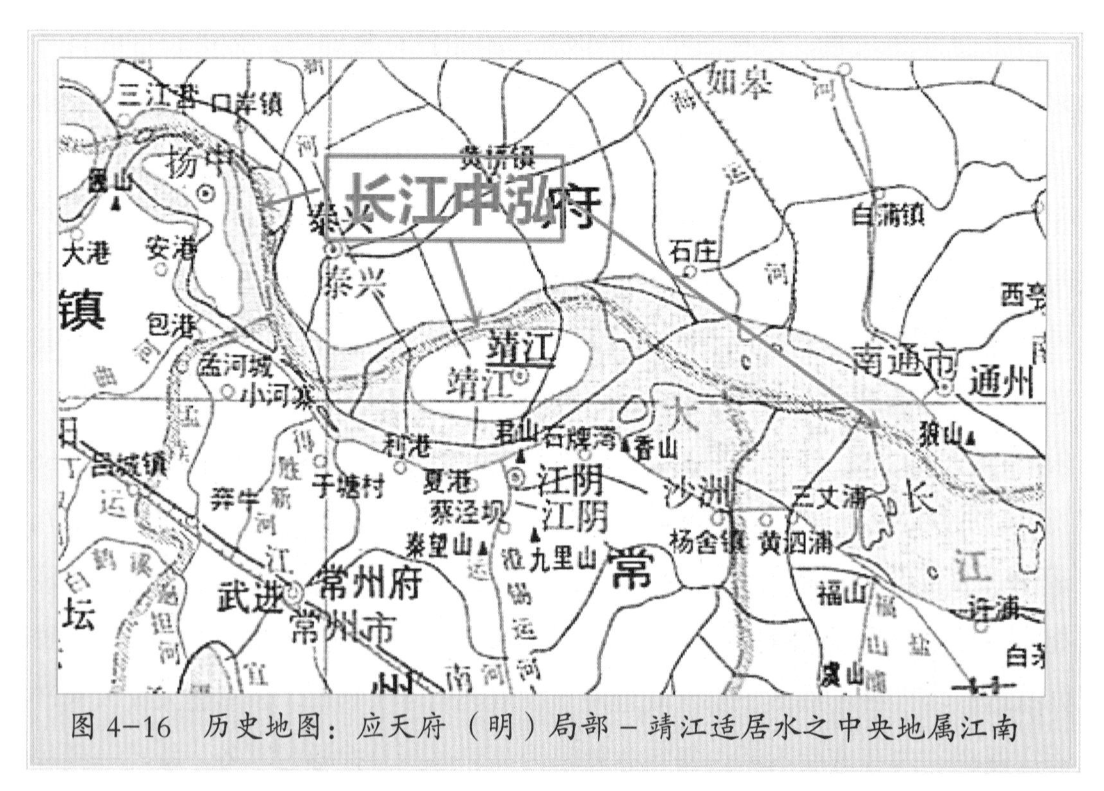

图 4-16　历史地图：应天府（明）局部－靖江适居水之中央地属江南

❶泰州文献编纂委员会. 泰州文献—第一辑—⑨(万历)重修靖江县志[M]. 南京：凤凰出版社，2014.

他到靖江后，办的第一件事就是择地建设治所，用以办公。

张汝华踏勘了靖江全境，在他眼中的靖江是“盖江源万里，数道之水一汇而注于海。至是海近潮势汤汤，江阔数倍，水歧而复合中，积成沙洲，适居水之中央，东西可五十里，南北可二十里。”❶。他经过调查，发现马驮沙上虽有几个小集市，如孙（生）祠、东阜（斜桥）等，但地理位置较偏，都不理想。而“伪将徐太二”占据马驮沙时，曾经“结寨”于此，“结寨”的这一块地方还不错，“规模周七里，地计五百十一亩，仅填土作高址，外堑河环绕以守❷”，可作为建县之城址。“伪将徐太二”是何许人？为什么又要在此结寨？这是指110多年前，元末泰州盐民张士诚起义，其弟张士德手下有两个部将，一为江阴人朱定、一系靖江人徐太二，他们占据马驮沙时所干之事。朱定原是贩私盐的，他伙同马驮沙西沙上的好友徐太二，于元代至正十四年（1354）初，共谋在江阴石桥东八乡起事，失败后，退据马驮沙。同年三月，又去进攻江阴东八乡和东郊伞墩马墅村，小胜，于至正十五年（1355）六月被元参知政事纳麟哈剌逼退，再退马驮沙。朱定考虑自己势单力薄，决定投靠其势正旺已称诚王、建国号“周”的张士诚。并献计：劝请张士诚率兵进攻物阜民丰的江南。张士诚之弟张士德，认为此策颇有道理，主动请战。征得其兄同意后，于至正十六年（1356）二月，先屯兵通州，继挥师江南福山港，很快兵进平江。取平江后，很快就收复了江南很大一片地方。朱定献策有功，被吴王张士诚封为左丞参政，而朱定声称马驮沙系南北要冲，兵家必争之地，他愿回马驮沙，为大周训练水师，以图西扩。张士诚认为有理，派元帅栾瑞率水军进驻江阴石牌，朱定、徐太二领兵扎营马驮沙，互为犄角，以待西征。就在这次回马驮沙时，朱定、徐太二为长久计，专门筑了“水寨”。朱定、徐太二在马驮沙筑的所谓“水寨”，其时也仅在周边取了一点土，将地面稍微填高了一点，取土之处，挖成了环寨的小河堑，用以拒敌。谁知仅一年，至正十七年（1357），朱元璋大胜张士诚，至九月初，徐达下令常遇春所部的水军元帅康茂才，攻下马驮沙，徐太二被擒杀，朱定逃回老家石牌，归栾瑞麾下。次年，又为朱元璋天兴右翼副元帅吴桢部下沙原德擒杀。

张士诚失败后，这座建于110多年前的水寨已经面目全非，水寨内除仅存的四五

❶泰州文献编纂委员会. 泰州文献—第一辑—⑨（万历）重修靖江县志［M］. 南京：凤凰出版社，2014.

❷泰州文献编纂委员会. 泰州文献—第一辑—⑨（万历）重修靖江县志［M］. 南京：凤凰出版社，2014.

间破落不堪的茅舍，成为“草厂”外，便是高低的麦垅和杂乱的草木，显得十分荒凉。张汝华到这里，对7里多的周遭都跑了一下，认为这块地方虽然比较荒凉，但其背有孤山，南近长江（中汊），居马驮沙之中部，处沙洲“老岸”之高地，又与江阴城遥遥相望，地理位置很好。为此，他否决了选择其他已经形成小集市建设县城的方案，决定把这个地方作为县治办公的地方和今后建设县城的中心。事实证明，张汝华的决策是正确的。今日靖江之所以有南北交通枢纽和“桥头堡”之称，正是源于他的这一决策。从那时起，他建的这座县城，便成了靖江的政治、经济、文化中心，一直延续至今。

刻苦4年建县治

万事起头难，要在荒地上建一座城，白手起家，困难更是巨大的。

张汝华不愧是一位实干家。他到这里“依民居，闢（辟）草敞（厂）[1]”寄居在附近老百姓家里，先是简单地整修了草厂的茅草屋，聊作公干之处。虽然工作环境恶劣，生活很不方便，但他却不怨天尤人。他一边募集资金，一边组织施工，在他的任期内，修筑了城墙，建造了县衙、学宫、坛庙、察院、总铺、仓廒、公馆、迎恩亭，计房屋281

图4-17　张汝华靖江建县城

[1]泰州文献编纂委员会.泰州文献—第一辑—⑨（万历）重修靖江县志[M].南京：凤凰出版社，2014.

间24厦。张汝华营建公房时如有天助，在他所写《靖江县造县岁月记》中记下了这么一段情节：方经营之初，木料未至，有松木大而长者二株，短而方者二十七株，风潮逐于沙之南岸，得之以资始；及事之将完，木柴有缺，复有大木一十七株，漂集于沙之北岸，资之以成终。此又天之所以默相其成，以福我邑之民。[1]他认为江上漂来的这些建房之木材，是天助其成。所记，实际上反映了两个方面的问题：一是，其时靖江尚处在长江河口段，江面宽阔，遇有大的风浪，翻船的事时有发生，这两次漂来的木料，定是翻掉的船只所装物资，正好来自南、北两汊，漂至靖江南、北两岸，退潮搁浅所得。二是，说明张汝华是有心人，定是他已经了解到江上不时会有漂浮物随水漂来，派人经常巡视江边发现的，或是他作了规定，对沿江百姓发现漂浮物的给以适当报酬，并须将这些漂浮物上报或上缴。

此外，张汝华还组织了一些民力，在这一区域内开凿了一口池塘，浚挖了内外城河，疏通了东西水关，造了8座桥，打了5口井，并规划了街坊，铺设了道路。至此，使县城的格局初步具备，为完成马驮沙到靖江县的演变，画上了一个圆满句号。张汝华也为此付出了常人难以想象的辛劳。他除了肩负统筹规划、组织施工的重任，还与民工一样地劳动，一样地住工棚、穿布衣、吃粗茶淡饭。他“造邑治、儒学及各公署，三年而后竣役然。令之休舍，薪具茅茨，容妻子蔽风雨而已。终其任，未尝稍有崇饰（饰），盖其急公事，而忘身家，类如此，四年以艰去，今祀于名宦祠。[1]”他花3年时间建成281间24厦县衙等公房，而在任4年，对自己和妻儿等一家人所住的茅草屋，从未作任何修饰，直至离任而去，可真谓公而忘私！他在靖江的第四年，因父母去世，只能去职离任回家守孝。靖江广大百姓和士绅对他的离去都十分怀念，一致认为他把靖江百姓看作自己的孩子，把公事当作自己的家事来对待、处理。作为封建社会的县官，能爱民如子，公而忘私，这是非常难能可贵的。于是，靖江人就把他请入专门用以纪念名宦的祠堂来供奉，以作永久的怀念和赞颂。

建城挖河多任知县同努力

靖江所存的几本县志，在记载张汝华修城池的内容上，有2处存疑，须先作交待。

各本古代《靖江县志》之“城池志”均记有张汝华修城池的时间，是成化十三年

[1] 泰州文献编纂委员会．泰州文献—第一辑—⑨（万历）重修靖江县志［M］．南京：凤凰出版社，2014.

（1477），如《（万历）靖江县志》之“城池志”所记“成化七年置县，十三年，邑侯张汝华实始修之”或光绪《志》所记“成化七年建县，知县张汝华始营上（土）城，十三年培土修之”。而张汝华在他自己所写《靖江县造县岁月记》中明确记载，于成化十年（1475）“十月十三日辛未浚河、修城，十一月廿一日癸酉厥功告成”从各志之“职官志”上所见，张汝华在靖江任县令时间，也仅做到成化十一年（1475），是吻合的。故，有关古代《靖江县志》“城池志”中，所记“成化十三年”修筑城池的时间，显然有误。此其一。

对朱定、徐太二所结水寨“规模周(外堑河长)七里，地计五百十一亩”中的各志对(城河)周长的记录有计“七里”的，也有记“三里”的。记“七里”的，有万历志、崇祯志、康熙志、康熙续增志、咸丰志；记“三里”的，有嘉靖志、光绪志、民国志、92年版志等。但其内的土地面积均记为510亩，明显各志对面积无疑，而对环河之周长存疑？明代，5尺为一步，1里等于360步，也等于180丈，1丈=3.33米，则1里约为600米。明代，1亩约为614.4平方米。按此计算环河周长，按明制长度计算应为3.7里左右；如按现制长度折算，约为4.5里。此其二。

靖江城的城墙和城河、市河等，各志未见记有其他官员改建和新开挖的，则所记之后几任县令锲而不舍地加修城墙及挖拓的市河、城河，都是在张汝华建县时所规划、建设、开挖而形成的。从各《靖江县志》所记，可以看到：

明成化七年（1417），知县张汝华开始营建土城；

明成化十年（1474），张汝华疏浚城河，筑城墙；

明成化十七年（1481），知县陈崇德奉命修城；

正德元年（1506），常州府通判王昂、知县周奇健增筑城垣4门更换城砖，建城楼各3间和建西水关。4门题名：东门“观海”、西门“障江”、南门“济川”、北门“回澜”。4名皆与水相关。

嘉靖二十二年（1543），知县王玉，环墙尽用砖石，女墙改砖。迁水关至东门。

嘉靖三十四年（1555），知县应昂增筑甕城，并提高3尺多。拓浚城河，四门改小石桥为木桥，以配套城河加宽。

嘉靖四十三年（1564），知县王叔杲修理塌损城墙。

万历十九年（1591），知县廖惟俊加高女墙3尺，下筑埞址高2尺，造飞楼33所。

万历三十五年（1607），知县朱勋，再开西水关。

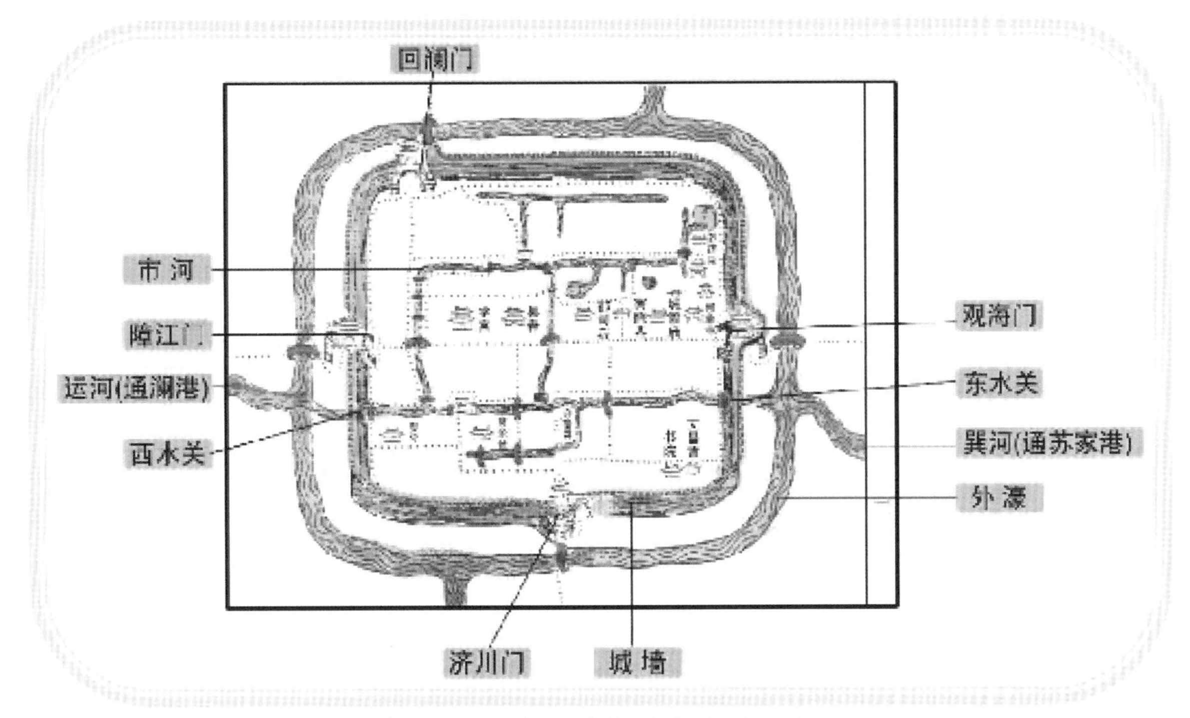

图 4-18　靖江明代县城水系示意

崇祯十一年（1638），知县陈函辉，修葺城墙。

乾隆二年（1737），知县支本固领取公帑，大修城墙并东西两水关。

咸丰三年（1853），知县齐在镕以旧存军需钱八百缗修之。

靖江历代官员不仅重视筑城，也十分注意理水。靖江的城河、市河及与之相关联的河道，他们认为："在外城脚迴抱週城"的外濠，"城之高厚与河之深广皆宜明著其数，使不得侵减焉"❶，他们规划兴筑的土城高要达到一丈八尺（6.0米），厚达八尺五寸（超过2.4米）；外濠一定要挖到"面宽六丈五尺（近23米），深一丈八尺（6.0米）"，并在城之西南方同时开挖了一条通澜港（现在的八圩港北段）的运河和一条通苏家港（现在的十圩港北段）的巽河，让城濠西通澜港、东连苏家港。这是靖江有历史记载的第一次官办民挖的人工河道。他们开挖这条绕城一周的外濠与勾连江港的运河——巽河，有4大好处：一是挖河土方可作为筑土质城墙的土源；二是挖成外濠可增加防止盗匪入城之功效；三是可将江水引入至外壕，并再用以供给城里市河水源之用；四是可使运输船只直抵城外。

❶泰州文献编纂委员会.泰州文献—第一辑—⑪（光绪）靖江县志（一）[M].南京：凤凰出版社，2014.

他们在挖外濠的同时，还一并规划开挖了“县城内与外濠相表里”的市河，以达“钟水蓄秀，利民用也[1]”。从《（光绪）靖江县志》卷首的县城图中看到，城内是由一条偏南部东西向的市河两头沟通外濠，先从西水关进，绕学宫、县署一大圈，再从东水关出。南北布局4条东西向平行河道，由2条南北纵向河道，沟通横向河道，呈两个工字形组合而组成城内水系。从这一水系布局可以看出，这些官员可谓是既具有很丰富的水利知识，又很能深入实地、察看水情的人物。他们能把靖江城内外的水系布局得如此之好！外可引江，内可蓄水；城处老岸高地，既可防洪，又易排涝。特别让笔者赞赏的是：他们不仅对水有“利民用也”的认识，而且具有“钟水蓄秀”的水工美学观点，“钟水”者，聚汇水也；“蓄秀”者，聚积美也。这往往是大多数治水者所缺少的理念。很多水利决策者，往往只看到水的物质功能，认为只要能应对水旱灾害，保证水灌溉和百姓吃水、洗衣即可。他们忽略了水还有精神功能，水能改善生态条件、营造生活环境，使人宜居，让人观赏、休闲。在靖江开河的这些县令，为靖江想到了这一点。与希腊哲学家亚里士多德的名言“人们来到城市是为了生活，人们居住在城市是为了生活得更好”所形成“城市让生活更美好”的观点，颇相近似。城市建设，不仅让人生活好，还要让人有“秀美”可欣赏，以满足人的精神文明需求。

图4-19　亚里士多德

张汝华还在城内挖井5口、造桥8座，以备枯水的冬季百姓之用水和方便城里交通。张汝华所建土城设东、西、南、北4个城门，从东到西、从南到北，长度约在1华里。这也就是从明代直到解放前靖江城的范围，基本未有变化。张汝华规划建设的城市规模，历480多年，都未突破。这个规划，应该说是极其有远见的了。

[1] 泰州文献编纂委员会.泰州文献—第一辑—⑪（光绪）靖江县志（一）[M].南京：凤凰出版社，2014.

杨御使筑堤运盐河两岸

（1479—1540年）

西溪运盐河与泰东河

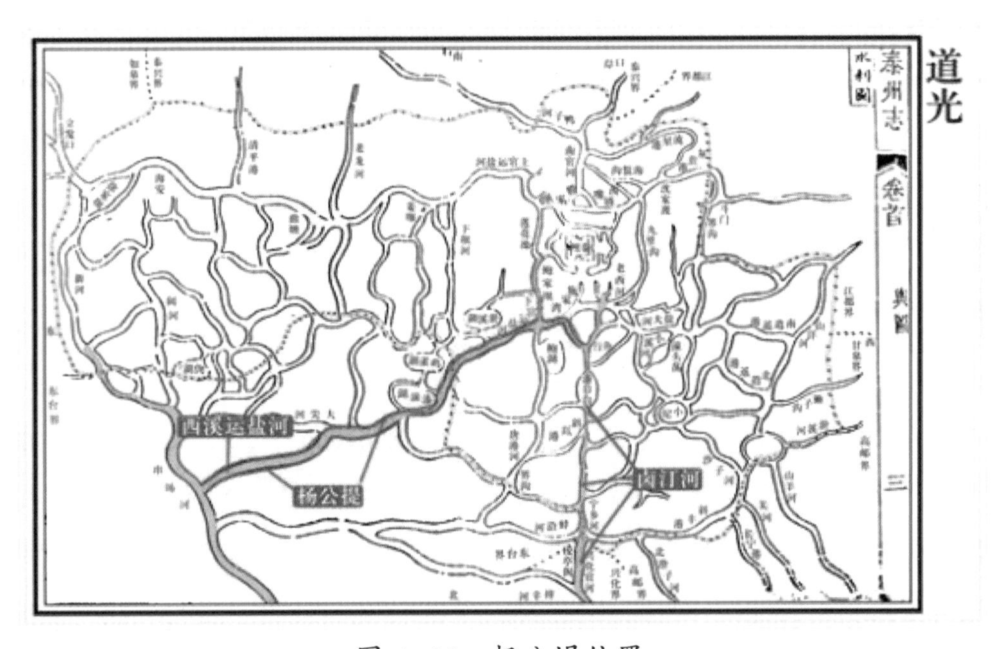

图 4-20　杨公堤位置

1998年《泰州志》载“明宪宗成化十五年（1479），筑西溪运盐河北（此“北”字应改为“河”字，从《（道光）泰州志》、《盐法志》相关记载中均未见有只修“北”岸堤防的记载；从河道堤防修筑技术看，也不会只在一边修筑堤防——笔者注）堤（后称杨公堤），通东台[1]”。西溪运盐河，起于泰州北与卤汀河呈丁字形相交汇处，向东经赵公桥，再与通鲍坝的老东河交，折而东北向，流入姜堰境内，与串场河相交于西溪（宋隶泰州海陵，现属东台），通达海边盐场。也就是现在经裁弯取直后的新通扬运河泰

[1]泰州市志编纂委员会．泰州志［M］．南京：江苏古籍出版社，1998.

州西段6.4千米和泰东河东至西溪段48.7千米，主要河段泰东河在姜堰、东台境内。此河，据《东台地名志》记载，泰东河最早开发于汉代，为运盐，继则为宋。至明代建立后，朱元璋采取用粮食换盐票的措施，让商人将粮食运到边防部队，取得盐票到盐场支盐，大大地刺激了盐的生产和运输，海盐生产进入发展辉煌期。为提升河道的水运、挡潮御卤和加快海盐流通功能，泰东河贯通于明永乐二年（1404），全线开挖拓宽于明永乐四年（1406）。泰东河全线贯通后，缩短了从海边淮南中十场到泰州的距离，形成了一条水上运盐的便捷通道。范公堤东，灶区的运盐船可以从串场河经泰东河进入泰州城北西坝（坝下为里下河，低水位），翻坝掣验、纳税，转卸上河（长江、淮河，高水位）船只，运往各地。一时间，泰东河“盐船万艘，往来如织”。在相当长一段时期内，仅东台、何垛、安丰、梁垛、富安5场，盐产量达到年近200万石，使当时的盐业生产进入鼎盛时期，盐场出现“烟火三百里，灶煎满天星”的壮观景象。

御史杨澄奏筑运盐河堤

为什么西溪运盐河河堤被称为“杨公堤”呢？《（道光）泰州志》“河渠－水利”篇中记得稍许清楚一点：“下河水道以孔家涵为来源，北注下游，其道有三，……一由浦汀河东经杨公堤至武下荘边城等处入东台。杨公堤即运盐河之旱堰，自泰至东台一百二十里。明成化七年（1471）御史杨澄巡视海上，因运盐河堤年久倾颓，盐商阻滞，奏请筑河堤一道[1]”，讲的是明成化七年（1471），监察御史杨澄奉命监两淮盐课。在巡视泰州沿海时，获知泰州西溪运盐河河堰（河堤）毁坏多年，盐场受淹、稼穑受害，盐运受阻，决心重修河堤，获准。工程于1479年二月开工，历经4个月，全面竣工。此工程，用去桩木4万3千根，苇草70余万束。《盐法志》“卷之七－水道”篇“御史杨澄筑泰州堤百里，人呼为杨公堤”后，有一篇在此堤完工后不久，与杨澄同时代的明成化年间庚子科的进士、总理两淮漕河的察院左都御史张瓒所写的《杨公堰记》，以更为清晰的情节，对这一工程的经过做了介绍：

杨澄于（明）成化己亥年（1479）秋，奉命驻节泰州，监察两淮盐课。其时，有

[1]泰州文献编纂委员会．泰州文献—第一辑—②（道光）泰州志［M］．南京：凤凰出版社，2014.

泰州百姓王福、商人李铭及士绅耆老几千人，前来禀告：泰州的捍海堰是宋代范文正公（仲淹）在泰州监西溪盐仓时，建议修筑而成的。绵延泰、通、楚 3 州，3 州的老百姓受其恩惠，永久不敢忘记范公恩德，至今都称此堰为“范公堤”。而泰州从灵济庙起，往东直抵西溪巡检司，接东台 12 盐课司，长 120 里的西溪运盐河堤，年久失修，加之遭遇淫雨风涛，造成堤身毁决，崩坏日久，两侧大片农田被淹，地返盐碱，稻菽无收多年。饥民无以聊身，转而贩卖私盐，盗贼渐多，无法遏止，盐、农两业俱损。杨澄听到禀报，甚为痛心，随即奏本朝廷请筑河堰。经批准后，立即行文至扬州知府杨成、同知张锡、泰州知州陈志，要求他们拿出规划，计算修堤所需财物、经费。进而落实工料、民工，立即组织修筑河堤。泰州选派州判丁纶、如皋知县向翀及他们的下属，到各自堤段组织施工。在大堤原来 7 尺高的基础上增加 3 尺，历 60 天，堤成，并在堤上栽了 3 行数以万计的柳树，堤上及沿岸还修平坦的堤顶道路，使百姓行舟驾车皆便，并在泰州渔行庄和溱潼造水闸、土坝各 1 座。闸用以泄水防洪，坝用以蓄水备旱。沿堤设邮铺 10 所，并专门增设了巡守堤防的管理人员。工程完成后，杨澄亲自前去验收。其时是“居民大悦，男妇老幼拜颂塞道”，塞满道路来拜颂杨澄的老百姓请求说：宋时为防黄河西决，河南滑县知州陈尧佐所筑之堤，称陈公堤；苏子瞻（东坡）在杭州任太守时筑长堤于西湖称苏公堤；而泰州的范公堤已毁损多年，幸亏有你杨公“续范之功，使我泰州之民永赖”，故请将此堤命名为“杨公堤”，杨澄当即坚辞不许。其后，

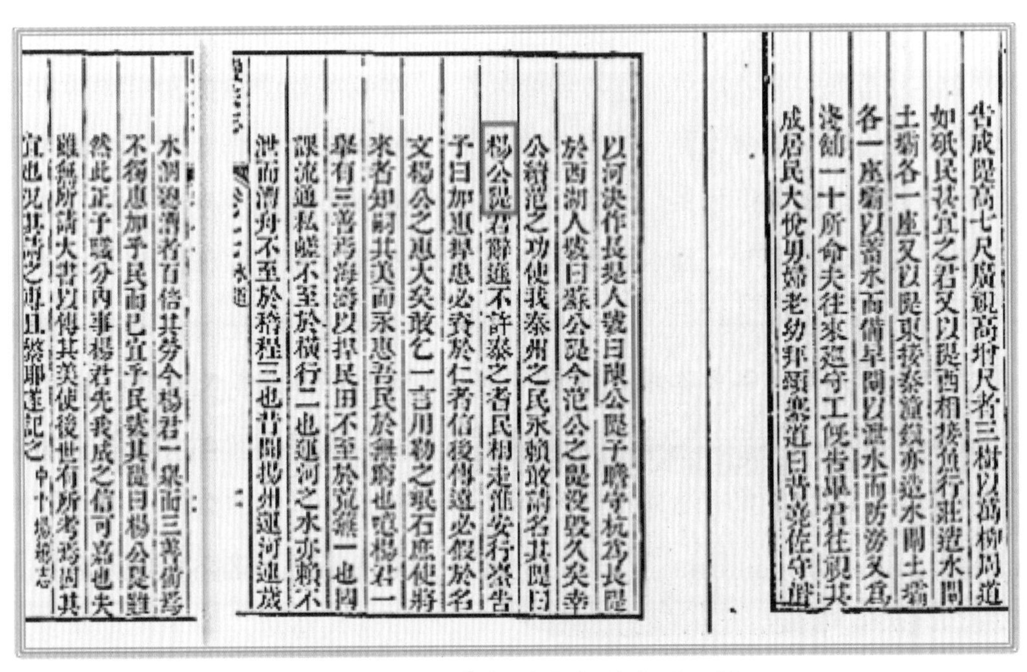
告成隄高七尺廣視高卅尺者三樹以萬柳周道
如砥民甚宜之君又以隄西相接魚行莊造水閘
土壩各一座又以隄東接溱潼鎮亦造水閘土壩
各一座壩以蓄水而備旱閘以泄水而防澇又爲
淺鋪一十所命夫往來巡守工既告畢君往視其
成居民大悅男婦老幼拜頌塞道曰昔堯佐守滑
以河決作長隄人號曰陳公隄子瞻守杭爲長隄
於西湖人號曰蘇公隄今范公之隄没毁久矣幸
公續范之功使我泰州之民永賴敢請名其隄曰
楊公隄君辭避不許泰之耆民相走淮安行臺告
予曰加惠捍患必資於仁者信後傳遠必假於名
文楊公之惠大矣敢乞一言用勒之堅石庶使將
來者知尉其美而永惠吾民於無窮也噫楊君一
舉有三善焉海濤以捍民田不至於荒蕪一也四
課流通私鹺不至於橫行二也運河之水亦賴不
泄而漕舟不至於稽程三也昔聞揚州運河運歲
水涸浚濬者百倍其勞今楊君一舉而三善備焉
不獨惠加乎民而已宜乎民喜其隄曰楊公隄雖
然此正予暨分內事楊君先我成之信可嘉也夫
雖無所請大書以傳其美使後世有所考焉固其
宜也况其請之再且懇耶遂記之

图 4-21　《泰州志》载杨公堰记

泰州老百姓又推举了一些德高望重的老人前去淮安行台上告张瓒说：“加惠捍患必资于仁者，信后传远必假于名文。杨公之惠大矣，敢乞一言，用勒之珉石，庶使将来者知嗣其美，而永惠吾民于无穷也！”对于能率领百姓抵抗水患的仁者要表彰，对于被表彰的人要把其事迹用文字写下来。杨公功劳非常大，我们请求张大人写一篇文章，并把这篇文章刻在似玉一般的石头上，使将来的人都能知道他的美德，以求永远惠及我们这里的老百姓！接下来，这些老百姓还告诉张瓒，杨御史所做的工程，有三大作用：一是在范公堤（堰）毁坏的情况下，可挡海潮和卤水倒灌农田，捍卫广大的民田，不至荒芜；二是海盐能正常运输到泰州，缴纳国税，还可以起到抑制私盐横行的目的；三是能保证西溪运盐河水不下泄，确保漕运，让运盐船只不管夏水冬旱，常年在河中航行，商民称便。据了解，以前扬州运河水干涸时，盐粮水上无法运输，改旱运，要花百倍的劳烦。今杨御史“一举而三善备焉”，他不仅造福于老百姓，而且也够资格用他的姓，命名此堤为“杨公堤”。张瓒在记中最后写道：这件事原本是我分内之事，杨君已在我之前完成了，你们要求对杨君嘉奖和大书特书其美德，让后世有所考据是适宜的，为满足大家的请求，我专门写了这篇《记》文。张瓒在《杨公堰记》开篇就客观而公允地写出了他对杨澄能筑成此堤的看法：“君子未尝不欲加惠于斯民也，有其心，无其位，不足以惠斯民也。有其位，无其时，亦不足以惠斯民也。然则有是心，居是位，得其时，而民被其患者，吾于监察御史杨公见之矣。”讲的是他和杨澄共同认为：每个君子都想为老百姓办好事，但你不在其位和把握不准时机，得不到朝廷和社会大众支持，都办不成好事。唯有在位的官员，既要有心办惠及广大百姓好事，又要能争取到朝廷和社会大众支持，才能真正为老百姓办成实事、好事。

图 4-22　杨澄率百姓抵抗水患

杨澄自己在这段堤防的修筑完工后，曾作诗以明志曰：“千里禾麻伴草莱，范公厥后又成灾。疏陈丹陛民愁活，令下寒崖春意回。万丈巨鳌从地起，一条周道自天开。

方来同志宜同守，绝胜庭栽王氏槐。”字里行间记载了他向朝廷上报要求筑堤的原因、朝廷批准筑堤后他的感激之情，对筑成堤防的赞誉和希望今后到这里来的同僚们多做这类有利于百姓的实事。他认为，“绝胜庭栽王氏槐”，为老百姓干实事，要比北宋真宗时宰相王旦的后人王祜，在自己的庭院中手植三槐，勉励子孙努力仕进的虚为，对后人影响要大得多。这位看到千里灾情，心中装有万“民愁活”，能以范仲淹为榜样，为泰州西溪运盐河留下了120里两岸堤防的御史杨澄，能不让人怀念吗？在泰州，以有政绩的官员之姓为水利工程的命名有先例，如宋代的范公堤，后来的赵公桥、董家小桥等。此堤系御史杨澄奏请朝廷批准所筑而成的，泰州人为了记住杨澄的政绩，经过努力向张瓒争取，才使该堤能称为杨公堤的。泰州人这一锲而不舍用有作为官员姓氏命名工程的方式，是泰州人具有感恩之心的一种美德。

杨澄是秉廉明志的官员

杨澄，字宪父，明代四川射洪县金华镇人，生于明宣德八年（1433）。成化五年（1469）中进士，官授行人，又特授监察御史，后官至都察院左佥都御史。其间曾派往辽东、宁夏考察吏治民情，巡按两淮盐课，再任大理寺卿。任大理寺卿期间，“人无冤狱”。巡抚山西等地，兴利除弊，“风纪严明，法度得体”。他精明干练，政声卓著，人称贤能。其子杨最，于正德三年（1508）考中进士，后授工部营缮主事。杨澄父子二人为官皆清廉、正直，为历代楷模。明正德三年（1508）六月十三日，杨澄在家中逝世，

图 4–23　杨氏族谱

年76岁。入殓时，竟然找不到一件多余的衣服，没一块完整的布帛，也没有做棺椁的木料。来凭吊的人，才知道这个做过朝廷三品大员的逝者给子孙留下的，只有清贫的家境与清白的风范。

图4-24　味菜堂匾

其子杨最，传其家风，将父亲所写的《爱菜说》奉为传家之宝，也一身淡泊以明志，清廉为官，成为雕刻于青史的直臣、名臣。其后世一支，皆以“味菜堂”为堂号。于是，射洪金华杨氏，“一门七进士”皆为清官廉吏，坊间对他们有“气钟岷峨，秀毓巴蜀”之说。根据中国社会科学网所载全国中学语文研究会会员喻善平介绍的杨澄所写《爱菜说》一文如下：

爱菜说

（明）杨澄

盈天壤间者，皆物也。物各有所取，人各有所爱。古有爱莲者、爱菊者、爱牡丹者，是皆物情相类，玩之以适情焉。谓余独无爱乎？余何爱？爱菜而已。

图4-25　色青以白

菜之为物也，不择地而生，不借人而茂，不枝不蔓，不妖以艳。其色青以白，非姚黄魏紫之可以动人；其味苦而淡，非牛羊鸡豚之可以适口。然一时王公大人，列九鼎，罗八珍，此物可有而不可无；贫儒寒士，一箪食，一豆羹，此物可多而不可少。则是一菜也，贱者爱之，贵者亦爱之；贫者爱之，富者亦爱之。

以视周之爱莲，陶之爱菊，世之爱牡丹，不亦异乎？且菊，隐逸者也，陶爱之；莲称君子者也，周爱之。继此爱菊、爱莲者谁欤？牡丹，花之富贵者也，爱之者众，无怪其然。余非恶此而逃之，诚以菜之产也，不择地，有似余之苟安；不藉人，有似余之寡合；不枝蔓，有若余之梗直；不妖艳，有若余之朴素。色青以白，白而不污，可以励余之廉隅（此喻端方不苟的品行）；味苦而淡，淡而不厌，可以助余之清操。是故无贵无贱，无富无贫，食之所存，爱之所存也。非与夫倾国之色，刍豢（指牛羊犬豕之类的牲畜，泛指肉类动物）之味，可贵而不可贱，可富而不可贫，倚于一偏，待人而有者也。予故爱之深，而嗜之笃，朝斯夕斯，接之于目，儆之于心，资以养生延龄，清神寡欲，无他好焉。

晋王殿下，知余酷好此菜也，命画工图之以示余，余亦爱此图，不忍卷而怀之，侈其说（通“悦”），乐与大夫同事者共。嘻嘻！倘爱同余爱，不可不知此味，不可使民有此色。昔（宋代儒者）汪信民曰，“人常咬得菜根，则百事可做。”旨哉斯言。

大地　周末

射洪　杨澄《爱菜说》秉廉明志

图 4–26　射洪杨澄《爱菜说》秉廉明志

杨澄的《爱菜说》，全文 478 个字，寄物言志。通篇文字优美，言简意赅，通俗易懂。文章以其对白菜之爱，来表达其深邃的思想内涵和高尚的道德情操。杨澄不爱莲、不爱菊、不爱牡丹，是由于这 3 种植物与他为官之为民做主、为民造福的宗旨不符。杨澄爱菜，是因为“诚以菜之产也，不择地”。他认为，为官者应该服从国家安排，哪里需要就到哪里去，不应该讲条件。“有若余之朴素。色青以白，白而不污，可以励余之廉隅，味苦而淡，淡而不厌，可以助余之清操。”而要讲的是用菜之清白告诫自己，应清清白白地做官，要清廉公允，常记民苦，保持情操。杨澄爱菜，物我两忘。他以菜之清白，喻人品，喻官德，坚守自己独立的人格，“不借人而茂，不枝不蔓”，指做人不要哗众取宠，要像白菜一样“梗直不妖艳”。即使身处艰难困苦的境地，也不择地而生。“朝斯夕斯，接之于目，儆之于心”，为官者，要时时刻刻记住廉洁清白，要朴素色青以白，白而不污。他对白菜“爱之深，而嗜之笃，”

认为可以“清神寡欲”，可以“养生延龄”。把为官清廉、健康养生连在一起，是当时官场第一人。

杨澄把民间之苦比喻为“味苦而淡”，而自己“淡而不厌”，时刻牢记百姓之苦，“可以助余之清操”，可以不断提升自己的修养。“人常咬得菜根”，“不可不知此（菜）味”，才能不忘百姓之清苦，才能通过自己的努力“不可使民有此（菜）色”，改善老百姓的生活条件，这才是为官者的职责所在。

其子杨最丹心为民除水患

杨澄的儿子杨最，也是一位善于治水的官员。杨最，治理水患所建的功绩，并不亚于他的父亲杨澄。

据《明史》记载，杨最（1472—1540年），字殿之，正德十二年（1517）进士，授工部主事。以直谏著称于世。明世宗元年（1522）提拔为都水司郎中，到淮安、扬州一带治理江淮水患。杨最就宝应汜光湖堤加固工程上疏奏朝廷，提出“三策”：宝应汜光湖四周，西南高，东北低，漕运舟船行驶湖中的水路有30余里，而东北的堤岸不超过3尺高，遇到雨下久了、风太大了，就会冲决堤坝，阻碍以致影响大运河的漕运，湖畔广大良田都要遭受严重水害。上策为，应该像战国时期魏惠王属下的水利专家白圭修筑康济湖那样，专门敕令大臣在内河加修一道堤防，并培护旧堤，用作外部屏障，可保百年没有水患；中策是，对沿湖堤岸多打几重木桩，可增加现有堤防抵挡风浪的能力，并加高旧堤，加厚堤身，也足以支撑几年。下策为，填塞漏洞、补上缺口，或许暂时不会出事，一遇大雨浸渍过久，洪水激荡，还有可能泛滥成灾，这不是能长久解决问题的办法。结果朝廷工部研究决定采用杨最提供的中策。从这件事情上可以看出，杨最上疏，条呈利弊，以上、中、下3策，提供决策者参考，可谓用心良苦了。虽然朝廷决定只采用中策，但亦能做到使地方几年不发生水灾，保障了这一段时期京杭运河的漕运和兴化、盐城、泰州、南通的农业生产。

杨最，经多次升迁后，被任命为贵州按察使，并入朝做了太仆卿。后来，因直谏明世宗不要听信方士段朝用炼金、炼丹去闭关的谗言，被下狱重施杖刑而亡。后为穆宗于隆庆元年（1567），平冤诏恤，封为右副都御史，谥号忠节。

泰兴明代重视开河筑堤

（1443—1553 年）

泰州古盐运河以南的泰兴大部、姜堰南部、海陵南部的地区地势较高，地面一般在真高 4.5—5.5 米，泰兴最高的西洋庄地面最高达真高 7.2 米。这片大地，土质多由长江冲积物形成。这些冲积物的机械组成与江水流速相关，即在水流湍急的地方，多为沙粒沉积，在水流缓慢的地方，则形成黏粒的沉积。这一带成土母质较沙，多为轻壤型高沙土地区。历史上这一带河道稀少，灌无源、排无路，多为龟背状小块田，只能种些靠天收的旱谷，如高粱、谷子、小麦、大麦、元麦、荞麦、黄豆等低产作物。一旦稍有旱情，定然减产，遇有大旱，便民不聊生。

明代两泰地区大旱斗粟易子女

明成化二十年（1484），泰州所属的通南高沙土地区发生了非常严重的旱灾，运盐河枯竭见底。因此，导致粮食严重减产，乃至绝收。粮价高涨，致使饥民们只能靠卖儿女去换斗粟，以度饥荒。《泰州志》记载：大旱，运盐河竭，运盐车声昼夜不绝，

图 4-27　河水枯竭及斗粟易子女

斗粟可易男女。[1]《泰兴志》记载：大旱，河水枯竭，斗粟易子女[2]。这一年旱情主要在沿江，据分析，淮河流域降雨也同样是偏少的，才会导致淮水来量甚少，否则，也不会造成古盐运河变得枯竭无水。古盐运河虽处上河，但是在湾头与大运河交汇处的，一般年份，淮水经江都邵伯湖南流，过桥下设有滚水坝的壁虎桥、凤凰桥才向东进入古盐运河。而1484年淮水水位一定低于壁虎桥、凤凰桥下两座滚水坝的高度，水无法向东流补给古盐运河。

其实，泰州历史上的旱灾一直也是不断的，尤其在两泰通南高沙土地区尤为严重。严重的旱灾，一般在古代志书中列入“祥异”篇目内记述。例如，清《（宣统）续纂泰州志》在“祥异”篇内就记有“咸丰六年（1856年）五月至八月，大旱。运河水涸，赤地千里，飞蝗蔽天[3]”。据1992年版《泰州农林水利志》记载发生的旱灾年份统计，仅原（县级）泰州市范围内，从公元442年到1948年的1507年间，共有143年，平均每10.5年出现一次大旱。

泰兴旱灾出现的频率比原（县级）泰州更高一点，从泰兴有历史记载的宋代建隆三年（962）至1949年的988年间，有历史记载的旱灾为132次，平均近7.5年就出现一次。不少年份灾情也是十分严重的，例如“宋淳熙七年（1180），旱，大饥，四月至九月不雨”；“宋嘉定元年（1208）旱，大饥，人封道殣（jǐn，谨，指饿死）食尽，发瘗（yì，意，指死去已被埋葬的）肉以继”；“清嘉庆十九年（1814）夏，大旱，河尽涸[4]”等。

众官员因灾重视开河筑堤

泰兴除西南沿江地区，地势较低，其他地区都处在通南高沙土地区，尤惧干旱。从明代正统八年（1443）至明嘉靖三十二年（1553）的91年间，较为严重的旱涝灾害，交替影响着这些地区。灾害年份高达几近每隔一年就遭遇一次。严重的灾情，迫使这

[1]泰州市地方志编纂委员会.泰州志［M］.南京：江苏古籍出版社，1998.

[2]泰兴县志编纂委员会.泰兴志［M］.南京：江苏人民出版社，1993.

[3]泰州文献编纂委员会.泰州文献—第一辑—③（宣统）续纂泰州志（一）［M］.南京：凤凰出版社，2014.

[4]泰兴水利史志编纂委员会.泰兴水利志［M］.南京：江苏古籍出版社，2001年.

一阶段泰兴及其上级的有关官员们，不得不重视水利建设。史载，这一阶段泰兴兴办的水利工程，主要分三大类。

第一类，解决与漕运相关的航道工程。《钦定四库全书·江南通志》卷五十九“河渠志”“运河”篇记载：录漕运总兵官都督佥事武兴、巡抚侍郎周忱等，奏常州府武进县民言：漕舟出夏港，泝大江，風涛险阻害不可胜言。常州西城有德胜新河，北入江，江北扬州府泰兴县有北新河，中间有淤浅者，俱宜浚之，以避大江险阻。正统八年（1443），按武兴、周忱之谋划，利用3月农闲，动员民工15.5万人，完成了疏浚北新河工程。此工程用了整1个月的时间，将原来较窄、仅能用于引水的小河，拓宽成可以通航的漕河，与京杭大运河漕运配套。这项工程虽在泰兴，因事关京杭运河漕运，故列为国家工程。

第二类，应对江潮袭击的江堤（堰）工程。《泰兴水利志》记载：成化十八年（1482）十二月，泰兴知县蔡暹组织县民8000人，修筑江堰。自保全乡至庙湾长16925丈，宽3.5丈，高1丈，三月后竣工[1]。其实，这项工程，不只是县里的工程，而是（扬州）府属的工程项目。《（光绪）泰兴县志》有关这事的记载中，另有“宪宗成化十八年（1482），扬州府同知李绂率知县蔡暹，筑县西南江堰，自保全乡。长……[2]”句。说明这一浩大工程，是由扬州同知（职官，仅次于知府，一般为五品官员；扬州的同知，一般都是从四品官员，以示朝廷对扬州的重视）李绂，坐镇泰兴领导完成的。也说明这一工程是得到扬州乃至朝廷的批准或支持的。为什么能得到如此之重视？同样可以在此志所记内容中找到答案。“皇朝御天下已百二十年，天下贡赋悉出于东南”，于是专门选派李绂到扬州府任同知，“专督所属三州七邑之赋。”“成化壬寅秋（即1482年）”李绂轻车简从到了泰兴，召集泰兴知县蔡暹和黎民、老者开会，倾听他们的意见，知县蔡暹汇报讲“邑之郊，有良田数万亩，西抵江都，东比如皋。自乡之顺德庙港，迤逦至依仁新河，绵亘八十里，皆滨扬子江，吞啮江潮，沦为沮洳。土人废播种者百余年，令不安其职，赋不得其平，财愈竭而民愈感。其不去为盗也，亦幸矣！[3]”。说的是泰兴（含靖江）滨江数万亩良田，经常被长江潮水所淹，农民无法耕种已达100多年，

[1] 泰兴水利史志编纂委员会．泰兴水利志［M］．南京：江苏古籍出版社，2001.

[2] 泰州文献编纂委员会．泰州文献—第一辑—⑥（光绪）泰兴县志（一）［M］．南京：凤凰出版社，2014.

[3] 泰州文献编纂委员会．泰州文献—第一辑—⑥（光绪）泰兴县志（一）［M］．南京：凤凰出版社，2014.

农民无法生活，不去偷盗就很不错了，又怎么能缴纳税赋呢？这是导致泰兴“赋不得其平”的根本原因。李绂当即表态，这方面我们为官的有责任。他立即“急白于巡按魏公”，上奏朝廷。朝廷“议下”，才批准了这项工程。这里，讲清了这次李绂能批准并组织此工程的根本原因。

第三类，提高引排能力的挖河、浚河工程。成化二十年(1487)，泰兴发生特大旱情后，泰兴不同任内的知县都努力大兴水利，所开、所浚的河分别有：

成化二十三年（1487），知县吴钟浚新河（原泰兴环城河向南接王家港）。

嘉靖十二年（1533），知县朱篪筑庙港（今南官河），至过船港江堤，长7630丈。

嘉靖十四年（1535），知县朱篪浚县西南马桥河，河距县治25里。

嘉靖二十五年（1546），知县朱重光浚县北通泰河。

嘉靖三十二年（1553），知县姚邦材，增置城守，开挖护城河。

从明代正统八年（1443）至明嘉靖三十二年（1553）的91年间，在泰兴任知县的官员计有27人，为《（光绪）泰兴县志》记入“仕绩列传”篇中的仅蔡暹、罗贤、朱篪、姚邦材4人。这4人中，蔡暹、朱篪、姚邦材3人的水利政绩专门记入“河渠”篇。

图4-28 明代大名通判罗贤

另一人罗贤同样也是一个“勤劝课、兴水利、操履峭[1]”的人。虽然相关志书中未能读到罗贤具体的水利业绩，但从这9个字中，可以十分清晰地看到罗贤的做官、做人及其政绩。“勤劝课”，古代做县官就要管收税、收田赋，一个“劝”字，将罗贤对待士民工商的态度与为官的责职及权力——收税赋结合得多好！他“劝课”，就是向老百姓讲道理，而不是强征暴敛。他“勤劝课”，就是不断地、反复地做工作，可见他是一位勤政的官员；虽然，相关志书未留下罗贤所干的具体水

[1] 泰州文献编纂委员会. 泰州文献—第一辑—⑥(光绪)泰兴县志(一)[M]. 南京：凤凰出版社，2014.

利工程，但能为他留下“兴水利”3个字，就很能说明问题了。干水利有两种：一是应对较大灾害的重点水利工程，二是发动民众自力更生搞的“面上”小型农田水利工程。前者有明显政绩可记，后者则需做大量规划、宣传、组织、动员、指导工作，而使农民得水之利，更为直接。另据今人骆崇泉《那些镌刻于青史的姓名》一文中有罗贤“疏浚了县西南三十里处的新河”的一段文字，想必也是有一定出处的。虽志书未载，但仍可信。不管有否浚新河之说，仅一个“兴”字，就可以将罗贤的水利工作之业绩，定位在所做面广量大的“面上”农田水利工作之上。“操履皭”3个字，虽然太文言了一点，将其翻译成白话文，就是讲他在为官的经历中，十分注重品行操守，不但勤政，而且廉政。他给写史者留下了干净从政、洁白从政的形象，才会赢得史家给予他的“操履皭”3个字的名声。

贡献泰兴水利的上级官员

这一阶段泰兴的水利工程牵动了3位上级官员：一为漕运总兵官都督佥事武兴、二为巡抚侍郎周忱、三为扬州同知李绂。由于李绂官职较低，没有资料可考，故仅介绍武兴和周忱一武、一文两位官员。

（一）武兴

有关武兴的资料存史不多，无系统的介绍资料，只能从记录的一些奏章中了解到大概的情况。他是一名被朝廷任用为管理漕运的武官，向朝廷提过有关漕粮运管方面的建议，他本人也存在一些问题，但受到皇帝的袒护。后在“土木堡之变”中，奉于谦之令在“北京保卫战”中不幸中箭身亡。《明实录英宗实录》·《明英宗睿皇帝实录》中有关他的历史记载主要为：

正统元年（1436）秋，“运河耍儿渡决，行在工部奏请：‘令副总兵都督佥事武兴，发漕运军士及近河军卫，有司发丁夫，并力修筑。’上以漕卒，不可重劳，特敕太监沐敬、安远侯柳溥、尚书李友直，别为从宜区处”。天津武清北运河上的耍儿渡，本名“甩弯儿渡”，后来讹传为“耍儿渡”，而且成了正称。耍儿渡出险，工部奏请调时任副总兵都督佥事武兴的漕兵去修筑，皇帝朱祁镇认为武兴所率漕兵，不宜从事筑堤等重劳力工作，应另选人员去筑堤。

《漕船志》卷之六记载："正统元年（1436），令造船旗军不与操守之事。总兵官都督武公兴等题，岁运粮船损坏，产有物料者，于本处修造；无产者，分拨各提举司修造。各拨官军前来，贴办用工，庶使运粮者得以依时休息。"这份圣旨说的是可以接受武兴对朝廷提出的有关损坏运粮船修理的方案。

朝廷在正统二年（1437）"命左军都督佥事王瑜，佩漕运之印，充左副总兵。右军都督佥事武兴，充右副总兵，率领舟师，攒运粮储，所领运粮官军，悉听节制"。这是朝廷对武兴所任之职的人权、事权的配置。

正统四年（1439），"敕南京守备襄城伯李隆、参赞机务少保兼户部尚书王福，选补运粮军士时，漕运总兵官都督佥事武兴言：'南京各卫运粮官军往年多有逃回者，今岁龙虎左卫逃者几二百名，若不勾补，未免负累见在军士，包运非惟粮数有亏，且使小人得计。奏下行在户部：请敕隆等令于本卫屯军及见在京各卫食粮军内，选补原数。漕运的令，挨捕在逃正身，依律惩治，庶奸顽有警。'从之"。这是武兴在选补运粮军士时讲的一段话，大意是南京所辖的漕兵，以前逃跑了不少，仅今年龙虎左卫就逃跑了近200人，如不补充漕兵，就大大增加了未逃士兵的工作量，实际上就无法完成任务，中了小人之计。武兴要求补足漕兵人数被朝廷接受。

正统六年（1441），武兴任总漕都督兼管河道。

正统九年（1444），巡按直隶监察御史吴镒提出："按漕运官酷虐军士之罪，上命都察院治之。且曰：漕运官恣肆，总兵官何不禁？约其檄责武兴辈，戒其毋仍纵官虐人"。讲的是巡按吴镒查出漕运官虐待士兵，认为不仅要惩治漕运官，也应惩治总兵官武兴纵容下属之罪。

正统十一年（1446）"漕运总兵官都督佥事武兴奏：'各处军民兑粮之际，因官司不相统属，以致争兢者多。乞遣户部主事一员，提督各该军民官员，公同交兑，庶免争兢。'从之。""升漕运总兵官后军都督府都督佥事武兴，为都督同知右参将锦衣卫带俸都指挥佥事。汤节，为都指挥同知仍督漕运。"武兴这条将监兑之权归并于地方司府州级"管粮官"的建议，是针对征粮、运粮因受体制和机制的束缚而提的。看来得到皇上的欣赏，其时，对武兴加了官爵。然而，此后直到正德七年（1512）之前，《明实录英宗实录》中再无关于户部司官监兑漕粮的记录。以此推知，正统十一年（1446）后，户部监兑官的派设并未形成定制。或是，虽定了下来，又遭裁撤，直至成化二十一年（1485）才对监兑官制作了调整，可能跟正统十四年（1449）爆发的"土木堡之变"有关。

正统十二年（1447）：“漕运总兵官都督同知武兴，以中都留守司缺运粮官，移文取都指挥佥事张玉言官论，兴擅取方面官，玉辄听从，俱当究问。上曰：尔等所言甚当，但兴等一时之失，姑宥之”。正统十三年（1448）兵部奏：“直隶沧州同知程玟言，‘漕运总兵官武兴、参将汤节督粮经过本县，兴起夫八十人、节起夫一百人牵挽私舟。’‘臣惟兴等俱系大臣，往来既乘驿舟，又以私舟载货，扰害沿河人民。乞治其罪。’上命：姑置之。”以上两条皆为上奏武兴之过失，说武兴之过一为擅自封派官员、一为私用公器，本皆应治罪，但皇上以“一时之失”而宽容。命将此事暂时搁置，对武兴采取了宽容的态度。

明代正统十四年（1449），明英宗朱祁镇北征瓦剌兵败被俘。在这个人心惶惶的时候，皇太后连忙让明英宗的弟弟郕王朱祁钰监国。郕王在右都御史陈鉴、给事中王竑、兵部侍郎于谦等人的支持下，铲除了宦官王振及其在朝中的余党。于谦坚决主张抵抗到底，获得皇太后的支持，被任命为兵部尚书，统领诸将保卫北京。郕王朱祁钰在众人的拥立下，于九月登基做了皇帝，史称“明代宗”。后来，也先送英宗回京，大兵逼近北京城，于谦诏令各地武装力量赴京勤王，九月，都督同知武兴也进京，奉命管神机营操练。十一月十四日，“武兴与虏战于彰义门外……阵乱，虏众乘之，遂败，虏逐至土城，兴中流矢死”。武兴，这位参与决策泰兴疏浚北新河工程管理漕运的官员，最终牺牲于保卫国家的战争之中。

（二）周忱

周忱（1381—1453年），字恂如，号双崖，江西吉水县人。明代初年的名臣，财税学家。周忱为永乐二年（1404）进士，当时选曾棨等28人入翰林院读书，对应二十八宿，周忱自请加入成为第29人，明成祖阅览奏章后大喜说：“有志之士也”。次年，成祖令进学文渊阁，参与修撰《永乐大典》《五经四书性理大全》。周忱虽有经世才，但在翰林院搞文字工作二十年，未得升迁。永乐二十二年（1424）经户部右侍郎夏原吉推荐，升迁越府长史。

图4-29 工部尚书周文襄公

宣德五年（1430），周忱为大学士杨士奇、杨荣赏识，被荐为工部右侍郎，巡抚南直隶，总督税粮。当时国内财赋管理混乱，江南尤甚。明代江南官田重赋，负担沉重，农民大批逃亡，国家税源拖欠严重，是明代财政中一个十分普遍的现象。例如，宣德五年（1430），松江额定征收田粮的起运部分为四十三万九千石，实征仅六万六千石，只征得百分之十五。其时，有人所说："只负重税之名，而无征输之实。"从朱元璋时起，就一直颁布有关减轻税额的诏令，但多数情况是朝令夕改。因为江南是朝廷的财赋重地，承担着官僚、勋贵的巨额俸禄支应。苏州一地积欠财政税赋高达八百万石。周忱到任后，深入民间，调查研究。他不带任何随从，走访农夫村妇，详细询问田赋情况，重赋的原因在哪里，希望如何处置。他从百姓口中了解到，豪户不肯加耗，国家所增之税，税粮大多转嫁给贫民的积弊。民贫逃亡，而税额益缺。于是，他提出了"平米法"，主张有赋必均，并请工部制造规范的铁斛，发至各县作为标准量器。革除大入小出，贪赃枉法的粮长，改革储藏、运输损耗的计算以及处理余米和各项支出费用的限额等，杜绝了历年来的种种弊端。原苏州官民田租七百七十七万石，核为二百六十二余万石，其他各府也按比例核减，百姓才得温饱。周忱又设置济农仓，借贷法、军民漕运法、马草折银法、金花银折纳税粮法、治以简易。民称大便。据《明史·周忱传》记载，他还确定在一些县份向富人劝借米和清理豪户侵占绝户田租的做法。他所设的"济农仓"，除去用于赈贷贫民耕作食用之外，"凡陂塘堰圩之役，计口而给食者，于是取之；江河之运不幸遭风涛亡失者，得以假借"；"买办纳官丝绢，修理舍、廨、庙、学，攒造文册及水旱祈祷"等都可支用。这种把田赋的征收与徭役的支出混合使用的办法，实际上开了"赋役合征"的先河，在明代赋役制度的改革中具有开创意义。《明史·周忱传》指出：终忱在任，江南数大郡，小民不知凶荒，两税未尝逋负，忱之力也。他对下级也比较宽和，有好多事情主动同他们商量，向他们请教。对有才干的官员，则放手提拔使用。如苏州知府况钟、松江知府赵豫、常州知府莫愚等，都成为他得力的左膀右臂，共同促成了江南的经济改革。

正统初年（1436），周忱被任命巡视淮安、扬州（辖泰州）盐务，整理那里的盐课拖欠。周忱命苏州等府拨余米十二万石至扬州盐场，抵作田赋，而令灶丁纳盐支米。当时米贵盐贱，饶足，施及外郡。

正统六年（1441），周忱兼理湖州、嘉兴二府税粮，兼录南京刑狱。九年（1444），升任工部左侍郎。他曾去吴淞江视察水利，决策了疏通嘉定至上海的河道。闲时，他常只身匹马信步业江之上，百姓往往不知道他是巡抚。

周忱在任日久，财赋充溢，修建官署、学校、先贤祠墓、桥梁、道路，崇饰寺观，资助游民，从不吝惜。

周忱的改革触及了地方豪强的利益，在朝廷常遭到一些人的反对。正统七年（1442年），豪强尹崇礼攻击他“多征耗米”。正统九年（1444），给事中李素等曾弹劾周忱，“妄意变更，专擅科敛，请罪之”。英宗认为周忱是以财赋、余米用之于公，对弹劾采取置之不问的态度，并以周忱任职9年期满，反而升任周忱为户部尚书。不久，因为江西人不得官户部，改任工部尚书兼巡抚。

景泰元年（1450），国难当头之际，应天府豪民彭守学又攻击周忱“多收耗米”，甚至攻击他“变卖银两，假公花销，任其所为，不可胜计”。景泰二年（1451）八月，户部竟奏请“分往各处查究追征”，又被言官交章诬陷。代宗深知周忱勤政爱民，廉洁自好，不予处分，只下令阁老还乡。“忱既被劾，帝命李敏代之，敕无轻易忱法。然自是户部括所积余米为公赋，储备萧然。其后吴大饥，道馑相望，课逋如故矣。民益思忱不已，即生祠处处祀之。”周忱被迫致仕后，代宗敕令继承周忱职务的李敏，不要轻易改掉周忱制定的法令。后来，由于户部未能按周忱制定的办法办理，苏南等地遇到荒年，百姓的税赋又恢复到从前，使百姓对周忱更是怀念不已，立生祠祀奉。景泰四年（1453）十月，周忱去世，终年73岁，谥号“文襄”。

周忱著作有《双崖集》八卷（一作六卷）今已散佚。《皇明经世文编》辑有《周文襄公集》一卷。周忱巡抚江南，有一册日记，所行之事，纤悉不遗。甚至每日阴晴风雨，也都详细记下。人们当初还有一点不相信，或不理解。据说，有一天，有一县民告粮船江行因风失事，想得到补偿，周忱询问船失之事是哪一天？是午前还是午后？是东风还是西风？其人所对，与周忱所记不符，系谎报，使此公案得以正确了断，所报之人也不得不惊服。后来大家始知周忱之日记，并非随笔漫书也。

大江变化孤山并陆连洲

（1488—1993年）

探求孤山并陆年代

靖江的孤山，是泰州5790平方千米一马平川大地上唯一的一座自然山体，很使靖江人自豪。例如，《（光绪）靖江县志》“山川”篇中就列有“孤山”专条，并用非常精美的文字作了颇为详细的叙述：山，屼峙江中，欲登山者，必方舟而渡。厥后，江势徙北，山址徙南，至前明宏（弘）治元年（1488）登岸。山北俱膏壤，距邑可十里，周遭可三里，形如狻猊。东北石壁陡崭，高五十丈，西半土石相杂，石质尽赤，中含银星。山顶常蒸气出云竹，树颇郁茂，中有石骨，可作盆盎中物。山下乱石堆积，巨者至十余丈，层累峻绝，俱作苍藓，色意奇古。东侧有仙人洞，两石相柱而虚，其中可坐数

图4-30　《（光绪）靖江县志》孤山图

图 4-31　狻猊石雕

十人，后为墜石所掩。东南有仙人台，山半西均有寺址，址半有张氏墓。山未登陆时，四面均有右矶，东南矶距山二里许，西北距益远，今没为田，田中开池，时有露石。西十里外，严家港有尖锋透土，俗呼为孤山碇。山上祠宇，梵林僧阁，或新或圮，详见寺观志。山尝称元山，俗讳孤字故也。[1]”此记的白话文大意如下：孤山屹立江中。要想登山的人，必须乘船才能上去。后来，长江（指北汊——笔者注，下同）的流势向北转移，造成（孤山四周渐成沙壤沉积，从此时靖江段长江北汊中看）孤山的山址（似乎）向南移了。以至，到了明代弘治元年（1488），孤山就完全在陆上了。孤山北部，都是肥沃的土壤。孤山距靖江县城约 10 里，周围约 3 里，形如狻猊（传说中龙生的九子之一，形如狮，喜烟好坐，其形象一般出现在香炉上，可随之吞烟吐雾，山的东北面是非常陡峭的绝壁，山高 50 丈；山的西边，土石相杂，山体的石质呈红色，中间含有闪闪发亮的银星；山顶常有水气蒸腾而出，树竹茂密，雾气缭绕，上接云霄。树竹之中，间有石骨，可作盆景之用。山下乱石堆积，大的块石之长宽达十多丈，层层累积的山石，峻峭少见，苍苔斑驳，看上去又奇又古。东侧有仙人洞，两石相拄，使其中空，洞内可坐数十人，后来被坠石掩塞。东南有仙人台，半山的西面布满寺庙的遗址，其中还有张氏之墓。孤山登陆前，四面都有大小不同的石矶、石碇，东南的石矶，距山的水平距离约 2 里远；西北的石矶，距离山更远一些，这些有石矶的地方，现在都已埋没在田里了，农民在田中开池时，往往会有石矶露出来。西面，距孤山约 10 里外，开挖严家港时，港中就曾经有石矶的尖峰透出地面，被当地百姓称为孤山碇。孤山上有祠宇、庙堂、僧舍，有的还是新的，有的已经倒塌，具体可见《寺观志》。孤山曾经也被叫过元山，主要是考虑当地老百姓避讳称“孤”的缘故。

[1]泰州文献编纂委员会. 泰州文献—第一辑—⑪（光绪）靖江县志（一）［M］. 南京：凤凰出版社，2014.

其实，对孤山的叙述，早在1565年写编的《（嘉靖）新修靖江县志》、清万历四十七年（1619）刻印的《靖江县志》等靖江现存志书和清康熙五十五年（1716年刻本）《泰兴县志》都有记述，但各又有一些不同。

《（光绪）靖江县志》对孤山所在江中之情况及登陆的情况描述比较简单，有必要对孤山登陆情况的其他相关资料，再作了解：

靖地，从北宋初泰兴建县后，便从海陵划为泰兴所辖，故《（康熙）泰兴县志》对孤山也有记载："旧在北岸，属泰兴"，孤山原在大江之中，由于泰兴高港以下及靖江段不断有沙渚淤涨，使此段长江形成多汊河道，此志所述之时，孤山所在靖江段长江北汊的南侧即在孤山北面先淤，并与陆地涨连，长江中汊仍在山之南，才形成山在（其时中汊）北岸之说。该志接着又说："后沙岸善崩，渐而二沙连合，其山去邑（指泰兴）日远"，明说，长江中汊又出现向北淤积至孤山以北，孤山所在之沙由于南部不断淤涨，且与靖江之马驮沙涨连，才会造成"明初遂割入靖江县，属常州府"[1]。

明洪武二年（1369），靖地马驮沙划江阴，隶常州府，故明代《江阴县志》对孤山亦有记述："沙在县北扬子江心，孤山凝阁，冲流之剩土也。孤山卓立波涛中，大江灌注，无土不崩，独此沙以此山凝而不动，四面潮泥日以附益，浸成平壤。"讲的是由于有孤山的存在，长江泥沙在此凝聚，逐成沙洲。此记所讲虽说有一定道理，但靖江之形成并不都是这个原因。其实，靖江沙群与长江河口段不断东移，所形成的其他沙群基本道理相似，主要是因历史上长江流域两岸植被发育不好或受到大自然其他因素或人为破坏，如山洪冲刷、地质灾害及人类伐木、山地垦殖等造成大量泥沙入河，借助长江原本径流流量极大，泥沙搬运力较强，将上游水土流失的泥沙由江水携带（搬运）不断下行至近海的河口段；地处海陆交界地带的河口段，水面豁然开朗，又因海潮所形成的长江潮流段及感潮河段的潮流顶托，加之江海交界处地势低平，江水流速渐之放缓，泥沙沉淀、堆积作用增强，才逐步形成在河口地段众多的沙洲。但是，因长江两岸岸基质地差异的变化、流量和流速的变化所造成江水的流态和流势之变化，又可能冲刷已经形成的沙滩，造成坍江。经泥沙沉淀、堆积和水力冲刷坍塌互相作用的调整，而逐步形成江水流归中泓，沙群渐成陆地，即《江阴县志》所记述的"潮泥

[1] 泰州文献编纂委员会. 泰州文献—第一辑—⑤(康熙)泰兴县志(一)[M]. 南京：凤凰出版社，2014.

日以附益，浸成平壤”。

《（嘉靖）新修靖江县志》所记“孤山”篇：“山麓四面，皆有石矶。未涨时，舟行必回避。……西南距山二十里为龙潭，潭南里许，土中皆沙石，旧在扬子江中，前代近泰兴，潮沙壅积（指中汊），渐近南岸，去北渐远，弘治二年（1489）始于东开沙相连，去县境（指靖江）尚隔一夹（两沙之间的流漕），后此渐涨合，十四年（1501）夹平，尽垦为田。山在县艮（东北）方，相距十五里[1]”。此记，又道出了一点孤山登陆时靖江沙洲的变化情况。此志编写，虽在明代，但靖江已单独建县，特别是文中所记“弘治二年（1489）”是在成化七年（1471）之后，靖江已单独建县，这里的叙述与泰兴、江阴两志之叙述有所不同：一是，此志在叙述“孤山”时插进了包括龙潭在内的靖江东沙与东开沙相接的过程。记载孤山的登陆是在弘治二年（1489），与光绪志前明宏（弘）治元年（1488）登岸，时间稍有区别。二是，这次登陆是与泰兴侧之陆地涨连。三是弘治二年（1489），其实长江中汊仍然有一夹存在，直至弘治十四年（1501），长江中汊才完全消失，与靖江侧的陆地涨连。《（嘉靖）新修靖江县志》的编写年份是1565年，比孤山登陆泰兴侧的1489年，只迟76年；比孤山登陆靖江侧时间，仅为64年，此志编写者的父辈，乃至自己，可能是目睹孤山仍在水中或水边之人，故无须对山在江中作交待，但其所记北、南并陆时间（1488—1501年），应是较为准确的。

其实，孤山虽登陆，原长江北汊淤涨而成的一带，由于地面低于北面原有的土地，故被靖江称为的“孤北洼地”，也是其后水利上需重点整治的地方。

寻觅诗中孤山登陆之变化

孤山在江中之景从元代进士朱经的《孤山帆影》可以读到：

一点凉青入望遥，樯乌飞处白生潮。
竺僧有道元非妄，海贯为文不可招。
众鲎乘波俱出没，大鹏击水共扶摇。
三山无恙麻姑说，几度枯桑候老樵。

[1]泰州文献编纂委员会.泰州文献—第一辑—⑨（嘉靖）新修靖江县志[M].南京：凤凰出版社，2014.

图 4-32　雾笼孤山

诗人乘船江上，遥望孤山仅是水面上的一点微青，飞鸟从船桅边掠过，远处的白色是新来的潮水，此情此景，不免让我想起山上的僧侣是真心的修道，而出海（江上）做生意的商人也是十分不易的（宋朱长文有诗名《海贾》句：生理幸逃鱼腹馁，梦魂犹怕蜃楼烟。）。此诗，是在船上远见江中孤山有感而发的。

再看《（嘉靖）新修靖江县志》的编纂者之一朱得之的《题孤山》：

兀立波涛无际中，根盘海底戴苍穹。

两仪变化纷纷过，一气升沉默默通。

聊补东南乾坤缺，时瞻西北太微隆。

茫茫宇宙开经理，应与昆仑效协恭。

这首诗，用小孤山，论大宇宙，写出孤山立在无边无际的大江波涛之中，根扎江底，头顶苍穹，体受阴阳之变化，呼吸太空之浩气。孤山补了东南方位无山之缺位，似与高不可测的昆仑首尾相辅。诗意之大气恢宏，尽显诗人笔下之功底。

到了明代嘉靖甲辰（1544 年）进士、吏部尚书刘光济笔下的孤山，已经登陆到了江边：

孤峰突兀峙江浔，阅世浮生几陆沉。

三月莺花堪载酒，一时冠盖此披襟。

沧波浩渺迷蓬岛，香界迢遥出梵音。

不是王乔飞舄下，那能春尽更招寻。

此诗第一句就交待了孤山耸立在大江之滨，他用孤山由水而陆，感叹人生之变化浮沉。他是在莺啼花放的春天，应一些能用冠盖的官员们邀请，登孤山雅叙的。诗中“香界迢遥出梵音”一句，描述了浩渺大江之畔的孤山寺庙的幽清与寂静，再以“王乔飞舄”之典，描写江中野凫来往，以显春景。“王乔飞舄”之典讲的是：汉明帝的时候，尚书郎邺县县令王乔通神仙之术，每月初一，从县里到朝廷不用乘车骑马。汉明帝奇怪，便密令太史暗中监视，发现王乔到的时候，身旁总有一对野鸭子随行。明帝派人埋伏守候，用网捕捉这对野鸭子，结果得到的却是明帝永平四年（61）时赐予尚书官员的一双鞋子。

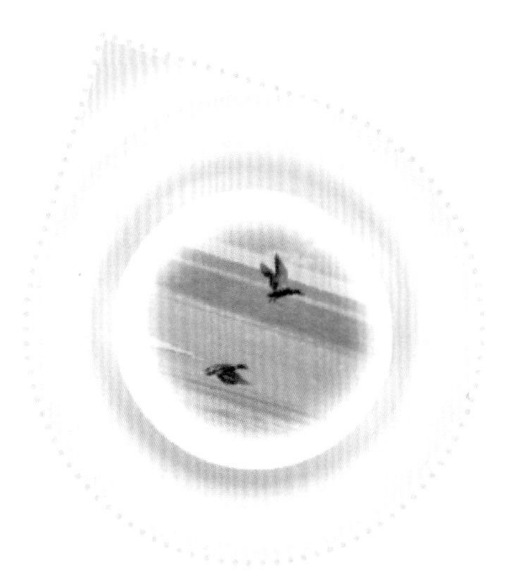

图 4-33　“王乔飞舄”

嘉靖二年（1523）进士韦商臣，授大理评事，上疏嘉靖帝请平冤狱，嘉靖帝认为他“沽名卖直”，将这位四品官一下子就谪贬为靖江县丞。他为官清廉，在靖江离任登舟时江风颇大，他曾大声吟唱他所作诗句：“舟中若有民间物，尽向碧波深处沉。”居然，江风顿息，所乘之舟顺利地驶向他所要赴河南任按察佥事的方向。他在靖江也曾写了一首《登孤山诗》：

孤山忽自拥平沙，下界犹连十万家。

天压海门烟雪渺，风搏山寺竹松斜。

渔灯明灭缘遥岛，鲛宝参差带落霞。

绝顶夜深衣袂冷，愁看北斗是京华。

此诗记载的就是当时孤山周边的状况，其时孤山已登陆，山下沙洲之上住着十万人家，他看着远方大江出海处天低雾浓远景渺茫，急风吹得松竹歪斜。江边已见渔火明灭，而远处游鱼的天边落霞未尽，受贬之人如同人处山顶的深夜，衣衫难挡寒意，遥望北斗，心系令人发愁的京华（昏庸的朝廷），自己显得是多么的无力可使。

孤山寺庙香火因求雨而旺

孤山是靖江最早的陆地，也是靖、泰两地最为悠久的佛教文化源头之一。南朝阮胜之《南兖州记》记载：孤山有神祠，可以为涔田焉。伐之者必祀此神，言其所求之数，无敢加焉。阮胜之大概生活在南朝梁代（502—557 年）之前。那么，孤山这座神祠至今也近 1500 年了。

孤山的寺庙与求雨有关。孤北洼地以北，多为高沙土地区，历史上水利设施简陋，农作物只能靠天收，一到天旱少雨，人们就要向一神祇祈雨。现在，孤山寺的正见广场上塑有伏虎禅师塑像，就是供人们祈雨由人转成神的神祇。《（康熙）泰兴县志》记载“孤山在马驮东沙，一峰特起，石壁苍然。其上有伏虎禅师像，邑人遇旱请之，祷雨辄应[1]”所述泰兴（包括靖江）百姓对孤山石壁上伏虎禅师像，顶礼膜拜，祈祷求雨，也正说明，当时的水利条件较差，人们寄希望于神灵的现状。此志“神僧”条详载：“隋初海陵李氏子，年十六出家，名法响，多神异。县有虎，响设斋召虎，虎至，弭伏不动。杖其胫与背，自是绝迹。唐初于济川镇南小孤山建寺以居。涅槃后，弟子造浮屠葬之，名伏虎禅师。祷雨必应，后江路移徙，山与祠隔在南岸。明洪武元年（1368），以孤

图 4-34　伏虎禅师

山割属靖邑，每逢岁旱，县人（指泰兴）迎以祷雨，辄应[1]”。讲的就是早在孤山还是江中孤岛时，隋代就有一位名叫法响的海陵神僧，听说县里有虎，他就用斋饭召虎而来，用禅杖鞭其小腿与背部，后来虎便绝迹。唐初，法响选择在孤山结茅而居，建起了孤山上的第一座寺庙，后来人们尊称他为“伏虎禅师”。在伏虎禅师的精心经营下，建

❶泰州文献编纂委员会.泰州文献—第一辑—⑤（康熙）泰兴县志（一）[M].南京：凤凰出版社，2014.

图 4-35

起了孤山有史记载的第一座寺——正见寺。从此，孤山香火缭绕，晨钟暮鼓，时常有一些香客泛舟前来烧香求佛。靖江人传说至唐贞观四年（630），禅师圆寂前吩咐弟子：“我愿将我的肉体布施鸟兽，但这里没有大树林，鸟兽不多。如果鸟兽不能吃完，可将剩下的埋在孤山西南，以免有人们看到会害怕。”弟子们依照奉行，并为其建造墓塔，名“伏虎禅师塔”，塑立遗像供奉在寺内。后因孤山塌方，伏虎禅师塔跌落江中。如今，孤山寺正见广场上还塑有伏虎禅师雕像，后壁有当代净慧长老题的对联：“法乳绍天台，定入三摩群虎训；宗风开正见，律严七聚毒龙降”。雕像下面镌刻着伏虎禅师的生平文字。自法响圆寂后，正见寺便从历史的记载中消失了。由唐代到五代十国，再到北宋，500 多年间，孤山不见记载。直至北宋元丰三年（1080）由王存主编，曾肇、李德刍共同修撰地理总志《元丰九域志》中，才再次提到：（海陵）有孤山、大海。

1993 年，靖江市启动了孤山寺重建工作，由中国佛教协会副会长净慧长老的弟子、靖江籍明虚法师具体负责复建任务。先后建成山门殿（暨天王殿）、大雄宝殿、禅师殿暨大圣殿、观音殿、三宝楼暨无量光殿以及方丈楼、法堂、斋堂寮房等。如今，孤山顶上，可谓寺宇巍峨、钟磬阵阵、香烟缭绕，使这座享誉江北的佛教禅院再次得到重生。

寺中供奉的 5 尊自然石菩萨和位于观音殿门口的佛手九龙壁是孤山佛教文化中的瑰宝。5 尊石菩萨，分别用几种不同石料制作而成，巧夺天工，栩栩如生；佛手九龙壁，壁长 20 米，高 4 米多，厚 0.6 米。照壁分为壁座、壁心、壁顶 3 层。上下两根装饰线条上浮刻忍冬草茎连环图案，中间镶嵌的石板上塑有 9 组“佛手”图案，壁顶为斗拱单檐正脊，正脊东西两端共有 18 条游龙，9 条 1 组相向而行。壁心分为正反两面，反面向北塑有 9 尊“龙天欢喜”佛，正面则塑有 9 条龙。

孤山寺正见广场位于三宝楼与观音殿之间，总面积 508 平方米。广场中央供奉 2.8 米高的法响禅师像以及大圣僧伽和尚像，两侧有 12 尊诸天像。广场东边正中处耸立着 8 米高的阿育王柱。广场建汉白玉围栏 98 米，有栏板 200 块。“双百围栏”上阴刻“善”“佛”各 100 个，这百“善”百“佛”居每块石栏板之中，其字分别选自秦汉、隋唐，及至元明等 10 个历史时期 33 位著名书法家、文人或名人的书画碑帖。僧人有心将它们搜集于此，注明作者及出处，让人们在寺庙游览时，领悟书法中“佛”与“善”的真谛，使人们又会从另一个角度去体会中华佛教文化。

孤山寺内大雄宝殿、观音殿、三宝楼等建筑的外墙上均镶嵌有经书刻石。分嵌在大雄宝殿东西山墙上的为“如来应化”石刻18块；分嵌在观音殿东西山墙及北墙上的为观音故事石刻44块；镶嵌在观音殿西面围墙上的为禅林金韵石刻16块；分嵌在三宝楼南面围墙上的孤山诗抄石刻18块，刻录着自元代至近代名家名宦吟咏孤山及孤山地区风物的诗词52首。其中，明代著名文学家王稚登游孤山留下的“地瘦僧如鹤，云生寺有龙”（游《孤山》）；“老僧手种门前树，曾见潮痕与树平”（《孤山玩月十绝》），以及明代靖江人氏徐涧写的“凭高人意爽，人殿佛香清”，浙江人童佩在孤山写的“寺门翻海气，僧榻卧风涛”，明末华严宗苍雪禅师写的“翠螺一点堪幽绝，回首苍茫吐月中”等，既是当年孤山寺香火鼎盛的写照，也是今日佛教文化的传承。

文人眼中的孤山

孤山很小，但孤山很美，在文人眼中自有另外一种看法，现将当代一级作家赵本夫写的《苏中第一山》附后，供鉴赏。

苏中第一山

靖江孤山，可称为“苏中第一山”。

中国的名山大岳，能称为第一者都有其独具的风采，或因其奇，或因其险，或因其高，或因其特有的文化背景。我称孤山为苏中第一山，则是因其小。

大可以称第一，小也可以称第一。

世间人事喜欢做大、称大，老子天下第一，大家见得多了，习以为常，但也不怎么当一回事，知道你厉害就是了。偶尔称为天下第二者，已经见出谦虚，令人肃然起敬。往下再排几个座次，也还能排一排，比如秦叔宝，被称为隋唐天下第七条好汉，依然了得。但轮到芜苦众生，就排不上号了，只好沉默着，做看客。

于是孤山无语。

孤山的确小。山体高不过二十丈，周匝不足两千米，犹如一个精致的盆景卧放长江北岸，简直就可以放在手中把玩。这样一座小山，如果放在天山、昆仑山、大别山或者青藏高原上，只能算一块石头。但它是一座山，并且是座完整的山，江北数百里

图 4-36　鸟瞰孤山

内仅此一座，就显得分外稀罕了。

据地方志载，数千年前，孤山只是长江中的一块礁石。公元一四八八年，即靖江建县第十七年，这块巨礁才挽沙登陆，正经成为一座小山。这样看来，孤山应是当年万里大江送给新建靖江的一个礼物了，算是镇县之宝。当地人自然珍重，因此精心打扮，山上有了绿树浓荫，有了奇花百草，有了寺院庙宇，有了楼阁牌坊，有了关于孤山的美丽传说，五百年来一直是大江南北一处游览胜景，关于小小孤山的诗文林林总总，竟有数百之多。至于寻常百姓登山望景者更是无法计数。可见孤山不孤，孤山并未因其小而被人轻视。

大与小，多与少，显与隐，诸如此类的物事，原本是各有得失、各有千秋的。你如果生活中乃至人生中有什么不如意，不妨去一趟孤山，一定会有所感悟，起码会让你平静下来。从这个意义上说，靖江孤山不仅诗意盎然，古意盎然，而且没准能从孤山峭石间发现一个大境界。[1]

[1]赵本夫. 赵本夫选集（第八卷散文—苏中第一山）［M］. 北京：作家出版社，2011.

图 4-37　山顶建筑太多的孤山

赵本夫不愧为一级作家，他能从小孤山中发现其大境界，“小也可以称第一。”孤山可称第一者，是指其“山”小，现在山上建的人工建筑建得太多、太大，使人看了，有点头重脚轻，失去了“山”之元真性。如此之小的山上，就这么一点空间，即使把山体都包起来，永远也不能称第一！请珍惜大自然送给靖江的这一可称第一的“镇市之宝”，而不要把它变成永远都不能称第一的人工建筑！

赵本夫还发现孤山的另一个大境界，“孤山不孤”。他所说的“孤山不孤”，是“孤山并未因其小而被人轻视”“山不在高，有仙则名”。什么是仙？世上本无仙。“仙”字就是在“山”字旁边加上了“人”字偏旁。山本为客观存在的自然物，有人上去了，人对山有感觉了，就形成了文化。山有文化才能出名，能使山出名的文化人便是仙！李白就是“仙”，他能写诗，凡他去过的地方，特别是他留过诗的地方，都出了名，都成了人们热衷去欣赏、去旅游的地方。就如庐山的瀑布和黄果树瀑布，哪个更壮观，哪个更好看呢？比之，庐山瀑布只能是小巫见大巫！然而李白写了《望庐山瀑布》“日照香炉生紫烟，遥看瀑布挂前川。飞流直下三千尺，疑是银河落九天。”后，哪个不

图 4-38　庐山瀑布　　图 4-39　黄果树瀑布

想去看一看李白欣赏的庐山瀑布，不壮观的庐山瀑布也一举成名。

山小，可称第一，房多难成第一，而文化的发展空间却是永无边际的，愿小孤山能承载大文化。以笔者所从事职业角度看来，此山本在江中，山外皆是水，现在，仅山之东有条十圩港擦边而过，如能将山之东挖出如山所占地块面积大小的湖来，恢复孤山之山水相依的胜境，定能吸引更多迁客骚人的注意，让他们诗兴画意大发！让他们留下更多的华章、妙笔！小孤山定能为靖江留下大福祉！

水涨水落靖江水灾频发

明代水灾人口锐减

靖江是泰州从水中涨出来成陆最迟的一块土地。建县之初，县境周遭大部土地为江中新涨成的沙洲，水土肥沃，气候温润，除适宜放马外，更适宜耕种。外来人口逐步向这块土地迁徙。到此寻觅生存的农户，大多分布在四周江水能提供农田灌溉的地方。由于当时江岸涨坍变幅尚大，加之该县初设，靖江人口稀少，明成化八年（1472）仅有36951人[1]，无力顾及在沿江筑堤设防。面对屡屡侵袭靖江的汹涌的海潮、台风的肆虐和暴雨的浸淹等特大水患灾害，沿江人民生命财产常有被大水吞噬的现象发生，请看有关记载：

明弘治元年（1488）五月，大风雨潮，溺死2951人，毁民房1543间[2]。

弘治十六年（1503），夏旱、秋潮、冬大雪。雪深3尺，冰冻尺余，橙桔皆死[3]。

嘉靖元年（1522）七月二十三日，大风雨，潮涨如海3月，民房崩塌，庐漂没，死者数万[4]。

嘉靖八年（1529）八月二十三日，江涸半晌。江边农民奔取江中物，回顾江岸如山，俄顷水涨，人多不及抵岸而死[5]。据分析，此“江涸”之江，只可能是江底已淤浅、较高之长江北汊或中汊，而非长江南汊主泓。因为，长江主泓即使是枯水季节，流量也是极大的，是绝对不可能干涸的。

---

❶ 出自台湾黄霖徐残废金捐刻清《（光绪）靖江县志》卷4，五福公司于民国五十七年（1965）印刷。

❷ 靖江市水利局．靖江水利志［M］．南京：江苏人民出版社，1997.

❸ 靖江市水利局．靖江水利志［M］．南京：江苏人民出版社，1997.

❹ 靖江市水利局．靖江水利志［M］．南京：江苏人民出版社，1997.

❺ 靖江市水利局．靖江水利志［M］．南京：江苏人民出版社，1997.

嘉靖十四年（1535），夏旱，秋大潮，饿殍载道[1]。

嘉靖二十一至二十五年（1542—1546年），连续五年大旱，米价3倍[2]。

隆庆三年（1569）六月初一，潮涨，闰六月潮大涨。潮势如海，漂没民房无数，溺死万余口。七月十五日起，大雨三日，平地水深五尺，禾苗皆死，岁大荒[3]。

天启七年（1627）正月，连续降雨18昼夜，春荒，民食树皮。是月二十一日，风雨、雷电、大雪，次晨臭雾弥漫。十一月，大风数日，江涸如带[4]。

崇祯七年（1634）四月初七，大风雨雹，雹下如石，堆积尺余，大的如升斗，屋瓦皆碎，两麦被毁。

崇祯十三年（1640）三月，连3月不雨，夏大旱，靖江东乡无收，饥民载道[5]。

明代，靖江在建县时的成化七年（1471）至明王朝结束崇祯十七年（1644）的173年间，据《（光绪）靖江县志》记有灾害的年份就高达92年，平均每1.9年就有1年是灾荒的年份。有的年份，是数灾并发，主要是潮灾、雨灾、旱灾、风灾、雪灾、蝗灾和地震，以潮灾危害最大。另外，还有倭寇、江盗的入侵，同样危害着靖江人民。因此，可以说，明代的靖江，是一个既受水之利又受水之害的靖江！明代的靖江是一个饱受自然灾害频繁袭击的靖江！明代的靖江是一个尚无回天之力的靖江！明代的靖江更是一个苦难深重的靖江！难怪明代靖江的人口，从建县第二年的成化八年（1472）36951人，经过270多年的自然繁衍，至万历期间（1574—1619年）的200多年，人口未增，反而减少了3486人，仅剩下33465人[6]。其实，靖江建县后的140—200年间，人口本是呈上升趋势的，至正德年间（1509—1521年），已上升至41594人，[7]至隆庆年间（1568—1572年）再度上升至47771人。[8]这一阶段，人口增长了三分之一。然而，从明穆宗在位6年的隆庆期间至万历期间，志书记录的靖江人口，一下子就少了14306人。这一人口的剧变与“隆庆三年……溺死万余口”的记载，应该是较相吻合的。一次大水，

[1] 靖江市水利局．靖江水利志［M］．南京：江苏人民出版社，1997.
[2] 靖江市水利局．靖江水利志［M］．南京：江苏人民出版社，1997.
[3] 靖江市水利局．靖江水利志［M］．南京：江苏人民出版社，1997.
[4] 靖江市水利局．靖江水利志［M］．南京：江苏人民出版社，1997.
[5] 靖江市水利局．靖江水利志［M］．南京：江苏人民出版社，1997.
[6] 出自台湾黄霂徐残废金捐刻清《（光绪）靖江县志》卷4，五福公司于民国五十七年（1965）印刷。
[7] 出自台湾黄霂徐残废金捐刻清《（光绪）靖江县志》卷4，五福公司于民国五十七年（1965）印刷。
[8] 出自台湾黄霂徐残废金捐刻清《（光绪）靖江县志》卷4，五福公司于民国五十七年（1965）印刷。

在靖江一地就淹死上万人，真是其惨无比！

百姓遭灾苦不堪言

朱根勋先生主编的《古今靖江诗抄》中收录的明代靖人、镇江府教授朱家栋一首《岁荒吟 天启丙寅》的诗[1]，写出了靖江百姓，尤其是农民一年中饱受多种灾害的情形，摘其几段，可窥全貌：

去年麦收雨正来，大麦红腐不堪煮。
小麦刈来积场头，畬得芽长青尺许。
（畬 yú，余，开垦了二、三年的熟田）
早收在囷如火蒸，化为小蝶飞栩栩。
（囷 qūn，逡，指古代一种圆形谷仓）
妇子辛勤磨作糜，不堪下喉还复吐。
入梅喜得天晴雨，无端旱魃苦相侵。
先莳禾苗尽枯死，原田无水难下耕。
一晴六十有余日，湖涸沟旱田龟裂。
……
清明下雨愁我心，十日天阴麦尽瘟。
一到麦秋时，滂沱日夜倾。
高田似太湖，低田似洞庭。
麦沉捞水中，一如荇与莼。
……
海若大震怒，纠合飓风翻乾坤。
狂涛接天高，洚雨如倾盆。
（洚 jiàng，降，指大水泛滥，洪水）
太华可崩摧，两间黑冥冥。
西邻东舍一时没，极力叫喊谁与闻。

❶ 朱根勋. 古今靖江诗抄［M］. 北京：中国文史出版社，2003.

明朝风力减，海潮亦稍平。

浮尸高下来，随趁鲸鲵下沧溟。

也有栖巢高树颠，也有系腰绿杨边。

雨淋浪打无休息，悬丝一命殊可怜。

潮退泥中觅余粮，哪得星星燧火燃。

……

半月一潮淹得绝，更有蝗蝻来啖吞。

薨薨蔽天飞，集下草不遗。

（薨 hōng，轰，成群的昆虫一起飞的声音）

三灾并一年，愁杀周余黎。

壮者散四方，老弱填沟渠。

恶少潢池学弄兵，江洋一伙千余人。

乡村夜夜炮鼓鸣，国门之外便横行。

……

图 4-40　吞噬人命的风暴潮

此诗记载的是明天启六年（1626）的情况。作者以悲恸的文字，生动地描述了靖江在麦收季节遭到连绵阴雨，农家麦子出芽、霉变、腐烂，飞蛾丛生，无法食用；梅雨以后是旱灾；接踵而来又是直接吞噬人命的风暴潮、雨洪涝灾害以及蝗虫作祟……如此，一年数灾，尸横遍野，惨不忍睹。民不聊生，有的人则铤而走险，沦为悍匪海盗，成为继各种自然灾害之后的人祸。此诗，为后人留下了一幅靖江水旱灾荒图。

人祸扰靖与天灾并存

其实，这一阶段，靖江百姓的灾难，不仅是水旱等天灾，还有从水上来的海盗、倭寇的袭扰掠夺的人祸。海盗的袭扰，官兵犹能应对，如明成化十七年（1481），海盗刘通聚众数百人，出入江海，贩运私盐，劫掠百姓子女、财物，沿江人民深受其害。巡江御史王瓒奉命巡视应天（今南京）至崇明海门段长江，他到靖江，督促靖江知县陈崇德修缮城堡，注重戒严。他登临孤山，认为：孤山东瞰于海，四顾圌山，南北临于江，佥为贼尝出没于斯，令复建靖江阁，以备守望。正德元年（1506）六月，剧盗刘七、齐彦明掠靖江，知府李嵩与知县殷云霄联合江阴夜间派遣壮士泅水“凿沉其舟，盗逸去”。嘉靖十九年（1540），海寇秦璠、王艮贩私盐并袭扰沿江。兵备副使王仪，调靖江、崇明营兵剿之，判官石巍等，未能按王仪指令办事，导致兵败。后总兵汤庆又率兵追至刘家河杀死匪首秦璠，其党羽宋义斩王艮，率众投降。[1]

图 4-41　倭寇入侵

明代，倭寇对中国的入侵，靖江也深受其害。元末明初，日本进入了南北朝分裂时期，封建诸侯割据，互相攻战，争权夺利。在战争中失败了的一些南朝封建主组织武士、商人和日本浪人到中国沿海地区进行武装走私和抢劫烧杀的海盗活动，历史上称之为“倭寇”。地处长江下游的靖江是倭寇经常进犯的地区之一。嘉靖三十二年（1553），有倭冠袭扰靖江的预警，知县应昂在靖江南门外加筑了瓮城（亦称月城），用以加强城池的防御和“戒严”[2]。嘉靖三十三年（1554），一股倭寇自杭州登陆，侵犯芜湖、南京，流窜宜兴、无锡、靖江等地。倭寇所到之处杀人越货，无恶不作，就连当时靖江专司缉捕盗匪、维护地方治安的巡检司公署也被焚毁[3]。事后，知县应昂召募了一些民兵，以防倭寇入侵[4]。

嘉靖三十四年（1555），大股倭寇乘战船数十艘，突然窜犯靖江。倭寇在东沙沿江登

❶ 出自台湾黄霶徐残废金捐刻清《（光绪）靖江县志》卷7，五福公司于民国五十七年（1965）印刷。
❷ 出自台湾黄霶徐残废金捐刻清《（光绪）靖江县志》卷7，五福公司于民国五十七年（1965）印刷。
❸郭寿明．话说靖江［M］．南京：江苏人民出版社，1994.
❹出自台湾黄霶徐残废金捐刻清《（光绪）靖江县志》卷7，五福公司于民国五十七年（1965）印刷。

陆后，大肆烧杀抢掠，毁坏房屋，杀死居民两千多人。继之，又乘势向县城进犯。得知倭寇离城只有数里时，人们想逃没处逃，想躲没处躲，凄厉的叫喊声响彻一片。其时，知县应昂又不在城内，县丞吓得不知所措，只得下令关闭城门。城内人心惶惶，一片混乱。就在这时，有个武艺高强的秀才席上珍，义愤填膺地走进县衙，慨然向县丞请求率众前去抗击倭寇。可县丞不但不支持席上珍这一英勇行为，反而借口说今天的日子不利出战，如轻易出击，难挡敌人锐气，于己不利。席上珍一听此话怒发冲冠，激昂地说："贼寇疯狂进逼，假若我们只是观望徘徊，敌人气焰必然更加嚣张，如果予以迎头痛击，挫其锐气，贼寇必然退去。我席上珍愿与贼寇拼一死战，以保卫乡土平安。"尽管席上珍一再请求，胆小怕事的县丞就是不采纳他的意见。席上珍无法率经过训练的官兵前去迎敌，只能振臂号召自愿前去杀敌的义勇壮士百余人，各执大刀、长矛和各式农具，向倭寇肆虐的东门外秦家桥奔去。秦家桥是十圩港边的一座村庄，离县城东门仅二三里路。此时，倭寇正在村子里杀人放火，席上珍等人以迅雷不及掩耳之势冲向敌群，与倭寇拼杀。一时，倭寇不禁有些慌张，但他们很快镇定下来，调集武士集中向席上珍围拢。席上珍深知擒贼先擒首，他奋力一跃，向骑马的倭冠头目一刀劈去，正好劈中了倭寇头目的心脏，他接连又杀死了10多名敌人。倭寇遭到重创，纷纷败退而去。席上珍没有铠甲，身上多处负伤。此时，众弟兄要送他回去。可他料定倭寇是不会善罢甘休的，为了减少伤亡，他忍着伤痛，对众弟兄们说："你们先回去吧！这里有我。现在已近傍晚，只要坚持到天黑，贼寇就不敢进城……"众弟兄见席上珍坚持不走，只好挥泪而退。果然不出席上珍所料，溃败的贼寇，复又整队杀回。这时，席上珍从草地上一跃而起，横刀挺立桥头。贼寇自恃人多势众，将席上珍团团围住，席上珍奋力抵挡，毕竟势单力薄，且又身负重伤，不多时便被敌人刺中要害，倒在桥头边。倭寇以为席上珍已被刺死，正在得意之时，席上珍陡然站起，手持大刀，用尽全身力气，又砍死了几名倭寇。最终，体力耗尽，壮烈牺牲。此时，夜幕降临，不熟悉靖江地理环境的倭寇，害怕再遇到像席上珍这样不怕死的勇士，不得不放弃掠夺靖江城的打算。

嘉靖三十五年（1556），又有大批倭寇，乘战船从城东南套口登陆，在东沙沿江一带大肆烧杀抢掠，百姓惨遭杀害，血流成河。随后，倭寇又将战船开至西沙，集中在富户翟家寻欢作乐。当地百姓立即暗中通报县衙。知县应昂派官兵数百人出其不意包围并放火焚烧倭寇驻地。此时，倭寇忽见屋外烟火四起，狼狈逃窜。官兵乘势攻击，歼敌70余人。剩下的倭寇奔向江边企图登船逃走，谁知正逢潮水骤落，敌船无法开拔，这帮倭寇成了瓮中之鳖，被官兵全部歼灭。至此，倭寇再也不敢窜犯靖江。

凌儒居家情系水灾水利

（1518—1598年）

乡贤凌儒其人

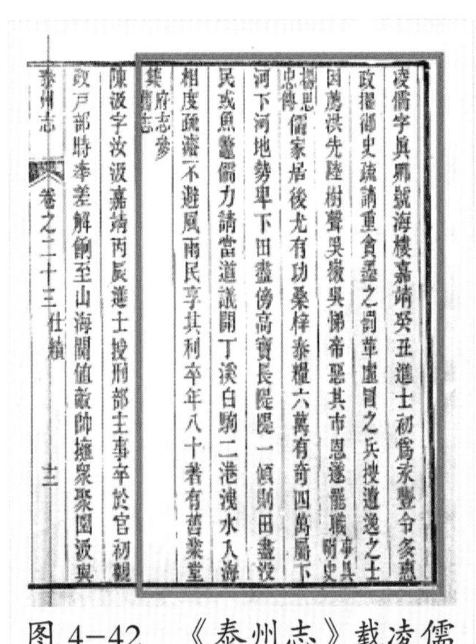
凌儒字真卿號海樓嘉靖癸丑進士初爲永豐令多惠
政擢御史疏請重貪墨之罰革虛冒之兵搜遺逸之士
因薦洪先陸樹聲吳徽吳悌帝惡其市恩遂罷職事具明史
楊思忠傳儒家居後尤有功桑梓泰糧六萬有奇四萬屬下
河下河地勢卑下田盡傍高寶長隄隄一傾則田盡沒
民或魚鼈儒力請當道議開丁溪白駒二港洩水入海
相度疏濬不避風雨民享其利卒年八十著有舊業堂
集府志參舊志
陳汲字汝汲嘉靖丙辰進士授刑部主事卒於官初觀
政戶部時奉差解餉至山海關值敵帥擁衆聚圍汲與

泰州志 卷之二十三 仕績 十二

图 4-42 《泰州志》载凌儒

凌儒是明代乡贤，《（道光）泰州志》“人物－仕绩”篇有传，其文曰：凌儒，字真卿、号海楼，嘉靖癸丑进士。初为永丰令，多惠政，擢御史。疏请重贪墨之罚革虚冒之兵，搜遗逸之士，因荐洪先、陆树声、吴徽、吴悌，帝恶其市恩，遂罢职。儒家居后，尤有功桑梓，泰粮六万有奇，四万属下河，下河地势卑下，田尽傍高、宝，长堤，堤一倾，则田尽没，民或鱼鳖。儒力请当道议开丁溪、白驹二港，泄水入海，相度疏浚，不避风雨，民享其利。卒年八十。著有《旧业堂集》。[1]

凌儒的生卒年不详。其后代凌文斌根据道光本《凌氏族谱》考定，凌儒生于正德戊寅（1518），殁于万历戊戌（1598），享年81岁。族谱序言称“兹凌氏家乘，源籍姑苏……自大明燕兵紊乱，播散四方，迁居不一，始祖安栖公迁涉海陵……。”凌氏大家族从苏州迁出后分散到多个地方，迁海陵的是其中一支。

凌儒中进士时36岁，在江西永丰有政绩，被提拔为御史。御史是负责监察的官员。但《明史》记载“世宗晚年，进言者多得重谴”。嘉靖皇帝晚年信道，根本听不进别人的意见，看到凌儒的上疏后，杖其六十并革职。凌儒为人正直，与宦官没有什么来

[1] 泰州文献编纂委员会. 泰州文献—第一辑—②（道光）泰州志［M］. 南京：凤凰出版社，2014.

往，被打得皮开肉绽。然而，有钦佩他的同僚早已牵了一只羊在等他，剪下羊皮覆在他的伤口，使他的伤口慢慢愈合。穆宗上台后，凌儒于隆庆年间复官，迁右佥都御史，为正四品的官员。几年后，凌儒返泰州。泰州及里下河地区水灾严重，他四处奔走，大声疾呼，为解决水患贡献了自己晚年的全部精力。《海陵文徵》收入凌儒 28 篇文章，基本都是谈水患，读之令人感动。

从序和碑记看凌儒关注水利

从凌儒的《宪使胥公议疏淮扬水患稿序》可以看出，他对水利的一贯关注。宪使胥公指的是胥遇，他于万历十三年（1585）任海防兵备道，驻在泰州，胥遇在泰州时颇多善政，为泰州人称道。他除治水外，又将城墙修好。凌儒为其撰文立碑，有《胥道尊修城垣碑记》[1]，文中记述了胥遇刚到泰州就访问民间疾苦，疏浚海口的淤塞；通过疏理河道，将上河的水引到芒稻河，南注于长江。

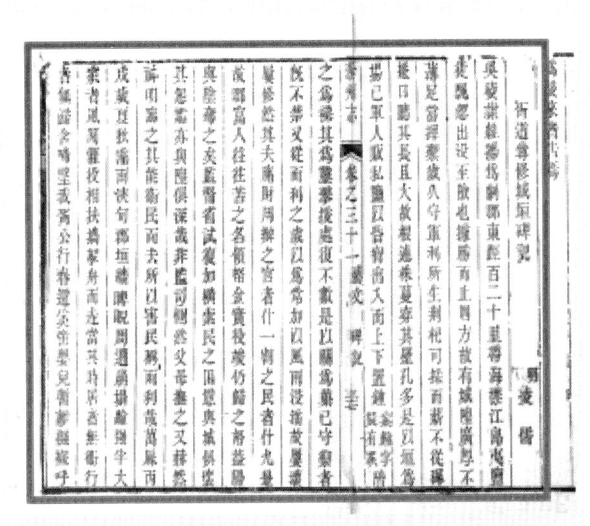
胥道尊修城垣碑记
明 凌儒

图 4–43　《泰州志》载凌儒修城垣碑记

他上任伊始就能抓住要害，而这正是缘于他对凌儒的访谈。凌儒在序中称“自隆庆初河溃，夹淮破漕……”，他在给另一位官员的信中说“揆今之计，所急者，治水而已，从宝应至扬之湾头绵亘数百里，一带湖堤，乃山、盐、高、宝、兴、泰六州县，下河万万生灵，室庐田土所寄，三十余万税粮所出……”可见事关重大。在《上兵道龚春所公道书》中又说“高、宝、兴、泰几百万顷良田一望成沧海……隆庆之三年（1569），万历之五年（1577）是也”，这个时间记载，可以与地方志互证或补充。因为大运河是运粮的要道，水灾发生后，官员治水的主要精力是加固运堤，而对里下河各县造成“滔天漫地，良田汇为巨浸”的水患是无暇顾及的，虽多年前也曾疏浚过丁溪、白驹，

[1] 泰州文献编纂委员会. 泰州文献—第一辑—②（道光）泰州志［M］. 南京：凤凰出版社，2014.

但工程太小，没有解决问题，水患仍在，这也是后来凌儒继续呼吁深开丁溪、白驹入海口的原因所在。凌儒在序中对胥遇有赞，称他“推信容纳，并采兼收，是公之虚心，大不可及也”，写这段文字时，胥遇正要调离泰州，凌儒惜如此关心民瘼的好官就要离开，而不能等到工程全部结束，他希望继任者和前任一样，将工程也抓实，时间也抓紧。文后说的“余犹有憾焉，百利斯兴，一害宜祛，公之远晰利害其兴其祛有不可一日缓者，举其半则偏而不全，辍其一则劳而罔绩，前事可镜也”，事先说出这样的话，就是提醒要保证工程的连贯性。凌儒的这些文章、序和碑记，对后任官员是有其对比和监督意义的。

凌儒还为另外一位热衷治水的官员巡按姚士观代写记、立碑。他在《姚代巡开海口碑记》中指出：“丁溪、白驹两港，其诸水从其出之。门哉，是今之所谓海口也！岁久日堙，故道阨阻。……”是其时最需解决的水利问题及“十二年来所谓良田，一望沮洳，……”的灾情。凌儒在碑记中记载了姚士观如何向上奏本争取到疏浚两海口的工程，并将工程下达付诸实施的功绩，称赞姚士观“举于大工，竣事既久，公不谓难，竟成之易，岂不伟然一大丈夫！”[1]凌儒若不熟知家乡水情，如何能写出此《碑记》！

凌儒的治水观

泄水入海是一方面，同时上游也要采取措施，凌儒认为：“减水之法，既疏导其下流，又分泄其上流，然后称万全也。分泄上流之计在堤内开河，南引之入江，北引之入海而已。今邵伯九闸所减湖水，无处归著，尽注之江都、兴、泰田间，汪洋三百余里，横无际涯，田不得耕”。提出上游要导淮入海，下游要导淮入江的观点是正确的。上河

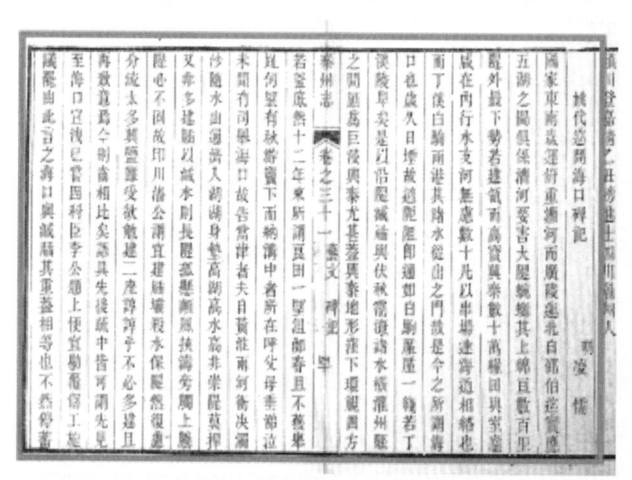
姚代巡開海口碑記
明 凌儒

图 4-44 《泰州志》载凌儒开海口碑记

[1] 泰州文献编纂委员会. 泰州文献—第一辑—②（道光）泰州志［M］. 南京：凤凰出版社，2014.

直通下河，也是水患的原因，凌儒称“腹心之患，浸淫且六年”，而大家都没有重视。“盖奸豪罔利、弗恤其他；官府居尊，未闻其害；即闾阎细民少有知者，亦委曰高、宝长堤版筑未完，纵早塞此无益也”，官员向上报告情况时称“万无一失”，如果深入考察就发现“水患尚汹汹”。这就是他在另一封信上强调的“来水之源与淹没之故，一则以湖堤减闸之水分流灌注于下河者太多，一则以上河奸豪之家私开坝港直通下河者不少”，指出上下游在分洪时的矛盾和如果西边、南边都有水患，危害就更大了。并直言不讳地指出官员粉饰太平、与水争地和为一己之利私开上河封口土坝之祸害。

凌儒心中有百姓

凌儒心中装着受灾百姓的冷暖，常为泰州粮赋之重呼吁。他说灾后“下不报，上不知”，因此他要为民请命“弟之为是也，非干政也，乃告灾也……灾伤不言，复何言也？弟如不言，又谁言也？”他说往年发大水时，“兴、泰巨万良田，一粒不收，冤哉冤哉！然兴化犹得题请全灾，而泰州则坐以全徵矣”。当时百姓编了歌谣“卤海没天又没地，沧浪闻哭不闻歌”，其生活之困苦，可见一斑。他在给另一位官员的信中称“士夫居乡，利在身家，则义所不容；害关桑梓，则言所不讳”，他明确指出当时扬州府所属的10个州县，岁该额粮二十一万有奇，其中兴化、泰州超过一半，泰州又超过兴化。凌儒分析泰州“州形地势南北高下悬殊，坝以南谓之上河，则上乡也；坝以北谓之下河，则下乡也。上乡高阜与如皋邻者田少……下乡低下与兴化邻者田多”，低下的那么多田是粮赋的主体，受水患影响很大。下河之田遭水灾而不免粮赋实属不公。

凌儒指责官僚罔顾事实

除了水灾与奸豪，凌儒也指出一些官员存在的问题。他们走马观花，了解的情况很片面，如从扬州湾头到泰州，官员们大部分看的是江都的田，少部分是泰州的田，泰州的这部分田没有受灾，官员就以为泰州的田全都长势很好，粮食丰收，官员得的虚名，百姓受的实祸，凌儒在向上级反映的信函中说泰州“西北与高、宝连疆，东北与兴化接壤，地势同被水……自扬州湾头至敝州长亘百里，乃沿河岁熟田江都已占八十有五里，从斗门界至州南门始为本州地，仅十五里有奇，使者舟行河上，见春苗被野，秋谷盈畴”，往往以为前面八十五里的地也是泰州的，他大声发问“据十五里颇熟之地遂谓下河水中六万粮田皆熟，是谓以其小者信其大者。夫目所得睹者且徒冒其名，则身所未经者复何核其实”？这确实揭出了当时官员虚浮的作风，使者是来实地考察，但看到的情况却是不准确的，这就造成了粮赋的不公平。如果不是凌儒这样敢于讲话的乡贤，真实的情况就无由上达。

凌儒不仅关爱百姓，他也是水利方面的专家，从他的《上李司理水道书》中可以看出来。他在信中谈到水利工程的选址问题时，说“消积水以疏下流为急，疏下流以审地势为先。地势高则泄水难……”，同时在规划工程时，还要考虑“费少功多，足称永利”，这是强调的花钱少而效率高。他分析泰州的水，从白驹口入海的占十分之七，从丁溪口入海的占十分之三，说明道近白驹地形渐下且近，近丁溪地形渐高且远，因此开海口时，兴化宜多，泰州宜少，“兴化为泰水之下流，为兴化开，即所以为泰州开也”，这是真正的行家之见，选址正确对提高效率是有直接作用的。

凌儒写的诗作中多有涉水之诗

凌儒不仅写了许多文章，且善诗，如他的言志之作《寓南庄》，诗云：

避俗郊居过，新秋爽气多。墟光澹孤里，江色亘长河。惯学陶潜醉，翻嫌宁戚歌。百年天地内，还守旧山阿。

颔联写江河，他对水情有独钟，颈联中写的陶潜指晋代诗人陶渊明，陶渊明属隐逸诗人。宁戚为春秋时人，曾作饭牛歌，引起齐桓公关注，后来成为重要辅臣。他学陶渊明不学宁戚，这是较晚时期的作品。

《题小西湖》诗也是佳作，诗云：

半顷波光落镜湖，春风岁岁长菰蒲。云雷不动龙常卧，箫鼓无声鸟自呼。柳色遥添山阁碧，月明深映草亭孤。乾坤闲地谁争得，留与诗人醉一壶。

这里我再介绍几首与水利有关的诗，以概其余。如他的《倒河塘》是正面写水患的，诗云：

迸力扶危岸，颠风东西来。浸淫防忽破，填塞缺仍开。瀑布终难拟，冯河不自裁。吁天声四起，入耳心亦摧。

这首诗写出了与大自然奋斗的艰难和不易，也充满了他对劳动人民之同情。又《五月久雨，俄见新月，时禾苗淹没过半》诗云“江郭连阴日日愁，晚看新月碧湖头”，是写愁，有一种画面感，反映了诗人诗作的表现力。诗中的“纵减炎蒸终苦水”，雨水多了，虽然天不热，但水多给农业带来的不利影响是严重的。另一首《夜雨损麦》灾情要严重得多，诗云：“漫言平地欲成河，陇麦波翻一夜过。痛撒吴城人千万，哭声还似雨声多”。读末句让人感到十分沉重，人们无法抗拒自然灾害，只能望天收了。

兴办水利工程也是凌儒很为关心的事，他的《闻抚院放水筑堤》诗中云：

百里鸿流平地收，劳心民牧尚深忧。回天有力消三尺，济世无能献一筹。燕雀稳栖应自喜，鱼龙高卧不相谋。悬知万鼓鸣秋赛，卒岁先消十口愁。

另诗《龚公祖修完沿海河工赋此志谢》云“功成不独关民瘼，财赋东南倚济川”。《谢海防公祖赐书，时筑堤初成》有云“平地波涛息，荒山粳稻香。奠鳌功不小，歌颂满沧浪”，反映了他听说堤坝建成后的喜悦心情。他的喜怒哀乐，与水利建设休戚相关，在封建社会应该说他是难得的好官了。

陈应芳情注里下河治水

（1574—1610年）

在泰州说到乡贤陈应芳，谈得较多的都是他曾建的日涉园（即乔园），其实更重要的是他曾经花了较多精力探索与泰州相关水道原委及河之利害，熟悉洪水造成灾害的形势，撰写当时他所研究、论述的河道、水情资料，合辑著成一部《敬止集》。这是了解明代里下河治水的重要典籍。《敬止集》共3卷，制版于万历二十四年（1596），其中绘有《东下河水利图》，其后所论泰州河道水利乃至灾害情况较为详尽，让人开卷了然。《敬止集》后来还被收入《四库全书》，其相关文字和绘图被收录进近代的《中国水利研究》，可见其价值之高非比一般。

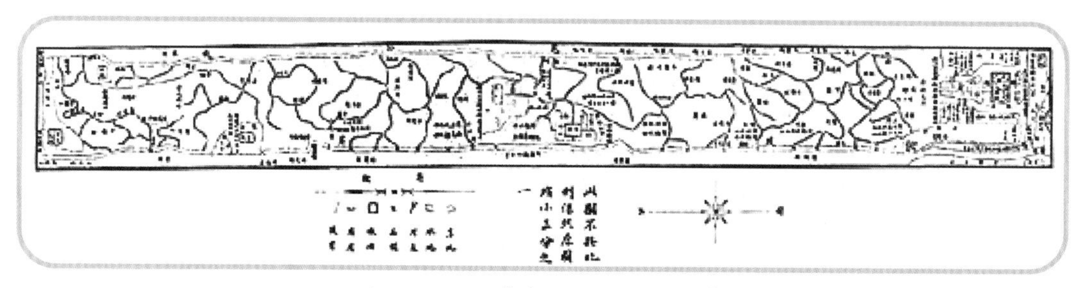

图 4-45　《东下河水利图》

陈应芳其人

陈应芳（1543—1610年），字世龙，一字元振，号兰台，明代泰州人（自称“维扬天目山人”）。9岁就能写得一手好文章，隆庆四年（1571）28岁时，中庚午科贤书。3年后，于万历二年（1574），再中改元甲戌进士。先后任浙江衢州府金华县令、龙泉县令。在两县任内，对一些里甲假公济私、搜刮民财及田亩不实，造成税赋不实、不公之事进行了认真处理，革除了长期以来的积弊，两县百姓都很感激他，为他立碑、造像，还建了生祠祠堂，为他祷祝。县令任期满后，被朝廷提拔至礼部任仪制司主事，专门负责教授附马侯拱宸的礼仪。其时，他对驸马的骄蹇、左右的欺蔽等问题都能一一直言指出，并上报明神宗朱翊钧万历皇帝。甚至，陈应芳还要求寿阳公主也应恪守妇道，不应硬让男方的女姑、亲戚对她行大礼等。明神宗非常赞赏陈应芳敢于直言的做法，对其所奏皆准，达到从严要求公主和驸马的目的。不久，神宗就升陈应芳任祠祭司员外郎，去山西主持戊子（1588）乡试。陈应芳精心选取了65位有学问的人员，其中，傅新德、韩爌、赵用光等栋梁之材，后来皆成为明朝廷有名的贤能之臣。陈应芳回京后，因其政绩显著，又相继迁任主客司会考功郎、南刑部郎中。接着又放外任福建臬司、浙江提学佥事、八闽布政司参议等职，政声极好。他在任八闽布政司参议一年多的时间内，积累羡金（指所收赋税的结余款）千缗，自己不动用一分，全部留充公费。后来，他又调任河南按察司副使、南大理寺丞、太仆寺少卿等职。在任管理马政的太仆寺少卿（从三品）时，曾上疏12次，力陈边关京营马政得失。

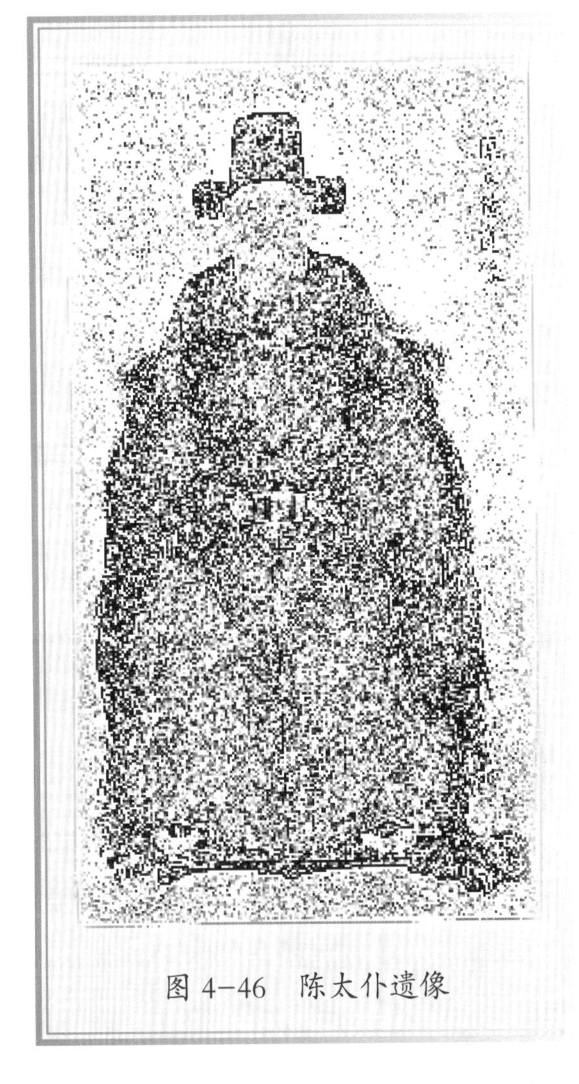

图4-46　陈太仆遗像

陈应芳为人方正迂憨，爱护百姓，忠于国事。正因为他的这一性格，受到奸人陈维春、冯应凤结党攻击。陈应芳揭发他们所做坏事后，5次上疏皇帝，请求放归故里，都被神宗慰留。最后，因需尽孝、迁葬祖坟，皇帝才不得不批准他请假回到泰州。陈应芳回到泰州后，居家8年，不以京官自居，十分清廉自律，注重关心家乡民生，不辞劳苦为地方请命。泰州旧有需为凤阳代缴的田赋粮14000多石的惯例，负担已长达数十年，百姓深以为苦。陈应芳向当权者奔走呼吁，终于得到蠲（juān，捐，指免除之意）豁。当他得知泰州北部里下河一带常遭水灾，民不聊生时，就亲自到各地踏勘，收集了大量资料，潜心研究，历数年，写下了一部堪称传世之水利著作——《敬止集》3卷。

《敬止集》简介

民国年间，韩国钧将《敬止集》作为重要的地方文献收入《海陵丛刻》。陈应芳为什么要写《敬止集》？读一读韩国钧为该书写的“跋”便知：其书专言淮、扬两府属泰州、高邮、兴化、宝应、盐城五州县当时水害，而于泰之蒙患独深，赋税独巨，蠲振独苛，皆大声疾呼，以号吁于当路，不啻负剥床之痛，绘流民之图。这段话交待了泰州水患独深，赋税独巨，是指曾任明内阁首辅的兴化人氏李春芳于嘉靖年间移派其邑重粮，于扬属各州县所造成的。此事在地方志里没有明确记载，韩国钧推测是因为李春芳后人中仍有做高官的，所以明清之际编的志书就语焉不详了。韩国钧认为，因万历年间，水灾连连，泰州仍要承担很重的赋税，使陈应芳感到很不公平，他起而大声疾呼，写下了《敬止集》这部调查研究之作。

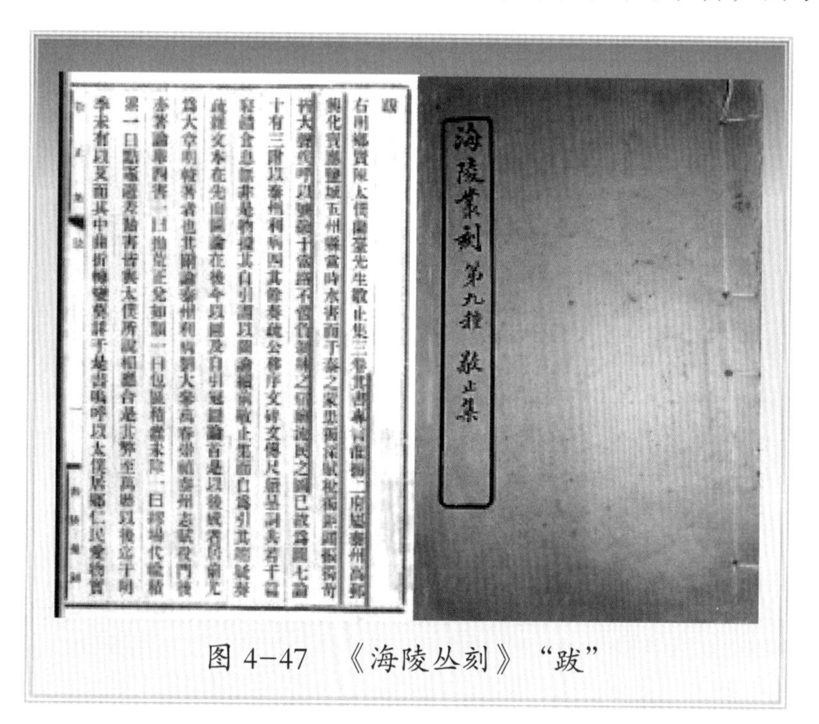

图 4-47 《海陵丛刻》“跋”

陈应芳创作此书的态度极为认真，他在《敬止集》引言中说自己是“披腹心，抒肝胆，为百姓请命”。陈应芳认为治水要有一盘棋的布局，里下河地区河网密布，既是泽国，又是沃壤，“然所由称沃壤者，徒以湖堤固而水利兴耳。堤一决则千里者壑矣，沃则俱沃，壑则俱壑，未有一州被水而一州独异。一县被水而一县独存者也。”可见水利设施好时，是沃壤，一旦遇灾，则大家遭殃，正因为这一地区有紧密联系，“沃则俱沃，壑则俱壑”，所以治水兴利要从全局来规划。陈应芳在书中提出了一些具体的想法，而这些都要各地的官员共同协力。陈应芳认为选用人才是头等重要的问题。人才选出后，责成他治好水患，“千里水国，治则其职也，不治则其罪也，不容他诿矣”！他指出：从全局看，关键是治水患，不是遇灾后减粮税的问题，因为“今日请蠲，明日请折，无益民穷，有损国计”，因此根治水患，保证老百姓的粮食收成和国家税收，才是治本之策。

嗚又惡能已乎父老遮訴情還扞格而不得達盡以地方形勢曲折無有
爲當路明言其利害者余也生于其鄉適丁其窮不得已披腹心抒肝膽
爲百姓請命給之圖以昭晰其委著之論以曲暢其說良未而代父老一
言冀當路有所考焉刻成或有謂余曰何乃自苦如是人得無謂鄉曲之
畔而要譽之嫌乎余不謂然天下一家中國一人天地萬物一體豈其以
父母之國曾漠然疾痛痾癢休戚之不相關也可謂仁歟詩曰維桑與梓
必恭敬止奈何言嗛人乍見孺子入井皆有怵惕惻隱之心同室有鬭被
髮纓冠而往救之可也今鄉水沉溺勢豈異夫乍見而鄉民流徙借何殊
于入井其急也又不啻同室而鬭已余心誠有所苦雖狂走疾呼被髮纓
冠不遑恤人之非笑我也而又何毀譽之足計乎夫如衛如燕當路雖多
君子不因棄其成議終置一方于泰越儻因余言而必求其平以答雲霓

图 4-48　《敬止集》“引言”

他还认为，调查研究要掌握真实情况。在封建社会，官府常有派人到灾区了解情况的，由于一些官吏不负责任，往往不能了解到真实的情况。如果灾情严重，赋税不减，民众势必更为困苦。万历十七年（1589）遇大水，有官吏从上河来泰州察看，百姓聚集起来向他反映情况，这位官员还没听完就怒气冲冲地说，我亲耳听到两岸栽秧歌声不绝于耳，你们怎么自称有水灾？这不是骗我吗？结果将为首的人打了 30 大板。泰州的灾情被掩盖了，是年，粮税全征，当征粮的船来到泰州时，不少人家卖妻卖儿，“民不堪命矣”！老百姓作歌谣曰“滔滔水患如沧海，卖子赔粮万灶空”。陈应芳指出，如果事前将真实情况反映上去，老百姓的生活就不至于这样悲惨了。

陈应芳为泰州水灾呐喊。兴化是里下河水患的重灾区，人所共知，泰州情况又怎样呢？在陈应芳看来，并非如此。特别是明隆庆年间，兴化筑了一道长堤，隔住了水的下泄，也就是泰州被淹，水不会立即流到兴化。每逢邵伯湖堤决口及减闸，诸水先淹泰州，下泄却很滞后，“故连年泰州受害视兴化尤惨”。[1]

《敬止集》取名于《诗经》“维桑与梓，必恭敬止”，可见其对家乡的情结。书中第一卷“图”后所著“论”13 篇及“附”4 篇，除详述水道源流及利害，还兼及漕运、田赋等，为下河治水做出了重大贡献。他以泰州人谈论泰州生民的利病，沉郁感慨，深情都见诸于字里行间，充分显现出陈应芳仁民爱物的胸襟。他在书中写道：“自山阳以下，诸湖所汇，夙号水国，顷鸿波为祟，屡年不少衰止，沃野沉为沮洳，民无以为生”忧国、忧乡，忧水、忧民的忧患意识跃然纸上。他通过对泰州、高邮、兴化、宝应、盐城 5 州县的水患进行悉心探究，认为：里下河有丰富的水，有利于农田灌溉和航运，但也是造成洪涝灾害频发的根本原因。这里，江淮交汇，农田的灌溉与水之

[1] 董文虎，武维春．河渠故事［M］．南京：凤凰出版社，2016.

排泄关系错综复杂，尤其是淮扬的泰州、高邮、宝应、兴化、盐城等地多存在“田间水道，有此谓可通，而彼谓可塞者，有彼见为利，而此见为害者”，河道互相交叉，各自治理，往往目标纷杂，利益难以均衡，矛盾较多。于是，他纵观里下河全局，专门提出开海口、筑河堤的流域性治水思路和比较具体的治水论述，十分辩证和深刻。

虽然，经历代治理，今天泰州水流河道与《敬止集》所绘之图已不相符，现代治水已不太适宜采用。然其书议论详细明实，是当地之人言当地之利病，总比历史上一些水利官员“临时相度，随事揣摩”作用大得多。

《(万历)泰州志》编纂时，陈应芳已经去官在家多年，但这一时期他的著作《敬止集》卷一、卷二中有关泰州及下河地形、水患、漕运、田赋的奏疏、公移、序文、碑文、传、尺牍及卷三中25篇“书”及“附录”4篇等内容，已为地方官绅及编纂者传阅和赞赏，他们一致认为十分有价值。于是，后代不少泰州志书中专门收录了他有关水利、贡赋的论、呈词、申文，如《宜陵坝论》《下河利病论》《士民呈词》等内容。还突破了编纂志书的常规，在志前还专门编入他所绘制的已超出泰州四境之包含里下河相关州县的《东下河水利图》。观此图，对里下河地区包括泰州在内的相关州县受大水环抱为害的情况一目了然。《(万历)泰州志》主修者李存信，还专门对所附之图加了“图说”的文字注解：“此图，陈太仆公念州罹水害，上河高田无几，下河沉水十之九也。而冠盖，下临州治，则又道经上河，不及睹下河之昏垫。以故，州与高、宝、兴、盐共灾，不得与四州县同其蠲恤，为桑梓痛。于是，著为成书，刻于家，曰《敬止集》。前列以图，后著为论，经纬曲折，极其详明。信佩服公之一体州人，且深自悔罪于己溺，敢不宝重是书，今《志》成，已采其论，尤不忍遗其图也，增入‘四境图’后。庶人国问俗者，披图而知水乡云”[1]。这一注释说明了几点：一是说明图是谁绘制的、摘于何书，二是表述附此图的作用，三是点明此图入志，突破志书编纂惯例，四是阐述编纂者对陈应芳具备大禹之“思天下有溺者由己溺之”(见《敬止集》陈应芳的“自引”)精神的赞赏。自此以后，明、清两代修纂的《泰州志》，有关内容皆以此为范本，都将此图收编入志，以提高其志书的存史资治价值。

[1] 泰州文献编纂委员会.泰州文献—第一辑—①(万历)泰州志[M].南京：凤凰出版社，2014.

另外，陈应芳还著有如《日涉园笔记》等书多部，但传世的仅有《敬止集》一书，不能不算是憾事。

泰州历代志书引用陈应芳绘制的水利图[1]

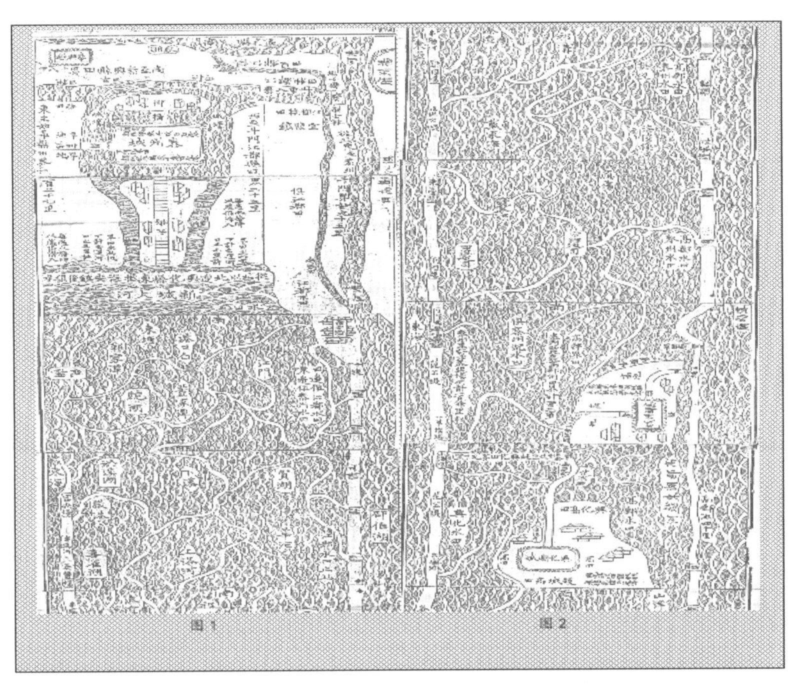

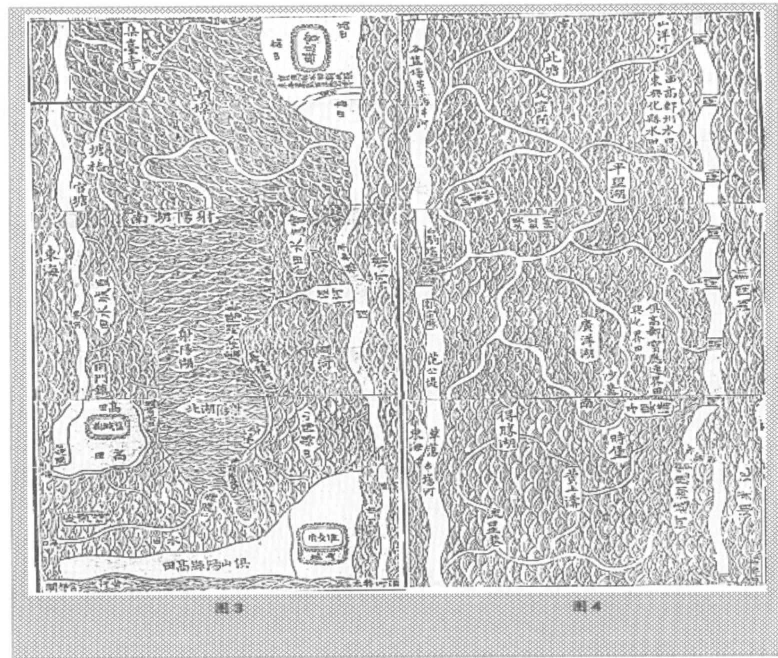

图 4–49　陈太仆《东下河水利图》（木刻本）

[1] 泰州文献编纂委员会．泰州文献—第一辑—①（雍正）泰州志［M］．南京：凤凰出版社，2014.

姚邦材泰兴抗倭挖城河

（1553—1562年）

从“鲧作城”初始目的为“障洪水”和防止野兽对部族的危害开始，冷兵器时代，城渐渐发展为用来抵御入侵者的有效工具。而城的建设，初为累土筑城，实际上筑的就是交圈的土堤，也被人们称为城墙。筑土堤就要就地取土，城一转的取土区也就成了北方无水环城土壕，称城壕。或因南方地下水位高，一经开挖取土就成为有水的濠河，也就被人们称为城河。不管是城壕，还是城河，都能与城墙一样，起到了保障城市安全的功能。尤其是城濠，不仅可保障城市，还具备河道的功能，与城外河道沟通，还能起到对这个城市的供水、排涝及货物运输的功能。

明代，从嘉靖初起，经隆庆，直到万历中期的六、七十年，是倭寇骚扰沿海最为强烈的时期，被史学界称为“嘉靖大倭寇”。在这一阶段，不仅是单纯的倭寇，一些倭寇队伍中也杂有 “迫于贪酷，困于饥寒”的我国沿海岛民或边民，他们迫于洪武时期“片板不许下海”的海禁政策，失去谋生手段，饥寒交迫，难以为生，而与倭寇为伍。泰兴，临江近海，同样是“海氛孔亟”。正是由于倭寇的袭挠，对城墙、城河的建设也就必须重视起来。2001年版《泰兴水利志》就记有两条嘉靖年间有关知县姚邦材和高邮州州同奚世亮为抗倭开挖城河和建水关的两件事。

姚邦材挖城河力建城守

“嘉靖三十二年（1553）八月，知县姚邦材增置城守，开挖护城河，宽8丈，深1丈。一年竣工，防县治遭倭寇荼毒”[1]。

姚邦材（生卒年不详），字抡伯，浙江归安人。进士出身，明嘉靖二十九年（1550）至

[1] 泰兴水利史志编纂委员会．泰兴水利志［M］．南京：江苏古籍出版社，2001.

嘉靖三十六年（1557）任［但《（康熙）泰兴县志》记载为“嘉靖十七年（1538）任”❶泰兴知县、《（嘉庆）重修泰兴县志》载为“嘉靖十八年（1539）任”❷］泰兴知县。中间于嘉靖三十三年（1554）有杨敷插任数月，姚邦材复回任，后晋升刑部主事。其时，沿江沿海一带处于内忧外患的局面。国内，江盗匪贼横行，时常危害百姓；国外，时有倭寇鼠窜入境，溯江来犯，泰兴县处于沿江，“海氛恐亟”同样深受其害。姚邦材上任不久，倭寇就入侵境内曹家埠、新开港等地，不仅上岸烧杀抢掠，而且入江劫掠船只。姚邦材得知信息后，一方面安抚百姓，力求让县民休养生息；另一方面为对付倭寇，主动上报，要求“增置城守”，积极防御。终于，取得明朝廷批准，并下拨官银二万余两用于修筑城垣。当朝廷下达筑城命令后，泰兴百姓见工程浩大，很担心

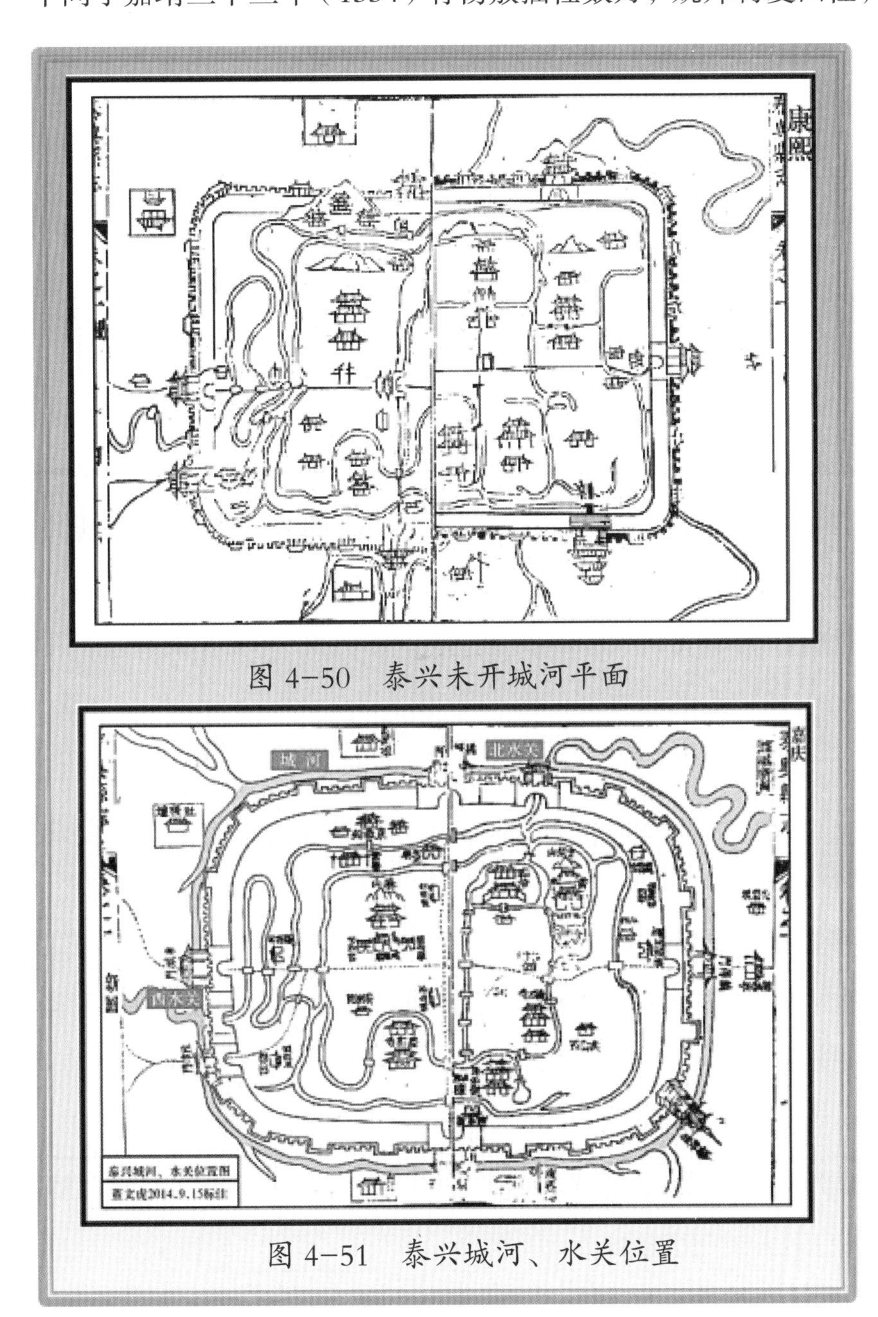

图 4–50　泰兴未开城河平面

图 4–51　泰兴城河、水关位置

❶泰州文献编纂委员会．泰州文献—第一辑—⑤（康熙）泰兴县志［M］．南京：凤凰出版社，2014.

❷泰州文献编纂委员会．泰州文献—第一辑—⑤（嘉庆）重修泰兴县志［M］．南京：凤凰出版社，2014.

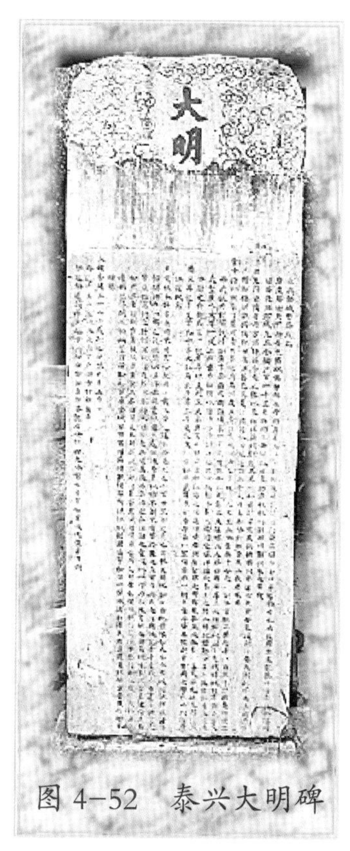
图 4–52 泰兴大明碑

要被摊派沉重的劳役，“浮议”不断。姚邦材体察民情，周详调度，采取富家量财力而出钱，贫者计人口发粮，以出工挑堑的方法，合理摊派，于是，民心趋一。在施工过程中，朝廷派有大臣前来督工，“惩奸劝勤”，施工人员昼夜兴作，“莫敢怠遑”，畚锄鳞次，城墙“阅期月而功告成”。此工程共用白银二万七千八百五十余两。建成后的泰兴城墙，“凡七里有奇，其围一千三百五十有三丈（4510 米），高二丈五尺（8.3 米），广一丈（3.3 米）”；城内一周有马道，以利运兵；城外绕以宽 26.6 米，深 3.3 米的濠河，并改东门为“镇海”，西门为“阜成”，南门为“澄江”，北门仍为“拱极”，西南“延熏门”改为“通济门”。5 个城门均建有吊桥，供军民进出。城墙建成后，泰兴的老百姓民心安定，很是感激姚邦材。不久，倭寇又来骚扰泰兴，军士在城墙上射杀 2 个倭寇，面对“高城深池”，倭寇无可奈何，只得退去。

嘉靖三十四年（1555），告老还乡的原兵部侍郎张羽惠以其“桑梓之念，江湖之忧，赖以一释”锦句，挥笔写下了《泰兴县城堑落成记》，记录下了这段“惠民工程”的盛况，并刻制成碑（俗称“大明碑”），一直嵌在泰兴镇仙鹤湾鼓楼东路五四巷 2 号的张氏宗祠的房屋壁上。他颂扬辛勤筑城的县令姚邦材“君候遗爱比甘棠，吾民世世铭肺肠”。此碑，20 世纪初拆迁后才移至奎文阁前的。碑，通高 2.4 米，宽 0.8 米。正书 16 行，共 628 字，较为完整地记述了泰兴筑城经过及城垣范围。至今完整无缺。1982 年，被泰兴市人民政府列为市级保护文物。

倭寇袭扰深入黄桥

1993年版的《泰兴县志》记有：嘉靖三十八年（1559）倭寇由海安西窜入境，大肆抢劫，兵备副使刘景韶等先后于印庄、新洲、小麦港等地战败倭寇，毙敌 340 余人，焚死、溺死 183 名[1]。这里，对这次抗倭战斗中还应对一名在泰兴黄桥抗倭的将军王良记上一笔。

[1] 泰兴县志编纂委员会．泰兴县志［M］．南京：江苏人民出版社，1993.

千户王良是毛兵（泰兴的一种地方武装）将领王复乾的部下，他不是泰兴人，但他为保卫泰兴黄桥而战死，泰兴黄桥人民敬佩他，将他隆重安葬于黄桥。至今，黄桥仍保存着有关王良将军的史料、实物。就在嘉靖三十八年（1559），王复乾率毛兵镇守黄桥。四月初，倭寇由如东的海边登陆，海防兵抵挡不住，倭寇深入如皋，沿途大肆抢劫，继之又向西进。王复乾预料倭寇必袭黄桥、泰兴，即派部将千户（千户长，五品或六品）王良去探听虚实。王良率兵数百人向东进发，与倭寇中途相遇。他和儿子王应征及其他将士，拼死杀敌，先后杀死倭寇 14 人，杀伤者无数。但因兵力悬殊，寡不敌众，王良、应征先后战死，同时死难的还有把总赵世勋、韩胤及士兵若干，场面十分壮烈。幸亏参将赖凤阳、都指挥佥事胡忠义所率援兵赶到，才将倭寇击溃。胡忠义又率众对窜逃的倭寇继续进行追击，倭寇逃至吉家庄，潜入民房。胡将军包围了这几处民房，令倭寇投降。倭寇坚持不出，胡将军即命士兵放火焚烧倭寇藏身的民房，烧死倭寇 100 余人。其余倭寇连夜夺路奔县西南新沙洲口，沿途又溺死若干，倭首被擒斩首。此剿寇之初捷，后兵备副使刘景韶率部再捷于海安，三捷于刘庄，一月，三击倭寇，最终消灭这支倭寇总计达 500 多人。嘉靖三十九年（1560），王复乾率部调防，思及战难官兵，遂出俸赀，于黄西寺桥外购买民地 28 亩，建祠堂一座，为王良塑像，其余姓名书写于两柱楹联之上。黄桥名士何栗写了《忠义祠碑记》，碑文盛赞“良父子君臣之大义，不特风励一世，千百载下知凛凛有生气”。黄桥人一般都称此祠为“王将军祠”，据何栗所撰碑文，此祠正式名称应为“忠义祠”。

奚世亮建北水关引水入城

2001年版《泰兴水利志》大事记还记有“嘉靖四十年（1561），知县奚世亮辟建北水关。开北水关可引水，啟西水关可排水，百害祛，而百利兴，邑水西流不入于城”[1]。

从《（康熙）泰兴县志》和《（嘉庆）重修泰兴县志》两幅县城图上，可以看到县城内水系的变化，也可看出北水关的增设。然而，这两部志所编“秩官—知县”中均未见列有奚世亮。惟在《（嘉庆）重修泰兴县志》“城池”篇中有载“高邮州州同

[1] 泰兴水利史志编纂委员会．泰兴水利志［M］．南京：江苏古籍出版社，2001.

奚公世亮，建北水关”[1] 13 个字。笔者以为：鉴于“署县”2 个字，奚世亮并未正式被任命为泰兴知县。因为“署”字多解，其中有一为“代理、暂任或试充官职”。修筑泰兴北水关时，奚世亮的正式职务仍应是高邮州州同，但已被调泰兴代理或暂任泰兴知县。再深入了解一下这位在泰兴留下北水关水利业绩的奚世亮，更为令人赞叹的是，他恰恰是一名史上有名的抗倭烈士、民族英雄。泰兴志书未能留字，而其宗谱和他牺牲的福建省兴化府介绍其生平时却未提及他任职泰兴，故不能不将他的事迹做些介绍。

图 4–53　奚世亮及《奚氏宗谱》

奚世亮，明代官员，字明仲，一字汝寅，湖北黄冈人。奚世亮前五世祖奚成之为明代永乐时黄州府千户，始入籍黄州为迁黄一世祖。嘉靖二十六年（1547），奚世亮与后为名相的张居正同为丁未二甲进士。奚世亮先后任户部主事、刑部郎中、高邮州同知。因对奸相严嵩陷害忠良杨继盛，表示了不满，被削职回乡。嘉靖后期，倭寇大举入侵闽浙，沿海不少府县被攻陷、劫掠。为此，严嵩又特别起用被废黜的官员。嘉靖三十七年（1558），奚世亮临危受命，出任福建延平（今南平市）同知（相当于地级市副市长）一职。不少亲友劝他不要去，奚世亮本可托辞不去，但他怀着国家危亡、匹夫有责之忠心，毅然奔赴前线。

延平府依武夷，傍闽江，山高林密，是倭寇、盗匪猖獗之地。更有前任知府袁丛

[1] 泰州文献编纂委员会. 泰州文献—第一辑—⑤（嘉庆）重修泰兴县志［M］. 南京：凤凰出版社，2014.

收受贿赂，贪生怕死，剿倭不力，已被革职查办，致使奚世亮履职压力倍增。上任伊始，他明察暗访，采取有力措施，短短两年时间，剿灭盗匪、倭寇800余人，逮捕法办200多人，功勋卓著、享誉朝野。朝廷升他四品知府，延平百姓感念他恩德，特地锻造一块“靖国安民”的金匾相送。

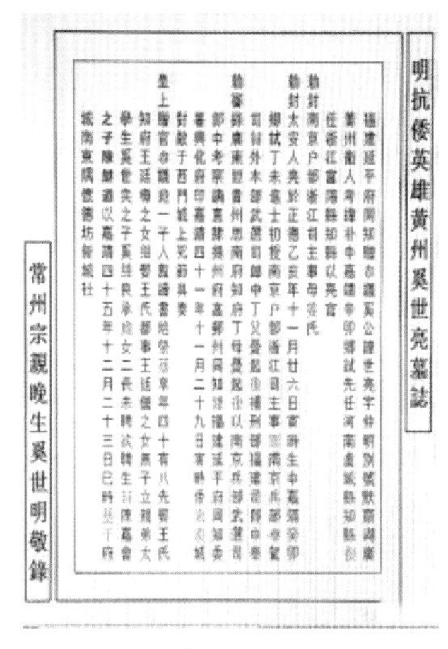
明抗倭英雄黄州奚世亮墓誌

常州宗親晚生奚世明敬錄

图4-54

嘉靖四十一年（1562），严嵩又把他调到最前线——福建省兴化府城（今福建省莆田市）代理知府守城。奚世亮再次临危受命。到任后，奚世亮分析倭情，动员军民，加固城池、整修军械，筹措军粮，积极备战。十一月二十七日，倭寇首领本田纠夫纠集倭寇六千余人，猛攻兴化府城。兴化府城高、濠深、墙固，在奚世亮指挥下，军民奋力反击，击退倭寇一次次进攻，双方激战两日，城外倭寇攻势不减，奚世亮一边修书向上求救，一边鼓励军民坚守待援。二十九日，来闽协助剿倭的广东总兵刘显率兵700名从福州来莆增援，但因兵力单薄，人马疲困，暂驻在距城36里的江口迎仙寨。刘显派8名士兵带着移文，去府城联络，商讨里应外合破敌方案。谁知这8名士兵中途被擒，全被倭寇杀害。诡计多端的倭寇瞒天过海，挑选8名精壮将士，换上明军制服，带着截获的刘显移文，前往兴化府城。谎说刘显将率兵于当天夜里进城，兴化府同知翁时器见有刘显移文，不辨真假，信以为真，将他们安置于城中，并下令守军做好迎接刘显援军入城的准备。深夜，这8个潜伏的倭寇以察看城防为名，杀死守城的士兵。打开城门，让大队倭寇蜂拥而入。顷刻之间，刀光剑影耀城堡，血雨腥风盈闾巷。同知翁时器得知中计，与通判李邦光一起畏敌逃跑。南城最先陷没，当时守城不少将官“皆缒城走”，惟有刚来兴化府任职一个多月的知府奚世亮独守西城，浴血奋战，带领随从冲向乌石山，终因寡不敌众，致“身受三刃而死”，年仅48岁。跟随奚世亮十余年的捕头石汉藻，见主人身亡，便奋力杀出重围，率领数十兵丁直奔府衙，意欲保护奚家老小外逃，刚出衙门，倭寇已赶到，石汉藻牺牲。奚母深知逃生无望，转身直奔后院井台，高喊：“亮儿，为娘来也！”一声凄厉，跳入井中。亮妻王氏看了看一双儿女，泪如雨注，一咬牙，抱起儿女一同投井自尽，兴化府沦陷。直至次年五月，福建巡抚谭纶亲自来莆督战。在戚继光、俞大猷、刘显的合力攻击下，明军终于收复兴化府，并围歼倭寇于平海卫，平定了这场历时近六个月、给兴化府造成巨大苦难的倭乱。战后，郡人悯奚世亮忠勇，于乱尸中寻得其尸首，安葬于府署后园其家人就义之古井旁，并建“奚公祠”1座，立“廉将沉毅”碑以记之，朝廷追封奚世亮为“忠勇郎”。至今莆田人尚传“衙门旧址不复再，路人犹记奚公坟”。奚公坟后壁上嵌有古人所作《奚公坟记》如下：“奚公世亮，湖广进士，任延平府同知，嘉靖四十一年（1562）来兴化摄郡篆，甫阅月，倭寇围城，分守翁时器误信天兵，开门揖盗，遂致城陷，翁縋城走，奚公死于乱兵中……邦人建奚公祠于府署后园隙地，吴国伦作奚大夫像记，石刻落于民间。”

朱得之编志首提开团河

（1565—1569年）

朱得之年迈修志

自明成化七年（1471）建县，至新中国成立前的1949年，靖江一共修有11部县志。《泰州文献》第一辑“官修旧志”中收录了现在存世的全部靖江旧志8种。明嘉靖四十一年（1562），距第一部县志的刻印已经过去46年，年近耄耋的朱得之开始着手修纂靖江的第二部（现在存世最早的一部）靖江县志——《（嘉靖）新修靖江县志》。嘉靖四十二年（1563），浙江永嘉人王叔杲来靖江任县令，很重视朱得之的修志工作，给予了大力支持。王叔杲只在靖江1年，后调常熟，在朱得之初稿完成后，送他审阅时，不但提了中肯的意见，还为此志专门写了序。至嘉靖四十四年（1565）此志成稿，其时历经的知县有柴乔、张磐，直到隆庆三年（1569）五月，由时任知县张秉铎正式付梓。为修纂这部县志，年迈的朱得之花费了大量心血，王叔杲在《（嘉靖）新修靖江县志》的“序”中，称赞他是“稽吏牍、询故老，搜逸事、披荒碑[1]”。此志为靖江保存了大量明代中期的史料。

《（嘉靖）新修靖江县志》的“疆域图说”中涉及几条港道与四境港道对应的关系：岷源万里，会九江而下，注安庆而东，四百里过孟渎，遇此土始分流为二，此土当二水之中，实为金陵下流水口，障而为江海之交。其东南蟛蜞港与江阴之蔡港相对，西南大新港与武进横擔、东北孤山港与如皋石庄、西北展苏港与泰兴新河俱相对……[2]”文中除交待了长江在此分为南北二水，靖域之土当二水之中外，提到了蟛蜞港、大新港、

[1]泰州文献编纂委员会.泰州文献—第一辑—⑨（嘉靖）新修靖江县志［M］.南京：凤凰出版社，2014.

[2]泰州文献编纂委员会.泰州文献—第一辑—⑨（嘉靖）新修靖江县志［M］.南京：凤凰出版社，2014.

孤山港和展苏港，未涉及人工开挖之河。此志“山川”篇中提及“洲中有港八十七，引潮通贯以溉土产，其港自县治南曰澜港，北曰于婆港……。诸港相距远惟里许，会入洲中，中皆分段引水，曰沟，相距不踰半里，田形如棋局，势近古之井田”[1]，这里所述的也仅为“港”与田间的“沟”，仍未及于“河”。此篇最后有一段文所记为“江邑八十七港，自弘治五年（1492）孙侯显，躬履绳尺，疏浚之后，迨今七十年来莫有恤其敝者，往往坐听报程，未尝省试，是以苟且成风，虚文塞责。而民之资生效国之方日以困乏。此江邑莫大之休戚也！孰能不惮旬月之劳以贻数年之逸乎？[2]”言辞之锋利，一般在志书中少见。编纂者朱得之用这一段文字真实地记述了靖江自弘治五年（1492）后，长达70年以来官方计未组织农民兴修水利的情况，用“坐听报程”“苟且成风”“虚文塞责”等十分愤怒之词语，谴责朝廷专管督理此事的官员们的恶劣风气。朱得之可谓毫不避讳，秉笔直书，当予点赞。

朱得之不仅在志中直接批评了这些官员的恶习，更为了不起的是，他在“山川”篇的最后，用小字加了一段类似点评性质的文字，其中提到了开“圆（疑为“团”或“图”字——后志中皆未出现过“圆”字）河”之利。其内容为：“得之《尝答周令公茂湖水利书略》谓：靖邑重患莫如江潮涨溢之惨，海寇□掠之频。至于腹心每苦于旱，边隅每苦于涝。岁虽大丰，本土即无全□，此皆水利隄防之未备也！今诚议通圆（疑为“团”或“图”字）河，其利有八，可以免江潮之没溺，可以遏海寇之长驱，可以备旱涝之蓄泄，可以免输运之负载，可以招商土产不至于坐费，可以引灌飞沙不至于荒芜，夏之桔槔无候潮之争，冬之疏浚无每岁之役。此诚百世不竭之运，云云。”讲的是他自己曾在《尝答周令公茂湖水利书略》中，分析了靖江的灾情，他认为靖江最主要的灾情是潮灾、海寇虏掠和旱灾，造成这些灾害的原因，主要是因为“水利堤防之未备”，没有修筑水利工程。他曾提议或与人议论过，要开“团河”，开了“团河”就会有八个方面的好处。这是靖江志书中首次出现“河”字。

现存的靖江第二部志书——明《（万历）重修靖江县志》，始设“港志”专篇，提及“旧港志八十有三，今据各团所辖合旧志参之，该港一百有六”[3]，除提及城周围中洲团有

[1]泰州文献编纂委员会.泰州文献—第一辑—⑨（嘉靖）新修靖江县志［M］.南京：凤凰出版社，2014.

[2]泰州文献编纂委员会.泰州文献—第一辑—⑨（嘉靖）新修靖江县志［M］.南京：凤凰出版社，2014.

[3]泰州文献编纂委员会.泰州文献—第一辑—⑨（万历）重修靖江县志［M］.南京：凤凰出版社，2014.

城濠、市河及太平河、巽河，出现了 3 条河，仍未见有关“团河”的专条。但在此“港志”最后的文字阐述中也写了“旧志云：团河其利有八：……”[1]，一段文字。但未记载系“得之《尝答周令公茂湖水利书略》谓”，抹去了朱得之所议之痕迹。明《（万历）重修靖江县志》“疆域图”上亦未见有“团河”的踪迹，这说明建县至万历年间，人们虽认识“团河”之利，却未有组织实施者。

朱得之是王阳明的弟子

朱得之（1485—？），字本思，号近斋，靖江长安团（今马桥镇）人，系明代著名的学者。以贡生入江西新城县丞 。又自号参元子、虚生子，是王阳明晚年的入室弟子。其学颇近于老子，盖学焉而得其性之所近者也。朱得之是明代著名的思想家、文学家、

图 4-55　朱得之观其自得

哲学家和军事家，陆王心学之集大成者王阳明之后“心学”的继承者与发展者。朱得之的身世，缺少记载，但应也算是一个仕宦之家，其祖父因遭陷害，而导致家道中落，父亲也因祖父之事牵连客葬他乡。这段坎坷的经历，使朱得之饱尝了人间的辛酸。因此，在被王阳明收为弟子之后，甚是刻苦好学。后来，朱得之凭借王阳明的声望，才得以将其父亲尸骨迁回靖江安葬。黄宗羲《明儒学案》对他取“得之”名的原由作了记载，他对尤西川讲：格物之见，虽多自得，未免尚为见闻所梏。虽脱闻见于童习，尚滞闻见于闻学之后，此笃信先师之故也。不若尽涤旧闻，空洞其中，听其有触而觉，如此

[1] 泰州文献编纂委员会．泰州文献—第一辑—⑨（万历）重修靖江县志［M］．南京：凤凰出版社，2014.

得者尤为真实。子夏笃信圣人，曾子反求诸己，途径堂室，万世昭然。即此可以观其自得矣。实际上，讲人要求得学问，应来自两个方面，一是见闻，二是老师传授的前人之知识。

《昆陵人品记》载朱得之：从阳明先生游，究良知之旨，泊于荣利，为桐庐丞。归。闭门读书。讲的是朱得之追随王阳明学习研究，得到真谛，淡泊于名利、官场，在桐庐为县丞后，就一直闭门做学问了。据《明儒学案》所记：南中之名王氏学者，阳明在时，王心齐、黄五岳、朱得之、戚南玄、周道通、冯江南，其著也。可见，朱得之也是南中王门学派的知名代表人物之一。

图 4-56　朱得之《宵练匣》

朱得之的著述比较多，《明史·艺文志》著录有《印古诗》一卷、《说袁仁毛诗或问》二卷、《老子通义》二卷、《列子通义》八卷、《庄子通义》十卷。《千顷堂书目》尚著录有《正蒙通义》。《四库全书总目》著录《宵练匣》。

《（万历）靖江县志》记有朱得之《老子通义序》《庄子通义》引各1篇[1]。泰州

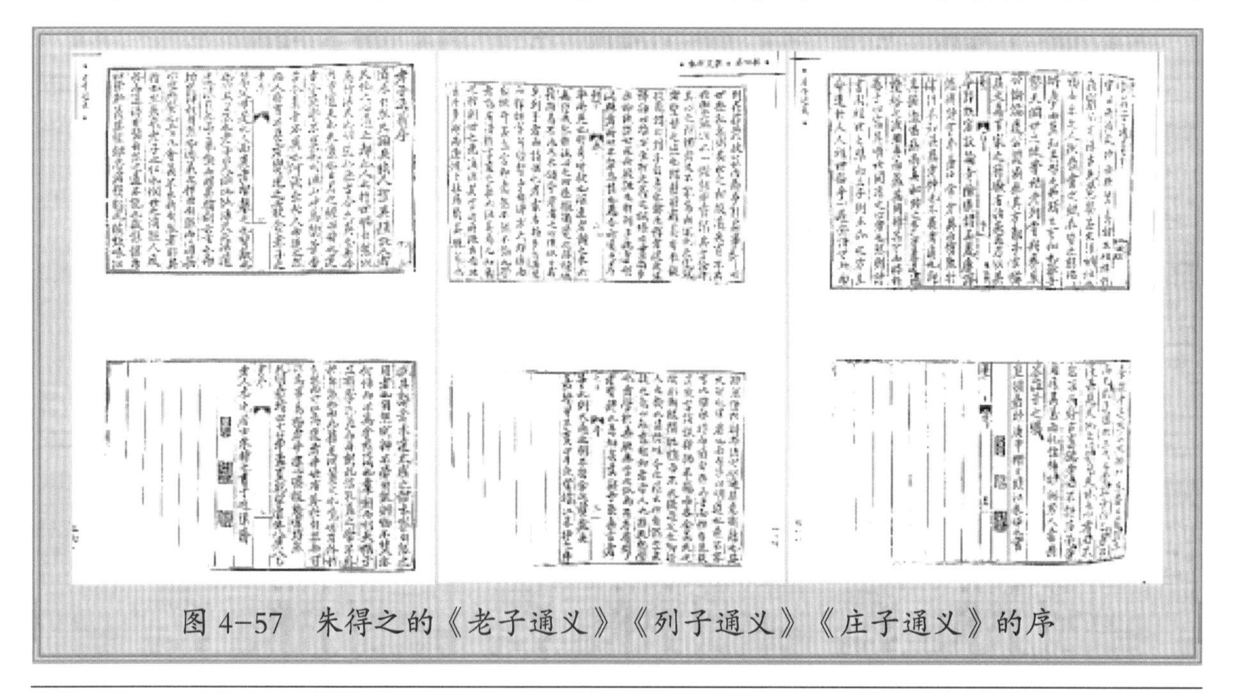

图 4-57　朱得之的《老子通义》《列子通义》《庄子通义》的序

[1]泰州文献编纂委员会.泰州文献—第一辑—⑨（万历）重修靖江县志［M］.南京：凤凰出版社，2014.

文献编纂委员会《泰州文献》中把朱得之的《老子通义》《列子通义》《庄子通义》全文皆收列其中，并由侯君明、王柳对朱得之所写3篇通义作了简要介绍。

朱得之学术思想

朱得之所著《庄子通议》是现在所见明人最早的一部解读《庄子》的著述。《续修四库全书》《四库全书存目丛书》以及《无求备斋庄子集成续编》均收录了朱得之所著的《庄子通议》。

朱得之的《庄子通义》其提要讲："此书以为庄子之书命辞跌宕，设喻险奇，人多谓其荒唐谬悠，不知异者辞也，不异者道也。故作为《通义》，并加旁注，以详释之。先是，宋成淳间，钱塘道士稽伯秀尝作《义海寨微》，未行于世，王漳录其遗稿以授得之，得之因附刻于每段之下，先列《通义》，次及《义海》。得之所解，议论陈因，珠无可采。

《莊子通義》十卷，明朱得之撰，據明嘉靖三十九年（一五六〇）刻本影印。

朱得之有《老子通義》，已著錄。

《莊子》一書命辭跌宕，設喻險奇，人多謂其荒唐，而朱得之認為：「異者辭也，不異者道也。」故為其作通義并加旁注以詳釋之。先前，宋咸淳間錢塘道士褚伯秀作《義海纂微》，未行於世，王鏈錄其遺稿，以授朱得之。朱得之因附刻於每段之下，先列通義，次及義海。前有朱得之自序。《四庫全書總目》評論該書：「褚伯秀《義海纂微》采掇詳博，朱得之所解，議論陳因，殊無可采，至於評論文格，動至連篇累牘，尤冗蔓無謂矣。」與明諸多莊學比較，朱氏《莊子通義》雖[illegible]，然結合其書前類似序言之《讀莊評》，本書提倡率性之說，調和儒、道、釋三教之間關係，反對《莊子》內、外、雜篇三大部分是否出自莊子之手的看法。

（王　柳）

《列子通義》八卷，明朱得之撰，據上海圖書館藏明嘉靖四十四年（一五六五）朱氏浩然齋《三子通義》本影印。

朱得之有《老子通義》，已著錄。

朱得之認為《列子》一書自孔子沒後，其詩書教化之功用漸為湮沒，作者有感於天德王道不明於天下，遂著書立說，以啓發後人。《列子》本義亦是發明儒家經典之微言大義。作者雖在孔子外表之下探討《列子》，然其透露出儒道合流之傾向，對於儒家理論，朱得之不一味遵從，注重有益於人心教化。朱得之從學於王陽明，篤信「心學」，如他在本書自序中說：「道不容言也。惟解縛而道自存……蓋凡起心、起意、起知者，皆人也，非天也。學也者，學於無疑無言之地，而有名有形者皆縛也。」他認為心是一切造作之根源，只有控制住自我之心，達到老子『無為而無不為』之境界，率性而為，心中不存任何私聰，方為真善，才能與天理即道相契合。儒釋道，三者名異而實同，因其皆闡明『道』，而『道』是無差別相通，此亦為朱得之秉承王陽明心學之最大特點。

（王　柳）

《老子通義》二卷，明朱得之撰，據上海圖書館藏明嘉靖四十四年（一五六五）朱氏浩然齋《三子通義》本影印。

朱得之（一四八五—？），字本思，號近齋，明南直隸靖江（今江蘇靖江）人。嘉靖二十九年以歲貢官輔縣丞。曾拜學于王守仁，堅持其心外無理、心外無物的心學觀點。然而在學術上並不盲守其師，其思想還受佛道兩教思想影響。其弟子[illegible]成則[illegible]學派，鼓吹家義謂『朱林異源於此』。

朱得之撰《老子通義》六十四章，逐章作解，偶兼采蘇轍、吳澄、薛蕙、王純甫等家的注解。就其思想意蘊而言，其特色有三：（一）肯定老子之思想可以經世；（二）孔、老思想不相悖；（三）援引心學入《老子》。此書中，「非為解案者不能為《老子》」，此為老子研究者經常引用的名言。明代注解《老子》之著作約有一百多種，現存約七十種左右；其中多集中在明武宗正德以後，此段時期正與陽明心學發展的時期吻合。朱得之為靖江王陽明之及門弟子，又是南中王門心學的主要代表，因此其注解《老子》多受到王陽明的影響，多以儒家心學術語註釋《老子》篇章，特點較為突出。如作者第一章解釋「故常無欲，以觀其妙；常有欲，以觀其徼。此兩者，同出而異名，同謂之玄。玄之又玄，眾妙之門」，視『常』二觀字言良知，妙字言體之寂，心也」。又如第五章注釋「多言數窮，不如守中」，謂「此中虛而無迹，當於此而有默然之德，指天德良知也」，此中『良知』一詞即王陽明心學所常用之術語。如能對此書進行深入探討，可對明代學術思想及老子研究發展情況皆有所助益。此書所用《老子》底本與今通行本文字差異甚大，或有助于《老子》版本考證。

（侯君明）

图 4–58　三子通义影印件

至于评论文格，动至连篇累牍，尤冗蔓无谓矣”。但是，四库馆臣对朱得之此书评价不高，这大概是由于清廷以程朱理学为正统，反对陆王心学，而朱得之恰是王门嫡传，以阳明心学注释庄子。但四库馆臣却在提要中抓住了《庄子通义》的核心要点云：“异者辞也，不异者道也。”这正是朱得之的重要主张。

图 4-59　明儒学案

朱得之主张三教会通，《明儒学案》谓“其学颇近于老氏，盖学焉而得其性之所近者也”。《明儒学案》又记其语云：或问三教同异。阳明先生曰“道大无名，若曰各道其道，是小其道矣。”心学纯明之时，天下同风，各求其尽。就如此厅事，元是统成一间，其后子孙分居，便有中有傍。又传，渐设藩篱，犹能往来相助。再就来，渐有相较相争，甚而至于相敌。其初只是一家，去其藩篱，仍旧只是一家。三教之分，亦只如此，其初各以资质相近处，学成片段，再传至四五，则失其本之同，而从之者亦各以资质之近者而往，是以遂不相同。名利所在，至于相争相敌，亦其势然也。故曰：“仁者见之谓之仁，知者见之谓之知。”才有所见便有所偏。

朱得之不仅继承了王阳明对大道的看法，而且自己又有所体悟和发挥。他认为，道出于一源，老、孔、庄三家之道，乃由共同的大道分流而成，在根本上是相通的。就如一个家庭，所传越远，所传越多，子孙皆得其血脉，但差异也越来越大。这也有点类似《庄子·天下》中所说的“道术将为天下裂，百家往而不返”的观点。但正是在此基础上，才有三教会通的可能，也才有以儒解庄的可能。《庄子》中最常出现的一个人物形象就是儒门宗师孔子，司马迁就已经注意到这个现象，他在《史记·老子韩非列传》中说：其学无所不窥，然其要本归于老子之言。故其著书十余万言，大抵率寓言也。作《渔父》《盗距》《脸筐》，以诋訾孔子之徒，以明老子之术。后世苏东坡则认为，庄子对于儒家是“阳挤而阴助之气”。司马迁所说的这几篇诋訾孔子之作，都是后人的伪作。因此，其后则开启了持续千年而不见衰歇的话题。

要辨明庄子与儒家的关系，首先就必须要解决《庄子》中的孔子形象问题。朱得之采取的一个策略就是将《庄子》中有利于拉近庄孔关系的寓言，都当作历史上真实发生的事情，而对于像《渔父》《盗距》《脸筐》等篇贬低孔子且无法挽回的寓言，朱得之则武断地认为这些段落并非出自庄子之手。朱得之也认为庄子“学继老列”。

学界认为，《庄子》中的许多章节就是对老子思想的直接发挥。朱得之通过具体举例论证，证实并发展了司马迁的观点。在《庄子》中，孔子也像《史记》中记载的那样，时时向老子请益，朱得之就此认为，老子、孔子之间存在“授受”关系。如《达生》篇“仲尼适楚”章，朱得之在《通义》中讲：此即事以演老子之言，以见孔之信老也。《田子方》篇记载了“孔子见老聃”的故事，朱得之在《通义》中说：李孔之授受，莫此为精。此章老子向孔子讲述了“游心于物之初”的得道境界，朱得之认为：议乎其将句，其者，指人性之原、天地之根概也。这就是道家之精要，绝非为真实的孔子与儒家学者所能接受的，但在朱得之看来，这却是老子向孔子传授的要诀。朱得之如此解释

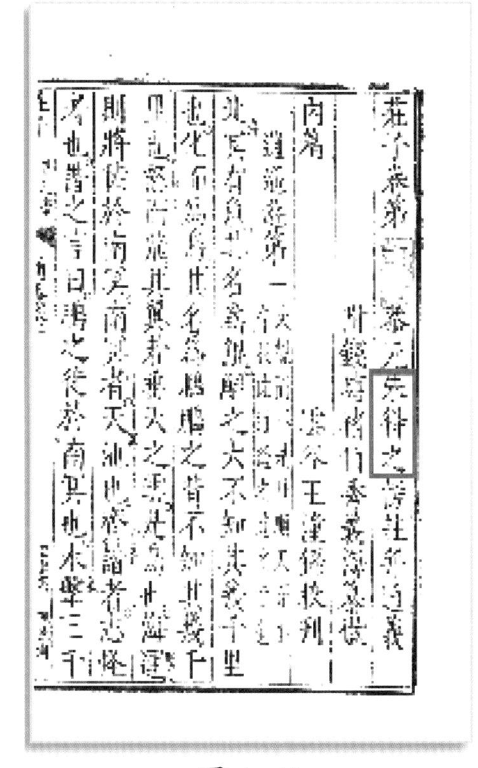
內篇
逍遙遊第一
北冥有魚其名為鯤鯤之大不知其幾千里
也化而為鳥其名為鵬鵬之背不知其幾千
里也怒而飛其翼若垂天之雲是鳥也海運
則將徙於南冥南冥者天池也齊諧者志怪
者也諧之言曰鵬之徙於南冥也水擊三千

图 4-60

《庄子》中的孔子、老子相见的寓言，其目的就在于通过拉近孔子、老子的关系，从而使孔子、庄子的关系更加亲密。在《大宗师》篇中，出现了两则颜回与孔子的故事。在第一则中，颜回还像个一般的学生向老师请教礼的问题，第二则就是著名的“坐忘”的故事，在这个故事中，颜回不断向老师报告自己的进益，起初孔子还能够进行指导，且认为颜回的境界“可矣，犹未也”，还没达到最高境界，最后颜回说他已经“堕肢体，黜聪明，离形去知，同于大通”，进入坐忘之境了，孔子则赞叹道“同则无好也，化则无常也。而果其贤乎！丘也请从而后也。”对此，朱得之在《通义》中说道：请从而后，正尼父忘己好学之实，于此可见孔颜之所谓忘，亦可以见庄子笃信孔颜处。他章扫迹之旨益昭然矣。

朱得之将庄子的坐忘之论，当作孔子、颜回真实的思想与功夫，庄子反倒成为孔子、颜回坐忘论的继承与传播者。他认为这一章才体现了庄子与孔子、颜回的真实关系，其他章节中的尤其是贬低孔子者，不过是扫除孔子之“迹”罢了，并不能当真。这种看法是有一定的道理的，庄子时代，儒学成为显学，孔子门徒遍布天下，但伴随而来的则是儒门的弊端也开始显现，荀子就批评儒家学者之中混杂着小儒、鄙儒、贱儒，庄子对此现象也有所警醒，但他并未像荀子那样以说理性的文章进行批判，而是通过

形象化的寓言故事，且以儒学的开创者孔子作为符合代表当时的儒者进行批判，因而造成在《庄子》一书中，孔子多为饱受批评与讥讽的负面形象。《庄子》在塑造孔子和颜回形象的时候，也在一定程度上尊重了历史，符合《论语》中孔子、颜回的形象。《论语》记载，孔子不耻下问，学无常师。颜回则在弟子中是最为好学、天分也最高的学生，最有可能超越其师孔子，率先通达大道。朱得之《庄子通义》是明代嘉靖时期一部较为出色的庄子学著作，体现了明代庄子学的特点，有较为重要的研究价值。

明代庄子学具有较重的“以儒解庄”的特点，同时又每每牵引理学，因此成书于这一背景下的《庄子通义》也具有这个特点。朱得之留心经世，勤于治学，其学出入经史，旁及儒、道二氏之学。在《庄子通义》中，朱得之经常援引儒家思想来比照庄子，从而寻求它们之间的异同点。这就使得《庄子通义》这部作品内容充实，无所不包，既有以儒解庄的影子，又有以老解庄、以庄解庄的痕迹，从而真正实现了“大通而无碍”。此外，朱得之在注解《庄子》时还运用了“以文解庄”的诠释之法。一方面从“文章之法”的角度对《庄子》文本进行深入细致的剖析，从谋篇布局、遣词造句到文脉章法都一一论及；另一方面在阐释义理的过程中，又采用了“以文脉解庄”的方法，即通过对文章脉络的梳理去探求词句间隐含的哲理，从而实现文学和义理的良好融通。

朱得之的《庄子通义》是现存明代最早的一部解庄著述，其在继承前人解庄成果的基础上，注重吸收阳明心学的思想，以心学解庄，开创了庄学的新局面。而其对《庄子》以外杂篇的考论及对《庄子》《列子》关系的辨析，对庄学也产生了较为深远的影响。

朱得之对尤西川讲学的语录

《尤西川（明代学者）纪闻》

近斋说：“阳明始教人存天理，去人欲。他日谓门人曰：‘何谓天理？’门人请问，曰：心之良知是也。他日又曰：‘何谓良知？’门人请问，曰：‘是非之心是也’。”

近斋言：“阳明云：‘诸友皆数千里外来，人皆谓我有益於朋友，我自觉我取朋友之益为多。’又云：‘我全得朋友讲聚，所以此中日觉精明，若一二日无朋友，志气便觉自满，便觉怠惰之习复生。’”又说：“阳明逢人便与讲学，门人疑之。叹曰：‘我如今譬如一个食馆相似，有客过此，吃与不吃，都让他一让，当有吃者。’”

近斋曰：“阳明在南都时，有私怨阳明者，诬奏极其丑诋。始见颇怒，旋自省曰：‘此不得放过。’掩卷自反，俟其心平气和再展看。又怒，又掩卷自反。久之真如飘风浮霭，略无芥带。是后虽有大毁谤，大利害，皆不为动。尝告学者曰：‘君子之学，务求在己，而己毁誉荣辱之来，非惟不以动其心，且资之以为切磋砥砺之地，故君子无入而不自得，正以无入而非学也。’”

近斋说：“阳明不自用，善用人。人有一分才也，用了再不错，故所向成功。”

近斋曰：“昔侍先师，一友自言：‘觉功夫不济，无奈人欲间断天理何？师曰：若如汝言，功夫尽好了，如何说不济，我只怕你是天理间断人欲耳。’其友茫然。”

近斋解格物之格，与阳明大指不殊，而字说稍异。予问：“曾就正否？”近斋叹曰：“此终天之恨也。”

一日与近斋夜坐，予曰：“由先生说没有甚么。”曰：“没有甚么呀！”

近斋曰：“精粗一理，精上用功。”他日举似，则曰：“本无精粗。”

近斋曰：“三年前悟知止为彻底，为圣功之准。近六月中病卧，忽觉前辈言过不及与中，皆是汗浸之言，必须知分之所在，然后可以考其过不及与中之所在。为其分之所当为中也，无为也。不当为而为者，便是过，便是有为；至于当为而不为，便是不及，便是有为。”

兴化筑新堤泰州惹争议

（1578年）

1992年版《泰州市农林水利志》载："明万历六年（1578年）兴化创筑新堤，由兴化至高邮百余里，使泰州西方宿水不得渲（宣）泄，受曲防之害"[1]。此记，有点奇怪？其怪有三：一为兴化"创筑"百里新的堤防，在明代应是较大的动作，应属水利之大事，而兴化、扬州的《水利志》均未录入，是什么原因？二为兴化、高邮都在泰州的北面，且西面是江都，兴化创筑新堤是兴化至高邮，要筑堤，堤线走向应是东西方向，如何能挡到泰州"西方"的"宿水"？三为"宿"者，旧有的或一向就有之意，"宿水"指原来有的水，如为可以用作灌溉的有用的水，筑工程，蓄在那里，可谓宿水，而要宣泄之水，又怎么得宿于泰州西方的？又怎能说受兴化"创筑新堤"之阻，而成"宿水"的。

要弄清这一问题，就要弄清兴化有没有筑东西向的百里堤防？查阅万历十七年（1589）进士、兴化知县欧阳东凤所修的《（万历）兴化县新志》，刊刻于万历十九年（1591），距万历六年仅十二、三年时间，在此志有关水利篇的记载中，未见有"万历六年（1578）兴化创筑新堤"之记载。欧阳东凤，除对于其前一任胡子霖外，再前几任的知县有万历十四年（1586）来任的饶舜臣、万历九年（1581）来任的凌登瀛、万历八年（1580）来任的谢时泰、万历四年（1576）年来任的王三余以及万历以前有政绩的知县都在志中立有传记，万历六年（1578）在任的饶舜臣及其前后几任知县政绩中也未能见有"创筑新堤"之记载。唯读《（万历）兴化县新志》"水利一"所"附"之早于"万历六年"20多年前的一件事，可能与此事有关。讲的是嘉靖三十六年（1557）任兴化知县的胡顺华，曾"申请筑堤兼盐院依准"一事。其主要讲的是为解决"本县地势西下东高，连年灾馑，水旱具病。盖周南北官塘久失修葺，一遇水汛，中无防阻，源洊西流，下河顷刻为湖"[2]，而盐场的盐要从兴化县内车路、白塗等河经过外运，这些河道堤防

---

[1] 出自泰州市农林水利志编纂领导小组编写《泰州市农林水利志》，于1992年自行印刷。

[2] 泰州文献编纂委员会．泰州文献—第一辑—⑦（万历）兴化县新志［M］．南京：凤凰出版社，2014.

近十载未修。胡顺华呈文给盐法御史，获批准，并得拨银六千三百零六两，修筑车路河、白涂河河塘二万一千零二十丈（约 140 里）长，堤基宽一丈五尺（5 米），堤顶宽一丈（3.3 米）。除这一条有关与修筑河堤的记载以外，此志再无其他有关“创筑新堤”之说。由于这次修堤规模较大，是否就会被泰州人误以为是“创筑”的新堤了。抑或，距修堤的 1557 年至万历六年的 1578 年这一阶段，时间又过了 20 年左右，河堤又会有不少毁损，老百姓自己进行的修复，而官志未载呢？

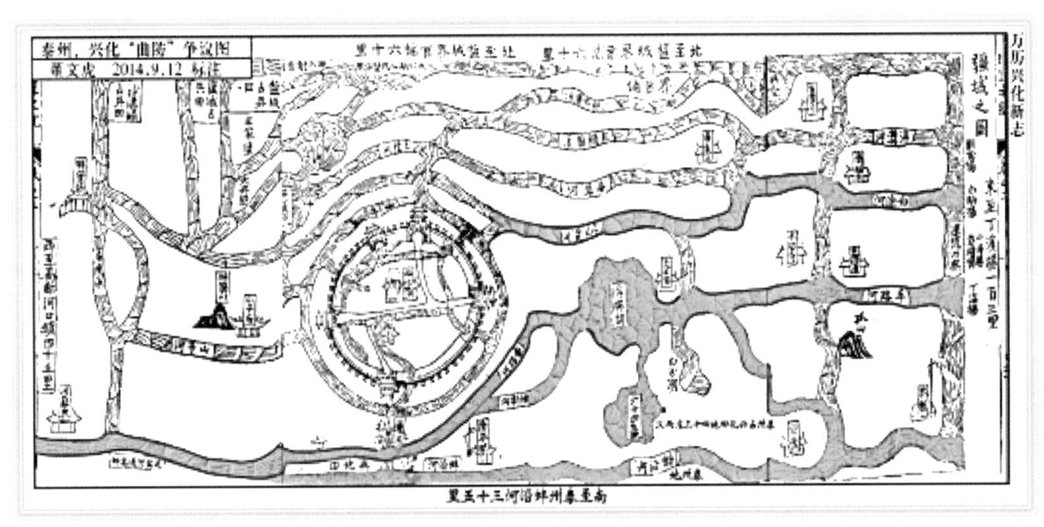

图 4-61　明代泰州、兴化对边界有争议的河道

从《（万历）兴化县新志》“疆域之图”可以看出：其时，兴化与泰州是以蚌沿河为界。但见此志之“疆域”篇中附“辨疆域奏疏”后载有“蚌沿河”一节中提及“此与泰州分界之河，在县治之南三十五里”“今泰州伪指梓新河为界，不知梓新河乃兴化腹里之河，非帮界也。”，并说“泰州兴化，界限南北，而此则东西者也”，“岂有界分南北，而以腹里横斜半截之小河以定疆界者乎”[1]？可见，当时泰州与兴化对边界尚存争议。如按兴化志说，以蚌沿河分界“泰州西方宿水不得渲（宣）泄”句，就很难讲得通。如按其时泰州将梓新河作为边界，泰州蚌沿河以北地区，就处于梓新河东属兴化地域的西方了，则“泰州西方宿水不得渲（宣）泄”句之“西方”两字就可以成立了。

“宿水”从何而来？应有两说，一是此时的兴化在里下河地区的面积，比现在海陵、姜堰两区的里下河面积，要大到将近 2 倍，遇雨后，西南的水大多向北、向东压向兴

[1] 泰州文献编纂委员会．泰州文献—第一辑—⑦（万历）兴化县新志［M］．南京：凤凰出版社，2014.

化的64荡和得胜湖，以及其时属东台的溱湖、鸡鹊湖。而兴化修筑相关河塘后，导其境内的水东流至串场河，通过范公堤上的堰或闸入海，以保“锅底洼”之兴化县城周遭的地域。当然就相对会造成泰州里下河区域涝水，向北受阻，下泄缓慢，也就会造成这一区域有可能产生“宿水”。

另外，《（道光）泰州志》“河渠”篇中，旨批泰州借款，挑浚下河归海河道等相关的记载中，有一段关于兴化至高邮筑堤原因的文字，比较客观：“案：旧志北门外东西二坝，洪武年建，正德间开拓筑实，商民称便。则明以前，东西坝可达下河，筑实之，虞其泄也。又河渠考内云：宁乡北十余里，有兴化所筑长堤一道，由兴化至高邮，袤延百余里，所以遏泰之流者，则此堤正以防泰州东西二坝冲注之水。今此堤全无余址。由东西坝既永堵，此堤遂不修，久湮没矣”[1]。这段记载，讲清了兴化筑至高邮堤防的道理，《泰州市农林水利志》所讲泰州受此堤带来一些危害，也是客观存在的。《朱熹集》注云：“无曲防，不得曲为堤防，壅泉激水，以专小利，病邻国也”，兴化所筑堤防，实为因徐达在泰州挖所济川河，导致高水位的江水直接入侵下河低水位的兴化、高邮，造成水灾，兴化被动应对所做的自保工程。即使至万历期间，兴化仍有加固堤防之举，就泰州而言，是不应责其为“曲防”的。泰州之江水入侵里下河之“曲”在前，兴化筑堤被动防守在后。

[1] 泰州文献编纂委员会．泰州文献—第一辑—②（道光）泰州志［M］．南京：凤凰出版社，2014.

刘东星导淮修江海诸堰

（1600—1621 年）

2001 年版《泰兴水利志》记载：万历二十八年（1600）总河漕尚书刘东星，按分黄导淮之议，于通州、泰兴、海门修江海诸堰[1]。

刘东星修江海诸堰

读此条记载，让人知道的是万历二十八年（1600）通州、泰兴、海门有“修江海诸堰”这件水利大事。但仔细研究一下，淮河与黄河、长江和济水在古代皆独流入海，并称“四渎”。淮河介于黄河、长江两大流域之间，位置重要。万历二十一年（1593）以后，由于黄河河身日高，倒灌清口，使黄河之水进入淮河，淮河的河道难以承受黄河来水，以致泗州（今盱眙县北）明祖陵被淹。为解救这一危机，当时主张“分黄导淮”之议的人多起来。时任工部尚书兼都察院右副都御史的杨一魁总督河道提出“欲分杀黄流以纵淮，别疏海口以导黄”的治河措施。万历二十三年（1595）三月，朝廷调集民夫 20 万人，在桃源（今泗阳县）开黄坝新河。分泄黄河的水东经清河，至安东（今涟水）五港、灌口等处入海，并在清口挖去积沙 7 里，用以导淮。又在高家堰建武家墩、高良涧、周家桥 3 道水闸，泄淮水分流入海。还恐淮水宣泄不及，有人又提出分一部分水从大运河入江。总河漕尚书刘东星，不但是此议的支持者，而且是分黄导淮的一些重大工程（如开挖界首西湖工程、泇河引漕工程等）第一线的负责者。但这些“分黄导淮”的议论、规划、措施与工程，似乎都与“修江海诸堰”并无关系，为什么会有“按分黄导淮之议”而“修江海诸堰”的记述？令人有点费解。

阅《（宣统）泰兴县志续》，发现此条大事记系摘自其中“泰兴县志补”卷一“河

[1] 泰兴水利史志编纂委员会. 泰兴水利志［M］. 南京：江苏古籍出版社，2001.

渠”一节所记。其原文为“神宗万历二十八年（1600），总河漕尚书刘东星申前画，（按谓分黄导淮之议）于通州、泰兴、海门修江海诸堰。（顾炎武天下郡国利病书）[1]”。但接此条目后，还有与此条相关记载：泰兴江堰，以捍御江潮为利与捍海堰等，且堰成而田故存者，不得混为己滩，新涨者，不得据为故有，平赋一策乎。[2]

对比《（宣统）泰兴县志补》中的这两条记述，就可发现，两志所记有3处不同：一是《泰兴水利志》将原文中“申前画”略掉了；二是将原文中编者的“按”语之“按”变为正文的“按”字，且将“谓分黄导淮之议”变为略去一“谓”字的“按分黄导淮之议”句，记入志之正文；三是未将原文编者所注，此条的出处为“顾炎武天下郡国利病书”记入。而且，又未将《（宣统）泰兴县志补》接此条记载后，紧接着所编“泰兴江堰，以捍御江潮……平赋一策乎。”“同上”一条记入书内。《泰兴水利志》这样一摘编，与《（宣统）泰兴县志补》所编纂的内容，让人理解就不太一样了。读《（宣统）泰兴县志补》中的记述，给人产生的印象为：

图 4-62　顾炎武　　图 4-63

❶ 泰州文献编纂委员会．泰州文献—第一辑—⑥（宣统）泰兴县志续［M］．南京：凤凰出版社，2014.

❷ 泰州文献编纂委员会．泰州文献—第一辑—⑥（宣统）泰兴县志续［M］．南京：凤凰出版社，2014.

一是用备注的形式，告诉读者，所记两条，均来源于顾炎武的《天下郡国利病书》。顾炎武（1613—1682年），是明代南直隶苏州府昆山人，著名思想家、史学家、语言学家，与黄宗羲、王夫之并称为明末清初三大儒。青年时，发愤治经世致用之学，并参加昆山抗清义军，失败后漫游祖国南北，曾十谒明陵，晚岁卒于山西曲沃。此人，学问渊博，对于国家典制、郡邑掌故、天文仪象、河漕、兵农及经史百家、音韵训诂之学，都有研究。晚年治经，重考证，开清代朴学风气。其名言“天下兴亡，匹夫有责”可谓尽人皆知。他所著的《天下郡国利病书》，是一部为梁启超在《中国近三百年学术史》中赞为“政治地理学”的书籍。该书先叙述舆地山川总论，再谈南北直隶、十三布政使司。除记载舆地沿革外，所载赋役、屯垦、水利、漕运等资料极其丰富，是研究明代社会政治经济的重要史籍。在各省区的叙述部分，书中汇集了大量的地理资料，其中特别是关于疆域沿革、山川形势和农田水利等方面的论述，尤为详备。此书，对宋代郏亶的《水利书》、单锷的《吴中水利书》、元代任仁发的《水利问答》、明归有光的《水利书》等均有扼要的摘录。

二是用“申前画”3个字，交待的是刘东星曾在明万历二十八年（1600），重申以前的规划或策划中，曾提出过要在（或应在）通州、泰兴、海门修筑江海诸堰。而不代表刘东星按其“分黄导淮”之“议”，就“于”通州、泰兴、海门修了“江海诸堰”。

三是用备注“同上”，交待清楚这一条所述仍来源于顾炎武的《天下郡国利病书》的下一条记载，用以说明修筑江海之堰的好处，可与范仲淹修筑的“捍海堰（相）等”，可以增加不少良田，可为官府增加赋税，是一条利民利国的良策。

从上述内容可看出，顾炎武对刘东星所提在通州、泰兴、海门修“江海诸堰”的规划或建议，是十分赞赏的。他认为既是治水良策，也系“平赋一策”，即通过修筑江堰，增加良田，减轻百姓负担，从而达到可以保证收到国家税赋的好主张。

顾炎武对刘东星更为欣赏的是，他病逝于水利工作岗位上，忠于水利职守的精神。

刘东星为水利忠于职守

刘东星系《明史》“列传第一百十一”所记人物之一。此人对水利，特别对大运河山东段的建设贡献颇大，是历史上罕见的病死在水利一线工作岗位上的正二品官员，值得一记。

刘东星（1538—1601年），字子明，号晋川，沁水县（今属山西省晋城市）坪上村人。隆庆二年（1568）进士，初授翰林院庶吉士，明神宗万历期间，历任刑部主事员外郎、浙江提学副使、湖广右布政使、右佥都御史、左副都御史、吏部右侍郎、工部尚书兼右副都御史等职。

刘东星仕途曾有起伏，在大学士高拱掌管吏部时，以其“非时考察”之过，将他降到蒲城县（今陕西省蒲城县）做县丞，继而又调往卢氏县（今河南省卢氏县）任知县。后才调任湖广（今湖北省武汉市武昌区）右布政使。

《明史》载“时朝鲜以倭难告。王师调集，悉会天津，而天津、静海、沧州、河间皆被灾。东星请漕米十万石平粜，民乃济。召为左副都御史。进吏部右侍郎，以父老请侍养归，濒行而父卒。”讲的是刘东星在万历二十年（1592）提升为右佥都御史。在派往河北保定府巡视时，正值朝鲜遭受倭寇袭扰厉害，求救于明朝廷，朝廷发兵至天津港，而天津、静海、沧州、河间等地正遭受严重水灾，形势十分紧张。刘东星认为，抵御倭寇入侵，必先安定受灾百姓，于是专章奏请朝廷，紧急调运粮食10万石，平价卖给沿河灾民，以助受灾百姓渡过难关。获准，数万灾民得以安度灾年，百姓甚为感念刘东星。明神宗也因刘东星赈灾有方，专门召见了刘东星，对其褒奖有加，并封他为左副都御史兼任吏部右侍郎。其时，刘东星父亲已年迈多病，需人照料，刘东星不恋升职，提出了辞官尽孝的请求，在他即将离任返乡之际，家乡却传来了父亲病故的噩耗。他匆匆返乡料理父亲的丧事，按制，他本应在家“丁忧”，怎奈皇上因“黄河害运”急需“治河保漕”，夺情不允，刘东星只好匆匆返回任所。

《明史》所记：“二十六年，河决单之黄堌，运道堙阻，起工部左侍郎兼右佥都御史，总理河漕。初，尚书潘季驯议开黄河上流，循商、虞而下，历丁家道口出徐州小浮桥，即元贾鲁所浚故道也，朝廷以费巨未果。东星即其地开浚。起曲里铺至三仙台，抵小浮桥。又浚漕渠自徐、邳至宿。计五阅月工竣，费仅十万。诏嘉其绩，进工部尚书兼右副都御史。明年，渠邵伯、界首二湖。又明年，奉开泇河。泇界滕、峄间，南通淮、海，引漕甚便。前总督翁大立首议开浚，后尚书硃衡、都御史傅希挚复言之。朝廷数遣官行视，乞无成画。河臣舒应龙尝凿韩庄，工亦中辍。东星力任其役。初议费百二十万，及工起，费止七万，而渠已成十之三。会有疾，求去。屡旨慰留。卒官。”说的是万历二十六年（1598），黄河决口，单县的黄堌口段水路阻塞南徙，京航大运河徐州上下运道几乎断流，航运中断。皇上任命刘东星为工部左侍郎兼右佥都御史，要他全权负责治理该段水运航道。当初，尚书潘季驯曾经提议凿开黄河上游，循河南商丘、虞城东下，经丁家道口，出徐州小浮桥入贾鲁所疏通的黄河故道。几经策划，朝廷均因预算的治河所需费用过高，一直未能得到批准实施。刘东星上任后，他主持了从曲里铺至三仙台，直达小浮桥这段河道的开凿。接着又疏通从徐州经邳州至宿迁的漕渠，历时5个月完工，由于他的精打细算，工程只花了十万两纹银的经费。万历皇帝为此，专门下诏表彰他的政绩，并提拔他为工部尚书兼右副都御史。

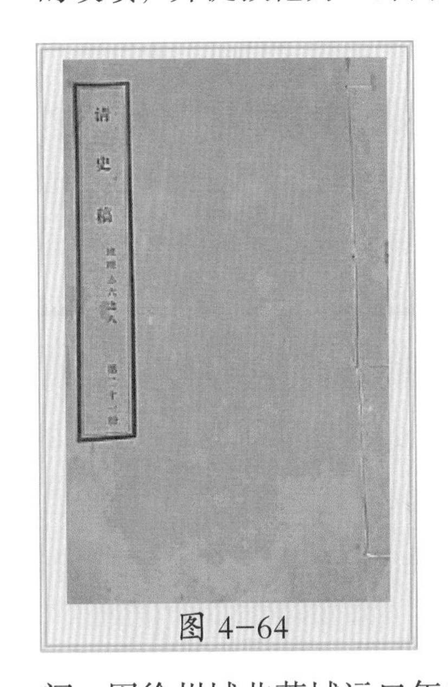

图 4-64

万历二十七年（1599），刘东星又在邵伯湖（今江苏扬州江都区北部）、界首湖（《清史稿·地理志》载高邮州："高邮湖西北，一曰甓社湖，北接界首湖"，湖东有界首镇。界首，以界于两县之间而得名，在今江苏高邮市北。界首湖，跨高邮、宝应县界，为宝应湖之南部、高邮湖之北部。）之间开挖了漕运渠道。

刘东星向朝廷建议要开挖的泇河有东西二源：东泇源出费县东南箕山，西泇源出山东费县西南抱犊崮，二泇南流至今江苏邳州市三合村相汇，至邳州直河口（今江苏宿迁市皂河集西）入黄河，下游可通舟楫。明隆庆、万历年间，因徐州城北茶城运口年年为黄河所淤，前总督翁大立最先提议开通峄县（旧县名，最早秦置，地处鲁南，含枣庄市的市中区、峄城、台儿庄全部及薛城东部、山亭南部、苍山西南三镇、微山县韩庄镇，以及徐州市北境部分乡镇，新中国成立后一直沿用到1960年，今为枣庄市峄城区）。万历二十一年（1593年），汶泗泛滥，堤溃运阻，总河舒应龙曾挑韩庄中心沟，通彭河水道，以泄湖水，泇河路始通。对开挖泇河之策划，朝廷也曾多次派员前往视察，但终究没有能做出决策。此前，朝廷致力分黄导淮，接引黄流出小浮桥以济运，然而开挖不久就又淤塞了。治河大臣舒应龙挖凿的韩庄运河（韩庄运河，自微山县韩庄镇起，台儿庄至苏鲁边界与中运河相接），又因故半途终止。万历二十五年（1597），黄河又决黄堌，徐州、吕梁二洪干枯。对此，刘东星认为，应着力完成韩庄运河未竟之工，挑浚拓宽并开凿侯家湾、梁城通泇口，使之可通舟船。万历二十六年（1598），刘东星寻韩庄故道，认为应凿良城、候迁、顿庄及挑万庄，由黄泥湾至宿迁董家沟，使之南通淮海。还要建巨梁桥石闸，德胜、万年、万家庄三草闸，拟为畅通漕运提供条件。刘东星于万历二十八年（1600）正式奏请完成前工，不论浅狭难易一律修浚，并需建巨梁桥一石闸，德胜、万年、万家庄各一草闸。朝廷很快就接受了刘东星建议，并决定由他全面负责开挖山东滕县与峄县之间的泇河，刘东星在开挖界首西湖和峄县泇河引漕工程中，就已积劳成疾，染病在身，曾几度上奏请求去职休息。但是，皇上屡次下旨慰问并挽留，刘东星却之不恭，只好带病坚持工作，当泇河工程完成十分之三时，他却病死在治理河道的第一线任所之中。最初开挖此河，计划用银一百二十万两，而他所经手完成工程的十分之三，仅仅用去七万两工程经费。

这项工程最终有没有完成？据《明史》记载：万历“二十九年（1601）秋，工科给事中张问达疏论之。会开，归大水，河涨商丘，决萧家口，全河尽南注。河身变为平沙，商贾舟胶沙上。南岸蒙墙寺忽徙置北岸，商（今河南省商丘市）、虞（今河南省虞城县）多被淹没，河势尽趋东南，而黄堌断流。河南巡抚曾如春以闻，曰：‘此河徙，非决也。’问达复言：‘萧家口在黄堌上流，未有商舟不能行于萧家口而能行于黄堌以东者，运艘大可虑。’帝从其言，方命东星勘议，而东星卒也。问达复言：‘运道之坏，一因黄堌口之决，不早杜塞；更因并力泇河，以致赵家圈淤塞断流，河身日高，河水日浅，而萧家口遂决，全河奔溃入淮，势及陵寝。东星已逝，宜急补河臣，早定长策’”。由此议可见，刘东星死于工地任所之事，当时并未有人奏本皇上，否则，就不会出现皇上在万历二十九年（1601）秋，“命东星勘议”之事。刘东星死后，工程无负责之人，可能会暂停。至万历三十二年（1604），工部右侍郎李化龙总理河道后，按照刘东星生前开挖峄县泇河的计划，与李三才共同完成了由夏镇李家口至邳州直河口的泇运全程开河任务，长期便利了水路运粮供应京城。后河总曹时聘又对泇运河道复加拓展，建坝修堤，置邮设兵，此项拖延近 30 年的浩大工程，最终得以完成。泇运河开挖当年即见效果，试行运，漕船十分之三由泇运河北上。万历三十二年（1604）粮船过泇运者已达三分之二，而借黄河旧道的仅三分之一。万历三十三年（1605），过泇运的粮船高达 7700 余艘。从此，粮船避开了徐州至邳州一段的黄河运道，大大缓解了因黄河泛滥而造成的对漕运的危害。

刘东星官至吏部右侍郎、工部尚书、漕运总督，撰有《史阁款语》《晋川集》《明灯道古隶》等著作。他平时简朴节约，为官 30 年，始终敝衣疏食。病逝后多年，直至天启元年（1621）明熹宗才追加刘东星“庄靖”称号。

“耿直之资，清方之操”的刘东星

刘东星任礼科给事中主要责职有封还诏敕、抄发章疏、稽查违误，肩负着辅助皇帝处理政务，并督察六部、纠弹官吏之责，位不高，但权不小。时任大学士的高拱，入阁为首辅后，兼任吏部尚书，只在规定时间考察官员，被考察官员往往弄虚作假、曲意迎逢，多失公平。刘东星感到这种做法不利于国家对人才的选拔和任用，主张，私下考察，访得实情，量才录用，此议传至高拱耳中，高拱则奏请皇上裁減监官和谏官编制，以非时考察，将刘东星贬谪蒲城县丞。刘东星至蒲城，不因为贬谪而气馁，他积极工作，事必躬亲，“细靡不亲，忘其为迁人”，受到从知县到百姓的好评。为此，仅两年，即迁官复原品，任卢氏县知县。在卢氏县时，遭受了一次特大洪灾，刘东星身先士卒，率领全县上下努力抗洪救灾。灾后，他徒步调查了洛河两岸，制定了治河方案，发动群众疏道引槽、加固堤防，使当地群众得以受益。

至万历元年（1573），刘东星应召还都任刑部主事。在署中认真理案、细心审定、力辩冤案。对一死刑案，刘东星认为量刑欠实，不顾职微位卑，向刑部尚书，据理力争。尚书问他：“你要平反，证据何在？”他说：“此案现有证据，实情未明，罪不当死！”尚书不听他的，仅据口供，将罪犯凌迟处死。后来，此案水落石出，真相大白，震惊朝廷，万历帝大怒，将尚书和参与案件审理的其他官员统统削去了官职，刘东星名声大震，备受重用。后来有人问他，你当时就不怕尚书报复？他说：“当官应为民做主，非为尚书做主耳。”万历五年（1577），刘东星升河南提刑按察司佥事。万历七年（1579），迁陕西布政司参议。不久，又以学问品行俱佳，被推荐为浙江提学副使。他秉持公心，尽心竭力发展教育事业，为朝廷选拔人才，政声大著，又以忠心和才干之誉，升任山东布政司参政。上任不久，母亲去世，回乡丁忧；丁忧期间，不以居官而自傲，生活节俭，对人宽恕和蔼。居丧期间，粗布衣，登山鞋，常常拖着鞋在地里干活，和老百姓吃喝在一起，粗茶淡饭，不以为苦，反以为乐。乡民有难，刘东星都能出手相助。

在他的家乡还流传着一个故事：一天，刘东星在路边休息，一辆路过受惊的马车侧翻，车下压着一个人，那人呼叫求救，刘东星毫无犹豫，立即上去，用力推开了车，把那人从车下的泥滩中拉了出来。在刘东星复出任漕运总督的这一天，他站在门口，一个骑马的人手拿朝廷公文而来，以为他是一位农民，在远处对他高呼：“请通报刘大人”，刘东星应了一声，回到家里，让家人把那个报信的人请进来。来人一看，原来刘大人正是那一天把他从车下救出来的人，大为吃惊，急忙请罪，说那天他有眼不识泰山，打扰大人了。刘东星说：“无妨，你认不得我，不知者不为怪。”他就是这样一位宽恕、随和之人。

刘东星去世30年后的明崇祯四年（1631），陕西流寇王嘉胤首犯沁水，贼闻坪上是前工部尚书刘东星的故里，猜想刘家一定富庶，藏有大量金银细软，于是来此，虽掘地三尺，也未搜到任何金银财宝，一怒之下，一把大火，把刘家几座院落化为灰烬瓦砾！

刘东星与泰州学派的李贽

在400多年后的今天，刘东星这个名字还常常被研究运河文化和明代思想史的学者们提起。人们最感兴趣的除了他治理运河的政绩以及他敝衣疏食的节俭，还有他与继承王艮思想学说、将泰州学派推向顶峰、明思想启蒙运动的旗帜之一的李贽之间，淡之若水却历久弥香的友谊。

图4-65　李贽塑像

李贽初姓林，名载贽，后改姓李，名贽，字宏甫，号卓吾，别号温陵居士、百泉居士等。嘉靖三十一年举人，不去应会试。后历任共城教谕、国子监博士，万历中期为姚安知府。不久弃官，寄寓黄安（今湖北省红安县）、湖北麻城芝佛院 。在麻城讲学时，从者数千人，中间还有不少妇女。晚年往来南北两京等地，最后被诬下狱，自刎死于狱中。

李贽以孔孟传统儒学的“异端”而自居，对封建的男尊女卑、假道学、社会腐败、贪官污吏，大加痛斥批判，主张“革故鼎新”，反对思想禁锢。在文学方面，李贽提出“童心说”，主张创作要“绝假还真”，抒发己见。“头可断，面身不可辱”。

“童心说”是李贽思想的核心和灵魂，是他思想自我逻辑的起点。他的全部思想，仿佛都是从“童心”这个起点出发的，从“童心”这个核心向四周辐射。李贽认为：童心者，童心也。若以童心为不可，是以真心为不可也。夫童心，绝假绝真，最初一念之本性也。若失却童心，便失却真心也；失却真心，便失却真人。人而非真，全不复有初矣。李贽之谓“童心”，不仅理解为儿童的心灵，还包括成年人不失纯真和直率的心，敢于对一切假大空作出批判的心。李贽所面对的那个时代的社会现实，用他的话说就是“无所不假”“满场是假”。在道学交流和官场交往中，不少是假谦恭，真狡诈。面对这样虚伪和残酷的现实，李贽拿出与千万人为敌的勇气，举起了“童心说”的旗帜，把矛头直指这黑暗的一切。李贽针对宋明理学出于追求仁义修养的目的，终沦为性理空谈所提出“存天理，灭人欲”的口号，深恶痛绝。李贽批判那些倡导者和追随者是“口谈道德，而心存高官，志在巨富[1]”。认为他们是社会的逆流。李贽承接了泰州学派创始人王心斋的“百姓日用即道”，提出“穿衣吃饭，即是人伦物理。除却穿衣吃饭，无伦物矣。[2]”旨在破除天理和人欲的界限，即是除了穿衣吃饭的人之欲，别无所谓的天理，要求“千万其心者，各遂其千万人之欲”，因此，在天理与人欲的关系上，李贽将玄远于人心的道德伦常返置于个体的感性现实之中，这是一种带有鲜明的启蒙意义的思想。以对人欲的承认为前提，李贽进一步肯定人有私心，“夫私者，人之心也。人必有私，而后其心乃见；若无私，则无心矣[3]”。这无异于公开宣称私亦是人的天性，人之私欲与人心是一体的，无私则就无心，如此这般，也就把人欲和私心看作天理和公德存在的基础。他不但承认私心，而且还肯定人对利的追求的合理性，注重实际的利益，“趋利避害，人人同心，是谓天成，是谓众巧”，这种私利之心是不分圣人与凡人的。他认为，利与义也是一致的，利之所在便是义，义就在利中，“夫欲正义，是利之也。若不谋利，不正可矣[4]”。如果不关切人的实在利益，那不可能有真正意义上的义的。他是将私欲视为推进社会发展的动力。这一私利是社会发展之道的思想，这后来就发展到王夫之等对私利和物欲的启蒙式的认同。李贽思想中还有极为重要的一点就是强烈的平等意识，他坚持圣人和凡人平等、男人和女人平等。“天下无一人不生知，无一物不生知，亦无一刻不生知者，但自不知耳，然又未尝不可失之知也[5]。”在生知这

[1]李贽．焚书［M］．北京：中华书局，1975.
[2]李贽．焚书［M］．北京：中华书局，1975.
[3]李贽．焚书［M］．北京：中华书局，1975.
[4]李贽．藏书［M］．北京：中华书局，1959.
[5]李贽．焚书［M］．北京：中华书局，1975.

点上，是人人平等的，人人都可以是圣人。“人但率性而为，勿以过高视圣人之为可也，尧舜与途人一，圣人与凡人一。”圣人没有什么了不得的，凡人也可以做到圣人可以做到的。“天下之人，本与仁者一般，圣人不曾高，众人不曾低”，他甚至说“畸而侔天地”。李贽将圣人还原为凡人，却又同时抬高凡人，把前人之认同的道德上平等可能性转化为现实性。至于男女平等，李贽的观点是很明确的，“谓人有男女则可，谓见有男女岂可乎？谓见有长短则可，谓男子之见尽长，女子之见尽短，又岂可乎？”承认男女间存有性别差异，但对男女间的识见高低及由此而导致的社会地位的差异予以否定，在一定意义上解放了妇女。李贽在诗文写作风格方面，主张“真心”，反对当时风行的“摹古”文风，他的这一倾向，对晚明文学产生了重要影响。李贽在社会价值导向方面，批判重农抑商，扬商贾功绩，倡导功利价值，符合明中后期资本主义萌芽的发展要求。

李贽的一生充满着对传统和历史的重新考虑，是明代后期社会思想变革的一个聚焦般的体现。李贽作为明代晚期思想启蒙运动的旗帜，其超越于时代的学说，很难被当时有正统思想的人认可，故备受非议和迫害。而充满文化良知和开明思想的刘东星，却竭尽所能地对李贽给予庇护和资助。

万历十九年（1591）五月，李贽与挚友袁宏道同游湖北武昌黄鹄矶（在今湖北武汉市蛇山西北）黄鹤楼时，遭到道学家们的围攻和驱逐，他们指责李贽是“左道惑众”，对李贽进行人身攻击与迫害。时任湖广左布政使的刘东星，却能慕李贽之名，主动到洪山寺拜访李贽，并把他邀请到自己的公署，加以保护，李贽对此十分感激。刘东星与李贽和袁宏道的第一次相识即在此时。他们的交往，都是建立在认识一致、意气相投基础之上的。

自从武昌相识，就请李贽辅导其子刘肖川读书；在他居留山西沁水老家时，请李贽到山西供养，切磋学问，二人可谓亦师亦友，情逾兄弟。万历二十四年（1596）秋，李贽又应已任吏部右侍郎刘东星之邀，离开麻城（今湖北麻城市），到刘东星的老家山西上党（今山西长治市）沁水县（今属山西晋城市）坪上村中客居了将近一年。

后来，刘东星奉命开挖山东滕县与峄县之间泇河，为漕运提供便利条件。繁重的工作，让刘东星觉得自己精力渐衰，深恐一病不起。他要趁着开凿运河的间隙，邀请老友李贽来帮助完成自己最后的心愿。万历二十八年（1600）春，刘东星专程到南京，请老朋友李贽北上。两人风尘仆仆，于当年三月底，抵达刘东星所在的山东济宁漕署。一到济宁，李贽便抓紧时间利用署中的有利环境，日夜著述，编成《阳明先生道学钞》

图 4-66

八卷（其中第八卷为《阳明先生年谱》）。在《阳明先生道学抄序》中，李贽热情赞扬王阳明的成就，“先生之书为足继夫子之后”。著述完成后，李贽闲居数日，后辞别老友，又回到湖北麻城。

万历三十年（1602），礼部给事中张问达秉承首辅沈一贯之意思，上疏攻讦李贽妖言惑众。最终，朝廷以“敢倡乱道，惑世诬民”罪名在通州逮捕李贽，并焚毁他的著作。李贽被官府从病床上拉出，一路昏迷，用门板抬入京城镇抚司狱。在狱多日，他作诗读书自如，其中《系中八绝》，是他留下的最后著作。当传说要勒他回原籍福建时，李贽曰：“我年七十有六，死耳，何以归为？”三月十五日，李贽以“七十老翁何所求”，视死如归，趁侍者为他剃发之时，夺刀自刎，气不绝者两日。友人马经纶按照李贽遗言，将其葬于通州北门外。

宫氏父子与其水利研究

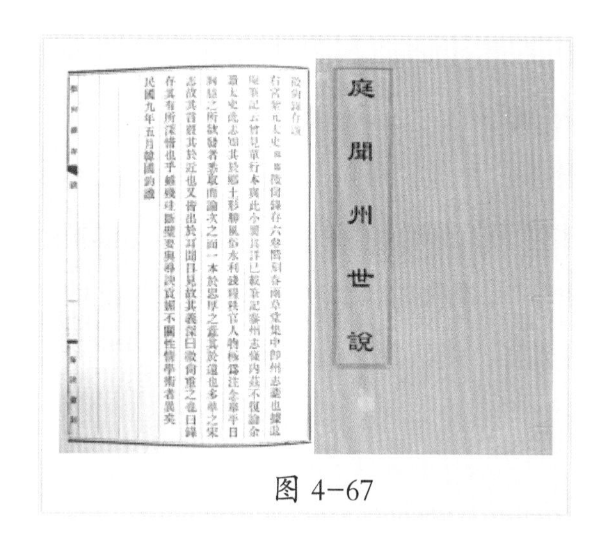

图 4-67

宫氏家族是清初泰州最大的世家，明末清初的百年间，这个家族出过 10 个文武进士，其中宫伟镠、宫梦仁是这个家族的杰出人物。宫伟镠对水利很有研究，留下了一些有关水利的著述。1998 年版的《泰州志》载："宫伟镠熟悉地方掌故，著有《庭闻州世说》6 卷、《续庭闻州世说》1 卷、《先进风格》1 卷。清康熙十二年（1673）参与纂修《泰州志》，写成志稿 6 卷，名《微尚录存》。著有《春雨草堂集》34 卷等。"[1]韩国钧在《微尚录存》跋中指出"右宫紫元太史伟镠，……《微尚录存》六卷嚮刻《春雨草堂集》中，即《州志》稿也……余读太史此志，知其乡土形胜、风俗水利……"[2]。两书中均介绍了宫伟镠并言及其了解泰州水利。其实深入了解一下，不仅宫伟镠熟知泰州水利，其子宫梦仁还直接从事过治水工作，他们两位在水利史上都留下了可圈可点的事迹，家乡人民因此还将一座涵闸称为宫家涵。

宫伟镠熟知泰州水情

宫伟镠（1611—1680 年），字紫阳，号紫玄，崇祯十六年（1643）进士，由于他中进士不久明代就灭亡了，故隐居不仕，很多精力用于对地方情况的研究，他对水利

❶泰州市地方志编纂委员会. 泰州志［M］. 南京：江苏古籍出版社，1998.

❷出自韩国钧《海陵丛刻》第十一种（1920 年版）末页。

也有精深的了解。平时我们常说泰州是鱼米之乡，但水给我们带来的利和患往往是并存的，人们往往缺少深刻领会，在宫伟镠看来，泰州“地形前高后下，若旎丘，故水之建瓴而下者，往往一泄无余，而境内外溪涧沼沚又无所为停蓄之道，以故泰固水乡，未蒙水利，时被水患……”[1]，水在境内缺少停蓄的地方，因此易被淹，这就是水患多的原因。经过治理还是有成效的“上流有为塞，下流有为开，又于诸水所汇，设之闸坝以司启闭，故水有所归而不为患”，但后来入海口淤，水患则重，宫伟镠称“海口渐淤，近之沟隧亦或见侵于园田屋宅，当事不讲乎水利之法，于是蓄泄启闭失宜，而水旱均受其敝”，这里，宫伟镠分析得是比较全面的。首先从地形看，这里缺少蓄水的地方；再则，“当事”即掌权的人没有认真抓水利，这才造成“蓄泄启闭失宜”[2]的状况，无论遇到水灾或旱情，民众都深受其害。

無沿革然沿也有因革也有故神而明之亦猶行古之道也百世可知後有作者可得所從事焉

河渠論贊

論曰泰地形前高後下若旎丘故水之建瓴而下者往往一洩無餘而境內外谿澗沼沚又無所爲停蓄之道以故泰固水鄉未蒙水利時被水患先時上流有爲塞下流有爲開又於諸水所匯設之閘壩以司啓閉故水有所歸而不爲患自海口漸淤近之溝隧亦或見侵於園田屋宅當事不講乎水利之法於是蓄洩啓閉失宜而水旱均受其敝前已卯庚辰間旱魃爲虐泰被害獨慘於他州今翟壩歸仁堤清水潭諸處屢築屢決而海口淤如故所以康熙之戊申至丙辰水無所分洩以興泰爲都居而田盡爲陽侯汩沒且不但此也泰之受水僅西鎮口咽喉一綫之涓涓賴東西二壩爲之堵截今言

微尚錄存　卷一　六　海陵叢刻

图 4-68

宫伟镠还分析了两个时间段的灾情。一是崇祯己卯年（1639）和庚辰年（1640）的旱灾。其时，飞蝗食草木竹叶皆尽，百姓连树叶都吃不上，有的吃石屑，有的吃泥土，名曰“观音粉”。据宫氏记述，“前己卯、庚辰间旱魃为虐，泰被害独惨于他州”，这是旱灾。二是康熙戊申年（1668）至丙辰年（1676），即康熙七年至康熙十五年的水灾，宫氏称原因是堤坝“屡筑屡决”而“海口淤如故”。泰州地方史缺少详细的编年内容，但康熙七年载有“六月，地震，河水触岸有声，房屋倒塌”。当年工科给事中李宗孔有疏言“淮、扬两府连年累遭水灾，以淮水南流入湖决堤之所致也，自老子山翟家坝一带注射高邮、宝应、邵伯诸湖，而下流阻于漕堤曾无入海之路，乃至冲决堤岸，淮、扬受害矣。”这段文字可以印证宫伟镠在《微尚录存》中的记载。《广陵通典续编》的记载更详细些，记有康熙八年（1669）夏天河水暴涨，多处决堤，皇上严厉批评官员“对修筑堤防河工不亲身料理，而要诸下属吏胥包揽冒破，草率塞责，以致年年修

[1] 出自韩国钧《海陵丛刻》第十一种（1920 年版）（卷一）第 6 页。
[2] 出自韩国钧《海陵丛刻》第十一种（1920 年版）（卷一）第 6 页。

筑，年年堤溃，重劳民力，糜费钱粮”。书中还记载了本地的一些内容，摘录一些，以见其时概貌。康熙十一年（1672）三月，以江南兴化县积水未涸，百姓尚难耕种，免去年水灾额赋。同年五月，免江南泰州、江都等州县前年未完钱粮七千五百有奇。十二月，以江南兴化等县连年灾荒，将应征本年地丁银及漕粮、漕项并带征去年漕粮、漕项一并蠲免。康熙十五年（1676），兴化舟行市中，各地被水漂溺庐舍、人民无算。这就是宫伟镠所记大水的背景情况。

宫伟镠在其《河渠附论（二则）》中也记录过市河的一些情况。城内市河有3支，中市河、东市河、西市河。这三条河流给市民带来很大的便利，到天启、崇祯年间湮没。据说是南北两水关的脚夫到处扬言，水关不能开，开了就会多盗贼，这显然是站不住的理由，但也有人相信，结果淤塞越来越严重。在宫氏看来，“河开则人物装载小艇轻移，河塞则凡水草货物盘运脚夫得以索重价，此辈之利，居民之不利也”，看来水关开不开，河水通不通，是有利益较量在里面的。后来宫氏向主管官员反映了情况，将3支市河的水流彻底疏通了。

此外，宫伟镠还写过《水灾六议》等一系列文字，从治水到用人等事项提出自己的建议和处理办法，这些在《（雍正）泰州志》中有记载，此处就不详述了。

宫梦仁情钟解淮扬水患

宫伟镠长子梦仁（1632—1713年），字宗衮，号定山，康熙九年会试第一，十二年补殿试，授柏林院庶吉士。以后历任贵州道监察御史、河南粮道、湖北驿盐道、山东提学副使、通政使司右参议、大理寺少卿、通政使司通政使，康熙三十年、三十三年两次参加殿试读卷。康熙三十六年升为右副都御史，巡抚福建。在福建崇尚文教，竭力革除积弊，处理公务常常自清晨直至深夜，一年之间须发尽白。宫梦仁谙熟河务，曾因淮黄泛滥上疏建议疏理海口，并绘制地图进呈。康熙三十八年冬奉旨赴永定河治水，又分修高良涧、龙门坝、高家堰等工程，露宿河岸半年之久，清除了淮扬水患，得到清圣祖嘉奖。晚年闭门却扫，日事著述，有

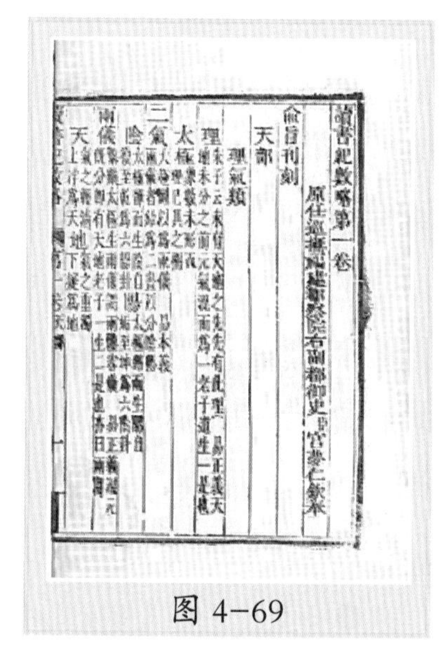
讀書紀數略第一卷
原任巡撫福建都察院右副都御史 宮夢仁
命旨刊刻
天部
理氣類

图 4-69

自订文集100卷，并编有《文苑英华选》等。所编《读书纪数略》54卷，奉旨刊刻行世，

此书辑录各书所载有数字可记的故实，分类编排，颇便检寻[1]。

从该段记载看，宫梦仁对河务很是了解，因黄淮泛滥，他曾有《请理海口疏》上奏朝廷建议疏理海口。宫梦仁对治水的见解可以从他给康熙皇帝的奏折中看出来，其内容是“淮扬水患异常，疏理海口宜急图”，他认为治理“要从长勘议，务使一劳永逸”，治水是“国计民生事”[2]，写奏折的时间是康熙十五年（1676）六月，其时他45岁，正是年富力强的时候。是年五月，淮扬水患严重，扬州又发生地震。因为未见泰州的具体记载，扬州的情况可以参照，据载，入夏以来，淫雨连绵，扬州再罹水患。是月二十一日、二十二日狂风巨浪，决口三十四处。少顷漕堤崩溃，高邮的清水潭、陆漫沟、江都的大潭湾等处共决三百余丈……宫梦仁长期生活在泰州，又受父亲影响，对里下河的情况很熟悉，淮河发水时怎样影响里下河的农田，他很了解，奏折开头即说“自扬自淮，两岸土石堤工，处处告急，冲决多口，河湖相连，汪洋一望……”大量的民房被泡淹，其惨象触目惊心。另外还提到，运河水位陡降，运堤堤坝倒了以后，河障凸显，阻碍行水，正常情况下，船从扬州到淮安只需要3天，水患严重时要半个月，这还是指轻便的小船，运粮的大船则更加困难。宫梦仁认为，要统筹规划，彻底治理。他在上疏中说“夫黄水视淮水为通塞，所以捍淮水使专会黄水者，高堰、翟坝一带堤岸耳。其上流为阜陵，洪泽湖淮水于此停蓄，堰坝逆之西注，会黄水以涤淤沙，下流为白马诸湖，五湖之间皆为漕渠要害……”顺着所举要害，宫梦仁提出自己的看法，供朝廷中枢决策参考。水灾固属天灾，但也有人祸，有人甚至从中发国难财。据宫梦仁调查，有些地方因为水泄而滩出，当地豪强就将土地据为已有。最可恶的是，他们还煽动不明真相的人闹事，阻挠官员治水。因此，怎么惩治豪强也是重要一环，直接关系治水的成效。

据《皇清奏议》收录的资料，宫梦仁在康熙十五年（1676）就淮河治理上疏后，靳辅于次年上书谈同样的事，他们两篇奏折正好编在一起，参看时可为互证。

康熙四十年（1701），宫梦仁在家人的共同努力下编完先父《春雨草堂集》写了一篇《例言》，写作地点就在高堰河畔，其时他已是70岁的老人了，还在治水前沿。他是68岁那年奉旨赴永定河治水的，分修南河高梁涧、龙门坝、高家堰几处险要地段，曾露宿在工地6个月。康熙帝南巡时，对他的治河成效予以了褒扬。

---

[1] 泰州市地方志编纂委员会. 泰州志［M］. 南京：江苏古籍出版社，1998.

[2] 泰州文献编纂委员会 . 泰州文献—第一辑—②（道光）泰州志［M］. 南京：凤凰出版社，2014.

开界河靖江泰兴水分流

（1621—2008年）

泰兴与靖江的水利志，都有一条天启元年至七年（1621—1627年）相同时间段水利上的大事记载，所记具体内容虽然不同，但可能是有一定因果关系的。

《泰兴水利志》记的是：为平息泰兴、靖江两县县界争端，开靖泰界河为界，宽五丈（16.7米）、深3丈（10米）东西长50余里。由此，县内南流20多条通江河道，统改归界河入江[1]。

《靖江水利志》记的是：北大江水势缓慢，自西向东，逐渐淤塞，形成靖江腹部孤北洼地。至此，靖江北始涨连泰兴，东北与如皋渐渐接壤。[2]

泰兴记的是为平息县界争端，开挖了界河，靖江记的是长江北汊淤涨情况。

读《（康熙）续增靖江县志》“山川——河”篇中有关界河之条目，发现靖江对界河之开挖，记载的内容主要在对泰兴的让地，而不在开河。其文为：界河：在焦、隐两团靖泰接壤处。自南而北广延二十余里。陈侯函辉因旧限，更深广之。”接此段，另起一行又写“泰靖相接之始，相争杀者数年，上台命扬、常二府之佐，亲履界间分之，勿能定也。唐侯尧俞至，恻然曰：君子不以所養人者害人，相杀何时已乎？稍让则止矣，遂定界河。渐东，则折而南。主让，故也。然是时，东下犹未全涨，至陈侯时，东涨，直指如皋。泰靖复争，杀伤颇多。陈侯闻之怒，于是，又让以季家市地数百顷归泰，而争乃息[3]。文中讲了两层意思，一是记载明代崇祯年间靖江知县陈函辉，因受历史上两侧边界已划定的限制，对界河只能顺着原河线拓宽浚深。二是介绍此前泰兴、靖江两地长江北汊逐渐淤涨，连成一片。原长江北汊河床虽宽阔，但已不再是滔滔巨流，

---

❶ 泰兴水利史志编纂委员会．泰兴水利志［M］．南京：江苏古籍出版社，2001.

❷ 靖江市水利局．靖江水利志［M］．南京：江苏人民出版社，1997.

❸ 泰州文献编纂委员会．泰州文献—第一辑—⑪（康熙）续增靖江县志［M］．南京：凤凰出版社，2014.

而是悄无声息地增加了大量的肥田沃土。在农业社会，它吸引着越来越多的靖、泰两地农民纷纷在北江故道的沙滩开垦沙地。由于没有明显界限，你争我夺，往往形成群发性械斗而致人死的事件。明崇祯七年（1634），一直闹到了南直隶。上级曾派扬州（辖泰兴）和常州（管靖江）的官员下来划界解决，虽惊动了常州府、扬州府的官员，但划界未能成功。直至崇祯七年（1634），靖江知县唐尧俞上任后，了解到这一情况，认为土地本用以养人的，怎么能以土地之争杀人呢？必须认真解决这一边界的土地纠纷，于是他提出靖江稍让一点地方，在上面开一条界河，就可以解决这一矛盾。

再看《（嘉庆）重修泰兴县志》“河渠诸类附”篇中有关泰靖“界河”的记载，交待了“按扬州府志，河在城南三十里，天启间，大江沙涨，泰靖接壤，悉为平地，每值夏秋成熟，两县民抢割争斗，历年至杀伤数十人。南北各宪具题剖河为界，因名界河，阔五丈、深三丈，东西长五十余里，西通大江，南通老沙港，舟楫往来，自此两县民各守疆界，永无争竞。”[1]。这里交待清楚了几个问题：一是，长江靖江河段北汊消失成陆的时间在天启年间（1621—1627年）。二是，因长江北汊淤积涨连，引起了地界纠纷，多年以来，双方为争地已有数十人死伤。三是，南北两边官员都认为，只有在两县之间开一条界河才能解决这一问题。于是便在靖、泰之间开了一条宽5丈（16.7米）、深3丈（10米），长50多里的靖泰界河，西通大江，南接老沙港。四是，所开河名称定为“界河”。这段记载，并未交待解决矛盾具体的人，这与《泰兴水利志》交待的内容大致相似。

为什么两县对相同的事记述侧重不同，这就要透过现象看本质。

从《（万历）重修靖江县志》所载靖江县图中可以较为清晰地看到，靖江孤山以北原为长江北汊，淤涨由南向北推进到与泰兴相连成陆。这一淤涨过程中，长江北汊南岸之靖江，土地日渐其多，因雨水流漕形成之港，多为南北向，又在一县之内，遇有涝水，可直接向南流入长江中汊或南汊。而这一阶段泰兴地处长江北汊之北岸淤涨的土地不多，除人为复土围垦有少量扩张外，基本未有涨出来的土地。原来直接可以让涝水排放进来的长江北汊渐渐消失，泰兴南流的涝水就势必要南入靖江，由靖江港道南排入江，或因港道断面较小，不能适应汛期雨涝大流量通过，而导致孤北洼地成灾，

[1] 泰州文献编纂委员会．泰州文献—第一辑—⑤（嘉庆）重修泰兴县志［M］．南京：凤凰出版社，2014.

则靖江势必在各港北端筑坝防之，堵水于靖江地界以外。因此，在这一带，不仅会为新涨土地的权属发生纠纷，而且也会因泰兴涝水的出路产生矛盾。这样，打架、斗殴、死人的事，就不时会有发生。由于泰兴、靖江又分属扬州、常州两府，其纠纷又属两府边界纠纷，才有“靖泰相接之始，争界数年，上台命扬、常二府之佐，亲履界间分之”之事，但府里的大员来此，很可能就是蜻蜓点水式的划界会谈，未能实地解决问题，结果只能是“勿能定也”[1]。

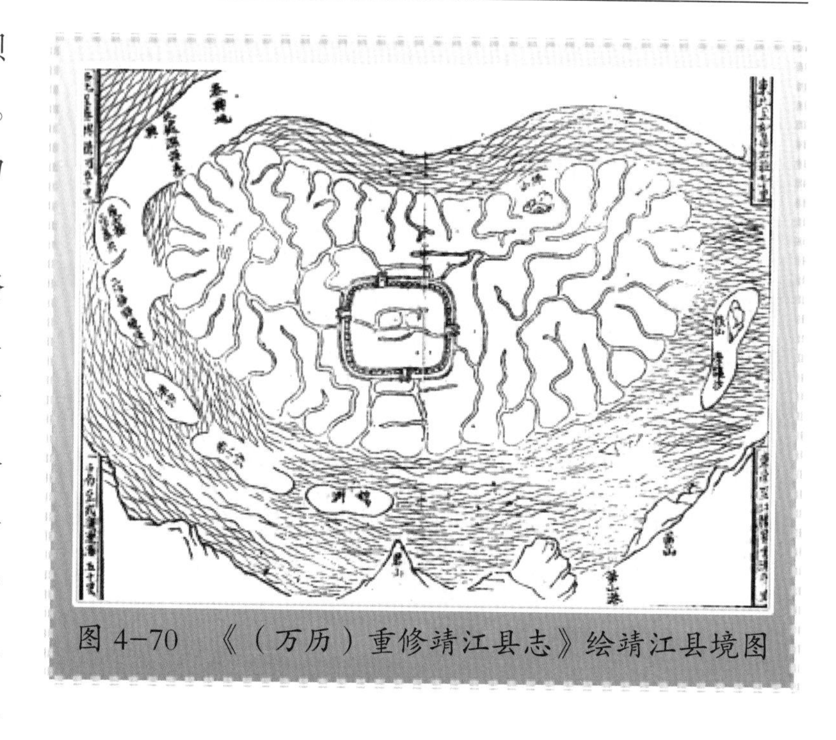
图 4-70 《（万历）重修靖江县志》绘靖江县境图

泰兴、靖江两县志书对界河的记载中，有一个明显的时间差异。《泰兴水利志》所载“界河”条款为天启元年（1621）至七年（1627），“开靖泰界河为界，……由此，县内南流 20 多条通江河道，统改归界河入江”[2]。而《（康熙）续增靖江县志》讲的是“唐侯尧俞至……遂定界河”[3]。而唐尧俞系崇祯七年（1634）[4]才调至靖江任知县的。他到任后，得知泰、靖边界矛盾，十分痛心，“恻然曰：君子不以所养人者害人，相争何时已乎？稍让则止矣！”[5]他认为，通过和靖江百姓讲长江北汊涨沙为田，本可养人，双方争田械斗，变为杀人、害人，有什么好处呢，劝涨田多的本县百姓多作些退让，就可以双方相安。为此，靖江百姓才同意泰兴开挖泰靖界河。由此可见，开挖泰靖界

❶ 泰州文献编纂委员会．泰州文献—第一辑—⑪（康熙）续增靖江县志［M］．南京：凤凰出版社，2014.

❷ 泰兴水利史志编纂委员会．泰兴水利志［M］．南京：江苏古籍出版社，2001.

❸ 泰州文献编纂委员会．泰州文献—第一辑—⑪（康熙）续增靖江县志［M］．南京：凤凰出版社，2014.

❹ 泰州文献编纂委员会．泰州文献—第一辑— ⑪（光绪）靖江县志（一）［M］．南京：凤凰出版社，2014.

❺ 泰州文献编纂委员会．泰州文献—第一辑—⑪（康熙）续增靖江县志［M］．南京：凤凰出版社，2014.

河的规划和动议，是在天启年间提出的，直至崇祯七年，唐尧俞到靖江任知县后才开挖完成的。经十多年后，靖江知县陈函辉再行拓浚才达到阔5丈、深3丈，东西长50余里的规模。

如果作进一步分析，《（嘉庆）重修泰兴县志》有关泰靖界河的记载中，原文不是《泰兴水利志》所载“开靖泰界河为界”，而是“提请剖河为界”，说明天启年间只是主动提出开河的动议，抑或线路、规模，而不是动手开挖，并完工，达到泰兴“由此，县内南流20多条通江河道，统改归界河入江”。但《泰兴水利志》的这句话，恰恰说出了泰兴要开此界河除了有“为平息……县界争端”的目的，更重要的是争取县内原本南流的20多条通往长江北汊的涝水外排出路，这一水利功能的目的。边界的划分，往往分分合合，历史上也是多有变动的，看是一笔糊涂账，却又常常出人意料地为两地造成平衡。在边界纠纷中，今天，界河以北，尚有属靖江季市镇的东街、西街2个居委，季东、季西、季市3个村。季市镇内的一段“界河”，似乎不能称其为“界河”了。其实，靖江能两次作出让步开界河，对靖江也是有好处的，否则，一遇雨涝，泰兴地势高，北水南压，靖江不少低洼处是会被淹没的。其实，界河并非完全是按边界走向开挖的，更大的作用是给泰兴让出一条出水通道。从水利上看，靖江唐尧俞和陈函辉两位知县的让步，也是正确的，是非常有意义之举，是为两县人民造福之举。

《（光绪）靖江县志》“良吏”篇记载“唐尧俞，全州人，崇祯七年由举人任，清恕平易，不为赫赫之声以税赋亏额去。[1]”讲的是唐尧俞仅在靖江任知县1年，为人清廉，平易近人。对百姓收取税赋实事求是，对缴不起税赋者，从不为保自己的官职、完成上级下达的指标而强征暴敛。他就是因未能完成上级下达的税赋的指标，而被调离靖江的，故被靖江人民称为良吏而载入史册。

1958年，泰兴组织民工1.5万人，拓浚黄家市至季黄河段8.55千米。1959年，靖江、如皋两县协商一致意见，为避免房屋拆迁太多，河线从西来镇中部北移至如皋境内，取直至张黄港入江；1960年再浚。1973年冬，泰兴组织疏浚新市段界河1.73千米。1978年冬，泰兴在靖泰界河口建界河闸，开挖闸外引河1千米。1959年、1960年，如皋县两次拓浚靖如界河。1973年、1978年，泰兴两次拓浚界河新市段。1986年，泰

[1] 泰州文献编纂委员会．泰州文献—第一辑—⑪（光绪）靖江县志（一）［M］．南京：凤凰出版社，2014.

图 4-71　开挖闸外引河

兴在西部入江口浚河造闸。同时将泰兴新市段界河裁弯取直，开挖新河 1.6 千米，完成土方 11.8 万立方米。1991 年冬，靖江对靖泰界河沿线 8 座封口坝、15 处漫水的界河堤防近 3.6 千米加固培修。2003 年，靖江加高河堤 7800 多米长。2007—2008 年，泰兴疏浚河道 15 千米。2008 年冬，靖江对三泰村蜘蛛圩至水三村五唐圩 5.5 千米的界河段疏浚复堤和疏浚法喜村耿家圩至新义村河道 3 千米。

如今的界河横穿季市，北与季黄河形成“丁”字形交汇，直通苏北腹地里下河水系；南与多条靖江纵向河港通过水工建筑物相连接；北、西两面与泰兴新曲河、姜溪河、小麦港、连福港等通连，直接从靖江西头入江；界河东段，北连如皋拉马河、焦港，南接泰州长江段下游入江的最大河道夏仕港，经新港注入长江，并逶迤东去，分靖如两界，越焦港，从东端友宜闸入江。如今的界河东段面宽 70 余米，深达 6 米，西段略小，相对来说水质改善不少，水流较为顺畅。这样，就形成南通北畅、东连西贯、纵横交错的边界系统水系，有力地支撑着这一地区的农业的灌排、工业的用水、水上的交通和运输。每当汛期雨涝时，泰兴、如皋两市的部分涝水通过界河排入长江。水善利万物而不争，一条河流，名为清晰的界限，却不在分界，而在不动声色之中，把靖江、泰兴、如皋，甚至把苏中、苏北紧密地联系在了一起。

知县叶柱国阜民开团河

（1628—2009年）

靖江“河”与“港”之区别

《（崇祯）靖江县志》认为：邑之水利其支分者曰港，会通者曰河。盖靖邑平衍如席，环四履无不耕之土。土高阜宜菽者什之三，卑下宜禾者什之七，其旱涝蓄泄之宜，全资之港。港与港相距每里许，颇为均停。第其身有广狭，蓄有浅深，注有远近[1]。这段文字，说清了靖江“河”与“港”的区别和作用。从明《（嘉靖）新修靖江县志》疆域图和明《（万历）重修靖江县志》疆域图上可以看出，靖江当时四面环江，图中水系皆由城区向四面自由辐射而至江的各分支独立水道，皆应称为“港”。图中，除城周围和城里有极少极短横向的河外（当为设县筑城时所挖城濠、市河等），未见联络港道之间的汇通之“河”。

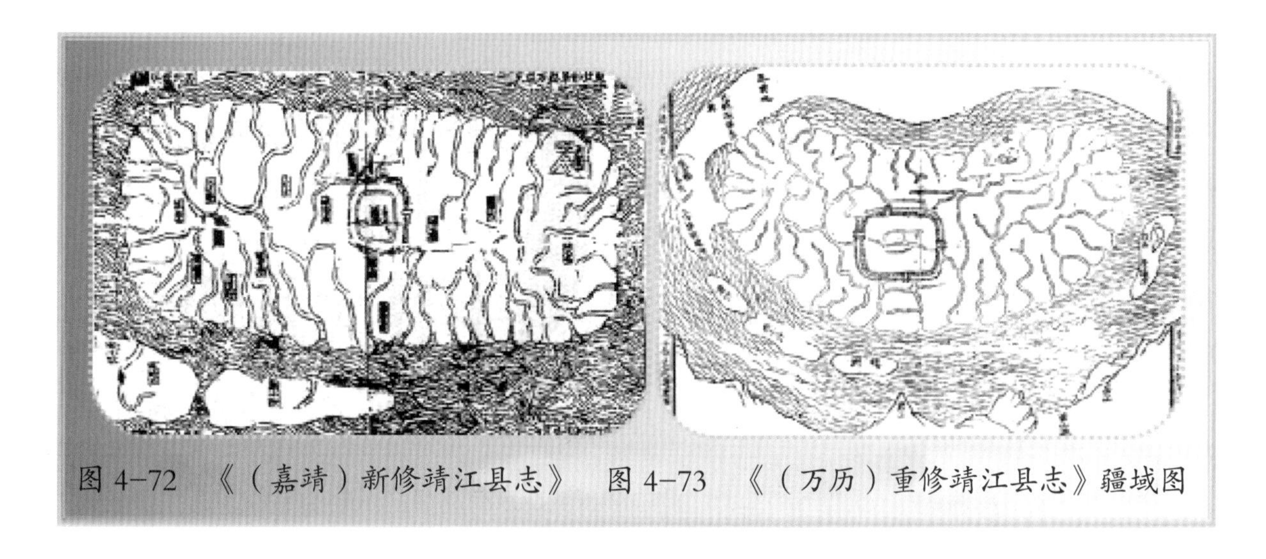

图 4-72　《（嘉靖）新修靖江县志》　图 4-73　《（万历）重修靖江县志》疆域图

[1] 泰州文献编纂委员会．泰州文献—第一辑—⑨（崇祯）靖江县志［M］．南京：凤凰出版社，2014.

直到靖江现存的第六部志——《（光绪）靖江县志》记载，靖江有名称的河 10 条、港 120 条（实记为 95 条，见“港堰”篇）。经逐步调整，至民国期间，靖江还有港 72 条、横向河沟高达 4000 余条。可谓港河纵横交错，水网密布，是河港之水养育了靖江人民。

靖江首开团河者当为叶柱国

虽然靖江第一部志——《（嘉靖）新修靖江县志》主编朱得之在“山川”篇的最后用小字加的一段类似点评中提道：“（嘉靖）三十八年（1559）邑民刘铁等具呈兵道行□贵行有便而止。四十一年（1562）又经委官教谕何炯呈为：钦奉 □谕事云，云议处水神六目，一目（曰），议定典工，开浚日期必须农隙，不出正月位限可完；二曰，议复各港，旧规深阔，□其填占之弊；三曰，议定管辖人员，必须公平、服众，不容偏弊；四曰，议处淤泥，勿近港边，免致渐次复淤；五曰，正官严明，赏罚著为定令，多设塘长，责功易成；六曰，多立邮亭，可以传令，可备巡警。以上六事，皆得优允。邮亭一款，尤切时政。[1]”早在嘉靖三十八年（1559）就有县民上书要求开挖团河，而被相关官员叫止。嘉靖四十一年（1562）也有官员曾就兴办水利研究了几条措施。但其志及《（万历）重修靖江县志》中均未见具体开挖团河的相关记载。

研究靖江水利，不能不提靖江第一个组织开挖团河者，也是被《（光绪）靖江县志》列入良吏的明代知县叶柱国。

叶柱国，字大登，云南人。于明熹宗天启六年（1626）调至靖江任知县 3 年。在他离任后 10 年左右编写的《（崇祯）靖江县志》中，就对他作出了极好的评价：“明决有为，废坠无不修举。且能以文学饰治，倡团河之役”，但在最后加了一句“旋以艰归”[2]。一是说明了叶柱国是提倡开挖团河工程之人；二是叶柱国认为开这个团河难度太大，而离开靖江回去了。而且《（崇祯）靖江县志》对团河的记述中还有：“……旧志详载团河之议……崇祯元年，叶侯柱国有志而未逭。至崇祯十一年陈侯函辉……始……下令鸠工，动众开浚……两月报竣”[3]的记载。按此志所记，叶柱国仅是提倡开

---

[1] 泰州文献编纂委员会．泰州文献—第一辑—⑨（嘉靖）新修靖江县志［M］．南京：凤凰出版社，2014.

[2] 泰州文献编纂委员会．泰州文献—第一辑—⑨（崇祯）靖江县志［M］．南京：凤凰出版社，2014.

[3] 泰州文献编纂委员会．泰州文献—第一辑—⑨（崇祯）靖江县志［M］．南京：凤凰出版社，2014.

挖团河，并未达开河之目的。但看到该志卷十三“艺文”篇所载由邑人朱家栋所写的《开阜民河记》[1]和其后康熙八年（1669）由知县郑重修纂的《（康熙）靖江县志》卷十六所载的一篇由叶柱国自己所写的《阜民河记》[2]中，都可以看到，叶柱国不仅倡议开团河，而且他在任内也的确开挖了团河，并将团河起名为阜民河的经过。

叶柱国所写的《阜民河记》大意是：阜民河，从县北面达于东西两乡，如环如带，豁达旁通，是一条能解决四方农田排灌且没有阻碍的河道。本县是处于大江之中的弹

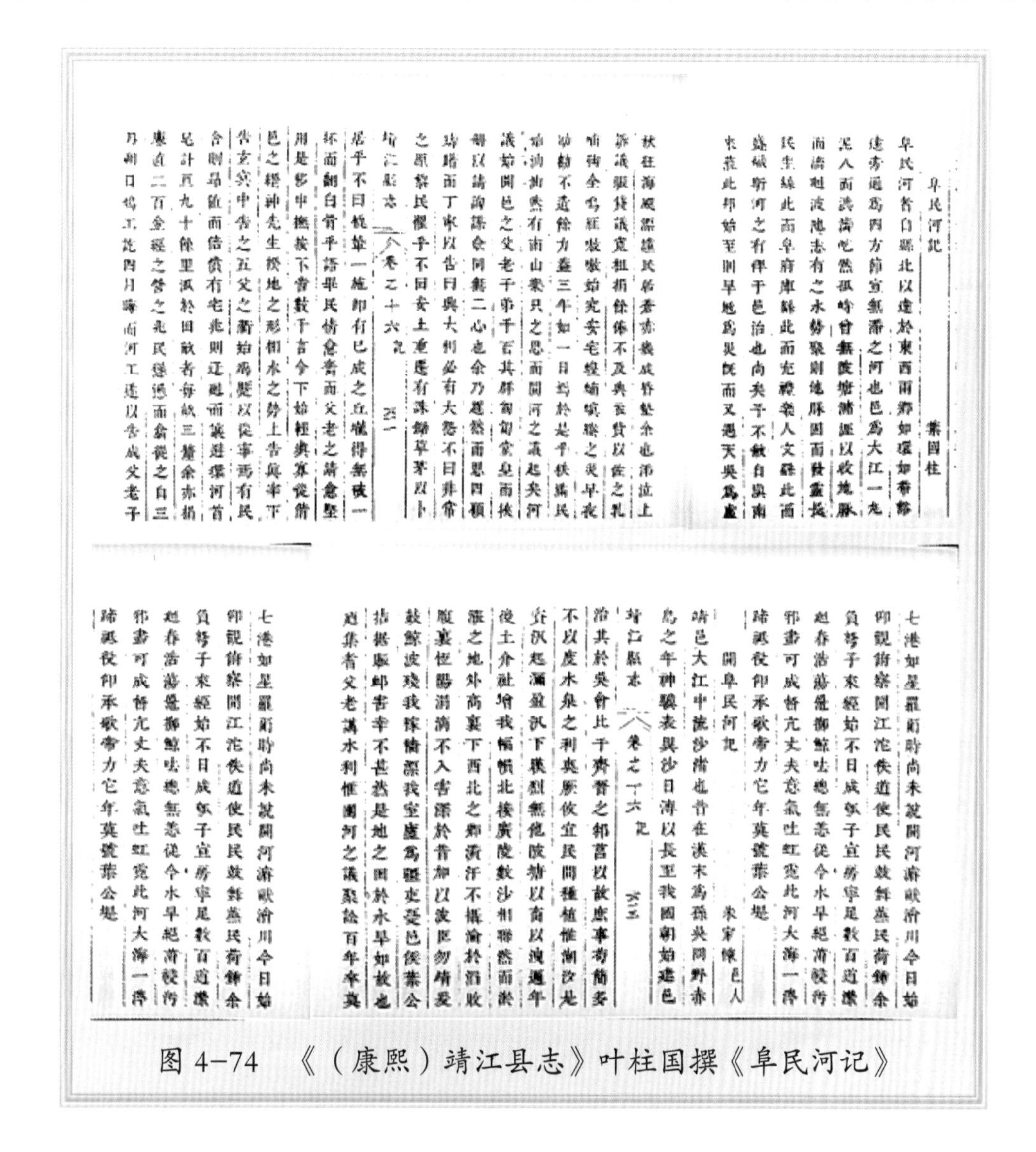
阜民河記　　葉國柱
阜民河者自縣北以達於東西兩鄉如環如帶豁
達旁通爲四方節宣無滯之河也邑爲大江一丸
泥入面洪濤屹然孤峙曾無陂塘諸堰以收地脈
而濤迴波遶志有之水勢聚則地脈固而發靈長
民生繇此而阜府庫繇此而充鍾毓人文繇此而
盛[illegible]斯河之有俾于邑治也尚矣予不敏自吳南
來莅此邦始至則旱魃爲災既而又遇天吳爲虐
秋在海颶溢民居[illegible]成[illegible]墊余也涕泣上
請議賑貸議寬租捐餘俸不及與[illegible]貸以佐之乳
哺[illegible]全[illegible]嗷嗷始究安宅蝗蝻[illegible]之災早夜
竭蹶不遺餘力蓋三年如一日焉於是乎[illegible]民
[illegible]油然有南山衆只之思而開河之議起矣河
議始開邑之父老子弟千百其群匍匐堂皇而扶
攜以請詢謀僉同無二心也余乃翹然而思四顧
躊躇而丁寧以告曰興大利必有大勞不曰非常
之原黎民懼乎不曰安土重遷有誅鋤草茅以卜
靖江縣志　卷之十六　記
居乎不曰[illegible]築一[illegible]即有已成之丘壠得無[illegible]一
[illegible]而翻白骨乎語畢民情愈奮而父老之請愈堅
用是彩中撫按下會數千言今下始[illegible]典寡從[illegible]
邑之[illegible]神先生[illegible]地之形相水之勢上告與率下
告玄[illegible]中告之五父之[illegible]始爲[illegible]以從事焉有民
舍[illegible]而[illegible]有宅[illegible]則[illegible]而[illegible]河首
[illegible]計[illegible]九十餘里[illegible]於田畝者每畝三[illegible]余亦捐
[illegible]二百金[illegible]之[illegible]之[illegible]民[illegible]而[illegible]從之自三
月[illegible]工[illegible]四月[illegible]而河工[illegible]以告成父老子

七港如星羅前時尚未設開河濟畎澮川今日始
仰觀俯察開江[illegible]佚道使民民鼓舞蒸民荷鍤余
負弩子來經始不日成[illegible]子宜房寧足數百道[illegible]
[illegible]春浩蕩疊御鯨呿總無恙從今水旱絕[illegible]
[illegible]書可成[illegible]亢丈夫意氣吐虹霓此河大海一[illegible]
[illegible]役仰承歌[illegible]力它年莫[illegible]葉公堤

開阜民河記　　朱家棟　邑人
靖邑大江中流沙渚也昔在漢末爲孫吳[illegible]野赤
烏之年神驥表異沙日漲以長至我國朝始建邑
治其於吳會比于齊晉之邾莒以故庶事苟簡委
不以度水泉之利與厥攸宜民間種植惟湖沙是
資[illegible]起[illegible]下[illegible]無他[illegible]以[illegible]以[illegible]年
復土介[illegible]我[illegible]北接廣陵數沙相[illegible]而[illegible]
[illegible]之地外高裏下西北之[illegible]不[illegible]於[illegible]
[illegible]裏[illegible]涓滴不入害深於昔加以[illegible]
[illegible]波殘我[illegible]我室廬爲[illegible]邑侯葉公
[illegible]害幸不甚甚是地之[illegible]於水旱如故也
[illegible]集耆父老[illegible]水利[illegible]河之議[illegible]百年[illegible]
靖江縣志　卷之十六　記

七港如星羅前時尚未設開河濟畎澮川今日始
仰觀俯察開江[illegible]佚道使民民鼓舞蒸民荷鍤余
負弩子來經始不日成[illegible]子宜房寧足數百道[illegible]
[illegible]春浩蕩疊御鯨呿總無恙從今水旱絕[illegible]
[illegible]書可成[illegible]亢丈夫意氣吐虹霓此河大海一[illegible]
[illegible]役仰承歌[illegible]力它年莫[illegible]葉公堤

图 4-74　《（康熙）靖江县志》叶柱国撰《阜民河记》

[1]泰州文献编纂委员会 . 泰州文献—第一辑—⑨（崇祯）靖江县志［M］. 南京：凤凰出版社，2014.

[2]泰州文献编纂委员会 . 泰州文献—第一辑—⑩（康熙）靖江县志［M］. 南京：凤凰出版社，2014.

丸之地，八面洪涛，屹然孤峙，却无陂塘可以收集地表和江湖的水。“地志”上记载：水势聚，则地脉稳定，能促使水流广远绵长。民生由此而丰收富足，府库因此而增收充实，礼乐人文也会由此而兴盛起来。可见，如挖成这条阜民河，十分有益于本县。我并无什么才能，从云南来此任知县。刚到任的那一年，先是碰到旱灾，不久又遇到水灾，秋天又屡次遭台风海潮袭击，漂没民居，百姓被淹无数，难以为生，无所适从。面对此情此景，我流着泪向上级写报告呈诉灾情，要求批准发放赈灾贷款，豁免田赋税收；另外，我又捐出所有积余的俸金，用于救灾，还有不够的部分，我只好用典当衣服的钱来补足，灾民因此才初得温饱。之后，正谋划为灾民重建家园之际，又遇到蝗螟灾害。我立即组织百姓日夜救助。为了应对这些自然灾害，我三年如一日，不遗余力。就在我任期即将届满的这一年，靖江的老百姓又开始想过安定的田园生活了，地方上有人出面向我提出开河的建议。不久，靖江的父老子弟居然成百上千地来到县衙，携带着田亩簿册（可以计算开河摊派的费用及劳力），伏在公堂前，一致向我请求开河。经过询问，他们开河的谋划与我的规划基本相同。我很高兴，于是，便将自己的犹豫告诉大家：兴大利必然也会有大怨发生。人们常说，干不同于平常的事，老百姓本来就怕！一般，老百姓都安于本土，开锄种田、起房造屋都要占卜。如果开河，必然要碰到坟墓，不可能一个坟墓都不被破坏。如果挖河碰到未迁出的无主坟墓，露出了白骨，老百姓有意见怎么办？我说完了，他们知道我已在考虑开河中十分具体的事了，于是，民情更加高涨，他们非常理解开河的难处，表示大家愿意帮助克服，父老乡亲们开河的请求更加坚决。为此，我立即行文数千言，呈请上级批准开挖此河。上级批示下达后，我即轻车简从，偕同地方士绅，勘察地形和水势，尽心尽力去办与开河的相关事宜。碰到民房拆迁，加倍补偿；碰到墓地，尽量迂回避让。整个河道，绵延长九十多里。确定每亩摊派河银三厘。我自己再捐出俸银二百两，用于开河。开工后，万民互相勉励，踊跃参加。从三月初一到四月底，大功告成。父老子弟都高高兴兴，面露喜色地说：“二百年来的空言，今始见之实事也”！是谁能提出这开河的主张，又是谁能推动开河的啊？其实，古代《易经》上就有“说以先民，民忘其劳”的记载了，讲的是要统一老百姓的思想，老百姓就肯出力了。开了此河，靖江就可以有条件防备水旱的蓄泄、就可以抵御长江大潮的泛滥、就可以免除转驳运输的劳苦、就可以遏止江盗匪寇的活动；还可以招徕客商的投资往来，使土产不至于堆积滞销；庄稼得到灌溉，田地不致荒芜，夏日农田灌溉时，戽水就不会有候潮之争，秋来河道疏浚无须每年兴工。这样一举数得，难道是我给老百姓的嘉惠吗？其实是上级给的恩德，实在是地方士绅的赞助，实在是肯吃苦耐劳、互相帮助、能善始善终的老百姓的力量啊！而且，确实也倚靠了老天的保佑！这次首倡开河的是某某人，负责开河具体事务的是某某人，出钱捐助开河的有某某。我既已为河道题名勒石，为什么又写了这些话，主要是用以告诉后来之人。

其时，首先向叶柱国提出要开挖此河的建议者之一，靖江人氏、镇江府教授朱家栋所写的《开阜民河记》原文中，还有这样一些记述：“邑侯叶公，拮据赈恤，幸不大害。而是地之困于水旱，如故也。乃集耆父老而讲水利，惟团河之议。”讲叶知县前几年面对靖江发生的灾害，通过努力，赈灾抚恤，已把灾情降到最低。但他深知靖江的水旱灾害还会不断发生，要解决这个问题，还必须兴修水利。于是他召集靖江知民情、有经验、有威望的长者和有识之士共同商议，一致认为，靖江治水，首先要挖团河。“公于是约邑之长厚，知民情者，夙驾而出。经度，东西凡八十里，旧洫可因者六十里，平地当开者二十里。浚旧，则畚民任之；开新，则募团夫而与之。”还约请他们实地踏勘。经测量，团河整个河线东西长八十里，可利用旧的沟洫六十里，另外要在平地新开二十里。疏浚拓宽老河道，由沿河乡间的老百姓各自完成，新开的河道，则由县里统一召募各团的民夫去开挖。“兴工之日，庶民子来，畚锸（挖河挑泥的畚箕、铁锹）

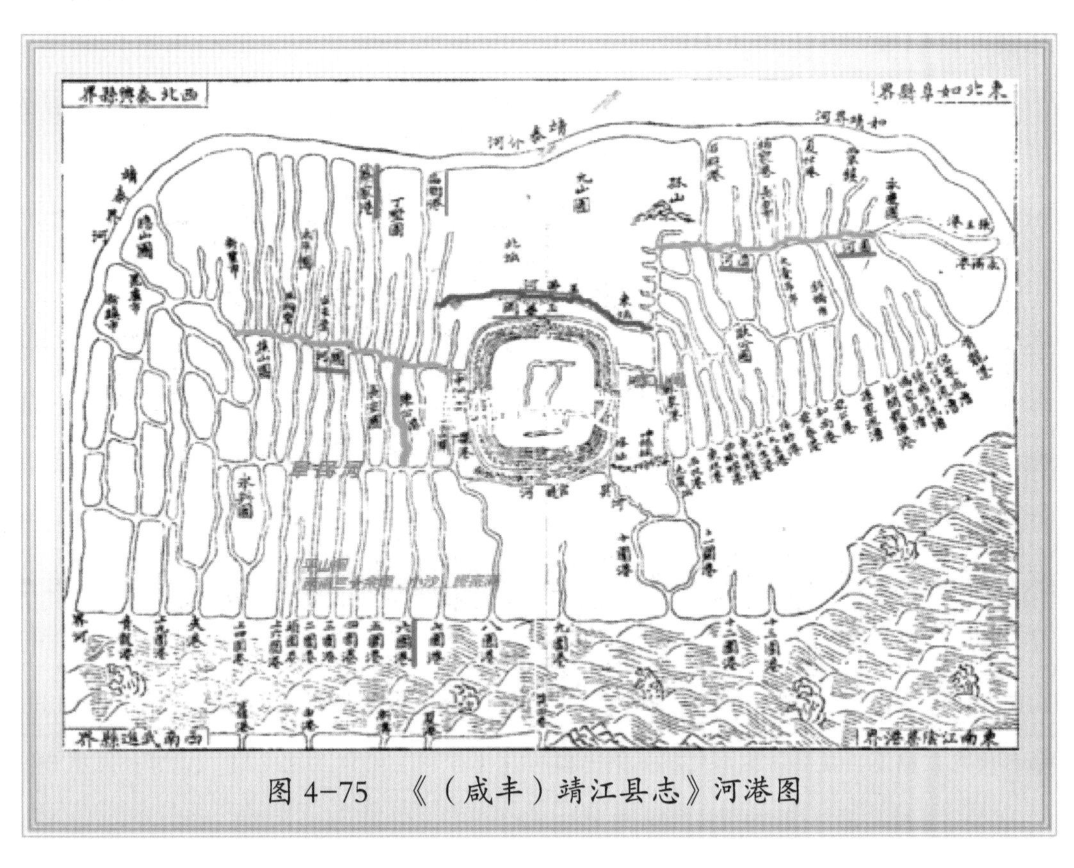

图 4–75　《（咸丰）靖江县志》河港图

如云”开工的日子里，民工挖河工具，上下飞舞如云。“曾未期月，而告竣事。河成之日，天朗气清。江潮适至，水流洋洋。公与僚属，乘小艇循河而观。两岸之民，欢声若雷。咸颂侯临事之敏，成功之速也。”先后经过一个月的时间，功成告竣。竣工的这一天，天气晴好，开坝放水后，适逢长江高潮，满河水流洋洋。叶知县与下属，同乘一小船，顺河察看。两岸的老百姓，欢呼声一片，大家都称颂叶知县做事有魄力，想不到这么快就把河挖成了！“先是民间议，每亩出银三厘，为平地河工价、造闸等用，而所收者，不及若干。则前之所费，皆侯俸入也。更助修学之费，又若干。侯真饮靖之水而已。侯讳柱国，号大登，云南人。”[1]开挖这条河和造闸的费用等，原民间商议的费用确定为每亩出银三厘，由于叶知县自己拿出了俸银用于开河，而实际上向老百姓并未收这么多。此前，叶知县还用自己的俸银赞助修学之费。这位服务靖江几年的叶知县，除了喝靖江的水外，什么报酬也未得到啊！朱家栋可谓真实、完整地记录了叶柱国开挖团河的经过。从召集商议、实地勘测河道现状及长度、百姓开河及河成后百姓欢呼的场景，直到开河的收费及叶柱国用自己的俸禄用于开挖团河的费用等情况，都作了详细的记载和描写。此记与叶柱国撰写的记互为印证，皆可一清二楚地看出叶柱国不仅倡议开挖团河，而且实实在在地开挖了团河，而不是《（崇祯）靖江县志》所记的“倡团河之役，旋以艰归”。《（崇祯）靖江县志》的编纂者此说，似有故意作曲笔之嫌，抑或，因叶柱国所开团河起了一个“阜民河”的名称，则就误认为叶柱国未开团河。

团河的大名应叫“阜民河”

叶柱国还据《地志》“水势聚，则地脉固而发灵长。民生由此而阜，府库由此而充，礼乐人文由此而盛织”用典，为他所开的团河起了个河名为“阜民河”。从《（咸丰）靖江县志》河港图中我们也可清晰地看出，靖江城官堤河向西有一条横向河道，这条河未标注名称，其实也就是阜民河之中的一段。

从有关团河的其他历史资料考据，笔者以为：一是团河是联系各团之间之河，有在老岸上的，也有在老岸与沙上之间的。二是叶柱国、陈函辉都开了团河，叶柱国开

[1]泰州文献编纂委员会．泰州文献—第一辑—⑨（崇祯）靖江县志［M］．南京：凤凰出版社，2014.

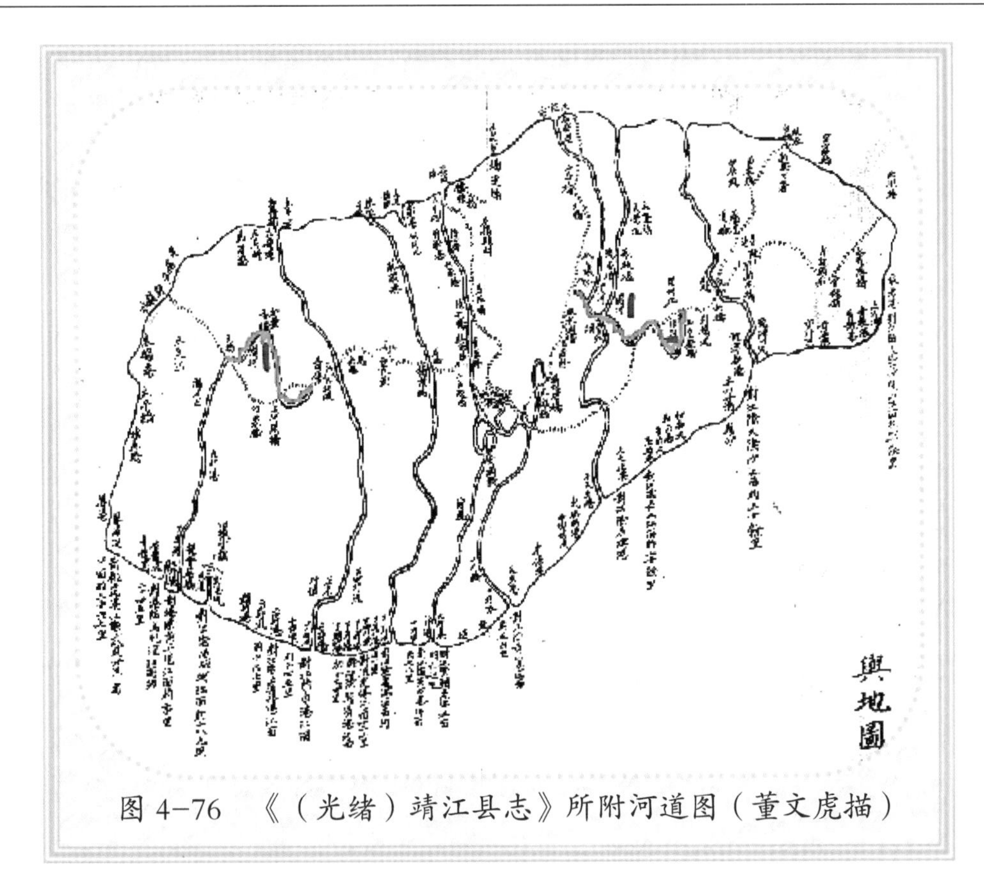

图 4-76　《（光绪）靖江县志》所附河道图（董文虎描）

团河在前；陈函辉开团河在后。三是叶柱国开团河九十多里，是应地方百姓强烈请求完成的；陈函辉开团河八十八里是主动谋划的。四是靖江的河道引的是江水，易淤积，不可能一劳永逸，需要定期轮浚，才能确保河道功能正常发挥。

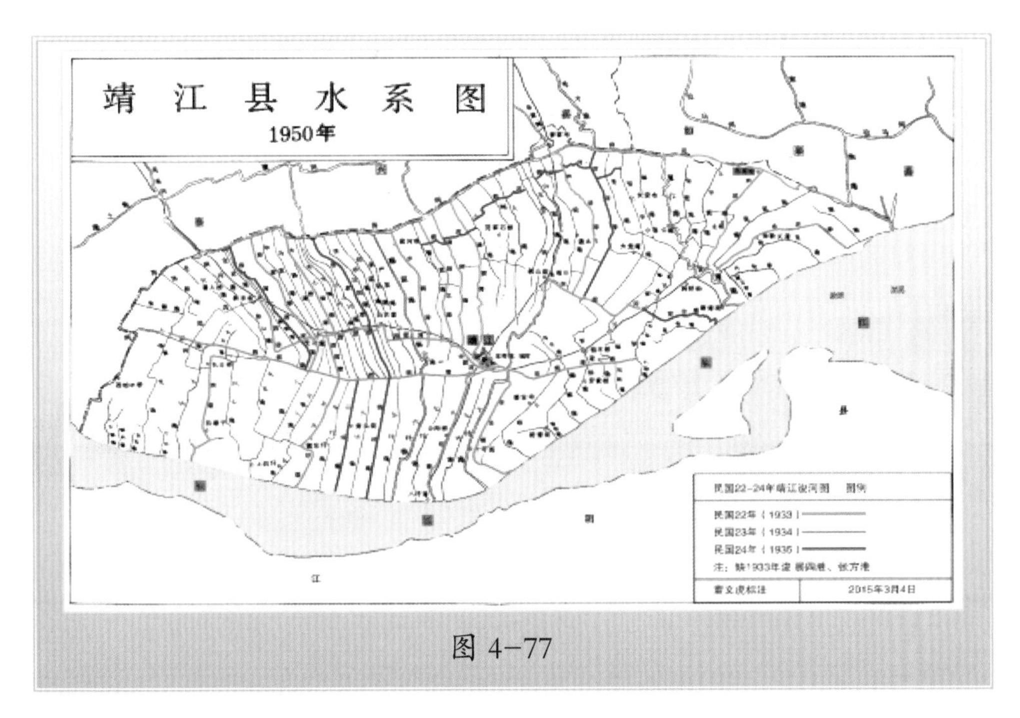

图 4-77

图 4-78　阜民河刻石

《（光绪）靖江县志》所附河道图，仅附了几条纵向河道，团河（阜民河）被弱化了，说明靖江团河是被淤积变小了，或是绘图者刻意忽略。但我们从 1950 年的靖江县水系图上又看到团河（阜民河）河线上的横港了。因为，民国 36 年（1947），国民党县政府建设局曾以以工代赈的形式，组织疏浚横港，说明其时“阜民河”这一名称已被“横港”这一简单化的名称所替代。故 2006 年规划设计部门在编制《靖江水系综合整治规划》时，已按笔者建议，将横港改名为阜民河，用以留住这段富有文化内涵的地名记忆。2009 年，靖江市水利局在横港绿化时立铭石，要笔者提书“水渌民阜”，也是衍申这条河恢复阜民河之意。2014 年，靖江在十圩港边所建跨阜民河的提升桥，也根据本人建议，已正式定名为“阜民桥”。

图 4-79　跨靖江阜民河的提升桥“阜民桥”

陈公兴水利两地建生祠

（1636—2012年）

明末，外侮战争不断，国库连年赤字，内部权臣腐朽，滥设苛捐杂税，民不聊生。地方知县往往疲于应付赋税征缴，无暇他顾，各项社会事业大多停滞不前。靖江不仅和全国各地一样，还因长江河口下移，河港淤塞、堤防毁坏，水旱灾害不断，靖江与泰兴、如皋并陆，其间土地、水利纷争不断，农业减产，税赋更难收缴。就在这种形势下，46岁的陈函辉于崇祯九年（1636）到靖江赴任，他从前任知县手里接过官印，也接过了一个十分棘手的烂摊子。他深知为政之要，“其枢在水”，到任后，就是从解决水利问题着手的。

陈公开港浚河惠及两地

1993年版的《泰兴县志》为陈函辉的这位靖江知县，书上了赞美的一笔：崇祯九年（1636），靖江知县陈函辉开港，北通界河，南达大江，并建控制闸，利及两县。两县各建陈公堂以为纪念。在此条中又另起一行记上“大旱，河水枯竭，河底龟裂”[1]。《泰兴水利志》在记载中还明确地写清楚“在靖境开陈公河（港）”，而对上述旱情的记载却在次年，即崇祯十年（1637）[2]。

可是，从《（崇祯）靖江县志》中发现，仅有陈公港列在长安团的条目，未见其他有关陈函辉开陈公港的记载。但从清代《（咸丰）靖江县志稿》所附河港图中，才可以清楚地看到陈公港所在位置和此港所处位置的重要性。其位置处在团河以南，阜民河以北。从图上可以看出：通过团河的连接，陈公港向北分别与丁墅团的蔡家港、

❶ 泰兴县志编纂委员会．泰兴县志［M］．南京：江苏人民出版社，1993.
❷ 泰兴水利史志编纂委员会．泰兴水利志［M］．南京：江苏古籍出版社，2001.

庙树港相通，直达靖泰界河；向南，通过阜民河连五围（圩）港、六围（圩）港入江，又形成了贯通靖泰界河与长江的一段水系，增加了一条有助于泰兴南部引排水的通道。《（咸丰）靖江县志稿》在陈公港条目下专门加注了小号字说明："北通蔡家港，南通六围港入江"[1]。至此一说，才与《泰兴县志》的"北通界河，南达大江"相吻合。

而1997年版《靖江水利志》在"界河"一篇中记有："明崇祯年间知县陈函辉任内，靖江、泰兴又为争界发生纠纷，'杀伤颇多'陈函辉'以季市地数百顷归泰兴，争执才止息'并对靖泰界河拓宽浚深。"[2]该志另在"大事记"中交待了"知县作出重大让步，遂定界河东段靖、泰边界。"的时间是在"崇祯九年"[3]，这一年是陈函辉刚到靖江的第一年，处理此事可能早于开陈公港。正由于陈函辉顾全大局，不仅能通过让地平息争端，拓宽浚深了界河，在靖江境内开陈公港，而且在崇祯十一年（1638）开了团河[4]，建造能司以启闭发挥引蓄和排涝作用的水闸等一系列水利工程，不仅让泰兴的涝水能从陈公港迅速排入长江，而且在大旱之年蓄引江水，惠及泰兴。

勤政为民再开团河并力建3闸

《（崇祯）靖江县志》是由陈函辉主持编纂的，他在卷二"水利"篇"团河"条目中较为详细地记载了他开挖和疏浚团河的目的：取其连络各团，环团兼济之义也。。并详述了团河的走向及其所建3个闸的位置、作用。他讲"河有干有支，干母支子，子母灌输，而水道以备其形势。东自青龙港，纡而北绕孤山之麓，繇巽河以达于城濠。""从（寒山闸）此纡而西六七里，开支河折而北通于婆港，更直西四十余里至隐山团地藏殿，而北通泰兴姜溪河。镇海市之北又浚一支河，以通朱束港。其南则为江。南北孔道繇小沙团缪宗港以达于江"[5]。

陈函辉为开团河还专门写了一篇《靖议枢》。他在《靖议枢》的小引中认为：《管

---

❶泰州文献编纂委员会．泰州文献—第一辑—⑩（咸丰）靖江县志稿［M］．南京：凤凰出版社，2014.

❷靖江市水利局．靖江水利志［M］．南京：江苏人民出版社，1997.

❸靖江市水利局．靖江水利志［M］．南京：江苏人民出版社，1997.

❹靖江市水利局．靖江水利志［M］．南京：江苏人民出版社，1997.

❺泰州文献编纂委员会．泰州文献—第一辑—⑨（崇祯）靖江县志［M］．南京：凤凰出版社，2014.

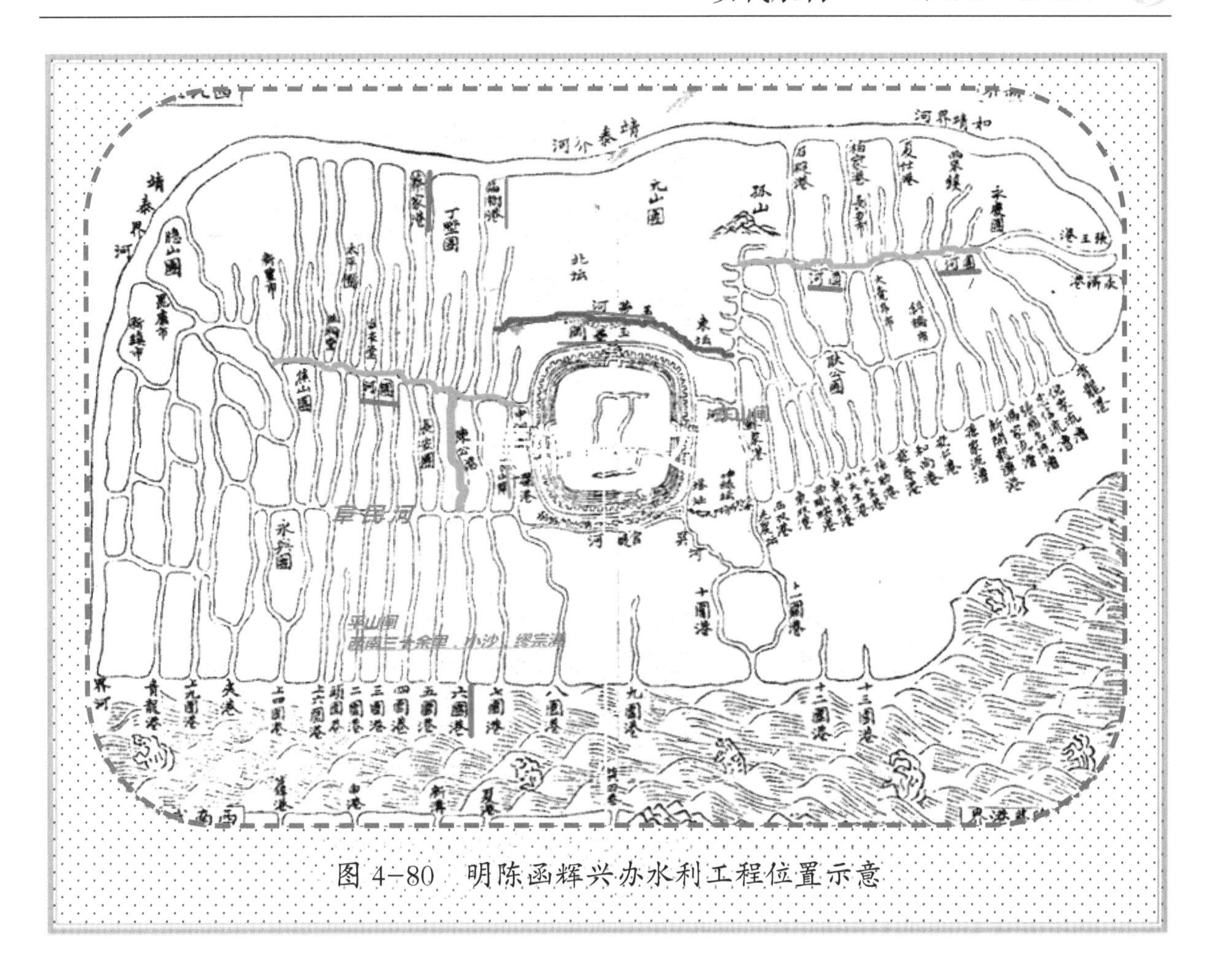

图 4-80　明陈函辉兴办水利工程位置示意

子·水地》一篇，行文奇蔚，而终之曰：“圣人之治于世也，不人告也，不户说也，其枢在水。”[1]他讲的是《管子·水地》是一篇行文新奇、极有文采的好文章，管子在文章最后所说：圣人治理天下，并不一定要向每人每户都去宣传解释自己是为民执政，所做的事是如何的好，最为关键的是要为百姓治好水。因此，在这篇《靖议枢》中，陈函辉认为：自己到靖江来任知县，要想为地方上做好事，要为老百姓谋福利，没有什么事可以超过兴办水利这件事了。但他又进一步认为，要搞好水利，必须发动群众，要把治水的道理和好处讲出来，告诉广大的老百姓。于是，他就写了这篇《靖议枢》。

《靖议枢》一文写得已经比较通俗了，但仍系文言文，解释成白话，大概的意思是：我因为调到靖江任职，管理靖江，才深入去了解靖江。初到靖江，以为这里濒临长江

[1] 泰州文献编纂委员会.泰州文献—第一辑—⑩（咸丰）靖江县志稿［M］.南京：凤凰出版社，2014.

和东海，海潮往来可滋润气候，江流环绕可用作灌溉，遇到干旱可引进江水，遇到水多也可以疏导排出。一般来说，好像不需担心什么旱涝了。但到任后，就遇到旱灾3次、涝灾2次，我深为靖江的国计民生担忧。因此，我就认真阅读、推敲靖江以前的县志，详细了解靖江河港的布局及其产生利与病的原因。对于这些方面，前人已有较为详细的议论。我再疏理一下，看来主要要做的水利工程有：一是应该把团河开挖好，二是城河还需进一步拓宽，三是对各条港道都应疏浚，四是通江口门都要筑起坝（堰）来，五是要保留的进出水口应该设闸。如能完成上述五大工程，则靖江随时可以蓄泄，达到既可以避免涝灾，又可以避免旱灾，还不必每年都花费大量钱财和劳力疏浚和开挖河道；而且，所挖的团河还可以通行舟楫，春耕秋收，纳粮交租，皆可避免陆上运输车载人拉的辛苦。兴办水利工程，发挥作用后，地方百姓世世代代都能得到效益。当前时局还算稳定，蝗虫造成的灾难已经逐步恢复，有收成的人，稍微还有些结余；没有收成的人，依靠发放的贷款，也可勉强把日子过下去。这样，我们才决定开挖团河。开河所需经费和土方任务，采取按田亩分摊经费，按劳力分担土方任务，贫富均等，劳无偏重。有田者按田亩负担经费，无田者就多出些劳力，人人自带饭吃，各自完成自己分担的土方。采用这种分担河工费用和任务的办法，虽然经过广泛征集百姓意见，大家都认为是可行的一种方法，但我恐怕会有少数弄不懂和不理解的人，所以才将这些道理，不厌其烦地写了出来，告诉大家。从这篇《靖议枢》的内容来看，陈函辉是何等的关注水利，是何等的关注民情、民意，是何等的会做工作。

在这次团河疏浚中，陈函辉还组织了一个“增胜固本”工程，即顺带疏浚玉带河，并用其土垒成“玉垒冈（岗）”[1]（现在人民公园内），以增加城内百姓游览的胜境。

陈函辉在开挖团河的同时，建造了3座水闸，其位置具体可参见《（咸丰）靖江县志》河港图。所建3闸，一为东山闸，“近城濠三里许为苏家港，县之下臂，易于泄水，置石闸以障之”；二为寒山闸，“城濠之西南，旧有澜港通江，为运道，更置一闸以通潮汐”；三为平山闸，“镇海市之北又浚一支河，以通朱束港，其南则为江。南北孔道由小沙团缪宗（家）港以达于江，近江六七里又置一闸，以防尾闾之泄”。3个闸的建设费用，“二千余金，出自俸锾（陈函辉的工资）、公帑（政府的钱），不

[1] 泰州文献编纂委员会．泰州文献—第一辑—⑩（咸丰）靖江县志稿［M］．南京：凤凰出版社，2014.

图 4-81

派民间一缗（一贯钱）”[1]。历史上官员兴办水利工程，建闸、造涵、架桥，与挖河、筑堤不同，挖河、筑堤只要调动民力去开挖土方就行，而建闸、造涵、架桥是要花真金白银的，一般也都是向老百姓摊派。陈函辉建这 3 个闸，二千余金，主要用的是经上级批准的“公帑”，所差部分没有向老百姓摊派一分钱，而是把自己的工资贴了进去。这是十分难能可贵的。所建之闸中的寒山闸是完全用苏州麻石为原材料建成的，是一座质量非常好的石闸。这座闸运行了 334 年，至 1973 年疏浚横港时才被拆除。1961 年 9 月，笔者分配到靖江水利局工作，接到的第一个任务就是修理寒山闸，我是这座建于明代之闸的见证人。有关寒山闸的情况，在城南闸的一块铭石上（面北）刻有笔者所撰《城南建闸小史》作了简单介绍：“明崇祯十二年（1639），知县陈函辉开团河，为挡江潮入侵城河，于城西南里许，建寒山闸。上有祠、有碑记。清乾隆、道光年间邑绅宋朝鼎、陈司凯各募款修理一次。一九六一年余和机工瞿志清、排水大修该闸时，见闸墙基石刻有‘民国二十二年（1933）复修’字样。一九七三年开横港，陈正才经手拆除寒山闸。一九七六年张春根任水利局长时，为利通航，建城南套闸。今为调控城区水源、改善水质，废套闸、固此闸、新建管理楼，闸旁绿化、造小景。是为记　董文虎　二〇一二年十二月”。

---

❶泰州文献编纂委员会 . 泰州文献—第一辑—⑩（咸丰）靖江县志稿［M］. 南京：凤凰出版社，2014.

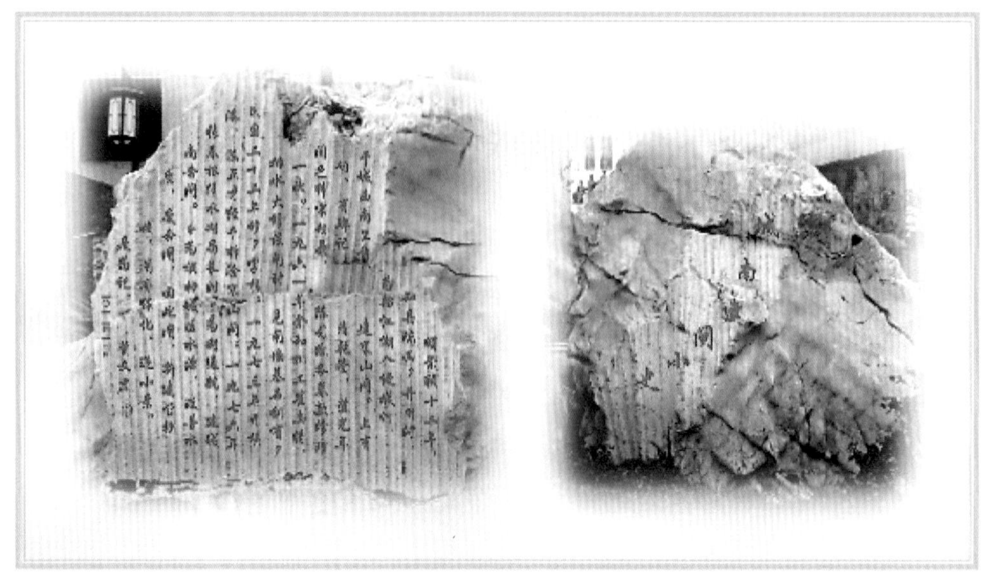

图 4-82 《城南建闸小史》刻石

陈函辉不仅挖河、建闸，还在沿江“各港口二三里处筑坝（堰）十余丈低岸数尺”。这些堰，天旱时，可保内水不外泄，雨涝时，可将内水外排而不淹。他还实行了“设夫看守”对沿江的港堰和水闸设专人管理，设立“闸夫4名，长2名；坝夫2名，长1名”[1]，与团保协同管理，并制定了“长江舟楫不得辄入；小有旱涝，不得轻启……擅启者，罪之。著为令”的管理规章。可见他不但重建设，也重管理，其对水利工作关切之心、熟悉程度，非一般官员能比。

从上述这些资料看，陈函辉在靖江主要的水利业绩为：

（1）处理边界矛盾，拓浚靖泰界河，使靖泰水系相通；

（2）新挖陈公港，让泰兴涝水顺畅出江；

（3）开挖或拓浚（叶柱国没有全部开挖或又被淤积了的）团河；

（4）开挖玉带河并堆筑玉垒岗，重视景观性水利工程；

（5）增筑沿江港堰，以蓄农业灌溉需水；

（6）兴建东山、寒山、平山3座水闸，做到能引能排；

（7）配备堰、闸管理人员，制定堰、闸管理制度。

[1] 泰州文献编纂委员会. 泰州文献—第一辑—⑩（咸丰）靖江县志稿［M］. 南京：凤凰出版社，2014.

陈函辉在靖江的其他政绩

陈函辉到靖江后，觉得以前不合理的赋税收取制度影响了靖江的各项事业发展。于是，他推行“一条鞭法”，把所有田赋和按人头征收的徭役及其他杂赋税合并，按田亩征收，一律用银两缴纳。这样，田多的富裕户多征，田少的少征，无田的贫困户则不征。此法实施不到半年，收到了明显效果，加之当年风调雨顺、粮食丰产，不仅解决了困扰靖江多年的欠赋问题，还使县里的府库能拿出一定的资金搞建设。

崇祯十年（1637），陈函辉重建察院、公馆，整修了武庙。

这一年，陈函辉还在县署后面的土山上建起江峰阁。登此阁，可纵览城村烟树。

崇祯十一年（1638），陈函辉又捐俸银三百缗（一缗钱即一贯钱，唐代以前一缗钱为一千文铜钱，宋代以后，一缗钱为七百七十文铜钱），修缮了已破败不堪的学宫和养济院。

崇圣寺是靖江的习礼、祈福之地，年久失修。陈函辉还责成僧会司让了凡和尚募资、捐金，建成了钟楼、万寿坊、金刚殿，开挖了四眼井。

陈函辉是一个文化人，深知文化、教育的重要性。他发现靖江已经连续三十多年没有人中举，又看到靖江继承传统、延续文脉的活动场所——书院、学宫因多年没有修缮，已破旧不堪，比较痛心！于是他将建于城南的白宝纶堂与天章阁进行了改扩建，建成书院，并延用建于南宋末年“马洲书院”的名字。他亲自题写了书院的匾额，还在公务之余，亲自为学子们授课、讲习。

靖江建县迟，地域面积不大，上级按小县配给靖江的学额，一直以来只有 20 名，严重制约了人才的脱颖而出。陈函辉向学使呈文，反复吁请，最终使靖江的学额得以参照中等县的标准，增加到 30 名。

在他的苦心经营下，靖江科举终于结出硕果。崇祯九年（1636）秋，靖江王瑶中举；崇祯十二年（1639），靖江一举考取三名举人，一名副榜。这是靖江建县以来科举的最好成绩。

明代以前，靖江僻居江中，交通不便，少有名人光顾。陈函辉到来后，凭自己卓越的影响力，吸引许多文化名人到靖江交往、揽胜。这其中有清初著名诗人杜浚，画家祁豸佳、恽道生，文学家薛冈，戏剧家许经，诗人顾梦游等。就连后来被王渔洋推崇为“明代三百年来第一诗僧”的苍雪大师也慕名前来。这些文化人在此吟诗品酒、流连忘返，留下了关于靖江早期的精彩印记，极大地丰富了靖江的人文底蕴。

崇祯十三年（1640），史学家、镇江人钱邦芑读书于靖江江峰阁，受命为陈函辉编选诗文。陈函辉的《寒香集》《寒光集》《寒江集》《寒玉集》均经钱邦芑的编选后刊刻于靖江。

崇祯十四年（1641），由陈函辉主持、顾夔编纂的《靖江县志》面世，成为靖江现存的第四部官修县志。

陈函辉其他闪光点

图 4-83　陈函辉云峰山中苦读 3 年而不归

陈函辉（1590—1646 年），原名炜，字木叔，号小寒山子，浙江临海人。他自幼早慧，6 岁即能作对。9 岁父擢两广同知，曾随父去岭南，15 岁至南康读书白鹿洞，后回乡后“尝键户云峯山中，学成而出，浙东西无不知其名”。崇祯五年（1632），郡主礼聘他主修郡志。明崇祯七年（1634）陈函辉中进士，九年（1636）任靖江知县。弘光元年（1645）南明福王立于南京，诏陈函辉任兵部侍郎，主事监河南军，然而当时陈母病重，陈请辞，诏书七至，方去赴任，赶赴润州（今镇江）、扬州途中，遇长江以北明军全面溃败，只好暂留，而未赴任所。清顺治二年（1645）明亡，随鲁王抗清，任少詹事兼侍读学士，迁礼部右侍郎，进礼兵二部尚书。

（一）孝顺父母

众多文史作品记载皆认为陈函辉是一位非常有孝心的人。例如，按旧制，父母亡后，子女应守丧三年，并在这三年内不做官、不婚娶、不赴宴、不应考。陈函辉的祖父亡故，陈函辉的父亲陈三槐即辞官携家人急速归家奔丧。3 年守丧，期满后没过多久，陈三槐也染病身亡，陈函辉又为其父在家，严守规矩，整整守了 3 年丧。丧期一满，陈函辉之母亲应氏，为让时年已达25岁的陈函辉专心攻读，令他到县城以西十多里的云峰山征道寺读书，3年不得回家，他谨遵母命，竟然就能苦读3年而不归。又如，陈函辉母亲在临海住的地方叫“春晖楼”，陈函辉生怕夏天西晒太阳将屋子里晒得很热，热坏年事已高的母亲，令人裁布，染成蓝色，做成布幔，为其母居所遮挡西晒的太阳。他在《制蓝布帷避□》诗中说：高年怯繁□，慈亲意恒窒。愿以黄香手，长绕老莱膝……念此怜衰母，频岁多首疾。侍儿展忠爱，高帘共绛□。色映青女衣，靛花点寒飏。诗中所提到的黄香是我国二十四孝故事中的人物，年方9岁，知事亲之理。每当夏日炎热之时，则扇父母帷帐，令枕清凉，蚊蚋远避， 以待父母安寝；至于冬日严寒，则以身暖其父母之衾，再请父母亲去睡被其暖过的床铺。二十四孝故事中的另一人物，老莱子是道家创始人之一，春秋时期人。他是个大孝子，自己72岁了，还经常穿着彩衣，作婴儿的动作，以取悦双亲。陈函辉就是以黄香及老莱子为榜样，想方设法去关心自己的老母亲。

（二）博学多才

陈函辉经过多年的悉心研读，堪称满腹经纶。不仅在明天启六年（1626）考取了贡生第一名，第二年八月，又中了参加的直省科举乡试头名举人。因科举成绩优异，他在江南一带名声鹊起。苕上（在今浙江湖州）沈氏聘其为子弟师，他视“主人膏油不继”，乃赋《买油歌》数千言，被太史韩求仲称为“旷世逸才”。陈函辉一生笔耕不辍、著作等身，主要有《陈寒山集》《九青集》《七寒集》《孤忠遗稿》《寒山文》《寒江集》《腐史》。一般在盛世才修志，而他在明末衰微时代，能主持修好《靖江县志》和《重修台州府志》真是难能可贵。他的诗词、书法，尤其是草书，为世人所称道。

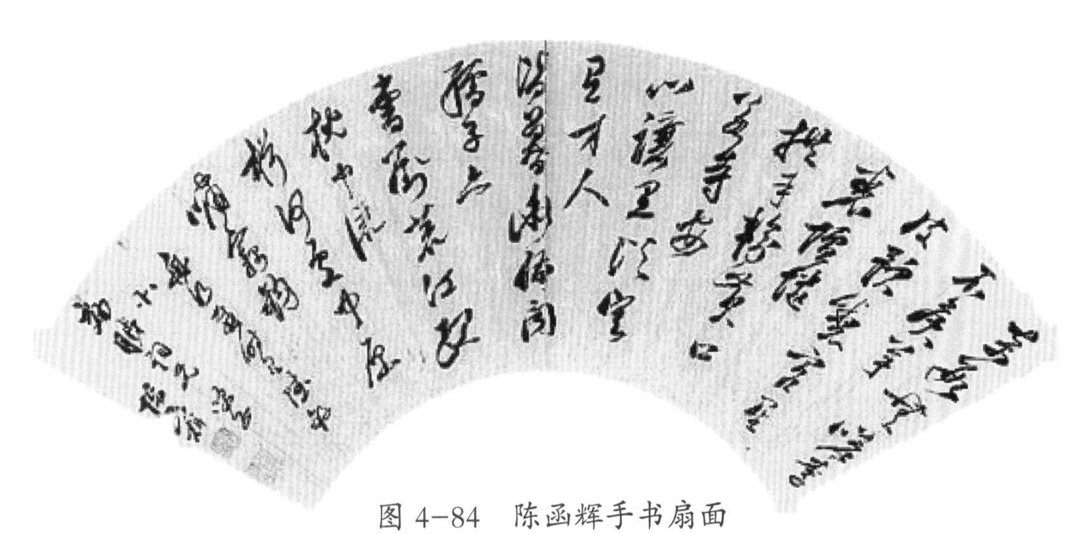

图4-84　陈函辉手书扇面

（三）勤政爱民

陈函辉在靖江任职6年，可称政绩辉煌。他在靖江，凡有利于靖江发展的事业，未做的，去开创；已做未完的，去完成。如“浚团河、筑堰闸、饬学宫、广士额、建书院、课文艺、修邑乘、严武备”[1]均为有利于靖江百年大计之事。一般为官一任，对地方，对百姓能留下1—2件这样的大事，就会赢得人民的尊重和敬仰，何况他仅用短短6年，就干成史有记载、物存大地、刻于民心的这8件实事，实属不易。他废杂税、设社学、灭蝗灾、兴水利、缉寇首、赈灾民等爱民之举，更深得民心，众口皆碑。在先后3次荐举人才的公牍上，他都居于首位。

（四）诚交挚友

著名旅行家、地理学家，江阴人士徐霞客，晚年西南的“万里遐征”，是与陈函辉在小寒山（今巾子山）相会时作出的决策。明崇祯五年（1632）四月二十七日，徐霞客和其远房族兄徐仲昭两人第三次游历了天台山后，去雁荡山途经临海，拜访陈函辉，夜宿小寒山。这一晚，他们3人一边饮酒，一边听徐霞客畅谈其半生游历名山大川的经过与感受。当徐霞客谈到雁荡山时，“予（陈函辉）席上问霞客：‘君曾一造雁荡山绝顶否？’霞客听而色动。”陈函辉问徐霞客有没有到雁荡山顶峰一游？“次日，天未晓，携双不借，叩予卧榻外曰：‘予且再往，归当语卿。’”徐霞客第二天天不亮带了一双麻制草鞋，在陈函辉门外说，我现在就再去雁荡山，回来告诉你。当时，陈函辉出自肺腑，题诗以赠：“寻山如访友，远游如致身。”过了10多天（五月九日）徐霞客果然又回到临海小寒山，与陈函辉细说了攀登雁荡山绝顶的经历，充分反映出他们之间至诚的情谊，以及徐霞客不畏困苦，求真求实的探索精神。

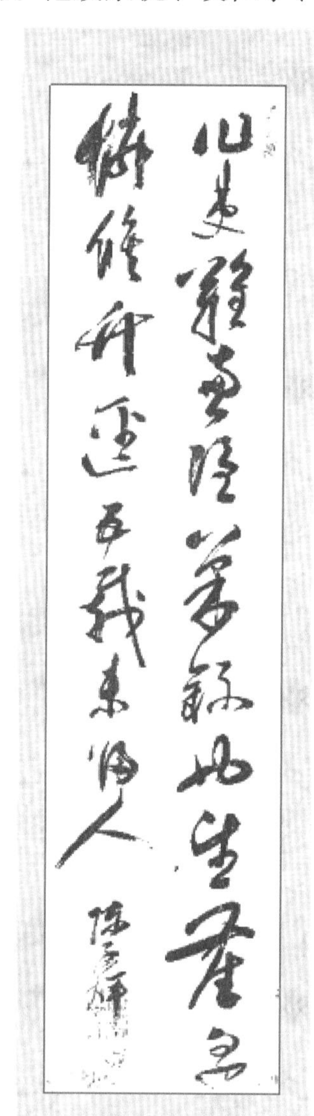

图4-85　陈函辉墨迹

陈函辉与徐霞客交往中，向徐霞客推荐了乡友王士性，

[1] 泰州文献编纂委员会.泰州文献—第一辑—⑫（光绪）靖江县志（二）[M].南京：凤凰出版社，2014.

王士性写的《五岳游草——游鸡足山记》使徐霞客知道临海还有一位早他40余年已游过西南诸多名山的同行，促成了他的西南之游。陈函辉得知徐霞客要去作西南游，专门向徐霞客介绍了他的一位云南朋友何凤鸣。后来，徐霞客一到云南，立即去拜会何凤鸣。何凤鸣不仅对徐霞客介绍了西部名山大川，还在徐霞客西游中予以了支持与帮助。对此，徐霞客对陈函辉十分感激与敬佩，因而在西南“万里遐征”途中，经常给陈函辉“寄书问津”。特别是徐霞客经过一年多的长途跋涉，在云贵高原考察探寻长江源头方面，写出了《溯江记源》和《江源考》两篇学术价值极高的文章。徐霞客人还在四川峨眉山下时，就把这两篇文章托人辗转万里带给时任靖江县令的陈函辉。陈函辉看后很是赞赏，当即建议收入正在编纂的《江阴县志》和《靖江县志》，两志先后于崇祯十三年（1640）、十四年（1641）正式出版，这是徐霞客考察江河大川研究成果首次被公开付梓刊印。由此可见，徐霞客与陈函辉的友情是何等深厚！

陈函辉先后写了与徐霞客交谊的诗40余首。例如，崇祯七年（1634），陈函辉北上抵京应试，居燕京，思念徐霞客，写下《赋怀徐霞客》诗七绝二首。一首为概括徐霞客壮游生涯：

霞客为人癖好游，五无全岳九无州。

此生几两登山屐，巢父前射问掉头。

另一首为回顾徐霞客三游天台山、雁荡山后在陈家小寒山“烧灯夜话”的情谊：

亦骚亦雅亦穷愁，仁伯将无许伯流。

记得掀髯谈世事，夜深灯畔指吴钩。

而最值得注意的，那就是《答友人问台州有何佳境》，诗云：

万仞嵯峨壁立青，古云地阔海冥冥；

琪花瑶草山中果，雨髻风鬟洞口婷；

鹤驭吹笙开石壁，鹅群染翰写金经；

无端醉后逢天姥，月照琼台梦未醒。

图4-86 徐霞客

徐霞客这位“千古奇人”，明代杰出的地理学家、旅行探险家、旅游文学家、伟大的爱国主义者，一生交友无数，可谓朋友遍天下，临终唯独要请陈函辉为他写墓志铭！崇祯十四年（1641），徐霞客临去世，作手书，命长子徐屺渡江，找陈函辉，望“寒山无忘灶下”。还托族兄仲昭请陈函辉为自己写传。由此可见，陈函辉在徐霞客心目中的位置。陈函辉接信即前往，徐霞客已仙逝作古。陈函辉在《徐霞客墓志铭》的一开头就写：墓志者，志墓中人事也。霞客先生，余石友，而其为人也雅善游。”文尾又述“然辉与先生交最久，义不敢以不敏辞。表述了陈函辉与徐霞客相交，是犹似金石之坚的“石友”，又“交最久”，因而，这篇墓志铭，怀着对挚友去世的无限悲痛和对能结交到徐霞客这样的知己深感自豪的心理，写得声情并茂，字字入木。

（五）忠君爱国

人们对陈函辉众口一词的评价，是一个“忠”字。陈函辉是一位极有民族气节的人。在历年吏部对官员的考核中都名列第一。由于明代吏治腐败，木秀于林，风必摧之，他不仅迟迟得不到提拔，而且还因此而受到嫉妒，受御史左光先“风闻言事”的弹劾。崇祯十四年（1641），左光先借考绩之机，冤陈函辉贪污，将他革职，回家居闲，他心中虽对朝中腐败十分不满，但明崇祯十七年即清顺治元年（1644），陈函辉得知闯王李自成率领义军攻破北京城，崇祯皇帝自缢于煤山（万岁山），仍极度悲哀，痛哭失声，并集聚义师，杀牲畜盟誓，倡议要保卫大明江山。此时，适逢福王登基不许民间组织队伍去救援，函辉乃止。第二年，清顺治二年（1645）六月，南京失守，时鲁王朱以海居台州，面对民族矛盾，他又不计个人恩怨，应召前往，为南明王朝重用任为礼部右侍郎。陈函辉劝鲁王监国，并随侍至绍兴，任少詹事兼侍读学士，后进东阁大学士兼礼、兵二部尚书。次年，江干兵溃，鲁王出奔，清兵压境，他与鲁王失联，误闻鲁王已死，大哭不已，返台州，哭入云峰山中，作“生为大明之人，死作大明之鬼。笑指白云深

图 4-87　陈函辉像

处，萧然一无所累。”等绝命词10首，自缢身死。《明史》列有他的传记。不仅明代遗民及大众以其为忠，连清王朝也于乾隆四十一年（1776），追谥陈函辉为“忠节”，以示褒彰。陈函辉是中华民族爱国忠君传统美德的典范。他热爱国家、嫉恶如仇和视死如归、敢于为国献身的精神，今天仍然值得颂扬。

靖江泰兴临海三地怀念陈函辉

陈函辉在靖江虽受到革职而黯然离开，但由于他在靖江不仅注重靖江，还有顾及邻县的胸怀，所干出的水利业绩，不仅给靖江的百姓带来明显收益，而且还实实在在地惠及了泰兴百姓，才会有两地都为他建了生祠——陈公祠和陈公堂，用以对他的赞颂和纪念，才会有泰兴志书“陈函辉开港……利及两县。两县各建陈公堂以为纪念”之名留青史的一笔。

靖江人开始先在寒山闸旁为他建生祠，接着又请求上级批准，将其升格崇祀于名宦祠。雍正元年（1723）又为他建忠义祠，供官民奉祀。其时，泰兴在曲霞镇界河边建了陈公堂，也用以纪念这位能为百姓解决水利边界纠纷、能办实事的好官员（此堂民国后期毁损）。2014年，靖江、泰兴共同在曲霞镇靖泰界河上新建一座公路桥，根据当地老百姓的意见，复又起名“陈公桥”，仍用以作为两地对陈函辉的怀念。陈函辉殉国后直至现今，临海与靖江人民一直没有忘记这位先贤志士，以各种方式纪念着他。1937年2月，临海县财委会备祭礼，清明祭扫陈寒山公墓，临海县长沈维翰、县党部沈常务同往祭拜。2011年，临海历史文化名城研究会在陈函辉墓址前竖立起“明代杰出文化名人陈函辉墓”的石碑。同年，该墓被公布为临海市重点文物保护单位。2016年，靖江市委主要领导指出，实现靖江精神再升华，就要以明代靖江知县陈函辉为榜样，传承“聚沙成洲、奋发超越”的靖江精神，体现凝心聚力的城市本色。

清代水利

导淮治江　跨界治水

清代水利——导淮治江　跨界治水

泰州有50%以上的土地属淮河流域，而淮河原是一条出路通畅、直接入海的古老河流，源于河南省桐柏山，流经豫、皖、苏三省，流域面积达191174平方千米。江苏

图5-1　夏禹、春秋时代，河、济、淮、江四渎出海

图5-2　唐代淮河独立出海

淮河水系范围为北界废黄河，南抵泰州通扬公路及如泰运河，流域面积达39467平方千米。南宋建炎二年（1128），东京留守杜充为阻止金兵南下，决定以水代兵，在滑州以西决开黄河堤防，使黄河之水滚滚南侵横溢，夺泗入淮。金灭北宋后数十年间，金王朝出于乱宋的需要，任凭黄河泛滥而不去治理。金世宗大定八年（1168），黄河

在李固渡（今河南浚县南），南下入泗，其时侵淮之水已占十分有六。黄河河势不断南移。大定二十年（1180），黄河之水已大部分脱离北流入海的河道，进一步南流夺淮。金章宗明昌五年、即宋绍熙五年（1194），黄河又大决于阳武（今河南省原阳县境），主流寻道东泄南下，由封丘至徐州入泗水，自淮阴以下全面侵占淮河之水入海的通道，

图 5-3　黄河决堤成灾图　　图 5-4　流民图

淮水严重受阻，黄河夺淮的历史，从此正式展开。此后，黄河迁徙无定，决溢频繁。黄河长期夺淮，破坏了江苏苏北地区原有的水系，增加了洪涝灾害，使水系地貌发生了巨大的变化。完整的淮河水系被一分为二，淮河与沂水、沭水、泗水分开；淮河因河床淤高，入海无路，淮水在下游逐渐潴积成洪泽湖，沂水、沭水、泗水 3 水也渐渐潴积成骆马湖；里运河东西大堤纵贯淮安与扬州之间，将江苏省淮南地区分为两部分；里运河地区由于长年黄水挟带大量泥沙，随海流南下，加上长江在海口淤积的泥沙受海流北上，使里下河局部地面淤高，特别是造成了范公堤以外的海岸线向东延伸 50—60 千米，形成 6 000 多平方千米的沙滩地，滨海新生土壤含有盐分，不利于农作物生长。同时，淮北徐海地区由于黄河与沂河、沭河、泗河 3 河的不断淤积，海岸线也不断东移。明弘治七年（1494），堵塞了黄泛区北流决口。次年，于黄河北岸修建西起胙城（今河南省延津县境），东抵徐州，长 360 里的太行堤，逼使黄河全流入淮，逐渐形成现今废黄河一线。随着黄河河床淤高，淮河壅阻，黄淮交叉侵袭泛滥，造成田舍毁灭，“百里无烟”。明代采取筑高家堰蓄淮水以敌黄水，汇大河入海，筑洪泽湖大堤石工墙，抵御风浪。终因淮不敌黄，黄水倒灌清口，淮水西淹泗州，东决高堰。后来采用“分黄导淮”的方略，从桃园开挖黄坝新河，分黄入海；在高家堰上建减水坝，分淮入海，并开高邮茆塘港、邵伯金湾河，导淮入江。到了清代，康熙十五年（1676），黄淮并涨，高家堰决口 32 处，运堤决口 30 余处，导致“高、宝、兴、盐为巨浸”。康熙十九年（1680），

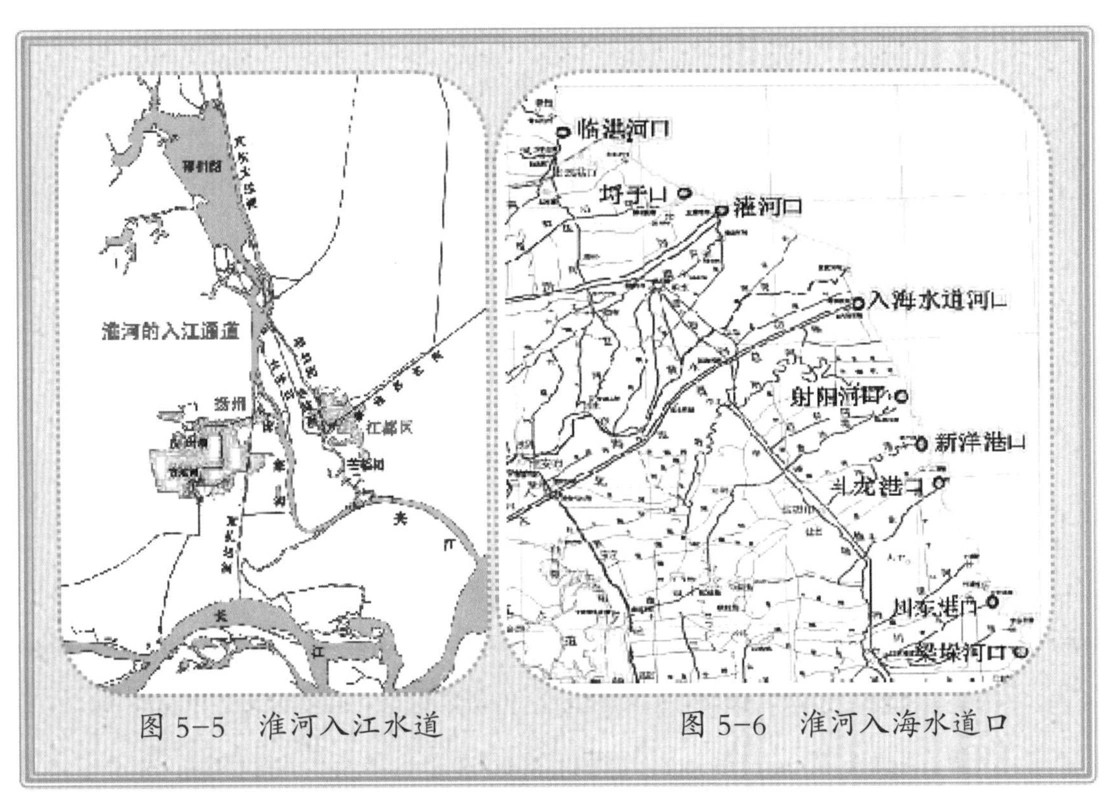

图 5-5　淮河入江水道　　图 5-6　淮河入海水道口

黄淮并袭，洪泽湖暴涨，沿淮商旅繁盛的泗州城终于全部没入洪泽湖底。此后，主要是堵决口、浚河流，兴修两岸千里长堤，并在黄河南堤、洪泽湖大堤、运河东堤多处建造分洪、减水的归海闸坝。雍正、乾隆年间（1723—1795 年）又逐渐将运河堤上的归海坝下移至高邮以南，并先后扩大凤凰河、壁虎河等归江河道，增加入江泄量。咸丰元年（1851），洪泽湖水位猛涨，洪水冲开洪泽湖大堤的礼河坝（今三河口），由三河下泄，经高宝湖南下入江，从此，淮水以入江为主。“直至咸丰五年（1855），黄河在河南省兰阳铜瓦厢（今兰考县境）决口北徙，黄淮分离，结束了黄河夺淮长达 661 年的灾难历史，在苏北留下了一个满目疮痍的水患局面。[1]”

清代导淮入江加大了入江水道流量，也给处于入江水道以西的泰州里下河地区水系带来巨大压力，与之相通水系必然也要随之整治。加之江、淮之水汇流于江都和两泰的长江段，必然导致此段长江三维形态随之跟着变化，新的长江水位及流势给无山体岩坡为岸基的长江北岸的泰兴、靖江江堤、江岸又增加了更大压力，加高培厚江堤和坍江治理以及流域之间、区域之间、上下游之间的水系治理，成为这一历史时段泰州为政者关注的主要问题之一。

[1] 江苏省水利史志编纂委员会．江苏省水利志［M］．南京：江苏古籍出版社，2001.

林则徐滕鲍两坝立告示

（1644—1995年）

货船违禁翻滕家坝运输原由

《泰州市农林水利志》载：清顺治年间（1644—1661年）滕家坝："古济川坝改名滕家坝，设档收税"[1]。此记载只记了坝的改名和设档收税，未能说清为什么要在此设档收税。1998年版《泰州志》大事记中也记载了相关条目，具体为："顺治年间（1644—1661年）泰州设泰坝监掣署，泰州、通州两盐运分司各盐场盐船须经验查方可翻坝运往扬州。城南济川坝改名滕家坝，设档收税"[2]。1998年版《泰州志》讲了"可翻坝运往扬州"，但对运往扬州可以从运盐河直接向西，以及为什么要翻坝？仍令人难以弄清。

再看《（道光）泰州志》的有关条目，记的是"滕家坝，在南门外高桥，东为收税所，即济川坝。旧志言其坝有五，惟中坝存。案：滕家坝之名始于顺治年间，见赋役门。又旧志河渠考内有凌家闸，在高桥东，司启闭者鬻水为利，疑即济川坝别名"[3]。《（崇祯）泰州志》成书于崇祯五年（1632）比《（道光）泰州志》更早，所记反而较为详细："济川坝，州治南门外，北濒运河水，南入济川河，以通扬子江。其坝五所，延袤十里，自西关口至三汊河岸，今惟中坝存焉"。又"扬子江，州治南四十里，口岸港有渠通南运河，潮汐时至"[4]。从上述这些记载可以发现：济川河通江后，其时，主要是为了通航至泰州。这样，在济川河近江边的口门就不宜筑堰坝。口门无堰坝，长江的潮汐又会不时而来，里下河地面高程很低，往往会淹了里下河，泰州为了防御长江大洪水

[1] 出自泰州市农林水利志编纂领导小组所编《泰州市农林水利志》1992年。
[2] 泰州市地方志编纂委员会．泰州志［M］．南京：江苏古籍出版社，1998.
[3] 泰州文献编纂委员会．泰州文献—第一辑—②（道光）泰州志［M］．南京：凤凰出版社，2014.
[4] 泰州文献编纂委员会．泰州文献—第一辑—①（崇祯）泰州志［M］．南京：凤凰出版社，2014.

入侵里下河，就先修了东、西两坝，以解决下河受淹问题。但长江时有潮汐影响，丰枯季节水位变幅较大，如果遇到长江天文大潮以及由台风引起的“风暴潮”，高水位也会危及南运盐河、城河一带地势相对较低地区；冬季长江的低水位，也会造成城河、南运盐河水位的明显下降，而影响生活和通航。故而，在东、西坝筑成约 40 多年后，泰州又修筑了南运盐河以南，包括凌家闸、老虎坝等的 5 坝，形成防御江潮的枢纽工程，起到了汛期防洪、冬春保水的作用。这样，虽然保障了泰州主城区不受潮汐水位涨落之害，但也在一定程度上影响了由济川河入江直接通航的功能。

济川河开挖以前，沿海各盐场的海盐多从汉吴王刘濞所挖古盐运河（也称老通扬运河和运盐河等 20 多个河名）直接运往当时的政治经济中心——扬州。这样，扬州就成为国家控制淮盐的行政、税收中心和盐船集散中心。后来，泰州设了北城河东、西两坝，凡属泰州盐场从北运盐河（泰东河）运来的官批引盐，均需翻坝（指东坝、西坝）才能进入西运盐河（古盐运河泰州西段）去扬州。这些运盐的船，不管是船只翻坝，还是盐包过船，一包也漏不掉。因此，在泰州设掣盐的机构，极大方便了盐税掣验，确保了盐税收取。而属通州盐场运往扬州的官批引盐，大多从南运盐河（古盐运河泰州南段）直接到达济川坝（滕家坝）是不需“翻济川坝”的，可从西运盐河直接运往扬州。郭正忠所写《宋代盐业经济史》一文中有一段有关运盐通道的描述：从泰州附近南运的盐河，虽多经扬州境而入江，其实际网络却至少有 3 条以上。第一条，是自海陵县宜陵镇（今属扬州江都区）至扬州的湾头镇、扬子镇，又经瓜州镇入江。第二条，是由扬子镇西去真州入江，瓜州与真州运河入江处，都设闸潴积，以防运河水量流失过多。第三条，是从海陵南至泰兴而“彻于江”。这条运道经过柴墟镇（今高港），其入江处在真州和瓜州之东。从这段描述看，第 3 条运道南运苏南，航线较短。济川坝东的“收税所”主要是防止私盐从这里“翻坝”运至江南，以躲开扬州的税卡。

图 5-7

实际上，在“滕家坝，设档收税”，主要原因并非都为收取盐税。而客观上，苏北运往江南、苏南运向苏北的粮棉布匹、南北什货，从这里翻坝运输的也极多。加之“宣德元年（1426），从武进民请，疏德胜新河四十里。八年（1433）工竣。漕舟自德胜北入江，直泰兴之北新河（即两泰官河）。由泰州坝（即滕家坝）抵扬子湾入漕河……”

（《明史·河渠四》），又增加了一条较好的运道，滕家坝就成为一个江南、苏北优良运道的节点。

图 5-8　货船翻坝

治越漏货税林则徐发布告示

明代以后，我国的商品经济有了很大发展，出现了关榷制度，开始对船只及所载运的货物征收船税、通过税和货物税。扬泰地区负责征税的机关被称为“钞关”。当时江北里下河地区的粮食、黄豆等农作物运往江南，江南苏杭的布匹、绸缎、山货运销江北各地，有水陆两路可通。商民们考虑水路运输货物价格低廉，故多以船运。这一

图 5-9　《（光绪）两淮盐法志》中《六闸盐河图》

带征税由扬州“钞关”（又称“扬关”）负责，扬州“钞关”税收主要是“两口”即白塔河的中闸江口与宜陵白塔河口；“三坝”即泰州的滕坝、鲍坝、西坝。在江都的白塔河、中闸两处设有专卡，征收南北货物税，并规定南来北往的货物船只必须按指定航道从白塔、中闸两河通过税卡，并缴纳“落地税”再行外运。泰州在扬州向东100里左右，古盐运河从扬州湾头向东经泰州东流至海安、南通直至海边盐场。盐场至泰州间，该河与几条流经泰州的南北向河流相通，北通兴化的卤汀河，东北有通往东台、盐城的泰东河和向南连通口岸入江的济川河。泰州是这几条河流的交汇处，成为上下河的必经之处和捷径。以前，扬关在泰州向南入江的河流上并未设卡收税，而里下河的船只从泰州入江，则需经过城东的鲍坝和城南的滕坝。由于鲍坝在运盐河以北，滕坝在运盐河以南，滕坝内通盐场各县，外达口岸进入大江，较鲍坝更显重要。清顺治年间，扬关在泰州滕坝、鲍坝和北门西滋河口三处增设关卡，补扬关征税之缺，查禁偷漏。至乾隆元年（1736），因滕坝等关卡距扬关较远，管理不便，将其归属泰州地方管辖，只许征收货物落地税和运销的泰兴土产货税，其他江南货运江北或江北货运江南，一律不准从滕坝等口绕越，仍需从泰州向西到扬关的中闸和白塔河二处通过，以上缴国家的其他税收。然而商贩、行户、船民为了减少运输费用和逃避关税，仍有许多货船违禁从泰州滕坝等口通行，使扬关中闸、白塔河二口的税收急剧减少，造成关闸钱粮短绌。乾隆五十三年（1788），为堵塞偷漏，将滕坝筑实。当地商民百姓在船只不能直接通过滕坝的情况下，采取了新的越坝偷运方式，即货物运至坝口，船不过坝，将船上货物驳运越坝至另一边船上逃避税收。道光五年（1825），泰州绅士刘江请求改坝为闸，清朝廷认为，如开通滕坝会减少中闸、白塔河、芒稻河3处的关税收入，弊大于利，未批准。可是，由于通过滕家坝翻坝的运道好，南北货物从这里来往运输的船只却更多了起来，大量船只仍在坝口集聚，大批货物仍在这里过载，因此岸上行栈、旅馆、店铺应运而生，给滕家坝一带带来一个历史时段的繁荣。偷漏、税收造成受扬州钞关管理设在江都白塔、六闸两河口

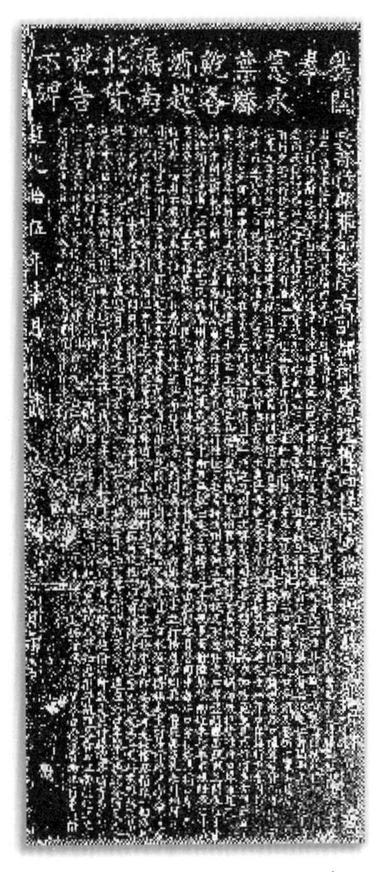

图5-10　林则徐告示碑

的税档，所征收的南北货税税源不断减少。于是扬关官员便请求时任江苏巡抚林则徐发布告示，禁止越漏南北货税。其时，正好有过境的江西茶商控告泰州“三坝”浮收滥征。林则徐对扬关的请示和反映“三坝”浮收滥征之事，非常重视，先后两次亲临泰州巡查，查实了泰州确有违反规定，在滕坝等口滥征货物税与盘越滕坝货船私走口岸以及由此造成税收偷漏等情况。特别是中闸、白塔河二口往年征解的税银超过16万两，而后连年征收不足，需要赔缴。林则徐认为，要解决这些弊端，必须禁止船只所载货物运至滕坝，进行盘坝越绕，令在扬关的各关卡口张贴告示，晓喻商贩、行户、船埠人等，贩运货物必须赴扬关交税，不得避重就轻，不准私自盘越，否则一经查获，一定从重治罪。同时，派出官员在泰州滕坝、口岸一带不时抽查。经过1年管控，扬关税收有了明显起色。道光十五年（1835），林则徐恐日久弊端再生，又令在口岸镇及滕坝、鲍坝各坝口，再次张贴告示并刻石永禁。同治十二年（1873），一些商民进行抵制，私挖坝基，拖船过坝，该坝又被重新修筑加固。光绪三年（1877），滕坝附近的行户及来往商民，又发生拖船过坝事件，扬关派员前来钉椿堵闭。光绪二十四年（1898），再次勒石3块，一块置于坝署，一块立于滕坝，一块置于鲍坝。《扬关奉宪永禁滕鲍各坝越漏南北货税告示碑》严正指出：“尔等贩运各货，由江南运赴江北及由江北运赴江南销售者，务各恪遵定例，概赴扬关由闸及中白二口照例输税，不得避重就轻，私自盘坝绕越。

图5-11　省级文物保护单位——税碑亭

倘将应赴关闸各口输税货物私行串通偷盘过坝者，查出定将该商埠人等一并从重治罪。”这块碑为白矾石质，碑身高147厘米，宽70厘米，碑文为楷书，22行，全文1239个字。

立此碑，一方面说明税收是国家财政之根本，林则徐十分重视税收；另一方面，也反映了中国封建社会末期商品经济发展过程中，商民百姓与封建朝廷之间的斗争。1990年，泰州市人民政府将这块“税务告示碑”列为市文物保护单位，1995年，又在原址专门建立了税碑亭。如今，这座“税碑亭”又升格成江苏省文物保护单位，成为泰州城南古盐运河上的一处文化景点。

林则徐江苏治水

提到林则徐，人们首先想到的是他在虎门的销烟。其实，他同样是一位治水名臣。2020年1月12日，水利部公布的第一批12位“历史治水名人”为：大禹、孙叔敖、

图 5-12

西门豹、李冰、王景、马臻、姜师度、苏轼、郭守敬、潘季驯、林则徐及李仪祉。其中，就有林则徐。福州林则徐纪念馆内的一张图上，清楚记载了他在江苏主持兴修的重大水利工程及“林则徐从政以治水为著，在兴修水利时，他勤于调研，谋而后动，还亲自过问预算、中间开支和完工结算，力争节约不超支”。

林则徐一生为官30余年，历官14省，他在江苏几度任职，累计时间最久，曾先后担任过江宁布政使、江苏巡抚、两江总督等职。仅在任江苏巡抚就长达五年之久，其在江苏治水功绩可以说是他所取得的治水业绩中比较重要的一部分。

清道光三年（1823）正月，林则徐由江南淮海道升任江苏按察使。三月初达苏州赴任。五月，江苏全省大雨滂沱，江河肆虐，沿江濒湖诸县市灾情特别严重，原来炊烟缭绕、生机勃勃的江南已是满目疮痍，民不聊生。仅有司法之权，而无治水之权力的按察使林则徐，对这场水灾，忧心忡忡，他只能求天求神护佑，先后到寺庙祈求雨过天晴，撰写了《都城隍庙祈晴疏》《纠察司庙祈晴疏》，这是他在无法左右形势时所能做的事，只能用其真心为江苏人民祈求上苍的保佑。尽管如此，他还是更清醒地意识到救灾的根本是要靠百姓和官府的力量，双方齐心协力去应对，才能共渡难关。从林则徐在与常熟杨景仁兄弟讨论有关救灾办法的《复常熟杨氏兄弟论救灾务书》中，明确指出应对灾情“在官不可不尽心，而在民不可不尽力”的观点，并提出应采取围田抢种、补种的办法以及主张开挖太仓浏河故道泄水；强调为官者不能“只顾钱漕，玩视民瘼”。当年十一月，按例，入朝奏本。清宣宗道光帝第一个召见的就是林则徐，直接就询问江南情况，很想听到的是江南富足，能对朝廷多缴贡赋的情况。林则徐却如实上奏了灾情，请求减赋。第二天，道光帝对他的汇报经过冷静思考后，再次召见林则徐，认为林则徐敢讲实话非常好，对他评价是：“谨守立品，勉为良臣”。道光帝的肯定，给了林则徐恢复生产、安顿灾民、励精图治的信心。

图 5-13

他在离京返苏途中，“携淮北麦种归，散播各乡”。第二年年初，林则徐接连发布了3个布告，在《劝谕捐赈告示》中要求那些商户积极捐款，履行社会责任，不能“拥一己之厚资，而听万人之饿殍”；在《谆劝殷富平粜并严禁牙行铺户囤米抬价告示》中要求粮商们不许观望拖延，应当“即时粜卖，以平市价”；又专发告示，告诫贫民安分守己，等待春熟，不要轻易离乡、成群结队沿途乞讨，更不要犯法滋事，否则“其情形凶横者，加重究治，以靖地方”。3个布告对社会3个不同阶层提出了3种要求，要求商户捐输，要求富户和米行铺户稳定市场，要求灾民守法。

图 5-14　林则徐目睹江苏水灾

正当林则徐目睹江苏因水灾导致百姓流离失所、民不聊生，提出了要疏浚河道、修筑海塘、兴修水利，从根本上解决水灾的“综办江浙水利”之时，清道光四年（1824）七月，他突然接到母亲病逝的噩耗，只得按例回籍守孝。同年十一月，苏北高家堰十三堡、山盱六堡被暴风雨冲垮万余丈，洪泽湖水外注，阻断了水道运输，威胁到京城粮食、物资的供应，人心惶惶，朝廷震动。皇帝深知林则徐的治水才干，虽知道他丁忧之期未满，但因时找不到合适人选，于第二年（1825）二月二十四日，给林则徐下特旨，命其“夺情”赴高家堰督修河湖堤防。林则徐以大局为重，立即赶赴灾区。当身着素服的林则徐赶到高家堰工地时，看到堤岸残缺，黄水遍地，满目疮痍，他立即顶风逆势，作全堤查勘。大风之下，人在残缺的堤上，都站立不稳，林则徐全然不顾，坚持从头到尾全段查勘并详细询问前期堵口情况。由于林则徐夜以继日，谨慎任事，不避艰苦，详勘严查，拿出措施，使堤工顺利推进，仅费时半年，高家堰堤工就得以告竣。其时，林则徐也因疲惫过度，导致失眠、全身浮肿、虚弱怕风，直至连房门都不能出，只得回福州治病调理。

林则徐清廉、能干、务实，开始受到宣宗皇帝的赏识，辗转升迁，进入宦海生涯的辉煌时期。道光七年（1827）任陕西按察使、代理布政使。清代布政使，从二品，掌管一省的财政、民政有实权。在任1月，即调任江宁布政使。道光十年（1830）秋，又调任湖北布政使，翌年春，调任河南布政使，擢东河河道总督。从六月到次年七月，林则徐先后又任河南、江宁两地布政使。清朝廷安排他到这几个地方任布政使真正的目的是让他熟悉有关黄河几省的财力后，去当东河河道总督，去治河。面对关系到河道民生重大问题，他决心“破除情面”“力振因循”，以求“弊除帑节，工固澜安”。为了治理黄河，他亲自顶着寒风，步行几百里，对几千个防汛备用的商梁秸捆进行检查，还查看沿河地势、水流情况。

清嘉庆、道光年间，江苏、安徽一带水旱灾情不断。在林则徐任江苏巡抚前一年，就因运堤决口酿成大灾，以至苏北里下河地区“颗粒无收，哀鸿遍野”。道光十二年(1832)二月，正在河东河道总督任上的林则徐，又接调任江苏巡抚的命令。他经过前几年对各地水利的观察和思考，十分清楚江苏水利建设不仅关系朝廷税赋和水道运输，更是关系百姓生计和国家命运的大事。

到任不久，先是遇到了十年九灾的江苏旱象。桃源县（今江苏省泗阳县）有人强挖桃南于家湾十三堡堤岸，引黄河水灌溉田地。黄河之水急湍汹涌，顿时把决口冲开九十余丈，注入已经水满为害的洪泽湖中，使洪泽湖周边州县田禾被淹，使本就水灾严重的乡村雪上加霜，灾区迅速扩大，淮扬一带一片汪洋。林则徐在积极组织救灾的同时向皇帝奏报，请求缓征赋税，拨发赈灾银两，以解燃眉之急。

道光十三年（1833）十一月十三日，林则徐挥笔写就长达3000多字的奏折《江苏阴雨连绵田稻歉收情形片》，如实反映了灾区的惨状。在折子结尾，林则徐说：“昼见阴霾之象，自省愆尤；宵闻风雨之声，难安寝席……楮墨之间，不禁声泪俱下！”

图 5-15　林则徐扮客商调研水利

他身居巡抚高位，为灾情而自省自责，为灾民而寝食难安，为救灾而涕泪横流。在上述奏折中，他言辞委婉但恳切地指出，民生问题与国家稳定息息相关，体恤百姓，减免赋税，可使民困暂缓，社会稳定，则国家也可安稳。这本奏折，忧国忧民之心跃然纸上，朝廷上下为之震动，确定缓征漕赋，民间争相传抄诵读，一时“洛阳纸贵”。

林则徐的得意弟子冯桂芬所校对的林则徐《北直水利书》是林则徐在京时搜集、积累的资料，除有积累其多年治水的经验外，更有其高瞻远瞩的治水方略。经过一个时期的调查，林则徐认为，苏南水灾原因主要是太湖洪水出水通道吴淞江、黄浦江、娄江（又名浏河）及白茆河（合称三江一河）久淤不畅所致。于是他决定实施江苏各地的清淤疏浚计划和在苏州、吴淞江及苏北淮安等处兴办的水利工程，让洪水得以下泄。然而，巧妇难为无米之炊，疏浚河道、兴修水利样样都要资金。江苏每年承担着朝廷的重赋，没有多少余钱能投放到水利建设上。特别是江南四府一州，承担着江苏十分之九的漕赋，相当于浙江省的两倍。灾荒连年，饥民嗷嗷，向朝廷报告灾害，要求豁免税赋是有规定时限的，一般在九月后不准上报秋灾，但林则徐实事求是，为民请命，不顾报灾限期和朝廷斥责，数次上奏，陈述江苏连年灾歉之重，钱漕之累，民众之苦。“民间积歉已久，盖藏本极空虚……今冬情形，不但无垫米之银，更恐无可买之米”，极力呼吁缓征漕赋，提出“多宽一分追呼，即多培一分元气”请求，这对发展生产、疏解民困在客观上起了有利的作用。

道光十六年（1836）年十月，当时署理两江总督的林则徐，曾扮成客商，带着随从张福，悄悄来到清江浦（今淮安市清江区），他们乘船向盐城出发，驶入皮汉河。一路上林则徐和蔼访谈，仔细观察，详细记录，掌握了疏浚此河所需要的劳力、土方、工时等情况。他在记录中写道：皮汉河至天妃 .... 为四十五里，上半段淤滩多而港面狭。下半段淤滩少而港面宽，按段办工，自有分别。所问方价，有百五六十文、百七八十文不同。不久，林则徐即正式批文开工疏浚皮汉河。

林则徐一面大力兴修苏北的水利，一面还在关注江南河道的疏浚。白茆河途经昭文县（原属苏州府常熟县），为应对水旱之灾，就要疏浚白茆河。林则徐与江苏布政使商量筹措经费时，决定动用民间的力量，让那些士绅富裕之家出资相助，集夫挑土，以工代赈，解决当前的困难。林则徐支持以江苏布政使的名义发布通告晓谕常熟、昭文两县的绅商富人捐款，以充疏浚白茆河之需。常熟、昭文两县在林则徐的批准下，采取按田派捐的方法，要求千亩以上之富户每亩捐钱一百文，百亩以上之户每亩捐钱五十文。除此之外，还需按一定的比例捐抚恤钱，商户捐钱所得之款全部用于白茆河疏浚工程及对老弱妇女的救济。经两个月，白茆河及其附近的徐六泾、东西护塘河就完成了挑浚工程，接着又修建海口闸坝。白茆河河道治理工程，采取官民合力的方法，使河道得以疏浚，壮者自食其力，弱者得到接济。林则徐两次亲往白茆河工地，赴海口“视潮势，议筑坝”。林则徐治理浏河则是运用“借公帑疏浚”之法，解决了经费问题，使太仓浏河挑浚工程，得到了相应治理。其间，林则徐数次乘小舟视察浏河，“察勤惰、测深浅，与役人相劳苦”。林则徐“又濬丹徒、丹阳运河，宝带桥泖淀诸工，以次兴举，为吴中数十年之利。”

当年，江苏地区再次大雨成灾，这时，娄江、白茆河都已疏浚，洪水滔滔东注，两日内消水二尺有余，至秋汛，大潮仍无倒灌。可见治理三江一河工程，是卓有成效的。

江南江北、黄河故道两岸、洪泽湖大堤、运河海塘……无处不留下了林则徐亲自履勘的足迹！他的亲力亲为，来自于他对水利建设与农业生产、国家兴衰之间关系的认识：赋出于田，田资于水，故水利为农业之本，不可失修……地力必资人力，土功皆属农功。水道多一分之疏通，即田畴多一分之利赖。

道光十七年（1837），林则徐调任湖广总督，整顿盐课，打击走私。十八年（1838）为禁鸦片毒害，林则徐进言：“此祸不除，十年之后，不惟无可筹之饷，且无可用之兵。”清宣宗深以为是，召林则徐入宫，19 次面谈政事并授予钦差大臣，林则徐随即奔赴广东。道光十九年（1839）四月，授林则徐两江总督，未及到任，又调任两广总督。此间，曾率领中国军民开展了轰轰烈烈的

图 5-16　林则徐禁烟

抗击侵略、严禁鸦片运动。

道光二十年（1840）九月，道光帝为了换取英军退兵南返，下令将林则徐等人革职查办。二十一年（1841）五月，又将林则徐遣戍伊犁。二十五年（1845）十一月，林则徐被重新起用，先后担任陕甘总督、陕西巡抚、云贵总督。二十九年（1849）七月，林则徐因病回原籍医治。三十年（1850）九月，为钦差大臣，赴广西镇压天地会起义，行至广东普宁境内，因病逝世，终年66岁。

林则徐译编了《四洲志》，著有《云左山房文钞》《云左山房诗钞》等。

靖江让道如泰导水入江

（1666 年）

靖江让道予泰兴如皋排水

康熙五年（1666 年）是泰兴、靖江、如皋大干水利、大挖土方的一年。这 3 个县所干的水利工程，大多在靖江。

2001 年版《泰兴水利志》有一段较为详细的记述：泰兴知县李馨，为县境南部排水入江疏浚河道，请扬州、常州两府管河厅及靖江知县实施查勘土地 660 亩，付银 2182.32 两，开靖境蔡家港、庙树港、石淀（碇）港、柏家港导水入江。河宽 5 丈（16.7 米）、深 2 丈（6.7 米）。[1]

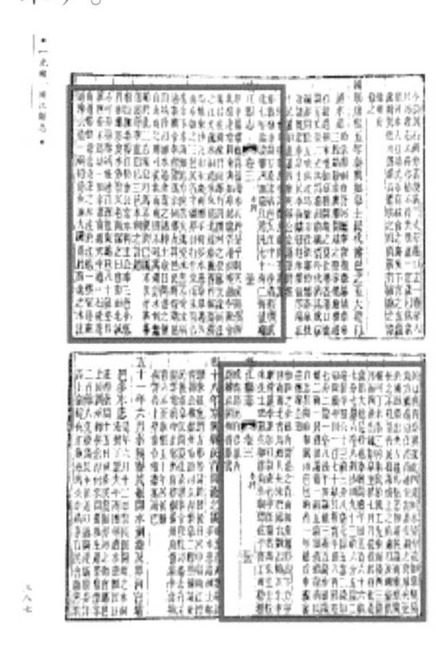

图 5-17　郑重《开五港记》

这项工程在 1997 年版《靖江水利志》中也有记载，但其所载内容中还包括：“如皋县开挖夏仕港”[2]。就是说，这一年在靖江所干的水利工程牵动了分属扬州、常州 2 个府所属的泰兴、如皋（康熙时属扬州管辖）、靖江 3 个县。这一年在靖江所做的工程，实际上是一项解决府与府之间的上、下游水利矛盾的边界水利工程，这就必然会牵动更上一级的有关部门来解决。具体情况，可从当时靖江知县郑重留下的一篇《开五港记》[3]中得到较为清楚的了解。

郑重在《开五港记》中，写了以下几个方面的内容。

❶ 泰兴水利史志编纂委员会．泰兴水利志［M］．南京：江苏古籍出版社，2001.

❷ 靖江市水利局．靖江水利志［M］．南京：江苏人民出版社，1997.

❸ 泰州文献编纂委员会．泰州文献—第一辑—⑪（光绪）靖江县志（一）［M］．南京：凤凰出版社，2014.

描述靖江的历史和自然概况

靖江从明代成化七年（1471）开始设县，是大江中的一个沙洲，四面环江，现有72条港，每逢潮汐来到，都是靠这些港道灌溉和蓄泄的，因此，靖江才享有水利之益。

（一）介绍靖江以前所干的水利状况

明代天启年间（1621—1627年），靖江西北涨连泰兴，东与如皋接壤。由于长江泥沙的沉积，淤塞了靖江一半以上的港道。前任知县叶柱国、陈函辉，带领百姓不但开挖了团河，汇集各条支流（港道）里的水，让涝水能顺畅地流入长江；而且还疏浚了水洞港、朱束港，北通泰兴，使西沙这一地区不再担忧因雨而涝的水灾害了。

（二）点明靖江存在的水利问题和边界矛盾

他到靖江后的第一件事，就是深入一些地方，了解百姓的疾苦。他认为靖江东沙的元山、永庆两团，地势平坦、较低，经常遭遇水患。与靖江接壤的泰兴、如皋部分地区，如果遇到久雨，也是如此。3个县的百姓，各有疆界，以邻为壑，为排水问题，经常争斗，一直没有停止过。这些地方的百姓，都受到水之害，几乎没有享到水之利。

（三）介绍3县上下游之间存在水利矛盾的解决过程和方法

其时，由于郑重和泰兴知县李馨是同乡，是一贯相识、相知的朋友。李馨主动找郑重商量说：泰兴百姓要挖开靖江边界河流（指靖泰界河）的堤岸，借靖江老百姓的田开一段河，用来将界河接通到靖江可以外排涝水入江的港道上。郑重为了慎重对待此事，在《开五港记》中写道：余商之诸绅士，佥曰："开港之便，自南而北则可，从北而南则不可。为靖计，水利无逾于此二言。"泰、皋以为不便于己，议不果行，其事遂寝。寻李直指以三邑水利之计，题敕督府委扬江防秦公、常水利王公，率三令抵界，相地形，度水势聚父老而谋之曰："自南而北诚不可易，第泰、靖涨连自西徂绵亘八十余里，非浚四港不为功。一柏家港，南通天生港；一石碇港，南通蟛蜞港，此东流之水注于江也；一蔡家港，南通陈公港；一庙树港，南通大澜港，此西流之水注于江也。有泰兴疏此四港，则水势分流。如皋颇易为力，祗浚夏仕港，南通安宁港，安澜之势成矣。至于补田价，出夫力，建马桥，悉如靖民议，而泰、皋独任之，不以累吾民。"[1]

---

[1] 泰州文献编纂委员会．泰州文献—第一辑—⑪（光绪）靖江县志（一）［M］．南京：凤凰出版社，2014.

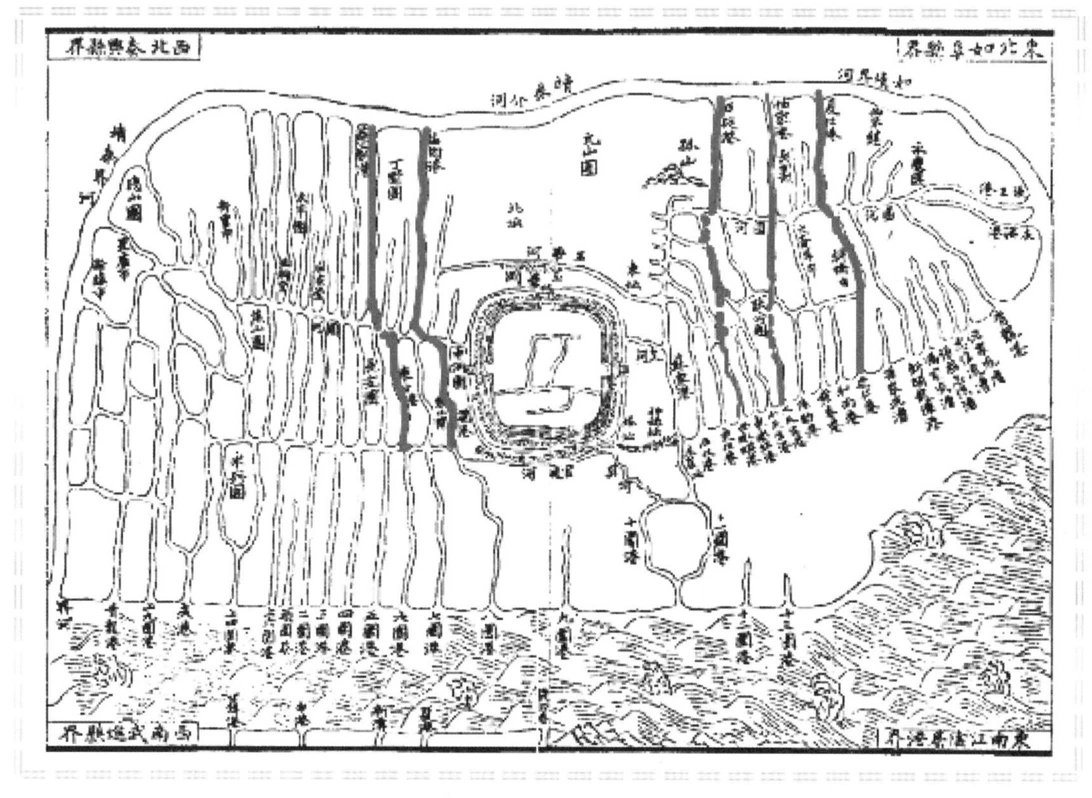

图 5-18 靖江、泰兴、如皋 3 县协作开挖五港位置示意

这一段讲的是：针对泰兴知县李馨提出的要求，我先征求了靖江有威望、懂水利的绅士们意见，众人一致认为：“从靖江的水利来考虑，（你）必须要了解两句话，即“靖江，从南向北开挖港道可以，从北向南开挖港道就不行（这两句话，是有一定科学道理的。因为，长江在靖江南面，如让泰兴、如皋较高的北水南压靖江南面河港不好，涝水还是不能进入长江，靖江南部地区低平，必然受淹）”。郑重不以和李馨是同乡的私人关系（武断同意仅将界河接通靖江港道的李馨方案），坚持了靖江（懂水利的人士）方面的意见。泰兴、如皋人认为，靖江人的要求与他们的想法不一致，他们较难办到。这样，双方未能达成协议，也就将这件事情搁置了下来。不久，李馨又为 3 县的水利考虑，将存在的边界矛盾上奏朝廷，呈请朝廷下令督抚派员解决此事。督抚委派了扬州江防（管长江的官）秦、常州水利（管河道）王公，前往靖江、泰兴、如皋边界察看，要求就地解决问题。秦公、王公二人，率领 3 个县的知县一同到边界，察看地形，分析水势，还召集父老百姓共同商量解决办法。最后，达成共识，一致认为：总的看来，从南向北开挖河道的原则虽不宜改变，但由于泰兴、靖江涨连，从西往东，绵亘 80 余里，要解决泰兴和如皋的问题，还是要在靖江的北半部开浚 4 条港，否则，不能收到

功效。一是柏家港，南接天生港；一是石碇港，南接蟛蜞港，让靖江东部的涝水流入长江。一是蔡家港，南接陈公港；一是庙树港，南接大澜港，让靖江西部的涝水流入长江。由泰兴先疏浚此4条港（北面方可接通靖泰界河），泰兴的水势也可得到分流。如皋比较好办，只须开浚夏仕港，南接安宁港，如皋地区遇有雨涝，水势也就能平稳了，百姓就可安定了。至于弥补挖去田亩的补偿费用、挖河需出的民力、河道上应建的马桥，都按照靖江百姓的意见，由泰兴、如皋负责。这样，既解决了泰兴、如皋水利问题，又不使靖江老百姓吃亏，做到了三者兼顾。协议终于达成，上报府道以及两台（指布政司、按察司），均认为可行。

（四）记述工程实施及补偿靖江的情况

康熙六年（1667）春三月，泰兴老百姓首先动工，先东而后西，3个月就将4条港挖浚完工了；如皋是到这一年秋天七月，才动工去开挖夏仕港的。当年，3个县都获得了大丰收。这项工程，泰兴开废靖江的平田566亩7分7厘6毫8丝（亩以下为分，1亩为10分。宋以后分位以下设厘、毫、丝、忽，均为10退位），沙田93亩6分5厘2毫，折平田63亩3分8毫7丝5忽2微；如皋开废靖江平田170亩。共折实平田800亩7分2厘1毫8丝。平田议银3两5钱，沙田议值2两1钱，滩田议值1两5钱。挖废田亩的补偿费用，根据各户田亩不同情况、不同数量，全部分给靖江失田的老百姓。靖江挖去田亩应上缴的粮赋，由泰兴、如皋两县包去，缴纳一年；在第二年康熙七年（1668）编审时，由巡抚韩公奏请朝廷，批准剔除。（泰兴有另一说“开掉的田亩，在朝廷编审剔除前，泰兴每年代靖江缴纳赋税，直至乾隆二十二年才免除。”[1]）

《开五港记》的最后，对在这项工程谈判中发挥作用的人，也都分别记上了一笔。郑重认为：自己虽负有开港的责任，而察看地势高下，力争从南向北开港的人，是乡大夫朱凤台、刘畴及举人朱澄、盛彰；力争开港要深要阔的人，是秀才朱蛟、朱士珙、萧如蕙、黄朝璟；帮助督工而勤于劝诫（处理征地、拆迁纠纷）的，还有县丞白启秀、县尉韩开。他们在这一件事情里，发挥的作用，也不能不记。

从这篇记中，可以看出郑重的几点美德。一是，身为一县之长，下车伊始不是想当然，而是搞调研。二是，对待同乡、朋友找他办事，坚持原则，不讲私下交情。三

[1] 泰兴水利史志编纂委员会．泰兴水利志［M］．南京：江苏古籍出版社，2001.

是，对边界水利问题，能顾全大局，做到靖江、泰兴、如皋3方有利。四是，办事认真，自己写这篇《开五港记》，能详细、真实地记载事情经过，对所挖废田亩，居然精确到0.0001亩的精度。五是，不贪别人的功劳占为己有，对参加办事的人员发挥的作用，都如实予以一一记载。

所开之港效益明显

郑重所开五大港，柏家港今名罗家桥港（北段），石碇港今为十圩港（北段），蔡家港今为下六圩港（北段），夏仕港即现在的夏仕港，庙树港今为八圩港北段，其中：夏仕港今为省列骨干河道，罗家桥港、十圩港、下六圩港为该市一级骨干河道、八圩港为该市二级骨干河道，一直运行至今。

郑重在靖江的治水观

从郑重主修《（康熙）靖江县志》并为此志所写“重修靖江县志序”[1]中，可以看到他对靖江兴修水利重要性的认识。

“靖之为邑，则聚灵于水，肇基于马驮沙。历若干年而成牧地，又历若干年而成村墟，至明之中叶始建为邑。”他认为是水孕育了靖江。

“禹治水功成而扬州之赋逐备”他认为通过治水才能为国家缴纳税赋。

“寒山（陈函辉）以名进士抱琴适兹土”陈函辉到靖江任县令“余考其功于靖”他为靖江所做众多有益的事迹中，“著诸志而最系人之去思者”遍看前人志书所记，给人印象最深的是“莫如开团河与建石闸诸举。”“靖固诞灵于水，而善治兹土以昭垂，邑乘者亦以兴水利为首务！”他从靖江以前的几部志书中了解到在靖江最有名的县令陈函辉留给人们印象最深的业绩就是“开团河与建石闸”！因此，他认为，主持靖江的县令，要想做点好事留给后人，最重要的还是兴办水利。

靖江历史上“四面环江”“今且涨连皋泰”，皋泰“两邑之水不得达江，与靖民搆（构）虞芮（周初二国名）之争者数十年，未能决，是邻壑未导，而水庸犹莫兴也”他分析如皋、

[1] 泰州文献编纂委员会.泰州文献—第一辑—⑩（康熙）靖江县志［M］.南京：凤凰出版社，2014.

泰兴涝水无出路，确系因三县涨连所致，加之以邻为壑，才导致水利不兴。

郑重十分重视调查研究。“余下车以来，凡邑之所当兴，除前之人因循而弗克举者，无不博访而次第力行之”，他到靖江后，凡要做的事，都先行访问了解情况的人，弄清情况，才去努力推进的。就如前面所讲的靖江、泰兴、如皋所开的五港“五河告成，干者注之江，支者丽于田，蓄泄之宜，三邑赖之，靖之水利，不诚大哉！”他认为，五条河挖成后，皆成为干河，干河可用于将涝水排到长江里去，而其他支河则可用于农田灌溉，能灌能排的水利工程对三个县都有利。因此，干水利，不能只考虑靖江，不能以邻为壑，要有大水利的思想。

“水利兴而田畴易矣，桔槔在野而弦诵在户矣！”他在最后强调说：兴办水利，可以改变田地的面貌和收成，田里庄稼好，才能听到老百姓的欢声笑语！爱民之心，溢于言表。

郑重为与他同时代人的称赞

《（康熙）靖江县志》在郑重主持下编纂的纂写人之一朱凤台（字慎之，靖江人氏，顺治四年（1647）进士，曾任阜平、开化知县，官至兵部主事。他告老归乡后，应郑重聘，修撰《靖江县志》）写了两首诗为郑重开五港、修县志点赞：

五河功成观河喜赋

其一

春禾春雨茂新田，流水弯弯草色鲜。

野老扶锄穿柳陌，倚山醉说梦鱼年。

朱凤台写此诗，用以盛赞县令郑重兴修水利，五河同开后农村的一派新景象。

其二

郑山公（郑重）父母（县令）继修邑乘，

捐一岁俸薪，佐以绅士乐助，

从余不妄之请也。全书（这本志书）告成，赋以志喜

考今传后必资史，稗乘丛谈亦尽美。

郡邑实录即秋阳，阙略胡堪垂远迩。

吁嗟吾靖多凋敝，载籍于今多废坠。
邑乘才修三十年，残缺失次谁为治。
蒿目忧时心忡忡，邑侯未获遇文翁。
贤良天惠神明宰，德政文章驾郑崇。
间常与予商此志，谓宜举行莫再置。
爰开馆局集遗文，特敕儒生搜佚事。
由来秉笔颇难为，往哲名言岂我欺。
韩愈戒心于显祸，公羊托指于微词。
公余果断以奋笔，采毫贬芥全无知。
扬榷典谟既已精，勾稽掌故尤称密。
余因上下数千年，二十一史讵无愆。
班同陈诬范过诞，陆机于宝谬复然。
后来唐宋元三代，是非漫漶尤堪慨。
邑乘将来国史同，褒诛美恶殊难昧。
斯志予夺屹如山，更严别蠹与厘奸。
善人知劝淫人惧，忠孝胥兴逆兴删。
返朴还醇赖此举，从前凋敝今能补。
古来良史寡其俦，涑水庐陵差足伍。
郑公斯事岂寻常，风烈文献弗可忘。
靖江未有沧桑变，百世名同江水长。

这首诗盛赞郑重把自己一年的俸禄，捐作重新增修靖江县志的费用。诗人用这首七言古诗记其经过，并提出修志的诸多观点，很有价值。其诗用典很多，译成白话，大意是：

考证现在的事传于后人要靠史书。小小县志要谈的事情既多还要求尽量完美。作为志，就要按实记录一个县的情况，如果将历史上发生的事又缺又略的省去，就无法将一些重要的情况传承下去。可惜的是，当前靖江的史籍多已废散，陈函辉修的县志已经过去了 30 年，好久未遇到重文的县令，造成这一阶段的事情残缺混乱，由谁来整理？为此，我们很是担心。新来的郑公既重德政又重视文化，很受人们尊重，常与我商量修志之事，他说修志之事不能再搁置了。于是他专门设置了编志的馆局，广为收集遗文、佚事。

写志要秉笔直书，而从来秉笔直书并不容易，先哲之言怎可不依。唐代的大文学家、思想家、哲学家，政治家韩愈，还因（目睹关中严重的灾情，愤而上《论天旱人饥状》疏）文而遭祸（从监察御史被贬为连州阳山县令），战国时齐人公羊高所写解释《春秋》的典籍《公羊传》采取的是托深意于微词之中，而不直言。郑公亲自动笔，润色增删，查考典章，钩沉往事，甚为周密。我国上下几千年历史，二十一史难道就没有差错吗?班固、陈寿、范晔这些人写的史，人们还有各种的评论，陆机这样的文学家也还有谬误之处，后来至唐宋元三代，更加是非模糊，这是让人遗憾的地方。县志与国史相似，后人的褒贬好坏很难说。但我们下了很大的决心，严格剔除无用的，分辨出正确的和错误的，让这本志书成为让人从善，忠奸分明，有利兴废，史料真实，文字美好，可以弥补前几部志之不足的一部志书。古来所编写历史的良史不太多，能达到与司马光、欧阳修那样水平的人更是微乎其微了。郑公做这件修志的事，已是非同寻常，无论从哪方面看，都不可忘记他所作的努力，他的声名在靖江如同长江之水，将会百世流芳。

郑重被后志列为良吏

为此，郑重被靖江后人尊为良吏，以后各志在良吏篇中，对他皆列有专条。主要内容大致如下：郑重，字威如，福建建宁县人。康熙二年（1663），由进士任靖江知县。此人有大才，“吏治精明，奸猾不敢欺，治狱廉平，民皆悦服”[1]。他到靖江除解决了上述靖江、泰兴、如皋3个县水利纠纷开五大港外，见西门外水流迳直，还筑了文兴坝（其实是堰），使水分流曲折，以培植文运。康熙五年（1666），专门发动、组织民力，疏浚团河一次。自己捐俸钱百缗，修葺学宫。任内，他见马洲书院毁于兵灾，就兴建了骧腾书院，按月、按季对读书人进行考核，为靖江培养了一批人才。在他手上创建了天后宫，以护佑渡江的人平安。他还修葺了城隍庙，自己也去认真祈祷，用对神明的崇敬，以保靖江人民的安宁。他与邑人朱凤台共同纂修县志，征集资料，考证文献，凡其着笔处，记得都很明白详细。同样，在康熙五年（1666），他被上级抽调去担任

[1] 泰州文献编纂委员会．泰州文献—第一辑—⑫（光绪）靖江县志（二）［M］．南京：凤凰出版社，2014．

江宁乡试同考官，由他选拔的人才最多，主考官徐旭龄专门作序致贺。由于他“先后尽力民事，兴利除弊，不胜枚举。故有飞蝗渡江，猛虎潜踪之异”[1]。后来，郑重晋升京官，历任吏部侍郎。靖江百姓将他入祀名宦祠。至道光年间，又专门建了郑少宰祠，以不忘其在靖江所留下的业绩。

[1] 泰州文献编纂委员会．泰州文献—第一辑—⑫（光绪）靖江县志（二）［M］．南京：凤凰出版社，2014．

季振宜呈疏减免河夫银

（1670—1925年）

季振宜主张减免河夫银

1993年版《泰兴县志》“人物传”——季振宜中，记有一段与清代水利经费相关的文字：“康熙九年（1670）又呈疏请免扬州所属各县科派，仅泰兴每年就节省河夫银27000余两，其他如江都、高邮、如皋等县亦大致相等。”[1]讲的是康熙九年，户部郎中季振宜为河工（治河）科派的事情。季振宜下去视察官员廉政事宜时得知，总河臣在正常治河夫役（征召出民工）外，向各州县加派钱粮，各州、县只得在正常税赋外再向百姓摊派，百姓民不聊生，无奈之下，只有选择背井离乡的外出逃亡。季振宜将此情如实上奏，恳求皇上免去百姓因兴办河工而增加的额外负担。康熙批准了季振宜的奏章，仅泰兴一县，就豁免了当年河夫银27000多两。同时，徐州、扬州两地所属各县都得到了与之相似的宽减。季振宜一本奏章，解万家百姓之额外负担，蜚声乡里，广为传闻。

（一）“科派”的定义

所谓科派，实际上就是指官员们在国家规定所收税、赋以外再增加的摊派，包括力役（出工）、赋税或索取（钱财）。明代开始盛行，如明代谢肇淛《五杂俎·地部二》记有：山东大户，每佥（古同“签”）解马（指马术），编审之时，已有科派；表解之时，又有使用。明代汤显祖《南柯记·录摄》：没钱粮，有处因公，且科派，事后再商量。对一些非公益性、民怨较大的科派，朝廷往往也严加查处。如《清史稿·高宗纪一》记载“山东登州镇总兵马世龙，以科派兵丁，鞫（jū，指审问）实论绞（处以绞刑）”。

[1] 泰兴县志编纂委员会．泰兴县志［M］．南京：江苏人民出版社，1993.

（二）“河夫银”是一种什么负担

“河夫”即民夫，本指各地治理河道的夫役。例如《元史·河渠志一》：历视坏堤，督巡河夫修理。河夫，现代称民工。一般根据所修河道用工的数量、工期，在这条河受益范围内按田亩分摊或按人丁分摊所调集的民工数量。在河夫摊派的过程中，有些田多人少的富户和家中没有劳力的农户，就用摊派银两，另外雇用河夫的方法代替出钱者上工。富户和家中没有劳力的农户所出银两，就称“河夫银”。然而，上述季振宜奏章所称的“河夫银”，不是指各地治理本地河道，富户和家中没有劳力的农户所出河夫银，而是专指为治理黄河，向下摊派的“河夫银”。

图 5-19

季振宜奏章所称的“河夫银”，是指以治理黄河为名，向下除摊派民工以外，另外摊派的银两，一些地方也称为“河夫银”。

代表清代治水主流观点的《续行水金鉴》，收录了自雍正朝至嘉庆朝的有关治河文献和史实，该书认为：黄河一出龙门，至荥阳县境以东，则“出险入平，汗漫善决，全藉堤防捍卫”。因此，抗拒黄河泛滥的斗争是清王朝最为重要的任务之一，当然也成为河工的基本职能，要治河就要有足够的民工和资金支持。

图 5-20

清人陆耀在其编辑的《切问斋文钞》卷十七中谈及，国家京都，廪官饷兵，一切仰给漕粮，认为漕粮就是京师之命。所以，“国家资河、淮，以济漕运，运不可一岁不通，则河、淮不可一岁不治”。治理黄河、淮河是上下共同认可的“裕国备荒兼得之道”。因此，河、淮的治理、岁修、管理受到超乎寻常的重视，必然要有一套专门机构与之适应，以服务于河务、完成河工。当时这一机构，晚清思想家、新思想的倡导者、林则徐的好友魏源在《筹河篇》（《魏源全集》第12册）中认为：清代建立的是“庞大的河工官僚体系”。康熙初年，东河只有4个厅，南河只有6个厅。而嘉道年间，由于“堤日增，工日险，一河督不能兼顾。于是，设东、南两河督，增设各道、各厅……今东河有15厅，南河22厅。凡南岸、北岸皆析一为两。厅设而营从之，文武数百官员，河兵万数千，皆数倍其旧”❶。康熙初年，年例用于黄河岁修银为380余万两，与“仰食于此”而不断增加的庞大的河务官僚队伍的实际支出相比，实际支出远远超过这个数字。一旦发生大工，财政更入不敷出，就通过赋、税、摊派、捐、输、报效（以及河夫银）等方式筹集。其用银数，远远超过年例岁修。“一次大工多者千余万（两），少亦数百万（两）”（见赵尔巽《清史稿》卷一百二十五）。资金缺口往往都是靠科派解决。可想而知，各地要承受多少这方面的负担。

季振宜其人

清史稿·卷二四四·列传三十一，为季开生 、弟季振宜兄弟二人专门列有传记。

季振宜，字诜兮，号沧苇，季开生之弟。明末清初泰兴县季家市（今靖江市季市镇）人。生于明崇祯三年（1630），死于何年没有记载。

季振宜幼时好学，聪颖过人，过目成诵，有奇才。其诗风文采及治学之勤，在弱冠之年就深得明末清初学者钱谦益推崇。清顺治三年（1646）中举人，年仅17岁。次年中进士，被朝廷授为兰溪（今浙江兰溪市）知县。他处事敏捷果断，杂差诸役，坐庭立成，卓有政绩。不久，升为刑部主事。后又任户部郎中。顺治十五年（1658）殿试，他被选为浙江道御史。他

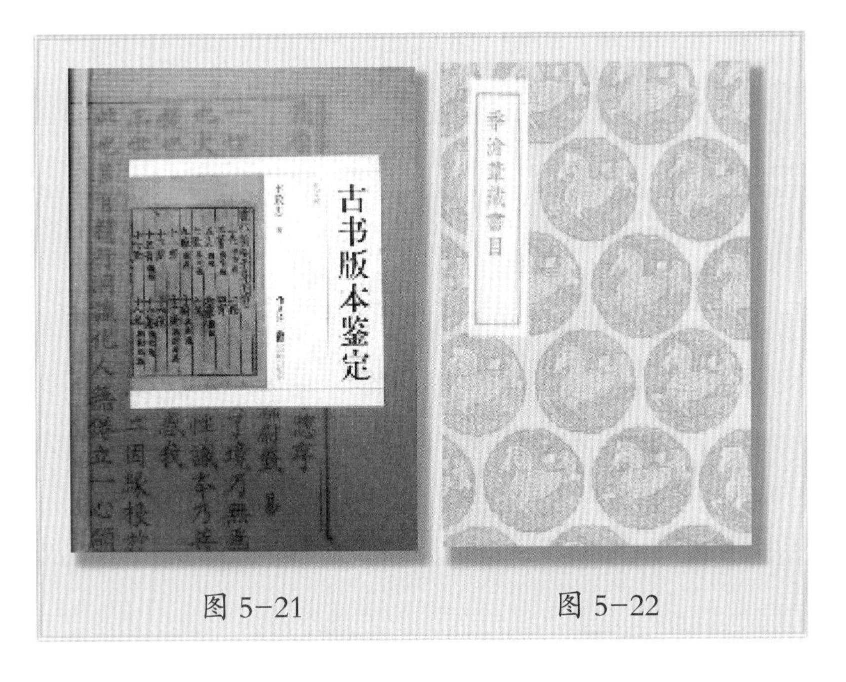

图5-21　　图5-22

❶ 引自2011年8月12日黄河网《筹河篇——魏源》。

在职期间，为官恪尽职守，对清代的政务、民生等方面多有奏疏；为人风骨凛然，有胆略，敢于直谏，弹劾奏章多达数十本，屡屡弹劾权要；言事、献策、选贤多所建树。大学士刘正宗独揽权要、欺上罔下，吏部尚书黄廷机巧饰蒙混，尚书马希纳、侍郎岳思泰徇私舞弊，季振宜皆先后列状弹劾，致刘正宗、黄廷、马希纳、岳思泰等各受其惩。《清史稿》中接着就记有"复以扬、徐近河诸县加派河夫为民间重累，疏请申禁，下部议行"句。说的就是本文开头所讲减免"河夫银"一事。之后，他在奉命巡视河东（今山西省黄河以东）盐政，多次上疏检举赃官后，即"乞归，卒"。说的是季振宜在巡盐河东后，不久，主动申请辞官归故里，直至去世。

图 5-23　季沧苇图书记　图 5-24　季振宜藏书　图 5-25　季振宜字选兮号沧苇

季振宜平时喜欢读书"于书无所不窥"，更喜欢藏书，又精于鉴别，曾多次至江南藏书多的人家搜罗图书，整理后储于"静思堂"和"辛夷馆"。所集各类书籍"多人间未见之籍"，从唐代《吴彩鸾切韵》到"宋元版刻以至钞本，几于无所漏略""藏书之富，甲于天下"[1]。季振宜不但是著名的藏书家，而且是版本鉴定学家、校勘家。文物出版社 1997 年出版的《古书版本鉴定》（李致忠著）曾多次论及他对百家、经、史、诗赋等典籍的校勘之功。季振宜精心撰成《季沧苇藏书目》（又名《延令宋版书目》），详细记载所藏的 1000 余种、27000 余卷（本）图书，其上每一个书名皆冠以"宋版""元

[1] 泰兴县志编纂委员会．泰兴县志［M］．南京：江苏人民出版社，1993.

版”“钞本”以及朝代等字样，为鉴别刻本时间及作者所处时代提供了准确依据。《季沧苇藏书目》至今仍被图书馆藏界尊称为“善本目录之泰斗”。季振宜深感以前各家所集唐诗虽“篇什极盛”，但“诗以类从，仍多脱漏，未成一代巨观”。于是自康熙三年（1664）起费时十载，集前人所录及金石遗文的完整篇章，略去原各家采用的初、盛、中、晚期编次，依时代分置，以宋版诸书及各善本参校字句，依新旧唐书、南唐史、五代史、诗话小说辑成作者传略，最后成《汇集全唐诗》717卷160册，共收1895人、42931首诗。康熙御定《全唐诗》即以此为底本，校补而成。他还著有《听雨楼集》2卷、《精思堂集》和《诗稿》2卷、《奏疏》2卷，均散落不知何处。

季家藏书的散落时间约在清乾隆后期，嘉庆二年（1797）编的《天禄琳琅书目后编》中已载有季振宜家之旧藏，据说是由何义门介绍，一部分归于怡亲王，后怡亲王被杀才流入大内，另有不少则流落民间了。民国14年（1925），清室善后委员会曾清点存书，后故宫博物院成立，与“文渊阁”书合并收藏，国民党撤退时被带到台湾去了，季家藏书当在其内。他的藏书以及其所编的《季沧苇藏书目》在中国文化史上留下了浓墨重彩的篇章。

童希圣为水灾冒死挡驾

（[illegible]—1690年）

蠲免泰州银米5年

1998年版《泰州志》记载“康熙二十三年（1684）大水成灾，百姓流徙。童希圣趁清圣祖南巡，率众赴江宁守冒死伏地上疏，获蠲免泰州银米5年”[1]。惟查《（雍正）泰州志》“职方志——水旱祥异”篇所载康熙九年（1670）—康熙二十四年（1685）的记载如下：

“九年（康熙——下同），大水，蠲免全粮，发帑赈济。复准报涸三年后，方行开征。

十年，旱。

十二年，水。田亩、丁粮分作上乡成熟；下乡被灾二项。

十四年，水。

十五年，水。《（道光）泰州志》注：是年清水潭决。见《兴化县志》

十六年，水。

十八年，蝗旱。

十九年，水。

二十一年，水涸。

二十四年，水。

以上各年水旱下乡钱粮俱奉　恩免”。[2]

其后，直至康熙三十二年（1693）才记有灾害及蠲免事项。

---

❶ 泰州市地方志编纂委员会．泰州志［M］．南京：江苏古籍出版社，1998.

❷ 泰州文献编纂委员会．泰州文献—第一辑—①（雍正）泰州志［M］．南京：凤凰出版社，2014.

从上述记载中并未发现有“康熙二十三年（1684）大水成灾”和“蠲免泰州银米5年”的记录。即使在有关《兴化志》的水旱灾害记录中，也没有这一年的大水记载。而从康熙十四年（1675）至康熙十九（1680），倒是连续5年“下乡钱粮俱奉 恩免”。所免的仅是“下乡钱粮”，又非“蠲免泰州银米5年”之泰州包括城市在内的银米。那么所载童希圣一事，究竟有无其事呢?

童希圣拦驾有记载

再细阅《（道光）泰州志》“人物志——高行（笃行）”篇和康熙南巡活动的有关记载，还是可以了解童希圣拦驾上书的有关情况的。

童希圣，字仰之。父母去世较早，留下了他和两个年幼的弟弟。少年时他就撑门立户，两个弟弟全在他的供养、呵护下长大。生性耿直的童希圣，对长辈孝敬，对邻里关心，对朋友真诚，更是十分关心家乡的公益事业和善于助人为乐。

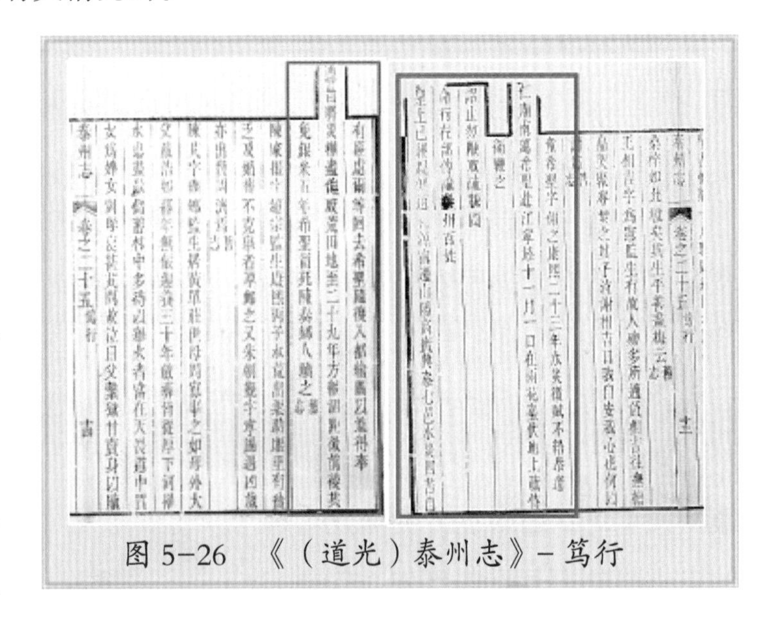

图 5-26　《（道光）泰州志》- 笃行

“笃行”篇中有关童希圣条目中明确记有“康熙二十三年（1684），水灾，征赋不给。恭逢仁庙南巡，希圣赴江宁于十一月一日在雨花台伏地上疏，侍卫鞭之。诏止，勿鞭，取疏亲阅。命行在部传谕泰州百姓：皇上已经亲知道桃园、宿迁、山阳、高、宝、兴、泰七邑水灾，因苦，自有区处。尔等回去，希圣随服入都，绘图以进。得奉恩旨，将灾粮尽作版荒田地，至二十九年（1690）方报涸开征，前后共免银米五年。希圣冒死陈奏，乡人赖之。”[1]句。说的就是泰州在康熙二十三年（1684），大水成灾，田地被淹，庄稼无收，不少农民只能背井离乡，外出逃荒。州、

[1] 泰州文献编纂委员会．泰州文献—第一辑—②（道光）泰州志［M］．南京：凤凰出版社，2014.

县官差，是很难征收到税赋的。而就在这一年，清康熙皇帝的确进行了首次南巡活动。康熙帝曾在行前晓谕天下：本次南巡，正欲体察民情，详知吏治。一应沿途所用物品，已令在京所司储备，毫不取之民间。凡经过地方，百姓自当各安其业，毋得迁徙远避，反滋扰累。如哪个官员敢于悖旨私征，一经发觉，定从重治罪。

童希圣听到这一消息后，非常振奋，决定要将家乡因水受灾的情况向康熙皇帝汇报。专门写了上奏皇上的本章，并约请了一些泰州百姓和灾民，决心冒死拦御驾上奏。

童希圣又进一步了解到，这次康熙所巡的线路和几个点，分别为：九月二十八日出京，沿永定河经顺天府、河间府，到山东德州。十月初八日，至济南府。初十日，登顶泰山，十一日，祀泰山神。十五日，到达沂州大石桥。十九日，自徐州府宿迁启程，是日，驻桃源县（今江苏省泗阳县旧称）。二十二日，在高邮等处活动。这一阶段约十天均为视察水情、水利和灾情。二十四日，渡扬子江。二十六日，至苏州府。十一月一日至江宁（今南京），十一月二日在南京谒明太祖陵。十八日，到曲阜，拜祭孔子，十二月九日，回宫。

童希圣了解到康熙视察过江苏沿运河水情，看到了百姓民不聊生，又去过人间天堂苏州，看到了人民安居乐业，在他心中形成对比。童希圣准备乘康熙拜谒明孝陵的第一天——十一月一日，途经雨花台时拦驾上书。

这一天，童希圣带领跟他前来的泰州百姓和饱受水灾之苦的民众，跪在康熙经过的南京雨花台前，高喊有本要奏。康熙的卫队，面对这一突然发生的老百姓挡御驾奏本事件，挥鞭便打。童希圣不惧疼痛，丝毫不动，仍然跪地匍匐高喊“有本要奏”！康熙帝听到喧哗之声，谕止侍卫，不得动鞭，命取上本章，亲自阅览。阅后，立即命行在的堂部大人传泰州百姓跪听：皇上已亲自深入有关地方视察过，知道桃源（今泗阳县）、宿迁、山阳（今淮安市淮安区）、高（邮）、宝（应）、

图 5-27　童希圣拦驾奏灾情

兴（化）、泰（州）7 个州、县所受水灾之苦，自有处置，来的老百姓先回去。童希圣留下来，进一步将受灾情况绘出图来，说清楚，皇上定会给泰州一个答复。

康熙的答复

的确，康熙南下驻桃源县时，就旨令要亲自视察黄河北岸各项险要工程。其时，还专门对河道总督靳辅说：每在宫中，向来留心河务，并详细阅览、时加探讨尔等防护诸书及历年所进河图等，毕竟未见险情实况。今详勘地势，如肖家渡等 7 处地区，实甚为危险，所筑长堤与逼水坝须随时保护。

康熙在童希圣奏本之前，他在高邮已经对灾情有所了解，据载，“御舟过高邮湖，帝见民间田庐多在水中，恻然念之，因登岸，巡行堤畔十余里，召耆老详问致灾之故。”自己“巡行堤畔十余里”，又访问老人询问致灾的原因，他见河工劳苦，亲加抚慰，命严禁克扣河工食粮。通过高邮之行，他对里下河第一手情况已经有相当了解，他对总督王新命说：“朕此行，原欲访问民间疾苦，凡有地方利弊，必设法兴除，使之各得其所。昔尧忧一夫之不获，况目睹此方被水情形，岂可不为拯济耶”？因此，对童希圣所奏泰州灾情，十分理解和同情。

康熙一再强调自己南巡，不是为的游乐，他说：“今海宇承平，昔时战舰仅供巡幸渡江之用，然安当思危，治不忘乱，朕乘此舟，未尝不念艰难用武之时，非以游观为乐也。”一周后，康熙返回到高邮、淮安时，又将河道总督靳辅叫来，亲自了解相关情况，康熙开门见山问靳辅：“高、宝、兴、泰一带积水为何不去”？靳辅说：“高、宝、兴、泰地方洼下如釜，向来河道淤塞，雨水蓄积，并减坝泄下之水，一时难去。”康熙又问：“开挑下河工程，要费多少钱粮？”靳辅回答：“当日科臣许承宣条陈，臣照议估计，约用钱粮一百余万，臣一时不敢轻议。若用民夫开挑，方可节省。”康熙又问：“若用民夫开挑，几时可以完工？”靳辅告知：“必得十余年方可告成。”康熙听后说：“若到十年，将来河道如何，不如仍动钱粮速兴工为是。”笔者详细录出这段记载，可见康熙对水灾的关注是很实在的，也在极力解决这一难题。南巡途中，康熙还特别嘱咐：解决高邮等地民间田庐被淹水患，必须将入海故道浚治疏通；务期济民除患，纵用经费，在所不惜！

不知康熙帝是否因为阅了童希圣所奏，还是因亲眼看到了沿运河下河水情，在返

图 5-28 在法国拍出的康熙南巡图局部

程舟泊江都县时，又专门召集大臣，商讨解决办法，并嘱咐：解决高邮等地民间田庐被淹水患，必须将入海故道浚治疏通；务期济民除患，纵用经费，在所不惜！十一月十日，又专门去清河县（今淮安市清河区）天妃闸，复又登岸，视察高家堰堤工，分析了它与洪泽湖等对治黄的重要作用，明确布置必须年年防护，不可轻视。

康熙帝回京后，要求相关人员将受灾地区绘出图形，查清情况上报他细览后，下旨同意对受灾的地方银米“全蠲，将灾粮尽作版荒”。这些受淹作为版荒的水田，一直到康熙二十九年（1690）“方报涸开征”相关农田稻米。这一阶段“前后共免银米五年，蠲免四十万金”。

应该说，这次泰州能获得减免 5 年国家征收的银米，与童希圣冒死奏陈本章关系极大。当然，也与年方 30、年轻有为的康熙帝能亲临水利一线，实地踏勘沿运灾情有关。

至于康熙二十三年（1684），泰州是否有水灾？笔者认为，只能存疑。说有，相关志书专记水旱灾异篇章中未列；说没有，童希圣拦驾冒死上书，当不敢谎报水灾！

童希圣之事迹，《泰州志》是作了详细记载的，连其弟童希尧“精岐黄”都有记载，仅相距几十年时间，蠲免五年，又属“皇恩浩荡”，所记必不会假。抑或，是否会因有童希圣笃行有“专记”，而略去“水旱灾异”篇中的相关记录，以免重复。

兴化张可立浚河又管河

有文字记载、泰州范围内最早对河道水质正式制定规章进行管理的官员，当数清代康熙年间兴化知县张可立。兴化2001年版《兴化水利志》载：“清康熙二十三年（1684）八月，知县张可立浚市河，经三个月竣工。县衙晓喻全城士民，禁向河中‘投溷（hù昆，指脏物）、弃灰’。”[1]

此事详情，张可立曾留有《浚市河记》——“邑之市河，在昔周匝城内，盖受南北东三关互入之水，赴西关以出者也。虽非如塘河海口之有关于岁事，然闻诸绅士访之父老，其通其塞，为民利病亦不细。盖自湮塞以来，小民操舟辑载舄粟，来往于涯溪间者，往往如断河绝港不能鼓棹而前。且水经久塞，则文脉亦涸，年来人文寥落，士子攸郁，未必不基于此。由是言之，今口之事，百姓虽劳，亦乌可以已乎？乃募役徙集艅艎，具畚锸首事于甲子之秋八月，计工若干，而事讫。又惧夹河居氏之复蹈前辙也，于是投溷有禁、弃灰有禁，兼命闾师、约长，月具文以报。又有老坝西堤在西南二关之外，老坝以捍河之西流，西堤以障水之北注，久已圮度废，今皆悉复其旧。夫兴化之水利疏通不利停蓄，然又利潆洄不利直注，今既有所泄以流其恶，又有所障以钟其美，则水之汇于海池者，不患其分；而下乌巾荡者不伤于直。水法佥合，风气愈固。将见桂楫兰桨，百货咸来，名臣壮士，衮然频出，此邦之兴，可计日待也！工既竣，乃识其岁月，详其本末，以遗后人焉。”[2]大意为：兴化的市河以往在城内形成一周。水由南、北、东3个水关进入，再由西水关出去。对于兴化来说，市河，虽然没有每年都要更加关心的塘河、海口那么重要，但众多绅士和父老乡亲都反映，市河的开通和淤塞，对老百姓的利与害，关系极大。兴化农民的田，一直都在湖荡之中，

---

[1] 兴化水利志编纂委员会．兴化水利志［M］．南京：江苏古籍出版社，2001.

[2] 泰州文献编纂委员会．泰州文献—第一辑—⑧（咸丰）重修兴化县志［M］．南京：凤凰出版社，2014.

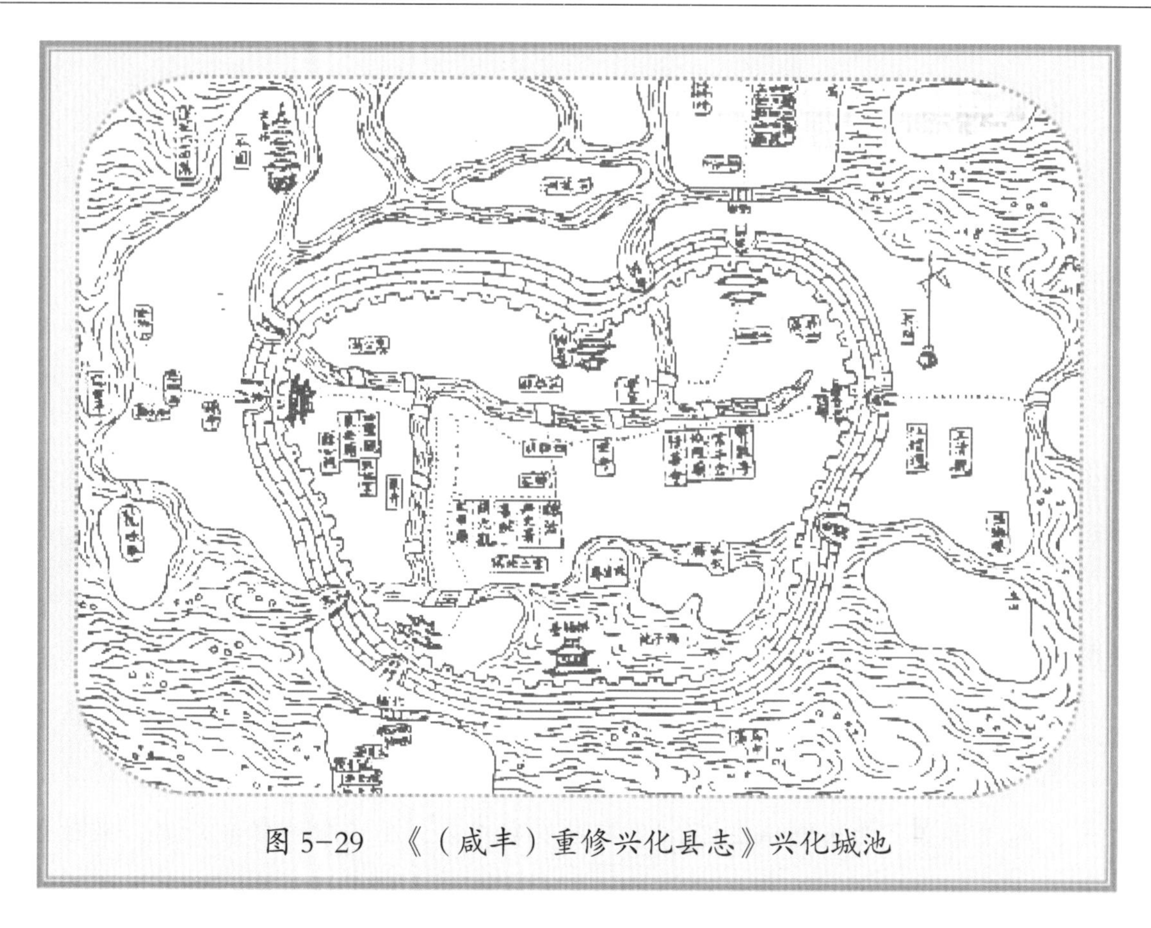

图 5-29 《（咸丰）重修兴化县志》兴化城池

老百姓吃的粮食和喂牲口的草都要靠船装运。自从市河淤塞成为断河、绝港以来，船就无法进入城里。市河中的水长久断流，水质变差，环境变坏，文脉也就干涸了。最近这几年，“人文寥落，士子攸郁”，未必不是这个缘故造成的。根据这些情况，疏竣市河，虽然要动用不少劳力，但还是民心所向，是老百姓需要的事。于是，我决定召募劳力，调集艅艎（大船，运泥用），备齐了挑河用的大锹、畚箕，于“甲子（清康熙二十三年）之秋八月”动工疏浚市河。虽花去不少工日，终于挖浚成功。

市河淤塞变脏，主要原因是夹河一带的老百姓长期倾倒垃圾、杂物所致。为防止重蹈覆辙，于是县府专门出了告示，明确了对市河的保护和管理，其中重要一条是“投溷有禁、弃灰有禁”，同时，指定闾师（周代官名，管四郊之人民、六畜之数）、约长（指合纵之约的六国之长）等县以下相关官员，组织市（乡）民定出保护河道的乡规民约，共同推荐负责人等，每月要将河道管理情况，写成文书，上报县衙。

在这次疏浚市河的过程中，还将久已毁损的老坝和西堤修复完好。老坝、西堤分别在西水关和南水关外面，老坝是捍卫水向西面流去的工程，西堤则是保障水向北注入的工程。通过浚河、筑坝、修堤，兴化城里之水变得利于疏通，不再停滞；利于潆洄，不会直注；变成了既可以泄去脏水、恶水，又可以保障有清洁的来水补充“以钟其美”；变成了水既可汇集于海（子）池“不患其分”，又可进入乌巾荡“不伤于直”。兴化这样的水才符合“风水”之法，才能聚集“气”场。这样，兴化必将形成“桂楫兰桨”船舶来去，“百货咸来”物流通畅的景象，“名臣壮士，袞然频出”人才不断涌现。“此邦之兴，可计日待也”。

张可立最后还说明，他写这篇记的主要的目的是，将为什么要疏浚城河及实施工程的年代记下来，留给后人参考。

这篇记真实地记录了张可立是经过调研、尊重民意，才疏浚市河的。记有3点值得今人思考：

一是，张可立认为市河水质和水环境与城市的文脉相关。笔者以为是有一定道理的，水生民、民生文、文生万象。一个城市，没有水，固然要消亡。一个城市的水都是断头的河、黑臭的水，人处于这种水环境下，不仅没有可以休闲欣赏水的去处，而且还可能生病。在这种水环境生活下的人，如果都不想去改变它，又何谈文人雅事、名臣壮士呢?

二是，水环境的保护要靠法制、要靠群众共同去管理。张可立推行的这两点，至今仍然行之有效。

三是，张可立对兴化城水系布局，用“风水”学的观点来解释，是客观的，是有一定道理的。张可立肯定了兴化前人的水系布局，因为兴化也确实是人文汇萃的地方。现在城市不断扩张，在规划水系时，也应考虑一些“利于潆洄”“以钟其美”的规划，使水利工程，不仅能服务于人对水物质的需求，而且还要能服务于人对水精神的需求。

张可立在兴化期间，不仅疏浚了市河，还为兴化做了不少好事，兴化有关志书，为其专门立有传记。简介如下：

张可立，字蔚生，福建省福清市人，进士出身，是清康熙十六年（1677）从潼关道（清代为京师官马西路——潼关道专设的官员）左迁（降职）至兴化任知县的。他到兴化后，了解到，兴化明代万历年间知县欧阳东凤，在万历十九年（1591）运河堤防大决时，因兴化屡遭大灾，每次申请减免田赋及开仓放赈，而得不到上级官府批准，就径直越级上奏，言词恳切，虽然个人受到被停发薪俸的处罚，但获得免去以前所欠田赋和改缴粮二万石为缴银一万两的优惠。其后，老百姓虽然稍微减轻了一点负担，但需缴的浮粮，还是太多。直至清代以来，这里水旱灾害频发，虽然受到圣祖康熙皇帝的蠲租减免，但历年积欠仍然较多。上级征收田赋的部门，以国家军用为由，催征亟紧。张可立也曾多次俱牒，上报请求减免，都不获批准。于是，他就亲自到这些相关部门，泣陈兴化百姓之苦，陈之以情，述之以理。终于，感动上级而达到减免陈欠的目的，为兴化老百姓减轻了一大笔负担。他在兴化8年，除了浚市河，还修葺了拱极台、学宫，重修了四牌楼，还置义塚（位于平旺西村北部的“自在庵”，后为郑板桥塾馆遗址——平旺东村九里墩上的义冢和平旺村西北方所建“实以护穷民之冢”的“观音庵”），设药局。特别是在康熙二十一年（1682）至康熙二十三年（1684）组织人员重修了《兴化县志》，纂成了《兴化县节略》送往北京，为编纂《大清一统志》提供了详实的地方史料。他在兴化善政很多，官声较好，后调泰兴兼泰州分司。调走后，兴化人民将他列入名宦祠，以作永久的怀念。

孔尚任治水不成著名剧

（1686—1718 年）

清代，孔尚任因一部脍炙人口的剧作《桃花扇》而名闻天下。泰州在凤城河景区建了陈庵、桃园、扇亭，使人对孔尚任在泰州陈庵创作《桃花扇》剧本有了更多的了解。但却很少有人注意到这一名剧的创作与孔尚任曾参加治理黄淮的入海口水利工程有着密切的联系。

图 5-30　泰州桃园和扇亭

孔尚任从政的机遇

孔尚任（1648—1718 年），字聘之，号东塘，别号岸堂，自称云亭山人，山东曲阜人，是我国古代著名的戏剧家、诗人。他是举世闻名的思想家、教育家，孔子的第 64 代世孙。幼年受教家学，青年考中秀才，其后，虽屡试不中，却能隐居曲阜城北的石门山中，专心致力于孔子的“礼乐兵农”之学。

图 5-31　孔尚任

康熙二十三年（1684）十一月十八日，康熙帝按南巡计划的安排，前来曲阜祭祀孔子，这是清代统一全国以后第一次最引人瞩目的尊孔大礼。世袭受封衍圣公的孔毓沂，非常了解年已 37 岁孔尚任的学问，指定要他参与接待康熙。先由他为皇帝做引驾（导游），后命他以监生身份任侍礼堂讲书官，为康熙及一行随员开设讲座，讲解《大学》。康熙及随行官员听了都很为满意，即命孔尚任伴驾，进京，以不时听宣方便咨询孔学。第二年，康熙又破格授孔尚任为国子监博士。康熙年间的国子监，既是国家教育管理机构，又是国家最高学府。从此，孔尚任以其渊博的学识，开始走上一条坎坷的仕途。

孔尚任与水利

1998 年版《泰州志》大事记中有载："清康熙二十五年（1686）秋，国子监博士孔尚任，协助工部侍郎孙在丰，在泰州治水，结交遗老，写作《桃花扇》"[1]，较为明晰地点出了其"在泰州治水"。孔尚任住宿泰州陈庵时，主要任务是"留守"治水，但又得不到支持，很难开展工作。而他《桃花扇》的创作，却又因其在泰州陈庵里生活，虽穷困潦倒却有较多空闲时间得以完成。

明清易代，战乱频繁，水利失修，黄河数次决口，里下河地区的水患尤为严重。康熙第一次南巡，专门视察黄河、淮河、黄海及里下河的水利，了解到这些地方洪水泛滥，民不聊生，他非常想把黄河、淮河、大运河及里下河的水治理好。就在孔尚任到国子监任职的第二年，江淮水灾又起，决定委派兵部侍郎孙在丰为钦差的治河使臣，孔尚任为其属佐，前往江淮地区治水患，疏海口，以息洪水。

孙在丰（1644—1689 年），字屺瞻，浙江德清人，世居归安（今湖州）菱湖。康熙九年（1670）一甲二名进士，授翰林院编修，又升侍讲侍读、侍讲侍读学士、内阁学士兼礼部侍郎、掌院学士、工部左侍郎兼翰林院学士。孙在丰这位饱学之士，刚接到治河使臣之任，就立即决定亲自前往踏勘黄河、淮河、黄海水情、灾情，孔尚任当然紧随其后。当时，他们还是想有一番作为的，孙在丰得悉朝廷要他主持治水时，写了《将发京师寄家书》一诗，其中有云"小草承恩晖，长依辇路侧。男儿七尺躯，酬恩思裹革。河海晏以清，此志殆不得"，从这里可以看出，他将自己写成沐浴皇恩的"小草"，要努力报效国家，诗末他也称"壮心慰高堂"，可见是想做番事业。

[1] 泰州市地方志编纂委员会．泰州志［M］．南京：江苏古籍出版社，1998.

此时，39岁的孔尚任，是想成就一番事业的。由于在临行辞阶时，康熙“天语劝劳，卿相赞美”，激起了他治水济世的雄心壮志。从北京到泰州的路上，孔尚任的心情十分愉快，认为这是他施展“济世之才”的机会，写下了《渡黄河》“踟躇何计救桑麻，立马堤头唤渡槎。八月荒蒲飞白鸟，孤城落日照黄沙。南开清口分淮少，东阻云梯去海赊。此处源流谁探去，秋风初动使臣嗟。”一诗，诗之开篇云“踟躇何计救桑麻？立马堤头唤渡槎”，颇有一展宏图之志。他到泰州，曾将诗给邓汉仪看，邓汉仪在诗句后写了“愀然有瓠子之感”。“瓠子”系用典，此处非指蔬果的瓠子，而是指河南省濮阳县南的瓠子口在汉武帝时河决，水通于淮河、泗河。后来，群臣将军以下者，皆负薪填河，成瓠子堰。孔尚任陪孙在丰从淮安、宝应、界首、清水潭、高邮、南关坝、车逻坝、昭关坝、邵伯等一路现场查看，后又到泰州、东台等地去察看洪水进入海口情况。作为随员，他都极其认真地作了详细的记录并绘制了草图，备用。踏看后，孙在丰吸纳了孔尚任的建议，上疏朝廷：主张“先治下河”，认为开新不如循旧，筑高不如就低，迤远不如取近。他们的主张得到康熙的同意。孔尚任治河倾注心力、全力以赴，“往来大河、长淮、秦邮、邗沟之中者数十次，海岸湖心，住如家舍”，他写的诗《返棹昭阳，留寄家人》中“枕衾大半近芦花”、《泊盐城》“晓雾漫帆秋被润，早潮平岸夜船移”，都是他当年治水工作的实录。孔尚任跑遍了里下河地区很多地方，《西团记》一文就留下了他的行踪，文中说“西团在泰州东百四十里，西隶于草堰场，所属之灶及所有之草荡，东濒于海”。他说自己“遂率属吏，建旗以聚民事。子来之众，日及八九千，给食程工，坐立泥涂中，饮咸水，餐腥馔，不胜劳且苦，己劳而慰人之劳，己苦而询人之苦……”。正是这种深入基层的调查研究，使孔尚任对里下河的情况有了深入的了解。他们也在沿运河与泰州沿海一带的出海口如白驹、丁溪、草堰等地开工做了一些水利工程。

他们的做法与时任内阁学士、河道总督的靳辅的治河方略不太吻合。靳辅治黄的方略为：“疏以浚淤，筑堤塞决，以水治水，籍清敌黄”，也就是所谓“蓄清刷黄”。靳辅提出：浚河筑堤，束水攻沙，多开引河，量入为出。其具体工程是兴筑若干减水堤，并在堤下开若干开关自如的洞口，洞口外，开河渠放水，既可为运河减压防止决堤，又可自流灌溉农田。但靳辅的主张，却又遭直隶巡抚于成龙的极力反对。于成龙认为，江淮内涝是因洪水入海口不畅而致，只要把出海口理通了，内河洪水会自泻不滞。3人治水思路各不相同。“上令辅会总督董讷、总漕慕天颜及在丰集议”，康熙命他们都回京当廷论辩。“遂会疏用辅议”，最终康熙采用了靳辅的意见。当时朝廷要员，不仅思路各不相同，有派系斗争，而且治河官员的腐败现象也很严重。孙在丰在里下河地区治水的时间并不长，但他争权夺利，中饱私囊，确如他人上疏揭发的“每年糜费河银，大半分肥”。经查实，孙在丰用贪污的治河公款在京购房屋就花费银子五千五百两，后来因为分赃不均，丑行败露，康熙皇帝知道了这件事，认定其“图取货赂，作弊营私，种种情状，确知已久”。康熙二十六年（1687）三月，因“与孙在丰同往治河诸员，未尝留心河务，唯得是图”，于是“撤回差往各官”。这样，孙在丰计划做的和已做的工程就被停了下来，孙在丰也被调回京城，唯将孔尚任留下继续治河。孔尚任落个“留守”治水的差使，在以泰州为主的里下河几个地方一留就是3年。在此期间，孔尚任也曾多次表示自己要以范仲淹为榜样，努力完成朝廷布置的任务。

康熙二十八年（1689），康熙帝第二次南巡。早春二月，康熙想亲自视察下河，他让随行官员先行查看，官员回报称“水陆俱难行，宿顿无所”，于是被迫取消了视察计划。后来，河道总督王新命详述了下河的情况，称“下河形同侧釜，丁溪、草堰、白驹等海口诚泄水要道，自开冈门、白驹二口以来，势虽急趋东下，但深浅不等，尚未一律深通，应速行挑浚。惟目今已属孟夏，伏水将至，白驹一工去海不远，潮水甚大，草堰一工挑过无几，应俟今冬明春水退潮消之日，克期兴作。止丁溪一口去海稍远，臣相度形势，自沈家灶至捞鱼港及丁溪闸下未挑工程，次第先后挑浚。至串场河，为西来诸水汇归，下丁溪、草堰、白驹等河入海之要道，所有应挑三十七里，已乘时趱挑。”他这段话，是对孔尚任在泰州3年治水情况的总结，对研究这段治河历程有参考意义。这次南巡，康熙虽没有到里下河腹地，但还是在扬州视察了河工，他将孔尚任召到“龙舟”，赐予酒席果饼，但这时孔尚任对官场的兴趣已经冷了下来，不久，康熙解散下河局，孔尚任作归京的准备。

孙在丰被罢免回京后，孔尚任济世理想与无情的现状之间差距变得更大。他为治水从京城来到灾区，而面对“俯瞰里外湖，一堤通飞瀑。但见流亡庐，荒础无人扫。何处问游踪，枯骨引鸦噪。登台复登楼，千村哭水涝。”（《登文游台同李松岚、端梅庵、徐夔掳》）的惨状，却无能为力；他面对官场，见到的那些挂着“水部”头衔的官员大吏们，宴请无度，贪污受贿“为问琼筵诸水部，金尊倒尽可消愁？”（《淮上有感》）；他成为治水的“留守”，至多只能发发牢骚而已。作为“百无一用是书生”的一介文人，又能做出什么抗争呢？他治水的满腔热情，被冷酷的现实化为了乌有，他感到郁闷和苦恼。他只能用手中的笔来抨击腐败、痛陈不满。

在“留守”的3年中，孔尚任大部分时间住在泰州。“予出使三年，居海陵者强半”（见《湖海集·山海诗集序》）。

孔尚任在官场上越来越失意，生活也越来越清苦。他原居住在泰州州署内，后因在泰州无水利工程可做，朝廷也就没有经费下到泰州，他成了不受泰州官场欢迎的人，被迫迁居陈庵。而当时的陈庵已破败不堪，只剩下一座“藏经楼”，连围墙也没有。栖身于破庵之中的孔尚任，出无车，食无鱼，一天三餐难以维持，只好减去中午一餐，后来竟然一天只吃一顿，无奈之下，只有向别人索米、乞米、告贷，甚至当掉“朝披夜复足”的老羊裘，来支付仆人的工钱。他在《典裘》诗中说：“自顾披裘人，不合养群仆，环我素衣裳，灯前苦迫促，抱裘典千钱，割爱亦云毒”。

孔尚任与《桃花扇》

在泰州3年多的里下河治水生涯，给孔尚任带来的“副产品”却是出色的，这就是他创作了名剧《桃花扇》。这有3个原因：一是青年时，孔尚任曾听其族兄、回乡闲居的明末遗老孔尚则（方训）讲其在南京时，秦淮河艺妓李香君血溅扇面后，被杨龙友点染成桃花的轶闻。孔尚任有感于此，便想创作一部有关《桃花扇》的传奇故事。二是他在泰州得以会晤了南明史的当事人——名士冒襄，听到他讲述侯方域、李香君的旧事，同时，他还接触了大量遗民诗人，使他对明王朝的灭亡有了更深的认识，这成为他创作的源泉。孔尚任在泰州虽然穷困潦倒，但由于有共同的语言，他与泰州的社会名流、文人学士却交往较密。泰州当时经济繁荣、文化发达，诗名动天下的费密、邓孝威、黄仙裳等和与清政权持不合作态度的冒襄、邓汉仪、许承钦、龚贤、石涛等人皆云集泰州。这时的孔尚任与冒襄等人之间的往来较为密切。冒襄与侯方域同为明末四公子，而侯方域又是《桃花扇》中的主要人物，孔尚任与冒襄交往甚密，冒襄与侯方域交往甚深，从冒襄处所得南明兴亡史料，以及他们之间的谈古论今，“所话朝皆换”，竟秘而不为“门外人道”的内容，自然就成了《桃花扇》的重要素材。三是治河使他从书斋走向实践，对现实社会更为了解，思想发生了深刻的变化。他在给友人的信中说自己“仆阅时事，较当年有天渊之别”，返京前给友人的信更说“仆不日北上矣，大海风波，回头皆如旧梦，愿禳之厌之，生生世世再勿复作”，这些都说明他的思想大大地上了一个台阶。他的《桃花扇》中不仅侯方域、李香君写得生动，其他一些重要人物，如柳敬亭等也写得非常生动，是孔尚任对人物较熟悉之故，这些也都得益于冒襄的讲授，剧中许多人物都是冒襄的朋友。孔尚任对冒襄非常景仰，在致冒襄的信中说“先生云中龙马，海上鸾鹤，望其精神姿采，亦足增人智寿；而况亲为降庭之老，高燕清谈，连夕达曙，如对古人之典册……。”此外，在泰州期间，孔尚任接触最多的是诗人黄云，他在谈到自己与黄云关系时说“义虽友朋，情则亲串矣”，这说明了他们在思想上的志同道合。黄云是重要的遗民作者，在江淮地区有广泛的影响力，又介绍兴化李氏家族的遗民诗人与孔尚任相识，这些人对孔尚任的创作意义重大。游国恩主编的《中国文学史》述及孔尚任“治河期间，他住在泰州，也曾从事剧本的创作”，并引用前人记述“孔东塘尚任随孙司空在丰勘里下河浚河工程，住先映碧枣园中，时谱桃花扇未毕，更阑按拍，歌声呜呜……”，映碧指兴化李氏家族的史学大家李清，枣园是李清住的地方，这里也曾是孔尚任创作和演出折子戏的地方。胡雪冈写的《孔尚任与桃花扇》中说剧本“第二稿是在江淮治河的三年中陆续修改写成的。孔尚任于康熙二十六年（1687）在海陵（即泰州）作的一首七言绝句中写道：‘箫管吹开月倍明，灯桥踏遍漏三更。今宵又见桃花扇，引起扬州杜牧情。’这里‘又见’的《桃花扇》可能是初稿的某几折……诗中的‘杜牧情’是指《桃花扇》试演时在朋友中引起的盛衰兴亡之感”，这种说法现在基本得到大家的认可，地方史专家周志陶先生也论证过《桃花扇》第二稿作于泰州之事。

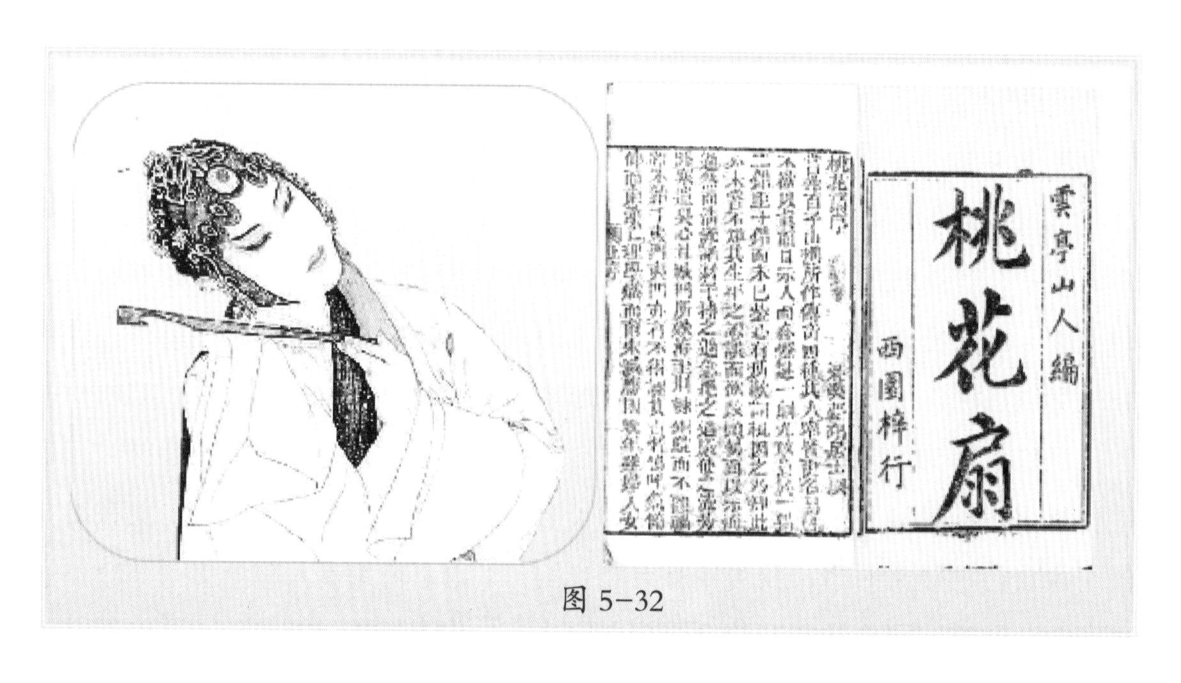

图 5-32

作为一座建筑的陈庵，从兴盛到衰败本不足为怪，但陈庵的变化与写《陈庵记》的作者孔尚任当时的遭遇又是相似的。孔尚任的《陈庵记》与其说是写陈庵的兴废，不如说是记录自己的盛衰经历，字里行间充满了人间冷暖，世态炎凉，不免要让人感慨万分！在这败落的破庵里，孔尚任的“思乡有梦，归朝无期”“茫茫无所之”，却为他的创作提供了充裕时间。人们认为，孔尚任在泰州创作了《桃花扇》初稿，从他寓居陈庵穷困潦倒、无所事事的情况看，当完全是有可能的。

孔尚任在“留守”泰州治水的几年里，时有迁客羁宦、浮沉苦海之感。他亲见河政的险峻反复、官吏的挥霍腐败、人民的痛苦悲号，发而为“呻吟疾痛之声”，成诗630余首，编为《湖海集》。这些作品摆脱了早期宫词和应酬、颂圣之作的不良倾向，较深切地反映了他对当时社会现实的一些认识。

康熙二十九年（1690），孔尚任奉调回京，历任国子监博士、户部主事、广东司外郎。又花了10年功夫，对《桃花扇》三易其稿，字字斟酌。康熙三十八年（1699），52岁的孔尚任，终于写成了《桃花扇》。剧本一经问世，各戏班争先排演，一时轰动京师，誉满京城。次年三月，在没有任何预兆的情况下，孔尚任忽被免职。据说，当年康熙不满意《桃花扇》，或因孔尚任疏于官场，才遭罢官。“命薄忍遭文字憎，缄口金人受诽谤”（《容美土司田舜年遣使投诗赞予〈桃花扇〉传奇，依韵却寄》），从这些诗句看，似也有这次罢官系创作《桃花扇》之因的内涵。罢官后，孔尚任在京赋闲两年多后回乡隐居。

图 5-33

康熙五十七年（1718），这位享有盛誉的一代戏剧家，在曲阜石门家中与世长辞，享年70岁。他的作品还有《湖海集》《岸堂文集》《长留集》等诗文集以及和顾采合著的《小忽雷传奇》等，均传世。他的代表作《桃花扇》，深刻地总结了明亡的历史教训，在戏剧史上具有崇高地位，与《长生殿》的作者洪昇并称“南洪北孔”。孔尚任的剧作与泰州有很深的渊源，很多内容创作于泰州，是泰州这片土地给他提供了丰富的创作素材。

斯人虽去，而剧本《桃花扇》，却成就了他在中国文学史上的不朽地位。

清知州施世纶开浚下河

（1687—1722年）

志载施世纶

1992年版《泰州市农林水利志》载“康熙二十六年（1687），知州施士（世）纶开浚下河”[1]。施世纶是康熙年间全国知名的清官，他被安排到泰州任知州前，已经听说泰州近几年水灾频繁，因此他的上任，可谓奉命于危难之际。《（道光）泰州志》将施世纶也列入了“名宦”篇，传记记载为：“施世纶，字文白，号浔江，晋江人，

图5-34　施世纶硅胶仿真人蜡像　图5-35　《（道光）泰州志》中“名宦”

荫生。康熙二十六年（1687）知泰州。兴教化，勤抚字，绝请托，严察吏役，革除耗羡。州城罹水灾多圮，世纶按行，城市废砖、积灰可用捐俸佽（资）助，民乐趋事，不日竣工。开竣下河，役不累民。时楚警未靖，援剿调兵过泰，世纶先期戒备，盛具刍茭糗粮，闾阎无扰。二十八年（1689）升扬州知府。知府官至漕总”[2]。按《（道光）泰

[1] 出自泰州市农林水利志编纂委员会编写《泰州市农林水利志》1992年。

[2] 泰州文献编纂委员会．泰州文献—第一辑—②（道光）泰州志［M］．南京：凤凰出版社，2014.

州志》“秩官表”看，他到泰州的时间应是康熙二十四年（1685）。现以此传记为主，结合一些其他参考资料，将施世纶在泰州的政绩及在其他地方的口碑，作些介绍。

施世纶（1659—1722年），字文贤，号浔江，清代收复台湾的名臣靖海侯施琅的次子。祖籍河南固始，福建晋江县衙口乡（现为晋江市龙湖镇衙口村）人，因父荫（清代凡现任大官或遇庆典，朝廷给予的照顾为恩荫，由于先辈殉职而给予的照顾为难荫。两种照顾，通称荫生。名义上是入监读书，事实上只须经过一次考试，即可给予一定官职），于康熙二十四年（1685）出任泰州知州。

在泰州期间，施世纶注重教育和文化，常常抚恤和抚养孤残儿童和老弱人等。为人正直，为官清廉，不接受吃请和托请办私。严于管理和考察属下官吏、衙役，办事节俭，革除了不必要的公费支出。

他在泰州期间，由于陡降暴雨，泰州遭受水灾，城墙发生多处毁损、倾塌。施世纶在全城查找可利用的废弃砖头和积存的石灰、积土，捐出自己的薪俸购买回来，用于修理城墙。老百姓知道后，都乐于主动前来帮助修理城墙，没有用太多的时间，就把城墙修复了。

他在任期内，“开浚下河，役不累民”。也就是说，他既开浚了下河的河道，还未影响或辛苦老百姓。

这一阶段，湖北、湖南、陕西、四川等地的“楚警”（可能泛指反清复明的组织）还没有平息，援剿调动的清军经过泰州时，施世纶总是先期就准备好了极为充足的军粮和喂马用的粮草，这样，就可达到虽大兵过境，而“闾阎无扰”老百姓不致受到骚扰。

由于施世纶在泰州期间的这些政绩，康熙皇帝本想把施世纶升迁外地，但因泰州居民挽留，遂就地晋授扬州知府。此后，施世纶历官扬州、江宁、苏州三府知府、江南淮徐道副使、安徽布政使、太仆寺正卿、顺天府尹、都察院左副都御史、户部左侍郎直至漕运总督。

他所任漕运总督全名为“总督漕运兼提督军务巡抚凤阳等处兼管河道”，是总管漕运的官，为正二品。他的主要任务为督促南方各省经运河输送粮食至京师。是年，施世纶57岁。施世纶任漕督时，已经体弱多病，后来又任兵部右侍郎兼都察院右副都御史（一品），于康熙六十一年（1722）五月病故，终年64岁。

施世纶与水利

不管是1992年版的《泰州市农林水利志》，还是《（道光）泰州志》，对施世纶“开浚下河”的事交待得均不太清楚。第一，“下河”可以理解为两种涵义，是指“里下河”，还是指“串场河”呢？第二，清代尚无机械挖河，他既组织了开河，又怎能不累及老百姓呢？

笔者分析：施世纶开浚的“下河”应泛指在“里下河”的一些河道。因为，其时康熙已派兵部侍郎孙在丰和孔尚任前来治水，“下河”是其重点整治的地方，其中也包括泰州的下河地区。孙在丰治理的“下河”是泛指包括淮安、扬州、泰州在内的里下河地区，其中被称为“下河”的串场河是其治理重点。从泰州当时的能力看，是不可能单独去开浚串场河的。另外，施世纶开浚的“下河”，很可能也就是孙在丰和孔尚任治水计划中的部分下河向东排水的河道。也就是说，他所开挖和疏浚的“下河”，是经孙在丰和孔尚任进行了规划和设计、分配给泰州的任务，施世纶对所辖各地进行了出工的合理摊派。由于是国家的治水工程，一般要给予民工一定报酬，所以做到了“役不累民”。孙在丰来治水时，施世纶就写了一首诗相赠，其中有云：“庙咨才几日，淮扬拯溺天。秋鸿回百万，驿骑度三千。节向吴陵驻，心伤海邑悬。胼胝劳梦寐，区画费周旋……”可见他们为治水的事很是操心。施世纶还写过一首《观水》诗反映了他在泰州任内的生活，诗云：“策马临流问筑堤，凄风楚雨度城西。濠梁有客愁新潦，桑柘无人忆旧溪。东望渚田秋未获，南瞻云水暮犹低。三年疲苦为农计，半湿归来踏草泥。”诗中写他为官“疲苦”，为的什么？是为“农计”，治水是为了农人的粮食收成。有一次施世纶到兴化，写下了《舟次昭阳即事》，其中有句“百里惟通舟楫路，孤城四接水云乡。儿童争识劳人面，惭愧哀鸿满地霜”，末句使人不免想到唐代韦应物《寄李儋元锡》的“邑有流亡愧俸钱”诗句，他从兴化回到泰州城后，还写下《之昭阳回感咏》，其中有“地卑连土壤，梦觉异乡河”，地洼患水成了他心中挥之不去的隐痛，为民众谋福利的好官才会如此发声。

施世纶在扬州任上，仍然关心泰州的政事，康熙“三十年（1691）八月，海潮骤涨，泰州范公堤圮，世纶请捐修”。范公堤是范仲淹在泰州时修建的，施世纶不仅申请朝廷批准重修，自己还为修堤带头作了捐赠。其目的还是保泰州一方平安。

施世纶与孔尚任

施世纶与孔尚任这一时期都在泰州，他们之间是一种什么关系？

从相关的记载中我们可以看出，施世纶是一位好官。因他和孔尚任同时在泰州，又都是名人，人们对他们的关系非常关注。孔尚任《湖海集》中的《陈庵记》有一段话，

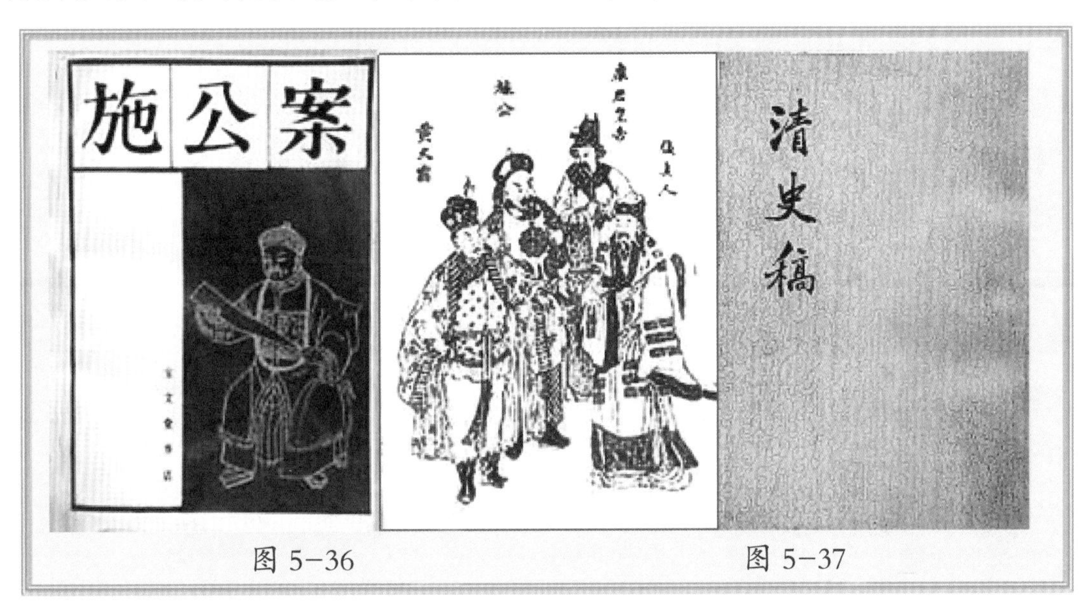

图 5-36　　图 5-37

历来被作为认定施世纶是小人的证据。孔尚任说他刚到泰州“有司为予安公廨，供张衾裯，饮食盥漱之具无不全，旬日之间，数易以新者。渐而怠焉，于其敝也，始易之；渐而厌焉，虽敝亦不复易矣；渐而恶焉，凡所安之公廨及供张之具，新者敝者，悉夺以去。予茫茫无所之，乃僦居于此庵。”尽管没有点名，这段文字中的“有司”就是指的施世纶。查孔尚任的诗，他到泰州的当年，即康熙二十五年（1686），曾有“海陵署中，喜故人周石舟千里来访，不得消息者盖十二年矣”的诗，孔尚任能在衙署以酒席接待朋友“酒尽拂衣起，白騧如乌骓。”，说明孔尚任和施世纶当时关系的融洽，也说明施公是好客的。后来为什么发生变化呢？《清史稿》中有这样一段话：康熙“二十七年（1688），淮安被水，上遣使督堤工，从者数十辈，驿骚扰民，世纶白其不法者治之。”这里的“从者”，是否是指孔尚任的朋友尚难判断，但应该是他的部下，尽管这些人都是有来头的，但施世纶铁面无私进行处理，这正反映出他的清官本色，谁扰民就处理谁。后来，孔尚任的上司孙在丰因为治水不力和贪腐行为，康熙不满，重新换人，原来的班子也就撤销了。在这种情况下，孔尚任虽留在泰州，且对水利又无大的作为，当然施世纶

就不会按朝廷钦差的待遇对他。机构的变化必然影响孔尚任的生活，但我们不应由此而责怪施世纶，施世纶毕竟不能也不应该随便动用国库的银子。

施世纶所到之处，政绩显著，清名远扬。《泉州府志》赞颂施世纶："性警敏，勤于莅事，听断讼狱，摘发如神。他郡有疑案不决者，辄移鞠之。自州牧荐历大吏，清白自持，始终如一。"《清史稿》记载施世纶为官时"民号曰'青天'"称赞他："聪强果决，准抑豪猾（指强横狡诈不守法纪的人），禁胥吏（指官府中的小吏），所至有惠政。" 康熙皇帝也非常了解施世纶，曾说"朕深知世纶廉，但遇事偏执，民与诸生讼，彼必袒民；诸生与缙绅讼，彼必袒诸生。"他被康熙皇帝表彰为"天下第一清官"。卒后，钦赐祭葬。

施世纶凡事皆偏护弱者，这对于抑制豪强是很有益的，这方面民间传说的故事很多，我们读《施公案》，会对其有更多了解，小说可能会有夸张的描写，但史书上说"施世纶廉明爱人，不畏强御"是有充足根据的。后世传说越来越多，施世纶成了一位传奇式人物，清代公案小说《施公案》就是以他为主人公的。

挖淤溪东各河引水归海

（1700—1725年）

清代康熙帝及其下属治水的臣工们，对治理（里）下河的水患灾害提出的治理方法颇多。1992年版《泰州市农林水利志》和1997年版《姜堰水利志》都记有“康熙三十九年（1700），挑淤溪以下河道，引积水归海”[1]。民国《泰县志》所记此事略详，为“挑淤溪以下车儿埠，积水归海”[2]，说明是将“车儿埠”以上这一带的积水，导入海内。

漕运总督桑格下河治水观

在乾隆年间所编撰的《皇朝通典》“卷五　水利上【河工】”中，就记载有康熙及一些臣工们有关里下河治理方面的看法。

康熙三十六年（1697），漕运总督桑格曾向朝廷上疏，认为：（里）下河为泄水入海的地方。自淮安起至邵伯镇计，运河东岸共有涵洞30座、闸10座、滚水坝8座。运河及高邮、邵伯等湖之水田、涵洞、闸坝的出口，分别归入射阳、广洋等湖，可以通至白驹、冈门等口入海。由于（里）下河受水之处甚多，而泄水入海之口现在还很少。上游来水比较容易停蓄在这一地区，（里）下河地区的州县均受其害。“宜疏浚各（海）口，以分水势从之”。讲的就是必须疏浚各归海的河道及入海口，才能

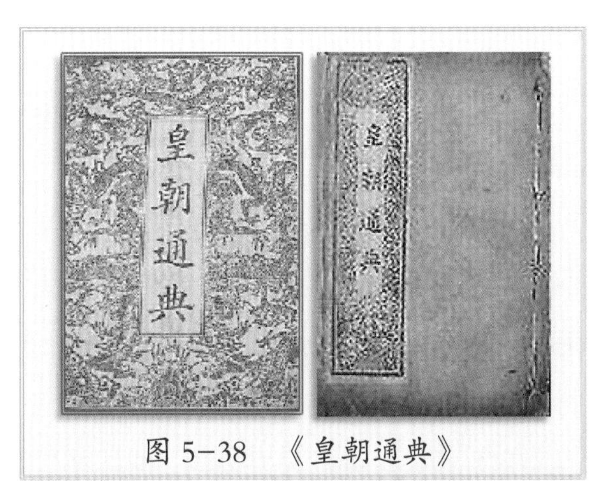

图5-38　《皇朝通典》

[1] 姜堰市水利局．姜堰水利志［M］．苏泰姜准印字97004，1997年，第5页。

[2] 泰州文献编纂委员会．泰州文献—第一辑—④（民国）泰县志稿［M］．南京：凤凰出版社，2014.

将这里的积水排入大海。

康熙三十七年（1698），桑格又向朝廷上疏，提出了具体开浚分水工程的规划方案：

一是修理芒稻河，分高邮、邵伯两湖的水入江。

二是挑挖曹家湾、汤家绊、七节桥等处淤塞的河道，使其通高邮、邵伯两湖，并经芒稻河入江。

三是挑挖车儿埠的滔子河，使泰州所受积水由苦水洋出海。

四是挑挖涧河，分流运河的水进入涧河，再由射阳湖出海。

五是挑挖海陵溪，使高邮方面所受的来水通冈门出海。

六是挑挖车路、白涂、海沟三湖（河），使兴化所受来水由丁溪、草堰、白驹等海口出海。

七是挑挖虾沟、须沟、戛梁河以及朦胧河西淤塞的射阳湖，使高邮、宝应、兴化、泰州、盐城、山阳（今楚州区）等处的水由庙湾出海。

上面所提方案"经部臣议定，如所请行"，即均被批准，逐步付诸了实施。上述方案一、二两项是导淮水向南入江；三、七项是导淮水向东入海。

这一年，朝廷还命直隶巡抚于成龙、河督王新命实地察勘，随时按需派遣旗下壮丁、备足器械、发给银米，去进行挑浚分疏。同时，还组织了劳力，修了清河、子牙河官堤、民堤共一千五百二十余丈（5067 米）。

康熙皇帝治水方略

康熙三十八年（1699），康熙帝第三次南巡，亲自阅视了高家堰等堤，总结了以前对黄河治理的经验和教训，提出的治河上策是：深浚河底，就可使洪泽湖水直达黄河。至于黄、淮二河交汇口子，过于径直，才会导致黄河水常常逆向流而入淮河。要将黄河南岸靠近淮河的堤防，向东延长二三里，并筑实加固。对淮河靠近黄河的堤防，也向东延长，并进行去直改弯、曲线拓筑，使黄、淮两河成斜行汇流。这样，黄河之水，才不至于倒灌进入淮河。他还对臣工们讲：朕自淮南一路详细查看河道（指大运河），测算出高邮以上河水，比高邮湖水高四尺八寸，一直要从高邮流至邵伯，河水、湖水才逐渐相平，必须将高邮的上下堤岸，俱要修筑坚固。有月堤的地方，还要照旧保留好。到了邵伯这个地方，河湖水位相等，合而为一，不必专门修筑隔堤。可将湖水、

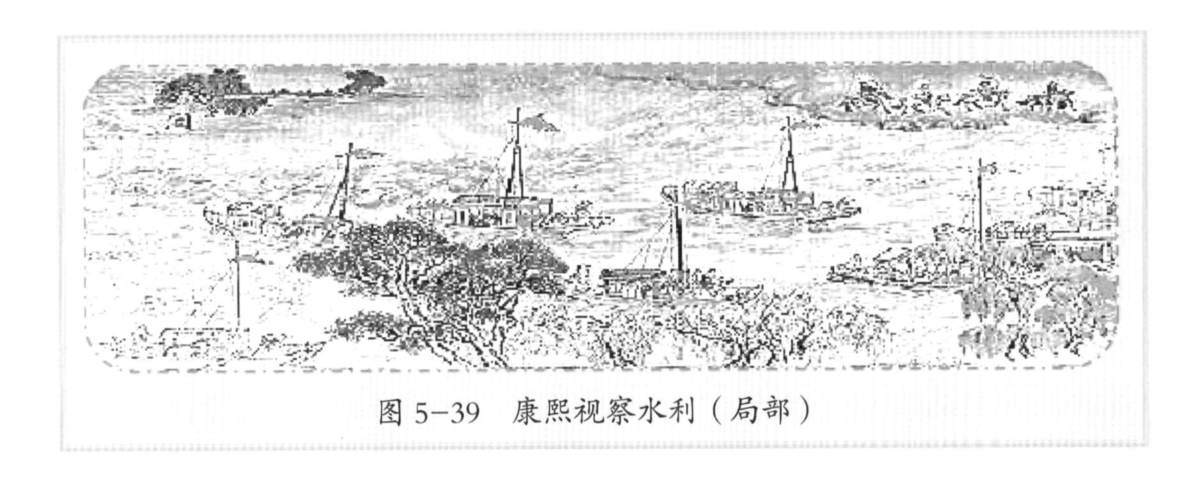

图 5-39　康熙视察水利（局部）

河水俱由芒稻河、人字河，排出归江。他认为，这样，下河就可以不必挑浚大量入海的河道了。这是康熙帝通过踏勘调研后，形成的导淮水入江较近，而入海较远、沿海地高且易不断淤积的印象后，提出的“解除（里）下河水害之要筹，必须疏通入江之道”的治河方略。这个方略，系单纯“固堤”的思想，在他的脑海中占了上风。

康熙还认为，（里）下河灾情严重是开洪泽湖高家堰和高邮、江都大运河堤上的6座减水坝造成的，于是还下旨“上下六坝全行堵闭,疏通海口，广辟清口，大举增筑高堰”。他认为，只要在汛期从洪泽湖、宝射湖、高邮湖等高水由人字河、芒稻河全部南排归江，里下河就可不必开挖河道治水了。其实，这个思路并不完善，诸湖及大运河水单一归江，高水位的河湖堤防压力太大，往往会造成崩堤的更大灾害。

图 5-40　康熙南巡大运河

河道总督于成龙对康熙意见持异议

康熙的这一治河方略，在第二年（1700）确定由新任河道总督张鹏翮开始贯彻实施。首先是拆除拦黄坝，然后深挖黄河入海的主河道。以至使时任河道总督的于成龙，不得不具本委婉上奏“臣往来查看，再四思维，惟将泄水减坝尽改为滚水石坝。水涨听其自漫而保堤，水小听其涵蓄而济运。则运道、民生两有裨益”。于成龙还进一步强调说明“开坝有害（里下河）农田，闭坝有伤堤岸，两相保护，难已。”于成龙奏文中虽未明确写出里下河仍要治理，但其采用坚持建“滚水坝”工程和“伤农田”的道理，旁敲侧击地来说服康熙。聪明的康熙，最终还是吸取了于成龙的意见，并于当年委派和于成龙观点一致、主张入江水道和里下河兼治的张鹏翮，接任于成龙的河道总督一职，以继续推进于成龙的治水思路。

河道总督张鹏翮请治的里下河河道

1700年，张鹏翮任河道总督，正值黄河泛滥，水患连年。张鹏翮悉心钻研治河理论，总结前人经验，深入实地仔细踏勘，提出“开海口，塞六坝”的治河主张和“借黄以济运，借淮以刷黄”的治河设想，采取“筑堤束水，借水攻沙”的做法。康熙对张鹏翮治河比较满意，称赞他深得治河秘要，谕大学士曰：“鹏翮自到河工，日乘马巡视堤岸，不惮劳苦。居官如鹏翮，更有何议？”

康熙四十年（1701），张鹏翮请挑（里）下河虾、须二沟，淤塞之处40余里；挑鲍家庄至白驹，地高水壅之处80余里；挑捞鱼港，淤塞之处80余里；挑老河口，淤浅之处3里有余；挑滔子河，30余里。

张鹏翮所奏请开挖的里下河河道，不少是其时泰州淤溪以下的相关河道。而今，虽然车儿埠、滔子河等名称已变，无法找到具体是哪一条河，但其“使泰州所受积水由苦水洋出海”的出海口“苦水洋”就在现在的东台，是东台近海辐射沙脊群东北部

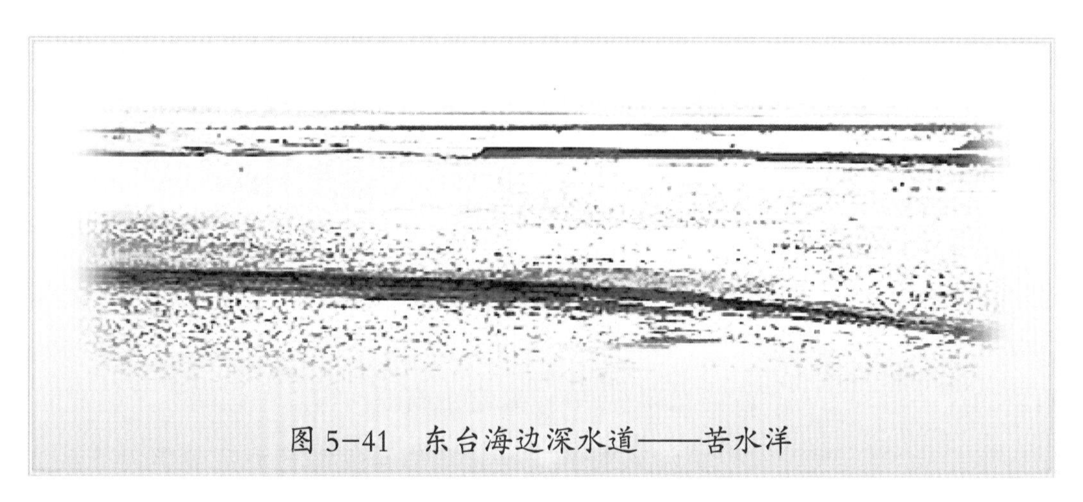

图5-41　东台海边深水道——苦水洋

的一条大型潮流通道，辐聚辐散潮流场，维持了苦水洋的稳定性。目前，苦水洋大部分水深在13.6米以上，是具备建设深水大港条件的近海海域 。

《皇朝经世文编》“卷一百十二，工政十八，江苏水利”篇，张鹏翮在《论治下河》中，比较完整地记述了他治理里下河的思想和做法。

他认为“洪泽堤岸不固，则七十二山河之水，建瓴东注而运堤坏。运堤坏，而江、兴、泰、高、宝、山、盐七州县如鱼游釜底”十分清晰和生动地讲清了洪泽湖大堤、大运河运堤与里下河7个县之间的关系。他还对为什么要开挖里下河的入海河道，作了阐述:“然下河为泄水入海之道。道不通。则泛漫停蓄。亦足为害”。他将确定要挑浚下河排除积水入海，说成是皇上和朝廷的原有想法“上谕，所以有挑浚下河，引积水入海之旧案也”，是比较明智的。这样，才能得到上级和皇上更多的支持。

张鹏翮“惟积水不去，乃筹所以宣泄下河积水之法。”主要分为三路。高邮、泰州、兴化为南路，宝应为中路，山阳、盐城为北路。与泰州相关的南路具体方法为：“于高邮，则自南关大坝下。起（于）拦马河，乞（于）朱三橋，凡三百九十一丈（103米）；又自车逻坝。起（于）拦马河，乞（于）齐家莊，凡三百三十丈（1100米）。各开置引河，汇入运河。径一沟、二沟、三垛，至兴化之海沟河白驹场入于海。泰州则自淤溪至车儿埠滔子河，以入于海，其旧径也。今滔子河凡三十二里，久为盐商閉塞。则引挑，由苦水洋以入海。兴化地最洼，形如釜底。水患视他邑（比其他县）尤剧。则浚海沟河。起（于）鲍家庄，径黄庄至白驹场。凡一万四千四百八十丈有奇（48267米）。而南路之积水消矣”。

张鹏翮还认为，兴化、射阳两地最低，“以运盐河、海沟河为（网）络”“尾闾通，而包络俱畅”。通过这样的治理后，“今下河六七州县。尔宅尔田，各有宁宇。桑麻被野，并海皆青”，百姓便可以安居乐业了。

张鹏翮在文中还进一步提及“尚拟开挑串场河，自泰州以至盐城，径庙湾入海，凡三百里，为商民永利。而范公捍海堤岁久残缺，亦欲大修之”。要彻底解决里下河的问题，还要开挖好泰州到盐城300里的串场河和对年久失修的范公堤进行大修。

张鹏翮还将他的治河经验写成《治河书》10卷，由《中国水利史》列专章介绍，高度评价“这不仅于国计民生贡献巨大，而且就其科学水平，也居当时世界水利工程最先进行列”。

张鹏翮其人

张鹏翮（1649—1725 年），字运青，号宽宇、信阳子，四川潼川州遂宁县人，清代治河专家、理学名臣。

清康熙九年（1670）进士，历任刑部主事、苏州知府、兖州知府、河东盐运使、通政司参议、兵部督捕副理事官、大理寺少卿、浙江巡抚、兵部右侍郎提督江南学政、左都御史、刑部尚书、江南江西总督、河道总督、户部尚书等职，官至文华殿大学士兼吏部尚书。

曾随索额图勘定中俄东段边界，为签订《中俄尼布楚条约》作准备。

1700 年，他任河道总督，主持治理黄河 10 年，治清口，塞六坝，筑归仁堤，开浚（里）下河入海诸水道，著名河臣。

张鹏翮工诗善文，著有《冰雪堂稿》《如意堂稿》《信阳子卓录》《治镜录》《奉使俄罗斯行程纪略》《兖州府志》《遂宁县志》《治河全书》《关夫子志》《三国蜀诸葛忠武侯亮年表》《诸葛忠武志》等书。后人为之辑有《遂宁张文端公全集》。其诗《仙井晴霞》“精灵长傍落星池，散作霞光映日时。节与英名垂国史，魂应绝地享崇祠。松风夜静闻金马，仙井年深见古碑。若使当年身怕死，世间何处有男儿？”写得

图 5-42　二河闸张鹏翮塑像

是何等的豪情。

张鹏翮为官清正廉明，且“不避权贵，人皆惮之”。清代学者赵慎畛《榆巢杂识》卷下载：“遂宁张文端公鹏翮官巡抚，有清望，圣祖褒之为天下第一清官”。江苏省二河闸管理所为“二河始挖者、天下第一廉”张鹏翮制作了全身坐姿塑像。

雍正三年（1725），张鹏翮在任上病逝。谥“文端”，祀于清代贤良祠。

泰兴宋生协开靖江四港

（1712 年）

知县宋生协同开靖江四港

2001 年版《泰兴水利志》又记载“康熙五十一年（1712），知县宋生会同靖江县，疏浚靖江县境内蔡家港、庙树港、石碇港、柏家巷，总长 10560 丈（35200 米）。泰兴出工七成”[1]。早在康熙五年（1666），当时的泰兴知县李馨与靖江知县郑重就协商开靖江 4 港，关于此事的记载中记有“后，年久淤塞”一句。说明其时，靖江东、南两面长江沙洲正处于淤涨之势，相关港道不经常疏浚，乃至对于淤涨的口门就会不断向外加以延长，港道的功能也就会渐渐萎缩。由于这 4 条港属跨行政管辖区域的水利工程，系靖江对泰兴提供的重要排水通道，地处靖江，两地共同受益。按理，双方应共同管理的河道，变成双方互相依赖而缺少管理，变得比靖江的其他相类似的南北向港道淤塞得更快。从泰兴的记载来看，根据 4 条港总计疏浚长度计算，每条港疏浚长度也仅约为 8.8 千米。其中泰兴疏浚 5—6 千米，靖江疏浚 2—3 千米。这几条港长短不等，估计在 16—22 千米。看来，这次疏浚并不是全河段疏浚，只是选择了淤积较为严重的河段进行疏浚。由于泰兴工作量比靖江的工作量要大到 1 倍多，又是境外工程，故泰兴作为水利上的大事，在水利志上记了一笔。而靖江此类工程极多，故未见有此事的记载。

泰兴知县宋生是一位十分关注水利、很有学问的官员。《（光绪）泰兴县志》“河渠”篇有“康熙五十三年（1714），知县宋生巡视诸河”[2]的记载，并在附注中编入其诗《生视河作》一首。诗曰：“百里周迴徧水涯，殷勤田事喜田家。晚风细细垂杨静，隔岸香飘蚕豆花”。从诗中可以看出，这位知县很是关心农业生产和水利，他是在 3、

[1] 泰兴水利史志编纂委员会 . 泰兴水利志［M］. 南京：江苏古籍出版社，2001.

[2] 泰州文献编纂委员会 . 泰州文献—第一辑—⑥（光绪）泰兴县志［M］. 南京：凤凰出版社，2014.

4 月份的春天去巡视河道的。估计，这一年田里长的麦子不错，否则，是写不出“喜田家”“蚕豆花”这样的诗句。

宋生无力应对坍江作文祭江

然而，宋生对待泰兴的坍江就无能为力了，只能作祭文并亲至江边去祭祀江神了。宋生为祭江神，专门写了一篇祭文，并亲自主持祭拜了江神。在人们面对严重的自然灾害而无法抗拒时，祭拜江神、水神、龙王，也是我国历代水文化的一种形式。其文，既反映执政者关心民生的急切之心，又反映其时无回天之力的无奈。现分段摘录并注释如下，以飨读者。

知县宋生以《江日内逼为文祭之》作文，亦称《宋生祭江文》其辞曰：

图 5-43　清代官员祭江神

“维神赞化，维官理民。境内山川，时举祈报，情以分联，礼以义起。古之道也！”祭文第一段，开篇便向江神申述为神与为官的责任。宋生认为，神是因为护佑老百姓而受到百姓的礼拜；官则要为民办好事，才能受到称赞。神主宰境内山川，也要符合这个情理作出变化，自古以来，神与官职责不同，道理一样。

“今兹江畔之民，困于波涛者四十余年。田园荡析，室庐漂没。林木井灶，冢墓邺垄，无不被其啮。”祭文第二段叙述泰兴滨江的老百姓，受江潮和坍江影响已达40多年，这一带很多林木、田园、房屋、墓葬都坍入江中。

“决咸椎心，泣血匍匐而来告，神独不闻之乎？夫，高卑有定，天道之常，享祀佑民，神明之事。奈何，逞尔狂恣，与吾民争斯土地也！”此祭文第三段：“决咸椎心”中的“决”字，既通“决”字，又有“急起貌”和通“缺”字的两解。这里的用典，取自诸葛亮的《出师表》“政事无巨细，咸决于亮”的“咸决”两字，倒装组词，讲的是作为泰兴知县，泰兴这个地方上大小事我都应该管，我了解到坍江之事，心痛不已，只能伏地流着血泪向江神你祈祷，江神总会听到我要讲的话了。你是神、我是官、百姓为民。各有职责不同，神享百姓祭祀，护佑百姓就是你的职责。为何你还恣意发狂，来与老百姓争土地！

“生，一介寒儒，早年学道。莅任二载，惴惴恐坠其有不爱民而营私者，毋济此江！仅以羊一、豕一，加以元圭、明酌（祭祀用的清酒），丹心之献。”祭文第四段，宋生讲自己出身于寒门，通过刻苦学习到泰兴为官已两年，深知百姓之苦，常常害怕有不爱民的人、不祭拜江神或对江神不恭的人出现。今天我亲自备齐一只羊、一头猪、上好的玉以及纁帛（指做纁招用的锦缎绸料，“纁招”又是指招聘隐士出仕。如唐代骆宾王在《上兖州崔长史启》中所写：“籝金味道之子，俟纁帛以弹冠；屑玉含毫之人，望弓旌而翘足。”）等最重、最好的祭拜之物来祭拜你——江神，以表对你——江神之崇拜和对百姓之爱的丹心。

“伏祈，戢怒回澜，返我侵地。维神之惠，即不然其。各安攸处，勿再为虐，亦维神之灵。尚飨！”祭文最后一段说的是希望。通过这次祭拜，我希望江神不要再发怒，最好能返还（指淤涨）一些土地给泰兴。最起码也不要再发生坍江了！

乾隆年间兴化大筑圩堤

（1755—1852年）

有争议的里下河筑圩工程

圩（围）是江淮低洼地区的一种农田水利工程，指筑在田块周围防水的堤，使圩内形成了可以抵御低标准外洪的整片农田。里下河与沿江地区都建有大量的圩堤，泰州境内里下河地区筑圩的历史比沿江要迟得多。2001年版《兴化水利志》记载："1755年（清乾隆二十年）筑安丰镇东北圩。尔后，中圩、西圩、合塔圩、南圩、唐子镇圩、苏皮圩、林潭圩、韩家窑圩相继筑成"[1]。兴化为什么要筑圩？又为什么迟至乾隆时期才开始？

兴化与建湖、溱潼三地，并称为里下河三大洼地，兴化境内现在平均地面高程仅2.4米，全部在平均汛期高水位以下。虽然南宋初期，兴化在县的西部修筑了南北两塘，但因总体地势太低，长期以来，兴化农业生产主要靠千家万户的垛田，人们生活也都在垛子上。此后，历代治水官员也都将包括兴化在内的里下河视为洪水走廊和洪水滞蓄区，对老百姓的农业生产关注得不多。而对这一地区的治水之策，特别是筑圩的争议却颇多。

《（咸丰）重修兴化县志》对兴化筑圩的原因和开始作了一些记载：原来"治水之官，禁民筑圩，恐妨水道"，先交待历史上禁止县民筑圩的原因。"亲民之官，劝民筑圩，以卫田庐""前抚宪（下属对巡抚的尊称）林公（指的就是道光时任江苏巡抚的林则徐），劝筑圩岸。刊刻示喻，剀切（符合事实）周详"。所记讲的就是兴化县民直到林则徐在江苏任巡抚时，刊刻了号召筑圩的告示后，才突破了这一禁区，开始较大规模的筑圩。"邑之兴盐界河北，盐民筑长圩；蚌沿河南，泰民亦筑长圩，均绵亘百里"。事实上，在兴化的北面盐城、南面泰州都筑有百里长圩。"本邑自乾隆十八九年（1753、1754）后，

[1]兴化水利志编纂委员会．兴化水利志［M］．南京：江苏古籍出版社，2001.

叠被水灾，创筑安丰镇东一围”[1]。（该志“建置沿革－详异”篇记载：乾隆十八年（1753）堤决，大水；十九年（1754）雨水，禾尽没；二十年（1755）秋，大水；二十一年（1756）春大疫，秋决堤，大水；二十五年（1760）、二十六年（1761）俱水[2]）。兴化自乾隆十八年（1753）后，8年中就有6年遭遇大水。形势逼人，兴化老百姓为了生存和自保之需。

林则徐号召筑圩

清代扬泰一带里下河地区水灾不断，农田被淹是家常便饭，河臣高斌于乾隆十六年（1751），从乾隆二十年（1755）起，才开始“创”建“安丰镇东一围”。清代称“圩”为“围”，因为“圩”字是多音多义字，这里用的“圩”字就是清代用的“围”，关键是要区别于不交圈的“塘”或“堤”。其后，在“安丰镇东一围”的东面一些低洼的农田也筑了一些圩子，但遇有稍大的洪水“旋筑旋圮”。即使这样，一般秋天大运河才开坝放水，老百姓或有可能因洪水迟来“旦夕”，方能得到“升斗之谷”。

乾隆十六年（1751），高斌首次提出筑圩开沟护田，当时并没得到响应，经官方持久劝勉，才略见成效，但仍未普及。

直到嘉庆年间，由于洪泽湖及运堤经常倒坝，高含泥量的黄淮之水进入里下河，河道淤塞严重，洪涝排泄不畅，里下河地区的农田受灾严重，已无法维持正常耕种。在这一背景下，经林则徐“刊刻示喻”，广为宣传和着力推进，官方驱动，措施得力，

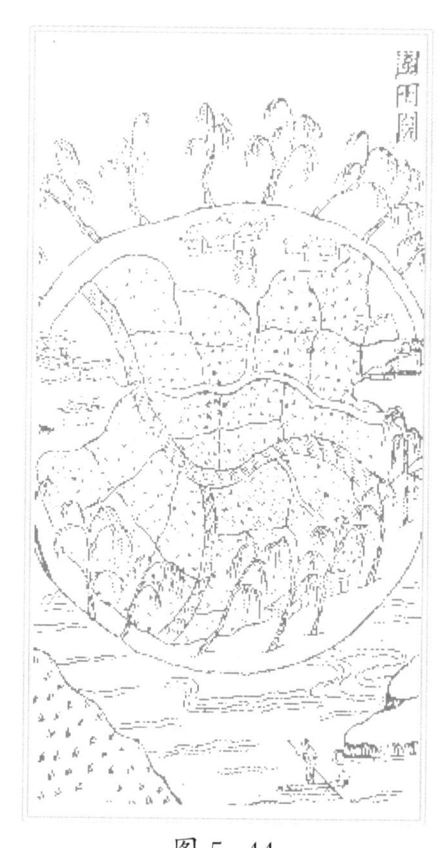

图 5-44

[1] 泰州文献编纂委员会.泰州文献—第一辑—⑧（咸丰）重修兴化县志［M］.南京：凤凰出版社，2014.

[2] 泰州文献编纂委员会.泰州文献—第一辑—⑧（咸丰）重修兴化县志［M］.南京：凤凰出版社，2014.

加之泥沙的淤垫，造成里下河洼地地面也有所提高，为减轻筑堤工作量创造了一些条件，老百姓也希望通过筑圩抵御水灾，以收获一些作物，形成了官民一致的愿望，里下河才兴起了大规模的筑圩热潮。

从乾隆二十年（1755）至咸丰二年（1852），《（咸丰）重修兴化县志》编写近百年这一阶段，列入该志专条记载的还有中围、西围、合塔围、南围、唐子镇围、苏皮围、林潭围、新庄围、韩家桥围等共计10个圩子。其中，对合塔围、新庄围的规模、创筑人员及发挥效益的记载如下所述。如合塔围周长达“百余里”，里面有“庄舍二百余所”。而《（民国）续修兴化县志》的记载又略有不同：

“兴邑之有圩围，昉自乾隆初年，嘉、道以来，筑者踵接。按其部位，在唐港东串场河西、界河南、海沟河北者曰‘老圩’（梁志安丰东北圩）。西邻夹于东西唐港间者曰‘中圩’。再西夹于西唐港、渭水河间者曰‘下圩’。度海沟河而南，东为‘合塔圩’，东抵串场河，西为‘永丰圩’。西迄东唐港，两圩之间，界以横泾河，南境则白涂河，河南在东唐港西者为‘福星圩’（梁志唐子镇圩）。越东唐港而东，为‘苏皮圩’。又东越古子河为‘林潭圩’。又东越横泾河为‘韩窑圩’（又名丰乐圩）。再东越塔寺河迄串场河，为‘新庄圩’。各圩南境为车路河。又咸、同以后，范堤西

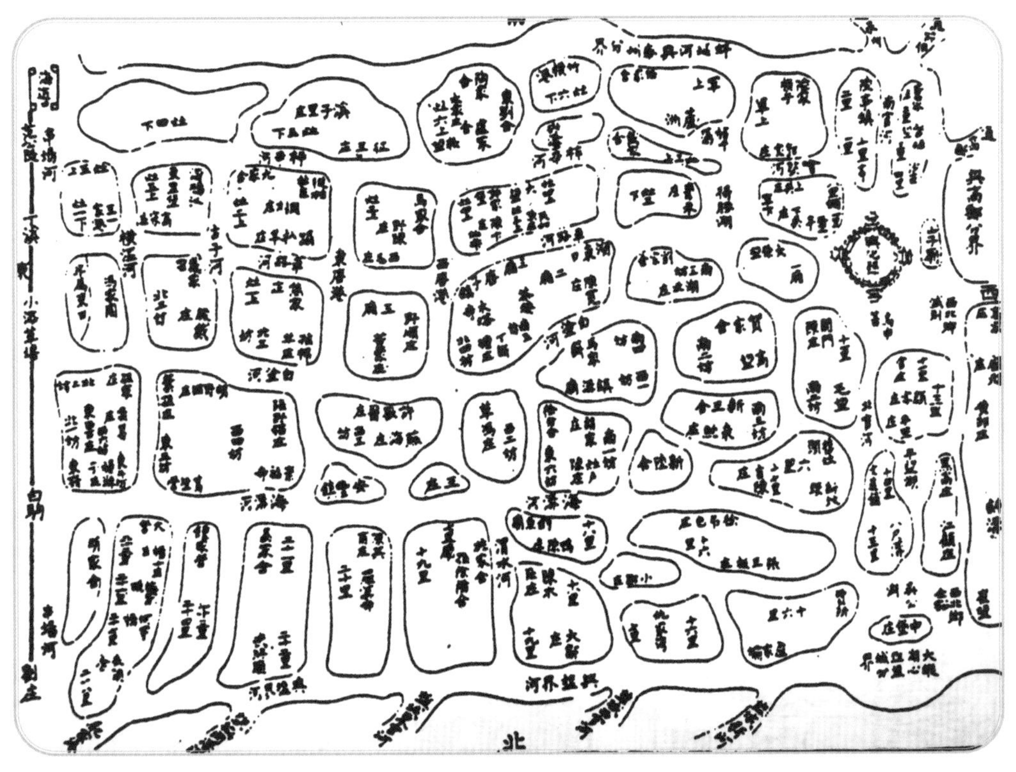

图5-45　从《（咸丰）重修兴化县志》四境全图看兴化水中的圩子

有‘三角圩’(在老圩东北隅,东界串场河、西北抵新河、南濒界河)。范堤东有‘双龙’‘南洼’‘七灶’‘六灶’‘八东’‘八西’等圩。西北乡有‘合兴圩’(合兴圩内有冯家垛、大兴垛、南宋庄、戚家舍，又有南邹庄、周滩口、东旺庄、东沙沟……)”[1]。

综上所述，这一时期，那种能够将村庄田亩都围在其中的大型圩田，大多分布于兴化东部地区。这一地区的前身是古老的射阳湖东部洼地，水稻作业历史久远，是兴化粮食的主产区，由于农业生产的需要，这一地区率先修筑了圩田。其时，兴化其他地区未能形成圩田的主要原因是:兴化县城附近以垛田为主,修筑圩田的地质基础略差,则围田稍迟；兴化西部中堡、沙沟一带有大片湖荡，取土不易，与其筑圩，不如堆泥成垛建造垛田；兴化中部如竹泓、钓鱼、大邹等地，淤高处的地形相对零散，只修筑了一些小型圩田；兴化南部圩南地区，清代尚隶属于泰州、东台，因此不在当时统计之列。东部圩田地区与无圩之田相比，圩田抵御水旱灾害能力较强，遇有水灾，其造成的损失就大为减轻了。自从修成圩田以后，由这一新兴的农田水利工程给农民带来了丰硕回报，绵延近千里的圩堤挡住了从大运河汹涌而来的坝水，形成即使圩外白浪滔天，圩内也能黄云遍野的景象。

清代圩堤的挑筑及管理制度

《(咸丰)重修兴化县志》对当时一些合理的挑筑圩堤的负担规定和形成圩堤后的管理制度作了记述。

建设时,采取了“各围俱按亩派工，分工分筑”的挑筑圩堤的分摊规定及建成后“即分段保(护)守(卫)”较为完善的管理制度。

由于那个时代的局限性，高水位的大运河每到汛期遇有洪涝即开坝放水时，无法通知下河各地,仍造成里下河“坝水骤至”。里下河的圩堤往往“抢护不及，遂拆车毁屋，滋生事端”。圩区的老百姓，为了抢险，临时只能就近拆除一些水车、手推车，甚至房屋的梁、柱等可以用于抢险的物资，用来应急堵口抢险。抑或，还要挖取附近稻田中的土，抢护堤防。事后，这些抢险物资、稻田损失赔偿的“案牍纷繁”，处理不好，

[1]泰州文献编纂委员会.泰州文献—第一辑—⑧(民国)续修兴化县志[M].南京：凤凰出版社，2014.

往往会造成“利民之举，变而病民”；造成在遇到抢险时，老百姓中有“畏葸不前”惧怕的人。为解决这些问题，“明定”了一些“规条”，这些规定主要有：

一是成立管理组织，明确管理人员。

规定大圩子要推选出7—8名“公正、干办（办事干练）、殷实（家中有一定田地、财产）”的人任“总董”。中等圩子推出5—6人任“总董”；每个圩子还要另外选出“段董”十几个人。

二是明确管理人员的职责，各司其职。

“为总董者总理”，各被推选出来的人，集体研究整个圩堤保守的各项事务；“为段董者分理”各自负责所分圩段的保守及相关事宜，并要求被选人员：要“无惮劳”，不要害怕劳苦；要“无避怨”，不要回避矛盾，不要怕人埋怨和不理解；要“同心合力，克底于成”，要确保圩子的安全和汛期抢险的成功，完成保护、守护圩堤的任务。

三是做好汛前准备工作，争取有备无患。

第一要在汛前利用农闲时，对圩堤进行加固；第二要筹集资金，置办一定数量的木桩、芦笆等圩堤抢险物资，分段靠近圩堤堆放。

四是组织防汛抢险，做好两手准备。

汛期“猝（突然）遇风浪”，由董事们率领全圩子年轻力壮的劳力，共同“抢护”。如果遇到特大洪灾，抢护不及而造成破圩，百姓生命财产遭受损失，大家要“各安天命”。

五是制定相关措施和政策，做到管理有章可循。

第一，对汛期中有不法行为的人或汛后难办的事情，准许“董事人率被害人等”到县衙“提究惩治”，强调法治。第二，对抢险中发生出乎意料的事，如有敢“肆行滋扰”的人，可立即提请究办。第三“河下河”即大圩子里的“十余顷或五六顷”的小圩子，对在“同一总匡”大圩子抢险的工费，也要按照大圩内的总田亩分摊，并“协力保守”大圩子。第四，规定加筑大圩，水小时，要在圩外取土，不要损坏民田；水大时，只能在圩内挖田取土，以确保圩堤安全。

规定中还详细解说，如果百亩之圩虽然挖去20亩，还有80亩可以有谷子收。言下之意，如果不挖这20亩地，一旦出险，连其他80亩地也会颗粒无收。如果这些“孤贫小户”的田全被挖去，还要纳“无田之税”，就会造成人心不安。对发生这一情况的，作为圩堤董事，就要“查明被挖田亩，开单呈请勘实”，经上级核查后，按照圩内实际田亩纳粮。秋后，堤董们还要召集大家，研究对被挖去田地的贫困户，给以“量力扶持”，以彰显“同井之谊，亲睦之风”。

以上制度“明订规条”，显然是官府和民间共同协商后的成果。兴化圩田的兴建及建成后的管理显然并非都是民间行为，从“亲民之官劝民筑圩，以卫田庐”[1]的记载也可以看出，这是一项由官府倡导、由民间自行组织实施的农田水利工程。

管水、修圩已成为每年必备的农事

《（民国）兴化县小通志》之《农时篇》记载了一首名为《劝农歌》的民谣，从中可以看出兴化农民的农事活动中，对“栽秧管水”“防水患”“修圩岸”等水事，已列入每年农事的正常活动安排之中：

一月里来小寒到大寒，罱泥垩田莫惰懒。
二月里来立春到雨水，早早春耕泥再罱。
三月里来惊蛰到春分，修车耕垩不宜晏。
四月里来清明到谷雨，耕垩宜了把种撒。
五月里来立夏到小满，栽秧管水防水患。
六月里来芒种到夏至，收麦薅草修圩岸。
七月里来小暑到大暑，修船做场也莫慢。
八月里来立秋到处暑，且割且耕乃好汉。
九月里来白露到秋分，大事耕垩须好看。
十月里来寒露到霜降，农户耕垩犹未晚。
十一月里立冬到小雪，加耕加垩也习惯。
十二月里大雪到冬至，罱泥罱渣好出汗。[2]

[1]泰州文献编纂委员会．泰州文献—第一辑—⑧（咸丰）重修兴化县志［M］．南京：凤凰出版社，2014．

[2]出自阮性传．民国《兴化县小通志》中《农时篇》，南京图书馆（微缩本），未正式出版。

陆元李书南坝北迁呈略

《（咸丰）重修兴化县志》在卷二“河渠”篇里，全文刊载了兴化一般人士陆元李于乾隆二十一年（1756）、任鸿于乾隆二十四年（1759）、杨桐等于嘉庆十一年（1806）所写的有关建议朝廷应该将大运河堤上的南坝向北迁移的《呈略》3篇[1]。其中，以陆元李所写的一篇《呈略》写得较好，陈词清晰，亦较中肯，对了解淮水出海途径和大运河上闸坝建设、运用，以及从站在保护兴化农田不致每次被淹的立场上，对大运河上的闸坝启闭运用会对兴化产生的利与害等方面，陈述了一些较为明晰的观点，值得一读。

乾隆二十一年，陆元李《呈略》南坝北迁
（此标题为笔者所加）原文

“伏读上谕：近江者入江，近海者入海。其近江之路金湾等闸坝以下已无阻碍。至入海之路，兴邑近海而实非其路。自前河院靳北坝南迁，以兴为路，无堤束水，泛溢民田，受害至今。盖以邮南各坝三百余丈之口，深丈余六七尺不等之水，排山倒海下注低洼九尺之区，其田亩尺计寸数之岸复奚存？而泛滥汪洋自邮至兴百二十里，自兴抵场又百二十里。以各闸二三十丈之口，据高六七尺之势，其能宣泄此三百里之汪洋乎？无怪频年大掘范堤以消西水。迨掘堤泄水已是九、十月事，而田务民生获济安在？窃以近海有实在近海之处，入海有易于入海之路，不在邮南，而在邮北。查旧志淮南宝北中间如乌沙、平河、泾河、兴文、黄浦、八浅等处各闸河，今虽淤塞，故址现在。

[1]泰州文献编纂委员会.泰州文献—第一辑—⑧（咸丰）重修兴化县志[M].南京：凤凰出版社，2014.

当全淮水发灌满洪泽湖，即从此十闸宣泄入海。先不至横溢于宝湖，又何至泛滥于邮湖，为漕堤之隐忧而开放邮南诸坝，以汩没兴田也。且夫南北闸之利与不利显然可见者有三：道途有远近，容纳有广狭，被害有大小。北闸路踞宝湖，紧对盐城。淮水将入宝湖即入平泾等闸直趋射阳等湖，以分其势。闸之去湖仅四十里，较涨全淮之水由淮安南下，先灌宝湖，随灌邮湖，从邮南以次尽泄于兴，盘旋曲折历数百里，仍转而之北，从大纵湖以汇于射阳，抵盐之天妃庙湾等口入海，计途何其纡，计时何其久，何如竟从北闸顶直下海，之为捷也。北闸四十里外即为马家荡、广洋、射阳、虾须二沟，湖荡荒芜，鱼虾出入，可容可泄。至南闸下尽属粮田，是北闸灌注以壑为壑，南闸开放以田为壑。至谓北闸四十里亦已成田，然此原系入海故道，因闸淤坝闭而为田，今仍以官还官耳。即以田数计，四十里之被灾与七州县数百里之被灾，孰大孰小？此南坝北迁复旧之计，万世永赖之谟也。”[1]

陆元李写《呈略》背景

要详细了解此《呈略》，首先要了解一下陆元李越级写此《呈略》的有关水利的背景，以及包括兴化在内的里下河之水患主要是由黄河夺淮引起的。

（一）黄河夺淮

历史上黄河、济水、淮河、长江都是独立出海的河流。淮河原来是从现在的响水东南云梯关出海的河流。1194—1855 年，黄河中下游河道多次出现改道，抢占了淮河入海的通道，简称黄河夺淮。黄河夺淮长达 661 年，这一时期，中国经历了宋、元、明、清 4 个朝代。由于黄河夺淮、夺泗，黄河的泥沙淤塞了济水、淮河两河下游，洪水排泄不畅，四处泛滥，使得原本成形的淮河水系出现极大紊乱，导致自然灾害频频发生，或涝或旱。“每淮水盛时，西风激浪，白波如山，淮扬数百里中，公私惶惶，莫敢安枕者，数百年矣。”[2]黄河夺淮，挤占了淮水入海的通道，使得走投无路的淮河，每到汛期如脱缰野马，毫无收勒地在江淮大地上恣意漫浸，不仅给该流域老百姓带来无尽苦难，而且直接危害着国家命脉所系的南粮北调之大运河漕运，为此，朝廷和地方随之而出，

[1] 泰州文献编纂委员会．泰州文献—第一辑—⑧（咸丰）重修兴化县志［M］．南京：凤凰出版社，2014．

[2] 李春国．水蕴扬州［M］．南京：江苏凤凰文艺出版社，2015.

也就启动了长历时的治理黄河、淮河、运河的艰巨工程。

图 5-46　黄河下游河道变迁示意

（二）名臣治理

这一时期，先后出现了贾鲁、潘季驯、杨一魁、靳辅、张鹏翮等功垂千秋的治河名臣。这些治河名臣，先后提出了各有所长的治河方略和技术，如："疏塞并举""分流入淮""束水攻沙""蓄清刷黄""分黄导淮"等。元末工部尚书、著名河防大臣贾鲁采用"疏塞并举"治黄，贾鲁强堵黄河，极其勉强地逼迫黄河之水固定从颍水入淮。明隆庆年间，4次受命治河的水利专家潘季驯奉命治理黄河，他把黄河与大运河交汇处的小湖连接在一起，形成了洪泽湖。他不仅提出"束水攻沙"，并在束水攻沙的基础上，又提出在汇淮地段"蓄清刷黄"治理河道的主张。潘季驯在《河防一览－河防险要》中明确提出："清口乃黄淮交会之所，运道必经之处，稍有浅阻，便非利涉。但欲其通利，须令全淮之水尽由此出，则力能敌黄，不能沙垫。偶遇黄水先发，淮水尚微，河沙逆上，不免浅阻。然黄退淮行，深复如故，不为害也"；明代河臣杨一魁，则提出并坚持"分黄导淮"，他主张"分杀黄流以纵淮，别疏海口以导黄"的治河措施。

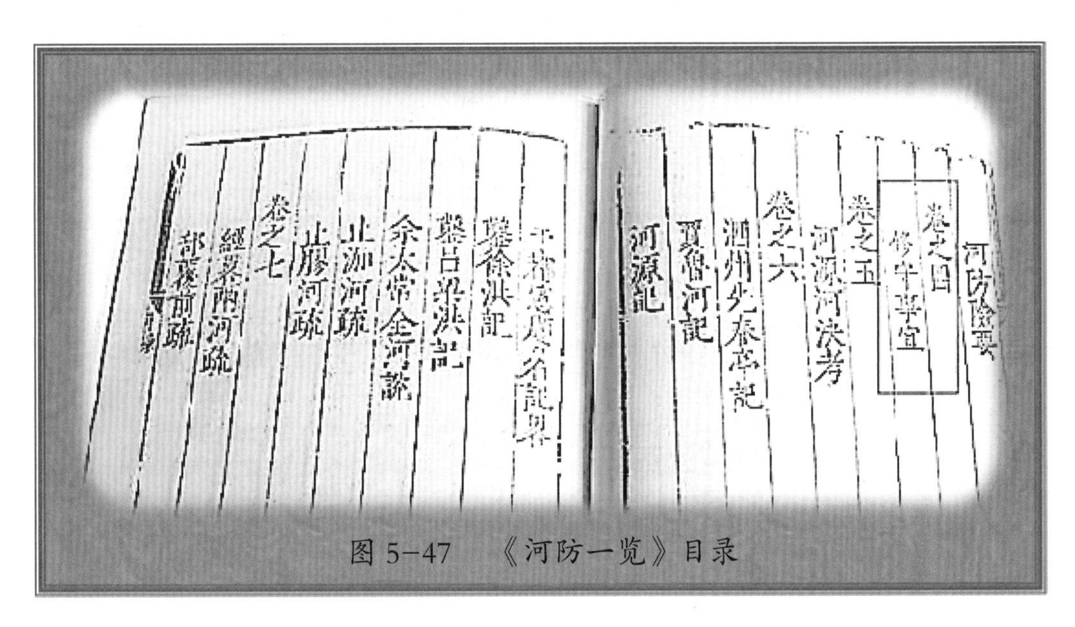

图 5-47　《河防一览》目录

再到康熙年间治河名臣河道总督靳辅，提出“审其全局，将河道运道为一体，彻首尾而合治之”的综合治理之策。人们在为淮河水寻找出路上，形成了“归海”与“归江”两派，并由此诞生了凝聚着治水经验与教训的“归海五坝”和“归江十坝”。其利弊功过，都在水利史上留下了浓墨重彩的一笔。

明万历五年（1577），黄河决口入淮，致洪泽湖湖底淤高，湖面扩大。这一年，高家堰溃决，造成了泗洲明祖陵（位于泗洲城东北12里）遭到水淹。万历帝朱翊钧在张居正的建议下，启用了刚刚升任刑部右侍郎但还未赴任的潘季驯为总理河漕的大臣，并升其为右都御史兼工部侍郎。万历六年（1578），潘季驯总理河道事务，提出“蓄清刷黄”“束水攻沙”的治理方略，大筑高家堰，以期蓄高淮水以敌黄水，“全淮毕趋清口，会大河入海”，并从万历八年（1580）起，不惜“日耗斗金”，用巨资在洪泽湖大堤迎水面加筑石工墙，抵御风浪。潘季驯采取“蓄清刷黄”的治水策略，就是加高高家堰，蓄高淮水，利用洪泽湖的水高于黄河，放清水出清口，用来冲刷黄河新河道及入海口，以保持运道的畅通。高家堰加高以后，洪泽湖水位抬高了，收到了束水攻沙的效果，却未能解决明祖陵被淹的问题，潘季驯也为此而丢官。万历十九年（1591）

图5-48 《鸿雪因缘图记》完颜麟亲历破坝泄洪

泗洲大水，不仅城中居民被淹，而且淹及明祖陵；万历二十年（1592），泗洲城中水深3尺，再淹明祖陵；万历二十一年（1593）洪泽湖水位又急剧上涨，明祖陵的安危，令万历帝十分不安。为救祖陵，万历帝派给事中张企程勘淮。张企程提出分黄导淮的主张。一是导淮入江。开周桥分水注草字河，疏通高邮湖入邵伯湖，开挖金湾河至芒稻河入江。二是引淮水两路入海。其一，由子婴沟入广洋湖达海；其二，开武家墩入济河，由窑湾闸出泾河，从射阳湖入海。万历皇帝见此方案“大悦”，同意实施。万历二十三年（1595），杨一魁继任总理河道，改用“分黄导淮”的方略，从桃园开挖300里黄坝新河，分黄入海；在高家堰上建减水坝，分淮水（经里下河地区）入海；又

图5-49　洪泽湖1966年枯水期时，清理出的明祖陵石像

开高邮茆塘港、邵伯金家湾，导淮入江。淮水无论入江还是入海，都要经过或穿过大运河，从此，苏北大运河一线，再无宁日！

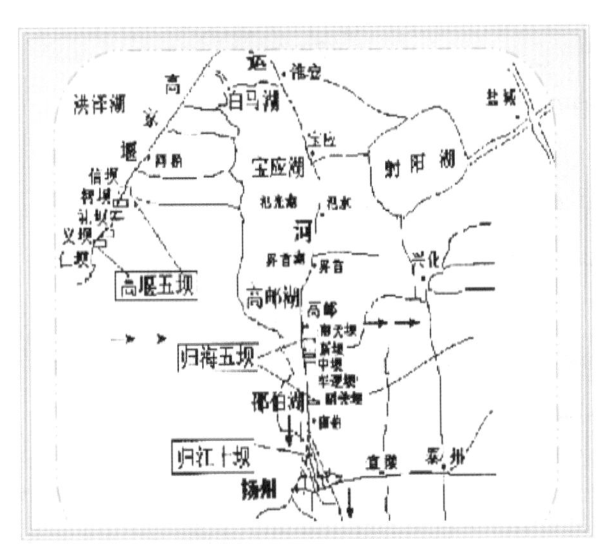

图5-50　清代淮水归海五坝位置示意

清初，为保漕运，河臣们继续沿用“蓄清刷黄”，再次加高高家堰。“蓄清刷黄”虽一度保持了运河的畅通，但长期以后事与愿违，不但不能扭转河床的淤积，还造成洪泽湖底不断淤高。大水年份，洪泽湖的水位要高出高邮湖、宝应湖水位7米左右，高于里下河平均地面13米左右，对里下河一线的威胁越来越大。洪泽湖堤一旦决口，便冲决运河，造成了清康熙六年到十五年（1667—1676），里下河连

年水灾。江都西堤崇家湾等处决口，对兴化影响最大的高邮清水潭一处，就先后决口 5 次，洪水直射里下河 7 个县 13500 多平方千米，造成汪洋一片，哀鸿遍野。数河臣累堵，均劳而无效。康熙帝面对清水潭频频决口的惨景，只能罢去河道总督王光裕的官，以平民怨。康熙十七年（1678），又调安徽巡抚靳辅为河道总督。靳辅治河 11 年，主要是堵决口、浚河流，兴修两岸千里长堤，并在黄河南堤、洪泽湖大堤、运河东堤多处建造分洪减水的归海闸坝。靳辅于清水潭避深就浅，绕开原河开河道，改筑东西堤与旧河相接，堵塞了清水潭，名为永安新河。从康熙十九年（1680）开始，为解决淮水出路，保护运河漕运，靳辅采取“引鸩自杀”的办法，决定以牺牲里下河为代价，建通湖 22 港和在从宝应到江都的大运河东堤上也新建了 6 座减水坝、修理加固了 2 座减水坝。这归海的 8 座坝，建的都是土底（基）草坝。靳辅治河 23 年（1670—1692 年），结果是黄河河床不断淤高，黄淮运等河的水位日益抬高，洪泽湖大堤不断延长、加高、加固，还花了很多人力、物力，修建了洪泽湖大堤的石工，增建了归海闸、归江坝，使准水不断分流入江入海。其后 20 年，经张鹏翮改建为南关坝、五里中坝、柏家墩坝、车逻坝和昭关坝等 5 座石滚水坝（后柏家墩坝废，别建南关新坝），称归海五坝。归海坝经多次改建，一直使用，清咸丰后仅剩下南关坝、南关新坝和车逻坝 3 座。每当

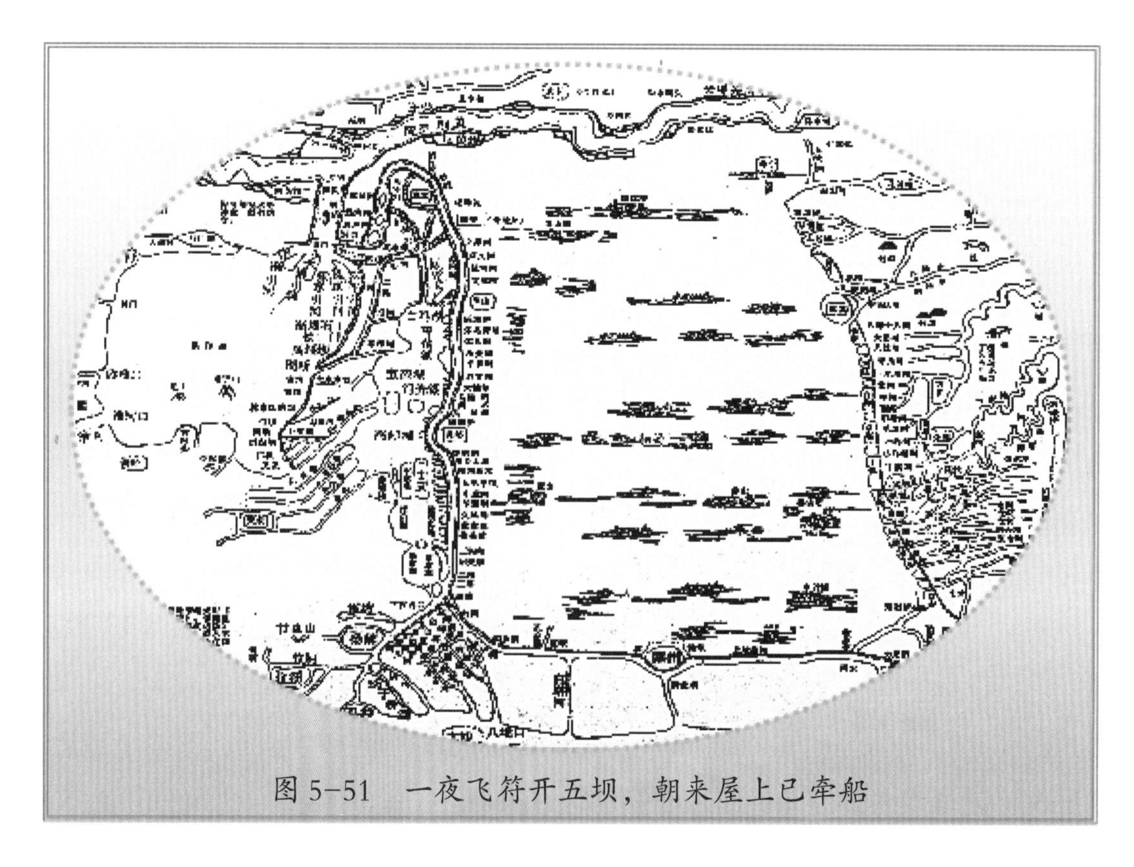

图 5-51　一夜飞符开五坝，朝来屋上已牵船

淮河发洪水由洪泽湖溢洪闸坝排入里运河时，就打开归海坝，下泄洪水到地势低洼的里下河地区，这一举措名为从里下河归海，实则由于没有配套建设相应的能满足排水入海的河道（靳辅治黄曾建议开一条宽大水道，两岸高筑堤防，未能实行）。归海五坝与高堰五坝较准尺寸，相为表里。坝水经里下河入海，俗称归海坝，相对于高堰五坝，位于下游，又称为下五坝。高邮夏宝晋曾写下“一夜飞符开五坝，朝来屋上已牵船。田舍漂沉已可哀，中流往往见残骸。”可见归海之坝，名为归海，实为将水都放入了里下河的大片农田村庄之中。

咸丰五年（1855），黄河在河南兰阳（现兰考）铜瓦厢决口北徙，虽结束了黄河夺淮的局面，但一到汛期高水位时，淮水自动通过运堤诸坝先漫流里下河，再经范公堤诸堰、闸入海，整个里下河地区，连年都变成水府泽国，汪洋一片，饱受灭顶之灾，直到 1949 年以后根治淮河，才消除了因黄河夺淮而造成的里下河水患。

康乾两帝重视治理黄河、淮河、运河水患。运河漕运，国脉所系。自唐以来，历代统治者都毫不含糊地将其视为“一代之大政”，治国安邦之大计，极为重视对其的治理。明代为保漕船由江达淮，兴建仪征、瓜洲水运枢纽。清代康熙、乾隆两代皇帝，则采取一次次御驾南巡的方式，把治水决心与方略贯穿始终。

图 5-52　康熙御驾南巡（局部）

康熙在位 61 年，分别于 1684 年、1689 年、1699 年、1703 年、1705 年和 1707 年，连续六次南巡，主要目的之一就是治河、导淮、济运。他每次南巡都到黄河、淮河、运河等水利工地视察水情、工情。据《清史稿》记载的康熙南巡日程行踪中，曾有两次直接涉及泰州范围内的事宜。一是康熙二十三年(1684),他第一次南巡,十一月“初六,康熙帝舟泊江都县邵伯镇,以解决高邮、宝应水患需疏浚入海故道,命吏部尚书伊桑阿、工部尚书萨穆哈往海口详勘。伊桑阿等起程赴泰州、兴化、临城等处勘察。”二是康熙四十六年（1707）五月初二，康熙帝在南巡回程途中就治河形势及方略,有言:“清口湖水七分敌黄，三分济运。今应将大墩分水处西岸草坝再加宽大,使清水多出黄河一分,少入运河一分,则运河东堤不致受险”“又于蒋家坝开河建闸,引水田由人字河、

图 5-53　康熙南巡（局部）

芒稻河下江，新修五里滚水坝由下河及庙湾（港，即泰州—庙湾的济川河）等处入海”。他每次南巡都亲自查询水灾、督办水利，布置治理方案，决策导淮入江大计。《清史稿》记载的康熙南巡日程行踪，每次都有大量“阅河工”的事实，其主要内容包括4个方面：一是视察了解运河工程的整体情况；二是重点查看险情段的闸、坝与河堤；三是与河臣讨论治河方略，有时还亲自“指授治河方略”；四是“慰劳役夫”“询耆老疾苦”。

图 5-54　康熙南巡“阅河工”

他曾亲自深入沿岸了解灾情和民生情况，六次南巡中，第一次南巡，“康熙帝乘舟过高邮、宝应诸处，见民间田庐多在水中,乃登岸步行十余里视察水势，召当地耆老详问致灾之故,并命江南江西总督王新

命筹画浚水通流”；第三次南巡，他“亲自乘小船到高家堰下查看水情”，他因亲眼看到计划中的挖河工程，会大量毁坏百姓“庐舍坟墓”，而下令改道。以上这些，与其说康熙是一个皇帝，不如说更像个敬业的河工总督。

乾隆皇帝登基后，也效法其祖父康熙六下江南，分别于1751年、1757年、1762年、1765年、1780年、1784年的春天南巡。他以乃祖康熙为榜样，也把河工海防作为六下江南的主要任务。江苏、安徽、浙江经常发生水灾，乾隆七年（1742），黄河、淮河同时涨水，江苏、安徽的海州、徐州等府50余州县“水灾甚重”，灾民多达700万—800万人。

图 5-55　清高宗实录

他在御制《万寿重宁寺碑记》和《南巡记》里反复强调：“南巡之事，莫大于河工。”“六巡江浙，计民生之最要，莫如河工海防。”“临幸江浙，原因廑念河工海塘，亲临阅视。”这些并非虚语。《清高宗实录》记载，乾隆六次南巡期间，对黄河、淮河的河工和浙江、江苏的海塘，他下达了数以百计的上谕，指示治理，完成了多项工程，乾隆在河工兴修规模之大、投入财力物力人力之巨、兴修时间之长方面，可以称为古今第一的帝王。以经费而言，每年河工固定的岁修费，就多达380余万两，约占朝廷“岁出”总额数的十分之一还多。他还亲自参与过问金湾河的引河拓宽和闸坝改建。这些工程对减少洪灾、保护百姓田园庐舍和生命安全，起了不可抹煞的重大作用。在乾隆四十九年（1784）的御制《南巡记》里，他对多年大兴河工的情形作了总结，主要做了四大工程。第一项大工程是定清口水志（水深测量技术中标记），加固高家堰大堤，在一般年景时，基本上保护了淮安、扬州、泰州、盐城、通州等富庶地区免受水淹。第二项大工程是陶庄引河工程，在陶庄开挖一条引河，宽80～90余丈，长1000余丈，深1丈余，以

图 5-56　乾隆题书

防止黄河河水倒灌清口。引河开成以后，解决了“倒灌之患”。第三项大工程是历时三年，花银数百万两，在浙江老盐仓一带修建好了鱼鳞石塘4100余丈。第四项大工程是用了三年多时间将钱塘江范公塘原有的土塘，添筑改建为石塘，对保护沿海百姓生命财产安全，起到了重大作用。五六十年以后，钱塘人氏，嘉庆时举人，昭文、全椒等知县陈文述对比当年海塘利民和海塘失修灾害加剧时，有感而作《议修海塘》诗说：

叹息鱼鳞起石塘，当年纯庙此巡方。

翠华亲莅纾长策，玉简明禋赐御香。

列郡田庐资保障，万家衣食赖农桑。

如何六十年来事，容得三吴骇浪狂。

另外，《南巡记》里还提到将高家堰的三堡、六堡等原来用砖砌的堤一律改为石堤，徐州城外添筑石堤直至山脚。仅据《清高宗实录》的记载，六巡期间，乾隆对黄河、淮河的河工及浙江、江苏的海塘，下达了数以百计的上谕，指示治理，动用了几千万两帑银，完成了多项工程，对减少洪灾、保护百姓田园庐舍和生命安全，起了不可抹煞的重大作用。

解读陆元李《呈略》

了解了上面的情况，再看一看陆元李所写《呈略》，对其良苦用心就可有所了解。

乾隆一生六次南巡中，有五次视察了黄河、淮河、运河治水工程，四次巡视了浙江的海塘工程。对有关水利方面的“上谕”，不少定会传达到地方。陆元李在《呈略》开头，首先就把乾隆皇帝讲的有关黄河、淮河治理方针亮了出来“伏读上谕：近江者入江，近海者入海”。由于康熙主政时期，对里下河水患提出的治理的指导方针就已经是：“解除下河水害之要筹，必须疏通入江之道”，通过河臣和地方上共同努力，已完成了开挖月河、建滚水坝、加宽芒稻西闸……等淮水入江的通道工程，使入江口门比明代末年增加了一倍以上，宽达57丈，故陆元李接着话锋一转，直接把淮水之出路现在的情况作了反映“其近江之路金湾等闸坝以下已无阻碍”。并直接切入本《呈略》要呈述主题的背景情况及目前不当的治水方法含蓄地点了出来：“至入海之路，兴邑近海而实非其路”指出淮洪入海之路，虽然兴化靠近海，但兴化并无宣泄洪水的通道。

“自前河院靳北坝南迁”，指靳辅及张鹏翮将原在北面所做的几个泄洪用的滚水坝，南迁到高邮以南（本呈略所指南坝），“以兴为路，无堤束水，泛溢民田，受害至今”。以兴化作为宣泄洪水的地方，由于兴化在洪水经过之处，从未筑过堤防，不能束缚洪水归漕，只能让洪水任意漫溢，造成百姓受害遭殃。一针见血地点出了靳辅及张鹏翮所做南坝水利工程的弊端：“盖以邮南各坝三百余丈之口，深丈余六七尺不等之水，排山倒海下注低洼九尺之区，其田亩尺计寸数之岸复奚存？”以高邮南面大运河东堤上各坝口总宽达 300 多丈，从高达 1 丈至 6 尺或 7 尺不等的高处将水排山倒海下注到仅有不到 1 尺高岸埂的里下河农田里，这些地方如何能挡住高出岸埂 9 尺深的洪水？“而泛滥汪洋自邮至兴百二十里，自兴抵场又百二十里”只会造成了从高邮经兴化到达盐场计 240 里的大面积的汪洋一片。“以各闸二三十丈之口，据高六七尺之势，其能宣泄此三百里之汪洋乎？”而在兴化东面的范公堤上，各闸的出水口，加起来也不过 20 ~ 30 丈，根本无法排出这 300 里汪洋中的洪涝之水。“无怪频年大掘范堤以消西水”，不能怪罪年年只好掘开范公堤，来排放从西而来的洪涝之水。“迨掘堤泄水已是九、十月事，而田务民生获济安在？”而要掘开范公堤，还必须等到（防止海水涨潮倒灌，要等海潮退到地面以下）九月、十月的时候，几个月泡在水里的庄稼、房屋还有什么用？老百姓又怎么过？

“窃以近海有实在近海之处，入海有易于入海之路，不在邮南，而在邮北”陆元李称：据自己了解，按皇上“近海者入海”的方针，另有近海的出水之路，这条能让洪水更易入海的路，不在高邮南面，应在高邮北面。在此，陆元李在《呈略》中介绍了北坝的情况。“查旧志淮南宝北中间如乌沙、平河、泾河、兴文、黄浦、八浅等处各闸河，今虽淤塞，故址现在。”从以前的志书中可以了解到，在淮阴（今淮安）南面，宝应北部原有乌沙、平河……等 10 个闸及配套的宣泄洪水的河道，虽然现在已经淤塞，但河床等旧址仍然存在，只是清淤问题。“当全淮水发灌满洪泽湖，即从此十闸宣泄入海。先不至横溢于宝湖，又何至泛滥于邮湖，为漕堤之隐忧而开放邮南诸坝，以汩没兴田也！”如果修好、用好宝应北部的闸和挖浚各闸所配套的泄洪河道，一旦淮河流域发大水，在灌满洪泽湖后，可先开这 10 个闸，从这些河道中泄洪入海，洪水就不会南下宝应湖，更不会增加高邮湖的压力，则也就不用为担心大运河堤的安全而打开高邮南面的诸闸，去淹没兴化的田地了。“且夫南北闸之利与不利显然可见者有三：道途有远近，容纳有广狭，被害有大小”。运用南或北闸排泄淮洪，其利弊可从 3 个方面来分析。一是泄洪入海水路的远近、二是容纳洪水的地方有多少、三是接受洪水的地方产生灾害的大小等。“北闸路踞宝湖，紧对盐城。淮水将入宝湖即入平泾等闸直趋射阳等湖，以分其势。”北面各闸离宝应湖有一定距离，东面直接对着盐城，在淮洪未进宝应湖之前，即可从平河、泾河等闸直接放至射阳等湖，这样就可以削减了淮水之来势。“闸之去湖仅四十里，较涨全淮之水由淮安南下，先灌宝湖，随灌邮湖，从邮南以次尽泄于兴，盘旋曲折历数百里，仍转而之北，从大纵湖以汇于射阳，抵盐之天妃庙湾等口入海，计途何其纡，计时何其久，何如竟从北闸顶直下海，之为捷也。”这一段谈的是洪水行程的远近。宝应北部的这些闸，距射阳湖仅 40 里，从北闸泄洪路近，比让洪水由淮安南下先灌满宝应湖，再灌满高邮湖，从高邮的南闸依次将水排进兴化，曲折经数百里，折而再向北经大纵湖再汇入射阳湖，经过盐城天妃、庙湾等港再排入大海要快得多。“北闸四十里外即为马家荡、广洋、射阳、虾须二沟，湖荡荒芜，鱼虾出入，可容可泄”。《呈略》接着比较两地可容蓄洪水的地方。文中介绍从北闸泄洪，其下游有面积较大的湖荡和河道，可直接滞洪和排水。“至南闸下尽属粮田，是北闸灌注以壑为壑，南闸开放以田为壑。”而从南闸泄洪，其下游皆是粮田。北闸泄洪，其下游本身就以前行洪入海的通道，而从南闸泄洪，是把良田变为沟壑去排水。“至谓北闸四十里亦已成田，然此原系入海故道，因闸淤坝闭而为田，今仍以官还官耳。”至于有人讲的北坝下游

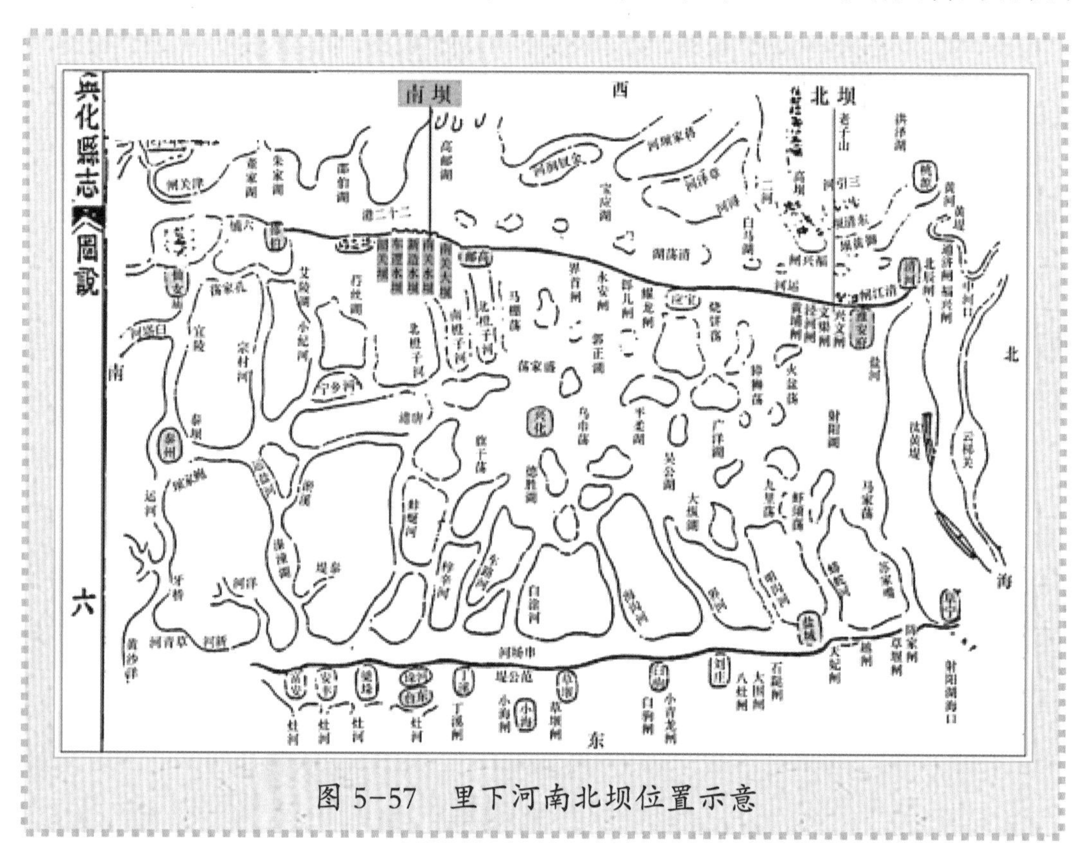

图 5-57　里下河南北坝位置示意

也有40里的地方已成农田，乃误传。这些农田，其实都是长期淤积、未开挖疏浚而导致百姓去开垦变成田的入海故道。这是当官不作为造成的，应由当官的重新规划解决。“即以田数计，四十里之被灾与七州县数百里之被灾，孰大孰小？”接着文章用北闸泄洪淹没面积仅40里地和南闸泄洪要淹没7个州县数百里地作比较的“孰大孰小？”的反问句结束了《呈略》说理的正文。“此南坝北迁复旧之计，万世永赖之谟也。”，陆元李最后画龙点睛地提出他这一呈文所提的策略并说明此为万世可以依赖的长久之计。《呈略》写于“乾隆二十一年（1756）”。

陆元李，字联郭，号缄斋，江苏兴化人，庠生（古代学校称庠，故学生称庠生，为明清科举制度中府、州、县学生员的别称）。善书法，《皇清书史》卷三十对其书法的评价为：“书瘦硬通神，擘窠尤善”。由于陆元李不是搞水利的，不可能了解更大格局的黄河夺淮造成的治理难度，这篇《呈略》，只是从局部的情况去作的分析，自然不会为朝廷采纳。但作为一位基层的书法写得很好的普通知识分子，能如此不辞辛劳，了解情况，关心水利，关心家乡，敢于向朝廷提出建议，甚是难得，至少为从一个侧面让统驭者、决策者了解到基层的情况，即使现在，也值得提倡。

魏源誓死阻开大运河坝

（1794—1857年）

当过兴化县令的魏源，在兴化的志书中并未为其立传，这位对我国海疆有专门研究，被世人誉为在清代少有能“睁眼看世界”的人，在百姓口碑中流传有“魏公稻”之故事，却与水利有关。

“睁眼看世界”的魏公任官迟

魏源（1794—1857年），湖南邵阳人。他至道光二年（1822）30岁才中壬午科举人第二名。但他的才学已为官场所知。道光五年（1825），受江苏布政使贺长龄之聘，辑《皇朝经世文编》120卷；又助江苏巡抚陶澍办漕运、水利诸事，撰《筹漕篇》《筹鹾篇》和《湖广水利论》等。

图5-58　魏源塑像　　　　图5-59

道光二十年（1840），鸦片战争爆发。由于战事的失利，魏源悲愤填膺，爱国心切，愤然弃笔从戎，于道光二十一年（1841），入抵抗派将领——两江总督裕谦幕府，到定海前线参谋战事，直接参与抗英战争，后又见清政府和战不定，投降派昏庸误国，愤而辞归，立志著书，于1842年写成50卷的《海国图志》。魏源在《海国图志》一书的序中，讲得非常清楚："是书何以作？曰：为以夷攻夷而作，为以夷款夷而作，为师夷长技以制夷而作。"他于道光二十七年（1847）—道光二十八年（1848）又将《海国图志》增补为60卷本，刊刻印制于扬州；到道光三十二年（1852），又扩充为百卷本。这是中国近代史上最早的一部由国人自己编写的有关西方国家的科学技术和世界地理历史知识的巨著。

做官为民抢收新谷

道光二十四年（1844）甲辰，51岁的魏源再次参加礼部会试，才得以中进士，以知州用，分派江苏，任东台、兴化知县。

1849年，他56岁，出任兴化县令。在任时对防治河患、兴修水利一直十分关注，所到之处，首先踏勘水系，探查水势，研究水情。故他在赴兴化任前，已对兴化及周边的河情、水情有相当了解。

魏源是六月到任兴化的，时值大雨，他为救下河7县人民的生命财产安全，誓死保坝，虽得罪河督杨以增，却受到人民的爱戴，蜚声江淮。以往，运河河督唯恐水大破堤获罪，总是一遇雨涝，不管里下河地区的农情、民情，就立即开启沿运河各坝，向里下河泄水，往往造成兴化、泰州等多个州县的农田或受渍减产，或淹没颗粒无收。魏源到任后第四天，根据连日暴雨的情况和兴化百姓的疾苦，一面主动集结农民和士兵去高邮日夜坚守直接影响兴化安危的运河堤上的5个闸坝和维护境内泄洪河道的堤岸，一面连夜赶往扬州，到已升任两江总督陆建瀛的行署击鼓求见，建议火速同时开启从清口（今淮安）至邵伯沿运河东堤上的24座闸，分泄洪水，以削洪峰，略减5坝的压力。并提出，如洪水持续上涨，一定要开坝分洪，亦望能坚持到新谷登场后再开。陆建瀛问明来意后答复："可保则保，毋许擅开"。于是魏源即返高邮，率众坚守东堤，坚持护堤保坝。然而，当时主管运河的河官，仍然不听，于是，魏源便伏堤哀告，以死相争。直到陆建瀛亲自到坝上驻扎，守坝至立秋后才开启泄洪。下河州县新谷已得以登场，百姓喜获丰收，称所收新稻为“魏公稻”。

事后，魏源经过进一步深入调研，专门写了《上陆制府论下河水利书》，提出了他的治水主张。其中包括他发现大运河除了东堤，原来还筑有西堤，由于河工人员长期不检查、不维修，以致倾圮毁坏。他认为：“西堤石工无论何策，皆不能省，虽非釜底抽薪之谋，实急则治标之计。”[1]陆建瀛同意了这个建议，使运河西堤得以修复，对东堤也进行了加固。魏源还在坝上刊刻法令：今后湖水上涨时，只许修筑堤坝，不得轻易放水，淹没农田。从这时起，在一个较长的时段，里下河一带的人民，才免除了长期以来因人为因素带来的灾害。

魏源在后来所作的《登高邮文游台》一诗中，感慨地陈述了他作为州县地方官的心情：“何事终年最系情，晴多望雨雨祈晴。湖云似堰当楼黑，春水浮天上树明。谁道登临宜作赋，难忘忧乐是专城。农桑未暇还诗礼，空对前贤百感生。”晴多望雨，雨多祈晴，终年盼望农业丰收，这就是魏源最关心的事情。次年，在他即将调离兴化去任高邮州知州的时候，地方上的士绅和百姓争着为他送行。他在《将去兴化登城北拱极台》一诗中说：“倾城竞赠送行文，不饯朝阳饯夕曛。穷海见闻惟白浪，下河忧乐在黄云。去年争坝如争命，此日调夫如调军。不是皇仁兼宪德，那看台笠遍菑（zī，初耕之田）耘。”这首诗中描述了兴化县人民为他送行的情景，诗中回忆起去年在抢修堤坝时与洪水拼搏的一段紧张生活。并阐述他虽然已经奉命调离兴化，但所任新职仍可为下河 7 州县的人民，总管征调民夫修筑运堤。

晚年，魏源辞职，侨居兴化，著书立说，《书古微》等重要著作，就是此时写作的。去世前几个月的 1856 年，魏源因何绍基弟弟何绍祺的关系，移居杭州僧舍，次年三月，染疾病逝。他生前，兴化人民为了感谢他，曾打算为他修建生祠，遭到反对。直到他逝世以后的 1866 年，当地人民才得以将他附于范仲淹的祠堂里祭祀，供奉至今。

[1] 出自魏源《上陆制府论下河水利书》，网搜兴化文献（2014-03-08 16:13:40）。

朱知县留俸金泰兴浚河

（1811年）

几条记载有关鸭子河的信息

1993年版《泰兴县志》“大事记”记载了一条被该县《水利志》所忽略的水利信息：“知县朱一慊离任后，析俸金留浚鸭子河”[1]。一位离任的官员，还拿出部分自己工资所得，留下用于这个地方的水利建设。在历史记载中，笔者尚所未见。这种做法，似乎有点傻，因为他已离去，浚河之政绩，将不再属于他了。他留下这笔钱要疏浚的鸭子河在哪里？是一条什么河？

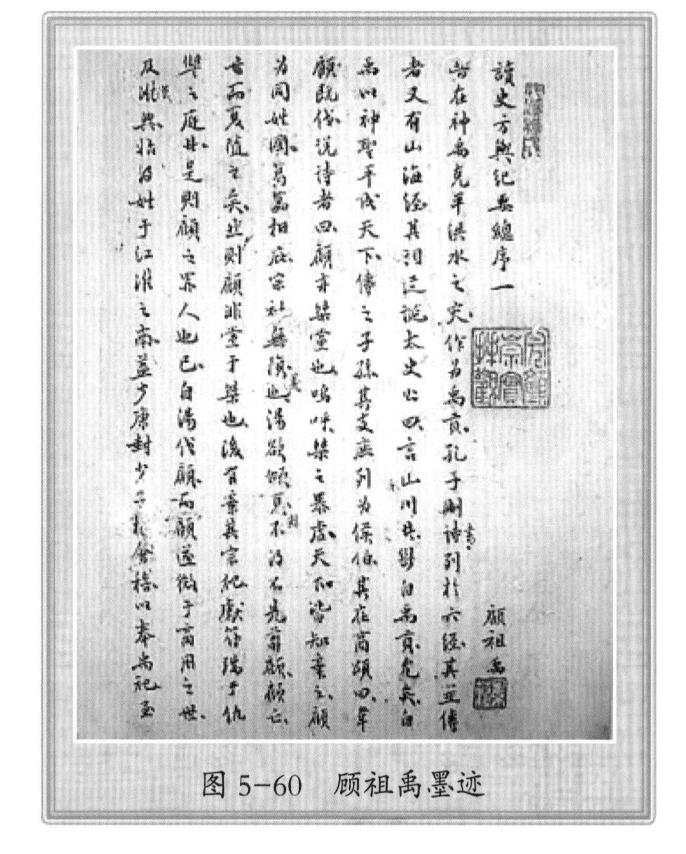

图5-60　顾祖禹墨迹

鸭子河，是一条自然河道，弯曲成弓形，东西走向，长度约6.5千米。该河道至今已有近千年历史，是南官河（济川河）的支流，东西流向，原流经泰县、泰兴，后西段隶海陵、东段属高港，现在是医药高新技术产业开发区内重要的防洪排涝河道。最初，鸭子河实际上是一个长江北汊淤涨过程中因四周高沙壅起，中间积土较少而形成的湖泊。

明代前，因盛产野鸭得名，称鸭子湖。

据清代顾祖禹《读史方舆纪要》

[1] 泰兴县志编纂委员会．泰兴县志［M］．南京：江苏人民出版社，1993.

“卷二十三 南直五”载：“建炎三年（1129），岳飞驻泰州，以州无险可恃，退保柴墟，渡百姓于沙上”“是时金人曾陷鸭子湖（见《泰州日报》孙丹丹《千年鸭子河重现碧波》一文）”“鸭子湖在（泰）州南二十里，周二十五里，东通（古盐）运河，西接济川河”。顾祖禹，字复初、景范。明崇祯四年（1631）生于江苏常熟，开始住在常熟，后移居无锡。清康熙三十一年（1692），去世于无锡宛溪，故又被人们称为宛溪先生。他的高祖顾大栋撰有《九边图说》，曾祖顾文耀、父亲顾柔谦都通晓舆地之学。在家庭的影响下，他毕生专攻史地，以沿革地理和军事地理的研究最为精深，是中国清初沿革地理学家和著名学者。顾祖禹所著《读史方舆纪要》十分严谨，用字精准，上述有关鸭子河的文字，是其“读史”而知，必有出处。从上所述，就可让我们知道 3 点：一是宋时便有鸭子湖之名称；二是金兵到过这里；三是金兵到这里时，此湖已因淤涨而成为荡了，否则，金兵不可能“陷”在鸭子湖。有关记述，为我们留下了岳飞抗金的一段史实，留下了此湖变河的演变过程。

明《（万历）泰州志》和《（崇祯）泰州志》的记载与《读史方舆纪要》稍有差别，但皆记有“鸭子湖（是“湖”不是“河”），州治南二十里，西通济川河，东接运河”[❶]的记载。清代《（光绪）泰兴县志》对鸭子河记载的内容为：“邑水自泰州鸭子河（一名鸭子湖，周二十五里，西通泰州济川河入江，北十五里达泰州滕家坝）南流三十里迳大泗庄入县境，……”[❷]这里说明了鸭子湖是其时泰兴一县（淮）水之来源。对鸭子河留下文字记载稍多的是《（民国）泰县志稿》“鸭子河：在寺巷口南，与灰粪港、海子沟、城子沟（在滕坝东）皆济川河支流也，由陈家庄北东至野庄子，折而东南，至王矮桥入泰兴县界，东流至野桥，再入境至上港，分两支，一支东行经大马庄荡，曹于庄荡，为泰县、泰兴之界河（各荡即旧湖泽，今涸为田。故旧志称此河为湖，周二十五里，东北可通塘湾以东上运河，今淤）；一支南行经大小泗庄，入泰兴县界”“按：此河为通泰兴县城之要津，清同治五年，盐运河使忠某，以里下河河道浅涸，扎知州松亭，会同泰坝监掣武某，亲往鸭子河等口门查勘，有泄水之处，堵闭利运。”[❸]从这些记载中可以知道，清代以前鸭子湖水面宽阔，西通济川河，北接

❶泰州文献编纂委员会 . 泰州文献—第一辑—①（万历）泰州志［M］. 南京：凤凰出版社，2014.
❷泰州文献编纂委员会 . 泰州文献—第一辑—⑥（光绪）泰兴县志［M］. 南京：凤凰出版社，2014.
❸泰州文献编纂委员会 . 泰州文献—第一辑—④（民国）泰县志稿［M］. 南京：凤凰出版社，2014.

泰州，南可入江，东北连塘湾古盐运河，其水向东南可达泰兴城，是通泰兴县城之要津。“要津”者，水陆交通之重要通道。历史上，这一带农业灌溉就靠这里的湖水。明史《河渠志》中曾有“正统三年（1439）疏，泰兴县顺德乡三渠引湖溉田”的记载。后来，由于鸭子湖呈淤积型的发展态势，水面不断萎缩，加之人为的侵占，农田在不断扩大，水源就成了制约农业生产的主要矛盾，所以泰兴的官员对鸭子湖（河）两侧的农田水利建设也就重视了起来。

朱一慊离任留金浚河

到了清代，由于湖面淤涨加速，鸭子湖束窄成了鸭子河，两岸土质较沙，官府不得不经常动用人力、财力开挖和疏浚这条河道，以引水灌溉周边的农田，改善这里的生产条件。缘于此，才会导致这位到泰兴仅干了 2 年（1810 —1811 年），而十分热爱泰兴、想为泰兴办实事的知县朱一慊为挖浚此河，留下俸金一事。其实，朱一慊在泰兴关注水利、民生还不仅此一件，《（光绪）泰兴县志》有关他的记述原文是：“泾县朱一慊，以举人代嘉乐治。声颟一称，茂宰者辄曰朱云。一慊尝除豁坍赋，议浚邑北河道，未行。以忧去，析俸金三百付代者，以好之倡，人尤难之。”讲的是他接替前任县令诸嘉乐后，治县公正严明，对一般百姓的纠纷，能做到中和协调，得到百姓一致的赞誉、同僚们一致的公认。他很努力地申请上级减免泰兴因坍江造成坍去田亩的税赋和呈请疏浚从北面通往泰兴来水的河道（鸭子河），但在他尚未接到疏浚鸭子河的批准时，就接到他被调到其他地方任职的通知，他对申请为泰兴坍失去田亩减轻税赋和浚挖鸭子河两事心中甚忧，生怕因他的调动而作罢。故临走前，他拿出自己的薪俸 300 两纹银，交于接替他的县令叶京，请他继续为之努力，而叶京却颇感为难。笔者以为，叶京难处有二：一是朱一慊捐俸为百姓，自己捐不捐？二是这两件大事，都不是一个县令自己能做主的，都要上级乃至朝廷批准。因为减少对国家上缴的田赋肯定要上报朝廷，而跨县河道疏浚至少要上一级批准，如要申请浚河经费，那可能就不是上一级审批的事了。

朱一慊简介

还可进一步了解泰兴知县朱一慊其人。历史上留下有关朱一慊的文字信息极少，除《泰兴县志》所记，笔者仅从新浪博客中了解到如下一点点内容：朱一慊，字西浦，安徽泾县黄田人，享年80余岁。乾隆五十四年（1789）举人，历任广东开建，直隶东安（后改安次），江苏安东（今涟水）、泰兴，江西石城、湖口等县知县。各地都留有治县的好名声。在江西石城任内，主修过县志，后称《朱志》；又筑堤、浚河通航运，当地人称其所筑的堤防为“朱公堤”；又捐造育婴堂，并置田产以供育婴堂日后常年经费开支。

图 5-61

上面这一段记载，与《泰兴县志》所记有关朱一慊离任后还拿出自己的薪俸用于疏浚鸭子河一事，起到了互为映证朱一慊人品的作用。既可以说朱一慊在江西石城和在泰兴为官时都十分关注为民造福的水利，也可以讲，他是一位克己为民、重感情、肯办实事的官员。他拿自己的俸金留下浚河，不仅留下了钱，更留下了情；捐钱造育婴堂，收留弃婴，捐出的不仅是钱，捐出的更是爱心。历史是会记住这样亲民、爱民、有仁人之心的官员的。

历史上的唐家庄地处鸭子河两侧，原本具有鸭子湖这种得天独厚的自然水资源条件，逐渐因河淤积和水土流失，良田退化成沙田。后来，人们在沙田中开挖了两条南北向支河通鸭子河。新中国成立时，唐家庄东西长约4里的境内，仍保留有通往鸭子河呈南北向的这两条古河道，后经历次农田水利拓浚整理，成为现在的前进河和老前进河。

对于鸭子河的称谓，1997年出版的《扬州市志》、1999年出版的《扬州水利志》均称其为“前进河”，1997年编印的《姜堰水利志》称其为“生产河的西边一段”。2006年出版的《泰州印记》中也称此河为“生产河”。其实，泰州各地农村将农田水利工程中改造、拓浚、新挖河道，叫生产河的甚多。建议这3条河，仍应利用鸭子湖老的原生态名称，分别称为“鸭子河”“鸭子东河”“鸭子西河”，让完全现代化的医药高新技术产业开发区也留下些许历史的印记。

仁宗过问靖江止坍工程

（1813—1820年）

靖江坍情分析

清光绪五年（1879）《靖江县志》除记有靖江陆域10“团”外，还专门记有明代靖江县疆界以内的洪沙、复土沙、鹤洲沙、暗沙、砥柱沙的“坍没”及清代新涨的天福沙、新开沙、自来沙、康庄沙、永丰沙的“坍没”，另《（崇祯）靖江县志》疆域篇所附该县（明万历）遗老朱家栻“疆域考”一文，文中述及：“邑环水而国，其四履沧桑变迁不尝，则今昔不必尽同也……今固一面，而三面独当其冲击，能久而不溃乎！”[1]所说的就是靖江以前四面环水，四境沧桑变迁不定，所以今昔才不完全相同。现在靖江因一面涨连陆地变得坚固起来，而另三面却仍面临江水冲击，难道能久而不坍吗？此志记载了靖江的涨坍形成，也记载了靖江人对坍江的担心！

对于靖江已经成陆的土地（指不是单独涨坍不定的小沙洲）之坍江，历史上有记载、最严重的一次是：乾隆四十六年（1781），“被风潮后，各港坍入江者十余里”[2]造成沿江的大面积坍塌。其后，仅仅隔了32年，至嘉庆十八年（1813），这里的坍情复又加剧，迫使江岸又“里进三里许[3]”。两次坍江，将靖江明、清年间的一些知名的建筑物大量坍没。江苏巡抚朱理在其《片奏》中写道：“沿岸武庙及文峰塔基先后坍卸入江”，另外，

❶泰州文献编纂委员会．泰州文献—第一辑—⑨（崇祯）靖江县志［M］．南京：凤凰出版社，2014.

❷泰州文献编纂委员会．泰州文献—第一辑—⑩（咸丰）靖江县志［M］．南京：凤凰出版社，2014.

❸凡以下未注明出处的引号内原文，皆摘自泰州文献编纂委员会编写的《泰州文献—第一辑—⑪（光绪）靖江县志（一）》，由凤凰出版社2014年出版，第392-393页。

古崇圣寺[1]、潭公渡[2]、戒袖堤[3]、大岸码头[4]、范家埠[5]、东山闸[6]以及坍段的沿江各港堰，也都坍入江中。其时，靖江正处在人口上升期，清乾隆三十年（1765）至乾隆五十五年（1790），靖江人口从120240人急增至150604人，仅25年间，人口就上升了原人数的四分之一。大面积坍江，必然造成居住在这里的百姓失去土地，无家可归。特别是嘉庆年间的坍江，更危及城垣附近的人口密集区，形势十分严峻。从县到省有关各级官员急奏朝廷，引起清仁宗嘉庆帝爱新觉罗颙琰的高度重视。他亲自过问，两接奏章，一次谕令、一次御批，最后定夺了治理方案。如今，细阅奏章、御批，发现这些官员对当时坍江形成原因的分析和阐述、保坍抢险的应急措施、工程治理方案的制定和优化、治理坍江经费的筹集和拍板，以及从皇帝到大小各级官员重视的程度，仍有不少是值得回顾和可以借鉴的地方。

当时，对靖江易坍的原因分析是比较清楚的。

两江总督百龄、江苏巡抚朱理、总河吴璥联名在给朝廷的奏折中写道："县东、西、南三面滨临大江，江之南岸，山势接连，排如屏障，其北岸即系县城，有土岸回护。近因江面之东南虾蟆山及长山一带涨有阴沙，挺入江心，逼溜北趋。且该处系江海交汇之处，江流自西而东，海潮则由东南向西北斜驶，两相冲击，其溜直抵县城东南之苏家港，涌起潮头一路向西撞击。以至县城南门外岸崖逐渐坍卸，业将附近之天后宫、武庙、文峰寺等地基冲损，距该县南城根仅四十三丈。"对坍江形成的原因、坍情的紧急形势，分析和描述得十分透彻。

地方应对坍江临时措施

为应对坍江，靖江本地也曾采取过一些应急治理措施。

江苏巡抚朱理《片奏》中提及"上冬及本年，曾经该县详明：集同地方绅士两次设

---

[1] 泰州文献编纂委员会.泰州文献—第一辑—⑩（咸丰）靖江县志［M］.南京：凤凰出版社，2014.
[2] 泰州文献编纂委员会.泰州文献—第一辑—⑩（咸丰）靖江县志［M］.南京：凤凰出版社，2014.
[3] 泰州文献编纂委员会.泰州文献—第一辑—⑩（咸丰）靖江县志［M］.南京：凤凰出版社，2014.
[4] 泰州文献编纂委员会.泰州文献—第一辑—⑩（咸丰）靖江县志［M］.南京：凤凰出版社，2014
[5] 泰州文献编纂委员会.泰州文献—第一辑—⑩（咸丰）靖江县志［M］.南京：凤凰出版社，2014.
[6] 泰州文献编纂委员会.泰州文献—第一辑—⑪（光绪）靖江县志（一）［M］.南京：凤凰出版社，2014.

法堵御，或以竹笼储石，或用排桩深钉，因秋汛潮大，均未济事”。大面积坍江发生前的嘉庆十七年（1812）冬及当年汛前1—5月，因“靖江县江岸，近年以来被潮侵削日甚”，地方士绅在即将卸任知县萧钟兰及接任的知县杨承湛的组织下，曾采用打排桩和竹笼装石沉放等保护江岸的措施，两次设法堵御，均因“秋汛潮大”，且物力、财力不支，而未能制止大面积坍江发生。其实，于嘉庆十八年（1813）初，奉调至靖江任知县的直隶固安进士杨承湛，就是一位非常注重水利的官员，他是嘉庆九年（1804）中举，嘉庆十六年（1811）中进士，出任江苏南汇（今上海市南汇区）知县，因南汇县濒临大海，西连申江，常有水灾，杨承湛到任后，通过调研，认为“干河要工为闸港”，因潮汐往来，岁久淤垫未浚而成灾。他便积极筹资兴工，历50余日疏浚干河三千多丈，深广逾昔，使当地居民免遭梅雨漂泊之苦。南汇的居民感激他，曾设有他的生祠，专门祭祀，以兹怀念。

嘉庆十八年（1813），在靖江大面积坍江发生前，知县杨承湛奉调升迁海防同知，由浙江兰溪举人束汝缘接任靖江知县。束汝缘到任不久，即发生大面积坍江，面对这一特大的自然灾害，束汝缘虽“设法堵御”，却“迄无成效”。于当年九月，束汝缘就被调离靖江（是否因未能止住沿江坍势被调？无据可查），由张友柏接任。

被旧《靖江县志》列入“良吏志”的张友柏，字雾山，顺天宛平县举人。其中记载了其奉调靖江，“时南江坍塌，逼近城垣”，“侯下车，星诣坍所，详察水势及潮汐非激情形，详析具禀，请遴干委，确切勘估”[1]。说的是张友柏在赴靖江任的路上，就听到了靖江南面大江的江岸坍塌，已靠近城墙的消息。下车后，他二话不说，急忙径直奔赴坍江一线，详细观察和了解长江水势和潮水冲击江岸的情况，并对江岸坍情作了认真分析，吸纳了当地士绅意见，形成初步治理的建议，随即写出专文，呈报有关上级。在呈文中，还实事求是地请求上级选派懂得治江的精干人员，对治江工程进行确切的勘察，提出更有效的治理方案；并请求根据方案，认真地估算出并安排支持靖江治理坍江的经费。

坍情引起高级官员重视

在此同时，靖江的坍江也引起了一位很有影响力的靖江人氏重视，他就是列入旧

[1] 泰州文献编纂委员会．泰州文献—第一辑—⑫（光绪）靖江县志（二）［M］．南京：凤凰出版社，2014．

靖江志“人物志—宦绩”篇的陕西巡抚朱勋。朱勋，字晋阶，国子监学生，先后任陕西佐贰（官的副职）、咸宁知县、乾州知州、同州知府、西安知府、陕安道道台、陕西按察使、陕西布政使。其间，因母亲顾太夫人去世，回靖江，遵母命，归葬其于浙江钱塘的西溪。孝满，仍任陕西布政使，后提升为陕西巡抚、陕甘总督。旧靖江志载“初勋读礼来靖，筹义项，以赡族人，出资开五大港，浚团河。后在巡抚任，闻江坍逼近县城，致书两江总督百公龄，会同抚河二院，筹款筑堤。[1]”讲的是：朱勋在母亲去世回靖江守孝时，就曾筹措款项，赡养族人；他还出资捐助靖江开五大港（蔡家港、庙树港、石碇港、柏家港、夏仕港），疏浚团河，十分关心家乡的水利建设。这次，远在陕西任职的朱勋，闻知家乡坍情严重，又专就此事致书两江总督百龄，请他关心靖江的坍情。其后，又帮助江苏巡抚朱理、总河吴璥筹款，修筑长江堤防。

图 5-62　清巡抚画像

对待靖江坍江的治理，相关官员都很慎重。

其时，江苏巡抚朱理得知靖江坍情后，即令苏州布政使庆保派员去靖江查勘并对可能出现危险地方的百姓予以告诫，以让他们及早撤离，以防产生危险。苏州布政使庆保接到巡抚朱理的命令后，随即委派苏

图 5-63　清官员视察坍江灾情

[1] 泰州文献编纂委员会．泰州文献—第一辑—⑫（光绪）靖江县志（二）[M]．南京：凤凰出版社，2014．

州海防同知僖山会同常州知府、靖江县令及县里其他官员复又查勘坍江现场。僖山查勘后，提出了第一个治理方案，呈文江苏巡抚朱理，“议请于本年冬令水落时，仿照浙省海塘之例，或厢柴埽或建石塘，以资巩固。”要求仿照浙江省修筑海塘护岸的办法，在今年冬季，或用柴埽扎排沉放，或建鱼鳞状石塘（堤）进行止坍挡潮。朱理接此呈文一看，认为：“臣恐石工需费浩繁，未易举行；且为时已迟，一切采运砌筑，非数月内所能集事之工。转瞬春潮日旺，必至兴筑不及。”他深知形势紧急，不敢拖延耽搁，立即前往两江总督府衙和两江总督百龄反复会商、研究。朱理、百龄认为，僖山所订方案，还要请专家核实、推敲。百龄随即知会河臣，另行委派“熟谙工程估料”、经验丰富的水利专家和官员河营游击陆允、海州州同熊焕、千总刘俊等前往靖江，再次会同靖江守令张友柏，“相度形势，委筹堵筑”。这些专家们在查勘坍段情况后，也认为原方案的鱼鳞石塘“工繁日迫，骤难蒇（chǎn，产，指完成）事”“若筑柴塘，该处岸高水面七八尺，大汐潮来，老岸漫水，必须估埽出外高老崖五尺，后筑土靠（即江堤），方可抵御大汐。但江岸七百余丈，工段较长，大汐枪厢非易，且须集料备防岁修，不少系属易办难守之工”。也认为县里所报第一方案，工程量太大，明年汛前很难办成，汛期又无法施工，应予否定。

陆允、熊焕、刘俊等对靖江江岸情况作了全面而深入的调查、研究，发现当地士绅抢险抛石处并未冲刷过深，现尚有抛存碎石，甚为得力，只是所抛过少，办理也未能合法，故坍情未止。因此，提出了水下及近岸堤脚抛石止坍、防刷；水上筑较为宽厚土堤挡潮、挡浪的第二方案，具体工程为：继续“估抛碎石，照四收坦坡，出水一丈高，顶宽五尺，比老崖高出二尺，复筑土靠、顶宽一丈，以御江潮”。即在沿江水流顶冲坍塌处，按1∶4的斜坡比例在水下平抛碎石护岸（这一护岸、治江的方法，十分有效，沿用至今），抛石再向水面以上延伸至1丈高的地方，以护堤脚；水上修筑比原有堤防高出2尺的顶宽达1丈的土堤；并造册绘图上报。

朱理接到这一工程设计方案后，认为“该处工程，攸关城郭民居，亟应速筹保卫，未便再迟。”他心急如焚，又亲自在“（丹阳）徒阳运河勘估志桩后，即就近由江阴渡江赴靖”并督促常州府僖丞从江阴赶赴靖江共同实地查勘，“勘得该县沿江坍卸情形”为：“自澜港口至苏家港止，计长七百三十一丈，刷成兜湾形势。”并与靖江守令张友柏及乡绅再四熟筹，一致认为此项工程设计方案系一项“可保守经久”的工程设计方案，也“实为目前不可刻缓之工”，所做工程为一“可御潮汐而为久计”，且是“较之柴工实为稳便”的工程。于是，他当即办文上奏朝廷，奏请批准按这一设计方案施工靖江止坍工程，并布置工程立即筹款、上马，他在《片奏》上奏明：目前“所有碎石，即于江阴地方就近采运，赶于来春闰三月内竣工，其估需工料银十三万六千余两。臣与督臣百龄现在饬司（令布政司及地方）分别筹款，俟核定（各项筹资渠道和数目）后，另行专摺具奏”。朱理心急如焚，采取了边上报，边筹款，边抢险的对策。在《片奏》的最后又强调写了“合将靖邑要工，臣亲往勘办缘由，先行附片奏闻，伏乞睿鉴。谨奏。”再次向朝廷及皇上说明由于“靖邑要工”的特殊性，自己才“亲往勘办”的情况，以取得朝廷大臣及嘉庆帝对这项工程设计方案的理解，可谓用心良苦！作为一位部省一级的巡抚，能如此重视这项工程，又能奔赴实地，亲力亲为，查勘坍情，实属难能可贵。

仁宗皇帝对坍情的态度

清帝仁宗接到奏本，见坍情如此严重，而止坍工程花费又如此之巨，虽大为震惊，但仍对朱理的“三边”做法表示不满，他降旨朱理，“此时帑项未充，一切工作俱经停止”。指出目前国库并不充实，国家安排经费很紧，在经费未曾落实前，不能开工。但这时他对靖江坍江的严重性，已有认识，也是十分担心的，于是又同时谕令正在江南查工的总河吴敬，“着即会同百龄、朱理（要亲赴靖江）详细履勘”靖江之坍情。

图 5-64　清帝仁宗

清嘉庆时期，由于人口急增、生产力低下、河患频繁发生、农民起义不断、官员贪污腐败等因素，导致国库空虚。诚如嘉庆帝自己所说：“至乾隆四十六年（1781），户部存银七千余万两，此后至今三十余年，所用已超过所存”[1]。鉴于当时国家财力十分困难，嘉庆帝语重心长地要求这3位重臣“公同商酌”“如

[1]李文海．清史编年［M］．北京：中国人民大学出版社，2000.

图 5-65　筑有后靠的治江工程

尚可从缓，即奏明停止，国家经费实不能再赡及不急之务”。但他对严重的靖江坍情还是十分关心的，即使在这一两难的情况下，他仍在谕旨中作出了明确表态：“果系目前不可刻缓之功，再行奏闻，筹款修办”。

两江总督百龄、江苏巡抚朱理和总河吴敬等3位重臣奉旨后立即从各地集中于靖江，率领原来留在工地负责工程施工的淮扬道道台叶观潮、靖江所属府县官员及原委勘估的文武官员等，齐集江边，详加履勘，并认真调研“询之本地绅耆等，亦称曾经试筑坦坡一二段，颇为得力”。通过共同探讨、研究，终于提出了一个在第二个方案的基础上，进行一些调整的第三方案：“自澜港口起至苏家港止，共长七百三十一丈，内有四段最为顶冲着重，所修坦坡，顶底收分丈尺略为宽厚，其余工段情形稍轻，丈尺稍减”，“惟查该工系紧靠滩崖，先筑土坡外包碎石，今与该府县及各委员复行妥协，土坡应多做一丈，石坡应少做一丈，将土坡加以夯硪，则与老崖交融凝结，而石坡得此后靠，更加坚巩”。这一方案，用土多而用石少，是一个“节料而未减工，仍足以资捍御”的既可少花钱，又能确保此处不再坍塌的修改方案。经估算，此方案仅需工料银八万五千九百两，较第二方案节省了五万一百两纹银。百龄、朱理、吴敬3人立即联名向朝廷奏本。这次奏本比较详细，并附图帖说，另缮简明清单上报。奏折主要奏明了以下几个方面：

（1）有关实地参加履勘人员；

（2）靖江坍江形成的原因；

（3）勘估及工程设计的几个方案比较；

（4）认定的工程设计方案及概算银两；

（5）资金的组织及来源；

（6）批准后领银及工程承办人员；

（7）工程竣工的限期；

（8）工程质量保证及施工者所负的责任后果；

（9）工程竣工后验收的人员；

（10）奏本传递方式。

他们在奏折中强调指出：“当此春汛未发，潮汛往来，北岸尚日有刷卸之处，一经伏秋大汛，势必侵及城垣，更形势危险，宜筑塘抵御，以保无虞”。最后又说明：等候“皇上训示遵行”，实际上是向皇上表态：一不搞“三边”工程，仅遵基建程序办事；二是吁请朝廷，迅速批准筑塘保坍。

批准止坍工程实施

仁宗皇帝接到奏本后，认为此次所报方案比较合理，于是立即提笔朱批“依议办理，工部知道”，自此，靖江的治江止坍工程始得以大力推进。

这项工程的经费来源有以下几个方面：

（1）靖江县士民自愿捐输 2 万两；

（2）阿盐臣札称，淮商捐助 3 万两；

（3）苏州藩（国）库暂借 3.59 万余两（仿照挑浚太仓浏河之例，由靖江县按田亩摊征，分 6 年还款）；

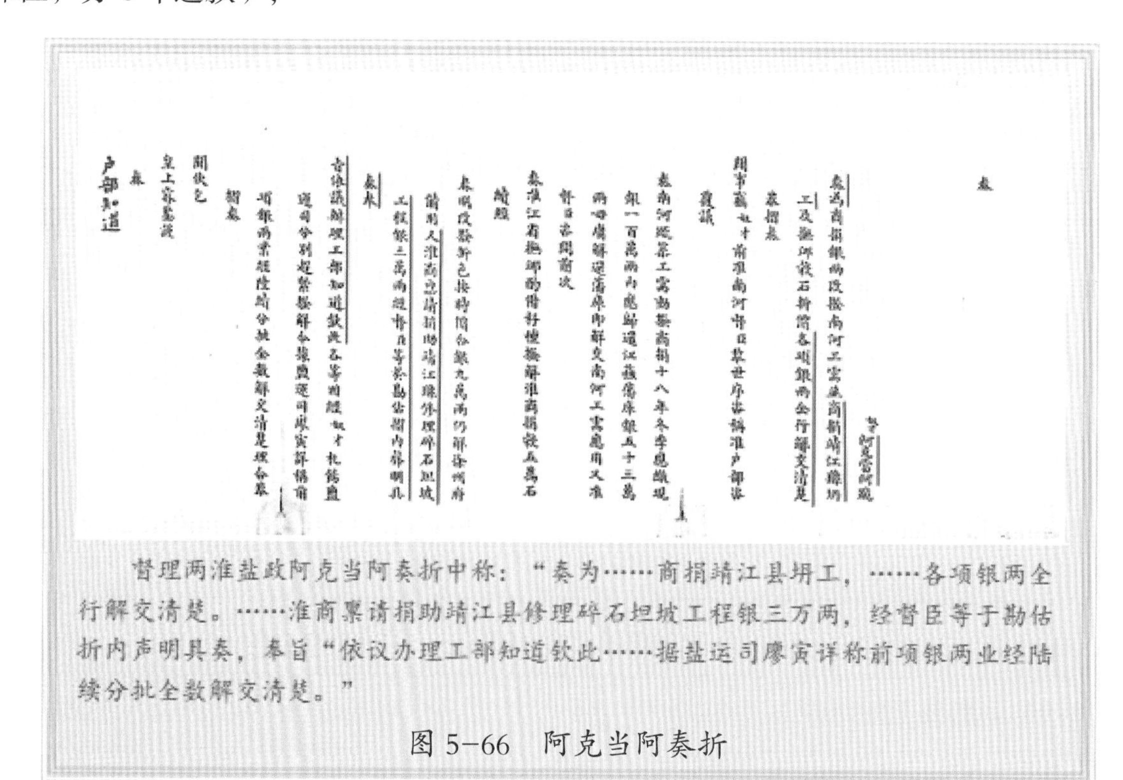

督理两淮盐政阿克当阿奏折中称：“奏为……商捐靖江县坍工，……各项银两全行解交清楚。……淮商禀请捐助靖江县修理碎石坦坡工程银三万两，经督臣等于勘估折内声明具奏，奉旨“依议办理工部知道钦此……据盐运司廖寅详称前项银两业经陆续分批全数解交清楚。”

图 5-66　阿克当阿奏折

（4）在实际施工中经费突破，又由靖江人氏山西巡抚朱勋的从子朱基纬、朱基纯，从孙朱式金、朱维镛捐银 1 万两，以助大功；

（5）江苏布政使接朱勋求援治江经费的信后，又拨公款银 9000 两，由县内各质库具领生息，作岁修费用。

工程所用银两，由该县知县张友柏具领，具体负责承担这一治江止坍工程。百龄、朱理为慎重起见，又调"熟谙河工"懂水利技术的守备庄漪、千总张仲协助张友柏施工。还专门委托海防同知僖山、该府卡斌监督、催办工程。对工程完工时间、质量都提了严格要求：春汛前必须确保工程竣工；要求所承办的工程必须保固 2 年，以严防不按设计施工，偷工减料。申明工程竣工后，由百龄或朱理两人之中的一人亲自前来验收。还对所有经办人员宣布，如在工程中弄虚作假、延误工期、稍有不实者立即查办。

由于这项工程要去苏州藩库暂借款项、向社会人民筹措捐款、召集工匠、采买石料等，实际上到嘉庆十九年（1814）二月才正式开工，"越七十日而竣事"，仅用了 70 天就完成了全部工程的施工，工程紧固而整齐，并建堡（管理值班用房屋）堤上，派人值守。还储积石料，以备随时验修之用。工程"虑始图终，经营周密，坍遂止"。

这一治江止坍工程的兴建，对稳定靖江江岸实实在在地起到了重要的作用。经过这次治理后，加之多种原因，靖澄河段的长江中泓不断南移，使江阴长山脚下的阴沙逐渐萎缩直至岩基，靖江江岸逐渐淤涨，终于形成了距靖城 9 千米岸线的藕节形靖城河段的河势。如将嘉庆年间所办止坍工程的位置和虾蟆山、长山脚下阴沙的源头连成

图 5-67　长江止坍工程——抛石护水下岸坡

一线，不难看出，目前靖城河段的重要河势控制节点炮台圩就在这一连线之中。因此，可以说，嘉庆年间的止坍工程，对形成目前长江靖澄河段的稳定河势起到了积极作用。

这一治江止坍工程的经费，采取的是多渠道筹资，还考虑了积储防汛抢险的备用石料及备用资金存库生息，以利息作岁修及管理费用的资金，是前所未见，今当借鉴。

这一工程，皇帝亲自过问，由多位行政高官、水利重臣亲自查勘、办理，在靖江是史所未有的！

这一工程，施工设计几经优化，施工组织十分严密，施工要求非常明确，施工责任具体到人，施工监督异常严格，其缜密程度属史所少见！

清仁宗简介

清仁宗爱新觉罗・颙琰（1760—1820 年），原名永琰，清代第 7 位皇帝，乾隆帝的第 15 子，在位二十五年，年号“嘉庆”。

乾隆三十八年（1773）冬至，乾隆帝秘立为皇储。乾隆五十四年 （1789），封为和硕嘉亲王。嘉庆元年（1796）正月初一，清高宗禅位于颙琰，在位前 4 年无实权，乾隆帝薨后独掌大权。

乾隆末年政局已危机四伏，嘉庆帝提出“咸与维新”，整饬内政，严肃纲纪，诛杀权臣和珅，罢黜和珅死党。诏求直言，褒奖起复乾隆朝以言获罪的官员。黜奢崇俭，要求地方官员对民隐民情据实陈报，力戒欺隐、粉饰、怠惰之风。但其对内政的有限整顿，未能从根本上扭转清代的颓势。终嘉庆一朝，贪污问题不仅没有解决，反倒更加严重。其在位期间，正值世界工业革命兴起，但清代却由盛转衰，这个时期，国内发生了“白莲教之乱”。八旗骄奢、水旱灾害、漕运衰减、国库空虚、鸦片流入等问题日益凸显，清代中衰的景象已日益显现出来。

嘉庆二十五年（1820）驾崩于承德避暑山庄，终年 61 岁。庙号仁宗，葬于清西陵之昌陵。

泰州筑斜丰港三洋河堤

（1814 — 1857 年）

斜丰港三洋河的位置

1992 年版《泰州市农林水利志》载：“嘉庆十九年（1814）在斜堤外，樊汊至兴化凌亭阁，修筑斜丰港堤，长 45 里”[1]。从这一记载中，可以看出堤的起讫地点，头在江都境内，尾在兴化境内，长达 45 里，是一项跨界的较大工程，绝非这两句话可以说得清楚的工程。

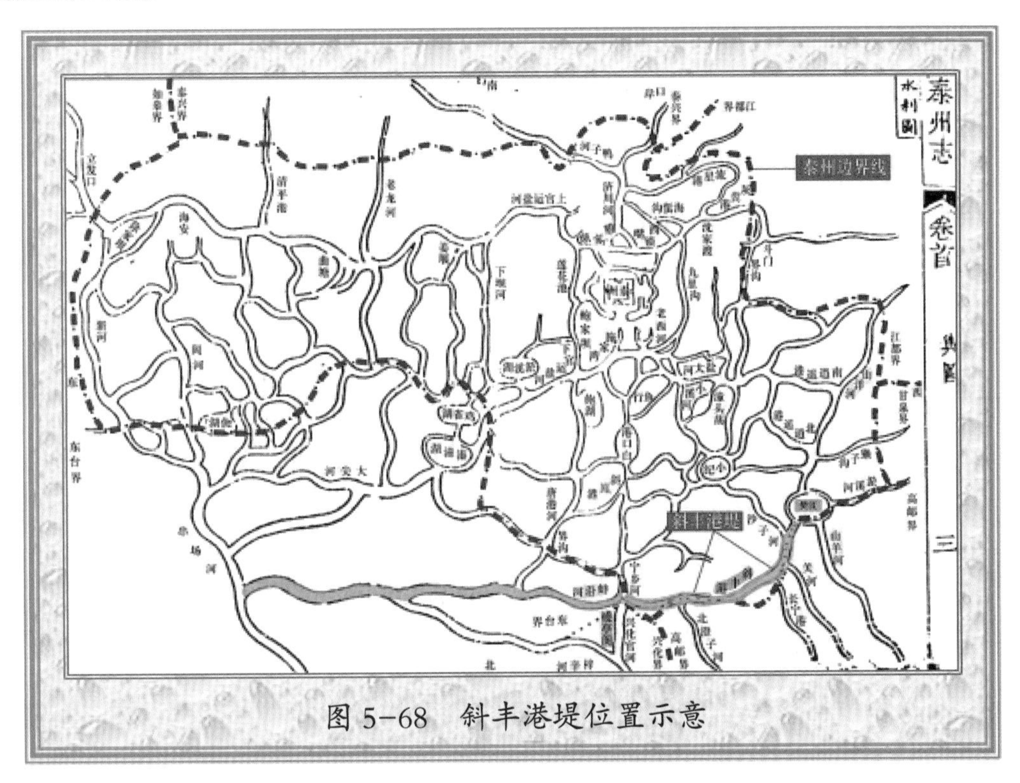

图 5–68　斜丰港堤位置示意

查阅旧志，《（道光）泰州志》未载这一水利事件。从其所附水利图（此图所绘

[1] 出自泰州市农林水利志编写领导小组《泰州市农林水利志》，1992 年，第 5 页。

系上南下北左东右西）可以看出，斜丰港的具体位置从当时隶属泰州并与江都搭界的樊汉，向西南接境内山洋河，南通江都山洋河，北段在高邮境内。东从兴化境内凌亭阁，连通当时为东台境内的蚌沿河，达串场河。

再查阅紧接《（道光）泰州志》之后的《（宣统）续纂泰州志》，在“河渠”篇有一条目为“斜丰港、三洋河（即《（道光）泰州志》水利图上的‘山洋河’）”[1]。此条目，为该志条目中单条记载最长的一条。所记内容甚多，既包括挑筑斜丰港堤，还包括挑筑三洋河堤及堵闭两河口门相关用工、用地、筹款等较为详细的情况。再翻读《（宣统）续纂泰州志》其后的《（民国）续纂泰州志》发现，不但保留了这一条，而且更为详实[2]。

屡筑不坚的斜丰港堤

《（民国）续纂泰州志》该条目所记第一部分就是记述嘉庆十九年（1814）挑筑斜丰港堤的内容。

该条记载了嘉庆十九年（1814）所筑“斜丰港长堤”，属当时两江总督百龄和河督黎世序二人“奏办下河水利案”中的工程，系“借帑”，即借用国库资金“兴筑”的工程，并说明该堤所筑堤土，是取用河道中的河泥堆筑而成的，即既疏浚了河道，又做了河堤。这一项工程没有在农田中取土的记载，说明所做河堤堤土不多，标准并不高。“时知州事者，为方公恩承、许公乃来”，交待了这项工程是经历了泰州的方恩承、许乃来两任知州才完成的。

该条目接着介绍的是道光十一年（1831）“运河决，马棚湾张家沟，复溢下河，田皆淹没”。其后的十年中又“叠遭水患”，虽几次抢堵，又“旋筑旋圮”，筑了几次又都被冲毁。看来，嘉庆十九年（1814）用国库银两所筑的“斜丰港长堤”并未能挡住这几年的洪水，其间不少邑绅提请要重视修复斜丰港，并未引起当局重视和采纳。

---

[1] 泰州文献编纂委员会．泰州文献—第一辑—③（宣统）续纂泰州志［M］．南京：凤凰出版社，2014.

[2] 泰州文献编纂委员会．泰州文献—第一辑—③（民国）续纂泰州志［M］．南京：凤凰出版社，2014.

其时，泰州知州似走马灯一样，换个不停。道光二十一年（1841）为陈玉成、二十二年（1842）是朱荣桂、二十三年（1843）又换福禄堪、再换李彭龄，直至换为张之杲才肯把其留在泰州时间稍长一点。3 年换 5 任知州的当局，哪有心思听民意，办实事。即使有亲民的官员想干此事，在几个月的任期内，也无法办成。

张之杲组织筑堤

至道光二十四年（1844），泰州绅士陈琥、程祥芝、尤金一等人又向州府提出要修筑斜丰港港堤的建议。时任知州张之杲采纳了这个建议，他采取了自筹资金兴修水利的办法来修筑斜丰港，他通知城乡绅富、各庄首领，要他们按照原来旧堤堤线分段，并按其制定的受益地区负担政策，筹集工程资金和出工筑堤，“按亩派夫摊捐，每亩给稻一石（100 斤）折钱 1500 文”。对挑挖田土的人，实行“每筑堤一丈，贴钱百五十文”的出工补贴政策。由“富绅并各庄首领”执行。这一工程完成后，“连年俱获丰收”。

可是，好景不长。道光二十八年（1848）六月，由于运堤又开坝放水“水势冲激，（斜丰港）堤岸多残缺”。又有张沁园等泰州市民向泰州知州张之杲提出要再行修筑斜丰港堤的建议。张之杲又采纳了这些人的建议，于道光二十九年（1849）又“按亩集夫”组织民力对斜丰港港堤进行了“逐段修整”，次年竣工。竣工后，张之杲又发动沿堤百姓“捐置”“沿堤连口门”的民田 1706 亩、4348 余千文，泰州海陵溪及兴化两地的民田 63.5 亩、荒田 5 亩及钱 500 余千文，包括有关泰州田契 261 张、兴化田契 15 张，作为岁修取土之用。留有为岁修之用土地（实际上成为后来的护堤地）和款项，这对泰州水利来说，是一大进步和创举。从只是兴办水利工程，迈向了规范化的维修管理水利工程。

还是这位知州张之杲，接着又于咸丰元年（1851），发动三洋河东面有田产、家业的各户捐出钱 6800 余千文，从斜丰港向西连接三洋河的樊汉起，向西南修筑三洋河堤及“堵闭斜丰港各口门”。具体承办这项工程的负责人有景光锡、葛绍云、夏嘉瑞、宋桂生 4 位。这 4 位把这 45 里的河堤标准大大提高了一步。例如，规定将斜丰港原堤顶高提升至 1.4 ~ 1.2、1.3 丈不等；顶宽提升至 1.3 ~ 1.1、1.2 丈不等；将三洋河堤地势稍高的比原堤顶高提高 1.1 丈；顶宽 8、9 尺不等；底宽 2.4、2.5、2.6 丈不等。这段记载，还对具体分工分段，所封堵口门名称、留作活口的口门名称，及对所收款项用于口门工料及收捐的费用和置买公田的用度，均做了极为详细的交待。工程完成后，“是以咸丰间叠次大水而泰境不受水患也”。

《（民国）续纂泰州志》该条目接着还记载了“同治五年（1866）清水潭决口，九年（1870）知州桂讦衡照案详请修筑……自后人忘水患。”张之杲修斜丰港、三洋河堤后，1866年又修清水潭决口。再其后至光绪五年（1879），知州刘汝贤针对堤岸年久失修又修了一次，都是延用张之杲所定“按亩派夫摊捐”之法进行的，工程一应账目开支皆有明晰记载。

张之杲修筑的斜丰港堤、三洋河堤竣工后，至《（宣统）续纂泰州志》编纂时，已历60多年，该志对兴办工程的张之杲评价：民赖其惠，莫不曰张公之祀，名宦也。宜哉！

其时，对修筑斜丰港、三洋河有关河堤工程经费筹款的使用和河道堤防管理，还议定了十条详细的章程。有关议定的各条核心内容如下所述。

一、所收“亩捐钱文”除用于工程费用支付外，结余之款“发典当生息，以为善后岁修之费”并严格规定用途、手续，限定“只准提用利息，不得提本（金）”，除了“放坝（指大运河泄洪）之时，如有险工，必须抢筑，利不敷用，方准酌量提本”，并要求等到利息有结余时，还要补足所提之本金。凡用此款，需本段堤董（这一段堤防总负责人）禀告（上报）州府，州府有谕（批示），典当行方可付款。

二、有关各段董所报岁修等费用，是每年秋后查实的岁修项目上报城董会核实估算出来的钱数。

三、沿河各封闭口门，不得自行打开。如遇春天水小，须开小缺口以行农船，则可自行或请段董到州府禀明，并交夏日自行堵闭的保证书。“切结存案”后方准开通。堵闭时，视所估“工程大小”，酌情给50%工价款作为津贴，“以期迅速”将缺口堵好。如“不禀明私自开放”和段董、城董包庇不查究，一经查明，罚令立即将口门封闭；如虽办理开通的手续，但至夏令未封堵的，被州府查出的，立即“提究惩办”。

四、对于规定留下的活口门，如逍遥河、沙子沟等处，要“做有裹头、积有料土”，做好发大水封堵的准备工作，有关看守人员的“工食款”由利息中按季拨给，裹头损坏修理的工料款，由段董、城董，“查明禀请酌办”。

五、沿河居民经批准留的水漕、涵洞、风车、脚车等都要“预备土方并具发水临时堵闭切结在案”。过了夏天，还必须“将所积之土加增备用”。

六、对堤下已核消上缴钱粮（税赋）作取土备用的公田，严禁占用种植，违者“提案究惩”，不仅按“年科”计算补缴钱粮，还要另外“重惩”。

七、各河的堤身（堤顶、堤坡、堤岸）严禁种植，恐“致将堤土铲削日渐陵夷、坍卸”。如发现种植之物，先行拔去，并即时上报“立时饬提，严行究惩”。

八、沿河，凡栽种杨柳的河岸，“树根盘结土内逐凝聚而不散”，堤身较其他处好，故对两河未栽杨的地方，每年酌提一些利息，用于沿河种植杨柳，计划十年达到“沿堤皆柳”。

九、如遇春天出现旱情，准许农民申请经同意后，在堤身“开缺口，以便引水灌溉。”开缺口的同时，还须备足准备至交夏时自行堵闭缺口的土方和自行封堵的保证书存档。如果是多户合开缺口，要推出领头人，在交出一定保证金后，再批准开缺。批准由领头人召集各户封堵。领头人在封堵时，还要估算工程大小，对出工者“酌给工价钱的一半，以为津贴”。要确保封堵工程达到原堤质量和标准。如工程草率从事，“即提重惩”。

十、进一步强调这两条河的河堤，系专为抵御大运河开坝放水的工程，“关系民生，实非浅鲜。”凡管理这片土地的官员，自当留心民瘼。每年春秋两季都应“亲往查看工程、斟酌估修、督董妥办，以期核实”；如果遇到大水之时，“亦应亲往督饬，以资捍卫田畴”；遇到任期届满，在对后任的交接时，要叫下面经办此事的人员将有关情况开列到交接的文件材料之内，以便新任官员了解河堤的重要和管理方法，一旦接任“即知是堤吃重”，便会亲自看明，认真办理。

张之杲经历简介

对张之杲的经历、生平文字记载不多，只能从左玉和为张之杲之孙所写的《张东荪传》中了解一二。张之杲，号东甫，生于乾隆壬子五月二十三日（1792 年 7 月 11 日），钱塘县附贡生，遵酌增常例，报捐知县，分发江苏。1830 年任华亭县知县，从 1832 年起，先后任江苏嘉定、吴江、阳湖（武进）、长洲（现代苏州吴县近太湖地区）、元和（现代苏州吴县东部地区）等县知县，1843 年升授泰州知州。张之杲在泰州任知州长达 10 年之久。据《洛阳出土历代墓志辑绳》828 页：“补：张之杲—咸丰三年（1853）八月初一故于泰州知州任，年六十二”。《（民国）续纂泰州志》为其也写有专记，列入“名宦篇”[1]。专记称其“廉明有政声”。列其政绩有以下 3 个方面。

图 5-69

一为“斜丰港，岁久不修，屡遭水患。之杲请于大吏，加意培筑。并浚蚌蜒河以分水势，嗣后，坝水下注不为灾”。从这一段文字可以看出，张之杲在任期内不仅修筑了斜丰港、三洋河堤，还疏浚了蚌蜒河，在水利上做到了上下游兼治；所做工程质量较好，其效益得到了 60 多年的时间验证。1987 年版《武进县志》附录“知县名录”记有“张之杲：道光二十年八月任（阳湖县知县），倡捐修筑芙蓉圩，全活万民。”说明张之杲不仅在泰州重视水利建没，在其他地方为官时，也同样关注水利建设。

二为“（道光）二十八年（1848）岁大欠，之杲请帑赈济。又捐廉助赈。亲往各乡，逐户清查灾黎，全活甚众”。在大灾的情况下，张之杲不仅积极争取国家救灾经费，自己还捐出廉金救灾。而且，作为封建社会的官员，能深入灾区民众家中，亲自查点救灾情况，确保救灾经费都能用到灾民家中。这种深入一线的工作精神，很是难能可贵。

所记第三条政绩现在看来似有些争议。其内容为：“咸丰三年（1853），粤匪（指太平天国义军）陷府城（指攻陷江宁，即南京和扬州），州之奸民（是）掠于乡，之杲擒渠魁正法，境赖以安”。张之杲镇压的是响应太平天国的义军，还是抢掠乡里的奸民？不得而知。客观上保住了泰州一方的安宁。

张之杲病死泰州任上

该志在此记的最后说，张之杲是“以积劳卒于官”，讲他积劳成疾，死于任内。由于张之杲是守卫泰州，病死在任上的，清廷于咸丰七年（1857）奉旨照军营立功，例从优议恤，被清廷追赠道衔，赐祭葬，恩荫一子，以知县，归部候选。同治五年（1886），

[1] 泰州文献编纂委员会．泰州文献—第一辑—③（民国）续纂泰州志［M］．南京：凤凰出版社，2014。

奉旨崇祀泰州名宦祠。

张之杲有遗著《初日山房诗集》和《泰州保卫记》两部。

张之杲生 3 子，上运、上绶和上禾。上运、上绶幼年夭折，仅存上禾。上禾是张东荪的父亲。

张之杲病逝时，上禾年仅 15 岁，受父恩荫，补杭州府博士弟子、候补知县。先后任昌黎（河北）等 7 个县知县，亦很有政绩。

兴化借公帑大浚东西河

（1814—1835年）

朝廷支持一年浚5条大河

2000年版《兴化水利志》记载了一条“1814年（清嘉庆十九年）疏浚梓辛、车路、白涂、海沟以及兴盐界河5河。工程费用借府帑82760两，分8年征还”[1]大事。一年内开5条重点骨干河道工程，在兴化是极其少有的，其中定有原因。所耗银两，也绝非所借银两，需要深入了解。

首先要了解一下所浚的5条河在兴化水利中的作用。比较接近嘉庆年代的《（咸丰）重修兴化县志》卷二“河渠一”[2]中，有一段记载兴化河湖全貌的文字，读之，可了解其时水利状况。

“旧志载：境内七湖、五溪、六十四荡、五十二河津浦港”。这句话，已将其时兴化河湖数量交待得一清二楚。记载紧接着就进一步交待河湖名称，“七湖者，得胜（湖）、千人（湖）、白沙（湖）、平望（湖）、吴公（湖）、鲫鱼（湖）及兴盐分界之大纵是也”；“五溪者，东溪、南溪、海陵（溪）、武陵（溪）、精阳（溪）是也”；“六十四荡其名不可考矣”，笔者以为其时必有荡名存在，而编纂者因荡名太多，是不想调查而已。因为，《（民国）续修兴化县志》中可查阅的荡名还有乌巾荡、棋干荡、花红荡（又称七里荡），昇仙荡（已废）等名称存在，故非“不可考矣”。下面接着记载的“河津浦港可考者，车路、白涂等河，竹横、龙树等港，而龙舌津、莲塘浦（为）其最著者”。河津浦港为数也不少，编纂者这样略写，属常理，唯用“可考者”之说法，并不太妥当。其实，该记载对下面的叙述，可以证明他们还是作了不少考据的。

---

[1] 兴化水利志编纂委员会. 兴化水利志［M］. 南京：江苏古籍出版社，2001.

[2] 泰州文献编纂委员会. 泰州文献—第一辑—⑧（咸丰）重修兴化县志［M］. 南京：凤凰出版社，2014.

“又梓辛、车路、白涂、海沟为四经河，横泾、山子、屯军、古子、博真、塔寺、渭水及官河为八纬河，东塘港亦纬河。”这一段写得较好，将其时兴化骨干水系四横八竖交待得较为清晰。唯所用“经河”和“纬河”之方向，似与现代“经”“纬”方向相反。从古代对“经”“纬”二字的解释看，“经”为形声字，最早见于西周晚期金文，本义是“织布机上的纵线”。“纬”也是汉字通用字，此字始见于战国时期文字，本义是“织物的横线”。对于古籍注释的《疏》亦为：“南北之道谓之经，东西之道谓之纬”。看来，编纂者或是把两字之意记反了，或是把河道的方向搞错了。

“南自泰州，北至盐城为泄水之要道。大抵境内河湖淤浅、窄狭。雨少即涸，雨多即涝”。既说明了这些河湖的作用，又指出其时河湖存在问题，并用具体灾害年发生的情况，加以映证。“乾隆三十三年（1768）、五十年（1785）大旱，河湖见底，供饮犹艰，安问田亩”连百姓饮用水都发生困难，又怎么可能顾上农田灌溉。道光十九年（1839）至二十一年（1841）大雨时行，沟河泛溢，民间筑埂岸以卫田，昼夜抢护，被淹（同“淹”）者，十之六七，倖免者十之二三。纵薄有收成，而入不偿出”。重点介绍了水旱灾害的典型年，以说明兴化必须认真治水了。

一次浚 5 河的原因

要治水，就要找根源，这一记载认为“总缘历年西水（指大运河的淮水）下注，田岸愈冲愈坍，河身愈淤愈高，旱年不得宿水以溉田，涝年不得累土以捍浪”。根子仍在以前大运河之堤毁、漫溢等，造成兴化河湖淤浅所致，使兴化成为“有田害，而无田利”，导致乾隆二十年（1755）后就有“十年九不收”的兴化地方的农谚，诉说其苦。

嘉庆十九年（1814），兴化发动全民，对东西向的主要骨干河道——梓辛河、车路河、白涂河、海沟河以及与盐城分界之界河（今称兴盐界河），“皆自东向西三四十里不等”的河道，进行全面浚深。

兴化于嘉庆十九年（1814）借用“公帑”——“官办银”14800余两、“商办银”88000余两用于这些河道的疏浚工程。整个这一时期的“民办挑河筑堰”以及包括高邮万缘庵等处埽工的工程，共花费银两高达275500余两。也就是说，兴化老百姓自己还拿出银172700余两用于这项工程。

高邮万缘庵等处埽工的支出为什么也列入其中？此事是由于当时的督宪百龄、河宪黎世序向朝廷上疏云：“高邮南关坝下万缘庵、新河党家湾、广缘庵、新河尾等处，皆系坝水下注迎流顶刷之所。据该州厅禀：须估仿防风护埽，始得抵御。查此项工程历系民间自行捐办。本年该民人等因领例出夫挑筑，不免稍有赔贴，若再令捐办埽工，诚恐民力拮据，而此工关系保卫城垣，又难因循不办，臣等酌议将此项估需银贰千贰百肆拾柒两零，即在前项减估节省银内，如数借用。此后，厢修经费仍应照旧，归民自办，不得援以为例。”百龄、黎世序上疏，文句比较通俗，一看就懂。从这一上疏中，可以看出这两位朝廷治水要员很能体贴民情，也理解朝廷苦衷，他们肯定深入一线进行过调查，才能将这项工程的情况、重要性及原来由民众自办的情况说清楚，同时对朝廷采取“在前项减估节省银内，如数借用”不突破原报浚5河的总经费预算及“不得援以为例”的方法，将这一工程经费借下来，给地方用于水利工程，为兴化和高邮办了一件大好事。

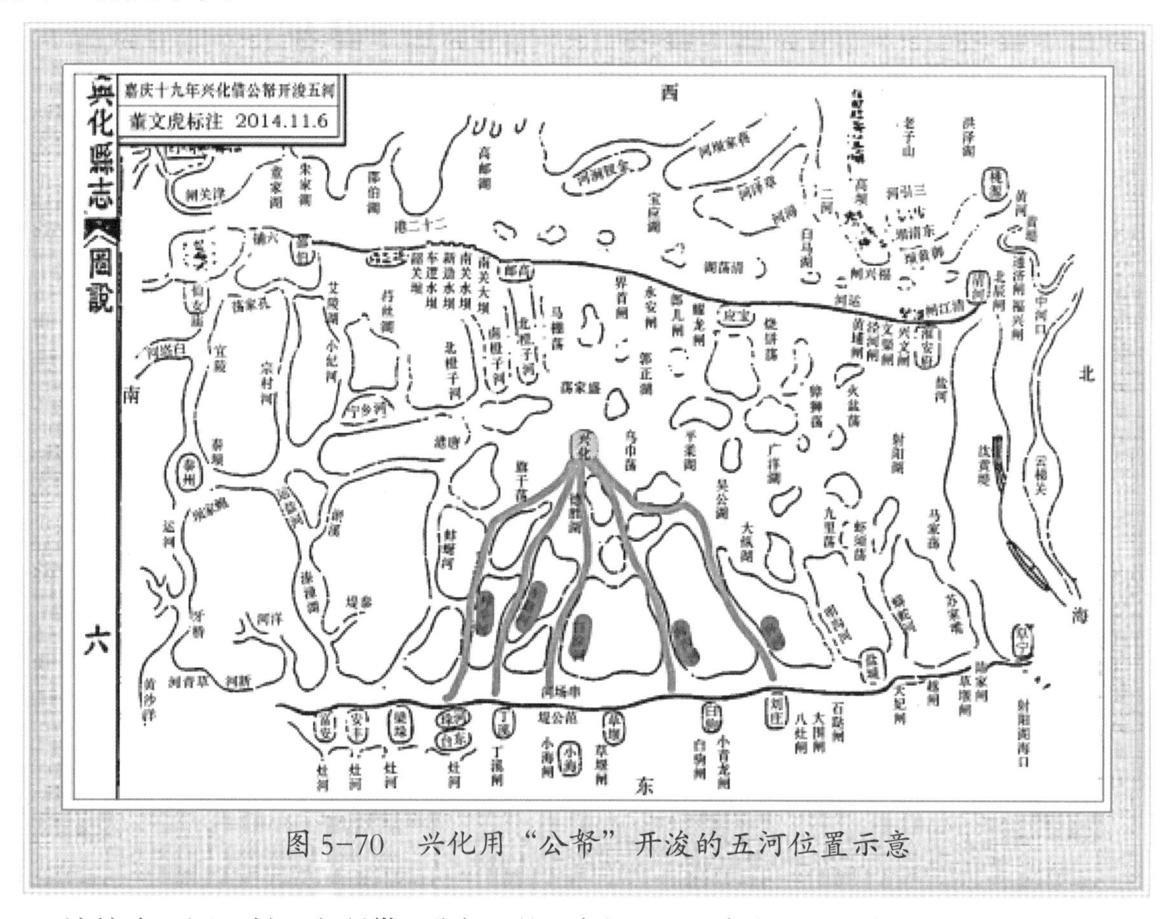

图 5-70 兴化用“公帑”开浚的五河位置示意

该境内5河工料土方所借“公帑”的“官银”和“商办银”，实际为82762.31两（内扣二分市平银1655.246两，实借领土方工料银81106.789 5两），“分作八年，按上下忙十六限（次）征还”。具体征还时间、数量为：“嘉庆二十一年（1816）启征至道光四年（1824）止”实际征还银 54374.88551 两，其余银两分别于嘉庆二十四年（1819）、道光十五年（1835）“奉饬（敕）豁免”，嘉庆帝批准免去银 1041.899 两、道光帝批准免去银 25690.5 两（上述数据为原《志》记录，合计为 81107.2845 两，与实领银差数为 0.495 两，可能是志书记载有误）。

一次不很成功的浚河工程

嘉庆十九年（1814）借用帑所浚五河工程，“皆自东而西各三四十里”虽面广、量大、耗银多，但却是一项不很成功的工程。“挑出之土堆积岸根，不待坝水而天雨淋漓，先已泻入河心，依旧逐节阻滞”。何以造成这种状况？据笔者分析，问题出在如下几个方面。

一是，县里的组织者、指挥者决策有误，采取了“全面开花、质量不抓”的战略。而且嘉庆十九年（1814）知县万承绍接替上任胡廷锡，不久，当年又为新调来的知县刘铃所替换，频繁调动一县之长，恐也会是这些知县难抓大事的原因之一。

二是，施工者不懂挑河的相关水利知识。没有留一定宽的青坎堆土；挑上来的土，未整理、未人工密实；堆积成堤的坡比太小、太陡。

三是，可能是施工开工较迟，抑或是当年雨水来得早，雨量大。挑上来的堤土未及时风干和自伏密实，一旦遇雨，便大量流失。

从这项工程来看，河道土方工程的组织者与操作者，必须具备相关的水利、气象等科学知识；只凭热情是不能浚好河道的。

百龄其人

百龄，在靖江止坍，兴化、高邮浚河、埽工等水利工程中都提到了此人，有必要了解一下。

《清史稿·百龄传》记载：“百龄，字菊溪，张氏，汉军正黄旗人。乾隆三十七年（1772）进士，选庶吉士，授编修。掌院阿桂重之，曰：‘公辅器也！’”讲的是百龄这个人一被朝廷选用，他的上司阿桂就非常看中他，说他是能辅佐朝政的人才！“督山西学政，改御史，历奉天、顺天府丞。百龄负才自守，不干进，邅回闲职十余年，仁宗亲政后，始加拔擢。”但是他在其后任山西的提督学政，任奉天、顺天府府丞等职务时，仗自己有些才华，由于坚持自己的操守，不刻意谋求晋升，在闲职上停留十多年，直到仁宗嘉庆皇帝亲政以后，才被提拔。

图 5-71　《清史稿》

“八年，擢广西巡抚。武缘县（今南宁市武鸣区）有冤狱，诸生黄万镠等为知县孙廷标诬拟大辟，百龄下车，劾廷标逮问，帝嘉之，赐花翎。”嘉庆八年（1803），百龄升任广西巡抚。武缘县有冤案，儒生黄万镠等被知县孙廷标诬陷，准备判处大罪，百龄一到任，查清此事，就弹劾了孙廷标，并抓捕审问，仁宗很满意，赐给他花翎。“十年，调广东。南海、番禺两县蠹役私设班馆，羁留无辜，为民害，重惩之”嘉庆十年（1805），百龄调任广东巡抚。发现南海、番禺两县的官吏像蛀虫一般的贪婪，他们私设厅堂，羁押无辜的人，成为人民的祸害，百龄狠狠地惩罚了他们。“劾罢纵容之知县王轼、赵兴武，严申禁令。”百龄弹劾罢免了纵容恶吏的知县王轼、赵兴武二人。“寻擢湖广总督。两湖多盗，下令擒捕，行以便宜，江、湖晏然。”不久，他就被仁宗提拔任湖广总督。其时，正值洞庭湖、鄱阳湖上贼盗众多，百龄下令清剿抓捕，并根据水盗具体人和具体情况，采取适当的办法进行处理，使长江上的洞庭湖、鄱阳两湖得以安定。

图 5-72　清两广总督

“十四年，擢两广总督。粤洋，久不靖，巨寇张保挟众数万，势甚张。”嘉庆十四年（1749），百龄升任两广总督。长久以来，广东沿海海面上很不安宁，水寇张保，已发展到数万人之众，气势甚是嚣张。“百龄至，撤沿海商船，改盐运由陆，禁销赃、接济水米诸弊。筹饷练水师，惩贪去懦，水师提督孙全谋失机，劾逮治罪。每一檄下，耳目震新。巡哨周严，遇盗辄击之沉海，群魁夺气，始有投诚意。”百龄

图 5-73　清代两广总督管辖范围

到任后，先是采取撤销沿海商船，将海盐的运输由海运改为陆运；再采取告示各地停止销售劫来的赃物、严禁对海盗接济水米等措施。另外，同时筹集粮饷，训练水师，惩处军中贪污之人，革除胆小懦弱的官兵，整肃军风军纪，提高官军海上作战能力。水师提督孙全谋，在剿灭海盗中失掉战机，被百龄弹劾抓捕并予治罪。百龄每次下发的公文，皆为振聋发聩之声，能让人耳目一新。巡海岗哨布置得周密严谨，遇到贼寇立即出击，坚决将他们打沉入海，群盗锐气被挫，产生了投诚的打算。“张保妻郑尤黠悍，遣硃尔赓额、温承志往谕以利害，遂劝保降，要制府亲临乃听命。百龄曰：‘粤人苦盗久矣！不坦怀待之，海氛何由息？’遂单舸出虎门，从者十数人，保率舰数百，轰炮如雷，环船跪迓，立抚其众，许奏乞贷死。旬日解散二万余人，缴炮船四百余号”。张保的妻子郑氏特别狡猾强悍，能左右张保。百龄派遣硃尔赓额、温承志前去，把这次清剿的利害关系告诉她，要她说服张保投降。其妻被说服，于是去劝说张保投降，张保提出，要是制府百龄能亲自到海上来会见，就肯从命投降。百龄说：“广东百姓被海盗折磨很长时间了，他们既有投降之意，我不坦诚相待，海上凶险之气什么时候才能停止呢？”于是，百龄为避免张保生疑，不惧个人安危，只带十几个随从，上了 1 只小船，驶出虎门，去会见张保。张保见百龄真心劝降，于是便率领数百战舰，礼炮迎接，声震如雷，并率众手下环绕着船沿，下跪迎接百龄。百龄立即安抚众人，向张保一行人等保证，上奏朝廷请求免除他们的死罪。仅用了十几天，就解散二万多人，缴获船炮四百多艘。“复令诱乌石二至雷州斩之，释其余党，粤洋肃清。帝愈嘉异之，复太子少保，赐双眼花翎，予轻车都尉世职。”对于不肯受降的乌石二等海匪，派人诱捕归案，押至雷州斩杀，并以教育为主，释放其余党，广东海面至此开始安定起来。仁宗对他大加赞赏，认为他很不一般，赐予他双眼花翎和轻车都尉世袭之职。

“十六年，再乞病，回京，授刑部尚书，改左都御史，兼都统。”嘉庆十六年（1751），百龄又一次因病请求回京。回到京城后，被授予刑部尚书，后改任左都御史，兼任都统一职。“未几，授两江总督。时河决王家营，上游绵拐山、李家楼并漫溢，论者谓河患在云梯关海口不畅，多主改由马港新河入海。百龄亲勘下游，疏言：“海口无高仰形迹，亦无拦门沙堤。其受病在上年挑河二段内积淤三千余丈。又亲至马港口以下，见淤沙挑费更钜，入海路窄。二者相较，仍以修濬正河为便。诏如议。”没过多久，仁宗因水患严重，授予他为两江总督，以便统驭治水。

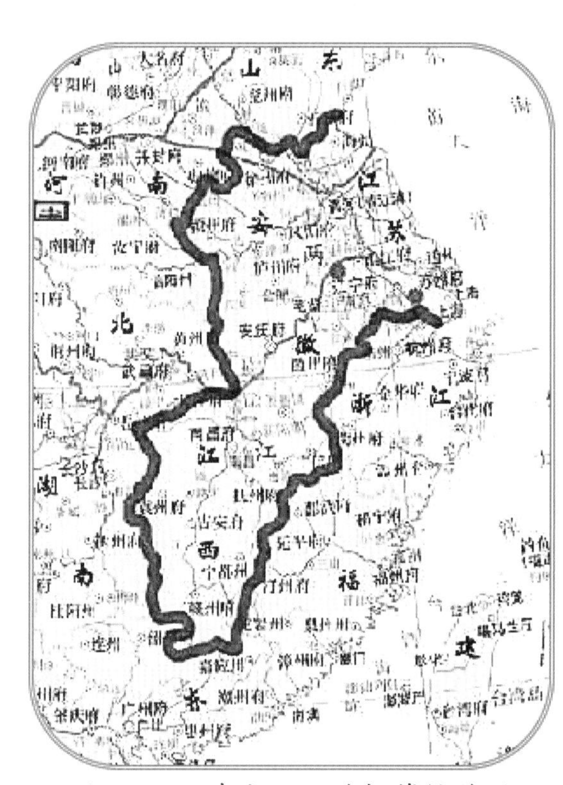

图 5-74　清代两江总督管辖范围

两江总督官衔全称为“总督两江等处地方提督军务、粮饷、操江、统辖南河事务”，是清代九位最高级的封疆大臣之一，总管江苏、安徽和江西 3 省的军民政务。由于清初江苏（含上海）和安徽两省辖地同属江南省，因此初时该总督管辖的是江南和江西的政务，因此号称两江总督。清代同治三年（1864）后，两江总督府的驻地设在南京。江苏巡抚，衙门驻苏州，下辖苏州府、江宁府（今南京）等。对于两江总督和江苏巡抚，这两个官职的驻地都设立在今江苏省内。加兵部尚书衔的两江总督是从一品，不加是正二品。江苏巡抚，加了兵部侍郎衔的也只是正二品。但是，同一区域的总督和巡抚并非上下级关系，他们的区别，主要在于所分管的领域。总督的权力虽然比巡抚要大得多，但是二者之间并没有隶属关系，这两个官职都是直接受皇帝管辖的。除了职位有高低，这两个官职管理的事情也各有侧重。总督的权力侧重于军事，巡抚的权力主要在民政上。从职务的侧重点不同，也能看出两江总督的官职是比江苏巡抚高的，毕竟军事权是统治者的“命根子”，必须掌握在统治阶层手里。因此，两江总督更受皇帝的信任，在这个职务上，皇帝也会派一些自己十分信任的人去担任。两江是清王朝的财赋重地，也是人文荟萃之区。两江总督是地方最高长官，太平天国运动之前多由满人担任，之后汉人渐多。张鹏翮、邓廷祯、曾国藩、李鸿章、沈葆桢、张之洞等名人都任过两江总督。

图 5-75　清代两江总督之衙署（正门）

百龄上任两江总督时，正值黄河在王家营决堤，上游绵拐山、李家楼同时因堤矮，漫出水来。朝议中，不少人认为黄河之患，在于云梯关入海口不通畅，大多数主张黄河改道，从马港新河入海。百龄则亲自勘察了黄河下游，才上疏说：“在海口没有高起的地形，也没有淤积的沙堤阻拦。黄河泛滥的病症在于去年所挑的二段河内又产生了严重的淤积，长达三千余丈。我又亲自到马港口下游实地勘查，要清除的淤沙花费更大，入海面积狭窄。两者相比较，还是疏通正河更为方便。”仁宗同意他的看法，接纳了他的建议。下的诏，和他所写的奏章基本相似。

“百龄年逾六旬始生子，值帝万寿日，闻之，赐名扎拉芬以示宠异，勉其尽心治河。”百龄 60 多岁才得到一个儿子，正赶巧是仁宗皇帝生日，皇帝听说百龄得子，赐名叫扎拉芬，表示对百龄宠爱不同一般，以勉励他尽心尽力治理黄河。“次年春，诸工先后竣，漕运渡黄较早，迭加优赉，赐其子六品荫生。”第二年春天，这项治河的各个工程先后完成，渡过黄河的漕运比以前都早，仁宗多次给他优厚的恩赐，并恩赐给其子享有六品官的权利。“洪湖连年水涨，五坝坏其四，诏责急修。百龄以礼坝之决，由于河督陈凤翔急开迟闭，以致棘手，奏劾之。凤翔被严谴，诉道请开礼坝时，百龄同批允；”洪泽湖连年水涨，5座堤坝（仁坝、义坝、礼坝、智坝、信坝）坏了4个，皇帝下诏责问原因，命令要紧急修缮。百龄认为：礼坝决口的原因是河督陈凤翔急忙打开又延迟关闭，以至于现在不好处理，上奏弹劾陈凤翔。凤翔被严厉谴责时，辩解说，在打开堤坝的时候，是得到了百龄批准允许的，“又讦淮扬道硃尔赓额为百龄所倚，司苇荡营有弊”。同时，陈凤翔反过来又揭发淮扬道硃尔赓额依仗百龄，管理的苇荡营在建设管理中有作弊行为。“言官吴云、马履泰并论其举劾失当，命松筠、初彭龄往，按帝意方乡用，议上，专坐硃尔赓额罪，以塞众谤。”据此，谏官吴云、马履泰都分析认为：百龄举报弹劾陈凤翔失当，应予查处。嘉庆皇帝命令陕甘总督加太子少保、仓场侍郎初彭龄前去调查，当有其事。嘉庆皇帝当时认为：鉴于当时的水情和治水需要，仍应重用百龄，商讨之后，只判处了硃尔赓额的罪过，以堵塞众臣的议论。

“十九年，初彭龄奉命赴江苏同查亏帑，议不合。彭龄为所掣，恚甚，遂劾百龄受盐场税关馈遗，按之未得实，彭龄坐诬被谴。”嘉庆十九年（1754）初，彭龄兼署江苏巡抚，奉命到江苏和百龄一起调查江苏国库亏空一事，两人意见不统一。彭龄认为自己受到百龄制约，非常愤怒，弹劾百龄，慌说百龄接受了盐场税关的馈赠，经调查，所告不实，结果，彭龄犯诬告之罪被贬官。

“二十年冬，病甚，命松筠往代，卒于江宁。帝闻，悼惜，诏复协办大学士，遣侍卫赐奠，许柩入城治丧。仍赐祭葬如例，谥文敏。”嘉庆二十年（1755），百龄病情加重，嘉庆皇帝命令松筠前去替换百龄两江总督职务，其时百龄已死于江宁。嘉庆皇帝听说后，非常悲痛，派遣侍卫前去赏赐奠礼，准许灵柩回京城治丧。赏赐祭葬如同国家常例，谥号文敏。

从《清史稿》的记载中，可以看到，百龄从嘉庆十六年（1751）因病申请回京，嘉庆皇帝考虑要解决黄河决口问题，几乎未曾让他休息，很快就委任他为两江总督，他无法推辞，才抱病接受了这一外出治水的任务。他在带病从事治水的4年间，对水利工作做到极其负责，他绝不随意轻信别人提的方案，往往都是要亲自踏勘，在得到第一手资料后，才提出他合理的治水方略。从他亲赴靖江查勘坍江情况，积极调整方案和为兴化高邮借帑，兴修水利的决策中就可以看到这一点，而且，都是在带病期间所做的工作。从他因治水病死在工作的任所等事迹中，可以看出，他确实是一位能为朝廷办大事的、比较注意自己操守的水利官员。

鲍坝几度决口水侵下河

（1813—1997年）

鲍家坝的作用

嘉庆十八年（1813），“泰州鲍家坝决口，知州方恩承率民工筑堵”，道光元年（1821），“七月七日，泰州大雨，鲍家坝决，运盐河水泄入下河，知州克实泰率众筑实”[1]仅时隔8年，泰州鲍家坝就发生了两次决口，造成上运盐河的水泄入下河，不仅淹没了下河大片田地，还造成上运盐河无法行船。

鲍家坝筑于何时？明代前，史书无载。从现存最早的泰州官志——明《（万历）泰州志》的“形胜”[2]篇记载中所见，仅“东河坝又名鲍家坝，州治东北一里”14个字。但从此志[3]对东河所作“州志东三里，通北运河”和对北运河说明的“州治北，通十二场”的记载看，此坝向北，通过东河（今称老东河）和北运河与海边12座盐场相贯通，其水位是下河水位。此志在记载北运河前，还记有“西运河，州治西南，旧曰吴王沟，汉吴王濞开，以通运于海陵仓”和“南运河，州治南，东抵通州及各盐场，直入于海，西通西运河”所谓西运河、南运河，实际上是一条河的两段，就是汉代所开的运盐河，民国后期所称的通扬运河，1969年（新）通扬运河挖成后改叫的老通扬运河，现在所称的古盐运河。其水位是上河水位。将鲍家坝与南北两运河连来一看，就可以看出，此坝起到的是这两条运河分水岭的作用，常年水位高差在1米左右。因为，两河的水位是南高、北低，在其后《（崇祯）泰州志》《（雍正）泰州志》均仅作了如是记载。

以鲍家坝的名字入志始于《（道光）泰州志》“河渠篇”；该条记载为：“鲍家坝。

---

[1] 泰州水利志编纂委员会．泰州水利大事记［M］．郑州：黄河水利出版社，2018.

[2] 泰州文献编纂委员会．泰州文献—第一辑—①（万历）泰州志［M］．南京：凤凰出版社，2014.

[3] 泰州文献编纂委员会．泰州文献—第一辑—①（万历）泰州志［M］．南京：凤凰出版社，2014.

东门外东北隅，旧名东河坝”[1]。该志“河渠篇”在“水利”一节记有：嘉庆年间，泰州为挑挖下河河道向国库借款 13902.675 两，分 6 年还清。在这一节，不仅提及鲍家坝两度决口水侵下河事实，还较为详细地介绍了此坝的重要性：“鲍家坝最为紧要，设有冲塌，则官运河直灌下河，不独近坝田禾被淹，而上河之水一泄，则盐艘重载难以通行。嘉庆十八年（1813）坝决，知州方恩承率工役亟筑之。道光元年（1821）七月大雨，复决，知州克实泰更筑之。是官运河之不防之不使其泄，无他虑矣！”[2]此志的编者认为：因在其时“东西坝既永堵”，云宁乡向北 10 多里的地方，兴化明代初年所筑抵御“东西两坝（未筑时）冲注之水”百余里长堤，长期不修，久已“湮没”“故今之鲍家坝最为紧要”，强调了鲍家坝的重要性，并把如溃坝的危害性也讲得十分清楚了。

《泰州水利大事记》记有：嘉庆十八年（1813）因洪水坝决，道光元年（1821）因大雨复决。所取前志记载，认为保住鲍家坝，主要保的“是官运河之水，防之，不使其泄”。保古盐运河的水，不让流失，又是为了以免影响盐船通航。其实，此坝如汛期一到，对下河威胁更大。

例如：《（民国）续纂泰州志》所载，光绪六年（1880）“夏旱，鲍坝附近庄民禀请开坝，以资灌溉。未几，大雨如注，坝决数丈，水势奔腾，乡民连夜抢堵，然已冲倒斜桥，糜费无算”。[3]得此教训后，至光绪二十四年（1898），当地有人禀请在鲍坝、滕坝两处购备机器拖绞船只翻坝。次年，经绅士陈恩熙、王谌谋等人具文认为：在鲍、滕二坝上拖绞船只，有损坝身，于盐运、地方大有妨碍，既然林则徐已严令翻越，就应勒石严禁。还要颁发告示，永远遵守，不得再有纷更。后经监掣王鹏豫批准“由王谌谋自备工资，摹示勒石三方”分别设在泰坝衙署及鲍、滕二坝处，以为永闭。民国十二年（1923）鲍家坝又崩决，“居民于迎春桥及北关吊桥筑土坝堵水”[4]再钉桩堵闭鲍家坝。1954 年大水，7 月份动员民力 2740 人次在坝北加筑土坝，使鲍坝坝体顶宽达 7 米、坝高 6.1 米、坝长 39.5 米，其后便堵闭不开。

---

[1] 泰州文献编纂委员会．泰州文献—第一辑—②（道光）泰州志［M］．南京：凤凰出版社，2014．

[2] 泰州文献编纂委员会．泰州文献—第一辑—②（道光）泰州志［M］．南京：凤凰出版社，2014．

[3] 泰州文献编纂委员会．泰州文献—第一辑—③（民国）续纂泰州志［M］．南京：凤凰出版社，2014.

[4] 泰州水利志编纂委员会．泰州水利大事记［M］．郑州：黄河水利出版社，2018.

1997年泰州市水利局为改善东城河自来水厂水质，拆去鲍家坝，建成的鲍坝闸

图5-76　鲍坝闸

鲍家坝变坝为闸

1996年8月，地级泰州市成立，笔者调到泰州工作，喝第一口水时，就感到自来水有异味。当年11月，笔者任职水利局长，至小汛，感觉异味愈加严重，按部门职能分工，城区饮用水及城市水利的职能不属水利部门管，自来水质好坏是份外事，是管，还是不管？思之再三，认为：饮用水有关群众的健康和福祉，既然涉及到水，我是水利局长，就应该管！于是便安排人去自来水厂进水口取水样进行检测，发现大肠杆菌超标23倍！不由得，我惊出了一身冷汗，这种水怎么能喝？这是影响几十万泰州市民的身体健康的大问题！于是立即组织市水利局相关人员实地考察，发现东城河自来水厂上游至南官河的老通扬运河仅3里长左右的河段，就有65个污染水源的污染点，我自己在现场目睹了几个公厕直排下河。于是便同水利局有关技术骨干共同研究，提了一个“上引、中止、下泄”治理和改善东城河自来水厂水源水质的思路，制定了以下达江边口岸闸遇长江小汛“能引尽引江水”，“浚3条河（老通、梅亭、老东）、修2

座涵（大浦头、玻璃厂）、建1座（鲍坝）闸”的工程方案，旨在能调度水源，激活东城河水体，提高城河整个水体自净能力。同时提出部门任务分工、资金筹集的设想。正好赶上12月召开的市政府办公会，我主动争取在会上作一汇报。办公会刚开始，丁解民市长一听我想要插进会议议程汇报的是自来水水质问题，立即表示：这个问题是关呼几十万泰州市民的民生大事，必须认真对待，同意先谈此事，其他原定议题顺次延后讨论。听完笔者汇报，又听取了相关部门的议论，丁市长表态：原则同意水利局所提初步意见，要求水利局回去立即组织力量，以最快速度拿出具体工程设计、施工方案。1997年1月20日市政府第七次常务会议批准了有关工程设计、施工方案、部门分工协作和筹资意见，并明确立即付诸实施。会后，丁解民市长又决策将城市水资源管理划由水利局统一管理。

改善自来水厂水源水质工程，立即投入施工，当年完成，使水厂水源水质基本达标，广大市民赞不绝口。为此，也结束了鲍家坝的历史，建成了鲍坝闸。此闸，也成为泰州市水利局成立后所设想的由“农田水利”向“城乡水利”转变，为“水利进城”所做的第一个标志性水利工程。

夏荃退庵笔记两记北濠

（1838—1957 年）

泰州的城河，始挖于唐代，经南唐褚仁规、后周荆罕儒、宋代马尚、陈垓等历代关键人物的努力，终于挖通四濠，形成环城河。其后，明、清两代，又不断开挖拓宽，其河面之宽、形制之好，成了全国少有的几条城河之一，使环城河风光靓丽了 600 年。

其间，由于元末明初徐达开挖济川河直抵泰州南门，接通城河，江水长驱里下河，虽有舟楫之利，却带来了江潮压境之患。后，明洪武二十五年（1392），在北城河外筑包括东、西两坝在内的下河 5 坝，拦江水于上河，以消弥下河水灾。可是这又造成了因南北水道阻隔，江水所携泥沙在济川河和城河中逐步淤积使河边易成浅滩的问题，这也给“与河争地者”造成了占河为地的方便，形成了一边是官方不断拓挖城濠，一边是侵占官地、濠身建房的事屡禁不止。

夏荃认真记录了一次疏浚北濠存在的问题

对城河河身的蚕食情况，历史上的官志记载甚少。但从清嘉庆、道光时代的邑人夏荃（1793—1842 年）《退庵笔记》一书中所写《北濠利病说》一文中，却可以读到一些。

《北濠利病说》一文，写的是清道光十八年（1838）夏荃自己参加的泰州州牧陈玉成募捐修理城垣的事。其原文如下：

“道光十八年九月，州牧陈公邀同人集胡公书院，议修城垣，设局万寿宫劝捐。乡城捐者，为钱万八千有奇。城垣分五段兴修，余与潘君督西门义字段，及南城楼工。次年□月，工将竣，复与同人从事于北濠，北濠之湮久矣。出北门丈许，市廛鳞次，旧皆官地及濠身。第展转售粥，日侵月占，相沿已久。今浚濠，必坏其屋，屋主难之。同人依违其间者，议于吊桥之南岸，去北门留三尺下桩，或议留五尺及五尺五寸者，

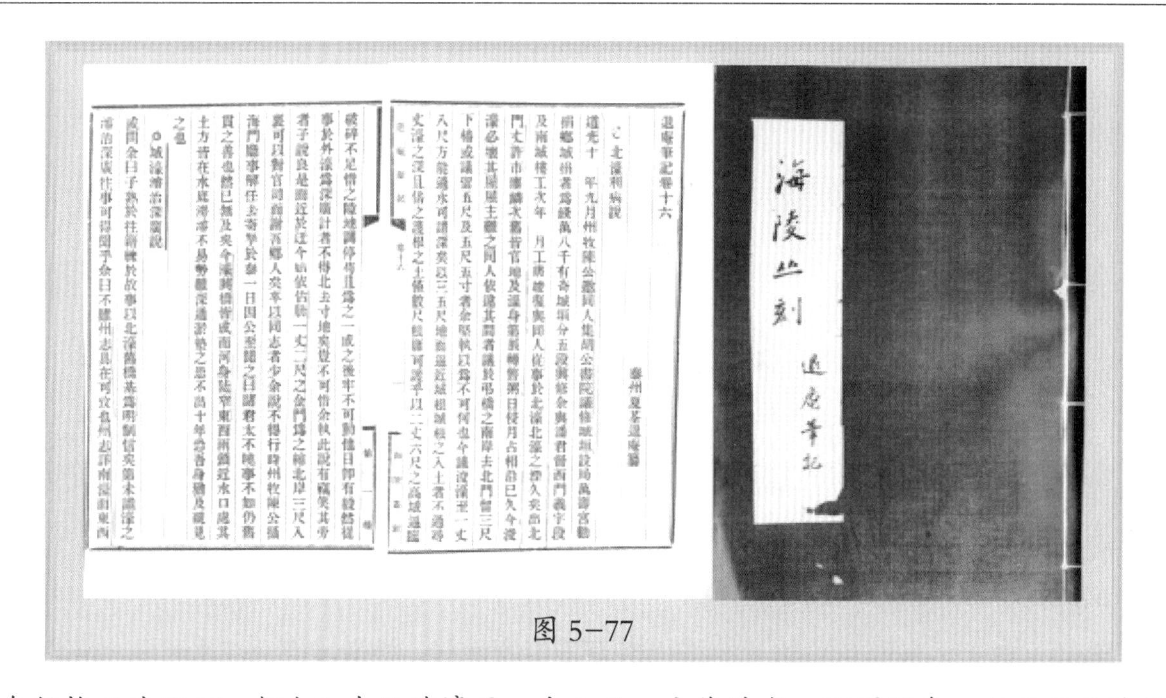

图 5-77

余坚执以为不可，何也？今议浚濠至一丈八尺，方能过水，可谓深矣。以三五尺地而逼近城根，城根之入土者，不过寻丈，濠之深且倍之，护根之土仅数尺，根庸可护乎？以二丈六尺之高城，逼临重压于一丈八尺之深濠，不厚积其土以护之，不终日而土崩城圮矣。此必至之势，谁执其咎邪？城根多留地尺，则桥北多去地尺。多去地，则多坏市廛。而余戚之，屋多在桥北，例当撤，而余略无所徇者，城与濠之责綦重。撤屋者多，虽至戚，亦无从致怨于我也。自余说出，同人以为然者强半。会浚至丈余，而旧桥之南北两岸出矣。南甃砖，北累石，形制宛然。量之，南岸距城根一丈一尺五寸，桥之金门南北一丈八尺。自旧基出，而同局翕然无异辞，卒从余言。屋主浮议，亦顿息矣。或问：‘此旧桥基果何时建？’余曰：‘此明制也。’国朝二百年来，未有浚濠建桥之举。州城之大修也，在乾隆三十二年，州牧王公镐详请帑金九万有奇。今州志《城池》门，记城之广袤，下及楼橹雉堞，略濠而不书。城与濠并重，果有事于濠，庸可略乎？疑当日城工竣事，帑项无余，一请难于再请，且既请□帑，未便民捐。或其时外濠情形，不似今日壅塞淤遏之甚，挑浚可缓，均未可知。以二百年久废之举，一旦兴之，所谓千载一时，开万世之利者在此。然必依旧制一丈八尺之金门，则有三利焉。河身深一丈八尺，非广如其数，其斗绝而易淤，依旧制则永无淤垫之患，所谓一劳永逸也，其利一；广则河流浩蕩，血脉周通，舟楫畅行，商贾辐辏，文运财源均有卑益，其利二；城以卫民，濠以卫城，濠深广则足以备非常。宋淳祐元年，金兵突至，以濠深不敢逼，此明徵也，其利三。或曰：‘如子言，则桥北之屋，当尽辙矣。’余曰：‘即不如余言，桥北之屋存者有几？今屋之有碍者，撤，无碍而牵连者，亦撤。其无碍者，濠成而后，主人必以余地可惜，截长补短，举而新之，计其工费，浮于屋直，足别置一产。且新造之屋，逼近河岸，久必坍塌，将为若子孙累矣。如余言，不如弃之。非于某某已撤之屋外，又别撤他姓，一重屋也，何害为？使今日顾忌此已破碎不足惜之隙地，调停苟且为之，一成之后，牢不可动，他日即有毅然从事于外濠为深广计者，不得北去寸地矣，岂不可惜。'余执此说。有窃笑其旁者：'子说良是而近于迂。今姑依估册一丈二尺之金门，为之缩北岸三尺。人里可以对官司，而谢吾乡人矣。'卒以同志者少，余说不得行。时州牧陈公摄海门厅事，解任去，寄孥于泰。一日因公至，闻之曰：'诸君太不晓事，不如仍旧贯之善也。'然已无及矣。今濠与桥皆成，而河身陡窄，东西两头近水口处，其土方皆在水底，涝浚不易，势难深通。淤垫之患，不出十年，恐吾身犹及亲见之也。"[1]

此文写的是州牧陈玉成，在胡公书院召开了一次修城浚河募捐会，共募得工程款银一万八千余两。他确定把工程指挥机构设在万寿宫内。城、池分5段修理和疏浚。乡贤夏荃，参加了其中3段的工程策划和督管。他在完成了西门义字段和南城楼修理工程的次年，参加疏浚北城濠时，提出的方案与其他人的方案发生了争议。夏荃认为，乾隆三十二年（1767）修筑城池时，未提及疏浚（北）城濠，主要是以下两个原因。一是"疑当日城工竣事，帑项无余，一请难于再请"，二是"其时外濠情形不似今日廞（指淤塞）塞淤遏（在这里指害或病的意思）"。夏荃指出，现在疏浚北濠的情况与乾隆年间修筑城池时不同了，现在的北濠淤积的时间很长了，出北门仅3 ~ 4米，市井房屋鳞次栉比，这些房屋都是砌在以前的官地及城濠淤积的河道里，房屋又几经辗转，且历经日侵月占这些地方，相沿已久了。今浚城濠，必定要影响这些房屋，而屋主人有反感。当时，夏荃力主北濠疏浚，挖深一定要达到一丈八尺（5.76米，按清度制1尺=32厘米计算），而且河口距城墙的基础，也必须按明代旧制留到一丈八尺以外，桥北同样亦须留出一丈八尺的地方。他认为，依照旧制一丈八尺之金门有三利：一是河挖到一丈八尺深，河宽就必然与之配套，河也就能达到一定宽度，城河挖到一定的深度和宽度，河就较难淤积了；二是挖到一定的宽度和深度，则"河流浩荡，血脉周通，舟楫畅行"，对发展经济十分有益；三是城池是用以保卫老百姓的，城濠是

[1]出自夏荃《海陵丛刻—退庵笔记》卷十六。

用以保卫城墙的，将城濠挖深挖宽，才足以应对非常的事件。夏荃讲述这些道理后指出，要达到这样的标准，桥北面桥北侵占"官地"和"濠身"的房屋要全部拆迁。但其时州牧陈玉成因摄（兼职）海门厅事，不在泰州，夏荃的提议没有能得到其他人支持，工程迁就了拆迁户，未能按照（明制）尺寸做足标准，规模缩小了三分之一。后来，州牧陈玉成到泰州，了解到这个情况时，很不满意，批评提反对意见的人说："你们太不懂事，这样做是不如按以前所定的尺寸挖河好，"但事已至此，无法改变了！如今，濠已开挖，桥也建成，而河身陡窄，东西两头近水口处，其土方皆在水底，要捞浚，实在不容易。这样狭窄浅小的河道，水势难流通，不出10年，淤垫之患又会出现，恐怕今后我们都能看到这一情况。从上面的一段介绍中可以看出：一是夏荃的时代，北城濠被占河造房的现象已较为严重；二是夏荃力主拆掉这些与河争地者的房屋，将河拓宽一点；三是当时具体负责施工的人未能按夏荃的意见办；四是州牧陈玉成回来后，对低标准疏浚北城濠很有意见，并预测北城濠还将严重淤塞。后来，北濠被淤塞填堵的情况，足可证明陈玉成这一预测是正确的。

近百年城河"与河争地"现象严重

从1998年《泰州志》❶的字里行间，同样可以读到城河之萎缩和不断被侵占的情况。"万历二十九年（1601）前，东水门堵塞""乾隆三十二年（1767）……东门外濠填成路""抗日战争爆发后，国民政府通令沿海各县拆城，民国二十七年（1938）至次年8月州城全部拆除……东西门以南部分城基或改成农田，或建为工厂、住宅区，北城濠中段改建成人防工事与小商品市场，南城濠西段淤塞为农田，西城濠南段取直拓宽（实际上是调整的内城濠）连接南官河航道"。其实，只要翻开民国2年（1913）实测的《泰县（即泰州）城厢图》就十分清楚其时城墙的位置与城墙至河口的距离了。当时仅北城河城门左右城墙外有一段占用官地砌的违章房屋外，沿环城河一周的其他地方，尚无一间违章建筑。但至地级泰州市成立仅83年，北城河、西城河、南城河两岸已被侵占到何种程度！连东城河外侧也有两大块被某企业霸占[参见民国2年（1913）泰州城池图、现代航拍图]，环城河已是满目疮痍。加之北城河一线与下河衔接的河道

❶ 泰州市地方志编纂委员会．泰州志［M］．南京：江苏古籍出版社，1998.

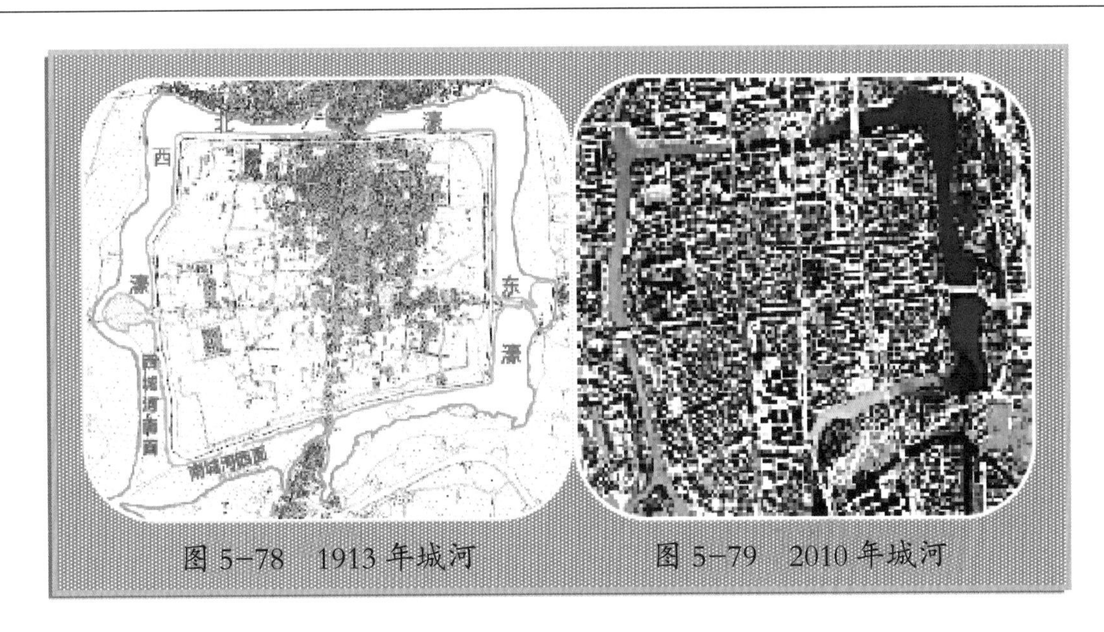

图 5-78　1913 年城河　　图 5-79　2010 年城河

被筑坝后，城河的水基本上就成为“死水一潭”，水质日趋恶化，几无洁水可言。典型的如北城河与稻河相交处，早已被百姓称为“臭沟头”，连 1957 年 3 月在此兴建的涵洞（正式备案的）名称都称为“臭沟头涵洞”[1]（后改称为大浦头涵洞）。环城河百余年来均处在不断被侵占、不断被污染的病态呻吟之中。

夏荃熟知城河形成过程

夏荃在其《城濠浚治深广说》中，将城濠历史上宽深的尺寸作了查证，“或问余曰：‘子熟于往籍，练于故事，以北濠旧桥基为明制，信矣。第未识濠之浚治深广，往事可得闻乎？’余曰：“不难，州志具在，可考也。”州志详南濠，而东、西、北三濠皆略。南濠上通江淮，千里来源，其势不得不深广。宋建炎中，通判马尚于城之南又增一濠，即今万善桥下运盐河，是所谓深沟高垒，重门叠户，自固以待敌也。北濠通下河，至兴化、盐城而止。州之有东、西、北三濠，自宝庆丁亥（1227）州守陈公垓开浚始也。公纂《泰堂记》“凿十三里外濠面二百尺，深二十尺，南北浮梁，西东问渡。”其时南北濠皆设浮桥以通行人，东西濠无桥梁，设官渡，此宋时四门外濠之情形。故今州城南有吊桥，北有桥址，西临大河，非渡不可。出东门可陆行，然大雨水，则南北之水合，浅则人负人，深则招舟子矣，盖犹存宋制之旧也。若濠之深广，南唐昇元初（937）广

[1]出自泰州市农林水利志编写领导小组，泰州市农林水利志，1992 年。

一丈二尺，至宋建炎中（1127—1130 年中期）广五丈，深一丈四尺矣。宝庆时（1225—1227 年）广二十四丈，深一丈五尺矣。端平后（1236 以后）四角为月河，深广皆倍于旧矣。淳祐初（1241），金兵突至，以濠深不敢向，退而窥堡城矣。明时濠广五十二丈，深一丈一尺矣。夫五十二丈之濠，似太广阔，疑指极广一二处而言。若周围广五十二丈，则州城宛在湖荡中，断无是理，或五十二丈字有误也。此外濠浚治深广，可略言者。”❶

夏荃不愧“熟于往籍”，对古籍研究很认真，将城濠深宽尺寸变化的历史记载，交待得较为清楚。并对“明时濠广（宽）五十二丈（173.3 米），深一丈一尺（3.7 米）”提出质疑，认为城濠四周宽窄不等，只有局部河段能达到如此之宽深。

夏荃其人

夏荃（1793—1842 年），泰州人，字文若，号退庵，家居本市铁炮巷前大街，家有藏书 3 万余卷，幼好学。嘉庆十五年（1810）17 岁入县学，因不喜八股文，乡试多托病不赴。常与仪征刘文淇、本地吴熙载等著名学者交往，相互切磋，彼此唱和，著书以试入县学，补博士弟子员，是一位极有才华的秀才。他曾任江苏丰县与桃源（今泗阳）县训导。清道光五年（1825），大病后，淡泊名利，无心再争功名。退居返乡而专事纂述，与龙岩魏茂林、宝应刘宝终，著有《退庵文钞》传世。夏荃治家极严，交友是娱，办事详审不苟。夫人仲孺人，亦工文词，得 1 子 7 女。子女幼时所读之书，皆由其口授。

图 5-80　夏退庵墓志铭

夏荃一生博览群书，回乡后，他除花费了数十年心血，收录了自汉唐至明清泰州的掌故轶闻、人物轶事、衣冠盛事、故书杂记、轶行遗文、风

❶出自夏荃《海陵丛刻—退庵笔记》卷十六。

土人情等文章389篇，编著出《退庵笔记》16卷外，他尤致力于悉心整理地方文献，网罗散佚、覃心典籍，从131种古籍中辑录出有关泰州的记载，编成《梓里旧闻》8卷。用数十年时间，收录了自唐至清泰州人的诗文和著述，编成《海陵文征》20卷、《海陵诗征》16卷，并著有《海陵艺文志》《晋砖唐石斋诗文存》《淮张逸史》等，辑有《辟蠹山房丛书》、刊刻《陋轩诗续》等，这些书籍保存了丰富的地方文献，对研究泰州历史和泰州的文化发展均有着很高的参考和学术价值。夏荃还爱好文物考古，喜金石文字，断垣残础、罗掘殆遍，醉心古钱币研究，纂成《退庵钱谱》8卷，开创了泰州地区钱币研究之先河。

民国初年，韩国钧先生在《永忆录》中称赞夏荃“高年博学，于乡里遗闻轶事搜采考订、详征博引，里人无出其右者”。

夏荃先生死后六七十年，《退庵笔记》未及刊行，辗转传抄，颇多讹误。韩国钧先生有感于夏荃而作，发起编撰《海陵丛刻》。1919年完成《退庵笔记》十二卷编撰刊行。第二年，又将《退庵笔记》十三卷至十六卷补入，并把《宋石斋笔谈》《六客之庐笔谈》残本附印于后，功不可没。

修江堤泰兴人赞张公堤

（1849—1853 年）

2001 年版《泰兴水利志》记载：“道光二十九年至三十年（1849—1850），知县张行澍修筑北自庙湾港南至王家港（今天星桥南）段江堤，长 80000 丈（约 26.7 千米）、高 1 丈（3.3 米）、顶宽 5 尺（约 1.7 米）、堤脚宽 3 丈（10 米）人称‘张公堤’，以志其功。同期浚沿江各港及支流。”❶

这一记载中，有两点是可以肯定的。一是张行澍所组织修筑江堤的长度及宽度尺寸，交待得比较清楚，说明张行澍事先是进行过规划和设计的，其规摸之大也是前所未有的。二是记载中所记“人称‘张公堤’”一句，由于张行澍自己没有主持过任何《泰兴县志》的编写，并不是张行澍自称的，而是出自后来编志者根据采编的资料入志的，可以看出，泰兴老百姓对张行澍这位知县能组织这一大规模江堤的修筑是感激的。否则，不会以其姓“名”此所筑之堤。为此，就有必要对张行澍作进一步的了解。

有关张行澍的记载不多，虽《（光绪）泰兴县志》第十七卷“仕绩”篇中为张行澍单列有“传”❷，但系文言，用词又较晦涩，故还需借助《清史稿》《开封县志》及其他资料，对其作一简略勾勒。

张行澍（出生年代不详），字瀚门，河南祥符人。道光十七年（1837）举人，曾在开封任职。参加开封城的修筑组织工作，以佐修开封城有功，于道光二十八年（1848）保选江苏泰兴县任知县。

道光二十九年（1849）六月，泰兴遭到强台风袭击，江水暴涨，平地水深数尺，沿江百余里房屋被大水冲毁漂没，受灾的百姓无家可归，全部“露栖”于地势较高的地方或其他未受灾的街市，无物可食，已达“饥亟”的情况。作为民之父母的知县张

❶ 泰兴水利史志编纂委员会 . 泰兴水利志 [M]. 南京：江苏古籍出版社，2001.

❷ 泰州文献编纂委员会 . 泰州文献—第一辑—⑥（光绪）泰兴县志［M］. 南京：凤凰出版社，2014.

行澍，见此情况，随即召集下属官吏和地方上的士绅、乡贤商议，采用了集资、募捐购粮和按人口直接发放口粮的赈灾方法，以缓解灾情。他亲自深入滨江，严格督查救灾粮的发放。在他的努力下，泰兴沿江在秋粮颗粒无收的情况下，没有一人因水灾而饿死。

在此大灾之年，张行澍深入江边一线，了解到因堤毁而造成大面积水淹，广大民众的受灾惨状；同时，也了解到造成这一灾情的根本原因——原有江堤堤身太小，又年久失修；他还了解到，百姓们也很希望有人振臂一呼，组织人民挑筑堤防、恢复家园。于是，他审时度势，决定抓住民心，广为发动民众，亲自组织并带领百姓修建了较以前堤防标准要高要宽的26.7千米江堤，以治其本。而且，之后，又因势利导，向百姓们说明了不仅要防水灾，还要防止旱灾的发生。要防旱灾，就要能使沿江各港引得进水。于是他又发动民众，疏浚了沿江诸港及其支流。他在泰兴的水利史上，留下了浓墨重彩的一笔。

他还向上司力陈泰兴沿江灾情，使受灾百姓得到了朝廷批准蠲除赋税的照顾。在泰兴任内，他重文兴教，兴办学塾，指定讲授课程，对家庭贫寒的先生、学子，给予馈赠，推进泰兴民风向“彬雅”的方向发展。受灾的泰兴能做到百废俱兴，与他卓有成效的治理是分不开的。

咸丰二年（1852），在泰兴为官6年的张行澍，调江宁县任知县。在江宁，他理清了积案，依法严惩奸猾。时值洪秀全农民起义，席卷半个中国。张行澍在江宁钤印

图5-81　太平军与清军交战

衣底，遍招民兵，以作防备。咸丰三年（1853），太平军攻取南京时，江宁布政使宿藻、署布政使盐巡道涂文钧、江安粮道陈克让、江宁知府魏亨逵、同知承恩、通判程文荣、上元知县刘同缨以及江宁知县张行澍与其大儿子张方洛、二儿子张方义等分阵固守30余日，因城大兵单，援师不至，城终被攻陷，张行澍父子仍坚持在巷中作战，先后战死身亡，葬于城外。后来，其三子张方杰为其父兄收敛了尸骨，重新迁葬于故里。太平军失败后，清朝廷查其钤印，感其忠烈，诏赠知府，予以云骑尉世职。

张行澍一生廉洁奉公，生活清贫。他很孝顺母亲洪氏夫人，曾把母亲接到身边。张母不肯清闲，和在老家农村一样，整天忙着纺纱织布。张行澍挤出有限的生活费用，采办棉花等物资，支持老母织布，用以济贫，至使后衙机杼之声，一年四季不绝于耳。冬天，张行澍将母亲亲手缝制的棉衣拿来救济穷苦百姓，自己却从不留下一件新衣过年。

张行澍死后，一次有一位叫孙寅的泰兴人，因事到河南去，路过张行澍家乡，就专门到其老家的故居想参观一下，以作留念。不想，其故居家徒四壁，残破不堪。目睹张家清贫之状，感动得不禁潸然泪下，拿出自己所带出来的银两，倾囊以助张的家人。

晚清泰州重视水利管理

晚清修建了一些涵闸、堤防

1992年版《泰州市农林水利志》的“大事记”[1]中，从乾隆五年（1740）到宣统三年（1911）的172年间，所记建、修涵闸，修筑堤防（未记入开河、浚河）的条目有10条。分别为：

（1）乾隆五年（1740）　汪潴修范公堤……（时任泰州知州为段元文[2]）。

（2）乾隆二十八年（1763）　修杨公堤，建渔行坝（时任泰州知州为李世征[2]）。

（3）嘉庆十九年（1814）　在斜堤外樊汊至兴化凌亭阁，修筑斜丰港堤，长45里（时任泰州知州为许乃来[2]）。

（4）嘉庆二十一年（1816）　分别挑筑下河归海各道及民田堤堰，以通归海水道（时任泰州知州为许乃来[2]）。

（5）道光五年（1825）　黄村涵改为顺济闸（黄村闸）（时任泰州知州为李国端[2]）。

（6）道光三十年（1850）　下游13庄，公修九里沟涵（时任泰州知州为张之杲[3]）。

（7）咸丰元年（185）　筑三洋河堤，自樊汊镇南起，接三洋河，长15里（时任泰州知州为张之杲[3]）。

（8）光绪十四年（1888）　修斜丰港、东台蚌蜒河堤（时任泰州知州为陆元鼎[3]）。

（9）光绪十八年（1892）　改老虎坝为涵洞。同年樊汊建延寿闸（时任泰州知州为王端敞[3]）。

---

❶ 出自泰州市农林水利志领导小组．泰州市农林水利志，1992年，第5-6页。

❷ 泰州文献编纂委员会．泰州文献—第一辑—②（道光）泰州志［M］．南京：凤凰出版社，2014.

❸ 泰州文献编纂委员会．泰州文献—第一辑—③（宣统）续纂泰州志［M］．南京：凤凰出版社，2014.

（10）宣统三年（1911） 建三洋河涵洞（时任泰州知州为黄仁黼[1]）。

以上所列条目，时任知州除张之杲列《（宣统）续纂泰州志》名宦篇外，余7位，皆未有专条记载他们的政绩。但上述这些建、修涵闸，修筑堤防的事，均应是在他们任内完成的。

上述《泰州市农林水利志》所记有几点存疑

其一：汪漋修范公堤。

汪漋是什么人？搜集到，汪漋字岵怀，号荇洲，安徽休宁人。生于康熙八年（1669），居湖北江夏，康熙三十二年（1693）癸酉科举人，康熙三十三年（1694）甲戌科进士，选庶吉士，散馆授翰林院检讨。康熙三十九年（1700）充庚辰科会试同考官。康熙四十七年（1708）充任《广群芳谱》之编校官，康熙四十九年（1710）《渊鉴类函》之校录官。康熙五十一年（1712）充浙江乡试正考官。康熙五十三年（1714）以翰林侍读学士提督浙江学政。雍正二年（1724），升詹事府少詹事。历任广西巡抚、江西巡抚、光禄寺卿、工部左侍郎、户部右侍郎等职。官至大理寺卿（正三品），卒于乾隆七年（1742）八月。所从事的职务似乎并无与修范公堤有关的水利职务。但另有一帖叙述汪漋的，谈到“雍正间，历任内阁学士，广西、江西等省巡抚，以事降职。旋往两淮，修理高家堰堤工，又承办浙江海宁、仁和海塘工程。乾隆间，偕德尔敏总办江南水利工程。以年老休致”。从此帖中，可以看出，汪漋在任江西巡抚时，一定出了一点事情，造成朝廷对他的不满，降了他的职务，派他到两淮从事水利工作，先后修理过洪泽湖的高家堰堤防，又主持浙江的海塘工程和一些江南水利工程，直到年老退休。虽笔者未曾考据到《泰州市农林水利志》所写“汪漋修范公堤”的出处，想必就在其从事两淮水利工程期间，也对范公堤作了修筑。

其二：乾隆二十八年（1763） 修杨公堤，建渔行坝。

查旧志并无“乾隆二十八年，修杨公堤”之记载，而《（道光）泰州志》“名宦”篇对知州李世杰的记载中，记有“李世杰，字云岩，黔西人，乾隆二十二年（1757）

[1] 泰州文献编纂委员会．泰州文献—第一辑—③（宣统）续纂泰州志［M］．南京：凤凰出版社，2014.

知泰州。……泰之下河田倍，上河遇大水，汪洋为巨壑。世杰请于上，自凤尾桥（今赵公桥），下达东淘（今东台安丰），筑堤数百里，水不为患。每数里置一桥，桥有堡。沿堤种柳，至夏悉垂荫，以庇行旅。……”[1]颇为详细，乾隆二十八年（1763）泰州知州名叫李世征，而乾隆二十二年（1757）泰州知州名叫李世杰，李世征并无筑堤之记载，而名宦李世杰，却有筑堤之业绩，故可以认为，《泰州市农林水利志》此条可能是把二李之名搞错，造成了筑堤年代之误，乾隆二十八年（1763）应改为乾隆二十二年（1757）。

其三：道光五年（1825） 黄村涵改为顺济闸。

此条《泰州市农林水利志》所记亦有误。《（民国）续纂泰州志》所记“黄村涵（废），在州治东南五十里，道光十九年（1839）犹为涵洞，后大水毁涵，崩为黄村口，光绪五年运宪委徐运判会董曹将口门缩小，两边用石裹头，上建木桥，名曰顺济闸”[2]。道光五年（1825）时任泰州知州为李国端，光绪五年时任知州为刘汝贤。顺济闸是在刘汝贤任内完成的。

其四：就在这段时间内，还有泰州运判王又朴因修筑堤防，入录了《（道光）泰州志》名宦篇。所记如下：

“王又朴，字介山，天津人，乾隆十六年（1751）署泰州运判。东台至泰坝一百二十里，旧有杨公堤，水冲坍陷，又朴力请重筑，以利牵挽，议者以费重难之。又朴捐资乘空盐艘之便，载泰州浚河土，投淤溪、秦（溱）潼最深处，月余，成堤二十丈。上官因以其事，委以堤成，商民赖焉。[1]”王又朴这位运判，非常了不起，运判只是发运使下设的判官，职位低于副使，称转运判官、发运判官，约为从六品，是做具体事而无决策权的吏员，为了使背纤的船民方便，用自己出资修一段堤防的方法，去感动不批准修堤的上司，而使项目得到批准，完成了杨公堤的全堤修补工程。

重视工程建设、管理的规章制度

由于水利工程建得多起来，对治水工程的建设资金、对工程完工后岁修及管理等，

[1]泰州文献编纂委员会. 泰州文献—第一辑—②（道光）泰州志［M］. 南京：凤凰出版社，2014.

[2]泰州文献编纂委员会 . 泰州文献—第一辑—③（民国）续纂泰州志［M］. 南京：凤凰出版社，2014.

也必然进入人们关注的范围。《（宣统）续纂泰州志》“河渠”篇的斜丰港、三洋河的条目中，有记咸丰元年（1851）治三洋河和光绪五年（1879）镶堵堤岸缺口、封闭口门等工程，以应对上游开坝之众议章程10则，就很有代表性。现对其梗概作一介绍。

背景：系工程完工后“净存钱九千余千，发典生息，作为善后及每年岁修经费，以期一劳永逸。”

章程前言，简述了斜丰港长堤、三洋河堤岸的长度、作用。说明对上述所做工程，为防止日后“无所适从，前功或致废弃”，由州府“悉心议定”了10条章程。

第一条明确告之，将工程余款，发典生息，作岁修之用。一般性修补堤岸、口门，只能用利息。如遇险工，利息不够，动用了本金，日后利息有余，仍要补还本金。动用本息均要上报，得到州府批准。并且，明确规定了包括对州府、对管理人员严格的“州（指州府）无董（指城董、段董等不同层次的管理人员）禀，不准发谕；提董无州谕，不准赴典擅取”的岁修经费严格的两级制约管理制度。

第二条交待，秋后，段董、城董要检查工程情况，制定有关“口门堤岸”的岁修方案及经费预算，并上报州府。

第三条规定，封堵的口门，春天要开小口通农船的，必须做好书面保证，夏季自行做好堵闭工程，经州府批准后，才能开口。对能即时堵口的，酌给一半“工价钱”。对未经批准在封口坝开口或经批准开口，夏令不及时堵好的，州府都要追究相关当事人及管理人员责任，乃至“重办”。

第四条为对各活口门做有裹头储备料土，“预备发水堵闭”的看守人员“工食钱”，为每月每人“一千文”，也由这项岁修经费中安排。汛前要对裹头及备土进行检查，确保备足土料。

第五条要求，凡各处居民要求留的水漕、涵洞以及安置各种水车的脚口，都要办理好，备土和确保发水时堵闭的手续，“切结在案”。

第六条明令，凡堤下用于抢险取土的“公田”，严禁占用。如发现被占用，不仅要“补缴钱粮、花利，拨充该堤堤公”，还要重惩。

第七条严格规定，“永禁居民于堤顶堤坡种植菜花瓜豆”。如发现，不仅要立即拔去，还要立时“严行究惩不贷”。

第八条议定，在斜丰港、三洋河要“多栽杨柳以固堤”。每年酌提部分利息用于“买栽杨柳”。

图 5-82　河坡清除种植　　图 5-83　堤上种植杨柳

第九条明确，如遇春旱，准许农民在禀报后在堤身开缺口“以便引水灌溉”，要求同时做好备好料土和写好确保夏令自行堵闭的保证书存案。对引水后及时堵口的，可根据工程大小，酌给“工价钱一半以为津贴”；对复堵工程草率的要“重惩”。

第十条要求，凡受益范围内的人都要关心堤防。春秋两季，高层管理人员要亲自上堤查看。管理人员凡大水都要上堤巡查“以资捍卫田畴”；如管理人员变动，要办好详尽的交接手续；新管理人员一经接任，就要“认真办理”。

这十条为堤防岁修经费制定的管理制度，在一定程度上也包含了对堤防工程的管理制度。其中有不少，如水利工程要有专管人员、堤上可植树、堤顶堤坡不准扒翻种植、要积储防汛物料等，现代仍在延用。

泰兴助力靖江疏浚三河

（1852—2019年）

两知县议定同开河

2001年版《泰兴水利志》记载的“咸丰二年（1852）与靖江县联合疏浚夹港，并贴费三成疏浚大新港、团河”❶所记甚略。而《（光绪）靖江县志》“水利”篇中列有“咸丰二年知县齐在镕浚诸河港，移知泰兴县知县张行澍会勘助工”❷。且附有里人（靖江人）孙瞻洛《开河港记》于其后，孙的记载颇为详细。

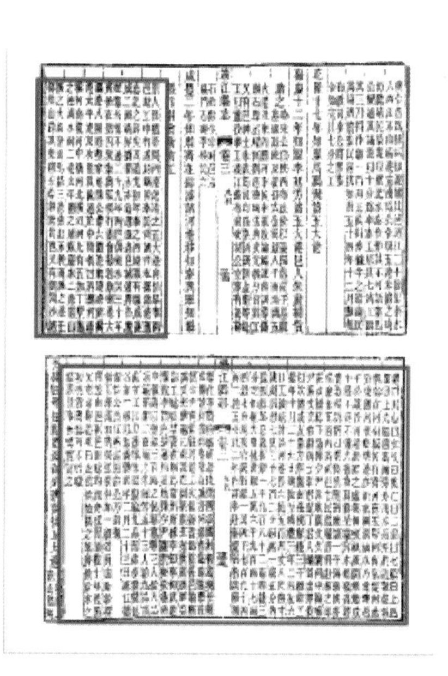

图5-84　孙瞻洛《开河港记》

该记首先说明靖江的5大港，历来都是由如皋、泰兴两县协助派工疏浚的，这是很早以前就向上级申报、经上级批准的约定。之后，泰兴的一些老百姓，违背协议，私掘各港官坝，造成不少边界水利纠纷。这些情况，以前的县志记载颇为详尽。

到了道光初年，泰兴的西境，涨有福成、连成二洲。靖江境内的刘闻沙，也绵延不断地涨过县城。使得连接界河的各条港都淤塞起来，连舟楫也不能通行了。道光二十九年（1849），两县都遭受了水灾。因此，道光三十年（1850），靖江知县齐在镕与泰兴知县张行澍会同勘察了灾情和靖江大量的河流、港道的淤积情况。就像庙树港、大澜港、八圩港、蔡家港、陈公港、六圩港、顺境港、童弯港、太平港及夹港等，河床是两边淤高，河水只能从河床中间仅剩的流漕流通；再如西团河、新横河、南横

❶ 泰兴水利史志编纂委员会．泰兴水利志［M］．南京：江苏古籍出版社，2001.

❷ 泰州文献编纂委员会．泰州文献—第一辑—⑪（光绪）靖江县志（一）［M］．南京：凤凰出版社，2014.

河、中横河、北横河等5条，丁墅团的渔浦、水洞两港，太平团的展苏、严家两港，隐山团的大新、陆山、马路三港，焦山、永兴两团东部的王都、焦山两港，西部的缪宗、犁耕两港，以及刘闻沙各港，如川心、火叉、美仁、二圩、七圩、上四圩、上九圩，河床都是中间淤积，剩了两旁分泄的水道通水。至于县城内外的市河、城河、巽河、玉带河、官堤河，以及东团河、东蟛蜞港，更是因严重淤积而成为河中无水可流淌的河道了。

针对以上会同查勘情况，于是，两位知县就在靖江召集士绅们共同商议，做出了决定：对各条河港中淤积略浅的地方，由当地受益的业主、佃户照田亩分派疏浚河道任务；对河港中淤积严重已堵塞成为平陆的地方（由于浚河土方工程量太大，而靖江劳动力又偏少），就不得不雇人来挑浚了。其余筑坝、戽水、修桥等其他各项工程所需经费，只能全部依靠募捐来解决。齐知县随即捐出养廉银一千两，张知县也捐养廉银五百两，为两县士民捐赠开河带了个头。

因需向泰兴募集开河资金，我（指孙瞻洛本人）偕同少尹（县丞）陈洙、广文（儒学教官）耿文澜、中翰（其时职官名称）何楉，广文（儒学教官）尹高佑，奉命前往泰兴的印庄、黄桥辖下，力劝当地士绅季琨、丁人纲带头捐出巨资（以影响其他的人）。依次，再劝他们的亲戚朋友量力解囊。会上明确，由张行澍知县负责解钱（向泰兴其他地方募集的资金）三千缗助工。

同年十月三十六日动工，到咸丰三年（1853）二月初六竣工。统计挑浚各河港长六万零五百零四丈八尺四寸（20.16828千米），挑工折算经费银七万三千七百二十四两一钱五分。其中，内（库）提取赈余（贷款结余）草息钱，折银一千九百八十二两四钱三分；当地受益的业主、佃户雇请民夫自行挑挖河道土方的，折银五万六千九百四十七两四钱七分；靖、泰官民捐银一万四千七百九十四两二钱五分。

这两年内，奉命赴泰兴提取捐款的是阳湖（今武进县）县佐李国璜，督挑东西各团河的是现任县佐杨国钧，专管近城各河港的是前任县佐赖寅，常驻河港工地催办工程进度的是前任教谕郑荣祺，继之而负责催办工程进度的是训导叶尧蓂，前后奉命到工地验收工程质量、结算经费账目的是常州府椽（知事）李恂、武进县佐李荣、通州委员（委派的人员）陈庆云。

工程浚工后，齐在镕知县又造册具文向上申报：请以捐银300两之倪绍宽等3人给八品顶带；捐银200两的朱湘等53人给九品顶带；在工地效力卓有成绩的董事朱鸿盘给九品衔；徐步云、闻任各加一级，以资鼓励。咸丰四年（1854）二月二十三日，两江总督怡良、江苏巡抚许乃钊，将靖、泰两地联合疏浚河道的情况向朝廷奏本。朝廷命令工部研究决定：知县齐在镕、知县张行澍均加一级，各办事人员另外给予不同奖励。

从此以后，两县农田得到灌溉，舟楫得以通行。数十年后，父老乡亲们，必将回忆此事，都会赞美此事，他们将会说："这是泰兴的张知县体恤邻县百姓的情谊，是靖江齐知县治水的功劳啊！他们的业绩皆会流传不朽。"

孙瞻洛在《开河港记》最后说明：我参与了这件事，比较了解整个过程。因此，摭取事实，记载下来。

从上面孙瞻洛《开河港记》有关记载中，可以看到，前人在处理水利边界矛盾中，有不少是可兹今后借鉴的文明做法和经验。概括一下，有如下几点：

一是遇有矛盾，会商解决；

二是共同踏勘，掌握工情；

三是发动民众，群策群力；

四是知县带头，捐赠筹资；

五是上级批准，派员监督；

六是工完账清，褒奖功臣。

良吏齐在镕业绩点滴

靖江县知县齐在镕为靖江史志称为良吏。所记为"齐在镕，字炼甫。河南新野人，道光二十七年由附贡生任，前后涖靖十余年，因公被调者再。生平惠政，若禁增盐价，浚诸河港，捐廉募勇，筹防保卫，懋绩不胜缕述。后调江阴，惠政尤脍炙人口。民德之，祀名宦"[1]。讲的是河南新野人齐在镕，字炼甫，他是通过缴纳捐款，取得贡生（附贡）而入仕的。先在靖江任吏员历十余年，因工作得力，不断受到重视，于道光二十七年（1847）任靖江知县。他任职期间，多做惠及民生的政事。例如：浙江候补盐运司吕

[1] 泰州文献编纂委员会.泰州文献—第一辑—⑫（光绪）靖江县志［M］.南京：凤凰出版社，2014.

伟山（字松坡，安徽旌德人，附贡生。经历署龙头、玉泉、钱清、杜渎、青村等场，下沙头二三场大使）要求增加靖江盐价，遭到了靖江人民的竭力抵制。靖江的秀才们一起向知县齐在镕请愿。齐在镕经多方协调，最终使涨盐价之事不了了之。

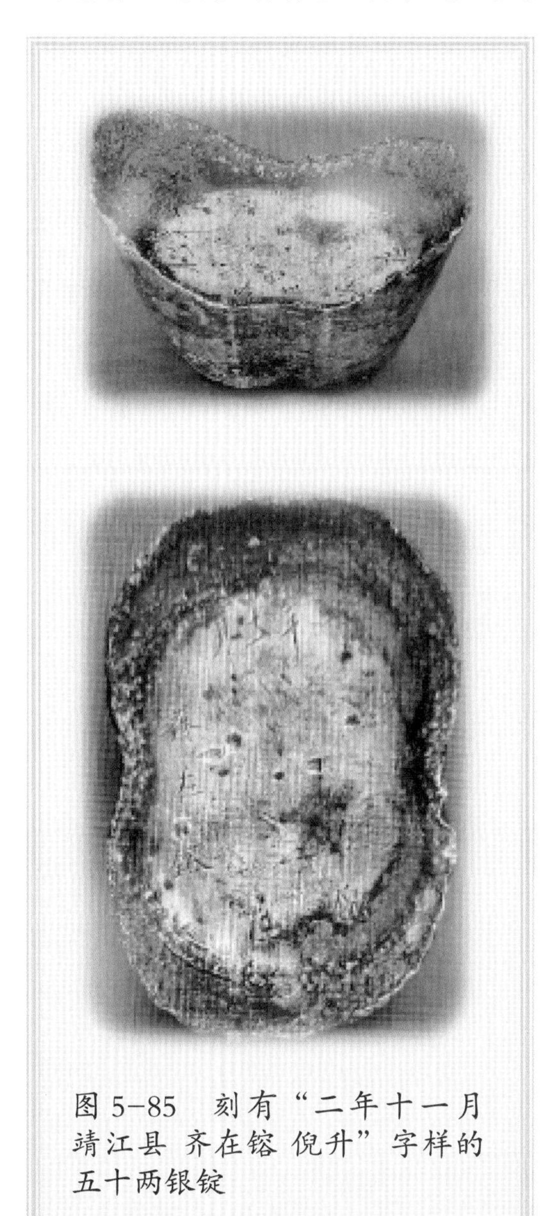

图 5-85　刻有“二年十一月 靖江县 齐在镕 倪升”字样的五十两银锭

齐在镕不仅重视水利，在他的策划下，靖江疏浚了很多条河港，他还捐出自己的薪俸，招募兵勇，守护城防，保一方平安。而且还因军情，一度曾被调往江阴，支持江阴和通州知州张富年等，夺回了被太平天国军攻占的江阴炮台有功，后又正式调江阴，政绩同样得到江阴百姓的认可，两县都将他作为名宦祭祀。上述所谈，支持江阴夺回炮台之事，在《咸丰朝实录》卷之三百三十三有较为详细的记载：“咸丰十年（1860），又谕薛焕奏克复县城等语：贼匪窜踞江阴县城。经靖江县知县齐在镕、署通州知州张富年、并都司龚致福等、统带艇师。及兵勇民团。将内河贼匪木簰炮船轰毁。并将城外炮台夺获。九月初四日。兵勇抄入东门。将城中逆匪搜斩净尽。立将县城克复。所有在事出力人员。著准其择尤保奏，以示鼓励”。

另外，2019 年 11 月 18 日下午北京诚轩拍卖有限公司，在北京昆仑饭店秋季拍卖会上拍卖的银锭，系清代刻有“二年十一月 靖江县 齐在镕 倪升”的五十两银锭一枚，重量为：1868 克，鉴定为官铸税锭。拍卖会认为：“齐在镕”系咸丰年间任靖江县的知县，可断此锭铸造年份为咸丰二年（1852）；“倪升”，则为同时期打制官银的官银匠；咸丰元年（1851）太平天国事起，受太平军控制的江苏南部地区税收几乎断绝，咸丰年间江苏税锭因此极少，靖江远僻海隅，刻有其知县姓名的五十两大锭，是较为罕见的银绽。此锭铭文均为阴刻，字刻于银元宝面上沿边一周，一气呵成，笔法遒劲秀丽，包浆均匀，属江苏阴刻银锭少见的品种。江苏乃清代税收大省，各县均设有官银号，专职代官府铸造税银银锭。官银号所铸银锭为统一的形制，铭文凿刻也有固定格式，通常沿锭面一周刻字，内容分别为纪年、纪月、县名、官银匠及监制官员。此类阴刻五十两大银锭颇具江浙特色，存世非常少见。

以上所引各书及拍卖说明中对齐在镕在靖江任职及任知县多有讹误。如：《（光绪）靖江县志》卷十“职官”中记齐在镕任靖江知县时间为“道光二十七年（1847）”，但第二年“道光二十八年（1848）”就有山西夏县举人贾益谦接任靖江知县，说明齐在镕任靖江知县仅一年时间。贾益谦之后于“咸丰三年（1853）”又有广东高要举人冯誉驹接任，“咸丰五年（1855）”满州镶蓝旗官学生富克精阿继任两年，“咸丰七年（1857）”又有直隶昌黎举人于作新继任不久，当年又为贵州贵筑县举人翟荣观接替。但在该志卷十二“良吏”篇中“道光二十七年由附贡生任，前后涖靖十余年。”前后矛盾。而《咸丰朝实录》所记“咸丰十年（1860）……经靖江县知县齐在镕……统带艇师。”齐在镕在咸丰十年（1860）仍是靖江县知县。笔者尚未找到其他相关记载齐在镕在靖任职时间，故只能以前人之记为述，按错照述。

光绪间靖泰江堤初成形

（1875—1902年）

靖泰江堤真正成形过程

1997年版《靖江水利志》大事记载：“光绪初年，靖江江堤初步形成”[1]。在其“江堤建设”一节中还交待了其时的江堤标准为：堤高1丈（3.33米），底宽3丈（10米），顶宽5尺（1.67米）。那个时代，要筑成这一标准的江堤，实非易事；但要应对长江汛期较大潮位或风浪的侵袭，这个标准明显还是不够的。例如，光绪九年（1883）靖江百里江堤就“溃决80余里，淹没田禾30余图（“图”为清代县以下、村以上的行政建制）”[2]。其后又进行了修复，直至新中国成立前，虽每年均要组织防汛抢险、

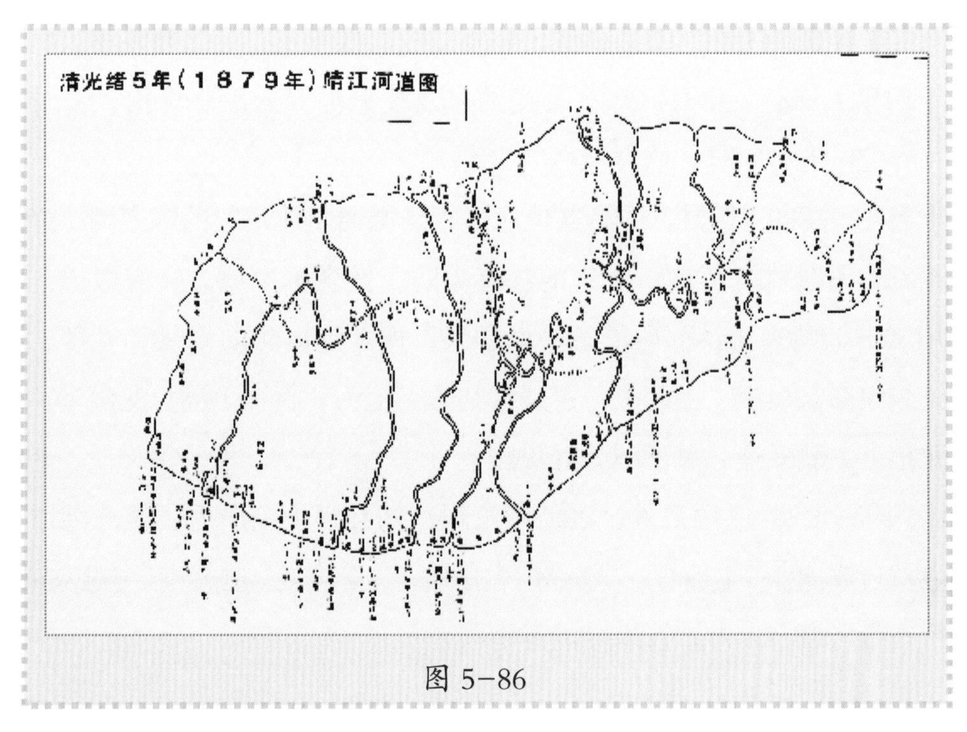

图5-86

❶ 靖江市水利局.靖江水利志［M］.南京：江苏人民出版社，1997.
❷ 泰州水利志编纂委员会.泰州水利大事记［M］.郑州：黄河水利出版社，2018.

江堤修复，但未见有提高江堤标准的记载。这一阶段，靖江的相关志书对江堤修筑记载甚略，无法了解更多信息。

其实，泰兴虽然明代就有有关江堤的记载，但其标准较低，风暴潮损毁极多，加之沿江涨坍不定，故所有江堤多未定形。而于近现代相对定位的江堤也多是在清代光绪年间形成的，其有关记载较靖江详细一点。

2001 年版《泰兴水利志》记有："光绪九年（1883），知县陈谟修北自庙港，南至界河（指靖泰界河）江（港）堤，长 1.4 万余丈（46.67 千米），高 1 丈（3.33 米），顶宽 3 尺（1 米），脚宽 5 尺（1.67 米——这一数据令人存疑，堤坡比仅为 1∶0.1，再好的土质也无法挑筑起来的，何况泰兴是沙壤土。），后称'皇岸'"[1]。《（宣统）泰兴县志续》中还记载了一段知县陈谟在工程完工后，还制定了几条"至是因公"[2]的有关江堤的管理制度。包括禁止农民近堤耕种（说明除堤身不准种植外，近堤还留了护堤地，护堤地也禁止耕种）；令于堤内外坎，植细柳、苎麻（系多年生，不需耕翻，又有经济价值的植物）；堤外滩地种芦苇，以蔽风雨而护堤身。此后，从比较重视堤身的建设，转为开始重视对堤防的管理了。

光绪十一年（1885）七月，暴风潮溢。庙湾港至凌家港堤岸及复成洲、连成洲洲堤和洋思港堤岸等多处决堤，知县杨激云修复如故；次年三月，又修筑李公祠段堤岸。

光绪十四年（1888）正月，知县马光勋修筑凌家港等处沿江坍堤；二月，浚蔡家桥河道，并开挖段港；三月，修浚城西陆家港。

光绪十五年（1889）四月，还是这位从泰兴已调通州任州牧的陈谟因事经过泰兴，又专门到沿江察看他在 6 年前所修筑的江港堤防。发现不少地方又有毁损，又专门发檄（指专用文书）泰兴知县郝炳纶，要求泰兴重视江港堤防的修复和管理。当年泰兴知县郝炳纶组织修筑口岸、上北（《泰兴水利志》记为"百"）洲、龙窝港、杨家埭、天星桥、龙梢港、灌溉港、尹家园等处堤防。

光绪十六年（1890）闰二月，因江岸沦坍，知县郝炳纶向后迁筑湾港以下东南至官蓬寺小港及连成洲、三十四圩、万福洲、尹家园子、李家港、过船港、洋思港等处堤防，并浚大孙桥一带河道。十月，浚朱家港等港河。

---

❶ 泰兴水利史志编纂委员会 . 泰兴水利志［M］. 南京：江苏古籍出版社，2001.

❷ 泰州文献编纂委员会 . 泰州文献—第一辑—⑥（宣统）泰兴县志续［M］. 南京：凤凰出版社，2014.

光绪十七年（1891）三月，迁筑龙梢港至沙条港段沿江堤防。

光绪十八年（1892）二月，知县郝炳纶迁筑复成洲、界港、五十一圩堤防；九月，浚灌溉港、蒋家港。

光绪十九年（1893）二月，迁筑马甸港至龙梢港段沿江堤防。

光绪二十四年（1898）二月，知县黄金钺开浚铁索桥港。

光绪二十五年（1899），知县汤曜开浚王家港并疏浚五城内外河道。

光绪二十八年（1902）十二月，知县龙璋修筑太平洲、三浚港堤岸。

将以上泰兴光绪年间所载江港堤防修筑情况归纳一下，可以看到以下几点：

一是，泰兴其时所筑江港堤防标准比靖江的还要低，主要是堤身的厚度，顶、底（脚）宽，均比靖江小得多。客观上，靖江地处下游，江面要宽一些，堤防承受风潮浪击要比泰兴厉害一些。但靖江的标准本就较低，泰兴的标准就更难以挡住长江汛期的风暴潮之袭击了，难怪连年要修筑江堤了。

二是，其时泰兴涨坍未停，这一阶段对坍江段筑了不少退堤。

三是，陈谟在泰兴和其他地方做了不少好事，第一大功劳就是修江堤。这不但使泰兴的江堤基本成形，而且制定了较为科学的管理制度。最令人佩服的是其事业心和对泰兴沿江的人民的感情，在他调离泰兴后的第 6 年，居然还再度关心泰兴江堤。

泰兴知县陈谟记事点滴

陈谟在泰兴还做了不少好事。例如：为束窄北流来水，于光绪十年（1884）在县北建了一座石结构护龙桥；自己捐出俸金 2000 缗，商请焦山救生局委员陈任旸、地方士绅严作霖、靳文泰等人拨出义渡船 7 条、救生船 1 条，在长江泰兴段帮助行旅“济渡”。

陈谟与普济桥

陈谟与广东省清远市清新县浸潭镇有一座号称“广东第一桥”的普济桥还有一段缘分。

清光绪六年（1880），曾任广东潮阳守备的浸潭人冯锡章与乡绅陈经秦、邹思廉、冯永鉴、黄桂宗、左宏武、杨上帮、陈子康等人倡议建桥，并积极捐筹建桥资金白银

图 5-87　普济桥

一万一千多两，由湖广（湖南、广东、广西）石匠王祥义等120多人承建，历时3年建成。

清远知县罗玮，为表达这座桥和建桥工匠为当地老百姓所做出的贡献，专门为此桥题写额名"普济"，寄予了"普渡众生、济世为怀"的禅意，并请好友、举人陈谟为普济桥撰写碑记，真实地记录了这段建桥史。

普济桥是一座9拱石桥，位于浸潭镇东边滨江河上，由于建筑风格独特，且历史悠久，被列为清远市重点文物保护单位。该桥长98米、宽5米，分9孔，形状呈两头低中间高，为我国古桥常见的倒马鞍形结构。桥身两侧有麻石桥栏，上有石狮子4对（已圮），桥下有大小9个孔道，可通大小帆船来往，桥墩桥身全部用大青石块垒拱而成，桥形雄伟美观，质地坚实稳固，为古建桥史上的精品。

普济桥东西两端原来各有13级石阶，两边桥头各有1副石刻对联，其中东边桥头对联曰："当路难逢中立客，知君原是过来人。"西边桥头对联曰："大前程终难驻足，好晚景及早回头。"据说，此对联是也是陈谟所撰，可惜现在也被毁坏。

此桥开创了广东建桥史上雇请"外地工匠"的先例。建桥工人大多是湖南人，他们到这里打工，水土不服，加上辛劳过度，3年多时间先后因工伤事故及患病而死的工人共有34人，浸潭人为了纪念这批为建桥而死在异乡的工人，在桥东龙神岗下，专门建造一座大坟墩，集中厚葬了这些建桥工人。后来，人们称此坟为"湖广坟"。

韩国钧情倾水利与文化

（1889—1942 年）

在泰州的知名人物中，既关心水利又关心文化的历史人物如凌儒、陈应芳、宫梦仁的不太多，而近代的韩国钧就是这样一位既为官又重气节，既重水利又能关注家乡文化的人。

韩国钧简介

韩国钧，生于清代咸丰七年（1857），民国 31 年（1942）去世，字紫石、止石，号止叟，晚年，人们敬称其为紫老。扬州府泰州海安镇（今江苏省南通市海安市）人。幼年入塾，1874 年，处应童子试；1877 年应省岁试，光绪五年（1879）中举，时年 22 岁。先后在如皋、甘泉、六合、金陵、昭文等县任教 10 年。光绪十五年（1889）依例应大挑，得一等，而应入河南吴树芬学使幕，开始官场生涯，先后任行政、矿务、军事、外交等职，曾任河南镇平、祥符等县知事、铸钱局总办，1902 年任河北矿务局总办兼交涉局会办。1908 年，慈禧太后和光绪皇帝在颐和园召见韩国钧，并得到慈禧太后口头嘉奖。1910 年，他深入东北疫区平定鼠疫。在晚清的时候，他做到最大的官是吉林民政使。民国成立后，先后两次担任江苏省民政长，先后任安徽巡按使，山东省、江苏省省长、督军等职。后长期从事水利事业，曾任苏北入海水道委员会主任委员等职。韩国钧先生既是政治家，又是史学家，且编著甚丰，

韩国钧塑像

图 5-88

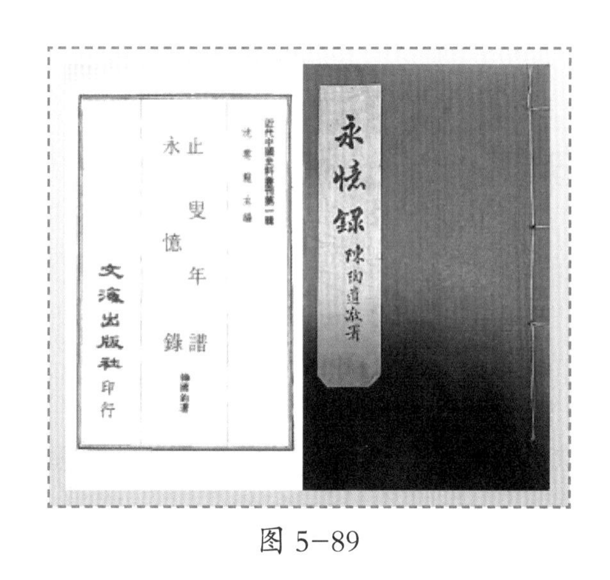

图 5-89

著有《随轺日记》《铸钱略述》《东三省交涉要览》《运工专刊》以及《永忆录》等著作。《运工专刊》是韩国钧在解决长江中下游水患时所编写的集大成著作。韩国钧先生热心家乡文化，1919 年开始编撰《海陵丛刻》，1920 年又主持编纂了《民国续纂泰州志稿》。

韩国钧的一生，从清末到民国，从北洋军阀到国民政府，历经过旧民主主义革命和新民主主义革命两个不同的历史阶段，从一介文人而为官从政，直到升任封疆大吏；从封建官僚而乡居问政，最后成为铮铮铁骨的著名爱国士绅。陈毅将其与宋、明诸贤齐名并论，誉之为“民族抗战之楷模”。

韩国钧治水逸事

河南省武陟县地处黄河北岸，与郑州隔河相望，县内沁河、雨河与黄河相似，都挟带有大量泥沙。“每一溃决，沙压平地数十里，弥望皆成石田。”韩国钧任武陟县知县期间，非常关心农业生产，注意兴修水利，呈请藩署拨款，组织动员民工划方翻土，盖沙复田，试种谷麦。为除“石田”之害，他研究出一种治沙之法：“令民间翻沙试种。每距三尺，掘一沟。后掘之沙，填入先掘之沟。由前而后，随掘随填，更番叠进。”这种方法，成本小，见效快。在他的号召和指导下，仅一年，武陟县境的“石田”大都得到改良，成为熟田的达 4 万余亩。

正如韩国钧在一篇呈文中所说：“南河自演季以来，漕运停辍”，清代末年，清政府下令，废除了漕运，对运河的治理也就不再被重视。1913 年，韩国钧时任江苏巡按使，曾策划兴办里运河疏浚工程，终苦于没有经费，未能实现。

1915 年 5 月，北洋政府电令调韩国钧任安徽巡按使，由于韩国钧不满与冯国璋的相处，电报请辞，但未获批准。韩国钧任安徽巡按使之职虽仅 8 个月，却能在安徽北部改良农业，在南部改良茶务，并请美国人艾伯莱在滁县创办畜牧树艺，又在长江两岸平原地区营造了一些森林。

其后，袁世凯又下令调韩国钧任湖南巡按使之职，韩国钧因觉察袁世凯妄想篡权称帝，坚辞湖南巡按使之职，获准。韩国钧在他的自传《永忆录》中很清楚地写道："洪宪改元，首都设'筹安会'，而余适先期归旧里。某督密陈中央，余为反帝制之人，当局加以侦视。未几项城（袁世凯是河南项城人，这里用地名代袁世凯人名）逝世，此事亦随之俱销矣！[1]"可见，韩国钧辞职，是对袁世凯政权的抵制和愤恨，在当时的历史环境下是难能可贵的。他始终没有卷入拥护袁世凯的旋涡。

1917年，冯国璋、段其瑞、张作霖等都曾电邀韩国钧复出，任奉天巡按使、黑龙江巡按使等职，韩国钧都以年岁过大婉辞。

1918年至1921年，韩国钧来往于扬州、泰州、南通、掘港等地。与张謇等人致力于创办垦务，并关注苏北水利事业。

1919年，韩国钧等人集资创办泰源盐垦公司，韩国钧亲任公司董事长，垦地达15.8万亩。该公司非常注意搞好水利工程，注重河网化与条田化相结合，在海边修筑海堤达22里，开凿河道50里，并在各区四周环以河道，中间开沟，互相衔接，以利浇灌泄洪。

图5-90　苏北运河督办张謇

1921年8月，阴雨连绵，淮沂两水同时大涨，运河一线长堤岌岌可危。当时，已开车逻坝、新坝、南关坝，下河7县灾情已重，高邮、宝应城人惟恐上游崩坝，复又请开昭关坝，而下河泰州、东台、兴化、盐城、如皋诸县守坝之人五六千，卧在坝上以死相争，彼此互不相让。此时，苏北运河督办张季直（謇）专门邀请德高望重的韩国钧，到扬州商量解决的办法。张、韩二人分析，昭关坝下，引河全失，坝底、坝身能否支撑，并无把握，贸然启放，将难控制，需履勘后再定。当即，召集勘查昭关坝的人员至高邮，这时，来了很多近

[1] 引自网络《永忆录》。

堤民众，“邮人威胁无礼已甚”，挟制他们要答应开启南坝后才让他们离开。韩国钧与张季直说明情况，坚持不允，直至半夜才得以离开。接着，他们又赴宝应、兴化、东台踏勘、巡视，决定疏浚王家港，以通入海之路。其后，水势日退，韩国钧与张季直的决定，保住了里下河大面积农田不受水淹。这一阶段，韩国钧、张季直还同至王家港举行了浚河开工典礼。其后，韩国钧又专程赶到扬州参加运河局的评议会。

为官期间，韩国钧秉公办事，颇得政声，立德之行可见一斑。退隐后的韩国钧并未恬于颐养，仍十分热心水利事业，1931 年夏，主持运河复堤工程。后又接受了财政部江苏苛捐杂税监理委员会、监理公债用途委员会、全国水利委员会、导淮委员会、赈灾委员会等委员会委员之职，常常亲临水灾现场指导救灾，并亲任苏北入海水道委员会主任委员，计划开挖盐城、东台、阜宁 3 县之入海河道，以期减轻黄河洪水，引黄入海。他还热衷于地方的许多新兴事业。他视察了海安电灯厂、通俗教育馆、泰源盐垦公司，并资助创办了泰县端本女校。

韩国钧与《海陵丛刻》

韩国钧对泰州文化最大的贡献就是主编了一部丛书——《海陵丛刻》。韩国钧编撰《海陵丛刻》的起因和动因是什么？泰州自古人文荟萃，历代文人墨客都留下了不少著述，尤其是像夏荃这样的乡土文人，毕生致力于地方文史及风土人情的辑录，如《退庵笔记》《海陵文徵》及《海陵诗徵》等。但因为种种缘故，这些地方文献的散佚十分严重。韩国钧意识到，作为当时泰州屈指可数的名人之一，他有责任对乡邦文献做些收集刊刻之事。正如韩国钧先生在他写的《永忆录》中所说：“余发起《海陵丛刻》，即感于夏退庵先生而作”，又讲“然（夏荃）殁后仅六七十年，其生平著述，如《退庵笔记》未及刊行，辗转传抄，颇多讹误”。韩国钧筹划《海陵丛刻》的编撰工作，

图 5-91

耗时 10 年有余，集宋、元、明、清 18 家著述，共 23 种、67 册。根据韩国钧在《永忆录》中回忆，他辗转获得夏荃先生的《海陵诗徵》5 卷及其未刊续集《亦好集》，编成《海陵丛刻》第 24 种。韩国钧在完成《退庵笔记》12 卷的编撰，拟将付梓于行时，汪希古先告诉他《退庵笔记》其实共有 16 卷，他惊愕不敢信。于第二年初，李勖初从泰州城夏家获得《退庵笔记》13 卷至 16 卷及夏荃先生部分未刊遗作，赴海安交付于他。其后，韩国钧又将此四卷编入，并把《宋石斋笔谈》《六客之庐笔谈》残本附印于后。他在《续跋》中感慨地说："虽然退庵之著述何限，余惧搜求之力之弗能徧也。吾邑之如退庵其人者又何限，余尤惧搜求之力之弗能徧也。然则丛刻之举，不足以阐幽微，

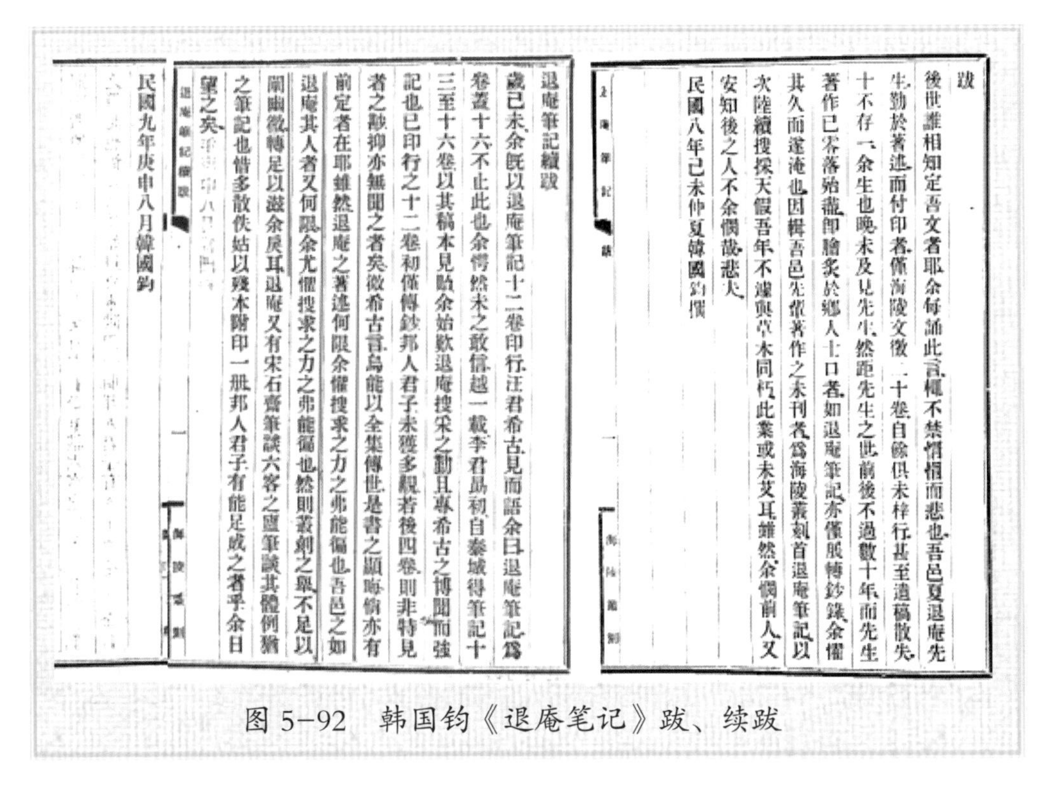

跋

後世誰相知定吾文者耶余每誦此言輒不禁惘惘而悲也吾邑夏退庵先生勤於著述而付印者僅海陵文徵二十卷自餘俱未梓行甚至遺稿散失十不存一余生也晚未及見先生然距先生之世前後不過數十年而先生著作已零落殆盡即膾炙於鄉人士口者如退庵筆記亦僅展轉鈔錄余懼其久而遂淹也因輯吾邑先輩著作之未刊者爲海陵叢刻首退庵筆記以次陸續搜採天假吾年不遽與草木同朽此業或未艾耳雖然余憫前人又安知後之人不余憫歟悲夫

民國八年己未仲夏韓國鈞撰

退庵筆記續跋

歲己未余既以退庵筆記十二卷印行汪君希古見而語余曰退庵筆記爲卷蓋十六不止此也余愕然未之敢信越一載李君勗初自泰城得筆記十三至十六卷以其稿本見貽余始歎退庵搜采之勤且專希古之博聞而強記也已印行之十二卷初係傳鈔邦人君子未獲多覯若後四卷則非特見者之尠抑亦無聞之者矣微希古言烏能以全集傳世是書之顯晦倘亦有前定者在耶雖然退庵之著述何限余懼搜求之力之弗能徧也吾邑之如退庵其人者又何限余尤懼搜求之力之弗能徧也然則叢刻之舉不足以闡幽微轉足以滋余戾耳退庵又有宋石齋筆談六客之廬筆談其體例猶之筆記也惜多散佚姑以殘本附印一冊邦人君子有能足成之者乎余日望之矣

民國九年庚申八月韓國鈞

图 5-92　韩国钧《退庵笔记》跋、续跋

转足以滋余戾耳。[1]" 民国 27 年（1938）海安沦陷后，造成了即将寄沪付印的诗稿全部遗失。先生为此痛心疾首，常言问心有愧。

《海陵丛刻》是一部内容极为丰富，涉及各方面知识的地方文史丛书，集宋、元、明、清 18 家著述的书籍，共 23 种、67 册。其中主要部分是在韩国钧第二次卸任后完成的。此书已成为后来人们研究苏北海陵地方历史、编修地方志的宝贵资料。《海陵丛刻》按种类的顺序排列，包括：清代夏荃《退庵笔记》（6 册）、《梓里旧闻》（2 册）、《退

[1] 引自泰州市图书馆藏书《海陵丛刻——退庵笔记》卷十六影印件。

庵钱谱》（3册）；宋代周麟之《海陵集》（4册）；明代林春《林东城集》（2册）；清代田宝成《小学骈支》（4册）；明代陈应芳《敬止集》（2册）、清代宫伟镠《庭闻州世说》（2册）、《微尚录存》（1册）；清代陈厚耀《春秋长历集证》（4册）、清代王叶衢《海安考古录》（3册）、明代唐志契《绘事微言》（2册）、清代陆儋辰《运气辩》（2册）、《陆莞泉医书》（6册）、清代张符骧《依归草文集》（7册）、明代储巏《柴墟文集》（4册）、清代马玉麟《东皋诗集》（1册）、清代沈默《发幽录》（1册）、清代张幼学《双虹堂诗选》（4册）、《先我集》（4册）、元代徐勉之《保越录》（1册）、宋代周煇《北辕录》（1册）、清代袁淡生《袁景宁集》（1册）。

韩国钧也是《吴王张士诚载记》的鉴定者。这部书于1932年3月初版，共5卷，序文由韩国钧亲自撰写。这部书正编按年纪事，记述了张士诚起义14年间发生的主要事件；附编为附传、附考、附志、附录，记述了与张士诚起义有关的人物、逸事、遗闻、典制沿革、诗文等。

另外，韩国钧还编著有《黄河变迁沿革图》《运工专刊》《随轺日记》《止叟年谱》《永忆录》等书。

“九·一八”事变以后，韩国钧一直关注着中日关系的发展和变化。“七七事变”，日本帝国主义发动全面侵华战争，韩国钧极力主张抗日。当运送在沪抗战中牺牲的空军陈锡纯烈士的灵柩途经泰州海安时，他商请地方各界人士特设公祭，表示哀悼，并以此动员各界民众奋起抗战；当国民党江苏省政府派人给他送来《救国公债委员会决案》时，他立即签字，并捐出一千元，支持抗战。与此同时，他连连去信，敦促国民党江苏省政府主席韩德勤，鲁苏皖边区游击正、副总指挥李明扬、李长江和税警总团陈泰运，要求他们抗日。1940年9月中旬，应韩国钧出面召集苏北各界知名人士参加在海安召开的联合抗日座谈会。随后，又在曲塘召开了“苏北抗战和平会议”，韩国钧、李明扬主持了会议。此后，韩国钧为建立“三三制”的抗日民主政权，动员各界民众团结抗日，扩充地方

图5–93　韩国钧撰并书

武装，做了大量工作。1941 年初，他携家人，避居徐庄。后徐庄也陷日伪政权辖区内，敌伪请他出任伪江苏省省长，他浩然正气，坚持拒绝。敌伪又以请他移家海安为由，妄图以软化的政策，玷污他的清名。韩国钧厉声回答："垂死之人，不愿再见海安惨状！"敌伪无可奈何，就对他施行武装软禁。他病危时，还不忘嘱咐家人："抗日胜利之日，移家海安，始为余开吊，违此者不孝。"1942 年 1 月 23 日，韩国钧在忧愤中去世。治丧期间，各方都派出代表，共同料理他的丧事。哀荣备至，实为罕见。

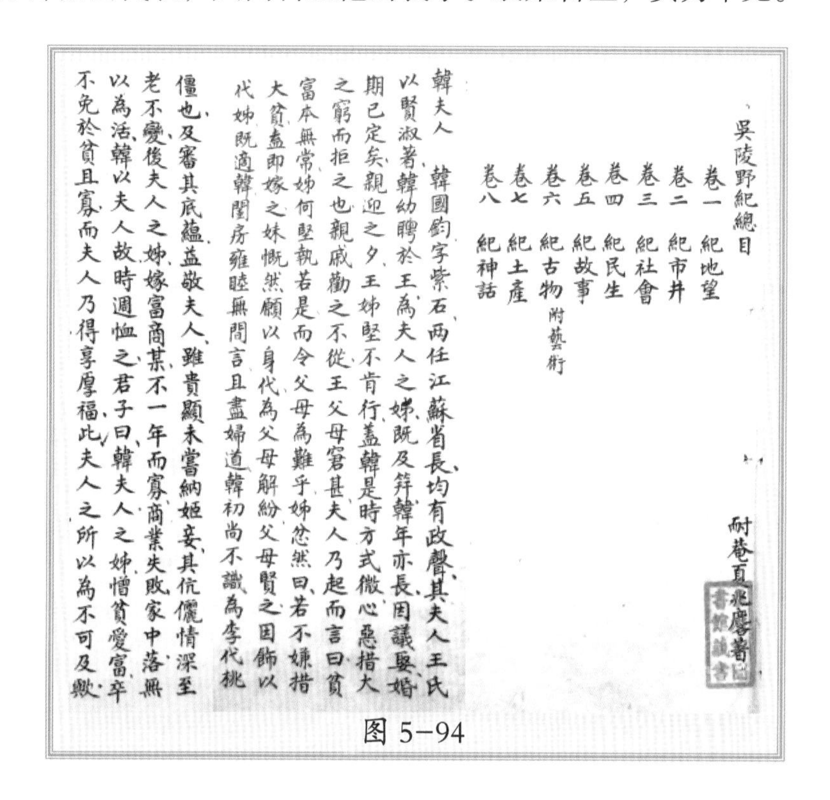
吴陵野紀總目

卷一　紀地望
卷二　紀市井
卷三　紀社會
卷四　紀民生
卷五　紀故事
卷六　紀古物附藝術
卷七　紀土産
卷八　紀神話

耐菴夏兆麐著

韓夫人　韓國鈞字紫石兩任江蘇省長均有政聲其夫人王氏以賢淑著韓幼聘於王為夫人之姊既及笄韓年亦長因議娶婚期已定矣親迎之夕王姊堅不肯行蓋韓是時方式微心惡措大之窮而拒之也親戚勸之不從王父母窘甚夫人乃起而言曰貧富本無常姊何堅執若是而令父母為難乎姊忿然曰若不嫌措大貧盍即嫁之妹慨然願以身代為父母解紛父母賢之因飾以代姊既適韓閨房雍睦無間言且盡婦道韓初尚不識為李代桃僵也及審其底蘊益敬夫人雖貴顯未嘗納姬妾其伉儷情深至老不變後夫人之姊嫁富商某不一年而寡商業失敗家中落無以為活韓以夫人故時週恤之君子曰韓夫人之姊憎貧愛富卒不免於貧且寡而夫人乃得享厚福此夫人之所以為不可及歟

图 5-94

据夏兆麐著《吴陵野纪》中"韩夫人"一节中所记韩国钧的夫人还有一段故事。其文为："韩国钧，字紫石，两任江苏省长，均有政声。其夫人王氏以贤淑著称。韩幼聘于王，为夫人之姊，既及笄，韩年亦长，因议娶，婚期已定矣。亲迎之夕，王姊坚不肯行，盖韩是时方式微，心恶措大之穷而拒之也。亲戚劝之不从，王父母窘甚。夫人乃起而言曰：'贫富本无常，姊何坚执若是，而令父母为难乎？'姊忿然曰"'若不嫌措大贫，盍即嫁之'，妹慨然愿以身代，为父母解纷，父母贤之，因饰以代姊。既适韩，闺房雍睦无间言，且尽妇道，韩初尚不识为李代桃僵也。及审其底蕴，益敬夫人，虽贵显未尝纳姬妾，其伉俪情深，至老不变。后夫人之姊，嫁富商某，不一年而寡，商业失败，家中落，无以为活，韩夫人故时周恤之。君子曰：韩夫人之姊憎贫爱富，卒不免于贫且寡，而夫人乃得享厚福，此夫人之所以为不可及欤！"

水利状元张謇注重导淮

（1888—1926年）

图 5-95 张謇塑像

前文提及1921年8月，因暴雨江淮并涨，运堤告急，高邮、宝应两县人士要求再开启昭关坝，而下河泰州、东台、兴化、盐城、如皋诸县人士反对，苏北运河督办张季直专门邀请韩国钧到扬州商量这事，所提张季直，就是2020年11月12日，在南通考察的习近平总书记称赞的“中国民营企业家的先贤和楷模”——张謇。

张謇（1853—1926年），字季直，号啬庵，南通海门人，清末状元，中国近代实业家、政治家、教育家，水利专家，导淮历史上的著名人物。

张謇科举之路不易

张謇祖上3代没有人获得过功名，系“冷籍”。按习俗，凡“冷籍”都要多出报考费。张謇经塾师宋琳安排，结识了如皋张驹，冒充其孙，以张育才之名报籍，经县、州、

图 5-96 张謇题附属小学校训

院3试胜出，成为县学生员，第二年，中秀才。此后，5次乡试未中。为此，如皋张家用冒名一事，要挟张謇，勒索钱物，最后甚至把张謇软禁并告上了公堂，称“张育才忤逆不孝”，竟要求革去张謇的秀才并下狱问罪。这场诉讼延续数年，张謇也因此家道困顿，仕途更加不顺。幸而张謇的老师们十分爱惜他的才华，为他四处斡旋，连通州知州孙云锦也出面为他调解，将此事上报江苏学政，继而上书礼部。直到张謇20岁时，礼部同意张謇重填履历，撤销控案，恢复通州原籍。张謇至33岁，才在乡试中得中举人。光绪十一年（1885），张謇赴北京参加“顺天乡试”，录取第二名，时称“南元”。其后，又4次会试都未得中，直至光绪二十年（1894），慈禧60寿辰特设的恩科会试，张謇因父命难违，又第五次进京去应礼部会试，张謇中第60名贡士。三月，礼部复试，又中了一等第10名。最后，四月殿试，得中第一甲第一名状元，授以六品的翰林院修撰官职。

张謇“水利状元”的由来

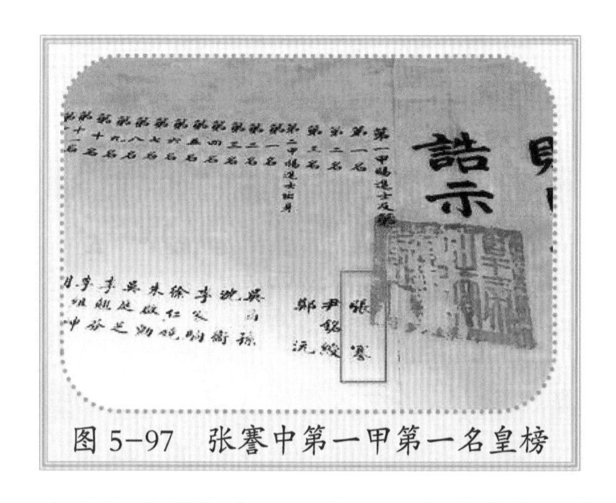

图5-97 张謇中第一甲第一名皇榜

张謇殿试的策问是“河渠”“经籍”“选举”“盐铁”要旨，张謇是以其“河渠”对策，为主考官之一光绪帝师翁同龢最为赏识，并因翁同龢的助力而取得殿试一甲第一名，成为状元的，故为其时官场戏称他为“水利状元”。

张謇所应殿试礼部出的“河渠”策问为：“治水肇于《禹贡》，畿辅之地，实惟冀州。水利与农事相表里，后汉·张堪为渔阳守，开田劝民；魏·刘靖开东箱渠，能备述欤？至营督亢渠，引卢沟水资灌溉，能各举其人欤？唐·朱潭、卢辉，宋·何承矩浚渠引水，能指其地否？元·郭守敬、虞集议开河行漕，其言可采否？汪应蛟之议设坝建闸，申用楙之议相地察源，可否见之施行，能详陈利弊欤？[1]”这一策问，问的是针对“畿辅之地”，上至大禹，后汉、曹魏、唐、宋、元代各位相关治水名人，下至明代的汪

[1] 网搜百度文库“张謇是中国头名水利状元”。

应蛟治水之方略，是否可行？要求评述其利与弊。此策问涉及水利人物及治水方略的面非常广，要想以精练的文字写出对策，不仅要文笔好，更要熟知历代水利史和中华地理知识。

张謇应试所写的对策为："禹所治河，自雍经冀，冀当下流，故施工最先。非真以为帝都而已。自汉时河改由千乘入海，而冀州之故道堙。今畿辅之水，永定、子牙、南北运河、清河，其尤大者。东面水多，而收水之利，西北水少，而受水之害，岂必地势使然，亦人事之未至也。汉郡渔阳，当今密云，而张堪之为守，营稻田八千余顷。继是而往，魏·刘靖开车箱渠，修戾陵堰；后魏·裴延儁、齐·稽华辈，亦先后营督亢渠，引卢沟水以资灌溉。迹虽陵谷，而事皆较然。宋·何承矩，廓唐、朱潭、卢晖之旧，于雄莫霸州，平永顺。安诸军，筑堤六百里。置斗门，引淀水，既巩边围，亦利民焉。元世郭守敬、虞集并讲求水利。郭之所议，今之通惠河也。虞议则至正中脱脱尝行之。而明·江应蛟之议设坝建闸，申用懋之议相地察源，其所规划，与郭、虞相发明，当时固行之而皆利矣。夫天下之水，随在有利害，必害去而利乃兴。而天津则古渤海逆河之会，百川之尾闾也。朱子曰：治水先从下处下手；又曰，汉人之策，留地与水不与争。然则，朝廷所欲疏浚而利导之者，其必先于津沽岔口加之意已。❶"

自辽代始在北京建立陪都后，金、元、明、清建都在北京。"对策"中所写"畿辅"指的就是今北京、天津、河北等地。这一带地处海河流域下游地区，由漳卫、永定等9条支河在天津市区附近汇入海河后再下行入渤海，干河长73千米，最长的支河有1090千米。该流域西起太行山，流域面积达31.88万平方千米，虽与淮河流域相近，但其径流量仅为淮河流域的38%，且时空分布不均，旱涝灾害频繁。为此，历代对该地区水患治理十分重视，尤其重视在永定等河修筑堤防工程，以确保北京地区安全。由于张謇长期以来对水利文献勤奋钻研，知识面极广，且有应试前从事治水之经历，故在所写"对策"时，能融会贯通，陈述到位，且有"夫天下之水，随在有利害，必害去而利乃兴。"和"欲疏浚而利导之者，其必先于津沽岔口加之意已。"的观点，终以第一甲一名，高中状元。

❶ 网搜百度文库"张謇是中国头名水利状元。"

张謇治水掇英

张謇在中状元前的 1888 年，曾在开封知府孙云锦幕下任职，适逢郑州黄河决堤，夺淮成灾。当时的河南巡抚倪文蔚令张謇对修复黄河决口作出规划，张謇主张恢复黄河故道，但他的意见并未被采纳。这一阶段，他还专门撰写了《郑州决口记》和 5 篇《论河工书》，详细讨论治理黄河、淮河灾害问题，后来成为他系统“导淮”的理论和实践基础。

1901 年，张謇创办通海垦牧公司时，认为：欲畅淮流之尾闾，治通境之水利，必在开通北倒岸河，以接三补之新河。

1903 年，淮河大水，江苏、安徽的扬州（含泰州）、淮安、海州、徐州、凤阳、颍州、泗州 7 府受水患，张謇发表《淮水疏通入海议》，第二年，又上书《请速治淮疏》。

除兴修水利、改良土壤外，垦区还采用了较先进的技术辟田植棉，经过综合整治，南黄海之滨的荒滩终于变为膏腴。

图 5-98　张謇组织综合整治垦区

1906 年，淮河灾情依旧。张謇写了《复淮浚河标本兼治议》，呈两江总督端方，请求成立“导淮局”，提出先对淮河流域进行测量，再规划淮河故道。端方虽同意张謇在江苏清江浦（今淮安市区）成立“筹议导淮局”，并让张謇出任“导淮局”总参议，但却在奏稿中讲“工巨费绌，实难办到”，否定了张謇的计划和要求。这一年，正好两广总督岑春萱在上海养病，张謇登门探望，谈及治淮问题。张謇历数向两江总督端方几次陈情无效之情状。张謇以为岑春萱肯帮忙，遂连夜写了一封《代岑粤督拟淮北工赈请拨镑余疏》，他想通过岑春萱恳请朝廷将存于上海户部银行180余万两赔款的余款“移以救淮北百万之灾民，修河、淮千里之水利”。文稿送去如石沉大海，张謇知道上了当，愤然而归。

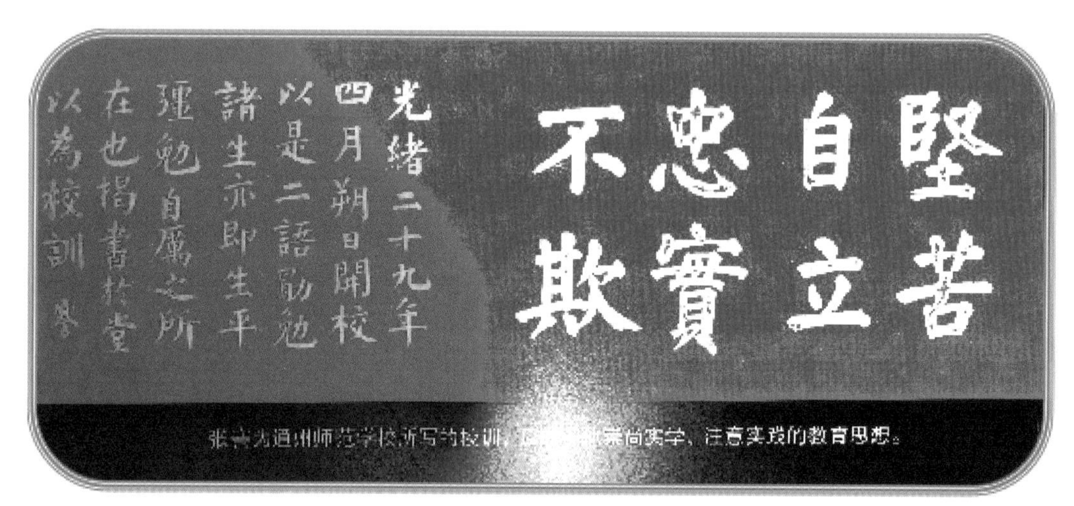

图5-99　张謇为通州师范学校题写的校训

1909年，张謇思考学习西方，成立公司筹资导淮。张謇在咨议局，提出筹兴江淮水利公司为咨议局基本金案，并将提案呈报两江总督张人俊。这位总督反而横加指责“导淮自桐柏，载在《禹贡》，难道张謇竟有大禹的本领么？”这一阶段，张謇虽屡遭打击，仍还不断向上级陈述导淮建议，又写了《代江督拟设导淮公司疏》和《筹兴水利为咨议局基本金之设备案》。

张謇认为：导淮必须从查勘、测量全流域入手，要测量就要有测绘技术人才。1906年，张謇就在通州师范学校附设了“土木科测绘特班”。1911年，张謇在清江浦设立测量局，正式开测。测量人员先是通州师范土木测绘班毕业生40人，后又增加苏州土木工科甲班毕业生20人。其时，美国工程师詹美生、锡伯德等，也曾先后在测量局工作。1912年，詹美生提交了“美国工程师詹美生报告书”，张謇又在对“江北水利测量局对于詹美生报告之声明书”中，指出该报告中存在的错误。可见，张謇对测量工作和决策工程，采取的是极其严谨的科学态度。1913年，江淮测量局按照张謇意见，先在淮河中下游的蚌埠、中渡及里运河的淮阴、码头镇、六闸等地设立水文站，后又在中上游正阳关、长台关等地设立测站，开始以现代气象、水文和测量技术对我国水文进行系统观测。张謇的这些做法，促成了中国水利由传统技术向现代技术的过渡，张謇是中国水利现代化当之无愧的奠基人。

1913年初，在苏督程德全、皖督柏文蔚的推举下，张謇被任命为全国导淮水利督办。这一年10月，张謇入主熊希龄名人内阁，担任农商总长。12月21日，在张謇的建议下，导淮总局扩展为全国水利局，张謇被委任为总裁兼导淮总裁。其时，正值袁世凯就任大总统，不少人因不满其解散国民党的做法，纷纷辞职。向来厌于政坛风涛的张謇，这次却没有随同其他人辞职。主要是他曾代表中国政府与美国红十字会签订了2000万美元的《导淮借款草约》，他认为，梦想多年的导淮工程，就可提上议事日程，他若辞职，此举就会落空。这一阶段，张謇发表了《导淮计划宣言书》《治淮规划之概要》等，并在江苏清江浦，设立了治淮的专门机构“导淮局”。张謇在“导淮”计划中提出了淮水三分入江，七分入海和沂沭河分治等设想。但这项借款，又因第一次世界大战爆发而约废款空。民国3年（1914），张謇以政府名义聘请内蒙古治水专家王同春为高级水利顾问。张謇偕同荷兰工程师贝龙猛，亲赴淮河流域实测一个月，完成“规划导淮预计之报告”面呈袁世凯。张謇建议，要采取“蓄泄兼施”的方法，控制入江水位的涨落。同样，又因经费未获批准，只得抱憾南归。

1915年春，袁世凯与日本谈判，签订“二十一条”，丧权辱国，对此，张謇怒不可遏，几具呈辞职， 4月，辞去工商部总长和农林部总长之职。8月，辞去全国水利局总裁及参政所有职务，彻底与袁世凯斩断一切联系，退守通海一隅。

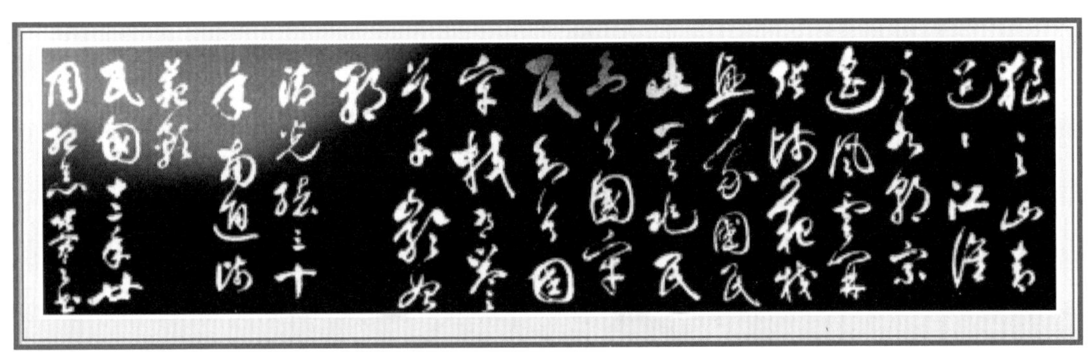

图5-100 张謇亲自为通州师范学校所作校歌

1915年，张謇又在江苏高邮建立“江苏河海工程测绘养成所”，为导淮培养技术人才。这所水利量测方面的专科学校分为本科（两年制）、速成（一年制）两种。同年，经张謇倡议，教育家黄炎培、沈恩孚在南京开办了我国第一所水利高等教育学府——河海工程专门学校。1921年，改为国立河海工科大学，1924年，国立东南大学工科并入后，仍用此名，成为培养中国现代水利技术人才的摇篮。这所学校，就是现在河海大学的前身。

1916年，淮河流域再次大水，淮河下游地区受灾惨重，各方面治淮呼声再次高涨。张謇再次亲到灾区，实地测量水文状况，为再倡“导淮”做准备。1918年，随着清江浦测量局测量资料的进一步完善，张謇对“长淮几千里，淤者日淤，垫者日垫，水无所容，又无所泄，眉睫之祸，发不可以时日计”深表忧虑，为此，他又向国务院呈上《江淮水利计划第三次宣言书》，详尽分析了淮河、沂水、泗水、沭水4条河流情况，本着“江海分疏”“蓄泄兼施”的治理原则，制订了详细的施工计划。1919年，67岁的张謇“再次发表《江淮水利施工计划书》，主张淮水七分入江，三分入海。[1]”对江海分疏，作了进一步修改和论证，比1913年的设想更趋合理。实践也证明，这是一个比较科学的治淮主张，得到后人的赞赏并采用。2003年建成的淮河入海水道工程，设计的行洪流量为2270立方米每秒，与张謇“三分入海，七分入江”江海分疏的思路是基本吻合的。张謇在《江淮水利施工计划书》的最后，虽直言“愿我政府之清心虚已而听之也”，但当时北洋政府已是外患内乱、四面楚歌了，自然这凝聚了张謇数十年心血的数万言计划书，也只能是束之高阁了。

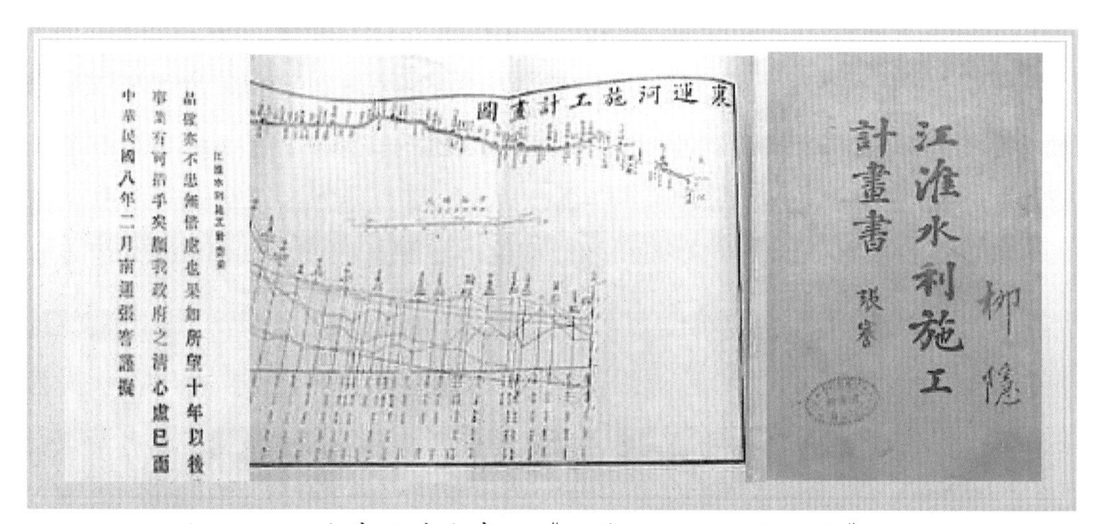

图5-101　张謇及其发表的《江淮水利施工计划书》

1920年，大总统徐世昌为应付苏北士绅的诉苦，任命张謇为苏北运河督办，只负责运河的治理工作，而对淮河治理，却只字未提。

这一年，张謇不仅制定了《江北运河分年施工计划书》和《两淮串场大河施工计划书》，又为解决当年淮河流域的大水写了《淮、沂、沭、泗治标商榷书》，准备先

[1] 泰州水利志编纂委员会．泰州水利大事记［M］．郑州：黄河水利出版社，2018.

把这几条河下游淤积的地方稍加疏浚，使里下河一带的部分洪水能分流入海，减轻宝应、高邮两县的洪水威胁。这一计划，依然因未获经费安排而搁置。

1921 年，淮河流域又一次普降大暴雨，导致蚌埠决口。已年近七旬的张謇，不辞辛劳，周视 8 县，看到的是一幅幅民不聊生的惨状。张謇深感自己对治淮已是无能为力了。他唯一能做的，就是呼吁灾区民众：速将希望政府之心，完全抛弃。愿我淮南北 20 余县人民发自救之心，奋自助之力，成自治之事。他出面集资 600 万元，先行治标，分途协进，进行适当的疏浚筑堤加固，以图自救。这一年，水灾发生时，在高邮，他与韩国钧坚持不开昭关坝，是体现张謇“蓄泄兼施”原则最成功的一次。第二年大旱，别处只能种黄豆、玉米、高粱等旱作物，高邮邵伯与淮扬一带因有水可灌，照样栽种水稻并获得丰收，产量较往年翻倍。这时，淮扬两府各县百姓才理解张謇坚持不开昭关坝的用心，曾准备集资做“万民伞”送往南通，张謇闻讯制止。

1922 年，年近 70 岁的张謇任江苏运河督办，同年发表《告导淮会议与诸君意见书》。

图 5-102　张謇塑像

1924 年，深知治淮无望的张謇，仍专门嘱咐清江浦测量局处长沈秉璜，将 12 年测量之成果汇订成册出版，以供后人之用，并亲自为此书写了序言。张謇数十年来以极大的决心与诚心导淮而无望，最终不得不将这一希望，寄托在那一页页图表、一个个数据之中。

张謇是我国传统水利向近代水利变革中的关键人物。他认为：“文明各国，治河之役，皆国之名大匠，学术堪深，经验宏富者主之，夫然后可以胜任而愉快。我国乃举以委之，不学无术之圬者，而以素不习工事之文士督率之。末流积弊，滑吏作奸，甚至寙其工程，希冀再决，以为牟利得官之余地。[1]”他认为我国历朝历代多以官僚治水，弊病甚多；

[1] 网搜陈陆《中国三峡》载文“近代水利状元”。

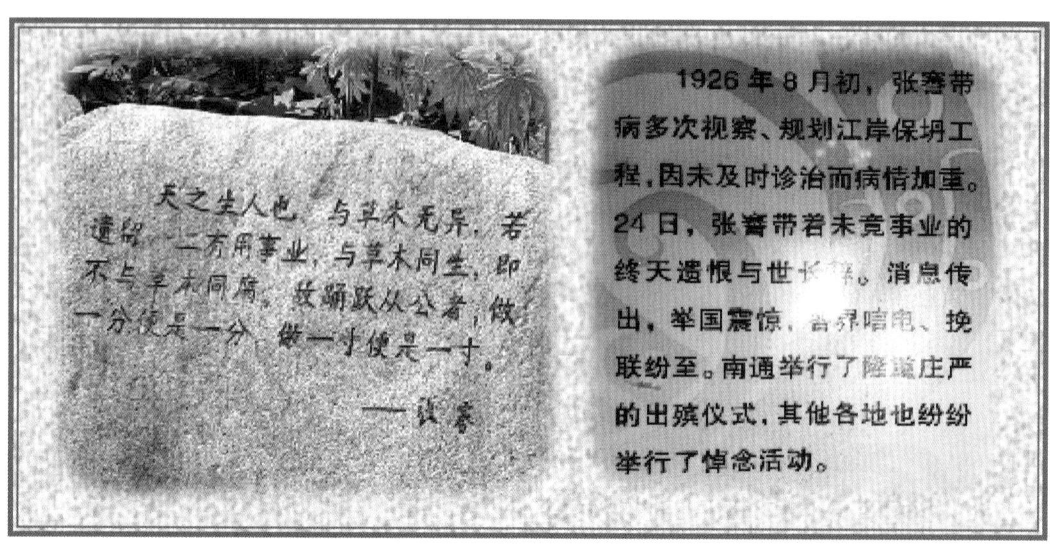

图 5-103　张謇说　　　　图 5-104　张謇纪念馆如是说

而近代水利的标志应是专家治水。要有专门的国家级水利管理机构，水利工程设计要重理性、讲科学。他强烈要求彻底改变清末治水的现状及弊病，并亲自在其主持的水利工作中尊重专家、重视科学，不断推进水利改革和创新。

张謇从35岁起，直至74岁去世，心系水利40年。就在张謇奔走呼吁导淮的20余年间，淮河先后大小水灾9次，社会各界花去赈灾用款何止千万计，足够几次导淮之用。但是无论是他四处奔呼也好，上书大总统也好，就是没有当权者愿与他一起将导淮计划付诸实施，这既是张謇的悲哀，更是时代的悲哀。但是，作为20世纪中国治淮的先驱，张謇无疑给后人留下了一笔宝贵的治淮精神财富。张謇认为："天之生人也，与草木无异，若遗留一二有用事业，与草木同生，即不与草木同腐，故踊跃从公者，做一分便是一分，做一寸便是一寸。"他坚韧不拔、矢志如一的拳拳之心，难道不是我们每个水利工作者都应努力去效法的吗？

赵复心父子报呈略浚河

（1899 年）

清代中期，自康熙起，经雍正至乾隆年间，兴化在县境内挑浚了不少骨干河道，基本形成了大的框架。由于来水之泥的淤积、两岸水土的流失，隔一阶段都是要疏浚一遍，河道才能发挥正常功能。嘉庆年间，兴化又曾兴起浚河高潮，先后疏浚了梓辛河长 35 里、车路河长 30 里、白涂河长 47 里、海沟河长 47 里、兴盐界河长 50 余里，总计长度达 105 千米左右。支付浚河工程所耗经费的（银）82760 两是借用的“府帑”，即国库中的银两。后按每亩 10 文摊派，分 8 年归还。但是，《（民国）续修兴化县志》卷二“河渠——浚河一——四乡经纬河道”篇认为“惜工员不职，未久复淤[1]”。因为嘉庆年间负责开河的人不负责任，时间不长，又都淤积了。其实，除这方面的原因外，自然的淤积，客观上也是存在的。

到了清代中后期，朝廷治水已是有心无力了。清代《皇朝经世文统编—110—卷二十　地舆部五　水道》记有：“伏查，道光七年（1827）间，（御）史钱仪吉条奏：湖漕运情形案内：钦奉　谕旨饬委妥员，兴化、盐城等州县湖荡详细履勘，如何修筑、疏通及早兴办，总期一律深通，裨益等因，钦此”。但在钱仪吉奏本后，结果却“工未举行”，没有做任何有国家支持的工程。兴化只能依靠自己的力量，做一点小的工程，清同治八年（1869）夏天，发生了旱情，文生（国子监学生，相当于秀才）顾增龄呈请挑浚南唐港，获得知县俞麟年的批准和支持，花了近 20 天的时间，按河面开宽二丈（6.67 米）、浚深四尺（1.33 米）的要求，完成了圩外长 1330 丈、圩里长 1200 丈，总计长 8.43 千米河道的浚深。

再向后，直至清末，上级对兴化的治水更是有口无心了。光绪年间知县夏辅咸、

[1] 泰州文献编纂委员会．泰州文献—第一辑—⑧（民国）续修兴化县志续［M］．南京：凤凰出版社，2014.

文生赵复心、职贡（负责进贡事务人的称呼）顾友莲，先后均写了“浚河呈略”上报“禀请浚河”。

夏辅咸是因“光绪三年（1877）境内因旱成灾，梓辛、车路、等河极浅之处甚至见底。是年，蒙前督宪饬委水利局张道下县勘估，筹议挑浚。后以工巨中止”，才专门撰写呈略上报的。上报后，仅得到上面派了一位姓桂的补用道库大使，到兴化勘查了一下，回去后就杳无音信了。

赵复心的呈略，对兴化灾情、河道的现状及要求浚河的理由写得比较清楚。其呈略全文为：

“窃兴化与盐城两县自同治六年以后，无岁不旱。已往皆剔熟缓征。光绪二年，盐城全旱，去年兴邑全旱。大宪委勘，俟水涸挑浚五河。查梓辛、车路、白涂、海沟与盐城公共之界河是五经河。嘉庆十九年请帑开浚，完纳河银每亩十文，分限八年，另有执照。迄今六十年余，堤堆流泻，有深有浅。而界河沙土易流，较各河尤浅。总俟经河浚全，再浚纬河。查兴邑纬河有八，自车路河北由唐子镇向东至丁溪场共有四圩，南北亦有四港，约长八九里。白涂河北崇福寺之南圩，西有唐港，北至安丰，东有横径河，北至大营，南北皆长三十里。海沟河北由安丰至界河名东唐港，长十八里。由黄庄向北名西唐港，长十五里。此八何皆宜深浚。盐城纬河有二，界河之北带陋陇堤之东港则名东冈沟，西港则名黄泥港，南北皆长四十里。皆系南浅北深，约开二十里可北接蟒蛇河潮水，曹家庙湾河由界河向北东至大团闸，计长二十五里，皆宜深浚。兴化水由运河小闸、盐河大涵会归至此，为众水之腹。而盐城在兴邑之北，由中圩之东西唐港直接冈沟、黄泥港至蟒蛇河出闸下海，实去水之门户。纬河两边皆有高堤，大水之年风浪激泻，日淤日浅，河底垫高，以致圩口闭塞，内沟不通。上流不能进水，下流不能去水，积滞成碱，有伤禾稼。是必纬河深通而内沟方能宣畅。纬河之底较经河高二三尺不等，口面狭于经河。若令兴盐两县俟农隙之时，凡有堆纬河照依圩尺兴工丈量，按亩出捐。先挑南北大港，后复圩内支沟，则河路深通、堆堤高固，御荒有策，水旱无虞。[1]”

呈略，首先介绍了灾情“兴化与盐城两县自同治六年以后，无岁不旱。已往皆剔

[1] 泰州文献编纂委员会．泰州文献—第一辑—⑧（民国）续修兴化县志续［M］．南京：凤凰出版社，2014．

熟缓征。光绪二年，盐城全旱，去年兴邑全旱。”他在介绍了嘉庆年间浚河情况后，就直接说明“迄今六十年余，堤堆流泻，有深有浅。而界河沙土易流，较各河尤浅。”的河道情况并提出“总俟经河浚全，再浚纬河”。他在呈略中重点介绍了，兴化的8条纬河和盐城的2条纬河，认为“纬河两边皆有高堤，大水之年风浪激泻，日淤日浅，河底垫高，以致圩口闭塞，内沟不通。上流不能进水，下流不能去水，积滞成碱，有伤禾稼。是必纬河深通而内沟方能宣畅。纬河之底较经河高二三尺不等，口面狭于经河”。建议“令兴盐两县俟农隙之时，凡有堆堤纬河照依圩尺兴工丈量，按亩出捐。先挑南北大港，后复圩内支沟”，就能达到“河路深通，堆堤高固，御荒有策，水旱无虞”。呈略报上，也是未见答复。难能可贵的是，赵复心之子赵柏年，为了继承父亲热衷水利，“欲浚北唐港”[1]之志，于光绪二十五年（1899），自己花钱，发动民众，疏浚了北唐港“自安丰迤北浚十里许”。

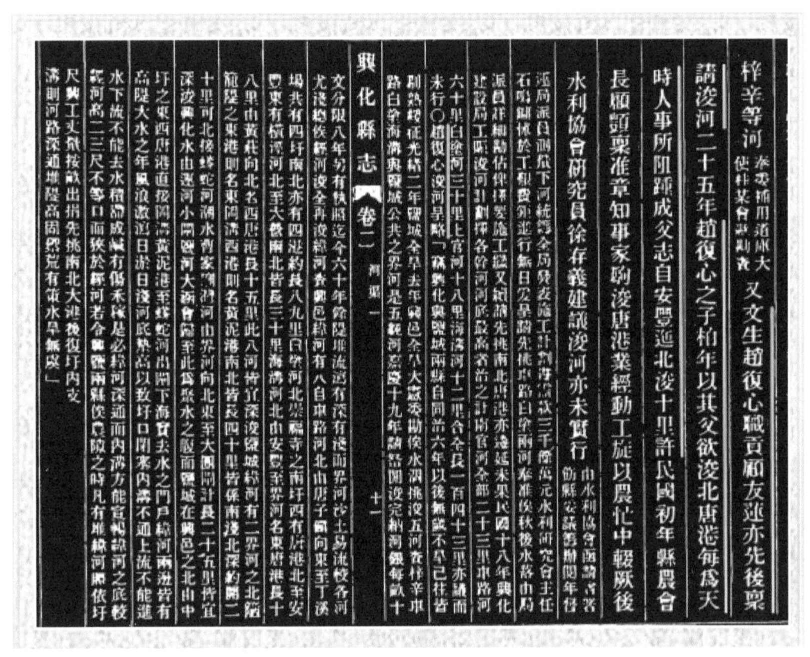
梓辛等河　又文生趙復心職貢顧友蓮亦先後稟
請浚河二十五年趙復心之子柏年以其父欲浚北唐港每爲天
時人事所阻踵成父志自安豐迤北浚十里許民國初年縣農會
長顧頤粟淮章知事家駒浚唐港業經動工旋以農忙中輟厥後
水利協會研究員徐存義建議浚河亦未實行　由水利協會函請省飭縣妥議籌辦閱年餘

興化縣志　卷二　河渠一　十一

图 5-105　赵复心的呈略

顾友莲所报呈略也有其特色，他不仅把兴化四纬（指海沟河、白涂河、车路河、梓辛河）、三经（指南官河、北官河、下官河）的总长“五百一十四里”，按亩均摊的浚河长度的细账算出来，提出采用由拥有土地产权的业主出粮，由实际种田的佃户

[1]泰州文献编纂委员会．泰州文献—第一辑—⑧（民国）续修兴化县志续［M］．南京：凤凰出版社，2014．

出工的“佃力业食之古法”筹工筹粮，用于浚河，来解决河道疏浚问题的建议。难能可贵的是，他还在呈略的后面，附上了“试探水平”“督量丈尺”“分别□势”“分派责任”“安置歇宿”“合力车戽”“束水便挑”“田岸镶阔”“报竣勘验”“立法毁埂”的“浚河工程（方）式十条”的详细说明。顾友莲呈略，写得再好，终也未见清末相关官员问及兴化浚河事宜。

龙璋治水运用测绘技术

（1901—1904 年）

图 5-106　龙璋在上海时留影

从笔者所读到的文献资料看，在泰州范围内最早将近现代测绘技术用于治水的，当数泰兴清代最后一任知县龙璋。《泰兴水利志》记载："光绪二十七年（1901）六月，知县龙璋请了上海制造局派泰兴籍测绘人员张文廉、朱凤翔前往各地测量地势高低，河港深浅，并绘制成图表及文字说明。[1]"通过这一记载可以看出，龙璋这位知县，既是一位重视水利、关注民生的官员，更是一位尊重科学和有学识的新派官员。

龙璋，字研仙，号特甫，别号甓勤，晚号潜叟。咸丰四年（1854）出生于湖南攸县一个官宦家庭。祖父贡生出身，曾任国子监学正、候选教谕；父亲龙汝霖，举人出身，曾任知县、知州；二叔父龙溥霖，也是举人出身，曾任知府；三叔父龙湛霖，进士出身，授翰林院编修，官至内阁学士、刑部右侍郎。龙璋本人，7 岁解文，15 岁诵十三经及诗词古文，23 岁考中举人，多次会试落榜。光绪二十年（1894）以中书职务改任知县，分配至江苏，历任如皋、上元、泰兴、江宁知县。曾两任泰兴县知县，第一次为光绪二十六年（1900）至光绪二十八（1902），离任数月后，于光绪二十九（1903）年，又奉调回任泰兴，直至光绪三十三年（1907）调离。

[1] 泰兴水利史志编纂委员会．泰兴水利志［M］．南京：江苏古籍出版社，2001.

龙璋泰兴治水

龙璋十分关注水利和农桑生产。在他到任前的十多年间，泰兴虽曾数次开浚河道，但规模较小，收效甚微。他到任后，通过深入调研，发现泰兴每至汛期，长江高潮时水大，往往造成江堤溃决成灾；冬春，雨少潮低，县内河道又干涸过半。为此，他专门撰写了《上督抚文》（见《（宣统）泰兴县志》续卷一）上呈督抚（省里最高行政长官），陈述在泰兴兴修水利的必要性和重要性。《上督抚文》中，他较为全面地分析了泰兴当时的水利形势："泰境东北诸港之通淮者，一由泰州鸭子河，一由白眉河分流入境，自鸭子河之滕霸（坝）忽焉中闭，白眉河分流诸水亦莫不有霸（坝）""盖北来之淮源既塞，只引江水以灌田园，潮涨则坍淹堪虞，潮退则淤浅可待。一交冬令，往往断流，以致去江较远之地，滋培不能及时……河道既多涸竭。[1]"，并陈述了西南腹地诸港，原本宽深，因河岸坍塌又无来水冲刷，造成河道浅狭；两岸居民与水争利，多就坍塌之岸，镶占成田，甚至还有将支港填塞的现象；道光以来，沿江修有江堤（江堰），潮汐不能直来直往，内地无潮汐之害，则各地对河港的圩岸亦不增修等，都是"泰兴近年水利有碍农桑之实在情形也"。他在上书中谈及"适值六月，大雨兼旬，西南各乡，间被淹浸"并用"县民"口气禀称："挑河修圩，势不可缓，若能将通境河道，同力合作，不独西南可免水患，即东北各乡，向种旱粮，亦可仍种禾稻，利得数倍。[1]"陈述了自己要兴修水利的观点。在报告书中，他还提出了详细的计划和以工代赈的具体办法。

在报告获得批准后，他又亲自撰写并发布《劝民开港修圩》（见《泰兴县志》续卷一）一文，动员县民全力投入治水工程，他还对堤岸和河道的高深宽厚提出明确要求。文中大声疾呼："此次既受水患，苟不急图补救，更待何时？"并将自己的打算明明白白地告诉老百姓，"今拟将沿江各堤，以及龙梢、过船、洋思、土桥、七圩、芦漕等港，择优先行修浚，以工代赈。其（它）各圩隔岸、子岸及支河汊港，仍由民间自行修浚，同力合作。必期高厚宽深一律如式，以图久远之利……"为了保证工程质量，他还根据实测的"地势之高下、河港之深浅、道里之远近"，确定工程规模，计算工程数量，配置财力和用工。

---

❶ 泰州文献编纂委员会.泰州文献—第一辑—⑥（宣统）泰兴县志续［M］.南京：凤凰出版社，2014.

《泰兴水利志》记载：“光绪二十八年（1902）二月，知县龙璋浚口岸、庙港、龙梢、七圩、马甸等港；浚城南太平庄、李家桥、张家桥等处河道，并与靖江县合浚毗芦市、新镇市段靖泰界河；浚县北通泰河、渡子河、纪家沟通马甸出江河道。十二月，修筑太平洲、三浚港堤岸。[1]”这里较为详细地记载了这一年冬春龙璋所做的工程。但对这段记载，笔者以为有两点需要着重说明。

其一，《泰兴县志》所记，与《泰兴水利志》对“浚口岸、庙港……”的记载不同。《泰兴县志》中是这样写的“至扬州堤工总局借用挖泥机器，浚深口岸庙港，疏浚江口淤垫[2]”。讲的是，对口岸的庙港之疏浚，是使用挖泥机器这一机械挖浚的。这一使

图 5-107

[1] 泰兴水利史志编纂委员会．泰兴水利志［M］．南京：江苏古籍出版社，2001.

[2] 泰兴县志编纂委员会．泰兴县志［M］．南京：江苏人民出版社，1993.

用机械浚深河道、疏浚港口的做法，为泰兴，也为泰州地区水利，开了机械挖河的先例，此举是值得在泰州水利史上记载的一件大事，而《泰兴水利志》的“大事记”并未列入。另外，“口岸”不是一条港道，是指“庙港”所在的地域名称，而《泰兴水利志》写成“浚口岸、庙港……等港”应是一个笔误。

其二，《泰兴县志》只记载了：“十二月，修筑太平洲、三浚港堤岸”，而民国《泰兴县志稿》区域志水道篇“江堤”一节中却记有：“光绪二十八年（1902），知县龙璋增筑江堤自嘶马港至七圩港，增高壹尺五寸。二十九年复修加厚[1]”一事。嘶马港至七圩港，实际上就是从泰兴沿江最北一条与江都搭界的港至最南边靠近靖江的一条港，包括泰兴全部44千米长江岸线的江堤加高和培厚。同样是一项巨大的土方工程，亦是应记入泰兴水利史册大事的工程。此志稿编于民国早期，距龙璋“增筑江堤”时间较短，仅20多年，定然无讹。

《泰兴水利志》记载：“光绪二十九年（1903）知县龙璋开王家港，并浚五（条）城内、外河道。[2]”其实这一年，龙璋还联合靖江县合力开接壤之毗卢市、新镇市河，以便两县农商。

据民间传说，他还组织疏浚了城北纪家沟、杜子河、李秀河，以通马甸出江之路及与泰州往来河道。又因县境有老河一条，自县城北水关，东流，经姚家庄、老叶庄、芮家庄、霍家庄入泰州境，经运粮河、钱家园而达姜堰，历年淤塞已浅，经与泰州协商，联手疏浚，以利行船、灌溉。

据《泰兴县志》记载，龙璋在任期内，先后开浚干河十余条，对防洪排涝、灌溉农田发挥了很好的作用。

龙璋的其他建树

龙璋在泰兴期间锐意图治屡有建树。例如，他于光绪二十八年（1902）将旧有襟江书院改建为学堂，添置校舍，延请教习，购买书籍，置备仪器。然后广设初等小学，或公立，或私立。校舍不够用，就先后将弥陀庵、大圣庙等数十座丛祠、废庙，改建

[1] 泰州文献编纂委员会.泰州文献—第一辑—⑥(民国)泰兴县志稿[M].南京:凤凰出版社,2014.
[2] 泰兴水利史志编纂委员会.泰兴水利志[M].南京：江苏古籍出版社，2001.

为校舍。光绪二十九年（1903），龙璋在城南集贤祠设学堂筹费局，专司筹集办学经费。光绪三十一年（1905），又增设学务公所，以统一管理私立学堂。在发展小学教育的同时，龙璋还大力倡导出国留学。在他的号召和鼓励下，泰兴出国留学、或赴外地读书者渐多，如丁文江赴英、周铭辰赴美、王一飞赴德，皆为龙璋主政时泰兴最早出洋的读书者。尤其是龙璋上任后不久，听说本县有一神童丁文江，就叫其父丁吉庵带领丁文江去县衙面试。龙璋出的考题是《汉武帝通西南夷论》，丁文江下笔千言，阐述透彻而有新意。龙璋叹为“国器”，收为弟子，悉心指导，特别要他注重新学。后来，丁文江想去报考南洋公学，龙璋认为可直接去留学，并托自己的表弟胡子靖把丁文江带到日本。丁文江后又转赴英国，专攻地质学。丁文江学成回国，历任中国地质调查所所长、淞沪督署总办、北京大学教授、中央研究院总干事等职，为我国地质事业做出了杰出贡献。

再如，龙璋在任内恢复了停办十多年之久的官医局。开办时因经费困难，他将自己的薪俸790余大洋，钱50余串，作为创办费用。他在庆云寺西朝房设牛痘局，专门请了日本医生铃木元善驻局，为小孩接种牛痘以防天花。他还在城西北隅净土庵设蚕桑公所，专司其事，并从浙江湖州购进桑树秧苗20万株，让农民领种，只取购本。他还派学生入浙江蚕学馆，学习育蚕知识，并编写通俗读本《蚕桑浅说》，以自己俸金刊印成书，普遍发至四乡，以资启迪。

龙璋在泰兴做了两任知县，官声颇佳。据县志记载，他在泰兴任内，累计捐款高达3000大洋以上，用于建造校舍、购置书籍及设官医局。其母许氏，随龙璋生活在县署里。当她听到县境遭到水灾，也拿出1000大洋私房钱赈济灾民。泰兴人称龙璋为“龙青天”“龙大老爷”。

泰兴至今仍流传着“龙璋脱靴”的故事。“脱靴”是为颂扬地方有德政的官员清廉而举行的一种特别仪式，即在官员离任前，地方百姓于县界路旁设香案，恭请其脱下旧靴，再由地方公推的德高望重的长者，为其穿上新靴离境，寓意他任职期间，廉洁清正，直到临走之时，都能做到“一尘不染”。龙璋能获此殊荣，足见泰兴百姓对其勤于政事，廉洁奉公的认可。

光绪二十八年（1902），龙璋回到湖南，与从弟龙绂瑞各捐资1000元，创立湖南第一所私立学堂——明德学堂（后改为明德中学）。后来，国民党元老级人物黄兴、陈天华等当时都曾至明德授课，暗中密谋进行反清斗争并酝酿筹建华兴会。第二年，在龙璋住宅举行成立大会，公推黄兴为会长。从此，龙璋结识了这些革命党人，并资

图 5-108

助他们活动。光绪三十年（1904），黄兴等在长沙发动反清起义未成，避至上海被捕。蔡锷从上海赶到泰兴，向龙璋求援。龙璋遂以千金购物，送给狱吏，致黄兴等被释。后孙中山先生应龙璋之求，欣然题写“博爱”二字相赠。

民国水利

议多治少　天灾人祸

民国水利——议多治少　天灾人祸

民国时期著名的水利学专家武同举，曾担任《江苏水利协会》主编、国民政府江苏水利署主任，先后兼任过南京河海工科大学水利史课程和南京中央大学水利系教授。1944 年逝世。20 世纪 30 年代，武同举应江苏省通志局之聘，修编《江苏水利全书》，但自江南分省后，因经费无着，通志屡修无成。1939 年春，他寓居上海，广征载籍。经过他的努力，时经十年，稿经三易，写成《私纂江苏通志水工稿》，1941 年春，由韩国钧作序并定名《江苏水利全书》，为江苏水利史上留下浓墨重彩的一页。武同举一生致力于水利事业，留下了大量的水利著作，内容广征博引，材料极为丰富，有《淮系年表全编》《江苏水利全书》《江北行水今昔观》《江北运河为水道系统论》等书稿。

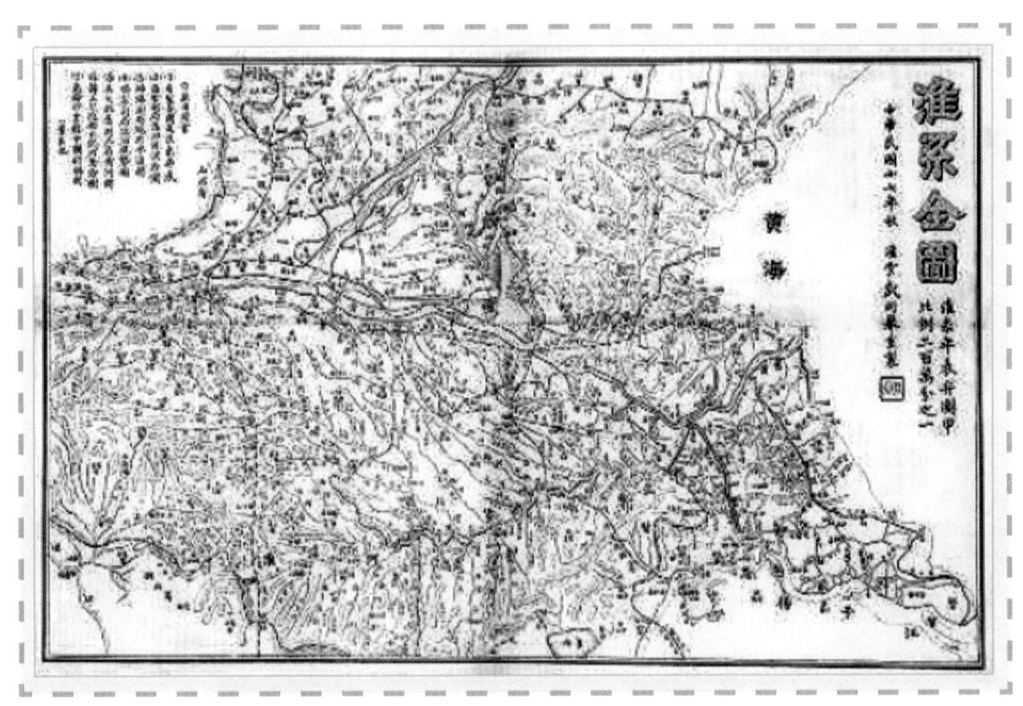

图 6-1　武同举绘制的《淮系全图》

他在《呼兴苏北水利文》中写下了“徐海告灾，已成常例”“水患问题，日溢煎逼”“早夜焦思而不能已”，就是民国时期江苏水利的真实写照和水利人的忧心。

《江苏省志 · 水利志》对民国时期的水利简介为：“晚清、民国期间，内腐外患，经济日下。连年水旱灾荒促使各方有识之士奋起疾呼，但水利建设断断续续，无大作为。”“……水利滞修，又遇气候异常，导致灾害连年。民国20年（1931），江淮沂沭泗洪水并发，运河堤溃决，从淮阴到扬州（含泰州），纵横三四百里，一片汪洋。民国18年（1929）和民国23年（1934）大旱，洪泽湖、高邮湖、洮漏湖干涸见底（《民国江苏水利月刊》）。民国27年（1938）6月，国民政府为阻止侵华日军西进，炸开河南省中牟县花园口黄河南堤，纵黄水遍地漫流入淮，再次造成黄河夺淮达9年之久。民国28年（1939）8月，风暴潮突袭沿海大喇叭口、双洋一带（今射阳县境），海潮内浸，卷走13000多人。到新中国成立前夕，沂沭泗流域已连续5年大水，遍地灾荒，民不聊生。”❶

《扬州（含泰州）水利志》对民国时期的水利状况也作了这样的总述：“中华民国初期，面对频繁而严重的自然灾害，导淮治运之议纷起，但多议而不决。直到民国20年始定导淮治运计划，境内仅建邵伯船闸、高邮运西小船闸，疏浚了一些河道，三河闸刚开始打基椿，即因日本侵华停顿。直至解放前夕，扬州水旱灾害频率明显增加。‘圩区三年两头淹，山区十年九年旱，通南十日无雨遍地烟’”❷

民国时期泰州地区的水利状况和扬州、江苏，乃至全国一样，亦可谓：有识之士，有力无使处——议多治少；昏庸之辈，掌权忙私事——哪顾百姓；内乱外侮，天灾人祸——何谈兴水利。

❶ 江苏省地方志编纂委员会．江苏省志·水利志［M］．南京：江苏古籍出版社，2001.
❷ 扬州市水利史志编纂委员会．扬州水利志［M］．北京：中华书局，1999.

工情变宝带涵改涵建桥

（1912 年）

小宝带河涵改桥

“民国元年（1912）1 月，南门小宝带河涵洞改建为桥，通行船只，设局收取船捐以充军需。济川河与运盐河恢复通航。[1]”。小宝带涵洞是泰州为保证古盐运河和城河里水的相对稳定所建的南 5 坝之一。这次拆涵建桥，为的是收船捐、充军饷。涵洞改

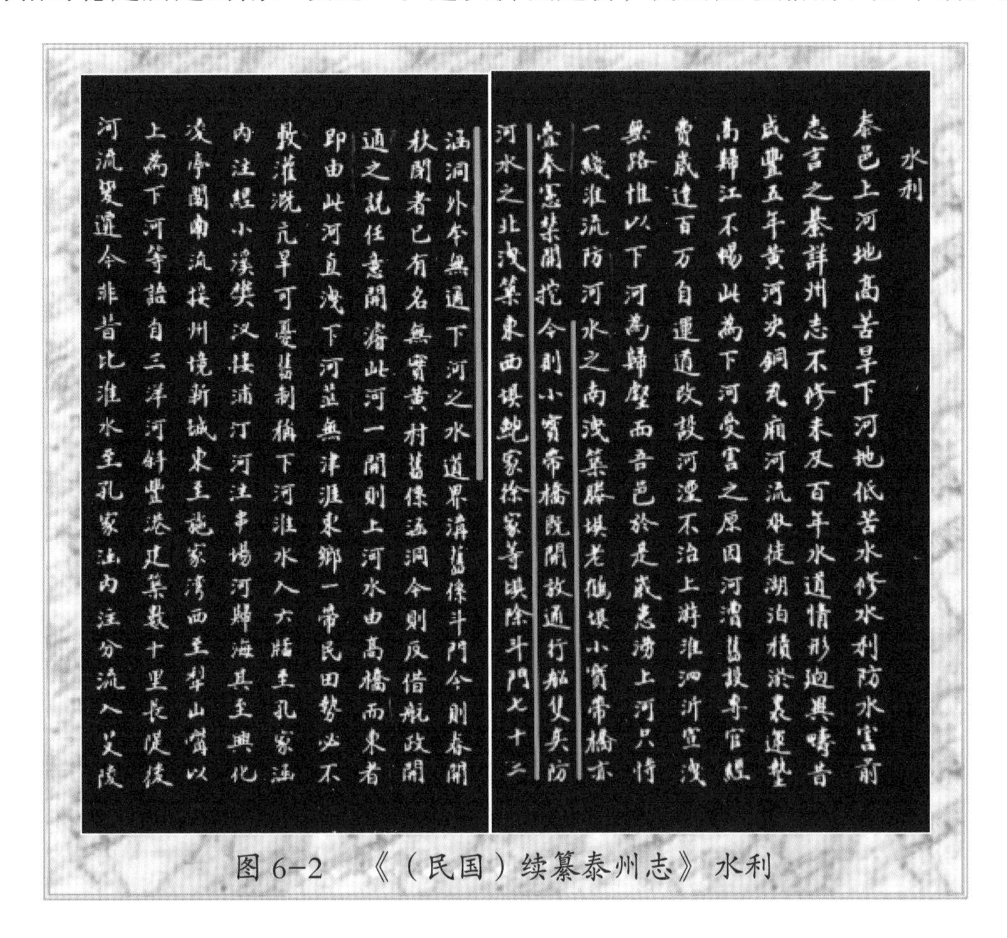
水利
泰邑上河地高苦旱下河地低苦水修水利防水害前
志言之綦詳州志不修未及百年水道情形迥異疇昔
咸豐五年黃河決銅瓦廂河流北徙湖泊積淤浸運墊
高歸江不暢此爲下河受害之原因河漕舊設專官經
費歲逾百万自運道改設河漕不治上游淮泗沂宣洩
無路惟以下河爲歸壑而吾邑於是歲患澇上河只恃
一綫淮流防河水之南洩築滕堤老鸛堤小寶帶橋亦
嘗奉憲築閘挖今則小寶帶橋既開放通行船隻兵防
河水之北洩築東西堤蚆家徐家等堤除斗門七十二
涵洞外本無通下河之水道界溝舊係斗門今則春開
秋閉者已有名無實黃村舊係涵洞今則反借航政開
通之就任意開濬此河一開則上河水由高橋而東者
即由此河直洩下河並無津涯東鄉一帶民田勢必不
敷灌溉亢旱可憂舊制稱下河淮水入六腊至孔家涵
內注經小溪樊汊接浦汀河注串場河歸海其至興化
凌亭閘南流接州境新城東至魏家灣西至犁山嘴以
上爲下河等語自三洋河斜豐港建築數十里長隄後
河流變遷今非昔比淮水至孔家涵內注分流入艾陵

图 6-2　《（民国）续纂泰州志》水利

[1] 泰州市地方志编纂委员会. 泰州志［M］. 南京：江苏古籍出版社，1998.

成桥梁，航道通了，水路也通了，但对古盐运河、泰州城河里水位的控制有无影响呢？未作交待。

泰州历史上水利建设，从表象上看多是受地势和水情的影响而建设的，如捍海堰、长江堤防、里下河圩堤等。但有大量的工程，却是因部分人为的需要去搞的水利工程建设，即因社会的变化，亦或是工情的变化、水情的变化去建设或调整的。例如，徐达挖通济川河，使江潮直灌里下河，不仅造成高邮、兴化要增筑堤防，也迫使泰州建成了城北一线东坝、西坝、鲍家坝、黄龙坝、鱼行坝等北5坝，以解决江水入侵下河的问题。其实，这一线所做的工程还远不止这么多，《（民国）续纂泰州志》“河渠”篇，所附“水利”一节中记有：“防河水北泄，筑东、西坝，鲍家、徐家等坝，除斗门72涵洞外，本无通下河水道。[1]”一句，说明其时，除有名称记载的泰州北5坝外，另外还建有72座可以控制向里下河泄水的小河小沟上的小型斗门或涵洞，这样就形成了上下河的分水岭，形成“无通下河水道”。明代因战事需要，徐达拓浚了连通长江的济川河与古盐运河（老通扬运河），对通航与灌溉效益有一定的显现，泰兴通江的鸭子河、白眉河、古溪及通州的一些河道也陆续与济川河、古盐运河接通。由于其时泰兴、靖江及其下游如皋等地修筑的江堤、各港港口的控制性工程（江堰、江坝、江涵等）标准不高，由于要通航，留有不少大的河、港未设工程，加之泰州城北通里下河一线水道的封闭，使长江汛期高水位的涌潮、冬春枯水期水的流失，直接影响着古盐运河、泰州城河等河道的水情，造成水位大起大落。明代永乐年以后，在古盐运河以南又逐步建了包括宝带涵在内的济川坝（又名滕家坝）、老虎坝、老坝口坝、凌家闸等南5坝，以保古盐运河、泰州城河的水位相对稳定。明清时期，南、北5坝（闸、涵）的建设，使泰州成为盐运的集散、管理、税收中心，促进了泰州城市发展加快。

然而，泰州南5坝的建成，对坝南的泰兴地区的水情就产生了一些影响。《泰兴水利志》摘自《泰兴县志》卷第五记载了泰兴人刘江等所写的一段“去坝置闸”进言，就是针对上述情况写的。刘江在这段进言中，首先叙述了泰州所设滕家坝的情况：“泰州设滕家坝，其初仅出水尺许，水涨时舟楫可行（此时，工程实为堰），近乃加高培厚[指清乾隆五十三年（1788）滕家坝增高、筑实]，竟成牢（固）不拔之基”。接着刘江指

[1] 泰州文献编纂委员会.泰州文献—第一辑—③（民国）续纂泰州志[M].南京：凤凰出版社，2014.

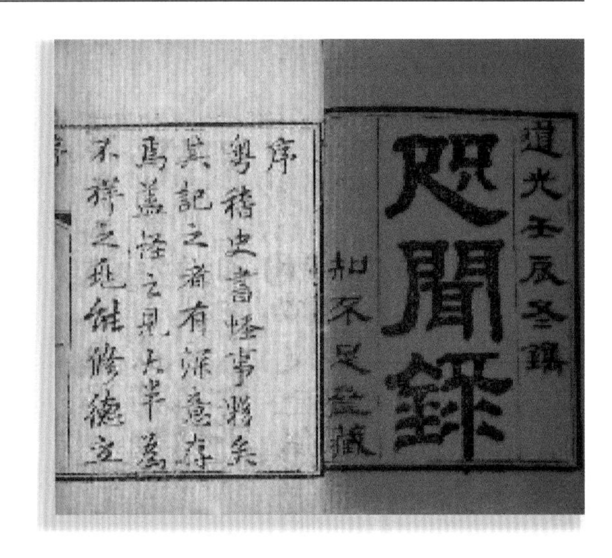
道光壬辰季鐫
咫聞錄
知不足齋藏
序
粤稽史書怪事夥矣
其記之者有深意存

图 6-3

出，坝的建设对泰兴所产生的负面影响：“泰邑受害有不可甚言者。北来之水既塞，只引江水以资灌溉，潮涌则江田被坍，潮落则各港就淤，谷产不敷民食，全恃商贩接济。因盘坝艰难，遂至裹足，邑之食盐由坝驳运，河水浅少，日形窒塞”，进而刘江便提出“应请去坝置闸，以时启闭”的进言。最后进一步说明建闸的好处“既可蓄之以利鹾（cuó，盐的别名）运，若淮水过旺，又可宣泄，使之南注入江，於地方大有裨益。[1]”

对上述“去坝置闸，以时启闭”，也有不同观点的。泰兴从清世宗雍正二年（1724）至民国 3 年（1914），行政上隶属通州。清人徐缙、杨廷撰辑的《崇川咫闻录》道光十年（1830）刻本中，就有徐缙写的一篇《通郡水利形势说》，他认为：“言水利者有蓄必有泄，惟通郡则以蓄为常，以泄为暂”。他分析通州（含泰兴）的水情为：“盍（hé，指整个之意）淮水为通之上流，自扬至通仅一衣带。通之北为下河，西南为江，东北为海，皆属巨壑。”四面有水，而“如（皋）泰（兴）地势又高”，如果“无以蓄之，则内地运盐等河俱成槁壤”，“故上流之滕家坝、徐家坝与下流滨江之闸坝、滨海之堤岸皆所恃以为固者也”！徐缙的观点非常明确，认为上游的滕家坝、徐家坝，以及下游滨江之闸坝，非常重要，可以保住古盐运河以南属通州的如皋、泰兴两县高地的水。他认为这些坝和涵闸“……其中尤有宜永蓄而不可暂泄者，亦有虽泄而无害于蓄者”两种类型。例如，“泰州南门外之滕家坝，去泰兴至口岸镇四十里，入江甚迅，坝北之水高坝南数尺，海安东之徐家坝，北为下河，上河高下河亦数尺，二坝扼通郡之吭，倘或误开，则（古盐运河）一线淮流，不胜尾闾之泄，而通属河渠均受其弊，无论永泄不可，即暂泄亦不可也！”观点非常明确，认为这南、北两坝，一点水都不能下泄。其理由讲得也很清楚，因济川河仅 40 里，入江甚迅，滕家坝要控制坝北之高水不南泄入江，徐家坝则为控制坝北高水不入下河，也就是说，这两处只需建坝，不需建闸。但他认为也有“其虽泄而无甚害者，如泰兴之古溪，在城东北八十里，北

[1] 泰兴水利史志编纂委员会. 泰兴水利志［M］. 南京：江苏古籍出版社，2001.

通海安，西南达秀才港入江，支流自雁陵庄者，亦上通运河之白米口，如皋之窑子河，西六十里交泰兴县界，又六十里至县治，又西南二十里始入江，九十九湾之龙游河距江亦九十余里，且淤浅易涸，涝时可藉以泄水而旱无损，故虽泄无害[1]”。也就是说，到了古盐运河下游，与古盐运河相交，距入江较远、且河道弯曲的一些河流，则可下泄运盐河中的淮水，属“虽泄而无害于蓄者”，这些河道口则可建闸，放水下泄。

清末，泰兴知县龙璋是对滕家坝（及运盐河以南所建各坝）的不赞同者。他在《上督抚文》中专门提到“泰境东北诸港之通淮者，一由泰州鸭子河，一由白眉河分流入境，自鸭子河之滕坝忽焉中闭，白眉河分流诸水亦莫不有坝，水利遂由是而败坏”。认为泰兴水利的“败坏”源于泰州所建各坝。

以上诸说反映了两个问题，一是自然界的水情和社会经济发展主流需求的倾向，都是影响水利建设的两大要素。特别是一项水利工程的建设，势必会引起上下游、左右岸水情的变化；二是古代各地治水，就事论事的多，尚未能顾及全面。近现代水利建设常提到的一些术语，就是针对上述情况而提出的，如“要视水情、工情的变化而变化”“要兼顾上下游、左右岸”“要统筹兼顾、系统治理”“不能以邻为壑，要妥善处理边界矛盾”等。

《（民国）续纂泰州志》“河渠”篇所附“水利”一节中还写了：“上河只持一线淮流，防河水之南泄，筑滕坝、老鹳（虎）坝、小宝带桥亦叠奉宪禁开挖。今则小宝带桥既开放通行船只矣……黄村旧系涵洞，今则反借航政开通之说，任意开浚。此河一开，则上河水由高桥而东者，即由此河直泄下河，茫无津涯。东乡一带，民田势必不敷灌溉，亢旱可忧[1]”。这里可以看出：一是直接说明了建设城南5坝主要是“防河水之南泄”；二是指黄村涵的开通，造成了古盐运河水泄向下河，东乡灌溉困难。从这里还可以分析出来，小宝带涵改建成桥，不存在运盐河水南泄的问题，而对黄村涵的开通却指出了古盐运河水北泄下河的问题。实际上，也正是由于泰兴的通江口门经过逐步地做了一些堤、堰、坝、涵、斗门等工程，使泰兴境内河道蓄水能力加强，蓄水水位接近了古盐运河的水位，这些工情、水情的变化，才能使小宝带河涵拆涵建桥，对古盐运河、对泰州城河水位没有太多影响。

---

❶ 泰兴水利史志编纂委员会. 泰兴水利志［M］. 南京：江苏古籍出版社，2001.

《通郡水利形势说》是否载于《崇川咫闻录》质疑

《泰兴水利志》所载通州徐缙《通郡水利形势说》一文，注为“摘自《崇川咫闻录》卷二”。然徐缙、杨廷撰辑的《崇川咫闻录》一书共有12卷，收录了247篇作品，除游记《水莲洞》和散文《沙包先生传》外，其余都是记叙怪异之事。这些故事在艺术上多模仿《聊斋志异》《子不语》等笔记小说，情节单纯，语言简洁，用词古朴而讲究文学性。而且《崇川咫闻录》卷二所收为“龙神词、响马、蛇毒、贼授徒、刘芜、陈安张福、辨子、人参、乡民赵子寿、治孤、醉封翁、李老人、雷彩霞、葛青天、雷击蜈蚣、广信府署”计16篇，未见有《通郡水利形势说》一文载于其内，故怀疑徐缙所写《通郡水利形势说》一文并未收录于此书。至于《泰兴水利志》所载通州徐缙《通郡水利形势说》一文，摘自何书？笔者手头无相关资料，只能有待进一步考据。

刘藕舲发表治江宣言书

（1922—1923年）

1992年版《靖江县志》“附录——二、文献”所收录的4篇文献中，有2篇是涉及治江的。一篇是前文已经述及的1814年百龄、朱理、吴璥3位大臣因靖江坍江治理一事，对嘉庆的奏摺；另一篇就是该志摘自《靖江文史资料》第一期中刘藕舲执笔的《长江下游九县治江会议靖如代表发表的宣言书》及此文所附“出席该会议者之一孙干城”《宣言书的前因后果》，这篇文献资料记叙了民国时期张謇发起、江苏省前后两任省长亲自过问和参加会商长江下游9县联合治理长江的多次活动情况。近读由范敏主编、刚出版的《靖江550年》，发现其中记述此宣言书发表及相关会议活动的时间与该志所记不同，有必要再做些认真考据和研究。

图6-4

第一次9县联合治江会成立大会会议内容及决议

民国11年（1922），年已70高龄的张謇（时任长江委员讨论会会长）和63岁的王清穆（号丹揆，清商部右丞，从民国直隶臬司位置上弃官回家乡崇明，1919 年经江浙士绅推荐任太湖水利局督办）在南通发起长江下游 9 县联合治江动议，经过一阶段筹备，于当年（1922）4 月 12 日，在南京召开了长江下游 9 县联合治江（研究）会成立大会。会议筹备期间，时任江苏省省长王瑚（字铁珊， 1923 年 6 月，调山东省省长辞职未就回乡务农。1928 年，任赈务委员会委员长兼黄河水利委员会副委员长）曾表

图 6–5　会长张謇　　图 6–6　副会长王清穆　　图6–7　时任省长王瑚

示准备前来参会并主持会议，临开会前发来电文：“总商会转王丹老、张啬老，真电悉，治江会开会，因事忙实不能往，昨准处电，已复，请另行推人主持。王瑚”[1]，未能参会。

参加会议的有长江下游潮流段滨江的靖江、如皋、南通、海门、江阴、常熟、太仓、宝山、崇明等 9 个县的代表 60 余人。会议确定治江委员会由 5 位委员组成，推定张謇为委员长、王清穆为副委员长，会议由张謇主持。当时靖江县出席会议的代表是比较了解靖江情况的张滁珊、孙干城、盛守钰和刘藕舲 4 人，但据孙干城回忆文章讲，盛守钰因故，并未能出席会议[2]。

从《时事新报》民国 11 年（1922）4 月 13 日第一版所发信息看，第一部分是会议

---

❶ 出自《时事新报》民国 11 年 4 月 13 日第 1 版。
❷ 靖江县志编纂办公室．靖江县志［M］．南京：江苏人民出版社，1992.

的各项内容。《时事新报》在主标题“治江会昨开成立大会”后，加上了副标题“▲通过组织大纲▲南漕坝决缓筑”两条。所发信息的内容主要为：“昨日下午二时，长江下游治江会假总商会开会，王省长因事忙未到，到者除江苏运河工程局张督办啬庵、太湖水利工程局王督办丹揆外，又有长江下游沿江九县代表三十九人，此外旁听者亦复不少，兹将代表姓名、开会秩序、通过组织大纲及提议案件分录于次。▲到会代表……。▲开会秩序（一）公推主席；（二）报告中央核准长江下游治江会；（三）会址仍前议拟设省城；（四）讨论太湖局拟定组织大纲办法；（五）筹备测量进行，彙集九县公摊购置仪器费；讨论治江经费；▲通过组织大纲……”❶。在“组织大纲”中谈到了这次会议讨论的实质性问题主要有2点，一为“讨论测量器费”；二为“讨论南漕筑坝问题……一主即筑，一主缓筑”，南通代表“张孝若谓可以利害关系呈请省长缓筑，众赞成”❶，是这次会议的重要成果。

《时事新报》所发信息的第二部分则是在文后附上的南通、如皋县代表沙炳元等

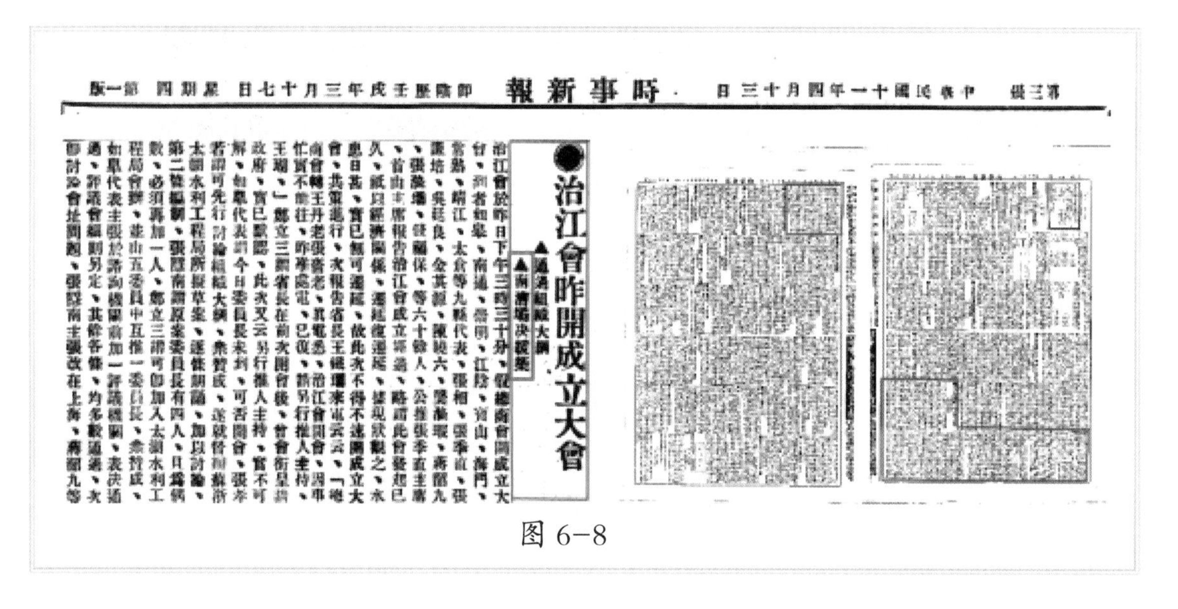

图 6-8

8人的《南漕筑坝利南害北请咨省长收回成命》提案全文。这一提案是南通、如皋两县代表针对江阴、常熟在该段长江南漕筑坝造成江北岸坍江之事所提。其核心内容为：“今闻省长忽有开放南漕之说……今分会成立有期，未闻于下游全部之规划预先提案，以备九县人民公同之研究，而急急于南漕之是堵，……为此提出议案，拟请由会一面

❶出自《时事新报》民国11年4月13日第1版。

咨请省长收回成命，……事关紧急，请付诸大会公决”[1]。由此看来，第一次会议不仅是成立大会，而且对治江的分歧问题进行了认真讨论，形成“南漕坝决（定）缓筑”的结论。同时也可看到，其时尚未形成长江下游治江规划的初步（书面）方案。《时事新报》为江苏治江史留下了极其重要的资料。

治江會在甯開會紀

▲由韓國鈞主席

图 6-9　民国 11 年（1922）9 月 7 日《时事新报》

第二次 9 县联合治江会议再次呼吁停筑南坝

图 6-10

民国 12 年（1923）1 月 7 日，刘藕舲在《民国日报》上发表《长江下游治江会内部分裂——如靖两县退出之宣言书》中所写的“今春三月（农历概念，实际指 1922 年春）间，啬公复召开第二次会议于上海[2]”一句话，说明在 1922 年 4 月 12 日会议后，时隔不久，张謇在上海又召开了第二次会议，再就 9 县联合治江的问题进行商讨。这次会议从民国 11 年（1922）9 月 7 日《时事新报》报道的第三次会议争议的内容“方家珍乃请文牍员将上海会议纪事录检出考证，……途由王督办声明，上海议决原案，确与今日会场所散之油印相同，鄙人可以保证[3]”中，同样可以看出：成

[1] 出自《时事新报》民国 11 年 4 月 13 日第 1 版。

[2] 出自刘藕舲《长江下游九县治江会议靖如代表发表的宣言书》。

[3] 出自《时事新报》民国 12 年 1 月 7、8、9 日。

立大会后与南京会议之间，还开了一次上海会议，且有议决事项。由于缺少实证资料，无法了解会议的具体内容。但宣言书所述会上江阴、常熟的“郑季二氏竟公然号于席上曰：南夹筑坝，为治江唯一之目的，势在必行”，此观点一经发表，“时九县代表，除江阴代表外，群起斥之，当经一致决议，停止筑坝，先行测量，并请主席（啬公）电请省长饬遵在案[1]”。说明会议经代表们共同努力，仍然坚持了第一次成立大会上决议的意见，明确要求停止南坝的建造，并请会议主席张謇将这一决议电呈省长，请省长（时仍为王瑚）下达指令，要求有关方面遵照办理。

第三次9县联合治江会议无果而终

据民国11年（1922），《时事新报》9月7日《治江会在宁开会记》及9月8日《治江会在宁开会续▲无结果闭会》2篇报道所载，由时任江苏省长韩国钧（1922年6月接王瑚任职）主持的长江下游治江会，原定9月3日下午2时在南京召开，但因“各代表到会者甚少，仅开谈话会一次[2]”，至9月6日才继续开会。会议首先推选韩国钧任主席，复议组织大纲。会议因组织大纲，上海会议是否议决发生争论。继又因经费筹措、各县表决权数发生争议，后相对统一而通过。但会上如皋代表“方家珍谓如岸自北岸筑坝（表述不准，实指常熟段山的北夹所筑之坝，简称北坝）以后，

图6-11　民国11年9月8日《时事新报》

❶ 出自刘藕舲《长江下游九县治江会议靖如代表发表的宣言书》。
❷ 出自《时事新报》民国12年1月7、8、9日。

沿江之田，坍塌数百亩，现南夹（指江阴）又要筑坝……倘治江会议决案有效，则非先行测量。南夹不能筑坝，议决案如无效，又何贵有此治江会议之组织也[1]”的议论，遭会议主席韩国钧的反对：“南夹筑坝，关系如皋之利害，国钧亦所深知，不过南夹筑坝……不必今日定要在治江会组织大纲时讨论[2]”。与会的靖江、江阴等县代表“龚剑秋、张滌珊、郑三立等反复辩论利害关系[3]”，双方争论不下。晚7时许，组织大纲尚未议决。最后，韩国钧提出，由每县推出1名审查员，审查组织大纲时，“如皋靖江两县皆申明不推审查员[4]”而造成“靖江、如皋代表竭力反对南漕筑坝，无结果而散会”[5]。

第四次会议靖如代表痛斥“南夹筑坝”发宣言退出会议

次年，即民国12年（1923）1月6日，在南京又召开了第四次治江会议。《民国日报》1月7日以《长江下游治江会内部分裂》的标题，对会议进行了报道，而且还加上了副标题“▲如靖两县退出之宣言书”。其报道的信息中提到“因治江计划之相左，纷争滋多，迄无正当办法。其中利害最冲突之一点，即为南来筑坝问题。如皋靖江两县人民，以此计果行，必为大患，曾在会场力争，后因江阴、常熟两县代表，力主执行，于是两方遂趋极端，不复融洽。现如皋、靖江两县，已宣言退出。”《民国日报》在7日第6版、8日第7版、9日第6版和第7版，连续刊登了由刘藕舲执笔的《宣言书》全文。

这次会议按程序推进，由副会长张謇发表了会前编制的治江计划书的有关内容。他指着事先绘制好的沿江地图，对与会者说：“根据英国工程师鲍威尔的建议，我们打算在江阴、靖江以下把江面缩狭到三英里至一英里，这样可以增加土地120余万亩。有了这些土地，无论是垦殖，还是办厂，获益都是巨大的[6]……”。

可以看出，张謇的发言主要观点有四：

一是，阐述长江下游涨坍不定，危害较大，要想治理必需下游沿江9个县统筹考虑，

---

❶出自《时事新报》，民国12年1月7、8、9日。
❷出自《时事新报》，民国12年1月7、8、9日。
❸出自《时事新报》，民国12年1月7、8、9日。
❹出自《时事新报》，民国12年1月7、8、9日。
❺范敏．靖江550年［M］．南京：江苏凤凰文艺出版社，2021.
❻郭寿民．张謇治江计划出台前后［J］．江苏地方志，2004（4）：38-39.

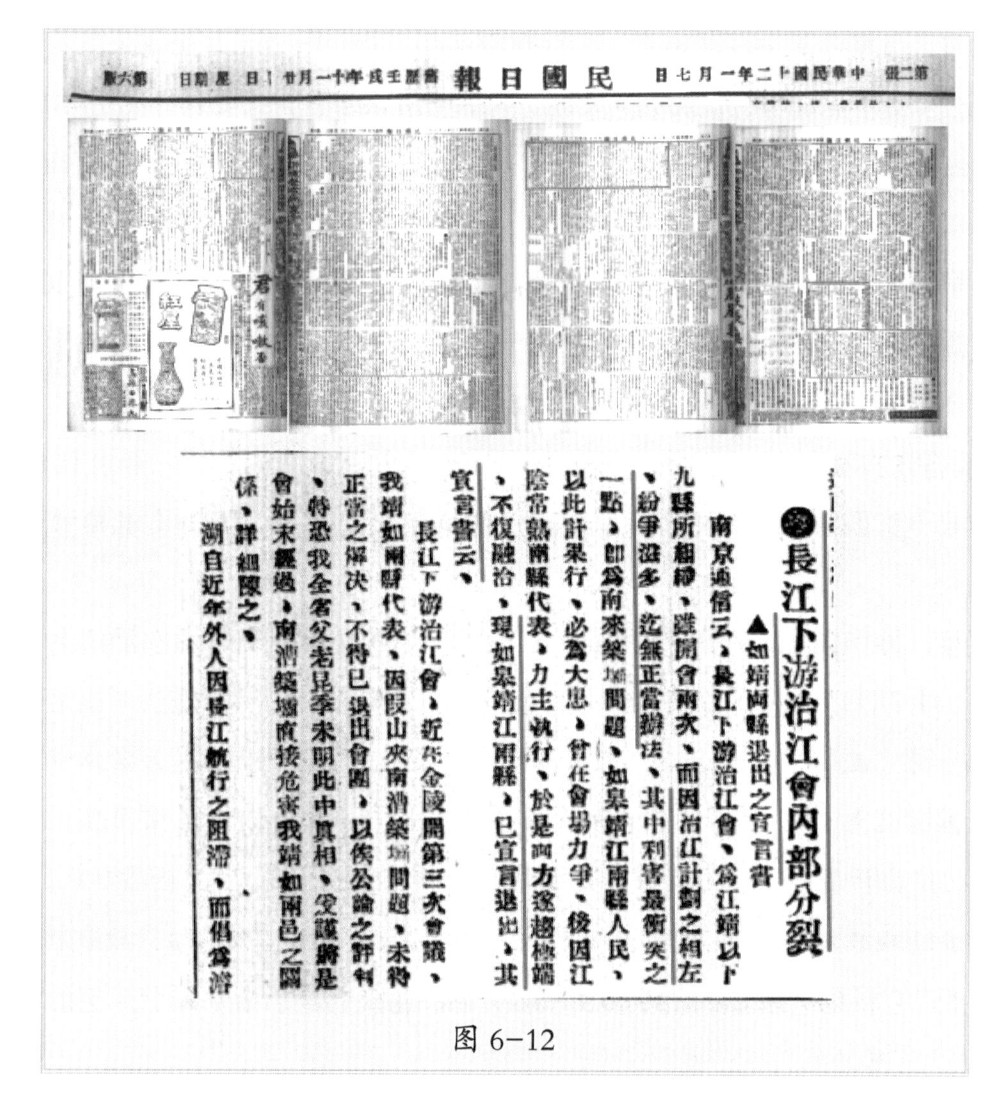

第二張 中華民國十二年一月七日 民國日報 舊歷壬戌年十一月廿一日 星期日 第六版

長江下游治江會內部分裂

▲如靖兩縣退出之宣言書

南京通信云、長江下游治江會、爲江靖以下九縣所組織、雖開會兩次、而因治江計劃之相左、紛爭滋多、迄無正當辦法、其中利害最衝突之一點、卽爲南岸築壩問題、如臯靖江兩縣人民、以此計果行、必爲大患、曾在會場力爭、後因江陰常熟兩縣代表、力主執行、於是兩方遂趨極端、不復融洽、現如臯靖江兩縣、已宣言退出、其宣言書云、

長江下游治江會、近在金陵開第三次會議、我靖如兩縣代表、因段山夾南漕築壩問題、未得正當之解決、不得已退出會團、以俟公論之評判、特恐我全省父老昆季未明此中眞相、爰謹將是會始末經過、南漕築壩直接危害我靖如兩邑之關係、詳細陳之、

溯自近年外人因長江航行之阻滯、而倡爲濬

图 6–12

联手治理。

二是，介绍英国工程师鲍威尔的有关“束江涨地”建议，供各县研究、讨论，提出看法。鲍威尔建议的核心内容是将自江阴（黄田港）、靖江（八圩港）以下的长江，缩狭江面 1 英里（1.61 千米）至 3 英里（4.83 千米）不等，认为这样“可涸出沙田百有念余万亩[1]”。

鲍威尔和另一位贝龙猛特来克，本来是因民国 3 年（1914）长江“段山筑坝，遗害通、如两县江岸”[2]，南通、如皋两县于民国 4 年（1915）“延聘”来实地勘测，作出常熟筑北坝“束江涨地”形成“利南害北”之观点的 2 位洋工程师之一。但时至民国 11 年

[1] 出自刘藕舲《长江下游九县治江会议靖如代表发表的宣言书》。
[2] 出自《时事新报》民国 11 年 4 月 13 日第 1 版。

（1922），这位英国工程师（可能是迎合南通涨滩，也有围垦的需求）向张謇提出的反而是大规模“束江涨地”方案。

三是，解说通过“束江”而增加的这些土地，无论是垦殖，还是办厂，获益都将是巨大的。

四是，进一步说明鲍威尔的建议，只是初步想法，具体治江方案，还必须建立在对全省长江实测的基础上，认真经过论证后，才能最后确定。

接着，各县代表发言，主要有两种不同的意见。

第一种意见是支持实施鲍威尔建议的赞成派的意见，以江阴代表郑立三、常熟代表季通为主的大部分与会者。江阴、常熟两县原本就有与江争地的做法，这次又有由张謇介绍的鲍威尔“束江涨地”的建议方案，因张謇不仅具有“水利状元”的身份，更有著名实业家的头衔，凭他的资历、学识和社会声望，决定了他的意见会产生权威性的影响。

第二种意见则是以靖江和如皋两县为代表的反对派意见。刘藕舲等考虑靖江位于江滨，地势低平，滨江土质较差，且无后靠崖基，历史上涨坍不定，百姓常受水患之苦，如再将江面缩狭，长江水流断面变小，会造成长江上游来水下泄受之影响而不畅，靖江段江岸必将受到长江水位变高、流速变快，河势变动之袭扰，后果将不堪设想。与靖江毗邻的如皋地质、地貌、水情与靖江大致相同，定也不能幸免。他们对采用鲍威尔建议方案的相关提案，持有不同的看法，认为：“南通张啬公……约同崇明王丹老联衔发起召集”治江会议，“其始意，固甚善也”，但“夫治江事业，何等艰巨，关系何等重大，发端图始，宜如何审慎周详，集思广益[1]”。他们明确指出：“彼鲍威（惠）尔之说，不过工程家一种理想的拟议”，并直言揭露鲍威尔乃“狡黠之徒”，又把原来他为南通、如皋实测后提出的“利南害北”之结论相反的方案提交出来，“则遽欲居为奇货，借为口实，利用巨公发起之风声，假借代表公决之名义，将以上劫政府，下罔人民，而因缘以为奸利。[2]”想借会议公决的名议，通过他的方案，上骗政府，下欺百姓，以谋其私利。刘藕舲等强调说：何况“啬公亦尚怀疑”“故于会议之际，力持通测省域，务保均安，妥定计划，乃施工程之议。[3]”刘藕舲等靖江、如皋代表，

[1] 出自刘藕舲《长江下游九县治江会议靖如代表发表的宣言书》。
[2] 出自刘藕舲《长江下游九县治江会议靖如代表发表的宣言书》。
[3] 出自刘藕舲《长江下游九县治江会议靖如代表发表的宣言书》。

坚持要求先对长江江苏段两岸涨坍及滨江地质情况进行实测后，再编制兼顾两岸各县安全的计划，而后才能讨论具体应该如何施工的有关工程方案。

导致这次会议分裂的原因，还可以从刘藕舲执笔的这篇宣言书中看到："讵郑、季等悍然不顾，卒于春夏之交，大兴工作，幸天不助虐，功败垂成，数十万冤枉金钱，随良心而丧失，乃犹不知悔祸以愎济贪，不特罔恤人言，尤敢显违部令，现闻一交冬令，便行抢筑，必底于成而后已。治江其名，攘沙其实，欲壑果满，邻壑何堪！此我靖、如人民所为痛心疾首，日夕忧惶，不得不暴其是非，以呼吁我邦人君子之前者[1]"。这段文字，说的是江阴、常熟的郑、季等人，不顾第一、第二次治江会议决议及各方反对之声，竟然于去年春夏之交大兴土木，兴筑南夹之坝，所幸，因汛期水大溜急，未能成功。据说，江阴、常熟两县不顾中央部委电令，到现在还声称一定要将南坝建造成功。他们以治江为名，行的是窃取长江河床沙源和土地为实。只图一己之利，全然不顾江北岸人民的安危！所以我们两县，不得不退出会议，并将这一情况通过报纸予以曝光，以求获得更广泛的支持。

宣言如实地介绍："夫江河公例，南涨则北坍，此塞则彼流。"之长江南涨北坍的河势、流态等自然规律。讲述了"当百年前，段山犹在江心，且近北岸，故迭尝隶属于靖，如，嗣更陵谷之变迁，江势北移，段山乃渐陟于南陆，为常熟之辖境焉。今靖自六助港以下，如自张黄港以下，凡与段山南北相望之处，皆当江流曲折之冲，故迄今坍豁时闻，圩民不遑宁处[2]"百年来长江靖江段受冲坍塌变化、靖江百姓受害状况，一目了然。宣言还将常熟不按自然规律办事，策划的北坝堵江涨沙所造成的后果，用极简的文字表达了出来："近自段夹北坝告成，江北坍势加甚，影响已极堪虞[3]"。十分严肃地指出："设南漕更加堵筑，则晌日支流所容之水量，必全并而北趋，我靖、如濒江之圩田，宁有幸理[4]"南漕再堵的危害性。

刘藕舲在宣言中还将在前两次会上得到大多与会代表的支持，批评南漕筑坝的情况做了描述"时九县代表，除江阴代表外，群起斥之[5]"。对待江阴之"南漕淤浅日甚，

[1] 出自刘藕舲《长江下游九县治江会议靖如代表发表的宣言书》。
[2] 出自刘藕舲《长江下游九县治江会议靖如代表发表的宣言书》。
[3] 出自刘藕舲《长江下游九县治江会议靖如代表发表的宣言书》。
[4] 出自刘藕舲《长江下游九县治江会议靖如代表发表的宣言书》。
[5] 出自刘藕舲《长江下游九县治江会议靖如代表发表的宣言书》。

即不筑坝，一二十年后，必尽涨而成陆”的一些说词，予以批驳“斯言固然，然抑知此中之利害关系，即争此先后迟早与天然人为之分乎？天然之淤浅，与人为之堵塞，其效力之渐骤各异，即防御之难易迥殊，彰彰明甚，且使真正治江而后，果能浚导中洪，统一江流主线（急水线），而江漕之宽深，与支渠之分布，又足以容受流量，适应流速，调节汛涝而有余，俾水能顺轨一趋，不至旁溢，则不特南漕不妨堵筑，即其它沿江可涸之滩田，正甚多也。[1]”他陈述了自然变化与人工干预大不相同的辩证关系，并用生动的比喻，对人工筑坝封堵占地予以批判“今也不然，测浚都未着手，乃先断其支流，必使横决，以祸邻封，而顾谓即不筑坝，久亦自淤，是何异于手刃老病之夫，乃诿曰：彼固行就木矣，杀之何害，有是理若法耶？[2]”

宣言也表达了对张謇以前影响南通之构筑北坝行为坚决反对，而对影响如皋、靖江之构筑南坝的行为，却反对不力做法的不满，认为“由斯以观，今之所谓治江计划者，无非供少数私人假借利用之资而已矣。集攘沙牟利之徒，以谋治江，将来之成效，已大概可见”，张謇是受了鲍威尔方案的影响，其治江计划仅是为南通需围滩涨地而谋。

宣言还从宏观上谈论了长江对全流域的作用和上下游、左右岸的关系，以及治江的要旨，宣言讲：“治江为我国四千年来未有之创举，外人所规划者，仅为便利航行，以扩张其商务而已，农田水利，非所暇计，今吾人既自为治，要不可不统筹兼顾[3]”，立论高远。“大江长近万里，灌溉几五百万方里，自三夹以下，兼纳众流，排搏奔腾以达于海，在其下游，正宜多浚支川，以分杀其势。故古之治水，咸以疏导成功，而今乃曰堵、曰塞、曰缩狭江面，及速其流，此虽或由新旧学说之不同，然以灌三五百万方里之巨川，而仅恃三英里之尾闾以为排泄，窃恐腹部江皖之交，将必有溃决横溢之一日[4]”，言之成理，让人信服。

宣言以为：“矧（shěn，况且）沪会议决之件，对于会外既不生效力，对于会内又不见遵依，亦何必虚立名目，号召九县，以欺人而自欺乎？夫江奚必治，又奚必自治，毋亦曰欲去共同之患而谋其利，且惧外人之但顾航行以贻我害耳。今不恤公众之利害，

---

[1] 出自刘藕舲《长江下游九县治江会议靖如代表发表的宣言书》。
[2] 出自刘藕舲《长江下游九县治江会议靖如代表发表的宣言书》。
[3] 出自刘藕舲《长江下游九县治江会议靖如代表发表的宣言书》。
[4] 出自刘藕舲《长江下游九县治江会议靖如代表发表的宣言书》。

而专徇少数人之私图，未罹外人越俎之危，而先受土豪沙棍竭泽壑邻之祸，则又何贵乎多此举也？[1]”说的是，上海会议议决之事都未能得到执行，又何必开这个会；用不切实际的洋人制订的以共同之患去谋局部利益的方案来治江，只会引来灾害，是多此一举的事情。

宣言称，鉴于“开会二日，屡哀请与会诸公，继续讨论南夹问题，力竭声嘶，卒不见谅，是以毅然决然退出该会”，并郑重申明：“南夹之案一日无正当之解决，则不敢与闻治江之事[2]”。以示坚决反对南夹筑坝和不同意实施鲍威尔建议方案的态度。

值得肯定的是，会上张謇表明，鲍威尔的建议仅是一个初步意见，还需经实测长江的水情、断面及坍情后再定。

抗议宣言公诸于报获得社会支持

面对这一形势，靖江、如皋两县代表进行了协商，认为要使张謇等人收回成命，只有将会议情况公诸于世，并退出这一会议，公推刘藕舲撰写抗议宣言。刘藕舲出于爱乡之情，下笔立就洋洋近4000字的抗议宣言，其中申明的退会理由是：“以为与其与会而被甚大之恶名，受无穷之隐患，毋宁退出会外[3]”，并向会议提出两点希望“（一）南夹筑坝，天怒人怨，江常多明达公正之士绅，幸为力劝郑季诸人，幡然觉悟，取消前议，并订约立案，声明治江一日未告竣，则南漕支流，应听其天然存在，永不得擅加堵筑。（二）南通张啬公应布一种宣言昭告于众曰：凡测量未定，规划未定，大工未实施前，无论何人，不得假借治江名义，或影戤（gài，假冒之意）个人计划，希图垄断滩田以渔利，违者呈请省长严行究办。如此，则治江乃为真实而可期诸实行，我靖、如两县人民，疑团自释，信赖自深，当不乏机会，再与七县诸君子集合一堂，平心静气，讨论一切，循序进行，以完成百世利赖之盛举，而踵武我四千年前地圣大禹之事功，是岂第我靖、如二百万人民馨香祷祝而已哉！[4]”

他们认为，不仅要靠会议上的争论和表示反对的退会，还必须设法通过社会的舆

[1] 出自刘藕舲《长江下游九县治江会议靖如代表发表的宣言书》。
[2] 出自刘藕舲《长江下游九县治江会议靖如代表发表的宣言书》。
[3] 出自刘藕舲《长江下游九县治江会议靖如代表发表的宣言书》。
[4] 出自刘藕舲《长江下游九县治江会议靖如代表发表的宣言书》。

论支持方可达到目的。靖江、如皋两县代表又找到当时上海《民国日报》等报的记者，要求将此宣言见诸报端，扩大影响，并请各界人士对这一治江方案和江阴“南夹筑坝”的是非进行评判。“上海《时(事新)报》收到这篇文章后，以其‘仗义执言，立论公正’而全文照登[1]”，遂将宣言全文在报纸上批露。文章见报后，舆论哗然。广大读者在支持刘藕舲文章观点的同时，还惊异于一个弹丸之地的靖江，竟还有这样的“文章高手”和能据理力争敢于“公然犯上[2]”的人物。

第三張 中華民國十二年九月十三日 時事新報

治江會開會未成
——今日仍假總商會開會——

長江下游治江會、本於昨日下午二時在總商會開會、當時該會正副會長張謇、王清穆、及各縣代表均到、惟以蘇省長代表朱道尹未能按時到會、遂決定延至今日下午二時開會、昨日所到各縣代表如下、(南通)羅紹文、馬炎文、陳琛、賀良樞、韓常芳、(金山)張館、李吉林、(崇明)顧南庠、施燮民、陸平、嚴師愈、陶鏞、徐師華、孫天爵、(靖江)范循廉、(南通)費師洪、(太倉)許銘範、(寶山)李中、金其源、鮑恩涵、(常熟)邵玉鏜、王鴻飛、王泰、殷振亞、許煒、(海門)沈秉璜、沈燕謀、張佐彪、(江陰)吳廷良、周然雲、該會所定今日開會議事日程如下、一公推主席、二討論組織大綱、三速籌測量、四委員互推委員長、五議決設會事宜、

图 6-13

治江会议尾声——未开成的第五次会议

民国12年(1923)9月13日《时事新报》以标题《治江会开会未成》报道了一则消息，报道的内容又似乎是12日未开成延至13日下午开会的消息。这一消息中报道了所到的代表有靖江、金山、南通、海门、江阴、常熟、太仓、宝山、崇明等县，仍是9县，多了个金山，少了个如皋，靖江去的是范循廉，殊不知靖江其后为什么又派了代表去开会？报载，计划开这次会的内容除“速筹测量”外，所列其他内容也都是一些程式

[1] 郭寿民.张謇治江计划出台前后[J].江苏地方志，2004(4).
[2] 郭寿民.张謇治江计划出台前后[J].江苏地方志，2004(4).

化的条目，比第一次会更无实质性内容。

如何看待9县联治长江

张謇为何要发起9县联合治理长江？从《张謇全集》所收“3函电（下）——‘致鲍威尔电’和‘复王瑚函’”两篇电文和信函中可见端倪。

先从1920年9月致鲍威尔短短电文“省委与江、常、通、如4县于10月1日会集江阴，履勘段山南漕，请先至通，由通赴江与会勘，扬局稍缓去。[1]”中可以看出，江阴段山南漕筑坝1920年9月以前已有文报省政府，省政府委托张謇召集申请打坝的江阴、常熟和可能会受到影响的南通、如皋4县（没有考虑靖江也会受影响）共同查勘和研究，张謇为了慎重起见，专门请了英国工程师鲍威尔，以听取第三方意见。

再看1920年10月“复王瑚函[2]”。此函，系为收到省长王瑚向张謇咨询有关治水意见的信后，除准备召开一个会共同商议外，张謇先将个人的看法用信告知王瑚。内容较长，多达4200多字，所谈皆为水利之事。如“请言江淮。江与淮关系之分合重轻，有今有昔。……”简述了江淮之历史和现状；“请言江与淮。……然则欲淮不全入江，试问不分于上，尚有何策？夫淮入江之道，……当堤之坝，一遇大涨，上利开，下利不开，争持无已。试向不分于上，又有何策？”阐述了淮与江之关系；“请更言江。江之受病深矣，沿江之水灾，航行之阻浅亦久矣。”专门谈及长江之问题；尤其是谈到“今外人将以其二十年考虑所得，治我江流，干我内政矣，吾犹南北哄争不已，公独奋然欲为其事，亮哉，知本！窃愿以所见英人书图，分三说为公借箸。”张謇对英国人“上自宜昌下迄

图6-14

[1] 张謇．张謇全集［M］．上海：上海辞书出版社，2012.
[2] 张謇．张謇全集［M］．上海：上海辞书出版社，2012.

崇明、宝山，测量已二十许年，有图有表。”而我国自己所测甚少痛心不已！并将英国人对治理长江的看法介绍出来，希望王瑚“如以为然，即须由省先行召集九县省会议员、农商会会长会议，成立机关，并须聘请浚浦局、沪镇税关巡江司之外人为顾问。甲、便于借阅其历年所测之图表，便于咨询与汉口、九江、芜湖税关浃洽，为将来全江大治，议轮舶通过税之地。乙、即表示治江急起实行，不为空论，且于治下游时，豫计容泄上游之流量，示以全江之必治，亦即借以生宝山开辟商埠之关系。盖流归中泓，江底易深，可望能容外海大轮也。”并提出“九县会议机关成立后，应即筹设定浦（口）、扬（中）、江（都）、泰（兴）、（丹）徒、（丹）阳、武（进）八县会议、长江五省会议，以下游先治，促上游之觉悟，策上游之豫备。”全江治理的大计划；“将来江治后所得之地，可永远作本省教育经费，岂非一举而数善备？惟公存于心而熟图之。”对通过治江围成之土地的受益，用于发展教育的设想，不管张謇此计划能不能实现，但其拳拳爱国之心，不得不令人钦佩！

其后，估计张謇是在已得到王瑚支持的情况下，于1921年10—11月，正式向长江下游9县发了“致长江下游九县各公团函[1]”。此函的内容说明了几点：一是“长江……近以年久淤垫，沙洲日涨，江流迁折，本位增高，平时则航行阻滞，如九江湖口、南通常阴沙，为外人所借口，水大则涨溢为灾，如今年夏秋，重人民之痛苦”；二是指出浚治长江为“外人注视垂二十年矣。八年（1919）冬，英国商会联合会在沪开会时，镇江英商会代表满斯德提出设立整理长江委员会议案，一致通过。九年（1920）冬，该会又议决先设技术委员会，讨论各项工程之方针。可知外人计在必行，迫不及待。……为治全江计，义当集合鄂、赣、皖、苏四省人士，设一浚治长江讨论会，通力合作，斯为上策。而时事纷扰，意见不一，即使要求赞同，不知延宕若何月日”；三是提出准备在长江下游先设立治江研究会“而治水法应先治下游，则江苏于名实均无可诿，况今年水灾，江苏下游尤被剥肤之痛。江苏下游，则我江、常、太、宝、崇、靖、如、通、海是。外人整治，亦有先始江阴、南通间之计划也。兹拟先就我利害相关之九县，设一研究会。凡若何设计，若何集合，若何筹款，若何施工，群策群力，公同担任，作一鼓之气，成众志之城，大可以保主权，小可以维公益。由是而推及全省，推及鄂、赣、皖。隍引先之，响应较易。顷以省长咨会江南太湖、江北运河两局商榷此事，先由謇、

[1] 张謇．张謇全集［M］．上海：上海辞书出版社，2012.

清穆以私人名义，属郑君立三、张君地山诣谒省座，接洽一切”；四是说明这一做法是省政府授意和支持的“省座以为事以地方为本位，而官厅遇事必为协助”；最后，约请开会的时间等具体事宜“特请贵处诸君子，公推代表二三人，准于11月9日，即夏历十月初十日，惠临南通。謇、清穆敬谨拱候，伫聆大教，并祈于得讯后，推定何人，先赐答复，以便设备，是为至祷。”从致长江下游9县各公团函通知所开的会看，这个在南通召开的会，应是一个筹备会，正式的会应从1922年4月12日的成立大会算起。

在靖如代表1923年1月发宣言退出会议后，张謇针对退会宣言于1923年2月27日在《申报》发表了一份《致江常太宝通如靖崇海九县各公团函[1]》，其内讲述了几点他的看法：陈述了省政府批准南漕筑坝在策划成立治江会之前，“南漕案始于八年（1919），定于十年（1921），实因省款竭蹶，势所必办。早筹于治江会动议之先，不特与治江无关，且与近函不背”与治江会成立研究的内容无关；再次陈述南通保坍计划也早已形成，“鲍威尔报告之先，尚有特来克报告，此为南通保坍工程计划当有之议论”，至于是否用原来的计划“以是二议，举备讨论，事待公决，鄙人亦从未有极端主张之宣言”；他耐心地陈说：“下游治江为九县公共之事业，如、靖既迁怒于治江，且愿退出会团，则治江情形，当然变化。诸君须知江非鄙人之私产，治江非鄙人之私利，亦非鄙人之私言，不过为江苏大局起见，力任艰难，思欲为我九县自治其流域耳。”虽事已如此，他仍以大局为重，呼吁“为兹事系九县合议发端，仍应决之九县。究竟如何办法，请即转致各代表，酌量见复，早定方针”并再次表态“鄙人殊不愿更预其事”，为从大局考虑治江，并不坚持一己之见。

再从《张謇信稿》民国12年（1923）6月27日《复范循廉盛守钰孙国珍函[2]》中可以看到3点：一是虽然在第4次治江会上，靖江、如皋宣言退出会议，但靖江仍然在关注着有关治江会实质性的推进活动；二是张謇对第4次治江会未形成决议的无奈；三是复函时张謇耐心地再次说明自己的观点。

《复范循廉盛守钰孙国珍函》中说明靖江、如皋宣言退出会议后，靖江范循廉、盛守钰、孙国珍3人曾有信寄给张謇，仍然关心相关9县联合治江事宜。

《复范循廉盛守钰孙国珍函》中开头一段所写，估计是对靖江范循廉、盛守钰、

---

❶ 张謇．张謇全集［M］．上海：上海辞书出版社，2012.

❷ 张謇．张謇全集［M］．上海：上海辞书出版社，2012.

孙国珍 3 人去信中可能提到另外开的一场“扬子江讨论会”的报告中谈及“江阴以上已测至镇江。美（国）工程师八月来华，即须征求本会测图，”一事，张謇声明“本会测量尚未著手，何以应之”？反映张謇对“下游治江会自去岁大会后，今又十月”，他策划的对长江下游进行实地测量工作（可能因会议未形成决议）没有进展的无可奈何。

他还对靖江给他信中的要求和怀疑作了答复：“尊函谓‘治江计画，或疑沿江二十余里之圩田，将因治江而牺牲殆尽’，又谓‘江心新涨之沙滩，此后无成田之希望’云云。查下游九县，以江阴、靖江间之江面为最窄，盖天然流成之势。而荷工程师特来克之预测，南通以下，将来之江面为一英里。英工程师鲍惠尔等之计画为二英里，亦有主三英里者。南通以下至海口如是，则江、靖间之不过于今，可以推见。是可希望成田者，不仅江靖江心之涨滩也。此事决定，必俟我九县之先测量，而后经外国工程师之计划。计划后，尚须九县代表公同研究，决非一人之目耳舌口所能可否也。或云疑虑，乃必无之事，殆无讨论之价值。明达君子，必能谅解。”

从宏观上看，张謇提出的对长江涨坍不定的治理，对长江上下游、左右岸 9 县联治的共同治理总思路是正确的。张謇不愧为一位能从高处着眼研究水利问题的战略家。他对鲍威尔“束江涨地”方案虽然心动，但仍提出需经实测长江的水情、断面及坍情后再定，且又能多次召开会议讨论这一方案，本身就是倾听各种意见的虚怀若谷之举。对不同意见，并未固执己见，用手中权力坚持形成决议，可见，他更是一位能尊重科学、谨慎决策的专家型高级官员，他不愧为人们尊称的“水利状元”。

从治江的微观纯技术观点上看，英国工程师鲍威尔“束江涨地”之与水争地的治江技术，是一种不了解长江自然规律，与我们的老祖宗鲧、禹留下“堵疏结合”的治水技术相悖的理念，在其时也是一条无法实现的技术路径。

再从张謇对待宣言的态度看，张謇更是一位十分了不起的人物，曾位高权重的张謇老人，读了这篇文章不以为怒，反而又进行了深入推敲和研究，竟也表示叹服。他既不以势压人，表示不满，还能耐心答复和劝说，其雅量可见非一般人能比。

可能就是因为张謇在《申报》发表了《致江常太宝通如靖崇海九县各公团函》和《复范循廉盛守钰孙国珍函》，让靖江代表看到了张謇的雅量和为长江治理之赤诚的心，1923 年 9 月 13 日，靖江的范循廉才能在靖江、如皋已“宣言”退会后，还能再去参加第 5 次治江会议。

客观上，限于这项“治江计划”耗资巨大，民国时期各级财政捉襟见肘，连实测长江的经费都未能安排解决，造成这项“治江计划”的搁浅。至于江阴常熟郑、季二君的“南漕筑坝”活动，也因《民国日报》的披露，自知理亏而就此收手。消除这项“南漕筑坝”对北岸靖江、如皋冲坍影响的功劳，既有刘藕舲竭力反对的努力，也有张謇召开治江会议，给刘藕舲创造了能阐明靖江、如皋两县观点的一个平台之功劳。如无此两条，“南漕筑坝”在无声中进行，则对北岸的威胁必然产生，其后果将不堪设想。

刘藕舲其人

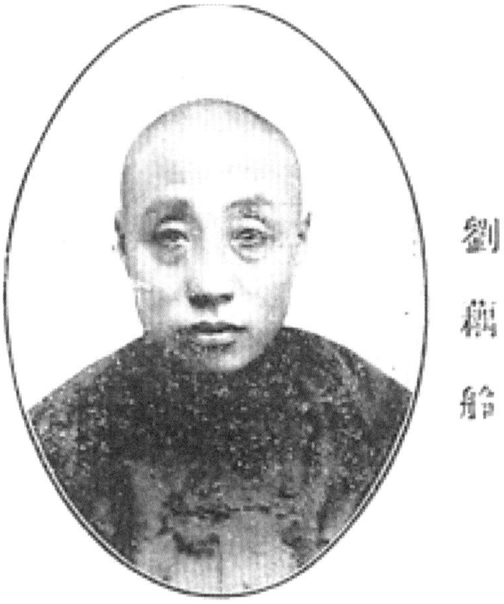

劉藕舲

图 6-15

《靖江梓溪刘氏宗谱》：“刘鲁璜，行二，字藕舲，清优增生，两江师范史地专科毕业，历任两江师范附属中学江苏省立第一师范第二工业专门学校及第六中学校教员，现任靖江县立初级中学教员，著有《师范地理教科书》及《小学地理参考书》。”“刘藕舲是靖江的名士，早年即以诗文名闻乡里。中秀才后又入两江师范就读，毕业后在镇江第六中学及苏州第一师范执教20余年。晚年回靖江在县立中学教书。[1]”1992年版《靖江县志》第十九篇记有：“民国8年（1919），知名人士刘藕舲、朱立、黄味之、郑子奇等集资创办国学专修馆于钱业公所（俗称钱庄公会，今靖城镇政府所在地），为靖江高等教育之开端。该馆先后招收高小毕业生，男女生计150余人。学制9年，开设经、史、子、集及英文、算学、体育等课。先后由刘景贤、刘翰轮、王旭纶任馆长。民国17年因战乱停办。[2]”

刘藕舲是一位老师，不是水利工作者，靖江选派他参加这一重要水利会议，就是看中他学识渊博、办事认真。参加会议及后来同张謇这样的权威人士打笔墨官司却不是一件容易的事。他是因为会前能认真查阅史料，亲自实地踏勘、专门求教水利专家，

[1] 出自《靖江梓溪刘氏宗谱》（陈劲松提供）。

[2] 靖江县志编纂办公室．靖江县志——孙干成．宣言书的前因后果[M]．南京．江苏人民出版社，1992.

做了大量调查研究工作，而后才有会上的发言和最后4000字《宣言》的顺利面世。特别是他所写的《宣言》，历数了靖江、如皋两县历史上的水患，再评述鲍惠尔的“治江计划”可能会给两县乃至整个长江下游的人民带来的危害的论述，不仅论点正确，论据充分，论证严密，而且遣词造句所用的文字十分精彩，非一般水利工程技术人员捉笔能为之。尤为难得的是他敢在文章中指名道姓地对张謇这位权威人物提出异议，更显其有胆识、不惟上，不惟书、只惟实、只为理，只惟一腔爱乡之情的知识分子的本色。从刘藕舲文章观点看，大多还是有理、有节和兼有文采的，故这篇宣言才能给靖江、长江治理留下一段佳话。

靖江参会的其他几人简介

（一）张援

张援，字涤珊，号一留。民国元年（1912）5月任共和党靖江分部长、民国第三届省议会议员。他是靖江近代史上的一位传奇人物，是近代靖江第一位日本留学生，是民国著名作家、诗人。回国后，他从事教育工作与农业史研究，可在他的事业处于巅峰之际，突然出家，皈依印光大师，成为民国一位著名的佛教居士。

图6-16　校董张援　　图6-17　谢公展绘张援诗意

1947年10月，在苏州“趺坐而化”，火化后在他的骨灰里获得五彩舍利若干。一生著作颇多，主要有《净土宏纲论》《西方认识论》《驮沙净土文》《修忍堂诗钞》《修忍堂随笔》《灵岩山志》《日鲜旅行记》《大中华农业史》《田园诗选》《老农今话》等。另有翻译日人净土著作多种。上海美术专科学校、暨南大学国画科教授谢公展所绘《妍菊傲霜图》立轴就是选用张涤珊诗作款题的：“莫负菊花天，浓妍淡更妍。篱穿原待补，霜下傲依然。张涤珊盟兄诗，公展写之”。

（二）盛守钰

盛守璜，行三，又名守钰，字式如，光绪乙酉（十一）年（1885）生，曾任民国10年（1921）第三届省议会议员。卒年无考。

（三）孙干诚

孙国珍，字干城。南京高等学校肄业生。民国2年，任靖江县立师范讲习所算术教员。民国时期，曾任靖江县教育会长、1929—1937年第一区区长、1946年靖江县“临时参议会”参议员。

（四）范循廉

范循廉（1881—1954年），字时可，号简甫，邑增生。光绪三十一年（1905）任江宁府中学堂数学助教，光绪三十四年（1908）兼南洋方言学堂几何学地理学正教员，宣统元年（1909）又兼江南商业高等学堂算学教员。靖江光复后出任靖江县学务课课长兼县视学。民国2年（1913）任靖江县立师范循廉传习所所长，同年选为县议会议长。民国4年（1915），范循廉受江苏省农会之命，赴镇江世业洲创办惠农垦殖公司，实现移民开垦政策。

注：1. 刘藕舲《长江下游九县治江会议靖如代表发表的宣言书》的撰写时间，1992年版《靖江县志》载为“1925年9月”看来有误，当以《民国日报》所载民国12年（1923）1月7日为准。

2. 文中所用民国时期报纸图片及参会靖江人物资料，由靖江市图书馆陈劲松女士提供。

江淮并涨全市特大水灾

图 6-18

1931 年江淮大水，又被称为“1931 年中国水灾”，当年中国的几条主要河流，如长江、珠江、黄河、淮河等都发生特大洪水。受灾范围：南到珠江流域，北至长城关外，东起江苏北部，西至四川盆地。这次水灾被广泛认为是有记录以来死亡人数最多的一次自然灾害。由我国著名的历史学家、博士生导师、中国人民大学原校长李文海等 4 人所著《中国近代十大灾荒》一书中记载：6 月到 8 月，以江淮地区为中心，发生了百年罕见的全国性大水灾……大约有 40 余万人葬身浊流。江苏江、淮、沂、泗并涨，洪涝并存，灾区遍及全省。江水来量大，历时久沿江各县普遍受灾。淮水入江，漫入里运河，里运河东西堤溃决，淮南尽成泽国，里下河地区受淹。沂泗水入中运河，东西堤溃决，淮北一片汪洋。这一年的中国水灾，尤以苏北里下河地区为最。

民国 20 年雨情

民国 20 年（1931）6—7 月份，淮河流域连降 3 次大暴雨。

第一次暴雨在 6 月 17—23 日，主要发生在淮河上游的浉河、竹竿河一带，雨量在 200 毫米以上；18 日一天降雨量河南息县 228.6 毫米、河南信阳 141 毫米、河南潢川 162 毫米，江苏淮阴 120.5 毫米。第二次暴雨在 7 月 3—12 日，发生在淮南山丘及高邮湖一带，雨量高达 400 毫米以上；沿淮、淮南 320—500 毫米，江苏泰县、高邮等地区 470—590 毫米。第三次暴雨在 7 月 18—25 日，仍发生在淮南山丘区及高邮湖一带，雨量也都在300毫米以上。里下河一带，梅雨季节以及伏汛期间，连续暴雨50余天，6月份降雨量为209.3毫米，7月份降雨量高达607.5毫米。扬州、泰兴地区7月份降水总量占全年的60%左右。大面积暴雨，造成淮河流域特大洪水，安徽蚌埠站6—9月径流总量503亿立方米，入洪泽湖最大流量19800立方米每秒，洪泽湖蒋坝8月8日最高水位16.25米，为黄河北徙以后最高值。由于本地雨量大，淮水来量又多又急，加之长江潮位又有高的顶托，高邮湖、宝应湖水位迅猛上涨，7月28日，高邮御码头台阶的水，一天就上涨14级，水位已涨近东堤堤顶，人坐在堤顶上可以洗脚，东堤危在旦夕！

图6-19　1931年江北决口运东九县沉灾区域（引自《运工专刊》）

民国时期政府官员面对灾情应对无方

当时的江苏省政府委员兼建设厅长孙鸿哲提议、省政府接受此提议，下发第420次会议决议，规定高邮（御码头）水位达一丈七尺三寸时，分两次开车逻坝，先开半坝，如水位继续上涨，再开另一半（其实，车逻坝是个分洪坝，要么就全开，要么就不开，是没有开半坝、开全坝之分的，这位“整天坐办公室”的官员根本不懂水利，却在指挥抗洪！连当时国民党监察院的调查报告中也曾写道：“详考《淮系年表》从无开半坝之说，且坝一经启口，无论口之广狭，不久必全部放水，开半坝实为事实所不许”）。决议刚出，高邮县长王龙则要立即开坝放水。而兴化县长华振及商务团体的代表则亲率里下河5县农民及妇孺数千人，吃住坝上，不许开坝，双方互不相让。8月1日，再降暴雨，水位再涨。

8 月 2 日凌晨 2 时，江苏省建设厅水利局驻高邮办事处接省政府电令立即开坝，并派警队前往协助。里下河地区 5 县农民见到警队前来开坝，纷纷跳入运河，以死抵抗。当局又不得不答应缓开，并动员跳入水中的农民上岸。省建设厅水利局的人员努力与

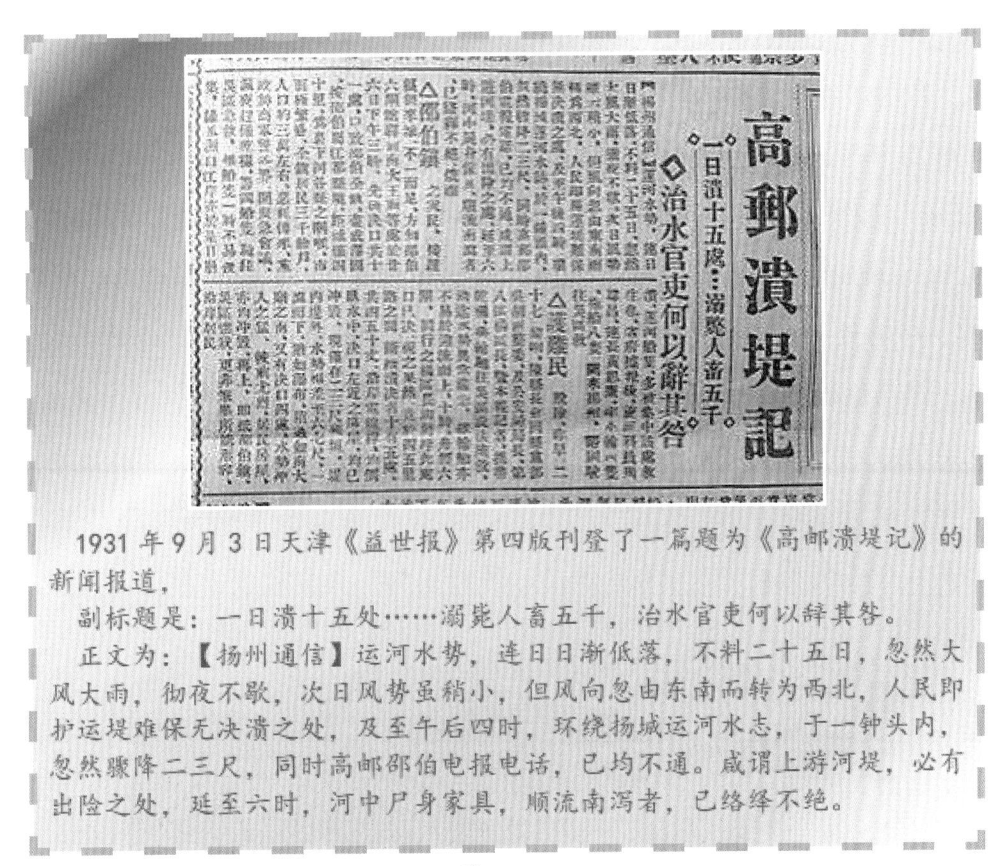

高郵潰堤記

一日潰十五處…溺斃人畜五千

◇治水官吏何以辭其咎

1931 年 9 月 3 日天津《益世报》第四版刊登了一篇题为《高邮溃堤记》的新闻报道，

副标题是：一日溃十五处……溺毙人畜五千，治水官吏何以辞其咎。

正文为：【扬州通信】运河水势，连日日渐低落，不料二十五日，忽然大风大雨，彻夜不歇，次日风势虽稍小，但风向忽由东南而转为西北，人民即护运堤难保无决溃之处，及至午后四时，环绕扬城运河水志，于一钟头内，忽然骤降二三尺，同时高邮邵伯电报电话，已均不通。咸谓上游河堤，必有出险之处，延至六时，河中尸身家具，顺流南泻者，已络绎不绝。

图 6-20

里下河相关各县长、农民代表磋商、商定，如今日水位再涨，就开坝。哪知下午 3 时，忽然西南风骤起，河水陡涨，运河堤防万分危急，各县水利局长、军警、扬州驻军也都前来协助开坝，终于在下午 4 时打开车逻坝。开坝后，里下河地区 5 县前来护坝人员无奈，只能挥泪回家。水位仍继续上涨，省水利局长茅以升电告省政府，要求再开南关坝、新坝。省政府又做了“南关、新坝若水势继续上涨，见危急时，准予续开坝”的决定。8 月 4 日下午，高邮至江都六闸一带西堤溃决 26 处。8 月上旬，里运河开归海三坝以后，运河水势或停或涨，8 月 15 日，运河高邮段最高水位达 9.46 米。西堤的决口，直逼运河东堤，接着，东堤漫水 54 处，南关坝坝顶过水，抢救无效，不开自溃，洪水奔泻，百里声闻，在很短的时间内，高邮、兴化、泰州、东台、盐城等地里下河地区，立即化为一片汪洋，平地水深 2 ~ 3 米，死于洪水者不计其数。

不堪回首的灾情记录

“据《江苏水利全书》记载：‘25日即夕飓风自北来，终夜怒号26日拂晓转大西风，浪高数尺，高邮江都运河东西堤多处过水，东堤自挡军楼至六闸带演决二十七口’。《江北运河工程局专刊》记载：‘是年，里运河西堤漫口26处，决口25处，东堤决口26处，合计有77处’。《申报》记载：‘高邮御码头琵琶闸均决口，城闭，强者登城附屋，老弱漂没’。《新闻报》记载：‘28日邵伯镇虽亦退落数尺，市面水深没颈，然房屋倒塌，人物漂流。崩溃最大处万寿宫附近，已冲成大塘。洪水由上夹河穿过大街入里下河，男女浮尸，满街漂流，……由湾头至仙女庙一带运河中，浮尸盈河’。‘金陵大学《金陵学报》调查统计，民国20年洪水灾害，里下河地区即淹没耕地1330万亩，倒坍房屋213万间，灾民350万人，死亡7.7万人，仅高邮城北挡军楼一处浮尸2000多具。兴化县城东官庄（现属西鲍乡）100余户，只剩5人，其余全部淹死’[1]”。

图6-21　1931年运堤决口水漫高邮城

图6-22　遭灾难民惨状

[1] 江苏省地方志编纂委员会．江苏省志·水利志［M］．南京：江苏古籍出版社，2001.

洪水滞留长达4—5个月，不仅秋收绝望，来年也无力耕种，里下河165万人逃荒，其他的人也都是因洪灾而饿死、病死，十室九空，田园荒芜。淮河全流域淹地6400万亩，江苏灾害最重，从徐州到里下河广大地区受灾农田3200万亩。

这一年，泰州全境也陷于大灾之中。1998年版《泰州志》“大事记”记载：“民国20年（1931）……里下河地区田庐尽没，人畜漂溺无数。泰州城西仓、城北一带，尽没水中，舟泊往返无阻。全县受灾150万亩，灾民40万人[1]”。亲历1931年水灾的泰州词人周志陶在其《吴陵忆词注》“辛未记水灾”的注解中，做了这样的叙述：“农历六月中旬，霪雨不断，河水上涨。七月十三日，车逻南塘等坝崩溃，又降大雨，河水陡涨四尺。高、宝、兴、泰、东等七邑皆被水淹。泰州城区东坝、西仓、城北、下坝、智堡、渔行也被水淹。下河各庄一片汪洋。稻河、草河、西河的粮船，可泊入陆陈行的店堂。我家天井水深二尺[2]”。地势较高的泰州城市如此，地势偏低的兴化农村就更为悲惨了。兴化市原水利局长刘文凤在其《大禹新歌》一书中记载：“……兴化最高水位4.6米。兴化城中心水深过膝”。“西刘庄60户仅存15人；官庄百余户人家悉被洪水冲走，树梢上仅存5人。”“兴南乡11000多户人家中，饿死的有2260多人，外出逃荒的6700多户[3]”。洪水过后，相伴而来的两大灾难：一是腐尸遍地，蚊蝇纷起，高温热晒，瘟疫流行。二是粮尽草绝，遍野饿殍、“路倒”，死亡人数不计其数。另有他人记载，西鲍陆鸭子庄70多户，房屋全被冲毁，有1户7口之家，在洪水中四望无救，求生无路，用绳子把一家人扣在一起，举家成为水泽冤魂。逃难者丢子弃女，死于途中的竟无人收殓。泰州城里，近半年才退尽了洪水；而里下河绝大部分农田，直到第二年春天才退尽积水。

姜堰《水利志》也作了“西水下注，7月12日堤西村舍被水淹，城镇街道行船。全县百分之九十田被淹没，淹死2500多人，为明清六、七百年未有的大水灾[4]”的记载。

这一年，地处长江之滨的靖江、泰兴的灾情虽没有里下河地区严重，但也不轻。泰兴的记载是：“7月，沿江圩田地区一片汪洋，腹部低洼地区陆地行舟，全县受灾面积达四分之一[5]”；靖江的记载是：“6—9月，暴雨，总降雨量1006.3毫米。淹没

[1] 泰州市地方志编纂委员会.泰州志［M］.南京：江苏古籍出版社，1998.
[2] 周志陶.吴陵忆词注［M］. 姜堰：姜堰市诗词协会，2000。
[3] 刘文凤.大禹新歌［M］. 南京：河海大学出版社，2017.
[4] 姜堰市水利局.姜堰水利志［M］. 姜堰：姜堰市印刷二厂，1997。
[5] 泰兴水利史志编纂委员会.泰兴水利志［M］.南京：江苏古籍出版社，2001.

图 6-23　1931 年兴化水灾图片及老照片资料

农田 26.35 万亩，毁坏房屋 3700 间，死 50 人、100 头牲畜，灾民 8.77 万人，经济损失 165 万元（关金券）[1]”。

何伯葵为救灾复堤作贡献

在这次里下河的抗洪救灾中，有一位在泰州传教 20 年的传教士托马斯·汉斯伯格

[1] 靖江市水利志局 . 靖江水利志［M］. 南京：江苏人民出版社，1997.

左图：托马斯·汉斯伯格（ Thomas Harnsberger，中文名何伯葵）
中图：美国报道何伯葵在泰州的住家船及何伯葵夫人多才多艺
右图：何伯葵一家在泰州东城河冰面上
图 6–24

（Thomas Harnsberger 中文名何伯葵）值得一提。

清光绪二十八年（1902），蜚声世界文坛的诺贝尔文学奖得主女作家赛珍珠的父亲赛兆祥，来到泰州传教。1883 年 4 月出生于美国弗吉尼亚的何伯葵，在赛兆祥来到泰州后的第 10 年，夫妇二人带着 1 岁的女儿，受美国基督教南长老会派遣，于 1912 年，也来到泰州从事传教工作。后来，何伯葵将基督教传教工作重心逐步向办教育和建医院扩展。他向总部申请，要求招募有一定医疗水平的医学传教士派到泰州。作为医学传教第一个被派到泰州的是 1915 年出生于医学世家的医学博士贝礼士，贝礼士的妻子是与贝礼士一同到泰州从事基督教医学传教工作的，1916 年，他们在泰州开设了门诊。

图 6–25　泰州福音医院　　图 6–26　华洋义赈会高邮分会欢迎何伯葵

1917年，何伯葵经手，在泰州八字桥东首购得土地建慈惠医院，后更名为福音医院，这是泰州有史以来的第一所西医医院，贝礼士是医院第一任院长。

1931年洪灾发生时，何伯葵全家在泰州，其时，他的两个儿子哈契和吉姆，一个7岁，一个9岁，对那场灾难记忆犹新。后来他们回忆：1931年七八月，台风刮了好几天，狂风在膨胀的河流和运河上掀起了海洋般的浪涛。汹涌的浪涛冲垮了大堤，洪水淹没了我的家乡——泰州农村。我们有时爬到城墙上去玩，看到泰州城就像一座孤岛，周围是一望无际的大水，黄褐色的一片。除泰州城外，周边几成泽国。

大批灾民涌向泰州，何伯葵积极参与救灾工作，安置救助难民，发放救灾物品。他腾出教会学校的校舍收容灾民，教会学校成了灾民的避难所。当时，不少国家都有救灾物资发到泰州，由他经办救灾。还有一些组织派员到泰州视察，如英国Canterbury主教、杭州学院院长Dr. Robert J. McMullen等，都受到何伯葵热情接待。当他从来自兴化等地灾民的口中了解到，如果高邮的决口在来年春雨之前得不到修复，整个里下河不仅无法耕种，而且会再次引发灾难时。当即他就乘船赶赴高邮，进行实地考察。在现场，他做了大量的调查研究。随后，他将调查的结果写成书面材料，亲自到上海向华洋义赈会秘书长威廉姆·绍特请求捐助修复大堤。他的请求得到了华洋义赈会的认可。华洋义赈会立即拨了40万银元用于修复运堤，并委派何伯葵为华洋义赈会灾后复

图6-27　泰州美国传教士何伯葵在修复运堤工地

图6-28　中国水利工程师王叔相在运河工地

建总监，与中国的一位资深水利工程师王叔相，一起负责运河堤防6个决口的修复工程。1932年2月，何伯葵带着全家，将船开到高邮，他们全家就住在这条狭小的船上，专门负责这项工程的资金管理和质量督查。虽不时遭到兵匪的干扰和疫病的威胁，但他一家人与中国的工程师、民工们始终生活在一起直至完工，长达7个月。他所监管的工程质量既好，还节省了投资。何伯葵在1932年6月11日的信中写道："当工程结束时，我们预计（可）归还几万元捐款给义赈会，王先生在和我（计）算实际花费。但可以确定的是，我们用最低的花费，完成了大运河上最好的工程"，"老实说，如果这些钱要是在别人的手上，特别是那些（民国）政府人员手上，至少要花50万元（预算为40万元），甚至更多。"

图6-29　何伯葵主修的高邮运河挡军楼东堤——改埽工堤为石工堤

为了奖励何伯葵的贡献，上海华洋义赈会授予他一枚盾形奖牌。何伯葵在回信中表示感谢并说："我总把高邮大堤重建工程看成我做得最好的赈灾工作，赈灾工作是我在过去20年的经历中最荣幸的事"。后来，因中日战争和美国国内经济萧条的缘故，1939年，何伯葵离开中国。

离开时，他的儿子哈契15岁，已经有了一些记忆。70多年后，哈契不顾年迈体衰，致力于寻找父亲的足迹，收集了不少资料；哈契2005年辞世后，哈契之子何伯葵的孙子史蒂夫更加执着，为了纪念苏北里下河地区因洪灾殒命的数万民众，纪念为修复大运河堤做出贡献的先人，纪念中美人民源远流长的友谊，他与高邮市政府达成一致意见，决定建设一座水鉴馆，馆址定在文游台西侧四合院内，将1931年特大洪灾与大运河堤修复作为该馆的一个重要组成部分，采用展览形式表现里下河人民治水历史，向世人展现当年为修复大运河堤做出贡献的先人们，使今人牢记这段刻骨铭心的悲惨历史。2005年12月30日，水鉴馆建成并在该馆馆前举行了隆重的开展仪式。

韩国钧编纂的《运工专刊》留下了1931年水灾宝贵资料

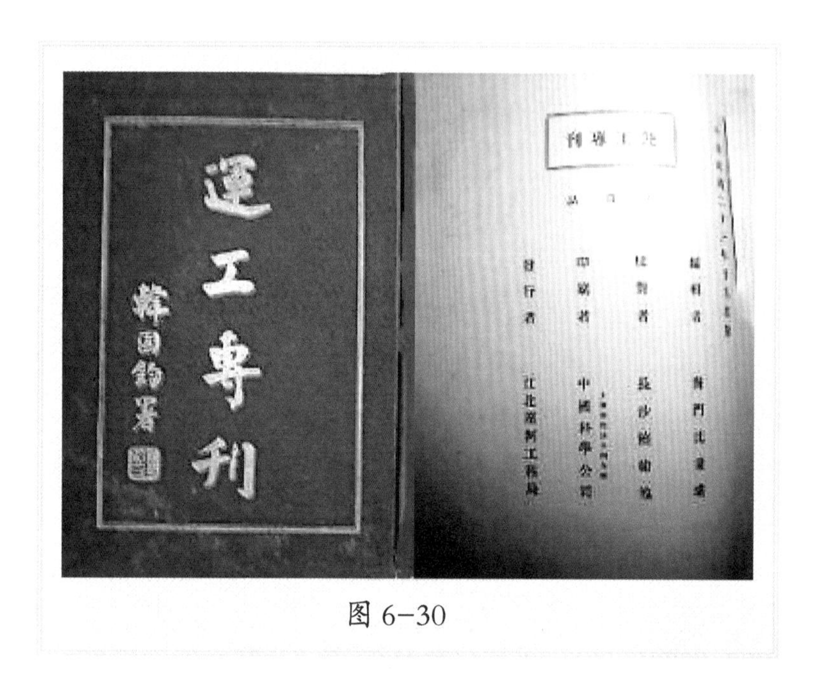

图 6-30

1931年江淮大水，江北运河高邮邵伯段东西两堤溃决数多处，高邮、兴化等县和邵伯镇遭受灭顶之灾。在这危难之际，著名爱国民主人士、曾两任民国时期江苏省长的韩国钧，被推荐兼任水利协会主席，他亲自前往运河堤和里下河考察、调研并奔走各地筹集资金，力图解决运河水患。民国20年（1931）9月10日，江苏省政府组建了江北运河工程善后委员会，各位委员公推韩国钧驻扬州主持工作，并决定恢复江北运河工程局。10月21日，江苏省政府召开了运河工程善后委员会会议。新任江苏省建设厅长董修甲提议将工程处改组为驻扬州办事处，1932年1月17日，江北运河工程善后委员会驻扬州办事处正式成立。同年5月21日，江苏省政府召开运工善后委员会会议，决定恢复江北运河工程局。7月1日，江北运河工程局正式成立，江苏省原省长兼江苏省运河工程局参赞徐鼎康被任命为局长，隶属于江苏省政府，局址仍设在扬州。

民国23年（1934），由韩国钧编纂集辑的《运工专刊》成书，书名由韩国钧亲自题署，书脊标有“江北运河工程善后委员会驻扬办事处”字样。该专刊分别由徐鼎康、韩国钧、沈秉璜（江北运河工程局水利专家）作序。沈秉璜序的结语详述：“除摄影附图外，分特载、勘估、堵口、一年（1932）复堤、验收、材料、经费、补录八目，文言四十二万，图五十八，工程表六十三，工情灾情摄影一百二十八”，足可见此书内容之丰富。此书编于1933年1月，成于1934年5月。从“目录”中看，照片有：高宝段职员欢迎运工善后委员会主任副主任委员1帧、江都段黑鱼塘至来圣庵30帧工情、高宝段挡军楼至郭家集9帧灾情等；附图有：里运河东西堤工段分号图等总图，江都段、高宝段、淮邳段等相关图。

此书对这次灾情相关水系进行了全面的论述，提出了淮河与长江、黄河关系之历史地理说，阐述淮河经常发生水灾的原因。书内附有淮沂泗沭水道图。此书还反映了，江北运河工程的堵口断流、修复全堤工程的经过，载有工作报告表、本处简则、文牍选载等内容。

此书所载主要相关文章有《江北运河善后工程小引》《江北运河工程善后委员会驻扬办事处办事细则》《运河复堤工程之估计》《江都高宝两岸土方总数表》等。

韩国钧对此书的《发刊词》是这样写的：

“江北运河之有工程，昉于远古，而盛于明清。其间塞决善后之大工，具见于官私著述之水利专书，大抵庶拾章牍，旁搜记载，略存概要；在施工期间，不闻有刊物之露布。故水史钩稽，往往抱守残缺，珍逾拱璧，而工程进度，语焉不详。当时达官

图 6-31　江都邵伯桥至镇大桥被淹情况

图 6-32　灾民避难邵伯陆家庄古关帝庙钟楼

图 6-33　高邮北门大街全街市一片汪洋

图 6-34　江苏义振会第一、第二收容所中
灾民衣衫褴褛，收容所中灾民面黄肌瘦等，惨状触目惊心

士夫，尚有不尽了了者，遑问齐民，此水政之憾也。江北运河工程之有刊物，自民国九年（1920）四月督办局成立起，岁出季刊四册，十四年（1925）春至十六年（1927）夏季，出合期三册。十六年（1925）六月，机关改组，另编汇刊，约半年一册，出版三期。闻十八年份，编有已成稿二册，藏之档椟，久久不付剞劂。……施工自二十一年（1932）一月起，预计至五六月止，如果时局不受影响，天日畅晴，克期竣工，庶几还我金堤，挽回浩劫。开工以后，各工段工作情形，应有详细报告，其它有关各事项，并应撷要宣布，拟即于修复堤工期间，每星期刊行运工周报一册。其以前抢堵断流期间，另由善委会编印汇刊，先后衔接，以便览观，而资考证。周报第一期稿，将付手民，厓用识略，弁诸简端。韩国钧”

这是记录江北运河工程善后委员会驻扬州办事处成立之后至1934年之间的一部有关民国时期治理苏北大运河的图文并茂实况记载的宝贵书籍。

《运工专刊》用一幅幅泛黄的历史图片，再现惨不忍睹的1931年江北大水惨状。现将《运工专刊》部分照片附后，以增加本书读者对1931年江北大水的深刻印象。

图 6-35　民国20年（1931）十月二十二日江都昭关坝堵口合龙

图 6-36　为运堤加高培厚的运泥船

居士高鹤年善举救灾民

（1872 年—现代）

1995 年版《兴化市志》载：“10 月 2 日刘庄高鹤年居士在县境东部成立水灾临时救命团，同时联络刘庄、白驹、安丰、大邹竹泓及中圩、下圩、永丰等地善友成立水灾救生会，并在刘庄、白驹组织耕牛寄养所和难民收容所”[1]。讲的是高鹤年在大水灾之年所做的善举。

高鹤年（1872—1962 年），江苏兴化人（他创办的刘庄贞节院原属兴化，今归大丰），一生热心救灾济贫等慈善事业。除为家乡苏北的救灾做出重要贡献外，他还为陕西、山西、北京、天津、四川、河南、甘肃、湖南等地的救灾做了许多有益的工作，民间

图 6 –37

[1] 兴化地方志编纂委员会 . 兴化市志［M］. 上海：上海社科院出版社，1995.

流传不少他的传奇故事。据传，有一次，他持金山寺老和尚的名片到上海见大名士兼富豪关炯之（关炯之是赵朴初的表舅），关炯之亲自出来迎接，这是一种高规格的礼遇。高鹤年找关炯之是谈钱的，当他向关氏说明来意后，关氏说："我想救灾，苦于无法实现。你来了，我有地方送钱了。"这是他对高鹤年居士的高度信任，赈灾的钱只有在他的手里，才能用到最需要的地方。

1953年，高鹤年写过一篇带总结性的《行脚住山略记》，文中称"近廿余年来，专忙各省水旱等灾，救济工作，苏北最多。"这里说的20多年，主要指1931年大水以后的时间。其实赈灾是贯穿他一生行动的。民国6年（1917），大雪封了高鹤年所住的终南山，但他得知北京、天津水灾奇重后，立即下山，顶风冒雪，日夜兼程，"往乡察看，房屋冲坍，无家可归者极多。"他"沿途视察水灾来源，皆由各处水道不利，素日不注重浚河，因此水无出路。"他和另外几位居士亲自调查，根据受灾的轻重，将票款直接发到灾民手上。由于他们"忍苦耐劳，事必躬亲，而心力交瘁，均染时邪，齐集天津医治。"

1931年，苏北大水，兴化、东台两地的民众和大丰棉农为开圩口放水发生了争执，剑拔弩张，差点发生械斗，黄常伦在《方外来鸿》一书中作了详述，事情是这样的：大丰垦区有一大圩，位于丁卯河口之北。圩内秩序井然。由子午大堤至大丰镇（今新丰镇），街为十字形，道路宽阔，商铺林立，颇为繁荣。该圩约200余里，面积百余万亩，东西子午大堤横亘南北。在其地未垦前，没有子午堤，一旦西边有水下注到这里，漫滩而过，入于黄海。这是有先例可寻的。据载清同治五年（1866），高邮清水塘决口，水势汹涌（俗称蟒蛇水），但不到一个月，水全部退出，农田便可耕种。但辛未（1931）洪水，却迟迟不退，原因就是子午大堤的阻隔，使洪水不能归海，在当时的情况下，只有开放卯西河，才能救兴化、东台两县。两地及大丰垦区的民众都要维护各自的利益，地方政府也无法调解。如果不开圩口放水会影响泄洪，威胁两县民众的生命安全；如果开闸放水，圩内人身家性命不保，且会冲毁垦区内的棉花，造成经济损失。僵持不下之际，高鹤年赶到现场，由于民众对他的尊重和信任，这场一触即发的武斗才避免了。是年，他已经60岁了。他曾写了《辛未水灾临时救命团日记》，记录下了1931年苏北大水的具体情况。文中写道"兴邑地势，形同釜底，屡受水灾，未在若今年之惨且剧也……江北大水，三坝齐开……不数日，运堤崩决，御码头、挡军楼、来胜庵等37处，湖水横流，漫天而下。内河各县，尽成泽国，吾县首当其冲。各圩溃决，庐舍倒塌，亿顷佳禾，悉数沉没。时国历八月二十九日，即夏历七月十六日也。旦夕间，河水陡涨数尺，村庄淹没。一霎时耳，男女老弱，百千万亿生灵，哀号乞命于洪涛巨浪中矣……水天相连，惨淡月色，暗而无光，不啻无边苦海也。哀此下民，抑何法以度此厄？”他不顾年迈，与他人共同组织救命团和灾民收容所，采取放赈等其他紧急措施。他在辛未年（1931）8月30日的日记中写道“……是日诸兄商妥，先行组织刘、白水灾救生会……邀集诸赈友，雇舟分往四乡，抢救生命”。他称自己“扶病与诸善友舍命救命，努力工作，不分昼夜。旋电沪上各义赈会求救。当夜救生船普渡难民，送往高埠者，近六七百人。带回收容所者，五六十人”。然后每天供给两餐粥，灾民总算能生存下去。

高鹤年和众多高僧在通信中也有很多是谈赈灾的，给高僧的信没有能保存下来，但我们从僧人给他的回信中可见一斑。如霜亭法师回信给他时正是发大水之际，时间是1931年七月二十八日（此处用阴历，阳历为9月10日），霜亭在信中说“今年，西水开坝溃堤，家乡等处均成汪洋大海……昨阅报纸，我老居士为救世菩萨，出而救济民命……”，霜亭（1879—1952年），兴化刘庄人，与高鹤年同乡，在镇江金山寺为僧，目睹长江流域水患，故在信中讨论此事。再如，来果法师给他的信中云“公以事务纷忙，救灾难于黎庶，济水火于群民，为众生为国家，废己从人，任劳任怨……”；宗仰法师信中说“悉赈事进行顺遂……惟地广灾重，调查施放，谅多困难”；闲复法师给他的信中说“读大教，领悉灾黎苦况，不胜涕泗”；虚云法师给他的信中说“若赈灾事毕，即望大驾早临……”。

高鹤年在救灾方面不遗余力，与他普渡众生的理念分不开。他在《名山游访记》中记载了这样一则事：峨嵋山有一处舍身岩，僧人告诉高鹤年，数日前有人舍身，从岩上跳了下去。高鹤年听后感到伤心，他认为“凡圣贤舍身，必有益于天下，舍生以救众生……”如果凡人无谓地从山岩上跳下去，和遭横死差不多，对人对己都没有意义。高氏劝寺主向职能部门建议，禁止舍身。这是对生命的珍惜之举。

高鹤年是居士，他关注的是人间疾苦，是老百姓的生活。他的第一篇游记是记光绪十六年（1890）游九华山、黄山等名山的，看到黄山周围的景致，他笔锋一转，写道“羊肠鸟道，沿途山岗坡底，亦能开垦农场，种植森林，自然民丰国富”。

游金山，经过里下河地区时，他写道，“黄淮二水泛滥，先开通江各坝。如水再大，开入海等坝，乃下河数县生命关头。”他认为“太湖四边淤塞，如能筑堤造林，耕种生产，利莫大焉。”“湖滨若周围筑堤，与办农林，大有生产。”在浙江镇海，他感叹“海中淤滩多，亦好做圩晒盐生产。”再如“沿江两岸，修圩筑堤，大可种植生产。”“洞庭湖，相传周围约八百里，上游湖底淤滩最高，土肥而壮，大可筑堤植树耕种。”黄河是国内经常引发水灾的河，古人就说，“圣人出，黄河清”。到了黄河边，他感慨地记述道，“据外人谈，非国家雄力不能开办，要将上下游两岸，造成石堤，高二三丈，阔二丈许，数年完工之后，产量丰富，人民永享安乐云。”读到这些文字，一个为苍生着想的老者的形象就会浮现在眼前。

刘国钧捐助疏浚上六港

（1933年—现代）

靖江民国期间曾有几年重视浚河

泰州地区各县，最早见诸于《水利志》载，设有行使水利职能的专职机构的是民国元年（1912），靖江记载的“县民政（长）公署成立，其中实业科司水利事宜”[1]。至民国16年（1927），“10月21日，靖江县建设局成立”[2]。但其间除民国10年（1921）、民国20年（1931）、民国21年（1932）见到有关靖江重大水旱灾情的报道，其余均未见有重大水利事项发生的记载。然而，从民国22年（1933）至民国24年（1935）接连3年，靖江在水利上却有非常大的动作。1997年版《靖江水利志》的记载为：

民国22年（1933）“县政府组织疏浚团河、上六圩港（包括岳前港、大靖港）、水洞港、永济港、芦泾港北段、西来镇及县城市河。是年，实业家刘国钧曾捐助疏浚上六圩港。”

疏浚团河自夹港至安宁港42千米，浚河土方50.35万立方米[3]”。

民国23年（1934）“县设立征工浚河委员会。县政府组织疏浚中天生港（今罗家桥港）、夹港、如靖界河、八圩港、芦泾港南段、鱼婆港、庙树港、陆家港、玉带河、横港、芦场港。”

民国24年（1935）“县政府组织疏浚安宁港、百花港、四圩港、范家港、上天生港、张方港、陈湾港、展四港、陆三港、横河、二圩港[4]”。

这3年，靖江疏竣了骨干河道28条，遍及靖城、西来两个靖江当时最大的城镇；

---

[1] 靖江市水利局.靖江水利志［M］. 南京：江苏人民出版社，1997.
[2] 靖江市水利局.靖江水利志［M］. 南京：江苏人民出版社，1997.
[3] 靖江市水利局.靖江水利志［M］. 南京：江苏人民出版社，1997.
[4] 靖江市水利局.靖江水利志［M］. 南京：江苏人民出版社，1997.

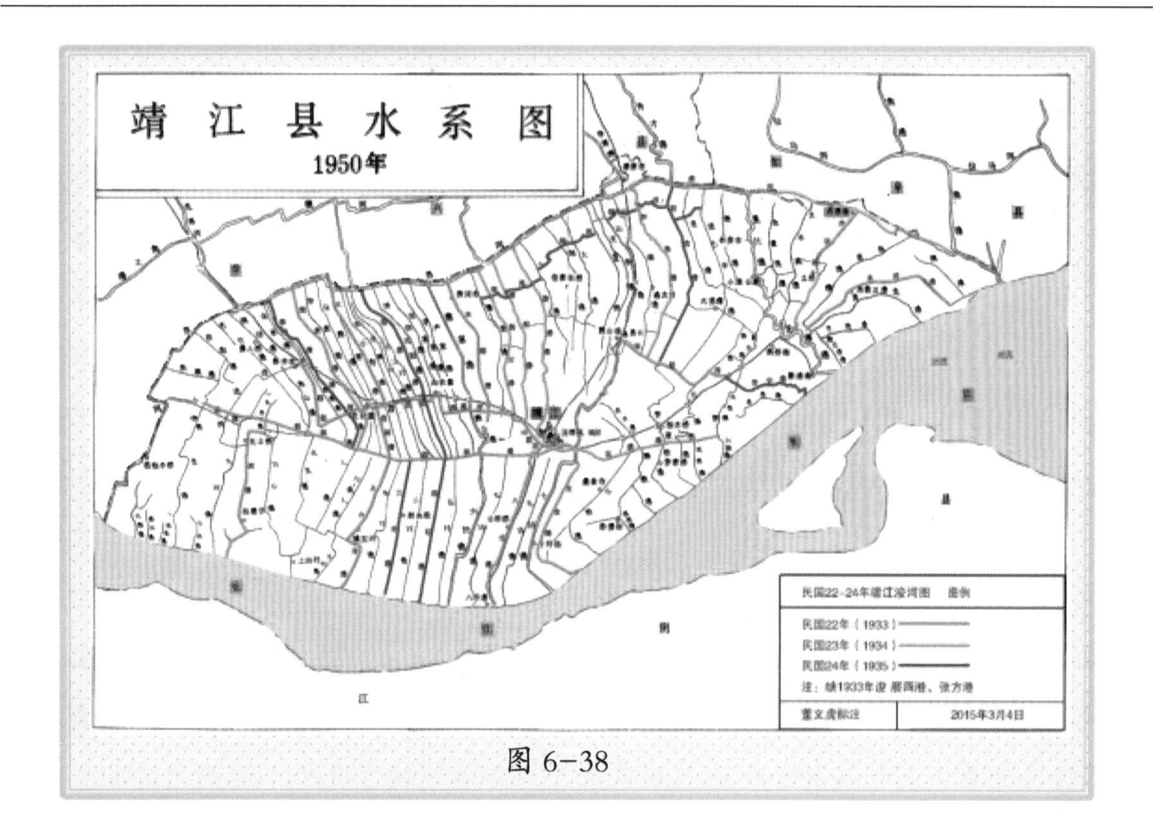

图 6-38

遍及东沙到西沙，从北面界河到南入长江的整个靖江的主要河道。记有工程量的 7 条河：东西向的团河，长 42 千米，浚河土方达 50.35 万立方米；南北向的夹港，长 7.73 千米，土方 20.3 万立方米；上六圩港，约长 10 千米，土方 37.55 万立方米；八圩港，长 9.49 千米，土方 22.67 万立方米；官堤（城河至江边段），全长 8.38 千米，浚河土方 22.17 万立方米；中天生港，长 10. 76 千米，完成土方 28.57 万立方米；百花港，长 4.7 千米，完成土方 12.19 万立方米；如果按 1950 年靖江水系图所标注长度比例及上述河道断面平均土方估算，3 年共疏浚的河长将达 298 千米左右，土方高达 620 万立方米。在今天看来，这仍是一件十分了不起的事！ 3 年要完成这么多的浚河工程，必须具备 3 个基本条件：一是要有一个强有力的、肯为、敢为和能为靖江老百姓办实事的决策人物——当时的县长；二是要有一个专门从事这一浩大工程的业务专职机构——县里设立的“征工浚河委员会”；三是县里要有一定的财力，才能支撑浚河必要的开支。

促成靖江这一阶段浚河的关键人物

靖江这一阶段能完成这么多工程，在这里必须对几个关键人物作一简要介绍。他们是：1931—1934 年任靖江县长的陈桂清、1934—1935 年任靖江县长的李晋芳及实业家靖江人氏刘国钧。

民国年间，靖江能全面浚河最为关键的人物当数陈桂清，但在《靖江县志》中只能了解其是“江阴人”和“国民党县长陈桂清设公卖总局，推销鸦片[1]”，及在革命烈士朱者赤传记中“民国 20 年（1931），陈桂清接任国民党靖江县长，采取更加卑鄙的手段，派人从朱的妻子那里骗取了苏州高等法院判决书，决定对他加以杀害。[2]”其余就没有任何信息可读了。好在张家港市香山景区介绍的“历史人物”中，苏其增撰写的题为《拒腐蚀永不沾——记原国民党立法委员陈桂清》一文，对其作了些介绍。“陈桂清，1901 年生，今张家港市金港镇福民村大陈家圩人。3 岁丧父，靠叔父陈飏初接济入学。他从小酷爱国画、书法、音乐，民族音乐家刘天华先生曾是他的音乐老师”。陈桂清在“国立东南大学（中央大学前身），毕业”，“1930 年应江苏省第二届县长考试，以优异的成绩录取，步入政界。历任靖江、海门、高邮等县县长，江苏省第五行政区督察专员兼高邮县县长和县保安旅长，江苏省民政厅厅长，国民党江苏省党部执行委员、监察委员，国民党立法委员。1949 年去台湾，继任‘立法委员’。陈桂清在从政期内，革除陋习，摒弃官本位思想，确立服务观点，切实做事，除暴安良，激浊扬清；嘉惠工农，改善民生。在任靖江县长期间，面对官吏贪渎、盗匪出没、烟毒泛滥的现状，陈桂清以‘不要钱’‘不怕死’‘执法坚定’自誓，秉公处理各类公务，在当地留下清廉名声。如民国 22 年（1933），省府派章叔谐为靖江县公安局长。此人系保定军校毕业，有靠山。一日，陈桂清接到密报，告公安局密派警士于夜间前往江边接运由汉口驶往上海的江轮卸下的鸦片。当时，禁烟正严，陈遂密派保安队员前往拦截，缉获鸦片 100 余公斤，并扣押运鸦片的巡官警士 4 人，缴得盒子枪 2 支。人证物证俱全，他亲自审讯，将章叔谐撤职收审。章不服，呈纸至省叫冤。省长陈果夫欲免章之罪。陈桂清断然表示，如有法不依，他宁可辞职不干。最后省政府被迫照准判处章死刑，一时大快人心。任海门县长期间，重视教育和兴修水利，办了实事好事。江苏省耆宿韩国钧亲书‘激浊扬清、培养正气，开河筑路，嘉惠民生’的赞联赠送。1937 年，日军侵华，时任高邮县长兼保安旅长的陈桂清率众殊死抗战，多次击退来犯

[1] 靖江县志编纂办公室．靖江县志［M］．南京：江苏人民出版社，1992.
[2] 靖江县志编纂办公室．靖江县志［M］．南京：江苏人民出版社，1992.

之敌，坚守城池两年有余。1939 年 10 月，日军海陆空三军猛攻高邮，陈桂清不畏强敌，誓死抵抗。终因力量悬殊，城池陷落，陈本人混杂在难民中，于深夜缒城脱险。后作《守土歌》长诗一首，记述这一'炮火余生'事件。""在台湾任'立法委员'期间，公正建言，反对台独。晚年拥护国家统一，为促进两岸交流做了有益的工作。陈桂清多才多艺，在书画、诗词方面有一定造诣。晚年，他闭户读书，书画陶情，歌曲遣兴，种竹莳花，悠然自得、颐养天年。著有《陈桂清书画集》。1995 年 4 月病逝于台湾。"

从上述介绍看，一是陈桂清在海门能重视水利，在靖江大搞水利，肯定是他这位最高行政长官的主张了，何况没有他的批准和支持，县里也不可能专门设立"征工浚河委员会"。二是《靖江志》所记他"推销鸦片"与苏其增介绍他严惩倒运鸦片的章叔谐一事大相径庭，孰是？孰非？从其行为风格，恐怕他主张禁烟更近事实。

1934 年，陈桂清调离靖江，接任靖江县长的李晋芳《靖江志》所记很少，仅知其在靖江任职至 1935 年，为湖北人。其余就不得而知了。但从有关档案史料中了解到李晋芳的一些信息。李晋芳（1901—1997 年），湖北省黄安县人，中华民国政治人物。李晋芳毕业于国立东南大学。他参加民国时期第二次江苏省县长考试，位列第一。李晋芳历任湖北省黄梅县、宜昌县、江苏省溧阳县、靖江县、阜宁县等县县长。据"遗爱网"2020-5—4-11：09 发表石瑞麟撰写的《民国时期黄梅县几任知事与县长》中也有一段关于李晋芳的记载："民国十五年（1926）冬，省府派来李晋芳同志，为黄梅县革命政府第一任县长，此人年不过二十五六，是一个大有作为革命青年，他言语公开化，行动平民化，到任时一人带着挑伕，徒步到达县府大堂，与一谋事到差相同，员警惊奇，经前问及，始知其为新任县长也，他对县府内外上下人员，概用地方人氏，高级聘任，低级考试，处事严谨，纪律严明，一切政务，全交科秘，司法案件，悉委之於承审，尤有撙节开支，涓滴归公，他本人除开会核阅公文外，其余时间，终日手杖一支，到各人民团体及有声望士绅家访问，惟有县党部教育局学校警察县商会保安团各处，时有其踪迹，初还有人带路，后则一人独行，以致各单位办公人员，不敢怠忽，均视为畏途，而讼事渐少，境内安宁，真是一位革命模范青年县长，虽在任不久，调省高就，而政绩昭然，令誉攸著。"评价不错。李晋芳任宜昌县长期间，1938 年 10 月 14 日，蒋介石再度到访宜昌县，在机场迎接蒋介石的有宜昌警备司令部司令蔡继伦、专员李石樵、县长李晋芳等少数军政要人。后来，任中央政治学校国文教授、复旦大学历史教授。1942 年 3 月，李晋芳任国民政府立法院第四届立法委员。李晋芳长期从事地方行政工作，长于文史，明达治理。看来，李晋芳是一位学者型的县长，由于其“长于文史，明达治理”，在靖江期间，继前任县长陈桂清的做法，大搞水利也一定是十分努力的。

浚河是需要一定资金投入的，《靖江水利志》和《靖江志》都提到了刘国钧。

刘国钧（1887—1978 年），原名金生，江苏靖江人，著名企业家，1956 年任江苏省副省长。

刘国钧简介及其爱国爱乡情怀

刘国钧幼年入其父亲刘黼堂的同窗华云良私塾就读，华云良知道刘家的经济状况，答应不收他的学费。华先生觉得金生的名字太土，就为他取名国钧，号丽川。并说：我为你起名“国钧”，是希望你要有为国家而努力的大志向，日后要能成为国家栋梁之材。华先生在私塾中讲授《千字文》《论语》《孟子》等孔孟的书和与人为善、严于律己以及“一粥一饭，当思来之不易，半丝半缕，恒念物力为艰”等做人的道理。刘国钧学习非常认真刻苦。但是每到缴纳学费的节令，看着别的学生家如期交上学费，金生就觉得有些羞愧。再看家里父亲病重，母亲操劳，自己若不上私塾，贩卖一些酒浆果蔬，还能补贴家用。他把自己的想法告诉了母亲，母亲丁氏也无话可说。于是他仅上了 8 个月的学，就不去了。他开始游走各地当学徒，并于当年年末用学徒所得的

图 6–39　青年刘国钧　　　图 6–40　刘国钧大铜章

800 文，恭恭敬敬地送给先生。他晚年回忆起这段岁月，曾经写诗曰：“日食三餐元麦糊，夜卧一张竹编床。一生学费钱八百，半世事业万人功”。

图 6-41

光绪二十六年（1900），14 岁的刘国钧先学道士混口饭吃，再到酱坊干杂活，到第二年，才求得乡邻柳晋卿带他到苏南埠头镇柳永丰京货店当学徒，但到了那里，老板见其矮小，不肯收。柳晋卿要去浙江，他就独自留下贩卖麻糕、五毒布为生，并有些许盈利。3 个月后，柳晋卿回来准备接刘国钧回靖江，万没想到，刘国钧有如此能力。返回途中，经常州奔牛镇，柳晋卿与刘吉升京广洋货店谈生意，刘国钧主动帮老板娘担水、劈柴、打杂、扫地，老板很喜欢这个小孩，便将他留下当正式学徒。干了几年，这家店经营不善，关门了，刘国钧又去了元泰绸布店当学徒，渐能主持店务。由于老板吃喝嫖赌，刘国钧见此店难以兴旺，决心自己开店。1909 年，在奔牛镇开设和丰京货店，获利颇丰。

1915 年，他决定弃商从工，正式改名国钧。次年，在常州创办大纶机器织布厂，后又在靖江开设广丰布厂、公裕土纱布厂。接着，开办了广益织布一厂、二厂，大成纺织印染股份有限公司（简称大成公司）、大成二厂、三厂、四厂。抗日战争期间，大成公司受到严重破坏。他把三厂迁往上海并以英商名义开办安达纺织公司，又在四川北碚创办大明纺织染公司。抗战结束后，大成各厂恢复生产。刘国钧又在台北开设台安兴业公司，创办中国纺织机械公司。

他在帝国主义列强和官僚资本倾轧下，惨淡经营，艰苦创业。早年在常州提倡“机器革命”“土纱救国”，1930 年，果断集资创办常州大成纺织印染公司。8 年间使大成企业由 1 个厂发展到 4 个厂，纱锭由 1 万枚发展到 8 万枚，资金由 50 万元发展到 400 万元，被当时经济学界誉为“罕见的奇迹”。他三渡日本，考察欧美，引进技术、管理，结合工厂实践，提出“工管工自治化、工教工互助化、工资等级化、华厂革新化、出口优质化”的口号，全面提高工厂管理素质，并率先在我国纺织界中试制成功灯芯绒、丝绒。抗日战争胜利前夕，他撰写了《扩充纱锭计划刍议》一书，认为抗战胜利后，用 15 年时间将全国纱锭扩展到 1500 万枚，与世界纺织业争王座。1948 年，他在香港九龙开设东南纱厂。中华人民共和国成立后，1950 年，他毅然自香港返常州，在江苏省私营棉纺业中首先实行公私合营。1951 年，他加入中国民主建国会，曾任江苏省人民政府委员、全国工商联执行委员、全国人大代表、民建中央委员等职，1956 年，他出任江苏省副省长。1959 年，他任江苏省工商联主任委员，同年，又任民建江苏省主任委员。次年，出任民建中央常务委员、全国工商联副主任委员。1976 年 10 月，粉碎“四人帮”的清息传来，刘国钧欣喜万分。虽然年届 90 高龄，他仍经常往来于南京、常州之间，出资费助家乡的公益事业，并将收藏在南京、常州的部分字画分赠给南京博物院和常州博物馆。1977 年 12 月，刘国钧当选为江苏省人民代表大会常务委员会委员和江苏省政协副主席。1978 年在南京逝世。

图 6-42　刘国钧先生及其墨迹

《靖江县志》载他“民国 22 年捐助 3000 大洋，疏浚生祠镇东首的大靖港，使其成为家乡的水运要道。之后又出资开挖横贯生祠镇东西的团河，修建生祠镇主要街道，并几次出资支援家乡的教育事业”；“民国 21 年和 1962 年，两次出资修建岳王庙”；“1972 年在手扶拖拉机十分紧缺的情况下，设法赠送给家乡 10 台手扶拖拉机”[1]。临终前，他还嘱咐子女要关心家乡。据高峰在其《走出生祠堂》一书中所记刘国钧资助开大靖港的经过为：

“大清港，今名大靖港，南起长江，北至界河，分为上六圩（港）、岳前港、大清港三段。大靖港是贯通生祠南北的重要水道，因多年得不到治理，泥沙淤积，河床增高。每到夏季，洪水猛涨，淹没农田，造成水患。冬季，河水干涸，百姓饮用水发生困难，

[1] 靖江县志编纂办公室．靖江县志［M］．南京：江苏人民出版社，1992.

船只运输也随之中断。

民国二十一年（1932），刘国钧回乡时，委请陶振熙先生找当时的五区区长范靖瑜，商请治港事宜，范推了事，又找到县长陈桂清，也遭推托。刘国钧并不灰心，他约请陶振熙、西乡颇有名望的举人杨名浩、华国望等人商量，准备由民间组织集资疏浚。刘国钧慨然对大家说：你们负责动员民工，铜钱由我刘金生承担。

但是，由于政府不积极，民间组织发动不易，此事不了了之。

随着善余布厂业务扩充，货运量不断增大。秋后，大清港水浅，运船经常搁浅，而陆运又费用昂贵。陶振熙等人深感有必要赶紧疏浚拓宽。而当时，生祠西街张源泰盐栈等商铺也有同样需要。本镇居民为了生活用水，也都踊跃表示支持。

民国二十三年（1934）春，陶振熙对大清港进行实地步行测量，测得南北大致长度，再计算浚深拓宽将要挖掘的土方，包括按沿港两边田亩分派，隔港田亩一半分派所承担的任务，港南口和港北口两个大坝以及贯串横港、团河等小坝，计算出挖泥费、机船戽水费以及其他费用，共需一万三千元。

陶振熙先是寻求时任五区区长缪庭鉴的支持，缪含糊其辞。陶振熙遂晋谒杨名浩，并请他出面主持，杨名浩说自己年事已高，只能佐理。陶振熙将此事向当时国民党县长陈桂清报告，获得同意。陈桂清令陶振熙积极筹款，自任浚河主任，杨名浩、刘沛霖为副主任。将全港工程划分为三段，分别委任正、副主任。

一切谈妥后，陶振熙到常州找到刘国钧。刘国钧当即表示支持，并说资助不会少于徐吟甫。但徐吟甫态度暧昧，经反复协商，并在筹备工作有了眉目方表示同意资助。

在杨名浩、陶振熙等主持下，疏浚工程如期开工。开工后，乡民情绪很高，踊跃参加，沿江群众有的几乎整圩出动。工程进展很快，只花了不到三十个晴天便疏浚结束。大清港的水患得到治理，从此靖、泰两县的船只运输畅通无阻。

这项工程最后共支出费用一万三千元。其中刘国钧出资一万元，徐吟甫出资二千元，张源泰出资八百元，堂堂的靖江县政府最后仅出资二百元”[1]。

刘国钧自勉的“日日行，不怕千里万里；常常做，不怕千事万事。”的对联，是他从一个小学徒成为一个大企业家，成为省部级领导的人生成功的经验，给人以启迪。国务院原副总理、中央书记处原书记陆定一曾为刘国钧题“慎爱勤诚”，正是对刘国钧先生最恰当的评价。

---

[1] 子宸（高峰）. 走出生祠堂——纺织工业巨子刘国钧传［M］. 南京：凤凰出版社，2016.

民国时兴化浚河终无成

（民国时期）

顾顗具文请求浚唐港中止

民国初年，兴化县农会顾顗（yǐ），曾具文向知事章家驹要求疏浚唐港。经章家驹批准分 4 段开浚南唐港，每段约 10 里。顾顗为竣河还专门写了一篇《浚河办法》，共计十八点，其中第一点写了“此次浚河，初拟租用挖泥机船，惟此船费用太巨，且遇水大水小，均有窒碍。难行之处，更兼船下挖罱不及河底，终苦难平。现已决计改用人工挑挖，不但免以上诸弊，并可收以工代赈之利”。从这段文字可以看出：一是民国初年，已有挖泥机船；二是机械浚，费用很高；三是其时的挖泥机船，尚有不能满足浚河要求的弱点；四是农民贫苦，希望以工代赈。顾顗所浚之唐港，居然据《（民国）续修兴化县志》载“业经动工，旋以农忙中辍”[1]。笔者分析，并非因“农忙”而停工，实为其时县里连以工代赈的钱也不肯拿，或者拿不出来而导致浚河中止。

徐存义函请省府浚河道未成

其后，又有水利协会研究员徐存义至函省政府，要求对兴化内部的河道进行疏浚，“请省署饬县妥议筹办”[2]。第二年，省督运局派员至兴化测量，进行了“统筹全局”的规划，提交了“施工计划书”，估计工程费约需 3046.06 万元。水利研究会主任石鸣镛接此计划书后召开了由县农会会长朱占春、县工商会会长郭钟琦、款产处经理王景尧、

❶ 泰州文献编纂委员会 . 泰州文献—第一辑—⑧（民国）续修兴化县志［M］. 南京：凤凰出版社，2014.

❷泰州文献编纂委员会 . 泰州文献—第一辑—⑧（民国）续修兴化县志［M］. 南京：凤凰出版社，2014.

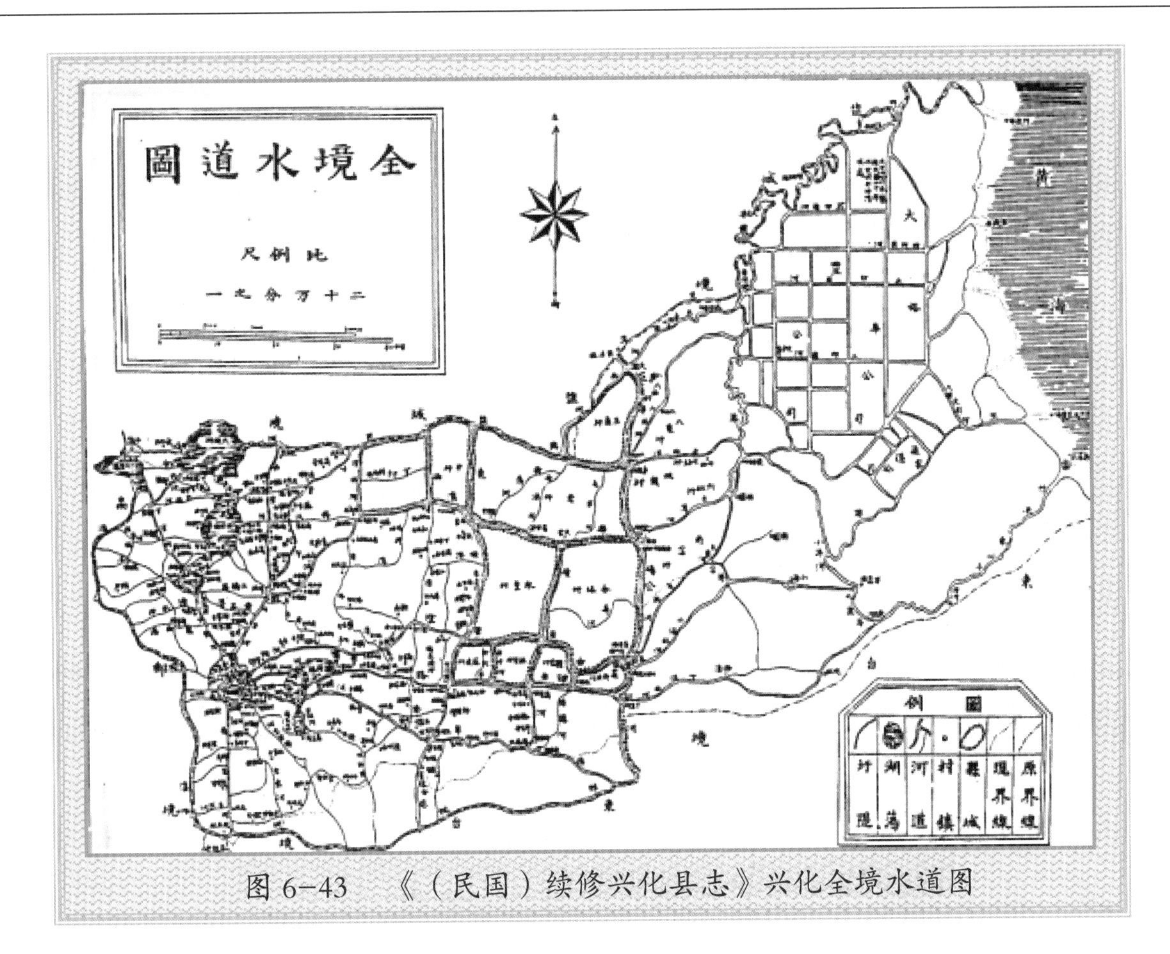

图 6-43　《（民国）续修兴化县志》兴化全境水道图

薛钧培等评议员参加的“常年会”形成了一个“提议”，并以石鸣镛名义撰写《呈县署文》上报。石鸣镛文中认为，“兴邑住居运河下游，环境（四周）地势均高，号称釜底……旱潦迭见……民国 5 年（1916）民国 10 年（1921）……庐舍沈（同“沉”字）浸水中者数月、而前去两年，春夏之交，河干见底，秧苗枯萎，县属东部又复颗粒无收，此皆水利不修有以致之”。他们认为，兴化县内骨干河道“均系为淮水入海经由之路”“非一县所应独负责成”，认为施工计划书所列工程及经费“工艰费巨”“即令下河九县全力亦不易进行”“自应在施工计划中权其缓急，酌次第施行”。他们在文中强调，（省）督运局有一笔，经上年督运局评议会决定在“货物税附收款内每年划出四万元”用于“疏导”捍海堰一线“坝下引河直接归海河道之用”之款项，建议用此款先对车路、白涂两河“逐细测估”，“着手施工”。“石鸣镛怵于工艰费巨，进行无日，爰呈。请先挑车路白涂两河”[1]。

[1]泰州文献编纂委员会．泰州文献—第一辑—⑧（民国）续修兴化县志［M］．南京：凤凰出版社，2014.

这一呈文估计由县署转呈给了（省）督运局，“奉准，俟秋后水落，由局派员详勘，择要施工”。后来，从石鸣镛、郭钟琦二人给（省）督运局参赞王叔相的函中谈到，秋后，督运局确实又对车路、白涂两河进行了实测和设计，这个设计“白涂河重在东面展宽，车路河重在南面筑堤”，这两项工程“均需占用民田”。而兴化自己又“一时又自难实行”。于是，他们又在信中提出：“敝县待治河道甚多，即置浚两河于不论，尚有南北唐港亦在归海河道范围之内，浅涸逾恒，关系重大。”接着他们在信中说明南北唐港需浚河段长约30余里，不仅里程不远、港汊不多，而且两岸也不要筑堤，即没有占用民田矛盾，“需用经费，似不甚巨”。最后，陈词恳切地写道：“如蒙俯念地方痛苦之深，准于列入修理下河水利工程，提先治理，亦足以慰人民喁喁之望”。无奈仍“亦迁延未果”，几经申请、几番测量、几次设计的兴化浚河工程，未有一条河得到疏浚。

同样，民国18年（1929），兴化建设局编制了一个以工代赈的浚骨干河道的计划，继续请求疏浚河底较高的南官河23里、车路河60里、白涂河30里、上官河18里、海沟河12里，合计长143里。最终，同样是纸上谈兵，议而未行。

兴化下游七灶河请挑未果

民国期间，与兴化水利休戚相关的串场河及范公堤以东河道的疏浚，也是一事无成。如“民国十五年（1926）刘庄顾隆宾等呈请挑七灶河”“经督运局派员勘估，自青龙闸起，至斗龙港口止计长二十六里又四十丈，应出土四万三千四百九十万方，需银一万六千零四十七元，除前积存刘庄赈余五百千文及小洋河捐钱二千一百七十四千六十四文与受益田亩起捐约合洋一万三千元外，不敷银三千元。函请县水利研究会、县农会、商会转呈督运局请款补助。”“奉准拨助二千元。”“正拟具领兴工，以军事停止”[1]。连都落实好的浚河资金的七灶河疏浚工程，也因“军事”而停止了。

可以这样认为：民国时期的38年间，对于兴化境内的骨干河道，兴化民间及有关技术业务部门要求疏浚的呼声极高，做了不少工作。但各级（包括兴化县级）政府部门，从未认真关心过这一事关民生大计的水利工程，才会造成未见疏浚一条骨干河道的兴化之历史时段。

[1]泰州文献编纂委员会.泰州文献—第一辑—⑧（民国）续修兴化县志[M].南京：凤凰出版社，2014.

解放区殷炳山情钟水利

（1948—1961 年）

兴化解放区重视水利

革命战争时代，兴化抗日根据地和解放区军民为防止日伪军和国民党军队的机动船艇进根据地和解放区来“扫荡”“清乡”，先后在干支河道上构筑了明、暗和封锁坝、交通坝计 1173 条，造成了这些地区的水系不通、灌排不畅。1948 年初，已控制了兴化农村大部分地区的兴化县民主政府，除了组织春耕生产，针对清末、民国期间长期以来水利失修的情况，组织广大群众开始了大规模的拆坝、浚河和对特殊残破的圩子进行整修。由于不少乡村刚刚解放，百姓生活无着，推进兴修水利进度不快。进入梅雨期，不少农田已有积水，为防止连续阴雨形成更大水灾，兴化县民主政府一方面呈报苏北行政公署先后拨到大米 250 吨（到新中国成立后的 1950 年止），采用以工代赈的方法，“由各区乡政府按照所挖土方量发给大米，以资补助”；另一方面，中共兴化县委、县民主政府又联合于 7 月 22 日发出紧急通知，动员广大干部群众加紧修筑圩堤，填补缺口，抢修险工险段。仅新中国成立前的这一阶段，就集中疏通河底严重淤浅的兴盐界河（大邹以东）、海沟河及东西唐港。与民国 30 多年间，民国政府在兴化未能疏浚一条河形成明显反差。8 月 3 日，兴化圩外水旱田都已沉没，中共兴化县委、县民主政府再次发出紧急指示，发动军民投入防汛救灾。1948 年 12 月 13 日，兴化城解放。年底，兴化、溱潼两县全境解放。兴化县人民政府成立，隶属于二分区。1949 年 5 月 27 日至 7 月底，兴化连续阴雨达 60 天，雨量 500 毫米，河水涨至 3.25 米，田中积水 1.5 ~ 2.0 米。虽经兴化县委、县政府发动群众努力加筑圩堤，运用“三车六桶”全力排水，减轻了一定程度的灾情。但当年“全县仍有 180 万亩农田受灾，无收面积 58.6 万亩，损失粮食近 2 亿公斤”[1]。兴化解放区拆坝、浚河、筑圩等活动的研究、

[1] 兴化地方志编纂委员会．兴化市志［M］．上海：上海社会科学院出版社，1995.

决策与推进，都少不了一个人的身影——时任副县长殷炳山。

殷炳山对水利的贡献

殷炳山（1923—1982年），兴化下圩乡殷家舍人，雇农出身。1942年2月参加革命，同月，加入中国共产党。历任中共唐港区双马乡支部书记、乡长、农会长、唐港区民运科长、军事科长、区长。他长期在敌后开展游击战争，为建设兴化抗日根据地做出了不可磨灭的贡献；“1945年春，汪伪特务潜入中圩陆宴庄策划成立反革命组织‘大刀会’。殷炳山根据区委决定，深入了解敌情后，带领游击连和民兵，在当地群众配合下，包围了陆宴庄，一举捣毁了‘大刀会’堂，捕获了反动道首，揭露了反动内幕，取缔了这个反动组织”[1]。1946年8月，殷炳山先是接任兴化县支前总队长，后

图6-44　殷炳山在苏北灌溉总渠工地上

又奉调苏中前线从事支前工作，任船只一团团长。他积极投身解放战争支前工作，为淮海战役和渡江战役做出重要贡献。他还参加了海安、柳堡、角斜等战斗。1946年10月至1947年4月，任中共平旺区委书记。平旺区地处县城近郊，敌我斗争形势十分紧张。

[1] 兴化地方志编纂委员会．兴化市志［M］．上海：上海社会科学院出版社，1995.

他带领区乡干部和区游击连坚持原地斗争，连续3次组织攻打平旺庄，震慑了附近据点的敌人。1947年5月至1948年4月，殷炳山任中共兴化县委委员、组织部副部长兼刘庄区委书记；1948年4月至1949年1月，任兴化县副县长兼县委社会部长。他一生与水结下不解之缘。历史上的水乡兴化水灾频发，殷炳山从小亲身感受到水乡百姓所受水患之苦。1942年参加革命后，就曾巧妙地运用水乡的河、湖、港汊与敌人展开游击战，机智勇敢，立下很多战功。他在兴化解放区任副县长后，积极推进兴化水利建设和组织防汛救灾工作。新中国成立前后，担任兴化县县长、扬州专员公署副专员（分管水利）、中共扬州地委副书记、兴化县委书记等职。“文化大革命”期间遭迫害，后拨乱反正后，调任江苏省建筑工程局党组书记、局长。殷炳山在兴化、扬州任职期间，带领人民治水兴利，倾注了毕生精力，先后亲自组织和领导许多治淮水利工程，取得显著成效，做出很大贡献。

（一）力主建大圩

1949年前后，兴化全县仅有建于清乾隆至嘉庆年间东北部地区的8个老大圩及建于民国年间西部低洼地区的2个大一点的圩子，其余全部是面积仅几十亩至一二百亩的小子圩，每年汛期各家各户利用“三车”“六桶”排除田间积水，抗灾能力差，农业产量低而不稳。1949年汛期，新中国尚未成立，淮河流域发大水，兴化水位高达2.96米，高出田面1.0 ~ 1.5米，全县灾害严重，损失较大。时任解放区县长的殷炳山一面组织抗灾，一面就开始着手调查研究，发现大圩抗灾力强、损失少，而所有小圩子，皆成汪洋。他心中已形成在哪些地方可匡建联圩抗洪和排涝治水的方案。新中国成立伊始，他将治水为民作为政府工作的第一要务，立即亲自动员和组织海河、大邹和钓鱼3个区的民力5300人，奋战一冬春，挖土方60.28万立方米，筑成南起海沟河、北至兴盐界河、东起渭水河、西至上官河（朱腊沟），总面积12万亩的海河大圩。联圩建成后，每年汛期提前打坝堵口，阻挡客水于圩外，减少排涝水量，减轻了排涝压力，取得了较好的抗洪排涝效果，成为进一步动员有条件的地方匡建大圩的榜样。

（二）争取修堰闸

北宋天圣元年（1023），兴化县令范仲淹修筑捍海堰时，在范公堤上曾设石闸，一以“纳潮”，二为通航。经明清两代多次维修、扩建，形成丁（溪）、草（埝）、小（海）、白（驹）、刘（庄）5场12闸。其中，堤上与兴化排水出路关系最大的有9座23孔石闸。这些闸，是将兴化涝水泄进新洋港、斗龙港、王港、竹港、川东港等

5 港一并排入黄海的关键建筑物和东阻卤水倒灌、西蓄淡水灌溉田的主要水利设施。因年久失修和战争破坏，至新中国成立前后，刘庄八灶、大团 2 闸已全部毁坏，其余大部分破损也十分严重。时任县长殷炳山，深入各闸踏勘、了解情况后，专门具文向苏北行政公署反映，得到了行署支持，拨出修理范公堤一线石闸专款。1951 年春，殷炳山亲自挂帅，成立范公堤石闸修理办事处，殷炳山亲自任主任，县政府秘书沈道周、建设科长刘永福任副主任，抽调县区干部 10 多名，组织老圩、合塔两区民工 600 多名参加施工，还抽调县武装大队 56 名战士负责安全工作，配合施工。民工负责开挖和疏浚石闸上下游引河土方，闸室由曾万兴营造厂和丰华营造厂承建。工程自 5 月 11 日开工，2 座需报废的老闸拆除更新，在原址上重建；危闸大修，病闸修复，区别对待。对所有石闸都增加了上下游翼墙，进行护坦、护坡、护岸，新建了闸房存放叠梁闸方，配备专职管护闸工。这次实际新建和修复石闸 11 座 31 孔，配备闸方 550 块。后来随着行政区划的调整，江苏省在沿海新设了台北县，刘庄、白驹、草埝等地划给了台北县管辖。因台北县与台湾台北县同名，1951 年 8 月，台北县更名为大丰县，本次所修范公堤一线石闸遂划归大丰县管理。

（三）带队挖干渠

“1951 年 8 月，水利部在北京召开第二次治淮会议，由于当时水文资料欠缺，洪水量计算偏低，原来政务院 67 次会议决定……由洪泽湖至黄海修筑一条以灌溉为主结合排洪的干渠，名为苏北灌溉总渠。……全长 168 千米，于 1951 年 11 月全面施工。这一工程是平地开河，挖河结合筑堤，河槽平均挖深 3 米，滩面水深 2 ~ 3 米。为了

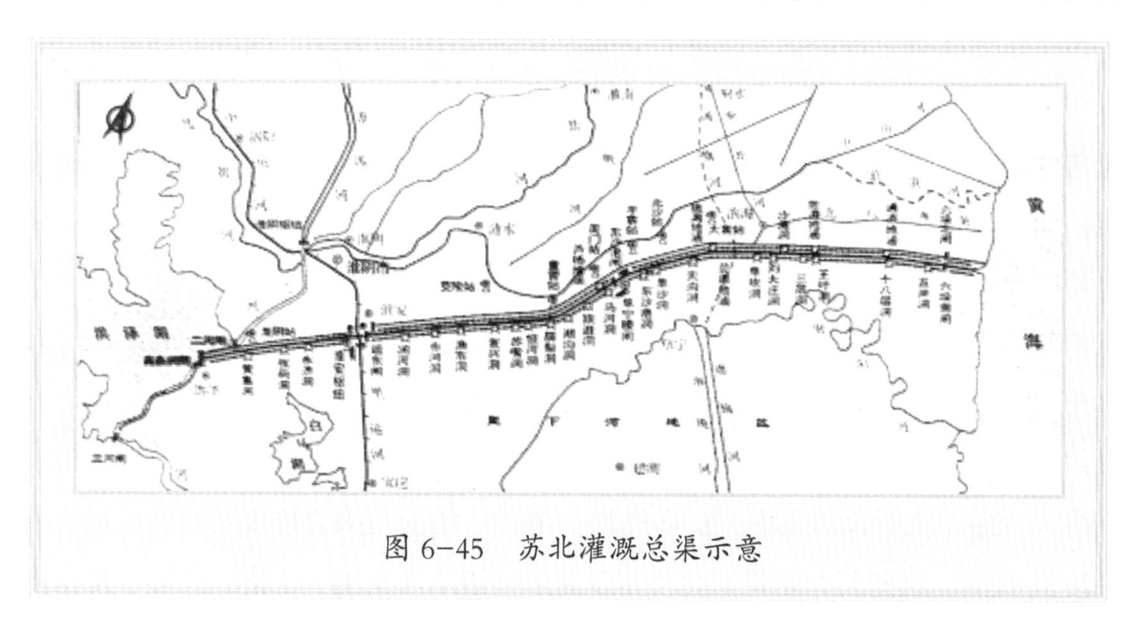

图 6-45　苏北灌溉总渠示意

保证开挖苏北灌溉总渠任务的完成，中共苏北区党委和苏北人民行政公署联合发布了“苏北治淮总动员令”，要求苏北党政军民紧急行动起来，组织一切可以动员的力量，保证完成这一光荣而伟大的任务。并采取以工代赈的办法，分冬春两期施工，先后动员盐城、泰州（1953 年 5 月改称为扬州专区）、淮阴等 3 个专区民工 119 万人次，到 1952 年 5 月，仅用 85 个晴天，开挖了一条……以灌溉为主结合排洪 700 立方米每秒的苏北灌溉总渠，为淮河新添了一条入海尾闾[1]”。时任兴化县长的殷炳山接到上级指令后，火速组织 46100 名民工，日夜兼程，准时赶到工地，安营扎寨，立即投入到新中国成立初期首次治淮工程的治水大业中。施工期间，殷炳山食宿工地和群众打成一片，坚持“踩坯倒土、层层打硪夯实”，确保工程施工进度快、工程标准质量高。他组织民工进行热火朝天的劳动竞赛，总结的兴化施工管理经验，在整个治淮工地上推广。他亲自培育和树立的先进典型——“鲍玉才班”，日工效达到一般班组的近两倍。班长鲍玉才被人们称为“鲍大担”，被评为“全省治淮模范”，受到了毛主席的亲切接见，并被安排参加抗美援朝慰问团赴朝慰问志愿军，为此，鲍玉才所在村也被命名为“中朝村”。春节，兴化民工提前完成所定任务，第一个放工回家过年。春节后，根据任务需要，殷炳山将民工增加到 54400 人，即时复工。二期工程于 1952 年 5 月竣工。前后两期工程，实做工日 310 万个，完成土方 423 万立方米，并提前 6 天通过竣工验收。

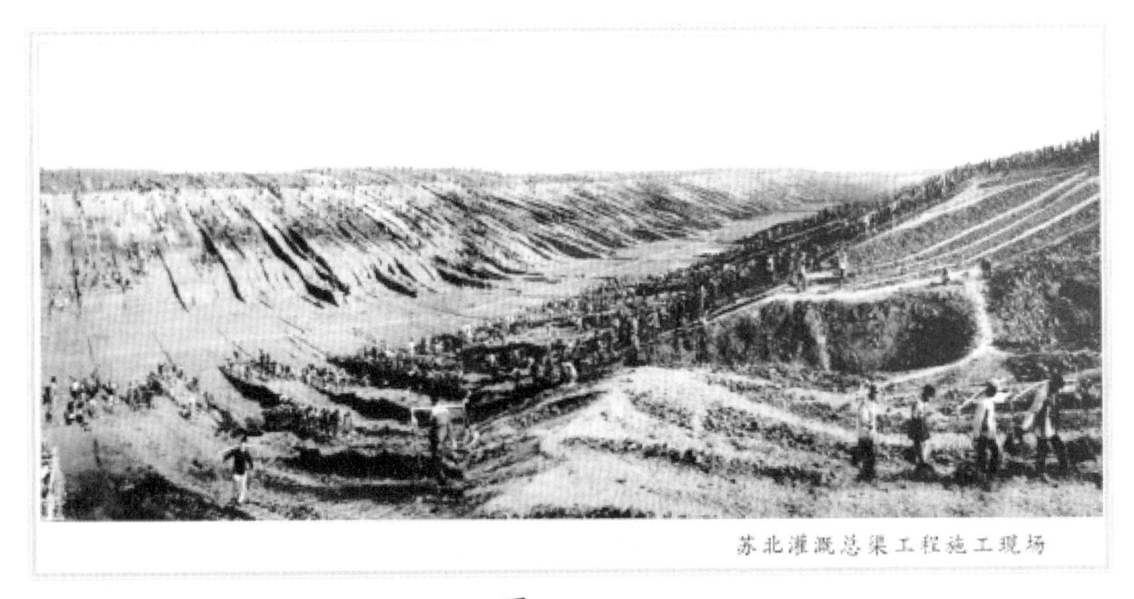
苏北灌溉总渠工程施工现场

图 6-46

[1] 江苏省地方志编纂委员会．江苏省志·水利志［M］．南京：江苏古籍出版社，2001.

这是整个工程中唯一提前竣工的施工单位。竣工后，殷炳山还发扬团结治水精神，安排5583名民工支援泰兴，帮助泰兴完成10万立方米土方任务。

（四）挂帅里运河

京杭大运河淮扬段（又称里运河），河床又浅又窄，堤防百孔千疮。每遇淮河大水年份，里运河大堤岌岌可危，严重威胁里下河地区人民生命财产安全的情况。1956年，水利部批准了里运河按江苏治淮总指挥部所报“里运河（西干渠）工程设计任务书”进行整治，扬州专区成立了“江苏省扬州专区里运河整治工程指挥部”，专区行署副专员殷炳山被任命为指挥部党委书记兼总指挥，他开始了对里运河扬州段历时5年，分3期工程的治理。从1956年11月至1961年10月，扬州地区先后组织民工81.2万

图6-47　大运河整治现场和治水民工住宿的工棚

人，整治高邮至界首段拓宽运河、新筑东堤、加固西堤、高邮镇国寺以南新西堤筑堤、里运河北段宝应叶云洞至胡成洞整治和邵伯东堤改线邵伯湖航道改造，新开南段瓦窑铺至都天庙运河段等工程。先后3期工程共完成土方1.2亿立方米，大运河除保留中埂待后清除，运河满足了当时通航要求，东西两堤按当时设计标准，一步到位，成为里下河地区的防洪屏障。里运河在整治过程中，总指挥殷炳山坚持实事求是，走群众路线，及时纠正了当时有关部门少数人制定的人工挑抬每天6立方米土的高定额和不切实际的工程进度计划。并根据扬州地区当时社会承受能力，及时提出高标准筑好里运河东西大堤，保护里下河安澜，暂时保留中埂待日后再安排清除，既满足当时通航要求，又减少了工程量。

（五）一锤定音护国宝

吴王夫差于公元前486年开挖的邗沟，经过两千多年，至新中国成立前夕，大运

河扬州段已经变成河道狭窄、过水能力低，既不适应灌溉要求，又有碍航运、隐患丛生的河道。当时，里运河水源主要来自洪泽湖里的淮水，取之于淮安节制闸，来水量为 200 ~ 230 立方米每秒。由于运河两岸涵闸多，逐段分流，到了高邮界首已减至 60 立方米每秒左右，至高邮附近，只剩下 20 立方米每秒左右，远远不能满足灌溉用水。解决灌溉用水迫在眉睫，刻不容缓。为适应灌溉和航运送水要求，江苏省政府和扬州行署决定拓宽里运河高邮至界首段运河。水利部批准江苏省治淮总指挥部编制的“里运河（西干渠）工程设计任务书”中列编了“高邮界首四里铺至高邮镇国寺塔新建东堤”的项目。1956 年 10 月，来自兴化、高邮、宝应、江都、泰兴、泰县的 12 万余治水大军集中在高邮界首四里铺至高邮镇国寺塔之间，安营扎寨，他们一干就是 7 个月，在老运河（明代开挖的康济河）东堤以东另开一条长 26.5 千米的新河，结合河床开挖，新筑东堤，挖土方 2078 万立方米。1957 年 7 月 1 日，终于筑成了这条高邮至界首的新东堤，而且还加高培厚了变成里运河新西堤的原来老运河东堤。新河开挖后，原来的老运河被推至现在的里运河西侧成为故道，形成了“两河三堤”，即老西堤—老运河—运河西堤（中堤）—里运河—新东堤。高邮至界首之间的运河拓宽后，不仅改善了运河输水，也改善了航运。里运河高邮段整治工程中，高邮以北头闸至镇国寺塔 4.3 千米，由江都县里运河整治工程总队负责施工，镇国寺塔位于这一段施工范围内，镇国寺塔保留还是拆除，直接关系这项工程的进展。

镇国寺塔是一座方形 7 层楼塔式砖塔，高 35.36 米，顶端塔刹为一青铜铸葫芦，葫芦表面刻有“风调雨顺、国泰民安”八个字。镇国寺塔虽经几次修缮，但仍基本保留了唐骨明风的建筑特色，现为全国重点文物保护单位。史载，镇国寺塔原来位于高邮城内南水关与宁波楼之间，与珠湖书院为邻。后来，高邮城墙拆除，镇国寺在清末时也被毁成平地，寺内庙宇僧寮毁损殆尽，唯存此塔。

关于这座古塔还流传一段故事：唐僖宗李儇即位时仅 12 岁，年纪稍大后，为维护中央集权和国家统一，便将兄弟们分封到全国各地为诸侯王。其中，他有一个弟弟（名不详）自幼喜读佛经，对做诸侯王不感兴趣，提出要出家做和尚。僖宗问：“你准备到哪个寺庙？”弟弟说：“最好找个清净的地方，替我盖个寺庙，以避尘世干扰，让我修身养性，钻研佛教经典。”僖宗回答：“只要你看中哪个地方合适，朕就帮你盖寺庙。”僖宗之弟先到五台山剃度为僧，然后云游各地，遍访名刹高僧，探讨佛经要义。一日，走到高邮城原太平仓基地，见有一块空地，又在大运河边，认为此处风景甚好，见之俗念尽消。他看中了这块地方，便投书僖宗，请求在此修建寺庙。庙成，颇居规模。僖宗亲笔书：“镇国寺”，赐法号予其弟为“举直禅师”。但举直对此并不欢喜，他给寺庙另起名叫“光孝禅寺”。后因寺院里井水甘甜，便又将寺名改为“醴泉寺”。但“镇国寺”之寺名为僖宗所赐，百姓仍以此名为正统。从此，20多岁的举直便青灯黄卷专心研读佛家经典，并为所收佛家弟子讲经说佛，不再云游，最终圆寂于镇国寺。弟子们为了珍藏他的“舍利子”及他生前所读经卷，就在寺院内建一座佛塔，这就是镇国寺塔。宋代元丰年间，曾发现藏在塔内隧洞里的函柩，全骨不解，联若钩锁，舍利发有奇光，大众惊叹不已。秦少游曾为该寺作《醴泉寺开堂疏》。此后，历代对镇国寺院皆有修葺。此寺规模甚伟，气势恢宏，香火鼎旺。

规划里运河的新东大堤穿原高邮城西而过，镇国寺塔就立在城外老运河东大堤即新运河西堤边了，从而使该塔处于里运河之中。因为开工时间临近，需要工程指挥部尽快决定这座宝塔的存与留。于是，围绕着镇国寺宝塔的“保存”和“拆除”，当时

图 6-48
殷炳山一锤定音保住的大运河物质文化遗产——高邮镇国寺和古塔

开了多次会，进行过几番激烈的争议。“要拆除的主要是工农干部居多，而要保护的主要是一些具有一定文化知识的领导干部。有人说：‘要建设新世界，就要打破旧世界，人定胜天，宝塔是封建迷信。’另一派则认为：‘宝塔是珍贵的历史文化遗产，绝不可割断历史’”[1]。1956年8月的一天下午，在里运河整治工程指挥部召开了工程开工前的最后一次施工部署会议。会议由扬州专区行署副专员、扬州大运河整治工程指挥部总指挥殷炳山主持。会议的主要议题之一就是镇国寺和塔的拆与不拆。经过一番激烈讨论，殷炳山最终一锤定音，保住了高邮镇国寺和古塔。现古寺和古塔仍立于已成为新老运河之中的小岛之上，其上，镇国寺曾于2005年和2006年先后进行过两次修缮。2001年6月，又投资2500万元，对镇国寺进行了全面修复。今寺院由南到北依次设露天观音、天王殿、大雄宝殿、藏经楼等。其中，放生池周围绿荫环抱，亭榭相连，成为游客可以休憩的场所。

1957年，高邮镇国寺塔被列为第二批江苏省文物保护单位。1982年3月25日，江苏省人民政府重新公布镇国寺塔为江苏省文物保护单位。2014年，镇国寺作为京杭大运河的重要组成部分入选了《世界文化遗产名录》，现为全国重点文物保护单位、国家4A级旅游景区。寺庙配古塔已成为高邮引以为自豪的一景。对高邮镇国寺宝塔的保留，充分显示了殷炳山的大智慧，他的决定，今日已成为保护好、传承好、利用好大运河宝贵遗产的一段佳话。

（六）力陈抽水站移址建议

1957年，随着国民经济的发展及淮河上中游工情、水情的变化，苏北地区缺水问题更加突出。淮水可用不可靠，提高洪泽湖蓄水位一时又难以实现，而年平均过境径流量达9730亿立方米的丰富长江水却未能充分利用。在江苏省原副省长、时任省水利厅厅长陈克天的“扎根长江，淮水北调，引江济淮”决策思想指导下，江苏省水利厅制定了江水北调规划，以期较好地解决苏北水资源问题。是年冬，邵伯大控制工程和京杭运河徐扬段、新通扬运河、淮沭新河、通榆河、泰州引江河等主要引水、输水河道全面开工。开工不久，发现工程浩大，若1959年汛前无法建成，必将影响淮河泄洪。随即调整规划，将邵伯大控制工程方案改为分散控制方案，拟分别在几条可以入江的

[1] 出自2010-10-30 16：46：00《扬州晚报》“60年前，半个扬州城都‘治淮’”老水利工作者、水利专家陈泽浦语。

河道上兴建万福闸、太平闸、金湾闸、芒稻闸、运盐闸、邵仙闸和褚山洞等7座大中型水闸以“挹江控淮”。当年，除京杭运河徐扬段粗通外，其余工程均相继停工或缓建。是年冬，兴化亦曾动员了8.5万人组成民兵师，参与邵伯大控制工程建设，后亦撤回。1959年10月，笔者作为水利学校的学生曾去万福闸工程工地实习过。1960年1月在中央召开上海会议期间，陈克天带领陈志定（时任水利厅副厅长）等专家赶往上海，向周恩来总理汇报关于苏北缺水和解决水源问题的方案，参加会议的时任省委书记刘顺元又作了些补充。周恩来总理肯定了江苏江水北调设想，当即在有关规划设计文件上作了批示。周恩来总理批示后，江苏省上报了江水北调江苏段工程规划要点及苏北引江灌溉电力抽水站设计任务书。江苏省水利厅还编报了苏北引江灌溉第一期工程滨江电力抽水站初步设计。水电部经审核后批准兴建，站址选定在万福闸西侧。1960年冬，滨江抽水站开工，该站站塘土方工程由兴化组织民工负责施工，施工伊始，由于土壤呈砂性，塌方严重，采取多种措施，仍未能控制，施工受阻。时任分管水利工作的扬州地区行署副专员殷炳山偕扬州地区水利局工程技术人员许洪武工程师深入工地，现场调查研究。经过讨论研究，殷炳山认为，滨江抽水站建在这里，不仅施工困难，工程效益也较为单一。假如移址江都，抽水站除满足向徐淮补水的同时，还能兼顾里下河地区抗旱引水和涝水抽排，将使抽水站的受益范围进一步扩大，工程效益更加综合。殷炳山向扬州地委建议，将滨江抽水站站址迁往新通扬运河的北岸芒稻河东侧，这样既可引江济淮、溯京杭运河北上，又可结合里下河地区抽水排涝，一举两得。扬州地委召开专门会议讨论研究，同意殷炳山所提建议并决定由殷炳山负责向省水利厅反映，殷炳山先后两次亲赴省水利厅力陈重新选择抽水站址，将滨江站移址建到江都县城南郊芒稻河以东、新通扬运河北岸的建议。江苏省水利厅对殷炳山的到来十分重视，特别是第二次汇报时立即组织有关专家听取汇报、研究论证。以时任副厅长熊梯云、时任江苏省水利设计院规划室负责人徐善焜为代表的一批专家经过研究认为，只要送水线路和相关水系建筑规划到位，迁址是切实可行的，效益必将扩大和提高。经过反复讨论，权衡利弊，殷炳山的建议得到了水利厅的赞同和认可，于是电报通知滨江站先停工。

“1961年4月，钱正英(全国政协原副主席，时任水电部部长，全国著名的水利专家，中国工程院院士）来江苏视察工作。经实地查勘，她认为，苏北引江灌溉规划应全面考虑里下河、垦区及高宝湖地区。事后，江苏省水利厅对站址又进行深入的调查研究，

图 6–49

广泛地征求各方面意见，认为殷炳山代表扬州地区所建议的站址比较理想。经向省委、省政府汇报，在得到水电部同意后，于 8 月编就了《苏北引江灌溉第一期工程滨江抽水站修正设计》，将滨江抽水站移至江都，正式更名为江都抽水站，同时将原高宝湖翻水站由大汕子附近移至淮安，改名为淮安抽水站[1]”。

举世闻名的大型抽水站落户江都，既源源不断地跨流域调水，又确保了里下河地区抗旱排涝，被世人称为“江淮明珠”。当年负责全省水利规划的老专家徐善琨回忆这段历史时动情地说：“没有殷炳山，就没有江都站。”

[1] 刘文凤．大禹新歌［M］．南京：河海大学出版社，2017.

附：新中国成立前泰州解放区重视水利建设

1949年1月21日，泰州城和泰县全境解放，22日，划泰州城区和苏陈、塘湾、港口、泰西5个郊区建泰州市，析置泰县和海安县，属华中行政办事处第一行政区。1949年1月24日，泰兴县城解放。25日，县级机关由农村进城。5月，华中行政办事处第一行政区改称苏北泰州行政区，辖泰州市及泰兴、靖江、泰县、海安、如皋、东台、台北（今盐城市大丰区一部分）7个县。为保证支前运粮，1948年冬，泰县、泰兴解放区的民主政府在第一行政区的牵头下，各自都组织了民工对东姜黄河进行疏浚。泰兴先是动员民力400人，疏浚东姜黄河塔子里至元竹新桥长约2千米的河段。开年2月，又继续组织660多人突击抢挖东姜黄河段和疏浚众安港丁家庄八字桥至大元垛段。泰县完成的是该县县境以内的河段，次年3月5日，东姜黄河疏浚结束，恢复通航。

1949年6月中下旬至7月初，泰州连日大雨，河水陡涨，北部低田被淹。7月上旬，泰县连降大雨，水位猛涨。蒋垛区蒋东荡和张甸区梅花网等低洼地区皆遭水灾，夏北、周陈、湖南、武下、淤溪等乡一片汪洋，全县成灾面积15.3万亩。中共泰县县委深入重灾区发动群众加圩排水，使灾情得以缓解。

6月15日，泰兴民主政府成立了修复江堤委员会，由公安局副局长王震任主任，沿江各区区长兼任委员；各乡成立修堤大队，村成立修堤中队。启动了全县修复江、洲、港堤的工程。6月下旬至7月下旬，天星桥长江水位高达5.16米，由于洪水、台风、暴雨夹击，加上海潮顶托，江堤决口95处，港堤决口233处，半数圩堤被洪水冲垮，受灾农田27.4万亩。民主政府县长朱星率县大队（地方武装部队）到江边防汛抢险，沿江各乡组织4万多人参加抢险，其后对江堤又作了恢复性培修。这一年9月，已由中国人民解放军南京市军管会接管的长江水利工程总局还组织人员到泰兴测量江堤，其时，泰兴境内堤长为48.82千米。

1949年1月28日，靖江解放。5月，靖江县人民政府正式设立建设科，负责工业、农业、水利、交通等项工作。7月25日，受大雨风潮袭击，靖江县115个乡有96个乡遭受水灾，15.34万亩农田被淹。汛后，靖江县人民政府组织了对江堤险段37里（其中13里为特险段）的修复工程。泰州专员公署拨大米54吨支援靖江修复江堤。

郑肇经水利奉献七十载

（1894—1989 年）

被全国政协原副主席、水利部原部长钱正英称为“我国近代水利事业的元老郑肇经先生”，是泰兴人。他一生活了 95 岁，除了幼年读书，从 1917 年读土木工程科（含

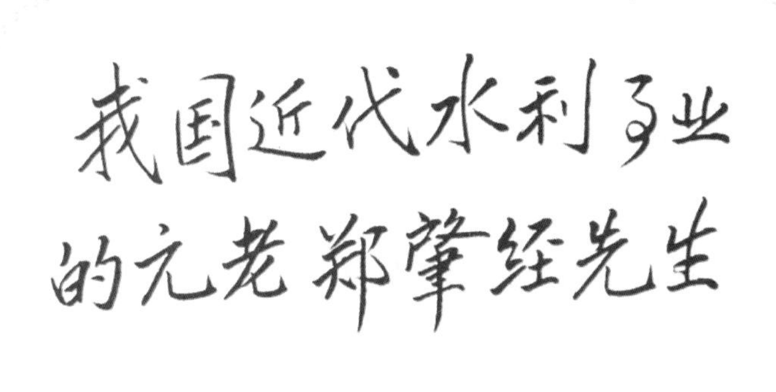

图 6–50　钱正英题郑肇经

图 6–51　郑肇经

水利工程）开始，及至 1925 年德国求学水利归来，直至 1989 年生命垂危之际写下的“民国水利……”最后几个字为止，为我国水利事业求学、工作、育人 72 载，留下了无数精彩篇章。

郑肇经光辉人生掠影

郑肇经（1894—1989 年），字权伯，号泉白，四岁诵读诗书，六岁入私塾就读，十一岁入泰兴高等小学读书。

清宣统元年（1909），就读张謇创办的通海五属中学（南通中学前身）。

民国元年（1912），考入南京法政大学预科。

民国2年（1913），改考上海同济医工学堂工科（德文科）。

民国6年（1917），升入同济土木工程科。

民国10年（1921），同济土木工程科毕业，获工学士学位，以最优异成绩被选送至德国萨克森工业大学（现为德累斯顿大学）研究院留学。

民国13年（1924）6月，学成归国，任我国第一所现代水利高等学府——南京河海工科大学首席水工教授并兼任江苏省公署水利佐理。

民国15年（1926），任河海工科大学教授会负责人并应邀兼任淞沪商埠督办公署工务局技正（总工程师）、工程科长。

民国18年（1929），任上海特别市工务局技正（民国时技术人员职务，职位次于技监）、工程计划科科长、代局长。

当年，青岛治权回归，向上海借调港工专家，经上海市长推荐，任青岛特别政府参事，专任港务局长兼总工程师。

民国19年（1930），青岛特别市撤销，回上海工务局任主任工程师、代局长。

民国20年（1931），兼任江北运河工程善后委员会委员、主任工程师。

民国22年（1933）10月，国民政府设立全国经济委员会，下设水利处，应茅以升处长之邀任副处长。同时，受中央大学校长罗家伦特聘，任工学院兼职教授。

民国23年（1934），增任我国第一个水利科学研究中心——北极阁水工试验室（后定名为“中央水工试验所”）筹备主任。

民国24年（1935），任全国经济委员会技正、水利处处长、中央水工试验所所长兼中央大学教授、考试委员。

民国27年（1938），改水利处为水利司，仍任司长。10月，国民政府西迁重庆。主动请辞司长，仅任中央水工试验所所长兼中央大学教授，考试委员。

民国28年（1939），兼任苏黄灾救济委员会副主任委员。至民国30年（1941），职务未变。

民国31年（1942），改任中央水利试验处处长，任技正，兼任行政院水利委员会委员、考试委员。

民国34年（1945），任中央水利试验处处长，任技正，另受资源委员会聘为“三峡水力发电计划研究委员会”委员。当年，抗战胜利，日本投降，回南京接收水利单位。

民国35年（1946），仍任中央水利试验处处长，技正，受聘为全国水利委员会委员。

民国36年（1947）5月，全国水利委员会改组为水利部，受聘顾问。为江西省聘为赣江水利设计委员会委员。为国立同济大学、英士大学聘为特约讲座教授。

民国37年（1948），职务同前。接触到中共南京地下党工委所派代表。

民国38年（1949），职务同前，7月应聘上海同济大学教授（最高一级）。去上海前，会见了南京军事接管委员会代表刘宠光、丁福五。

同年，中华人民共和国成立后，任同济大学工学院代院长兼土木系主任，应华东军政委员会特邀任水利专门委员、太湖水利委员会委员，应重工业部聘为航舶码头工程研究委员。

1952年，筹建华东水利学院，10月，任华东水利学院河川系教授。

1953年，任华东水利学院河川系教授。

1954年，任华东水利学院农水系教授。

1955年，加入“九三学社”，为南京市政协委员。水电部聘其为高校教材编审委员会委员。

1958—1966年，任华东水利学院农田水利工程系教授（至临终）、江苏水利学会理事。

1966—1976年，受“文化大革命”影响，致股骨骨折。其间，1969年，院造反派将对他的处理意见报江苏省革命委员会，省革委会批示：郑肇经属人民内部矛盾，不予批复。

1977年，83岁，开始坐床工作，撰写水利条目。

1978年，招收研究生。

1979年，华东水利学院党委宣布为其平反。10月中旬，去郑州参加“黄河中下游治理学术研讨会”，作大会发言。时任水利部部长钱正英专门会见了郑肇经。

1980—1988年，其间，笔耕不辍。1985年已达91岁高龄，还北上淮安，南下厦门参加淮河史、江河志等方面的学术研讨会，并作发言。

1988年，94岁病中应约坚持写完《张謇治水言论与实践》，而其自传《我的水利生涯七十年》未及完成，因大出血住进省人民医院。

1989年，时任水利部部长杨振怀、副部长纽茂生、张春园同去病榻前看望他。

同年8月26日，临终前在不能讲话的情况下，他还勉力在其未完作品稿件中写下“民国水利……”几个字，持笔手中离世而去。[1]

---

[1] 泰兴市政协文史资料委员会，泰兴市水利局．郑肇经先生一百周年诞辰纪念文集［M］．南京：河海大学出版社，1998.

图 6-52　郑肇经九十岁以后的工作照及泰兴政协出版纪念郑肇经先生一百周年诞辰的文集

同济精英学子名扬德国学界

1921 年去德国萨克森工业大学（现为德累斯顿大学）研究院留学时，德国大学不承认中国大学的学历，凡中国留学生进校读研需重新考试，且课目多达 14 门。郑肇经一去德国，不仅接连考完 14 门课，而且门门成绩优异，使该校教授们大感惊诧。为此，该校有 8 位著名教授联名建议，今后对中国同济工科毕业赴德深造的学生，一律免除复试，可以直接进修读研。当时，现代水工模型试验技术的创始人、该校的赫·恩格司教授亲自点名要收郑肇经为他的研究生，使郑肇经得以成为这位世界水工界学术泰斗的第一位中国弟子。

求学期间，郑肇经还在赫·恩格司导师和马·费尔斯特、耿·司曼等教授指导下，专攻水利工程和市政工程。其间，他在赫·恩格司的指导下参加了黄河丁坝试验和治黄原理研究，并在德国和奥地利、波兰、荷兰、法国、瑞士等国考察水利工程。受导师指派，他在萨克森大学工程研究院参加赫·恩格司主持的治理黄河水工模型试验和治黄原理的研究工作，并为他们翻译中国水利史料。1923 年夏，经巴燕教授特许，郑肇经又得以参加萨克森大学修业旅行（当时德国是禁止外国人参与该项活动的），前往欧洲多国考察当时世界最先进的水利建设工程和水利核心技术。他 12 天步行 500 余里，考察了伊莎河、喔衡湖水力工程、明星水力工厂等 20 余处。他每到一处，对有关部位，都一一拍照记录，后来，他又精选其中 110 余张照片，制成《德国萨克逊大学修业旅行摄影册》，并在每张照片旁边，他都用工整的中文和德文作了详细说明，成为极具历史和学术价值的影册，后佚失。2008 年底，在北京某拍卖现场复出，郑肇经之女郑海扬、陈辉栋夫妇，专程赴京，复将影册以重金购回，方得妥善保存至今。

郑肇经在留学期间十分注意运用所学的西方现代科学技术来治理祖国的江河。他在努力把当时最先进的水工模型试验技术学到手的同时，还将他的导师赫·恩格司的研究成果《制驭黄河论》译成中文发表，引起了国内有关各方关注。1924 年，郑肇经从萨克森工业大学研究院毕业，获德国“国试工程师”学位。由于学业特别优异，德国《建设月刊》还专门报道了他的成绩。赫·恩格司教授要求他留下工作，而他报国心切，婉言辞谢，当年回国。

图 6-53
失而复得的郑肇经《德国萨克逊大学修业旅行摄影册》影印件之一

力主研究治理中国水利必须深入研究中国水利史

郑肇经在留学德国期间，以极其认真而努力的态度，争取把当时最先进的水工模型试验技术学到手，尤以更高热情学习其导师赫·恩格司治理黄河的试验研究。但他在学习过程中，已经敏锐而务实地认识到，欧美科学技术虽然先进，但是“欧美人士，远隔重洋，于我国河流特性，未能实地考察，殊难彻底了解，故其研究试验之范围，仅及于原理方面之探讨。所以我国各大河流的水利问题，必须自作长期之勘察测验，并作有系统之研究试验，然后筹谋规划，始克有济”❶。他当时就敏锐地意识到：“吾国治河历有年所，经验丰富，著作繁多，苟求根本治理，决非外人短时期之考察所能作为准鹄……而观察数千百年来黄河之变迁，端赖历代文献。稽考文献，责在我等”❷。好一个“责在我等”！尚在读书的青年郑肇经，就能将治理中国江河的责任埋在自己心中，并在学习过程中非常有远见地认识到对我国黄河治理，必须运用中国数千年治黄的经验，而不是生搬硬套国外其他河流的治河技术。他在20世纪20年代就能以非常鲜明的论点，来指导他的学生：“世界河流，各有特性，治河方策，亦将随之而异，宜于甲者，未必宜于乙，合于乙者，又未必合于丙。是以欧美治导河流之方法，莫不因地制宜，而有所差异。况吾国黄河之难治，举世咸知，西方学者，方孜孜研讨之不遑，而吾国数千年修治黄河之方法与经验，岂容漠然视之”❷。这些要求学生区别不同河流、了解各河历史、深入实地勘测、因河制定对策的治水观，完全符合历史唯物主义和辩证唯物主义的经典理论，不能不令人钦佩。

统驭全国水利单位　推动行业发展前行

郑肇经主管全国水利工程和科学研究事业期间，以其可贵的担当精神和务实举措，为国家水利事业的发展做出大量建设性贡献。

---

❶ 出自郑肇经《中国之水利》，转摘自网搜（2012-07-10 03：13：50）转载查一民《著名水利工程专家——河海大学郑肇经教授》。

❷ 出自郑肇经《制驭黄河论书后》，转摘自网搜（2012-07-10 03：13：50）转载查一民《著名水利工程专家——河海大学郑肇经教授》。

他以高度的责任心和强有力的领导，为统一全国水利行政事业开了先河。旧中国，在张謇设全国水利局之前，我国没有统领全国水利的中央水利行政部门，水利事权分散，港口建设受制于外人。张謇设全国水利局后，因1931年大水成大灾之故，他本人只能致力于导淮、治运的研讨勘察，而至1933年，国民政府才设立全国经济委员会水利处，著名工程专家茅以升出任处长。茅以升力邀郑肇经到南京主持处务。郑肇经至宁后，开始就全国水利行政、工程建设和科学研究事业进行布局。他提出建议和竭力促成了全国经济委员会设立华北、淮河、黄河、扬子江4个水利委员会和珠江水利局等5个流域水利机构，加强了江汉工程局，新建了泾洛工程局，组成了中央下辖水利机构体系，水利处则总绾其业务，使中央真正成为一个全国的水行政中心。接着，陕西、江苏、江西、四川等省先后建水利局。各地方水利建设，也在不同程度上受其影响而启动起来，从而使长期停滞不前的水利事业初步呈复苏气象。水利处是推动中国水利走向现代的原动力。抗日战争时期，全国经济委员会水利处演化为重庆经济部水利司——行政院水利委员会，到抗日战争胜利后改称的南京水利部，在郑肇经的谋划下，结束了历史上水利多头领导的局面。水利处以其实际业绩起到破关作用，功在当时，利被后来。

为统一规划全国水利建设，郑肇经还亲自主持制定“五年水利建设计划”，该计划的主要工程项目包括：

（1）整理淮河入江水道及垦辟高宝湖区工程；

（2）建筑永定河官厅水库工程；

（3）实施海河独流入海工程；

（4）黄河下游巩固堤防，调整河槽工程；

（5）扬子江调整河槽及整治湖泊工程；

（6）珠江流域水道整理工程；

（7）整理京杭运河第一期工程；

（8）小清河航运第二期工程；

（9）开辟苏北滨海垦殖区和新运河工程；

（10）完成关中八惠渠灌溉工程；

（11）山西桑干河及察哈尔洋河淤灌工程；

（12）山西汾河灌溉工程；

（13）整理绥远、宁夏、甘肃水渠工程。

郑肇经争取到国库每年向水利拨款600万元，用于兴修水利。他首先全力支持西北灌溉工程建设，应陕西省政府要求，设水利处下属的泾洛工程局以整修泾惠渠和开办引洛工程，派设计科技正何之泰率测量设计队开赴宁夏，测设云亭渠；派工务科技正王仰曾率队赴内蒙古，测设民生渠，改扩更新这两个旧灌区。相继组建了云亭、民生和陕西的梅惠、涝惠、甘肃的洮惠等渠的工务所，予以经费和技术支持。在他的支持下，成功地兴办了洮惠渠、洛惠渠、梅惠渠等“关中八惠渠”，大大发展了西北灌溉事业。西北大兴渠工建设，在各地引起很大反响，有条件的省也开始行动起来，相应又为战时大后方各省兴建农田水利贷款工程创造了条件，从而成功地引发了当时的一个水利建设高潮。南到广东、广西、湖南，北到甘肃、宁夏、内蒙古、新疆，都有他委派或组织的水利人员，使当时为数不多的掌握西方现代水利科学技术的人才，有了用武之地，他们也成为边远地区水利建设的中坚力量。

当时由他组织发动的水利建设包括了我国黄河、扬子江、淮河、海河、珠江、大运河等各大流域及其他一些河湖的重点工程。

创办时为“远东第一”的水工试验所

1933年，郑肇经和中央大学校长罗家伦协商，在校内空地上创办第一个现代水利科学试验研究机构——北极阁水工试验室（在今东南大学水力学实验室地址），水工试验室的组成人员大都来自同济大学。他用水工模型与原建筑物相似律研究，得出模型比率，绘制出各种曲线，成为我国进行水工模型试验的源头。次年，经全国经济委员会决定，由郑肇经任筹备主任，正式在南京清凉山麓设立中央水工试验所（现为水利部交通运输部国家能源局南京水利科学研究院），作为当时全国水利科技研究中心，直接隶属全国经济委员会。在该所修建了当时亚洲最大的水工试验厅，6月建成使用。郑肇经为试验所从德国引进现代水利科学试验设施和应用研究技术，用以确定水工与自然河流互为影响的关系。中央水工试验所是我国近代水利科学的中心，经历了特殊的历史发展阶段和过程，当时水工试验的规模超过埃及，有“规模之大，远东第一”的评价；中国第一代水利科学实验队伍也由此而诞生，中国现代水利建设之基础也因此而得以奠定。抗日战争期间，他竭尽全力为扩充中央水工试验所收罗人才，为国家保存了数以百计的水利专家学者。他亲率工程司张炯等人去岷江、大渡河、青衣江、都江堰等地查勘水力资源与森林矿产资源，查勘宜昌至重庆的水道，进行川江筲箕背滩及小南海滩航道整治试验，为开发西南，支持抗日战争而埋头苦干。他还派人冒险深入敌占区，查勘花园口决口口门，以备抗日战争胜利后及时堵口之用。后来，他又相继设立盘溪、石门、武功水工试验室以及土工试验室、河工试验区、黄土防冲试验场、水利航测队等，进行水工模型试验、土工试验。他的水工、土工学术理论成果有很多至今仍在应用。中央水工试验所成为面向国内外的综合性水利科学研究机构，承担了水利、水电、水运、交通等工程方向性、关键性和综合性的科学试验研究任务。郑肇经还为我国水文测量进行了大量开拓性工作。他在统筹西南各省水文测验工作中，增补了金沙江、嘉陵江、乌江、沅江、赤水河等流域的水文站。其时，他统辖了西北、西南、中南、华中、华北和台湾等17个省的水文总站18个及水文分站196个、水位站255个，使国家形成了有统一领导的水文测验站网。

根据2017年1月南京水科院的网站显示，由郑肇经创办的现南京水利科学研究院，现已设有水文水资源研究所、水工水力学研究所、海洋资源利用研究中心等研究机构和南京瑞迪建设科技有限公司等研发机构，建有水文水资源与水利工程科学国家重点实验室和国家级国际联合研究中心，以及水利、交通、能源行业9个部级重点实验室、技术研发中心、工程技术研究中心。

开创中国水工工程的“仪器制造”

20世纪30年代的中国，各种水工工程测量仪器全部依赖进口，就连修理仪器也得通过上海的洋行转送国外。抗日战争开始后，沿海各省相继沦陷，后方与国外的联系被阻，仪器设备一旦出了故障，便难再行修复使用。添购新的仪器，不仅要高额外汇，而且渠道不通。1940年，郑肇经在重庆上清寺创建了水工仪器制造实验工厂（隶属中央水工试验所）。他对大家说：要打破对制造仪器的神秘感，外国人能制造出来的仪器，我们一定也能造出来。目前工作、设备条件差些，可以逐步改善。他还选了几件进口的水工仪器给制造实验工厂的技术人员和工人们，并对他们说：就因为大家都未制造过这些仪器，我们这个工厂才起名叫“制造实验工厂”，这几件仪器是让你们去实验和学习的样品。现在国外仪器的产品结构、材料等情况，我们除了测量教科书和附在仪器里的使用说明书上那点简单的介绍，很难找到介绍仪器内部结构及使用材料的内容，外国人不肯告诉我们，甚至还故弄玄虚。你们只要大胆细心地去拆卸，通过反复地拆了装、装了拆，就可以慢慢摸清楚各种零件的作用和仪器的结构，一定要弄清这些“洋仪器”的结构原理，造出我们自己的水工仪器。我提出的这种“笨办法”，就是让你们放手搞，即使搞坏了，也不要怕，我替你们将这些仪器“报销”，从头再来！在郑肇经的鼓励支持下，国内第一代从事仪器工作的科技人员白手起家，通过由表及里的观察和实践，由零件到部件，再到整件，不断加深认识、逐步积累经验，通过一段时间的努力，不但一些水文仪器，如流速仪可以修复，一些测量仪器，如水准仪、平板仪等也能够修理，后来，就是被视为最新式的高精度封闭型光学经纬仪也敢大拆大卸了。在攻克仪器修理关的同时，工厂陆续研制出我国第一台水工测量仪器——旋杯式流速仪和我国第一台光学测量仪器——丙式水准仪，并于1943年连续试验成功、制造出回声测深仪、经纬仪、求积仪、平板仪和剪切仪等，结束了我国不能生产光学测量仪器的历史。至1950年末，这个工厂不但是国内水文、土工仪器的唯一厂家，也是精密测量仪器的最大供应者，并增辟大坝埋设仪器和电站仪表等新门类，成为具有两千余职工、生产五大类、百余产品的综合型仪器工厂。

倾力培养和重用水利技术人才

1924年，郑肇经归国后，第一件事就是去南通拜见张謇，接受张謇创办的我国第一所水利高等学府——河海工科大学教授的聘任，开启了他培养水利技术人才的工作。他先是担任首席水工教授，后又任教授会负责人。他在教学中将当时最先进的水利技术引入中国，向学生传授国外先进的水工试验技术。由于他在河海所授课程最多，教学任务十分繁忙，1925年夏天，他不慎跌伤未能及时就医，造成腿部严重感染，被迫作了截肢手术。术后，他先是坐在椅子上授课，之后，一直以义足行走。1928年，民国政府几经调整，撤销了河海工科大学，部分学生和教师并入中央大学工学院土木系，郑肇经又兼课中央大学至年底，直至去上海工务局工作。

自从1927年河海工科大学并入中央大学工学院之后，国内再无单独设置水利系的大学，水利人才的培养受到限制。郑肇经在主持全国水利工作后，常将培育水利人才一事记挂在心，1935年，他在制订“五年水利建设计划”时，在其中专门列入了“引人五年计划”。为解决这一问题，他不辞艰难，多方筹划，于1936年提出具体由水利处拨款委托中央大学培训水利人才的计划。该计划规定，在第一期每年由水利处拨款 4 万元，基础课由中央大学负责开设，水利专门教员及设备由水利处负责，试验及器材由中央水工试验所负责，4 年内造就 60 ~ 100 名水利专门人才。郑肇经深明为国家培养水利人才的重要意义，在中央大学校长罗家伦、中央大学工学院院长卢恩绪（原河海工大教授）等的配合下，共同于 1937 年 7 月 17 日，以教育部第 13737 号指令决定的形式，在中央大学正式成立水利工程系。从而使 1915 年由张謇、李仪祉等开创的水利高等教育事业绝而复续，成为抗日战争时期培养高级水利人才的唯一基地。

与此同时，郑肇经于 1936 年、1937 年还先后甄选了两批青年，以全国经济委员会水利处名义派出到国外学习和考察水利，其中：第一批派张炯赴印尼学习和考察水利工程，派王鹤亭、粟宗嵩 2 名分赴印度和越南、埃及学习和考察农田水利，派张书农、薛履坦 2 名分赴越南和德国、荷兰学习和考察河道工程，派李丕基赴德国学习和考察水工模拟；次年，又续派沙玉清、徐怀云、伍正诚、郑兆珍等出国学习和考察。同时，还批准了严恺、谭葆泰、陈善模、李翰如、汪胡桢等出国留学进修和考察。这些人，于 1939 年前后，全都先后回国效力。这批水利人才，为我国水利事业大都做出了非常突出的业绩，他们或在抗日战争中光荣殉职，或成为新中国水利事业的中坚力量，不少人成了国际知名的水利专家。郑肇经两年内派出如此多人出国“取经”，在民国时期的中国是绝无仅有的。

郑肇经重视人才的选拔，任人唯贤，秉公考绩，从不夹私情。水利处初建时，他选才成立班底，在 1934 年应届毕业生中公开招考实习工程员，以充实水利基层技术力量，拒不接受私人推荐。1936 年，甄选出国学习和考察的人员，为防私人举荐，采用考试形式甄选，由设计科科长汪胡桢任主考，郑肇经自己和各水利委员会技术主管人为考评委员，在委员会和泾洛工程局中初选出的中级、初级工程人员，还需再到南京会考，唯及格（60 分以上）者 6 人，才予录取。这种极其公正和公平、严格选才的方法，在其时是难能可贵的。

郑肇经把自己的一生献给了水利教育事业。他几乎没有脱离教学第一线，在六十余年的教学生涯中，曾先后在河海工科大学、同济大学、英士大学、中央大学、华东水利学院和河海大学担任教授，主讲过治河工程、水利工程、市政工程、海港工程、渠道工程、灌溉工程、农田水利工程、水文学等专业课程，可谓桃李满天下。他循循善诱、诲人不倦的精神，深深地刻在每位学生的脑海中。

郑肇经还是一位敢于提拔培养后辈的教育家。从1938年到1949年，中央大学水利系共培养了高级水利人才数百人，这批人后来大都成为中央和省一级水利领导机关、科研机构和大专院校的领导人、专家、教授、研究员、总工程师或旅居欧美的著名学者。时至今日，其中很多人也都年过耄耋，功成名就，声望颇高。但当他们一谈到自己的老师郑肇经时，都异口同声地赞叹，郑肇经是自己一生中难得遇到的好老师。

勤奋传播水利科技　笔耕不辍著作等身

郑肇经在传播水利科技知识和孜孜不倦教学及水利科学试验之余，笔耕不辍，留下了著作20部、主编书籍17部和数十篇论文、教材[1]，为今人和后人留下了宝贵的水文化遗产。

郑肇经回国初期，我国大学全盘采用的是欧美教学方法，教材大都采用欧美原版，而郑肇经授课既注意介绍国外先进科学技术，也重视总结我国古代丰富的治水经验，并注意将其编入教材。

郑肇经先后撰写出版的书籍有:《海港工程学》(1920年由河海工科大学印行)、《渠工学》(1925年由河海工科大学印行)、《城市计划学概论》(1927年由商务印书馆印行)、《城市计划学》(1927年由商务印书馆印行)、《河工学》(1933年由商务印书馆印行)《清·朱曼君先生纪年录》(1933年由郑余庆堂印行)、《桂之华轩遗集(校补重编)》(1933年由郑余庆堂印行)、《中国水利问题第10篇(中国水利行政问题)》(1937年由商务印书馆印行)、校注整编《韵史》并作序(1937年由商务印书馆印行)、制订《水文测验规范》及《测读记载细则》(1938年由中央水工试验所印行)、《中国水利史》(1939年由商务印书馆印行)、《中国之水利》(1940年由商务印书馆印行)、整理编辑《退斋剩稿》并撰《陈启文先生事略》(1942年由中央水利试验处、台湾故宫博物院印行)、《水文学》(1951年由商务印书馆出版)、《农田水利学》(1952年由科学图书公司出版)、校补整编《两晋·宋·齐·梁 ·陈会要》(1965年由上海古籍出版社分册出版)、《辞海》(水利史部分)(1977年由上海辞书出版社出版)、《农业辞典(防洪、

[1] 泰兴市政协文史资料委员会,泰兴市水利局.郑肇经先生一百周年诞辰纪念文集[M].南京:河海大学出版社，1998.

水土保持部分）》（1978年由农业出版社出版）、《水利工程词典》（水利史部分）（1981年由上海辞书出版社出版）、《简明农村水利词典》（水利防洪、水保部分）（1981年由江苏人民出版社出版）20部。其中:《河工学》一书，1933—1953年先后印行9次。《中国水利史》一书，1939—1951年印行3次；1941年田谳泰译成日文，大东出版社印行；1949年后台湾、上海商务印书馆重印。《中国之水利》一书，1940—1950年印行3次；《水文学》一书，1951—1954年先后印行5次[1]。

图6-54　郑肇经部分著述

[1] 泰兴市政协文史资料委员会，泰兴市水利局．郑肇经先生一百周年诞辰纪念文集［M］．南京：河海大学出版社，1998.

郑肇经先后主持、组织编撰出版的书籍有：水工试验报告书、土工试验报告书100余种并作序（1935—1949年由中央水工试验所、中央水利试验处印行）、《中国河工辞源》（1935—1936年列全经会水利处水利专刊，1940年福田秀夫译成日文，由东亚研究所印行）、《水利工程名词草案》《水利论文索引》《鄱阳湖星子至湖口间深水道工程计划》《恩格司治导黄河试验报告汇编》《民国二十二年全国雨量报告》《水利工程设计手册》《中国水道地形图索引》《豫鲁冀三省黄河图》《民国二十三年全国雨量报告》（以上9册1935—1936年皆列全经会水利处水利专刊）水利珍本丛书12册：《河防通议》《至正河防记》《河渠纪闻》《河防一览》《治河方略》《问水集》《河务所闻录》《修防琐记》《抢险图谱》《复淮故道图说》《清史河渠志》《清代河臣传》（1935—1936年组织编辑出版）、《再续行水金鉴（初稿）》（1937年全经会水利处印行）《黄河—汉江区域航测图》（1937年监制由中央水工试验所印行）、《1938年黄泛区域图》（1939年监制由中央水工试验所印行）、《中国水利图书提要并作序》（1940年中央水工试验所印行）、《太湖水利技术史》（1983年由中国农业出版社出版）17部[1]。

郑肇经先后翻译及自己撰写学术论文较多，其中有：译布尔班斯·布雷克汉斯·布雷勒博士《指数函数及对数函数之应用》《贾让三策与河流的综合利用》《古代井田沟洫制度考》《太湖流域水网圩区发展简史》《古代多首制引水工程》《古代农田水

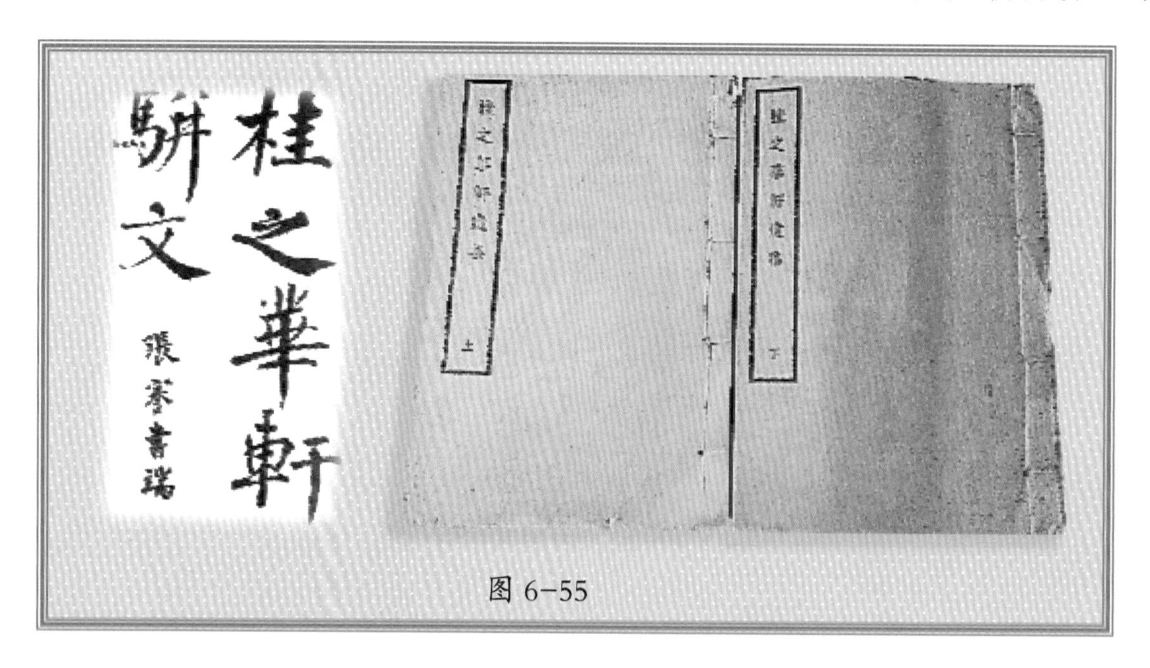

图6-55

❶ 泰兴市政协文史资料委员会，泰兴市水利局．郑肇经先生一百周年诞辰纪念文集［M］．南京：河海大学出版社，1998.

利述要》《李冰与都江堰》《治导黄河》《江苏水利历史的几个问题》《誓以有生之年，为祖国水利事业奋斗》《太湖三江变迁与出水路线的商榷》《探讨上海经济区水利战略的几个问题》《太湖流域水网圩区的发展过程》《太湖地区海塘工程的结构沿革与治导建筑物演变之研究（与查一民合作）》《河海工科大学始末》《话说大运河（与查一民合作）》《江浙潮灾与海塘结构技术的演变》《芍陂创始探讨》《秦渠创始探讨》《谈谈苏北水利史若干问题》《师今法古，科学治水》《从河大到中大》《回忆参加治黄之经过》《中国黄河治理史（与梁瑞驹合作）》《中国古代江河水情测报方法（与查一民合作）》《近代水利科学研究事业》《校庆忆往事》《贵在奉献》《关注水利为民解忧》《张謇治水言论与实践》等30余篇[1]。他还撰写了《清·朱曼君先生纪年录》《（校补重编）桂之华轩遗集》《陈启文先生事略》，编辑《退斋剩稿》，校补整编了《两晋·宋·齐·梁·陈会要》。

他非常重视我国古代水利科学技术的光辉成就，尤其重视我国千百年来的治黄经验。他在《河工学》一书中，专门系统地总结了我国古代的治河技术。另外，他十分重视水利史研究史料。1934年，他创办现代化的中央水工试验所时，就按照“古为今用”的原则，建立了水利文献研究室。他在给学生上课时指出：“病人看病要带病历，医生诊断要先问病史。我国黄河为害数千年，决口千百次，病程之长，病状之重，世所罕见。如果不把黄河的病史搞清楚，就找不到它的病根，要治好黄河的病，等于缘木求鱼，是达不到目的的。”因此，研究中国水利史，不仅是为了保存和继承中华民族光辉灿烂的精神文明，更重要的是为现代水利建设服务。1939年，他的专著《中国水利史》出版，这是中国水利史研究的首创之作，具有极高的学术价值，引起了国内外研究中国科学技术史的学者、专家的高度重视。世界著名的中国科技史权威、英国著名学者李约瑟博士及日本的中国水利史专家，都曾引用该书的研究成果并给予极高评价。李约瑟在他的《中国科学技术史》（《Science and Civilization in China》）中说：如果没有郑肇经的《河工学》《中国水利史》作指导，要想写就《中国科学技术史》中的水利史那一部分是不可能的。

[1] 泰兴市政协文史资料委员会，泰兴市水利局．郑肇经先生一百周年诞辰纪念文集［M］．南京：河海大学出版社，1998.

脚踏实地工作　所及之处皆留痕

郑肇经调上海工作期间，针对清晚期和北洋军阀时期，上海市政建设基本上都由外国人掌管，现在成立了上海特别市，开始由中国人自己来管理的情况，提出了6条上海市政建设指导思想和措施："1.沿租界修筑公路，切断"越界筑路"，收回警权；2.开辟新的市中心；3.从虬江路口至吴淞沿黄浦江开辟深水码头；4.将闸北铁路以支线延伸到吴淞深水码头；5.利用浦东、闵行地区发展工业，筹建桥梁，以改善黄浦江两岸之交通；6.改进市政管理"[1]。郑肇经先后在上海搞了8年市政建设，就是按照这个思路，脚踏实地地去实施的，如修筑市内马路、深水码头、铁路支线、沪杭公路等。有些建设，虽因为种种原因而没有来得及实施，但从他的指导思想和具体做法上看，他对大上海的市政建设是很有远见卓识的。

1929年，国民政府收回青岛治权，设立特别市，向上海借调港工专家。上海市长推荐他担任青岛特别政府参事，专任青岛港务局长兼总工程师。他去青岛仅工作了一年左右，就拟成了青岛港务规划，启用青岛特别市港务局印信，开始办理港务工程，并且开辟航道线路，建立了航行标志。

1934年，郑肇经调水利处，十分重视流域的水利建设，首先是全力支持堵塞黄河贯台（在河南封丘县东南35公里黄河北岸）决口的导淮工程。郑肇经得知1934年行政院长宋子文批给黄河水利委员会堵口修堤经费100万元，于是立即到开封黄河水利委员会与李仪祉会商堵口方案。于此同时，郑肇经深知我国西北属于干旱半干旱地区，只有发展灌溉才是利民举措。他在主管全国水利之初即去西北查勘了黄河、汾河、洮河、渭河等河流，拟就"西北水利事业计划"，包括：新兴建洛惠渠、渭河灌溉区等灌溉工程以惠及宁夏、新疆的哈密、迪化（今乌鲁木齐）等地；整修现有灌溉工程，以保黄河后套地区、宁夏、黄河的河西、新疆的焉耆等地；整理的航道有渭河之潼关—宝鸡段等5段；开发青铜峡、宝鸡峡等7处之水力。郑肇经途经西安，西北军政领导人杨虎城、邵力子向他提出修复泾惠渠并要求引洛水兴建洛惠渠，他表示支持。接着

[1] 出自郑肇经《河工学》，转摘自网搜（2012-07-10 03：13：50）转载查一民《著名水利工程专家——河海大学郑肇经教授》。

又去大荔组设全国经济委员会泾洛工程局，进行泾惠渠修治、配套工程建设和洛惠渠、渭惠渠新工程建设。7月，他还去了湖北交通部扬子江水道整理委员会，视察张公堤、金水闸、永熟垸堵口事宜。10月，去陕西，至泾惠渠、洛惠渠工地检查施工情况。

1935年6月，郑肇经又去开封与李仪祉商讨贯台、董庄堵口和修筑金堤等工程项目，装了义肢的郑肇经不辞辛劳，并与李仪祉一起亲到黄河黑岗口、贯台等处视察。这一年，郑肇经还亲自去武汉检查江汉修防工事，到长江马华堤、同仁堤等险工地段视察修堤情况。接着去华北视察海河水利，审定海河、永定河官厅水库工程计划等。

1936年春，洛惠渠5号隧洞施工中发生流沙壅塞险情，郑肇经先以残疾之身亲赴西安，再坐骡车去大荔，换乘工地上运土的轻便轨道车到5号隧洞，与现场技术人员研究流沙潜泉下的施工方法，决定采用井渠法，从山顶沿渠线每30米距离开凿一个工作井，井下挖通行水。接着，又由泾洛工程局孙绍宗局长、陆希正副总工程师陪同查勘石头河，决定了梅惠渠坝址。回到西安后，当时的西北最高军政首脑杨虎城将军与邵力子主席设宴向他致谢。5月，他陪同孙科视察导淮工程，出席杨庄活动坝落成放水典礼。该坝是我国第一座采用升降式闸门来控制流量的现代水工建筑物，其水工模型试验由郑肇经及其助手等在中央水工试验所完成。6月，他又去江汉工程局视察遥堤，慰问民工，并去钟祥调查决口原因。8月，参加白茆闸竣工典礼。

1937年，水利处直接投资兴办的西北灌溉工程宁夏云亭渠、陕西渭惠渠工程和泾惠渠修复工程相继竣工；次年，梅惠渠、洮惠渠、洛惠渠等相继完成。

从水利处建立到“七·七事变”发生，不过5年左右时间，由于郑肇经的埋头苦干，多方奔走，在各方响应之下，这些水利设施才得以逐步建成，开始扭转我国水利事业长期停滞的局面。

抗日战争期间，郑肇经曾应民国政府交通部之聘，担任扬子江水道整理委员会委员，应资源委员会之聘担任长江三峡水电技术委员会委员。他同样十分重视长江的治理与研究，在他的水利著作中均以显要的篇章阐述长江的历史发展和治理方案，提出了治江应以保农、防洪为主的观点和上、中游支流以梯级开发为主，下游以江汉堤工为重点的治江与治汉（水）并举的方针。他提出的：上游建库消纳洪涨，裁弯取直截堵歧流，培修江堤巩固堤防，整理重要支流、内河、湖泊等，都是治江的大事。著名水利专家、中国农业科学院灌溉研究所所长粟宗嵩教授认为：“中国近代水利之兴起，历经张謇之倡议，李仪祉之论说，落实到郑肇经之付之实行和收实效，历时三十多年才完成这一历史使命，郑肇经受命于国难期间，尤为难能❶”。

郑肇经非常赞成兴建三峡工程，他对兴建三峡工程的效益曾作如下阐述：“1. 可得廉价之电力；2. 输电以宜昌为中心，一千千米半径内均可输电，即东至南京，西至雅安，南至贵阳、邑宁，北至太原；3. 航运，水坝调节水量，万吨轮船可以直达重庆；4. 输电范围内及沿江都市均可建立自来水厂；5. 以发电之一部制造氮肥，广供农需；6. 水库容水量大，长江下游洪水将可调控，亦可灌溉宜昌以东，汉口以西，常德以北，襄阳以南之农田六千万亩。❶”1980 年，国际大坝专家、他的学生徐怀云专程由京赴宁看望 86 岁高龄的郑老师说：“水利部请我回国研究三峡工程，我把老师曾经教的都用上了”。郑对徐说：“三峡工程是个大工程，既是大工程，耗资就大，因为投资大，我们不求永远，但必须考虑工程的长久性。其他如生态、地震、地质、泥沙等等，要多方论证，可行而后动工”。他还说：“我国经济还有困难，资金不足，这些方面你也要为祖国做点工作”。郑肇经晚年还如此关心祖国建设，可见他对祖国水利的赤子之心，始终不渝。

高风亮节爱国爱民

郑肇经是郑氏家族三房郑子宗的长子。一岁时，因大房无子嗣，由其祖父郑琢斋、祖母张氏决定将其立为大房长子。其伯父郑宝山思想开明，热心社会公益，是泰兴县育婴堂的董事。伯母朱氏，为清末著名学者朱铭盘（曼君）之妹，厚道善良。郑肇经从小受到良好的启蒙教育。朱铭盘是清末著名学者，与南通张謇是至交。郑肇经在通海五属中学时，受张謇思想影响，崇尚民主政治，曾与同学丁西林等五人一起剪辫明志。

他就读于同济大学土木工程科时，“五四运动”爆发了，他与同学们一起走上街头，开展反帝反封建的斗争，曾与同济学生一起去北京请愿，要求将同济改为中国自办。他是一位抱有“科学救国”理想的知识分子，“五四运动”的革命洪流激励他更加发愤学习。少年时代的郑肇经，亲眼目睹黄河决口泛滥，造成民不聊生，饿殍遍野，就激发了他振兴水利、科学救国的志向。他写道：“水利兴，则国资其利，民赖以安。水利废，灾侵荐至，黎庶沉沦。小至关系一国之治乱，大至关系民族之盛衰。是以振

❶ 泰兴市政协文史资料委员会，泰兴市水利局．郑肇经先生一百周年诞辰纪念文集［M］．南京：河海大学出版社，1998.

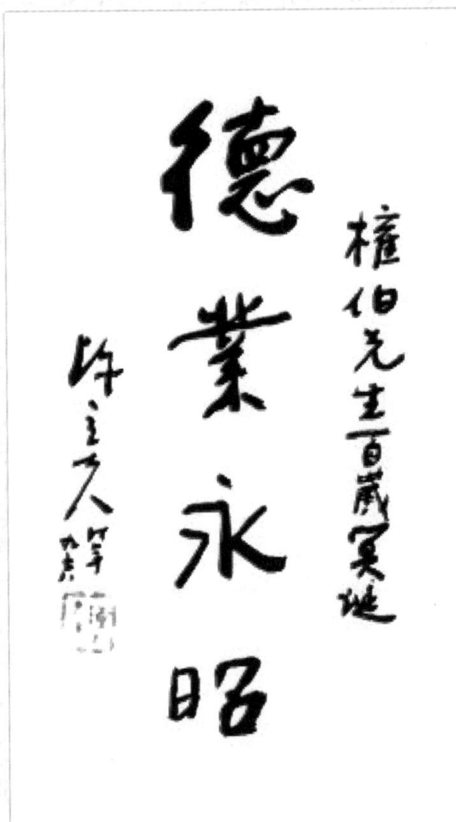

图 6-56　严恺、陈立夫为郑肇经百年诞辰题词

严恺(1912. 8. 10—2006. 5. 7.)：一级教授，中国科学院、中国工程院、墨西哥科学院三冕院士，世界著名的水利海岸工程学家。河海大学创始人、校长、名誉校长，水利部交通部南京水利科学研究院名誉院长，中国水利学会名誉理事长，中国海洋学会名誉理事长

陈立夫(1900. 8. 21—2001. 2. 8.)：国民党政治家，曾任蒋介石机要秘书、国民党秘书长、教育部长、立法院副院长。晚年竭力推动海峡两岸的交流，提出"中国文化统一论"，后被推选为"海峡两岸和平统一促进会"名誉会长。

兴水利为国家要政之一，岂偶然哉❶”。

郑肇经不仅以自己的学识来教育学生，而且还利用自己的社会地位和影响来帮助学生。1926 年，南京学生配合北伐军北上，掀起了反对北洋军阀的斗争。当时，军阀通令逮捕学生领袖严倚等人，郑肇经等本校其他一些进步教授连夜资助严倚等离校。

❶ 陈陵 . 中国近代水利事业的奠基人郑肇经［J］. 档案建设，2014（2）：57.

后来，严侍遭逮捕，关押在上海，又派学生代表前去探视、慰问。

郑肇经对全国经济委员会常委提出：不能把兴修水利的钱老是以各种名义摊到老百姓头上，特别是那些贫困地区。经他力争和策划，争取到了由国库拨款兴修水利的先例。

张謇力主导淮对郑肇经也有较大影响。1931 年夏秋之交，江淮发生特大洪水，8 月 28 日，里运河东堤决口 27 处，苏北 10 个县被淹，死亡七八万人，江苏著名爱国人士韩国钧为做好运堤，亲自到上海诚邀郑肇经主持运河堵口复堤工作。郑肇经看到百姓生灵涂炭，自觉义不容辞，于是慨然接受兼任江北运河工程善后委员会委员、主任工程师，负责运河堵口复堤及善后工程，并亲自到来圣庵、党军楼、九里铺等施工难度较大的河段现场指导施工，至 1932 年 5 月堵口工成，他才回上海。韩国钧亲笔写信致谢曰：“此次堵口勉成，皆兄之功也。”并欲寄重金表示对郑肇经的酬谢。郑肇经复以：“为民分忧，当义不受禄”，婉然辞谢。

1939 年，国民党军队为阻止日军西犯炸开花园口黄河大堤，至豫、皖、苏形成黄泛区，44 县遭灾。爱国人士韩国钧吁请重庆政府派郑肇经回苏北治理黄河水灾。经济部部长翁文灏任命郑肇经为苏北黄河水灾救济委员会副主任委员。他受命后，立即离开大后方，历尽艰险，绕道海外，在国际红十字会和当地民众的协助下，辗转进入苏北抗日地区，在日寇飞机不断轰炸扫射的情况下，与韩国钧等同赴运河大堤决口现场，制定加固大堤方案，组织修复坝基，选择泄水路线，加快排涝速度，使群众能抢种一茬庄稼。11 月，汪精卫组阁成立伪政府，得知郑肇经在苏北消息，想诱骗他去南京当水利部长。于是，他立即离开苏北返渝。

1939 年，郑肇经返回重庆，为开发西南，他不顾身残和辛劳，亲率工程司张炯等人去岷江、大渡河、青衣江、都江堰等地查勘水力资源与森林矿产资源，查勘宜昌至重庆的水道，进行川江筲箕背滩及小南海滩航道整治试验，为支持抗战而埋头苦干。有一次在查勘路上，曾发生两车相撞，他乘坐的车子险些坠崖。

据郑肇经的女儿郑海扬回忆：国民党因为战役失利，1948 年加强了机关防共人事布置，郑肇经不以为然地对机关工作人员说：“科学技术单位是不会有共产党活动的……哪有那么多的共产党，你们不可随便怀疑而影响工作。”正是因为郑肇经的“保护”，当时水利试验处的地下党员们都平安无事。更难能可贵的是，后来，国民政府指令中央水利试验处把技术人员连同仪器设备、资料图书迁往广州。郑肇经看到国民

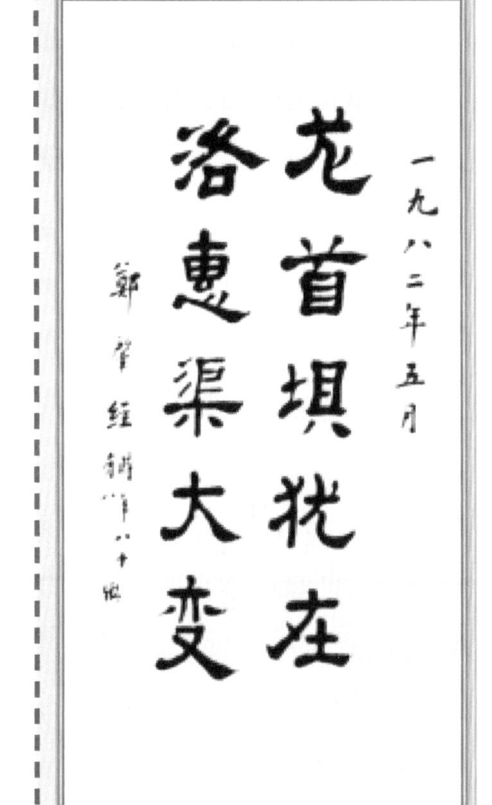

图 6–57　郑肇经先生墨迹

党的腐败，甚为愤恨，在地下党和职工的支持下，他断然拒绝搬迁，将仪器设备和资料图书全部封存，“辞职”去上海治病。上海解放恢复交通的当天，他立即返回南京，将中央水利试验处全部人员、物资、设备、资料完好无损地交华东军政委员会代表接管。中央水利试验处没有受到一点损失，也没有一个工作人员逃往台湾。郑肇经为新中国保存了当时全国最先进的水利科学试验基地、设施和人才。

新中国成立后，郑肇经满腔热情地投身社会主义建设。他兢兢业业、全心全意地从事水利教育事业，从不争名争利。“文化大革命”期间，他虽受到严重冲击，但是心胸宽广，他并不因自己伤残而退隐。党的十一届三中全会以后，郑肇经精神更加振奋，誓将自己有生之年献给祖国“四化”事业，除积极从事《辞海》和《水利词典》中有关水利史条目的编纂外，还亲自主持《太湖水利技术史》的科研工作。在培养研究生方面，他不仅亲自为研究生讲课，而且不顾高龄和腿部伤残，亲自带学生到钱塘江实地考察海塘工程，不辞辛劳地为全国各地的水利史研究工作者和有关部门解答疑难，审查文稿，每天都要工作很长时间。每当有人向他提出要注意休息时，他总是严肃地说：“我剩下的时间不多了，要抓紧这点有限的时间，为‘四化’多做点事。”在他 92 岁时，还专门书写了一幅刘禹锡酬白居易的诗句：“莫道桑榆晚，为霞尚满天”的条幅以寄托自己虽到迟暮之年，尚可为祖国、为水利发出光和热的心态。

博学多才文理兼工学者

郑肇经学的是工科，干的是水利，他却兴趣广泛，文理兼工，系属熟谙文科之文人雅士之所好。他写得一手好书法，尤工汉隶，其书古朴遒劲，“蚕头燕尾”“一波三折”，轻重顿挫、富于变化，很有艺术欣赏价值，可见其属多才多艺之人。

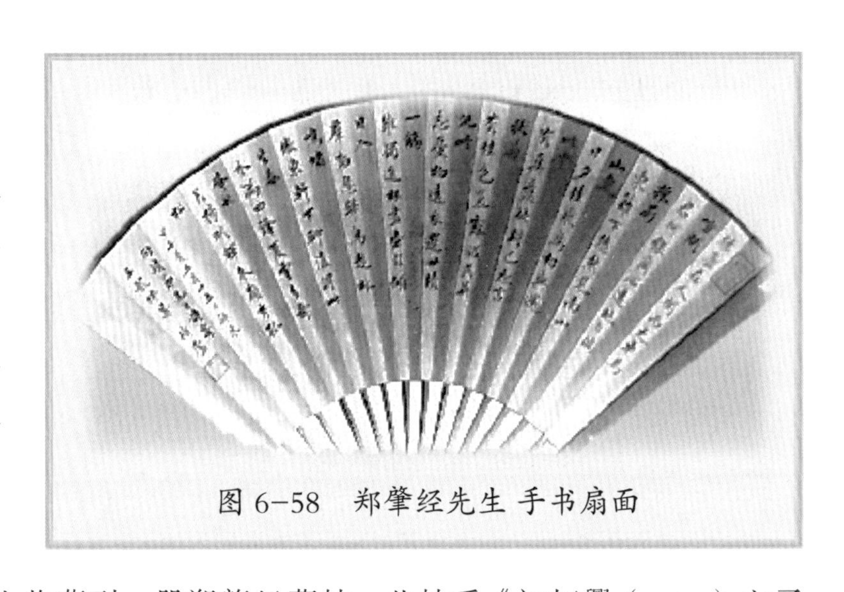

图 6-58　郑肇经先生 手书扇面

泰州文旅集团李晋先生收藏到一册郑肇经藏帖。此帖系《初拓爨（cuàn）宝子碑放大本》，为民国影印本，由上海佛记书局印发。碑帖封面上有郑肇经亲书跋文，内容是隶书“爨宝子，辛巳三月年得于南京夫子庙地摊上，肇经”，名款行书，名款下钤篆体阳文“郑”字小印。郑肇经之爱好和风雅，从他在此碑帖上题书也能看到一二。碑帖上的题款端正凝重，古朴浑厚，有很强的碑学气息。也可看出，郑肇经的书风在一定程度上受到了其舅、清末著名书法家朱铭盘的影响。这册爨宝子碑帖应该就是他买来用于临摹练字的。爨宝子碑刻于东晋义熙元年（405），为全国首批重点保护文物。该碑全称《晋故振威将军建宁太守爨府君墓碑》，记载了南中（今四川省大渡河以南和云南、贵州两省）地区爨部族首领，建宁郡太守爨宝子的生平。爨宝子，建宁同乐（今云南陆良）人，生于公元 380 年，卒于公元 403 年，年仅 23 岁。他 19 岁时即“弱冠称仁”，就任建宁（今云南曲靖）太守。爨宝子任太守期间，中原大地战事频仍。爨宝子采取了对外宾服于中原王朝，对内实行团结和睦之策，人民安居乐

图 6–59

业，各得其所。他死后，僚属和百姓悲痛万分，特意为他刻石立碑。碑文书体介于隶、楷之间，康有为评其：“端朴若古佛之容”，“朴厚古茂，奇姿百出”具有较高的书法艺术价值。认为此碑字体古朴沉厚，如古寺中的佛像一般神采庄严。这册碑帖的题跋，为我们研究郑肇经爱好提供了难得的资料。据李晋先生推知，郑肇经购藏的这册碑帖于 1941 年，时年 47 岁，足见郑肇经在研究水利之余，还勤习书法，兼喜收藏字画、印章。

郑肇经在与晚辈、被称为“民国最后的闺秀”张充和女士的一段画作交往之中，还可了解到他与沈尹默（著名学者、诗人、书法家、教育家）、章士钊（清末上海《苏报》主笔、中华民国北洋政府司法总长兼教育总长、新中国全国政协常委，中央文史研究馆馆长）、沈从文（著名作家）、汪东（著名文学家、书法家）、乔大壮（1927 年任周恩来秘书。中央大学艺术系教授、台湾大学中文系教授）等文化艺术界名流也多有交往。张充和出生于书香门第。曾祖张树声任晚清大官，乃父张冀牖（吉友）是著名的民国教育家。张充和工诗词，擅书法，会丹青，尤长昆曲，通音律，能度曲。50 多年来，在美国耶鲁大学、哈佛大学等20多所大学教授昆曲和书法，弘扬中国传统文化。1944年，郑肇经是重庆水利试验处负责人，张充和供职于教育部，张充和常到沙坪坝郑肇经先生办公室讨教、交流。两人都喜爱翰墨丹青并擅诗词，遂结成亦师亦友的忘年交。张充和有一次去郑肇经办公室讨教，郑肇经不在，便信手用郑肇经的纸墨作画。画之立意是1944年，张充和去重庆排练昆曲，途经歌乐山，去看望她的老师沈尹默，沈尹默随手用小纸条抄了一首近作给张充和的：“四弦拨尽情难尽，意足无声胜有声。今古悲欢终了了，为谁合眼想平生”七绝诗，张充和用工笔刚画好仕女的眼线，正拟画眉鼻口时，见郑肇经回来，自感不太满意，怕郑肇经笑她，拟将画稿塞进废纸篓，被郑肇经止住。郑肇经先生展读看画稿，很是赞赏，要张充和画完。在郑肇经指点下，将头部画完，张充和搁笔又要走，又被郑肇经拦住，定要她画完。张充和只得以几条虚线画毕仕女的身子和琵琶，并抄了沈尹默的诗，落款交差。郑肇经笑说：“真是虎头蛇尾，就算头是工笔，身是写意。琵琶弦子全是断的，叫她如何弹得？”张充和说：“郑老师不是说‘意虽无声胜有声’吗？”便一溜烟跑了。郑肇经很喜欢张充和落笔即成的此画，后来，郑肇经还拿出来给章士钊、沈尹默、汪东、乔大壮等名流品评、题词，装裱收藏并翻拍成照片赠张留念。

张充和于1949年侨居美国，两人音信杳然。30年后，郑肇经始知张充和音讯。在致张充和的信中叹息：“十年动乱中，我所有的文物图书及字画等荡然无存。你写的字和画的仕女轴、图章，当然同归于尽。”他请张充和将仕女图照片复制一份寄给他，同时希望有生之年能晤聚。郑肇经对旧情的眷念，使张充和十分感动。她将仕女图照片放大，并作3首小令赠之。其中之一《菩萨蛮》云：“画上群贤掩墓草，天涯人亦从容老。渺渺去来鸿，云山几万重。题痕留俊语，一卷知何所。合眼画中人，朱施才半唇”。至1983年，张充和作回国之旅，专程赴南京拜望郑先生。时年89岁的郑肇经拿出珍藏的仕女图照片说：“这上面人物，只剩我们两人了。”后来，郑肇经90华诞，张充和不忘吟诗以赠：“百战洪流百劫身，衡庐闭户独知津。慧深才重成三立，如此江山如此人”足见对郑先生的赞赏。

图6–60　张充和女士

戏剧性的是1991年仕女图浮出水面，出现在苏州的书画拍卖会上。张充和得知，喜不自胜，委托苏州的四弟寰和拍下。物归原主，张充和动情地说："此时如泉白还在，我是一定还他。因为他一再提到，一再思念那画上的朋友，一再要我珍重那个时期相聚的情景，一再要我写此回忆录。"面对这幅失而复得的"仕女图"，有朋友提请张充和题诗以记。张充和因郑肇经已作古，高山流水，知音已无，说：我实在不忍作"我向花间拂素琴，一弹三叹为伤心"的苦吟了[1]。

泰兴人水利人永久的怀念

为纪念这位泰兴籍的、为我国近代水利事业做出过杰出贡献、我国近代水利科学研究事业的先行者和近代水利学科奠基人郑肇经先生，泰兴市水利局在今如泰运河城区段河畔设有双顶凉亭一座，亭子起名为肇经亭。

图6-61　肇经亭

[1] 出自网搜2020-05-16芸斋窗下《一生微茫度此生——张充和先生印象》。

编后记

2013 年 4 月 27 日，泰州市委宣传部召开《泰州知识》丛书编写工作会议，内容之一是要求泰州水利部门编写一本《泰州水利史话》。泰州市水利局考虑，《水利史话》是一部编写者可以从自己的角度，有选择地对泰州历史上发生的涉水事项，按自己的思维方式进行取舍和描述的作品。一般应从《水利志》或《地方志》中选取已经存史的水事为依据来进行撰写、评述、演绎。然而，地级泰州市历史上未曾编写过专门的《水利志》，为填补这一历史空白，为使《泰州水利史话》的“史”更准确、全面，可读性更强，参考、使用价值更高，泰州市水利局报经泰州市政府分管领导同意，将《泰州水利志》《泰州水利史话》的编写列为专门项目，并于 2014 年 7 月正式成立了《泰州水利志》编纂委员会和编纂办公室，聘请了专门编纂人员，正式启动这项工作。

为更好地发挥志书的社会效益，让更多的人更快地了解泰州水利事业艰难而辉煌的历程，也为方便不同读者群的阅读和使用，《泰州水利志》编委会决定先行出版《泰州水利大事记》，在此基础上，编撰出版《泰州水利志》。

为更好地介绍、宣传历史上为泰州水利事业做出重要贡献、因志书体例和篇幅所限而不能入志的有识之士，也为了让更多的人更全面地了解泰州水利和水文化的发展脉络，《泰州水利志》编委会决定与《泰州水利志》同期编撰出版《泰州水利史话》。

可以说，已于 2018 年出版的《泰州水利大事记》和即将出版的《泰州水利志》《泰州水利史话》相辅相成，相得益彰，是一部既可分且又可合的泰州水利史迹套书。

为适应当前读图时代的到来，套书尽量做到图文并茂，插入了不少图片和照片，以增阅读效果。鉴于所写多属历史，有部分历史图（照）片选自网络，因历史久远，有少数图（照）片原作者无法联系，加之，本套书为公益用工具书、参考书，主要用以赠送和对下属单位发放。在此，对少数未能征求到意见的网上图（照）片提供者为本书所做贡献，表示诚挚的谢意！如个别作者需适当稿酬的，请与《泰州水利志》编纂办公室联系，一经核实即付稿酬。

在《泰州水利志》《泰州水利史话》即将面世之际，衷心感谢为此书提供资料的扬州市水利局、泰州全市水利系统同志们以及提供我市已印制的涉水画册图（照）片和我局专题向社会征集涉水图（照）片的摄影工作者的大力支持和帮助！衷心感谢水利部原副部长翟浩辉、江苏省政协原副主席陈宝田、时任泰州市人民政府副市长陈明冠深情为此书题词和作序！

由于我们缺少经验，亦限于时间和水平，书中可能会有一些不足、不当之处，恳望使用此工具书的同仁和读者予以拨冗指正，以供今后修编时订正。

《泰州水利志》编纂委员会

2022年5月